轻武器杀伤效应

Terminal Effects of Small Arms

王光华　吴志林　赖西南　王　舒　著

科学出版社
北　京

内 容 简 介

本书是一本系统论述轻武器杀伤效应的专著，阐述了轻武器杀伤效应的定义、内涵、研究方法、国内外研究发展状况及未来发展需求与研究重点，介绍了典型杀伤元实验模拟方法及模拟靶标制备和检测方法、无/有防护生物损伤效应、杀伤元侵彻靶标过程和靶标内压力测试方法、典型杀伤元侵彻靶标的平面弹道运动模型和瞬时空腔模型、枪弹侵彻明胶/明胶骨骼/有防护明胶/有防护数字化人体靶标有限元模型构建方法、针对无/有防护目标杀伤效能评估方法以及枪弹杀伤优化设计方法。

本书可供轻武器领域研究人员、设计人员，军事医学领域研究人员、军医，高等院校相关专业教师、学生参考使用，亦可为力学、材料、测试等领域研究人员、轻武器爱好者提供有益的参考。

图书在版编目(CIP)数据

轻武器杀伤效应/王光华等著. —北京：科学出版社，2021.3

ISBN 978-7-03-067377-0

Ⅰ.①轻…　Ⅱ.①王…　Ⅲ.①轻武器-杀伤性能-研究　Ⅳ.①E922

中国版本图书馆 CIP 数据核字(2020) 第 268676 号

责任编辑：赵敬伟　孔晓慧／责任校对：彭珍珍
责任印制：吴兆东／封面设计：无极书装

科学出版社 出版
北京东黄城根北街 16 号
邮政编码: 100717
http://www.sciencep.com

北京建宏印刷有限公司 印刷

科学出版社发行　各地新华书店经销

*

2021 年 3 月第　一　版　开本: 720 × 1000　1/16
2021 年 3 月第一次印刷　印张: 24 1/2　插页: 4
字数: 500 000

定价: 198.00 元

(如有印装质量问题, 我社负责调换)

序　一

轻武器装备的发展始终与人们对其杀伤效应的认识紧密相关。20 世纪 40 年代后，随着现代创伤弹道学确立和发展，人们对轻武器杀伤效应有了更加深刻的认识。所形成的杀伤效能评估、测试和设计方法等一系列研究成果，对 20 世纪 60 年代世界范围内枪族小口径化发展起到了重要的支撑作用，二者相互促进，大幅度地提升了轻武器装备的综合性能。我国轻武器装备从仿制仿研苏联产品向自主研发转变的重要时期，也是我国创伤弹道学研究的蓬勃发展时期。本人作为 95 式 5.8mm 枪族的总设计师，亲身见证了我国创伤弹道学研究成果充分应用于枪族杀伤效能的指标论证、测试评估等各方面，为我国枪械主战装备跻身世界先进行列作出了应有的贡献。

本书继承和发展了创伤弹道学，这是一门面向轻武器装备的交叉应用学科。本书从生物损伤效应、实验测试、理论建模、仿真分析、杀伤效能评估以及轻武器杀伤设计等六个方面，总结了我国轻武器杀伤效应近十年来的研究成果，也构建了较为完整的学科结构体系。书中基于现代测试技术建立的杀伤效应多参数一体化测试方法，阐明了杀伤元在靶标内运动、翻滚、变形、破碎等侵彻过程, 以及靶标瞬时空腔膨胀收缩规律, 压力传递变化规律等，与生物实验结果相互验证；详细阐述了典型杀伤元与明胶靶标相互作用理论模型以及仿真分析模型，提出了弹头翻滚和破碎的准则，深刻揭示了杀伤作用机理；基于数字化人体模型得到了易损性特征函数，并以此建立了针对无防护目标的杀伤效能评估模型；首次针对有防护目标建立了基于钝击能量传递的杀伤评估模型，为轻武器装备的效能评估提供了技术支撑；详细阐述了枪弹、小口径榴弹等杀伤效能设计方法，为新一代轻武器装备杀伤效能论证、评估和产品研制等提供了技术方法及实用工具。本书作者团队是轻武器装备技术领域一支重要的基础研究力量。

本书展现了团队通过科学实践获得的系统性技术成果，不仅全面深入地揭示了杀伤作用规律，也为发展轻武器装备理论和技术应用等奠定了基础。尤其在轻武器作战任务和作战目标发生巨大改变的情况下，轻武器面临着有效打击有防护人员、无人目标的现实需求。

本书首次系统阐述了轻武器对有防护目标的杀伤效应，必将在新一代轻武器装备研发中发挥重大作用。本书具有很高的学术价值和应用价值，适合从事轻武器装备论证、研发、试验、制造和使用的科技人员作为专业读物，也可为从事军事医学、战伤救治、防护装备等相关技术领域的人员提供学术参考。

中国工程院院士

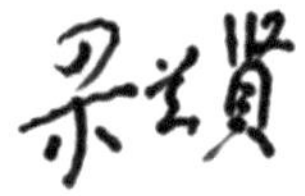

2020.12.8

序　二

轻武器杀伤效应是一门弹道学和医学相结合产生的交叉学科，也是创伤弹道学的继承与发展。轻武器杀伤效应主要用于支撑轻武器装备研发，同时也服务于战伤救治。20 世纪 80 年代初，我大学毕业后，在中国人民解放军第三军医大学（现陆军军医大学）野战外科研究所学习和工作时，有幸在我国著名创伤弹道学专家刘荫秋教授和 马玉媛 研究员级高级工程师等指导下参与了创伤弹道学研究工作，从而开启了我的科研生涯，对该领域早期的建设与发展有粗浅的了解。为了研究战伤，我也曾在云南老山前线参加过战伤救治与战伤调查，见证过真正的战伤，因此也认识到创伤弹道学研究对提高战伤救治水平的意义和作用。

作为我国创伤弹道学领域为数不多的学术专著，本书利用现代瞬态测试技术构建了多参数一体化实验测试方法，系统展现了弹头、破片等杀伤元侵彻明胶靶标过程中的运动、翻滚、破碎等情况，以及瞬时空腔膨胀和收缩、压力传递等作用特点。通过所建立的数学物理模型、数值仿真等方法，全面且深入地认识了杀伤作用的物理机制，获得了典型杀伤元的作用规律。特别是书中较全面地概括了生物效应特点以及生物效应评估模型，首次针对现代轻武器中常见的小质量破片生物损伤特点进行了分析研究，并就高原、海水等特殊环境因素对损伤效应的影响进行了归纳总结，为实战环境下武器创伤救治提供了有益参考。书中首次系统地阐述了典型枪弹对有防护目标钝击效应，对其生物损伤效应进行了分析讨论，得到了一些重要的研究结论，为轻武器装备研发、战伤救治以及士兵防护等提供了重要依据。除此之外，书中以真实人体数据为基础，构建了数字化人体模型，阐述了目标创伤特性、创伤评分方法、人体易损性特征函数等，不仅为轻武器杀伤效能提供了科学依据，也为建立全数字化战场救治平台奠定了技术基础。

作者团队是我国轻武器评价领域的重要力量，在轻武器杀伤效应理论建模、仿真分析、实验研究以及效能评估等方面开展了大量深入细致的研究，具有十分丰富的实践经验和较高的理论造诣。本书涉及创伤弹道学研究历程与沿革、生物效应与实测数据、理论模型与数值仿真、杀伤评估与优化设计等多个方面，既有创新理论研究，也有完整的数据支撑，基本构成了轻武器杀伤效应这一学科完整的结构体系。本书具有重要的学术与实用价值，值得广大从业人员参考应用。相信本书的出版发行，对进一步提升轻武器研发水平、指导战创伤救治等都将起到积极的推动与促进作用。

中国工程院院士
法国医学科学院外籍院士
中华医学创伤学分会名誉主任委员

2020 年 11 月 25 日

前　言

轻武器杀伤效应属于兵器科学与技术的学科范畴，是一门具有明确工程应用背景的综合性交叉学科。轻武器杀伤效应主要研究轻武器对有生目标作用的规律，研究成果主要应用于轻武器杀伤效能评估、杀伤元设计以及轻武器系统效能和作战效能研究等。轻武器杀伤效应的研究目标是掌握杀伤作用规律、建立杀伤效能评估标准、创新发展杀伤技术，并使之服务于论证、设计、鉴定和评估等轻武器装备研发全过程。

轻武器杀伤效应脱胎于创伤弹道学。20 世纪 70 年代末，在我国改革开放和“科学春天”的大背景下，以轻武器领域为主的兵器领域研究团队与军事医学研究团队跨学科合作，开展了系统的创伤弹道学研究工作。在老一代科研工作者的不懈努力下，我国创伤弹道学研究获得了丰硕的理论和应用成果，并在 20 世纪 80 年代末进入世界先进行列。轻武器杀伤效应实际上是对创伤弹道学相关内容的继承和发展，从某些方面看也体现了创伤弹道学在轻武器技术领域的延伸与应用。如果说创伤弹道学属于兼顾武器方面和医学方面的科学技术领域，那么，轻武器杀伤效应则主要面向轻武器装备，并将轻武器的杀伤效能评估、杀伤元设计方法等研究内容也纳入其中，从而成为体系相对完整的工程应用学科。以马玉媛研究员、刘荫秋研究员、王正国院士为代表的老一代科研工作者，为轻武器杀伤效应研究奠定了坚实的基础。他们在艰苦条件下迎难而上、开拓进取、科学严谨、团结协作的优良作风，也积淀为我们所传承的科研精神，激励着我们秉承“求真务实、争创一流”的基本理念，开展科学研究工作，充分发挥基础前沿创新作用，助力轻武器装备技术发展。

轻武器杀伤效应与轻武器装备技术发展状况、科学技术水平等密切相关。面向 21 世纪，轻武器装备创新与遂行任务多样化赋予了轻武器杀伤效应更为广阔的发展空间。随着防弹衣、头盔的防护性能不断增强，轻武器杀伤效应的研究重点从“杀伤元–机体”的二元作用效应转变为更为复杂的“杀伤元–防护–机体”的多元作用效应。2008 年后，在原总装备部、国家国防科技工业局、国家自然科学基金委员会的支持下，中国兵器工业第二〇八研究所联合南京理工大学、第三军医大学、原总装备部 31 基地、原总装备部轻武器论证研究所、浙江大学、中北大学等单位，组织开展了轻武器杀伤效应研究工作。研究团队在朵英贤院士、马玉媛研究员、付小兵院士以及相关专家学者的悉心指导下，借助于计算机模拟仿真、瞬态高精度数字化测试等现代技术方法，针对杀伤效应模拟与实验测试，对有防护目标杀伤机理、杀伤作用理论模型和数值仿真、杀伤效能评估和杀伤设计方法等进行了深入研究。研究工作是在继承国内外既有学术理论和研究成果的基础上，与国际上相关科学研究同步发展，获得了对杀伤作用规律较为系统全面认识的自主性研究成果，构建了学科结构体系。本书的绝大部分内容都是来源于上述研究工作。衷心感谢各位领导、专家的支持帮助，以及各位研究团队成员的辛勤工作！

全书共九章。第 1 章绪论。阐述了轻武器杀伤效应的定义、内涵和研究方法，国内外研究发展阶段、状况及其标志性成果，与国际人道主义法的关系及其对轻武器杀伤效应的发展推动作用，21 世纪面临的发展需求与研究重点。第 2 章杀伤元与模拟靶标。在介绍国内外常用杀伤元特征参数的基础上，重点阐述了破片、弹头的实验模拟方法；在模拟靶标方面，重点阐述了影响明胶靶标性能的主要因素、与肌肉的相似效应、明胶靶标制备与检测方法，以及基于明胶靶标的防护靶标；最后简要介绍了新型模拟靶标的发展状况。第 3 章无防护生物损伤效应。总结分析了典型轻武器杀伤元对无防护生物损伤效应特点及主要影响因素，阐述了小破片损伤效应特点、超高速杀伤元的生物损伤效应，以及高原、海水、干热等特殊环境因素对损伤效应的影响，介绍了生物损伤效应的评估模型、评估标准等。第 4 章有防护生物损伤效应。介绍了典型手枪弹和步枪弹穿透与非穿透防弹衣、头盔所致生物损伤效应特点，并分析了相关病理、病理生理学意义，阐述了弹头速度、动能以及弹头结构在有防护生物损伤效应中的作用及机制。第 5 章杀伤效应模拟实验。介绍了杀伤元侵彻明胶靶标过程和明胶靶标内压力测试方法，提出了杀伤元在明胶靶标内运动速度、能量传递量和明胶靶标内瞬时空腔的数据处理方法，列举了典型杀伤元侵彻明胶靶标过程的图像序列；阐述了有或无防护两种情况下压力传感器的植入方法，分析了明胶靶标内压力传递特点。第 6 章典型杀伤元与模拟靶标相互作用理论模型。针对无防护明胶靶标，建立了典型杀伤元侵彻明胶靶标的平面弹道运动模型和瞬时空腔模型，分析了杀伤元参数对运动规律的影响，提出了弹头翻滚和破碎的准则，构建了基于弹头微元面受力的三维运动模型；针对有防护明胶靶标，构建了手枪弹侵彻有软防护明胶靶标、步枪弹与有硬防护明胶靶标相互作用理论模型、弹头钝击压力波模型；针对每一个模型都提供了算例，并与实验结果进行了比较。第 7 章轻武器杀伤作用仿真方法。重点阐述了枪弹侵彻明胶靶标、明胶骨骼复合靶标、有防护明胶靶标和有防护数字化人体靶标等四种有限元模型构建方法，包括网格划分、材料本构模型和计算方法，并给出了这四种有限元模型仿真获得的完整杀伤过程物理图像和各种瞬态数据。第 8 章轻武器杀伤效能评估。在介绍杀伤效能概念和体系的基础上，阐述了人员目标创伤特性、创伤评分方法、基于数字化人体创伤模型的易损性特征函数等；构建了针对无防护目标的杀伤效能评估模型，讨论了典型杀伤元的杀伤效能特点；推导了防护后钝击损伤效应的压力波传播模型，构建了针对钝击能量传递的杀伤评估模型，分析了典型杀伤元钝击杀伤效能评估特点。第 9 章轻武器弹药杀伤设计。以杀伤效应理论模型和杀伤效能评估模型为基础，重点介绍了轻武器弹药设计的一般流程及方法，详细阐述了枪弹、破片参数对杀伤效能的影响规律，以及枪弹、小口径榴弹杀伤效能的优化设计方法，并分别给出了枪弹和小口径榴弹的设计实例。

全书由王光华审阅和定稿。吴志林、赖西南、王舒、徐诚、王建民协助完成全书各章节的审阅，卢大斌、覃彬参与相关章节的审阅。王舒负责全书策划和组稿，卢大斌负责书稿统筹。其中，第 1 章由王光华、王舒撰写，第 2 章由崔海林、金永喜、王俊红撰写，第 3 章由王建民撰写，第 4 章由赖西南撰写，第 5 章由王浩圣、王光华撰写，第 6 章由吴志林、刘坤、刘丽撰写，第 7 章由徐诚、温垚珂撰写，第 8 章由王舒、刘宪清、覃彬、魏伟撰写，第 9 章由卢大斌、王光华撰写。许多研究团队成员也付出了辛勤劳动，王双平、闫文敏、邓均、莫根林、陈爱军、韩瑞国、卢海涛、董方栋、高曈、王雪皎等参与了书稿撰写工作，在此表示衷心感谢。由于作者学识水平有限，书中难免存在缺点，恳请读者批评指正。

王光华　吴志林　赖西南　王　舒

2020 年 8 月

目录

第 1 章　绪　　论

1.1　轻武器杀伤效应的定义、内涵和研究方法

1.1.1　轻武器杀伤效应的定义

轻武器杀伤效应是研究轻武器对有生目标作用规律的具有工程应用背景的综合性交叉学科。

轻武器在我国国家军用标准 GJB 5236—2003 中的定义是："枪械系统、榴弹武器及其他由单兵或班组携行战斗、近距离毁伤目标的武器统称。适用于各军兵种。"[1] 轻武器的最主要作战用途是杀伤敌有生力量，同时也兼有毁伤敌轻装甲车辆、破坏敌其他武器装备和军事设施等作战任务。通常情况下，轻武器意为武器及其弹药的合称。轻武器弹药主要包括枪弹、小口径榴弹、单兵火箭弹、枪榴弹、手榴弹、地雷等，对有生目标的杀伤元素主要为枪弹弹头、榴弹破片和弹药爆炸产生的冲击波。本书不包含冲击波杀伤效应等相关内容，书中提及的杀伤元是指枪弹弹头和榴弹破片。

有生目标是指负有一定作战任务使命的人员。在复杂的战场环境下，轻武器对有生目标杀伤效应研究包含以下几个重要因素。一是防护因素，身着春夏秋冬四季服装的人员，称之为无防护目标；身着防弹头盔或防弹衣的人员，称之为有防护目标。二是能力因素，有生目标应具有行动、操持武器、操作车辆设备、信息交流等作战能力，对有生目标杀伤的最终目的是使其丧失完成作战任务的能力。三是精神因素，人员个体的精神状态和意志品质对其丧失能力的影响通常具有不确定性。除非有明确的特定要求，研究实践中通常不考虑精神状态和意志品质等个体差异的影响，而是设定有生目标的身心各项机能健康健全。

轻武器杀伤效应主要涉及杀伤元对有生目标的侵彻效应和撞击效应，包括杀伤元在目标区域的运动规律、对目标的杀伤效果和作用机理、杀伤作用效能、杀伤设计方法等方面内容，属于连续介质力学、刚体动力学、空气动力学、冲击动力学、弹塑性理论、优化理论、生物力学、军事医学等学科交叉领域。轻武器杀伤效应服务于轻武器技术领域，是终点弹道学和终点效应学的学科分支，也是轻武器设计理论的基础内容之一。轻武器杀伤效应中的杀伤效果和杀伤机理等内容与创伤弹道学的相应内容交叉重叠，本质上也是创伤弹道学的传承和发展。为了避免引起误解，本书所述的创伤弹道学既往研究工作及其成果，仍沿用原有的提法、概念、名词等。

轻武器杀伤效应研究的最终目标和任务是推动轻武器装备的创新发展，主要分为两个方面：一是掌握轻武器杀伤作用规律，深入挖掘杀伤元潜能，探索新的杀伤起效机制，引领和推动杀伤技术在方法、手段和途径等方面的创新；二是提出轻武器杀伤评估标准，建立杀伤性能检测、验收、试验方法，发展轻武器弹药杀伤效能的优化设计方法，服务于轻武器装备论证、设计和鉴定考核等研发全过程。

1.1.2　轻武器杀伤效应的内涵

轻武器杀伤效应的研究内容大致分为杀伤效果、杀伤机理、杀伤评估和杀伤设计等四个方面。这样可与轻武器杀伤效应研究的主要任务相对应，即从现象与结果、机理与本质等不同层面认识杀伤作用规律，并在轻武器的性能评估和设计方法等方面得到应用。这四个方面研究内容的本身具有显著的关联性，研究实践中也经常存在不同程度的交叉复用情况。轻武器杀伤效应关注的重点之一是杀伤元参数对杀伤作用结果的影响，侧重于物理、力学等方面研究。而生物损伤效应、创伤机制和伤情评估等创伤医学方面内容，作为杀伤效应研究的根本依据，也具有指向性、指导性和验证性等重要作用。

1. 杀伤效果

杀伤效果在这里是指杀伤元与目标之间直接的或直观的相互作用结果。杀伤效果研究主要着眼于杀伤元特性、目标损伤特性及其相互联系，是认识杀伤作用规律的起点，其中的生物损伤效应等内容具有不可或缺的参照作用。

杀伤效果物理特性研究，包括杀伤元击中目标前的运动状态，杀伤元对目标的侵彻作用原理，杀伤元和目标 (含防护) 的形态变化特征，以及与目标损伤效应的基本关系等；实验测试研究包括针对杀伤元运动、变形、破碎和目标 (含防护) 变形、空腔变化、压力传递等杀伤效应参数测试方法，以及测试系统构建、实验数据分析处理方法等；非生物模拟靶标研究，即用非生物材料作为生物组织器官的替代物开展杀伤效应研究，包括非生物材料成分、密度、弹性模量等物理力学性能，杀伤效应相似物理量与相似准则，杀伤元侵彻效应与目标损伤效应相似性，靶标制备和使用方法等。

生物损伤效应研究是轻武器杀伤效应研究工作的基本知识和重要依据，亦属于军事医学领域的研究范畴。局部效应研究，包括杀伤元作用于目标时所形成的伤道 (伤腔) 或目标被撞击挤压时部位的直接损伤情况，同时在极短时间内引发的伤道外邻近部位或远隔部位的间接损伤情况，以及受损伤部位的器官或组织功能受损情况等；全身效应研究，包括在发生损伤的较短时间内，局部效应对全身各主要组织、器官和系统等功能的影响，以及对人员行动、意识、信息交流等作战能力的影响等；继发效应研究，主要指在损伤发生后的一定时间内，局部效应和全身效应的本身发展变化情况，以及由此导致的其他组织器官或系统的功能损伤等情况。还有，生物模拟靶标研究，即用猪、狗、羊等动物作为替代物开展损伤效应研究，包括生物靶标选取原则和标准、组织器官及其行为功能的相似性、局部效应和全身效应的相似性等内容。

2. 杀伤机理

杀伤机理主要研究杀伤元对目标杀伤作用的因素、途径及其相互作用的本质特征，目的是建立杀伤元速度、质量、材料、结构等要素与其杀伤效果的内在联系，主要涉及动力学、生物力学等多门学科。同时，杀伤元物理力学量的变化转化与其作用结果的关联程度，需要与生物创伤损伤机制有效衔接和传递。

基于杀伤元作用特性的物理力学机制研究，包括杀伤元直接作用于目标过程中的速度衰减、变形破碎、翻滚偏航等运动变化规律及其极限穿透、失稳等准则阈值；杀伤元侵彻防护的作用规律、对防护后目标的侵彻撞击作用规律；目标的瞬时空腔形成原理、膨胀和收缩规律，机体运动与内部压力的转换规律，压力波发生机制、传递变化特性和能量转换规律；杀伤全过程中，杀伤元能量的转换时效特性、传递分布特性，杀伤因素及其作用结果的时序特性、交互特性等方面内容。

基于生物损伤效应的创伤机制研究，包括杀伤元对组织器官的直接碾压和撕裂作用，瞬时空腔牵拉振荡作用，压力波传播及对远隔组织器官的作用，冲击震动对神经中枢系统的作用，生理病理学损伤机制，分子生物学损伤机制等方面内容。

3. 杀伤评估

杀伤评估主要研究轻武器杀伤期望目标与杀伤作用结果的关系，用于评测杀伤元所具有的杀伤作用能力或达到杀伤设计指标要求的程度、轻武器杀伤效能等。杀伤评估也是轻武器系统效能、轻武器作战效能研究的一个基础性环节。

目标易损性研究，包括杀伤元对目标 (含防护) 的作用特性，以及与目标组织、器官或生理系统等的损伤效应关系，目标的材料结构建模方法、生理功能建模方法和数字化建模方法，目标损伤的数值化表述方法、失能或丧失战斗力评定方法，目标损伤数据库及其专家评定分析系统等方面内容。

杀伤判据研究，包括杀伤元特性、杀伤要素和杀伤效力计算分析方法，杀伤准则与阈值、杀伤效能表征参数及其完备性、杀伤效能计算分析方法，全射程杀伤效能计算分析方法，目标丧失战斗力计算分析方法，基于数字化目标模型的数值仿真计算分析方法，轻武器装备杀伤性能检验测试方法，在轻武器系统效能与作战效能评估论证中的应用方法等方面内容。

4. 杀伤设计

杀伤设计主要研究以杀伤性能为预期目标，形成弹药的技术方案所需的计算分析原理与方法。杀伤设计是杀伤效果、杀伤机理和杀伤评估等研究结果的综合运用，与弹药或杀伤元的结构设计、内弹道设计、外弹道设计等密切相关，体现了轻武器杀伤效应研究工作在轻武器弹药设计方面的工程应用价值。

终点杀伤性能设计研究，包括杀伤元杀伤敏感因素、弹药参数化设计模型、终点杀伤性能优化设计模型、终点杀伤设计流程；基于提高杀伤性能的全弹道协同设计研究，包括弹药内弹道参数、外弹道参数对其终点杀伤性能的影响要素与匹配关系，全弹道杀伤性能优化设计模型、全弹道杀伤设计流程、全射程杀伤效能匹配与优化，全弹道杀伤设计软硬件技术平台等。

1.1.3　轻武器杀伤效应的研究方法

轻武器杀伤效应研究既包含杀伤元的侵彻撞击作用，又包含机体的器质性和功能性等损伤。这一特点就决定了轻武器杀伤效应兼有终点弹道学和创伤医学的研究方法。与所有工程应用学科一样，轻武器杀伤效应的研究方法基本上可以分为实验法、经验法、理论法和数值仿真法等四种类型，也可归结为“由未知探索需知，逐步推向已知”的分析法。

1. 实验法

实验法是轻武器杀伤效应研究中最基本、最重要的研究方法。通过实验，可观察杀伤作用特点、效果及其过程，分析主要参数与作用现象的关系，探索杀伤机制和提取内在规律；通过实验，也可验证分析研究结果，检测杀伤元作用性能。杀伤效应研究最早主要来自实验，而且理论分析中用到的许多参数也来自实验。

轻武器杀伤效应研究中，大多采取生物实验方法或模拟实验方法，即目标采用动物或非生物模拟物替代，而且绝大多数情况下采取全尺寸模拟方式；弹头用弹道枪或制式枪械发射，而破片用弹道枪发射，其材料、形状、结构、尺寸、速度等与榴弹爆炸时的破片参数一致或近似。

生物实验，也称为生物效应实验，通常选用猪、狗、羊等作为模拟替代物开展实验研究工作，能够“真实”反映杀伤作用的实际情况。实验动物选用的基本依据：一是主要组织器官在尺寸、重量和结构功能上与人体的相应组织器官相近；二是局部损伤效应、全身损伤效应等伤情反应与人体相一致；三是便于实验前后处置、伤情观察检测等。生物实验的主要目的是获取杀伤元对有生目标的作用效果、杀伤结果和创伤机制，推断出杀伤元参数与杀伤作用结果的定性关系，验证所设计研制的杀伤元及其弹药的实际作用效果等。生物实验是全面认识杀伤效应的首要步骤，也是建立模拟实验方法的基本依据。

模拟实验，也称为非生物模拟实验，是轻武器杀伤效应的最重要、最基本的实验研究方法，也是理论法和数值仿真法的主要数据来源。轻武器杀伤效应的绝大部分研究工作都是基于模拟实验而开展的。模拟实验通常选用明胶、肥皂或水等作为目标或目标组织的模拟替代物开展实验研究工作。这种模拟替代物也称为模拟靶标。模拟靶标选用的基本依据：一是靶标材料在成分、密度、强度及其他物性方面与目标组织相近；二是杀伤元的侵彻效应和靶标效应 (如瞬时空腔等) 与目标效应相近；三是靶标性能稳定，制备使用力求简便，实验现象易于测试等。模拟实验在保证杀伤效应相近的前提下，解决了生物目标一致性、稳定性和可测试性等固有难题。模拟实验的主要目的是获得稳定有效的实验数据，分析杀伤元参数与杀伤作用的量化关系，探索杀伤作用机理和杀伤作用规律。

生物与非生物模拟相结合实验，是针对某个具体问题时采用的一种特殊实验方法。该方法的基本思路是利用非生物模拟物构造可获取稳定杀伤物理参数的“机体”环境，利用生物模拟物获得“真实”的杀伤作用结果。例如，马玉媛、王德文等在 1991 年的“压力波远达效应”的实验研究中，用水箱中的水模拟目标以获取稳定的压力波场，将近似于活体状态的动物离体脏器置于水箱中，成功地获得了杀伤元所致机体内压力波的作用距离、致伤阈值以及与各脏器损伤程度的对应关系等重要数据。

2. 经验法

经验法是基于本研究领域或相关研究领域的实践经验以及物理、数学、医学等方面基础知识，对杀伤效应实验数据进行拟合处理或对杀伤作用效果进行主观判定的研究方法。显然，经验法运用得是否合理得当，取决于实践经验和数理知识的丰富程度。

针对所获得的实验数据，可通过如量纲分析、回归分析、数理统计等数学物理方法，拟合得到简便实用的经验公式、数据图表等，量化地反映作用规律，获得杀伤元参数与作用结果的相互关系，并在一定条件下推广使用。经验公式的构造首先应基于其物理现象的通常性认识，如杀伤元侵彻阻力一般选取为与迎风面积、速度平方等呈正比关系的解析式。经验公式的综合系数在不同实验环境和条件下的取值是不同的。在利用经验公式进行估算时，必须搞清楚综合系数的取值与实验环境条件之间的关系，否则计算结果的误差很大，如杀伤元在不同配比的明胶靶标中的阻力系数就有明显的差异。

针对杀伤作用效果的主观性判定，一般从预设期望目标、杀伤数据或伤情描述以及认知水平等三方面综合考量，最终给出与判定结果相关的量值等。该方法主要适用于对目标杀伤效果评定方法、目标易损性、杀伤效能评估等方面，包含以下几个基本步骤：第一步，预先设定期望目标，并且有明确的立场和聚焦点，如杀伤元作用规律与目标的作用效果是紧密联系的，若聚焦点在杀伤元作用规律，那么相应的目标作用效果就应作为“背景”加以考虑，二者不能相互调用或替代；第二步，借助于数学物理方法构造计算分析模型。模型需要具备三个要素，即表达式或数学处理方法、杀伤效应数据或其客观描述、专家的评分或评议结果；第三步，采用适当的方式方法，全面准确地获取专家的知识和经验，并有效地运用在所构造的计算分析模型之中，如在邀请专家进行杀伤权重评分时，事先将伤情进行分级处理并赋予相应的范围值，这样，专家既充分发挥个人的判断力又使判定量化结果在合理的离散区间内；第四步，就是将计算分析结果与实际结果进行对比分析，验证所建立模型的正确性并进一步完善模型。

3. 理论法

理论法是轻武器杀伤效应研究中十分重要的方法，也是当前研发人员进行杀伤效应计算和弹药 (杀伤元) 设计时最有效的一种方法。理论法基于对研究对象的经验性认识，根据实验数据或结果等，分析总结主要控制因素，并适当略去次要因素，从而建立描述研究对象作用关系和过程变化的理论模型。

理论法的一个本质特征就是必须具有较强的理论基础，经过分析推导而得出的各个有关变量 (因素和结果) 的物理数学关系。理论模型所反映的是杀伤作用过程的机理，即相关因素的作用机制和作用结果。由于实际杀伤作用过程比较复杂、影响因素很多，理论模型通过对影响因素的分析和取舍，能够有针对性、较准确地描述杀伤过程的主要物理现象，其计算结果具备一定的普遍性和指导性。

在轻武器杀伤效应研究中，理论模型的建立方法主要有两个途径：一是基于基本的力学原理、杀伤元和目标 (靶标) 的物性及其相互作用特点，构建相应作用方程、表达式或计算方法等，施行由初期的考虑主控因素较少到后来考虑主控因素较多的研究过程，逐步实现由易到难、由基础向工程应用的转化过程。二是基于实验结果，对杀伤效应作用条件和效果等进行归纳分析，类比相近或相似情况，引用相关学科较为成熟的理论模型或建模方法，对其假设条件和表达式等进行适当改造。然后，通过实验等手段获取模型参数或验证表达式的合理性，施行由全面构建到局部验证的研究过程，实现理论模型的应用转化。在实际研究中，往往是两个途径“双管齐下”或交叉使用，因此能够取得更好的研究效果。

4. 数值仿真法

数值仿真法是数值计算理论与计算机技术相结合发展起来的计算方法，其核心是借助计算机，按照预定程式来完成大量复杂循环的计算并给出结果；有限元方法是当前最主流的数值仿真法，凭借图形处理技术的进步，可实现终点杀伤过程及效应的三维还原与全过程显示。

在轻武器杀伤效应的数值仿真研究中，主要侧重于杀伤元对目标或靶标的侵彻冲击效应模拟，包括杀伤元在靶标中的运动规律、靶标损伤效应等。数值仿真的主要步骤包括数学建模、算法设置、结果显示及分析等。首先，数学建模要建立可准确描述侵彻杀伤过程的几何模型、有限元模型、介质材料模型，并设置合理的边界条件；其次，对于算法设置，选择合适的算法对实现高效率、高准确度计算有重要意义，例如在弹头侵彻过程仿真中，Lagrange 算法反映介质运动较准确，而 Eular 算法反映介质受力较准确，ALE(arbitrary Lagrange-Euler) 算法将两者相结合但计算量较大，计算过程中可根据侧重点选用；最后，结果显示及分析环节，现有的主流有限元仿真软件中，应用于终点杀伤过程侵彻碰撞仿真领域的较著名的软件包括 ANSYS/LS-DYNA、AUTODYN、ABAQUS、MSC.DYTRAN 等，都具有自行开发的前处理建模及后处理显示专用模块，可以很好地实现过程显示及细节数据分析等功能。

1.2 轻武器杀伤效应的研究发展状况

轻武器杀伤效应的研究发展历程，即为创伤弹道学的起源与发展，是轻武器技术发展到一定阶段的必然结果。当轻武器发射的“高速”弹头所产生的杀伤效果明显区别于刀箭等冷兵器杀伤效果时，学者们就开始关心并着手研究其杀伤效应了。

1.2.1 19 世纪后半叶~20 世纪中前期的国外发展状况 (1940 年前)

1.“水压力”效应 [2]

19 世纪中叶后，轻武器技术进入了快速发展时期。西方国家军队的枪弹口径多在 10~15mm 之间，弹头重 20~25g，初速在 400m/s 以上，弹头多为圆头全铅质结构。针对这类弹头所造成的巨大杀伤效果，研究人员经过大量的观察实验和总结分析，将其杀伤因素归结于三个方面：① 弹头在撞击侵彻机体过程中，部分铅熔化；② 弹头自身旋转而产生的离心力作用于生物组织；③“水压力”效应，即杀伤元借助于液体 (水) 传递压力，使伤道内组织加速向四周扩散，造成组织广泛损伤甚至产生“爆炸”效应。

埃米尔 · 特奥多尔 · 科赫尔 (Emil Theodor Kocher，瑞士人，1909 年获得诺贝尔生理学或医学奖) 在 1874~1895 年间，在枪弹杀伤效应领域发表了多篇论文，并且开创了用科学方法开展杀伤效应研究工作的先河。科赫尔邀请物理学家福斯特 (Forster) 计算得出铅弹头撞击速度达到 353m/s 时，在弹头上产生的热量能达到铅的熔点。这个速度与当时全铅弹头命中目标时的最高速度相接近。据此，科赫尔认为弹头如果撞击到骨头，部分铅会熔化，而弹头在侵彻软组织过程中则不会熔化。科赫尔首次用肥皂和明胶作为软组织模拟物，并在大量的实验研究和数学家、物理学家计算分析的基础上，得出如下结论：无论是弹头部分熔化还是离心力作用都不会造成机体明显损伤，而“水压力”效应才是造成机体损伤的决定性因素。科赫尔注意到铅弹头的变形 (蘑菇头状) 会引起更大的创伤效果，他呼吁采用硬度较高并且不变形的弹头，以降低“水压力”效应所带来的巨大伤害。此时正值金属瓶形弹壳和无烟火药的发展应用阶段，弹头采用了全金属被甲结构，其速度得到较大提高，并且口径减小至 6~8mm。科赫尔建议减小弹头口径来降低“水压力”效应，并且增大弹头旋转速度以提高其稳定性。

19 世纪 80 年代后，被甲弹头逐步取代了铅弹头，枪弹口径减小而速度得到提高。当时一种较为流行的观点是全被甲弹头避免了弹头变形，再加之口径减小，可大大降低对人员的过度伤害作用，因而这种全被甲弹头更“人道”。在罗马举行的一次医学会议上，普鲁士军医冯 · 科勒 (von Coler) 以大量的实验为依据，提出与之相反的观点，宣布“这种新的全被甲弹头的‘人道’名声就此被彻底否定了”。瑞士军医伯奇 (H. Bircher) 通过大量的实验试图去搞清楚上述两种观点的正确性，所做的实验项目包括射击含有各种内容物的罐头盒子，并且把实验结果以图片形式展现出来。在讨论分析了全被甲弹头和铅弹头的作用效果后，伯奇指出：全被甲弹头具有爆炸性杀伤效果，而且其杀伤机理仍是“水压力”效应。

1898 年，美国军医伍德鲁夫 (Charles E. Woodruff) 发表了一篇关于现代小口径枪弹爆炸性杀伤效果的文章 [3]。实验研究中采用的靶标有两类，一类是番茄罐头盒中装满水、干砂或湿砂；另一类是空的、装满水的和装一半水的新屠宰的牛膀胱。伍德鲁夫用各种弹头对靶标进行射击并观察记录实验结果。同时，也与物理学家和数学家一道，对实验现象进行了理论分析。伍德鲁夫在文中预测并用五幅图片描述了弹头侵彻过程和瞬时空腔形成情况，参见图 1.1。

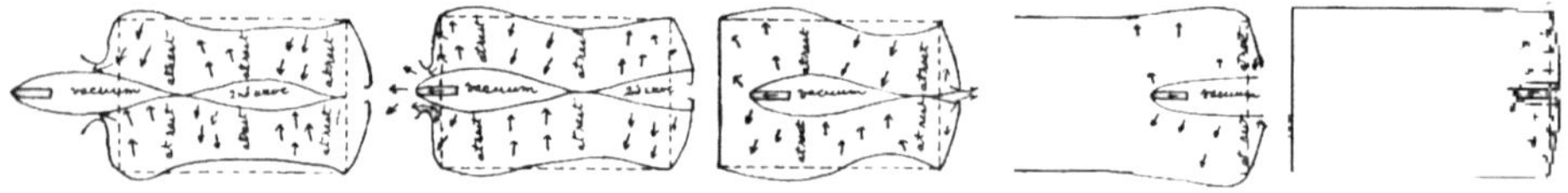

图 1.1　弹头侵彻过程和瞬时空腔形成情况的图片

2. 杀伤元的杀伤能力研究

1868 年，辛普森 (Simpson) 发表了弹头侵彻木板深度与对有生目标杀伤能力的实验结果。这次实验也被认为是首次发表的真正意义上的创伤弹道学实验研究。辛普森通过实验观察得出 [2]：弹头如果能够穿入冷杉木 (fir)8mm，则可造成马的皮肤轻微擦伤；如果穿深达到 15mm，则可造成严重损伤，但不会使马匹失能；如果穿深达到了 30mm，则会产生非常严重的伤害。

1900 年前后，德国人通过实验得出 [4]：直径 0.5in(1in=25.4mm)、重约 0.5oz

(1oz=28.35g) 的铅球当落点动能达到 58ft·lb(1ft·lb=0.138kg·m=1.35J) 时 (另一说法为：铅球重 12.5g，落点速度 112m/s)，能够穿透 1in 的松木板，并可对目标造成严重伤害，这时铅球的动能约为 78J，即现在通称的 8kg·m。

显然，这方面研究工作具有重要的历史和现实意义。这一时期的杀伤元杀伤效果与侵彻木板深度、杀伤元动能相关性等研究结果，也逐渐成为轻武器装备杀伤性能考核方法和杀伤元设计标准。随着近现代轻武器杀伤效应研究的深入发展，松木板考核方法和动能准则存在的问题逐渐显露出来，主要争议焦点在于与实际杀伤结果的差异：一是木板侵彻与机体杀伤在机制上有着本质不同而且杀伤效果也相去甚远；二是具有同样动能的不同杀伤元的杀伤结果也可能存在着巨大差异。

3. 停止作用

停止作用 (stopping power) 是指轻武器杀伤有生目标并使其迅速丧失战斗力的能力。停止作用的概念起源于 19 世纪的殖民战争，殖民地军队发现他们所用手枪虽然在近距离击中了正在向他们进攻的当地部落战士，但这些被击中的当地部落战士却仍能够继续冲锋。这种情况致使他们期望拥有威力更大的枪弹，以达到一发枪弹有效杀伤的效果。比如在 1900 年的廊坊阻击战中，一个英国士兵通常要发射四发.303in 的李–迈特福特枪弹，并且全部命中一名义和团员，才能使之失去攻击能力 [5]。据此，英国军队在印度西北边界战争、苏丹战争中，使用了达姆弹头。

进入 20 世纪后，停止作用逐渐成为轻武器选型的重要考量指标。1904 年，美国军方为了解决.38in 科尔特长手枪停止作用不足的问题，指派来自步兵的汤普森上校 (Colonel John Taliaferro Thompson，美国人，著名的汤普森冲锋枪设计小组负责人) 和来自医学部门的拉加德少校 (Major Louis Anatole Lagarde，美国人，著名的创伤弹道学家) 共同组织完成军用新手枪的选型测试工作，即著名的汤普森–拉加德试验 [6](Thompson-Lagarde Tests)。试验地点选择在伊利诺伊州芝加哥的纳尔逊 • 莫里斯公司的联合牲畜饲养场。试验靶标为活体牛、马和人员尸体，其中人员尸体悬挂起来用来测试弹头击中后的位移，拉加德称之为 “冲击”(shock)。汤普森和拉加德得出的试验结论是，军用手枪口径只有不小于.45in 时，才能在近距离获得冲击效应 (shock effect) 和停止效应 (stopping effect)，口径小于.45in 的全被甲弹头均未呈现出所需要的上述效应。汤普森–拉加德试验考查指标的科学性一直存在争议，但这次试验工作在轻武器杀伤效应研究中有两个显著意义：一是为停止作用提供了来自科学实验的数据和证据；二是在轻武器杀伤效能评估和选型试验等方面，开辟了理论先导、实验验证的研究方法和技术途径。

哈彻将军 (Major General Julian Sommerville Hatcher，美国人) 是停止作用研究的著名学者 [7,8]。1927 年，哈彻在所发表的《自动手枪、转轮手枪及其应用》

(*Textbook of Pistols and Revolvers: Their Ammunition, Ballistics and Use*) 一书中，提出了停止作用公式 (简称 StP)，见式 (1.1)。哈彻认为弹头必须具有一定能量才能侵彻到有效杀伤的深度 (约为 25cm)，在侵彻过程中弹头能量传递量越大杀伤效果越好，而横截面较大的弹头要比横截面较小的弹头传递更多的能量。因此，StP 中加入了弹头形状系数，见表 1.1。1935 年，哈彻在他的新版书中对 StP 进行了修订，用动量替代了动能。为了与 StP 相区别，哈彻将其定义为相对停止作用 (relative stopping power) 公式 (简称 RSP)，见式 (1.2)。哈彻最终选择动量为主要参数的杀伤效能计算公式，是因为 RSP 的计算结果与汤普森–拉加德试验的结果吻合度更高。

$$\mathrm{StP} = 0.114E \cdot A \cdot f \tag{1.1}$$

$$\mathrm{RSP} = 17.9P \cdot A \cdot f \tag{1.2}$$

式中：E 为弹头能量, J；A 为弹头截面积, m^2；f 为弹头形状系数，见表 1.1；P 为弹头动量，kg·m/s。

表 1.1　弹头形状系数数值

弹头结构特征	形状系数 f 的取值
全被甲弹头	0.9
弹头头部露铅	1.0
钝头弹头	1.1
圆柱形弹头	1.25
半被甲弹头①	1.25～1.35

注：① 依据弹头头部的变形程度取值。

直到现今，停止作用仍是轻武器设计师们追求的基本目标。从现代观点看，停止作用与弹头自身性能、命中部位及其杀伤效果等密切相关。弹头自身性能包括口径、速度、质量、形状和材料等多种因素。杀伤效果是实现停止作用的最终因素。命中脊柱、大脑等中枢神经系统通常可获得理想的停止作用效果，而命中其他部位，即使是致命器官，如果失血速度较慢并且血压不能迅速降低，也不易达到较理想的停止作用效果。无论如何，停止作用研究主要有两个方面：一是弹头的动力学效应，弹头质量、口径、材料、形状和速度等，与永久空腔和瞬时空腔的关系；二是目标的创伤效应，永久空腔和瞬时空腔的生物学损伤效应、神经系统效应和心理效应等。

1.2.2　第二次世界大战及其以后的国外发展状况 (1941～2000 年)

1. 瞬时空腔与现代创伤弹道学

1941 年，来自英格兰里斯伯勒王子城 (Princes Risborough) 的布莱克 (A. N. Black)、伯恩斯 (B. D. Burns) 和朱克曼 (S. Zuckerman) 选用 0.035g 的钢

球高速侵彻动物体和明胶块，利用当时先进的火花放射线透视照相技术 (spark shadowgraph) 拍摄侵彻后毫秒级时间间隔内的靶标图像 [9,10]。实验发现：兔子大腿和明胶块的内部均产生空腔并且经历了巨大的膨胀、塌陷直至恢复原状的过程，其中明胶块最大可膨胀至原始体积的 3~4 倍。本项研究直观地展现了高速杀伤元致伤瞬间的独特现象即瞬时空腔，证实了高速杀伤元创伤机制与冷兵器创伤机制的本质差别，成为瞬时空腔理论发展的里程碑。

1943 年，美国科学研究与发展办公室 (Office of Scientific Research and Development) 委托普林斯顿大学开展创伤机理 (mechanism of wounding) 研究 [11]。1946 年，全部研究工作在普林斯顿大学的生物医学实验室完成，主要研究内容有：实验方法，包括杀伤元和靶标模拟实验方法、火花放射线透视照相和高速摄影的测试方法等；侵彻与杀伤机制，包括各类杀伤元在生物软组织、骨骼、水、明胶和肥皂等靶标中的阻力系数和速度衰减规律，以及与靶标中的压力、瞬时空腔等量化关系；肌肉组织中的伤道 (永久空腔) 和爆炸性效应 (瞬时空腔) 研究；腹部、胸部和头部的爆炸性效应 (瞬时空腔) 研究；瞬时空腔的膨胀收缩规律；伤道内及其邻近处器官、血管和神经损伤；杀伤元质量和速度与人员伤亡的关系等。该项研究采用了先进的实验测试技术，运用了定量化的研究方法，基本涵盖了创伤机理的各个方面，不仅获得许多重要研究结论和成果，更重要的是奠定了基本研究方法和实践经验，以至于后来的研究也基本以此为基点多方向地向纵深发展。

现代创伤弹道学亦发端于此。在杀伤效果方面，揭开了创伤过程的“黑匣子”，能够直接观察到毫秒级和微秒级的作用效应；在实验测试方面，利用先进的瞬态测试手段，逐步形成了规范的实验方法，获取了杀伤元参数 (质量、速度、形状等) 与杀伤效果的相互关系；在作用机理研究方面，依托于实验结果，建立了杀伤因素、作用过程及其杀伤结果的量化关系，不断深化了对杀伤作用规律的认识，加速推进了物理力学机制的研究发展，并且与创伤医学研究形成了相互对照认证的良性发展局面。自此，创伤弹道学真正地成为显性定量化研究学科。

1962 年，美国出版的《创伤弹道学》是现代创伤弹道学发展及其体系构建的集中体现，具有重要的学术价值。该书的研究工作贯穿于二战前和二战后，包含了创伤物理因素、创伤机理、武器杀伤标准等方面内容及最新研究成果，构建了较完整的研究体系框架，除了前述的创伤机理外，在敌军武器装备一节中，详细列出二战中日本和德国以及抗美援朝战争中朝鲜人民军的杀伤性武器弹药的性能数据；在创伤相关的弹道特性一节中，从物理学层面详尽地描述和总结了：各种杀伤元的杀伤作用形态及速度、动量、动能以及做功效率等物理参数，阻力、运动衰减和弹道系数等计算公式，以及永久空腔、瞬时空腔及其脉动、侵彻皮肤和骨骼、能量与瞬时空腔体积的数量关系等研究成果。在杀伤标准方面提出了：穿透松木板作为杀伤元效能的考核标准是无效的，58ft·lb(约 78J) 作为一个公平的标准虽然没有充分的依据但肯定优于松木板，平均状态下 58ft·lb 能够确保杀伤元具备有效杀伤能力，人体易损性的数学表达是精确计算杀伤概率的必要条件等基于科研实践的重要观点。

2. 基于能量传递的评估方法 [12,13] 及其对轻武器装备发展的推动作用

1960 年，Dziemian(the Biophysics Division，Edgewood Arsenal) 研究发现普通弹头、箭形弹头、多种形状破片等对步兵造成的丧失战斗力的条件杀伤概率，与杀伤元侵彻明胶靶标 (10℃ ，20%含量)1~15cm 深度时的能量传递量有关，见式 (1.3)，这一评估准则被称为 E_{1-15} 法。1968 年以前，美国轻武器界就是利用这一判据来估算枪弹的杀伤效能。

$$P_{(I/H)} = \frac{1}{1+\mathrm{e}^{-(a+bX)}} \tag{1.3}$$

式中：$P_{(I/H)}$ 为一次随机命中士兵使其丧失战斗力的概率；$X = \lg E_{1-15}$；E_{1-15} 为侵彻明胶靶标深度在 1~15cm 间传递的能量，J；a，b 为按照士兵承担的不同任务及不同的丧失战斗力时间而确定的拟合常数。

美国阿伯丁靶场弹道研究实验室 (Ballistics Research Laboratory，BRL) 研究对比了高速摄影法、X 射线摄影法和弹道摆法，得到的结论是弹道摆法测得的结果比高速摄影法精确，而且弹道摆法也比 X 射线摄影法更经济，效率更高。因此，美国阿伯丁靶场弹道研究实验室推荐使用弹道摆测试系统，见式 (1.4)，这就是著名的ΔKE 法。自 1969 年以后，这种方法一度成为轻武器领域和武器系统分析人员评估弹头杀伤能力的基本方法。

$$P_{(I/H)} = 1-\mathrm{e}^{-\alpha(\Delta\mathrm{KE})n} \tag{1.4}$$

式中：ΔKE 为侵彻 15cm 深度明胶靶标传递的能量，J；a，n 为按照士兵承担的不同任务及不同的丧失战斗力时间而确定的拟合常数。

1975 年，Sturdivan(Edgewood Arsenal) 提出了一种估算杀伤效能的新方法，将步兵一次随机命中时的丧失战斗力概率与在明胶靶标中杀伤元传递能量的期望值 (expected kinetic energy，EKE) 相关联，见式 (1.5)、式 (1.6)，即所谓的 EKE 法。EKE 是考虑到人员目标典型部位的厚度不同，将侵彻深度作为变量，通过加权计算侵彻不同深度明胶靶标的杀伤元传递能量之和，获得的在随机命中人员目标时杀伤元的能量传递量。人员六个主要部位的侵彻深度测试值分别为：头颈部 22cm、胸部 44cm、腹部 33cm、骨盆部 30cm、上肢 12cm、下肢 19cm，整个人

体 44cm。EKE 法在模拟靶标与人员目标有机结合方面做了一次有益的尝试。

$$P_{(I/H)} = \frac{1}{1+\alpha\left(\dfrac{\text{EKE}}{\gamma}-1\right)^{-\beta}} \tag{1.5}$$

式中：α，β，γ 为按照士兵承担的不同任务及不同的丧失战斗力时间而确定的拟合常数。

$$\text{EKE} = \frac{m}{2}\sum_{i=1}^{45} P_i(v_i^2 - v_{i-1}^2) \tag{1.6}$$

式中：m 为杀伤元质量，g；v_i 为杀伤元在靶标深度 i 处的速度，m/s；P_i 为杀伤元侵彻到深度 i 处的概率。

E_{1-15} 法、ΔKE 法和 EKE 法的本质都是将杀伤元在目标中的能量传递量作为判定杀伤效能的基本参量，反映了对轻武器杀伤效应的认识达到了一个新高度，即明确了杀伤元杀伤作用的本质物理因素是杀伤元传递给目标的能量。杀伤元能量传递量作为评估参数，既能够准确反映杀伤元的实际作用效果，也能够分析研究杀伤元的作用效率，而且与杀伤元的设计参数建立了有机联系。这样，就为轻武器杀伤效应研究搭建了新平台。

能量传递评估方法与小口径轻武器是同期出现的。美国在越南战争中装备了 5.56mm 口径的 M193 枪弹及其 M16 突击步枪，放弃了之前自己坚持的 7.62mm NATO 枪弹及其 M14 半自动步枪。首先是步枪有效射程的作战需求从 600m 减到了 400m，而且更加强调较近距离的火力强度和杀伤效能。小口径武器具有后坐力小、携弹量大等天然优势，但是枪口能量较低、弹头质量较小。小口径枪弹保证具有足够的杀伤力是小口径武器装备使用的必要条件。能量传递评估方法在推动小口径武器装备使用方面起到了关键作用，至少是解决了小口径枪弹杀伤效能的理论基础和实验验证等问题。如果采用之前的评估方法，无论是侵彻松木板法还是 78J 准则，都不能证明小口径枪弹具有足够的杀伤效能，甚至还会得出相反的结论。能量传递评估方法的实验结果，清楚地显示小口径枪弹具有更大的能量传递量和更高的杀伤效能，弹药具有更高的能量利用效率。

20 世纪 60~80 年代的三十年间，世界掀起了小口径化浪潮。苏联列装了 5.45mm 口径枪弹。北约确认 5.56mm 为第二标准口径并通过选型列装了 5.56mm 口径的 SS109 枪弹，用以替代 M193 枪弹。我国则列装了 5.8mm 口径枪弹。轻武器榴弹也迈向了小质量化和高速化，破片质量减少至不足 1.0g，甚至达到 0.1g，大大地增加了破片数量，提高了杀伤效率。

3. 创伤剖面图

创伤剖面图 (wound profile) 是美国著名创伤弹道学家、军医马丁 · 法克勒博士 (Dr. Martin L. Fackler) 和约翰 · 马林诺斯基 (John A. Malinowski) 于 1985 年首次提出的 [14~17]。20 世纪 80 年代，他们在美国莱特曼陆军研究所 (Letterman Army Institute of Research) 研究比较杀伤元侵彻猪 (重 50~70kg) 后肢软组织和明胶靶标的相似性，采用了 4℃、10%含量的明胶靶标并在后期研究中进行了一些改良。法克勒博士和马林诺斯基认为明胶靶标与活体猪的后肢肌肉组织的杀伤效应基本相同，其中侵彻深度相差在 3%以内、弹头翻滚破碎情况一致、瞬时空腔相差在 8%以内。基于上述研究结论，法克勒和马林诺斯基提出了一种预测杀伤元创伤能力的方法。该方法通过测试杀伤元对明胶靶标 (长方体横截面 25cm×25cm、长度 50cm) 侵彻作用的全过程，将杀伤元侵彻的翻转、破碎、永久空腔和瞬时空腔四种创伤成分 (wound component) 绘制在靶标长度方向的截面上，所形成的图形称之为创伤剖面图，参见图 1.2。创伤剖面图直观地显示出杀伤元侵彻状况及其靶标空腔结果，结合所标注的杀伤元质量、速度、结构、形状等信息，较充分地反映出杀伤元的杀伤特征，也诠释了其中的因果联系。直至今日，创伤剖面图作为杀伤作用的基本数据信息，在学术文献和科普文章中被广泛引用。

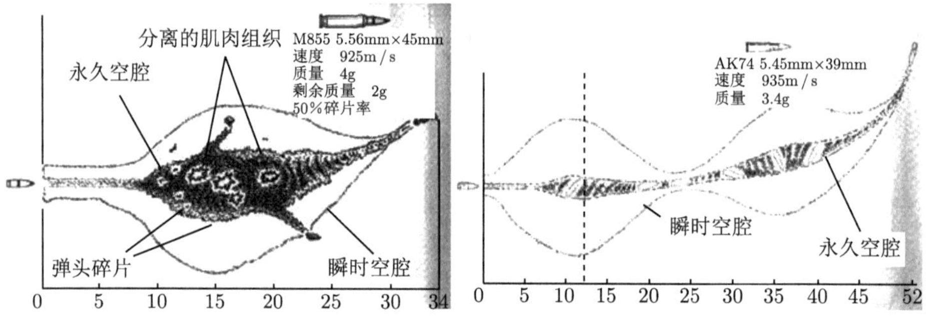

图 1.2　典型步枪弹的创伤剖面图

4. 压力波致伤作用研究

压力波致伤是指高速杀伤元侵彻机体过程中，在软组中所产生的压力波 (pressure wave) 对目标所造成的损伤，国外也称之为静水压力冲击 (hydrostatic shock) 或弹道压力波 (ballistic pressure wave)。高速杀伤元侵彻时，在软组织内主要产生三种形式压力：一是当杀伤元撞击目标的瞬间，形成一个冲击波形状的压力脉冲；二是杀伤元运动过程中，杀伤元前部持续作用于软组织的高压力，也称之为弹头压力波；三是杀伤元侵彻后，瞬时空腔脉动所形成的速度较慢、量值较低的压力。图 1.3 为 SS109 枪弹侵彻明胶靶标的压力波曲线。

20 世纪 40 年代，普林斯顿大学的哈维 · 牛顿 (E. Harvey Newton) 和他的研究团队首次在学术文献中探讨了软组织中压力波致伤的情况 [18,19]。创伤外科医生和弹道研究者弗兰克 · 钱柏林上校 (Frank Chamberlin) 注意到了压力波远达效应 (remote pressure wave effect)，认定“水压力”作用能够造成中枢神经系统发生反应 [20]。陆续有学者发现了在末梢神经、大脑、脊椎以及其他内脏器官的压力波远达效应 [21,22]。考特尼 (Courtney) 等学者认为压力波在人员失能和损伤方面具有作用，并且达到手枪弹的能量传递量 (约 680J) 水平，就能够出现远达中枢神经损伤效应。以法克勒博士为代表的一些学者则认为没有证据表明压力波具有致伤作用 [23]。他认为既然碎石机发出声压波能够击碎人员肾结石，其强度超过了大部分手枪弹所产生的压力波，而且没有造成人体软组织损伤，那么压力波不具有致伤作用。基于越南战争中的步枪弹创伤资料，贝拉米 (Bellamy)、扎普查克 (Zajtchuk) 等学者认定有 10%的骨折是由间接损伤造成的，由此提出了间接损伤的三个机制 [24]：应力波、剪切波和血管压力脉冲。

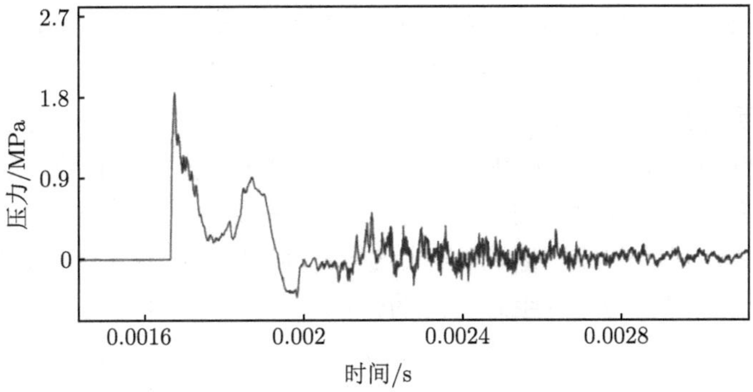

图 1.3 SS109 枪弹侵彻明胶靶标的压力波曲线

5. 轻武器杀伤效应主要学派

随着杀伤效应研究的深入，学者们基于各自的认知及其关注点的不同，对主要杀伤作用机制和杀伤效能评估关键参数等做出了不同的阐述，可分为以下几个代表性学派。

(1) 能量传递学派，即认为杀伤元传递给目标的能量越多，其杀伤能力越强。能量传递量的计算简单明了，通过测试杀伤元着靶速度和出靶速度，计算得到的动能差值即为杀伤元传递给靶标的能量。杀伤元杀伤的根本原因是杀伤元把自身的动能传递给了目标，能量传递可以归结为杀伤作用的物理本质。杀伤作用具有切割、碾压、压力波、瞬时空腔等多种形式，其杀伤效果各自不同，所传递的能量杀伤作用效率也相差很大，因此不应将能量传递认定为杀伤机制。否定能量传递理论似乎也很简单，只要将不同种类且不同杀伤作用形式的杀伤元放在一起比较，比如全被甲步枪弹头与能够膨胀变形的手枪弹头，就极有可能得出能量传递与杀伤能力不一定具有正相关性的结果。无论如何，只要将同种类型 (如步枪弹头) 或同种杀伤作用形式 (如变形破碎的弹头) 的杀伤元放在一起比较，传递的能量与杀伤能力则呈现明显的正相关性。弹药弹道方面的研究人员更倾向于能量传递理论，一是该理论直接与杀伤元参数和作用状态相关，更易于杀伤性能的评估、测试、计算、设计等研究工作；二是在弹药论证和弹道分析等应用中，通常都是针对同种装备、同一类型的杀伤元进行研究比较。20 世纪 60 年代美国的轻武器杀伤评估方法 (E_{1-15} 法、ΔKE 法、EKE 法)、20 世纪 80 年代瑞典和 20 世纪 90 年代瑞士等提出的国际法动议案都是基于能量传递理论。

(2) 瞬时空腔学派，即认为杀伤元造成的瞬时空腔越大，其杀伤能力越强。瞬时空腔是高速 (一般认为 >200m/s) 杀伤元特有的杀伤作用机制和物理现象。瑞典学者杨森 (Dr. Bo Janzon) 解释了瞬时空腔的物理作用机制 [25]：杀伤元侵彻过程中，使其周围组织在高压下向四周加速运动，在杀伤元后方形成膨胀的空腔；空腔膨胀到最大尺寸时，一部分能量因组织黏滞效应而消耗，一部分能量使组织挤压撕裂，一部分能量以压力波的形式传递给周围组织，而大部分能量以弹性内能的形式积聚在周围组织中；这种弹性势能力图使组织恢复到原来位置，使空腔内表面加速向内侧运动，释放出的弹性内能集中在空腔内表面处，形成空腔收缩；收缩过程中在空腔轴线附近的组织中会产生非常高的压力，于是会出现空腔的反复膨胀和收缩。瞬时空腔对诸如脑、肝脏、肾脏和脾脏等非弹性组织的致伤作用较为显著。而肌肉、肠子等组织器官的弹性好并且抗拉伸能力强，瞬时空腔一般不会超过这些组织的拉伸破坏极限，因而其致伤效果不明显。除非杀伤元侵彻时破碎而产生多个小永久性伤道，随之而来的瞬时空腔对这些伤道挤压牵拉从而造成更为严重的永久损伤。在 20 世纪 70 年代，由美国国际执法与刑事司法研究所开展的 “相对失能指数” 研究中 [26]，将杀伤元在 20% 明胶靶标中所造成最大瞬时空腔直接放入所建立的 “计算机人” 中，通过计算瞬时空腔内所包含组织器官的易损指数 (vulnerability index) 量值，得出该杀伤元致伤目标的相对失能指数 (relative incapacitation index，RII)。对此，法克勒博士等学者指出 [27]，最大瞬时空腔是杀伤元排开组织后而产生的 “空” 的腔体，里面没有任何实体组织，将最大瞬时空腔设定为组织损伤范围是无任何意义的。

(3) 大伤道学派 (Big Hole School)，即认为杀伤元造成的永久性伤腔越大，则使目标失能的可能性越大。除了直接命中大脑或中枢神经之外，杀伤元造成目标失能的主要因素就是失血，而切割碾压的组织越多、永久性损伤越大，目标失血可能越快，弹头作用则越有效。对于正面侵彻到达人员主要血管和器官的最小深度大约为 15cm(6in)。而在所有角度上都能够保证侵彻到达目标的致命器官，一般认为需要在明胶靶标中的最小侵彻深度大约为 30cm(12in)。在保证最低侵彻深度的前提下，还要尽可能地造成更大直径永久伤道以提高杀伤效能。大伤道学派关注直接损伤作用，在低速杀伤元如手枪弹等方面的应用更为有效，因为低速杀伤元的瞬时空腔效应和压力波作用相对较弱或不明显，比如在选择警用膨胀型手枪弹时，可以通过调整弹头重量和结构来平衡其膨胀程度和侵彻深度。美国著名创伤弹道学家马丁 · 法克勒博士是大伤道学派的代表性人物。

1.2.3 国内研究工作的发展状况

1. 20 世纪 70 年代末~80 年代中期的发展状况

我国自 1979 年起开始了系统的轻武器杀伤效应 (创伤弹道学) 研究工作。在当时既无经验，又缺乏技术资料和测试设备等基础条件薄弱的情况下，以马玉媛研究员为代表的中国兵器工业第二〇八研究所团队 (图 1.4) 与以刘荫秋研究员、王正国院士为代表的第三军医大学野战外科研究所研究团队，跨学科密切合作开展研究工作，积累了丰厚的第一手研究资料，培养和锻炼了研究队伍，奠定了我国在这一领域的坚实基础。这期间，国内其他院校、科研院所等研究机构也相继开展了研究工作。

(左起: 冯天顺、付荣向、马玉媛、李鸣、文小健)

图 1.4 中国兵器工业第二〇八研究所团队的工作照

在枪弹杀伤效应方面，开展了 M43 枪弹、M193 枪弹、SS109 枪弹、7N6 枪弹等步枪弹在生物靶标和肥皂靶标中杀伤效果及其作用特性等研究工作 [28~34]，分析了各种枪弹杀伤效果不同的原因，得出了冬装遮蔽物对弹头的致伤几乎无影响、高速小口径弹头的致伤性能优于 M43 枪弹、弹头能量传递量越多则造成的损伤越严重、弹头在靶标内的严重变形或破裂会造成更严重的损伤等研究结论，为我国小口径枪弹设计论证提供了重要依据；在破片杀伤效应方面，开展了四种钢球 (ϕ3.175mm、0.13g，ϕ4.763mm、0.44g，ϕ5.56mm、0.7g，ϕ6.35mm、1.03g)、四种形状小质量杀伤破片 (球形、方片形、三角形、圆柱形，小于 1g) 在 450~1500m/s 速度范围内的杀伤效果及其致伤因素等研究工作 [35~40]，建立了不同形状破片与致伤特征量 (坏死组织清除量、伤道容积等) 关系的经验公式，得出了碰击动能相同时破片质量越小致伤越重、侵彻深度相同时三角形破片能量传递量最多而球形破片最少、能量传递量相同时球形破片侵彻深度最长而三角形破片最短等研究结论，为我国新型榴弹设计论证提供了重要依据。通过上述研究工作，确立了狗作为生物靶标和肥皂作为模拟靶标的实验模型，验证了肥皂靶标作为肌肉组织模拟物的合理性和有效性。采用脉冲 X 射线机，分析了瞬时空腔特性，获得了各种杀伤元所致最大瞬时空腔的形态特征及其膨胀收缩的时序特性 [41]。上述研究成果“创伤弹道学——弹头、破片致伤机理及效应的研究”于 1987 年获得军队科学技术进步奖二等奖、国家科学技术进步奖三等奖。

1981 年，王正国等参加了第四届国际创伤弹道学会议。1985 年，马玉媛等参加了第五届国际创伤弹道学会议。在这两次国际学术会议上，中国发表的 19 篇论文受到与会者赞赏，并刊登在美国 *TRAUMA* 学术期刊。1981 年 11 月 11~14 日，由中国兵工学会轻武器学会和第三军医大学学术委员会联合组织的全国首届创伤弹道学学术交流会在北京召开，会议收到论文 26 篇，参会代表 70 余人。1985 年 12 月，在重庆召开了第二届全国创伤弹道学学术交流会，会议收到论文近 70 篇，参会代表近百人。会议还特邀了瑞典国防研究院杨森博士 (Dr Bo Janzon) 作了题为“小口径武器——机理、试验及其与国际法的关系”的学术报告，柏林教授 (Rune H. Berlin) 作了题为“致伤因子–能量–创伤”的学术报告。1985 年，刘荫秋、保荣本等出版了我国第一部创伤弹道学专著《创伤弹道学概论》。

2. 20 世纪 80 年代中后期的发展状况

1986 年后，我国轻武器杀伤效应 (创伤弹道学) 研究进入了全面发展阶段。武器弹药、军事医学以及院校等科研机构从多方面开展了深入细致的专项研究工作，尤其在间接损伤效应、实验测试技术等方面取得突破性进展，系统地提出了压力波致伤机理和致伤阈值。这一时期，我国的总体研究水平逐步达到了世界先进行列。

在枪弹、破片致伤脊髓效应的专项研究中 [42~44]，建立了棘突与棘突间伤、椎管切线伤和椎管贯通伤等三种典型损伤的动物实验模型，获得了不同撞击速度 (动能) 的 SS109 枪弹、球形破片对脊髓的致伤效果及其与杀伤元能量传递的关系。采用埋设压力传感器等动态测试技术，获取了椎管内压力波特性、压力衰减规律及其与致伤效果的关系，得出椎管内压力是脊髓损伤的物理机制指标，当椎管内压力超过 2MPa 时会造成完全截瘫，当椎管内压力小于 0.6MPa 时只能造成不完全截瘫等结论。采用灰色系统理论方法，建立了 SS109 枪弹致伤的椎管内压力与测压点与伤道距离的微分拟合灰色模型，得出了弹头在介质内损失能量与压力关联度最大、是影响压力值的主要因素等结论。

在压力波远达效应的专项研究中，开展了面颊贯通伤、腹壁伤、胸壁伤、肢体伤等邻近伤道部位的压力测量、压力传递规律分析及其间接损伤效应解剖检查，以及血管内压力测试和血管内外压力模拟实验测试，较全面地对压力波所致的间接损伤效果和机制进行了分析总结 [45~49]，揭示出压力波在机体内四个时域上的作用形式：①在几十微秒内的表面冲击波瞬间作用；②在几百微秒内的弹前压力波致伤作用；③在几十毫秒内的弹后瞬时空腔压力震荡和牵拉作用；④在几百毫秒内的质点加速与位移的压力作用。此研究提出了弹头压力波的超压作用是产生远达效应的主要因素且有效作用距离一般不超过 30cm，伴随弹后瞬时空腔及冲击振动等的综合作用，是高速杀伤元造成间接损伤效应的致伤机理等研究结论。开展离体脏器水箱实验研究 [50]，将近似于活体的新鲜离体脏器置于水箱中，利用步枪弹侵彻水箱时所产生的稳定的压力波场，获得了小肠 (三种内容物)、肺、肝、胃、脾等主要脏器破裂损伤的压力波阈值。

在间接骨折效应方面 [51~54]，采用应变测量、压力测量、模态分析和有限元计算等对模拟靶标中的猪股骨间接骨折开展研究，探究了靶标内压力波特性及其间接骨折的响应特性。通过应变–时程曲线和压力–时程曲线等的数据分析，发现间接骨折发生在杀伤元着靶后几十微秒内，而瞬时空腔扩展到最大需要 1ms 以上，得出了间接骨折是由压力波造成的、与瞬时空腔脉动没有关系等研究结论。在弹头飞行稳定性对致伤效应影响方面 [55]，通过对不同转速、不同速度的 56 式 7.62mm 步枪弹头致伤肥皂靶标结果的测量分析，得出了弹头碰撞速度相同时致伤效果随转速减小而增强、在跨声速区域内弹头致伤效果有增强作用，以及在近距离模拟远距离的杀伤实验中，仅调整弹头速度将会导致大于实际的致伤效果等研究结论。在杀伤元侵彻效应方面 [56~60]，采用解析方法、数值模拟方法、靶标模拟等，对杀伤元侵彻、空腔形成等物理机制进行了探索性研究分析，从动力学、材料学等方面获得了更为深入的理论认知。

1987 年，中国兵器工业第二〇八研究所 (即原兵器工业部第二〇八所) 建成了创伤弹道实验室。实验室建有 100m 长半封闭实验靶道及其较为完善的辅助设施，拥有当时先进的瑞典 Scandiflash 300kV 脉冲 X 射线照相系统、Riken 数据采集处理系统、多型传感器以及杀伤元模拟发射装置、多种内外弹道参数测试设备等，再加之研究团队在科研实践中建立的计算机辅助测量系统 (CATS) 以及规范化的测试方法，形成了创伤弹道实验研究的软硬件平台，支撑了多学科协作发展。1991 年，王德文、马玉媛等主持研究的“投射物所致直接和间接损伤效应”获得国家科学技术进步奖二等奖。

1988 年 11 月 1~4 日，由中国兵工学会和第三军医大学联合组织，在重庆召开了第六届国际创伤弹道学会议，参会的有 11 个国家的 150 名代表，图 1.5 为参加第六届国际创伤弹道学术会议的部分代表，会议收到论文约 200 篇。1990 年 9 月，在合肥召开了第三届全国创伤弹道学学术交流会，会议收到论文 200 余篇，参会代表近 200 人。1993 年 11 月，在北京召开了第四届全国创伤弹道学学术交流会，会议收到论文 130 余篇，参会代表百余人。1991 年，刘荫秋、王正国、马玉媛等编著出版了《创伤弹道学》一书，系统总结了我国十余年来的学术研究成果，也标志着我国创伤弹道学研究达到了世界先进水平。

(左二: 谷茂本, 左三: 刘铭, 左四: Bo Janzon, 右三: 马玉媛, 右二: 王德文)

图 1.5　参加第六届国际创伤弹道学会议的部分代表

3. 20 世纪 90 年代的发展情况

20 世纪 80 年代末期后，我国轻武器杀伤效应 (创伤弹道学) 基础理论和方法等研究深入发展，为武器装备杀伤判据研究奠定了坚实的知识基础。杀伤评估研究工作取得了显著成绩，其研究成果也在武器装备杀伤效能论证、杀伤标准制定等方面得到应用。

1990 年，李桢祥提出了全方位人体破片致伤模型 [61,62]。该模型将人体分为头颈部、躯干、上肢和下肢等四个组成部分，按照各器官组织受损后对战斗力的影响程度，划分出维持战斗成分，如脑、心脏、大血管、主要神经等，以及非维持战斗力成分，如毛发、皮肤、脂肪等，赋予了各维持战斗力成分相应的损伤权值，分为 0.05、0.25、0.5、0.75 和 0.95 等五个档次。模型以身高 1.7m、体重 70kg、身材均匀的男性为对象，给出了人体在三维空间内任意方向上的投影面积，称之为全方位受弹面积，以及各维持战斗力成分的全方位受弹面积，受弹面积出现的频次和大小用以反映战场复杂多变的掩蔽条件及士兵的战术动作，全方位用以反映榴弹破片命中人体部位和方向的随机性。模型对于球形破片的计算输入条件是破片的质量、速度和直径等三个参数，致伤效应即所致各维持战斗力成分的损伤区域范围，则是基于大量典型破片致伤生物和模拟靶标等实验数据而归纳总结出来的。基于此模型，建立起榴弹破片所致人员丧失战斗力概率的杀伤判据，见式 (1.7)。该判据应用于国家军用标准 GJB 1160—91《钢质球形破片对人员的杀伤判据》。

$$P_{(I/H)} = \sum_{i=1}^{4} \left\{ \sum_{j=1}^{n} \left[\frac{A_{ij} + (A_{ij})}{S_i} \right] \cdot \theta_{ij} \right\} \cdot K_i \tag{1.7}$$

式中：i 为人体四个组成部分序号 (i=1，2，3，4)；j 为人体每个组成部分中的维持战斗力成分序号；A_{ij} 为人体第 i 个组成部分的第 j 个维持战斗力成分的全方位受弹面积，m^2；(A_{ij}) 为人体第 i 个组成部分的第 j 个维持战斗力成分的受损附加面积，与杀伤元质量、速度等相关联，m^2；S_i 为人体第 i 个组成部分整体的全方位平均受弹面积，m^2；θ_{ij} 为人体第 i 个组成部分的第 j 个维持战斗力成分的损伤权值；K_i 为人体第 i 个组成部分的战场修正系数 (反映人体各组成部分暴露的非均匀性)。

1996 年，马玉媛、王舒等提出了人体枪弹致伤模型 [63,64]。该模型选取身高 1.7m、年龄 25 岁的男性人体作为样板，利用计算机断层扫描技术 (CT) 和人体解剖学知识，将其划分为排列有序的、尺寸为 1cm×1cm×2cm 的长方体单元，标明各单元所含的组织器官。各单元作为人体的基本组成单位，其信息按照空间坐标顺序输入计算机，从而形成人体基础数据模型。根据各组织器官及其不同部位等损伤后对人员丧失战斗力的影响程度大小，将人体重新划分为若干个损伤部位，设定了损伤等级及其取值范围、损伤标准权值，赋予了各致伤部位损伤量与其损伤等级、损伤权值的量化关系。建立了一整套综合损伤权值计算方法，解决了整合多损伤部位权值的技术难题，计算得出的综合损伤权值用以表述对人员的综合杀伤结果。将综合损伤权值与枪弹的散布密度、枪弹射击方向等相结合，即可计算出人员在多方位受弹情况下的条件杀伤概率，见式 (1.8)，从而形成了枪弹杀伤判据。该判据应用于国家军用标准 GJB 3484—98《枪械性能试验方法》中的方法 801 模拟靶试验和方法 803 射击效力计算及结果评定。

$$P_{I/H} = \iiiint f(x,y) \cdot p(x,y,\alpha,\beta)\mathrm{d}x\mathrm{d}y\mathrm{d}\alpha\mathrm{d}\beta \tag{1.8}$$

式中：$f(x,y)$ 为枪弹散布密度；$p(x,y,\alpha,\beta)$ 为人体每个组成部分中的维持战斗力成分序号；x, y 为枪弹命中人体的坐标点；α, β 为枪弹命中时的水平方向射角和垂直方向射角。

1.3　轻武器杀伤效应与国际人道主义法

为了避免对人员造成过度和不必要的伤害，国际人道主义法在建立之初，就针对轻武器杀伤效果及其装备规定了明确的限制内容。1970 年后，在人道主义诉求的推动下，轻武器杀伤效应 (创伤弹道学) 研究在世界范围内掀起了热潮，并被不断地尝试应用于人道主义法之中。在当代及未来，随着人类文明的进一步发展，轻武器杀伤效应必将与国际人道主义法进一步有机互动，在推进国际人道主义法方面发挥重要作用。

1.3.1　国际人道主义法及其对轻武器杀伤作用的限制 [65]

1863 年，亨利 · 杜南特 (Jean Henri Dunant，瑞士人，人道主义活动家、国际红十字会创始人，1901 年获得第一届诺贝尔和平奖) 用自己的资金建立了日内瓦公共福利委员会 (Public Welfare Committee of Geneva)。这个委员会后来发展成为国际红十字会 (International Committee of the Red Cross)。1864 年，在杜南特的倡导下，瑞士政府邀请多个国家在日内瓦召开了一个外交大会，与会的 12 个国家签署了《改善战场上军队伤病员状况的协定》(*Convention for the Amelioration of the Condition of the Wounded and Sick in Armies in the Field*)，从而建立了国际法概念，协定中所述的基本的人道主义规范及其术语也为后续国际条约奠定了基础。

1868 年，俄国皇帝在圣彼得堡召集了一个由欧洲多国参加的国际会议。会议签署了圣彼得堡公告，其中一个条款规定：“毫无用处地加重失能人员的痛苦或导致他们不可避免地死亡的武器超越了战争的目标。” 缔约大会承诺不使用 “任何重量在 400g 以下，含有炸药、爆炸性或燃烧性物质的侵彻体”。

1874 年 8 月，在比利时布鲁塞尔召开的国际会议签署了一个协议，即布鲁塞尔公告，其中一些内容明确地体现出了国际人道主义法原则，成为后来法律文书的基础。其中的第 12 条款写道：“战争法不承认交战国在采用杀伤敌方手段方面具有不受限制的权利。” 在第 13 条款所列出禁止项目包括：“使用的武器、侵彻体或材料预计可导致不必要的痛苦 ……”

至此，针对国家之间战争的国际法原则逐步确立起来 [65]。其中的一项原则是使用手段的相称性原则 (proportionality of the means)，即在交战中所选择的杀伤敌方的手段是有所限制的，或者说不具有无限制的自由；另一项原则是杀伤效果的相称性原则 (proportionality of effect)，即作战所使用的武器弹药的杀伤作用结果不能刻意地对人员造成过分的伤害 (superfluous injury)，并力求避免造成不必要的痛苦 (unnecessary suffering)。相关国际法在后续的发展中，对上述两项原则进行了完善和深化，所覆盖范围也逐步扩展到更多的武器装备和领域。

1899 年，海牙和平会议召开，其主题之一是限制武器使用。这次会议的第 22 条款也几乎逐字逐句地引述了布鲁塞尔公告的第 12 条款。会议中针对达姆弹的杀伤效应是否构成了圣彼得堡宣言所提及的爆炸力还存在着不同的意见，但关于轻武器及其弹药内容最终修订如下："缔约方同意放弃相关弹头的使用，即在人体内容易膨胀或压扁，此类弹头的硬质包覆 (弹头壳) 没有完全覆盖弹心或被切开。" 这段表述实际上直接指明了所针对的达姆弹，也是迄今为止国际法中对达姆弹最具权威的定义，是缔约国乃至世界各国在军用枪弹开发研制中所遵循的基本准则。

1907 年 6 月 15 日至 10 月 8 日，第二次海牙和平会议召开。这次会议则有 44 个国家签署了所起草的法律文书。其中的"遵守陆上战争法律和习惯的协定"(陆地战例条约) 由一个协定和一个附件组成，即"关于陆上战争的法律和习惯的规章"。规章的内容主要基于 1899 年协定，比如在第 22 条款说明："交战国采用杀伤敌方手段的权利不是不受限制的。" 第 23 条款 (基于 1874 年的第 13 条款) 写道："除了公约特别规定的禁止内容外，要特别禁用 …… 如使用的武器、侵彻体或材料预计可导致不必要的痛苦 ……"

英国在印度发明并使用了著名的达姆弹，也大量装备与达姆弹结构和效应几乎相同的 MK Ⅳ 和 MK V 型枪弹。最初，英国借口殖民战争的需求，拒绝签署相关条约。后来，在南非布尔战争 (Second Boer War) 中，布尔人也同样用类似达姆弹的枪弹对付英国军队，这下英国人无法为自己的敌人辩解了。在各方的压力下，英国签署了相关的公约。美国则一直拒绝签署相关公约，但口头承诺遵守公约的规定要求。

清政府于光绪二十五年 (1899 年) 初，应俄国皇帝之邀，派遣出使俄、奥大臣杨儒率团参加了会议 [66]。清政府为了缓解外交压力并获得宽松的国际环境，决定签署同意其中的两个公约和包含"禁止从气球上投掷炸弹、使用毒气和达姆弹"的声明文件。由于需要先履行加入国际红十字会的手续以及 1900 年庚子之乱的原因，直至 1904 年才全部完成签署同意的手续。1907 年 6 月 12 日，在第二次海牙和平会议前夕，补签完毕"陆地战例条约"。

1.3.2 创伤弹道学在国际人道主义法中的尝试

第二次世界大战后，以美国为首的北约集团确定了以 7.62mm 为其枪械标准口径，相应的枪弹为 7.62mm 口径的 NATO 枪弹。而在 20 世纪 60 年代越南战争中，美国军方悄悄地将 AR-15 步枪 (M16 步枪) 及其.223in 雷明顿枪弹

(M193 枪弹) 投放到战场测试实战性能。美国军医是这样评估 M193 枪弹伤情的[67]：“创伤区域包含了软组织甚至骨骼，经常伴有大量的组织缺损，伴随弹头破裂，有微小的铅碎片飞溅出来。”这使得人们联想到了达姆弹，并提出小口径枪弹违反杀伤效果的相称性原则。1973 年，国际红十字会召集专家讨论可能造成不必要伤害或滥杀伤的武器使用问题时，在报告中提及了 M193 枪弹的杀伤效应：“更易于在机体内翻滚变形，并产生强大的压力波，造成的创伤类似于达姆弹造成的创伤。”

1974 年，在关于重申和发展适用于战争的国际人道主义法律的外交会议 (the Diplomatic Conference on the Reaffirmation and Development of International Humanitarian Law Applicable in Armed Conflicts，CDDH) 的首次会上，有七个国家提交了一份关于禁止使用具有特殊伤害力小口径弹头的建议，但与会的一些专家认为还没有充分的证据能够得出现代小口径枪弹导致了不必要伤害的结论。如果没有在导致不必要伤害的因素或参数上达成共识，制定相关的法律是行不通的。会议报告中建议：“开展更进一步的研究，以期得出更加明确的结论。”[68]

1975 年，在瑞典国防部的赞助下，瑞典国防研究院组织召开了第一届国际创伤弹道学会议，其后又在 1977 年、1978 年、1981 年、1985 年、1988 年和 1994 年，连续召开了第二 ~ 第七届国际创伤弹道学会议。其中，前五届会议在瑞典召开，1988 年第六届会议在中国重庆召开，1994 年第七届会议在俄罗斯圣彼得堡召开。来自各国的武器装备专家和医学专家基于各自的研究成果，在学术会议上发表了多方面的学术论文，主要包括武器弹药的创伤效应、杀伤作用的物理机制和生物机制、创伤治疗方法以及实验测试技术等方面。通过国际创伤弹道学会议，各国的研究工作得以互相交流并且在公开文献上发表，建立了大量的知识库，并将所形成的研究成果或共识，包括理论机理和实验测试方法等通过提案，尝试应用于国际人道主义法之中。

1980 年，在日内瓦举行的联合国禁止或限制使用某些可被认为具有过分伤害力或滥杀滥伤作用的常规武器会议上，瑞典等一些国家递交给会议一份关于小口径枪弹的提案，提出了限制弹头传递给靶标的能量、弹头在靶标内不能破碎和禁止爆炸性弹头等内容。提案基于创伤弹道学的研究成果，采用 14cm 厚甘油肥皂块作为靶标，确定弹头对靶标作用特征及其数据结果。会议没有采纳上述提案，而是形成了一个关于不可检测破片 (non-detectable fragments) 的协议。所谓不可检测破片即武器弹药故意地设计为能够产生破片，这些破片在人体内探测不到。这个协议本身也存在着不可执行性：首先，当事方一般情况下不会承认“破片是故意地设计”出来的；其次，破片检测不出来即可视为没有产生破片或破片没有留存在体内，即不违背该协议；最后，即使检测出有破片存在，同样也不违背该协议。

1994 年 5 月至 6 月间，国际红十字会召开了一个专家会议。在这次会议上，瑞士创伤弹道学家比特 · 科尔布尔 (Beat P. Kneubuehl) 发表了军用枪弹创伤效应的实验研究报告。瑞士方面也就此提出了关于小口径武器系统的动议草案，主要内容为：一是应当禁止具有如下性能且口径小于 12.7mm 的武器弹药，即在射击距离大于 25m 时，在侵彻人体 0~15cm 深度的伤道中，弹头每侵彻 1cm 的能量传递量大于 20J；二是当事国承担如下加强协作的义务，即为了精确评估小口径侵彻物在人体内的效应而建立一个国际公认的实验测试方法。

瑞士方面的提案主要有两方面的特点：一是具有充分的研究依据和严谨的技术思路，所述内容紧紧围绕小口径武器系统的创伤效应，而且完全依据创伤弹道学的研究成果、共识及其测试技术方法，如肥皂模拟靶标、能量传递量、瞬时空腔及其测试方法等，具备了科学性和可测试性；二是在分析总结已有国际法的局限性以及专家的意见建议的基础上，采用武器弹药、侵彻体等术语替代了弹头、变形、膨胀等术语，力求避免因其术语描述过于具体而导致涵盖的限制对象有所遗漏。并对当时装备的主要枪弹创伤效果进行了实验测试和比较分析，特别指出了 1981 年北约定型的 SS109 枪弹较 M193 枪弹更符合人道主义考虑，力求说明所提草案并非具有不切实际的苛刻要求，尽量消减相关方对草案的抵触情绪。尽管如此，草案中仍有一些技术问题成为争论的议题，所采用的实验测试方法原理可行，但作为标准靶标等器材的材料性能控制及其一致性问题需要进一步确认，还有如 25m 射击距离、侵彻 15cm 靶标深度等指标量值还需要进一步商讨确认。

1997 年 10 月 7~8 日，瑞士方面在图恩 (Thun) 组织了一次创伤弹道学国际研讨会 [69]。这次会议瑞士方面邀请了多个国家的创伤弹道学家、医学专家、军事专家、国际红十字会专家、国际法专家以及军控方面的外交人员等，就前期所提出的关于限制小口径武器系统的提案的技术方法和应用国际法的可行性进行了深入探讨。会议所涉及内容包括创伤弹道学测试方法、医学与实验测试结果、现代小口径武器弹药的军事需求、战争创伤数据、国际人道主义法发展历程以及创伤弹道学应用于国际人道主义法的技术方案等。会议对推进国际人道主义法的研究工作进展予以肯定，但对是否已具备立法条件没有达成一致意见，而是建议进一步开展工作。1999 年 11 月，我国派刘铭为团长的学术代表团访问瑞士，与包括科尔、布布在内的多名瑞方学者开展创伤弹道学方面的交流，见图 1.6。

人道主义诉求的动力源泉是最大程度减轻武器装备对人类造成的不必要伤害。科学研究是国际人道主义法发展的基础，也已经成为广泛共识。轻武器杀伤效应研究在其中发挥的主要作用：一是基于科学的理论方法及其大数据分析的结果，定量化地规范描述诸如 “过杀伤”、“不必要痛苦” 等名词概念，明确其界限范围，增强国际法条文的指向性和可操作性；二是发展普适的杀伤效果检测实验方法，保证实验测试结果一致性、稳定性和可追溯性，以确保国际法的可执行性。

(左起: 董高庆、董跃农、刘铭、廖振强、王舒)

图 1.6　中方代表团成员及双边交流的学术材料

1.4　轻武器杀伤效应在 21 世纪的发展需求与研究重点

进入到 21 世纪后，随着我国国力的增强和科学技术的发展，轻武器杀伤效应的研究能力得到了显著的提高。在 21 世纪之初的十余年里，借助于计算机数值仿真、瞬态高精度数字化测试等现代技术手段，我国在轻武器杀伤作用规律、杀伤效能评估以及杀伤设计方法等方面的研究工作取得了长足进步，研究水平也跃上了新台阶。在 21 世纪，轻武器的装备创新与其遂行任务多样化，对轻武器杀伤效应提出了新需求，也赋予了轻武器杀伤效应更为广阔的研究发展空间。

1.4.1　发展需求

当前，轻武器装备主要承担城市、山地以及其他复杂环境的作战任务，除了必须能够有效杀伤有防护目标、轻装甲防护后目标外，还要增强对躲藏在门窗、轻墙体后面或树丛之中人员目标的杀伤能力。轻武器装备的主要发展应用方向是单兵作战系统、班组作战系统和无人 (机器兵) 作战系统，加强己方防护力与提升武器杀伤力因其协同互补的重要关联作用而日益受到重视。轻武器装备的作战模式也已不再是敌我双方作战人员较大规模的直接对抗，而是寓于作战系统之中，对敌方人员及同样寓于作战系统中的敌方人员实施打击。因此，对轻武器杀伤效应的发展需求重点是对各种防护条件下有生目标的杀伤作用规律，以及基于系统效能和实战任务的杀伤效能评估。

1. 对目标及其防护的杀伤作用研究

对有防护目标的杀伤作用研究。防弹衣和防弹头盔性能不断提高，已经成为轻武器装备面临的重大挑战。比如 NIJ Ⅳ 级防弹衣能够抵御任何射击距离上的 53 式 7.62mm 步枪弹的侵彻，增强型的 03 型防弹头盔也能抵御最高 650m/s 的 1.1g 标准破片侵彻。无论当前还是未来，轻武器的侵彻杀伤与防弹衣、防弹头盔的防护必将呈现为此消彼长的态势。人员与其防弹衣、防弹头盔等构成了整体复合结构目标。杀伤元的侵彻杀伤作用不仅是穿透防护，在侵彻防护过程中通过压力冲击、变形压迫等结构响应也会造成机体损伤。轻武器杀伤效应需要开展以侵彻为核心的多效应耦合杀伤作用研究工作。

对轻型防护目标的杀伤作用研究。轻型防护目标是指在轻型装甲或其他轻型掩体 (沙袋、墙、门窗等) 防护下的人员目标。士兵乘坐或依托于各种车辆遂行战斗任务已成为常态，而车辆装甲现已普遍采用钢板、铝板、陶瓷板和高强纤维板等组成的复合防护结构，防护综合性能得到了很大提高。还有在城市作战中，墙体、门窗等可以作为士兵作战的防护依托。轻武器装备必须在其力所能及的范围内对轻型装甲、轻质墙体、普通门窗等防护后目标具有有效命中和杀伤作用。轻武器杀伤效应需要开展对轻型防护侵彻运动规律、防护后弹道偏移规律及其后效杀伤作用等研究工作。

对机器兵的杀伤作用研究。随着科技的进步，轻小型无人作战系统逐渐成熟，并正朝着智能化、多功能化和仿生化方向发展，在这里将其统称为机器兵。机器兵将协同士兵开展伴随作战、混编作战等任务，甚至完全替代士兵完成各种作战任务。轻武器无论是在士兵手中还是由机器兵操控，都必须针对人员和机器兵作战并具有足够的杀伤能力。因此，轻武器杀伤效应需要紧盯机器兵的发展状况，适时地、有针对性地开展杀伤作用规律研究工作。

2. 基于轻武器装备和实战任务的杀伤效能研究

杀伤效能是轻武器系统效能的基础性核心内容，而现在主要工作还基本停留在杀伤元对目标作用结果这一基本层面。除了杀伤效能，轻武器系统效能还包含发射效能、观瞄效能等内容，所追求的最终目标是综合杀伤效能的最大化。轻武器系统效能与杀伤效能存在着“自上而下”的内在关系，以步枪系统为例，“综合”具有两个方面的内涵：一是杀伤效能自身的纵向关系，即各个射击距离上或者归结为典型射击距离上的杀伤效能期望值、权重关系，以及在有效射程范围内的杀伤效能总期望值的“综合”方法；二是杀伤效能与发射效能、观瞄效能的横向关系，即三者与枪弹及其弹道性能参数存在的直接或间接的关系，以及杀伤效能由此 (如弹头质量、速度等) 产生的调整变化与发射效能、观瞄效能的“综合”方法。因此，需要“自下而上”地拓宽杀伤效能的研究范畴，进一步研究杀伤效能与轻武器系统效能之间的有机联系。

杀伤效能服务于轻武器实战任务是其应用价值的基本体现。实战任务不同，杀伤效能评估的前提条件和达到目标也不尽相同，比如在城市作战中更强调近距离以及对有车辆、门窗、轻墙体等各种防护依托目标的杀伤力，而在山地高原作战中则需要在中远距离上对树丛等各种自然防护依托目标具有足够的杀伤力。杀伤效能需要直接面对实战任务开展工作，充分激发研究活力，建立起行之有效的评估方法，提供经得起实践检验的评估指标。同时，也可以进一步丰富和优化轻武器系统效能评估指标。

1.4.2 研究重点

未来几十年，轻武器装备仍是以枪弹弹头、榴弹破片和冲击波为主要杀伤元素。轻武器杀伤效应研究也就仍是以这些杀伤元对多种目标的杀伤作用规律研究为主要内容。同时，由于声、光、电、磁等杀伤技术和无人化、智能化等作战系统的发展应用，需要有针对性地开展相关新概念杀伤原理研究工作。从学科建设角度，还应该重点开展计算机数值仿真、模拟靶标以及实验测试等方面研究工作，发展高水准研究平台，提升学科可持续发展能力。

1. 侵彻冲击动力学和杀伤机理

弹头、破片等杀伤元对目标的侵彻冲击作用是轻武器杀伤效应的基本研究主题。随着防弹材料性能的不断提升及其应用，轻武器的杀伤作用必须要将防护与有生目标作为复合结构目标开展研究。从防护和目标的材料或结构冲击动力学行为入手，分析防护与有生目标在冲击下的动态响应，发展超高加载率条件下杀伤元与复合结构目标的“固–流”耦合作用理论模型、杀伤元侵彻作用理论模型，探索杀伤元断裂破碎机制、侵彻后碎片云分布与运动规律、非穿透情况下的材料或结构变形与能量传递规律，研究“杀伤元–防护–机体”间钝击损伤 (防护后钝性伤 (behind helmet blunt trauma，BHBT)) 作用机理。继续深入研究杀伤元对机体的作用规律，研究机体材料的动态力学特性，解析杀伤元参数与其杀伤过程和作用结果的有机联系，研究杀伤元对典型组织器官或部位的杀伤作用机制。

轻武器装备对有防护目标杀伤效应的反面就是防护装备对轻武器装备的防护效应，二者既相互制约也相互支撑。在轻武器作战系统中，杀伤与防护更是具有相辅相成的作用。作战人员 (或系统) 具有更强的防护力是提升武器装备杀伤力的重要保障。因此，轻武器杀伤效应在掌握对有防护目标作用规律的同时，也应该针对目标的防护效应开展必要的理论和应用研究工作，重点开展基于轻量化、柔性化的防护能力提升研究，包括防弹材料抗连续打击的能量耗散、复合叠层非刚性连接结构的能量高效吸收耗散、防弹–防冲击波一体化、BABT 和防弹头盔后

钝性伤 (behind helmet blunt trauma，BHBT) 等后效能量吸收与减损等机制和方法。

2. 冲击波杀伤效应

爆炸冲击波对有生目标的杀伤效应研究已经具有较为深厚的基础，但对冲击波杀伤机理的认识还有待深入。对冲击波致伤物理机制的认识基本停留在宏观的冲击波阵面参数这一层面，而生物效应则更多关注肺、胃肠道等含气器官的损伤状况。2000 年后，国外根据战伤等实际情况，重点对冲击波致脑损伤或神经损伤等开展研究，从细小或微观层面来解析冲击波的血管传导，机体透射，以及对肺泡、神经元等组织的致伤机制。在轻武器杀伤效应中，冲击波杀伤研究应主要针对较小装药当量所产生的冲击波场特性，深化研究冲击波作用机制并建立相应的杀伤阈值，研究冲击波透射或绕射防弹衣、头盔等特征规律以及对防护后的目标作用效果，发展较弱冲击波对头部 (颅脑) 作用的理论模型以及致脑损伤作用机理。

3. 新概念杀伤与生物效应的再认识

随着技术的发展，以声、光、电、磁等为杀伤手段的轻小型装备在未来将对现有轻武器装备起到补充和替代的作用。轻武器杀伤效应也就需要将这些新兴杀伤因素纳入研究范畴。在这方面的重点研究内容是激光、电流、微波等杀伤因素的起效机制、杀伤物理量对目标的输出和传递规律以及与目标作用效应的定量关系、实战杀伤效能等。在未来作战中，作战人员与其智能化装备紧密联系并构成作战系统，比如单兵系统具有“杀伤、防护”、“分析、决策”、“通信、指挥”等多重任务功能。轻武器杀伤效应研究不能止于机体器质性损伤和目标自身功能受损的范围，而是适当地将智能化装备及其作战系统也纳入研究范畴。在这方面的重点研究内容是杀伤元所致机体器质性损伤与人员操控力、记忆力、智力等关联机制及其时效性规律，人员功能障碍或损伤与其所操控的智能化装备性能输出的定量关系，人机工效易损性及其面向作战系统的杀伤效能评估等。另外，针对机器兵等还要研究目标结构和功能的易损性、杀伤元多功能作用机制与作用效果等。

4. 计算机人体模型与模拟靶标

借助于计算机技术，基于解剖结构的可视化计算机人体模型将在轻武器杀伤效应研究中发挥更为重要的作用。计算机人体模型发展大致分为两个方面：一是数字化人体模型，重点研究内容是模型体素的丰富和优选方法、模型各部分结构的模块化和功能化划分方法、模型姿态动作的自适应协调方法等；二是用于数值仿真的有限元人体模型，重点研究内容是基于数字化人体模型的有限元建模、机体材料黏弹性本构建模、有限元计算方法及其容错率和效率的提升方法等。模拟靶标是轻武器杀伤效应研究的基本支撑，利用仿生材料、3D 打印等技术，重点发展包含皮肤、脂肪、骨骼、血管、脏器的复合模拟靶标、假人靶标，主要研究内容为靶标材料、结构、效应等与机体的相似性、与靶标效应相适应的柔性传感器技术和内嵌式测试技术，以及超高速瞬态摄影、DIC(digital image correlation) 三维场应变等非接触测试技术等。

5. 杀伤效能评估与杀伤设计

杀伤效能评估始终与对杀伤效应认识、轻武器装备发展状况及实战任务等密切相关。杀伤效能评估的重点研究内容分为三部分：一是提升基础能力，研究基于数字化人体模型及有限元人体模型，在不同命中情况、防护状态以及姿态动作等条件下，人员创伤失能的计算分析方法和杀伤效能的预测评估方法，研究基于复合模拟靶标及测试技术，对轻武器装备杀伤效能验证和鉴定的试验方法；二是面向轻武器装备，研究单兵、班组和机器兵等作战系统的目标特性、易损性以及与系统效能的关联特性等；三是面向实战任务，研究基于山地或城市作战等场景目标的杀伤效能计算方法、武器装备任务达成能力的评估方法、实验验证方法等。杀伤设计方面则重点研究基于多种目标杀伤作用模型的参数化杀伤设计方法、基于杀伤元 (弹药) 设计的杀伤参数与内外弹道参数的关联关系、面向武器系统效能的全弹道参数化设计方法等。

参 考 文 献

[1] 国防科学技术工业委员会. 轻武器术语 (GBJ5236—2003). 北京: 国防科工委军标出版发行部.

[2] Kneubuehl B P, Coupland R M, Rothschild M A, et al. Wound Ballistics Basics and Applications. Berlin: Springer, 2011：88-93.

[3] Woodruff C E. The causes of the explosive effect of modern small caliber bullets. The New York Medical Journal, 1898, Lxvii(18).

[4] Beyer J C. Wound ballistics. Washington D C: Office of the Surgeon General Department of the Army, 1962：93-94.

[5] Stopping Power. Wikipedia, the free encyclopedia. 2014.

[6] The Thompson-Lagarde Report. Chicago, Illinois, March 18, 1904.

[7] Kneubuehl B P, Coupland R M, Rothschild M A, et al. Wound Ballistics Basics and Applications. Berlin: Springer, 2011：167-168.

[8] 卞荣宣. 世界轻武器 100 年. 北京：国防工业出版社, 2004：261-270.

[9] Black A N, Burns B D, Zuckerman S. An experimental study of the wounding mechanism of high-velocity missiles. British Medical Journal, 1941, 2(4224): 872-874.

[10] Max K. Studies in wound ballistics: temporary cavity effects in soft tissues. Military Medicine, 1957, 121(4): 221.

[11] Beyer J C. Wound ballistics. Washington D C: Office of the Surgeon General Department of the Army, 1962：143-231.

[12] 刘荫秋, 保荣本, 田惠民, 等. 创伤弹道学概论. 北京：新时代出版社, 1985：36-41.

[13] 刘荫秋, 王正国, 马玉媛. 创伤弹道学. 北京：人民军医出版社, 1991：122-124.

[14] Fackler M L, Malinowski J A. The wound profile: a visual method for quantifying gunshot wound components. The Journal of Trauma, 1985, 25(6)：522-529.

[15] Fackler M L. Ordnance gelatin for ballistic studies. Association of Firearm and Toolmark Examiners Journal, 1987, 4: 403-405.

[16] Fackler M L, Bellamy R F, Malinowski J A. The wound profile: illustration of the missile-tissue interaction. Journal of Trauma-Injury Infection & Critical Care, 1988, 28(Suppl): S21-S29.

[17] Fackler M L, Malinowski J A. Ordnance gelatin for ballistic studies: detrimental effect of excess heat used in gelatin preparation. The American Journal of Forensic Medicine and Pathology, 1988，9(3): 218-219.

[18] Harvey E N, Korr I M, Oster G, et al. Secondary damage in wounding due to pressure changes accompanying the passage of high velocity missiles. Surgery, 1946, 21: 218-239.

[19] Harvey E N, McMillen J H. An experimental study of shock waves resulting from the impact of high velocity missiles on animal tissues. Journal of Experimental Medicine, 1947, 85(3): 321-328.

[20] Chamberlin F. Gun shot wounds//Ackley P O. Handbook for Shooters and reloaders, Vol.Ⅱ. Salt Lake City: Plaza Publishing, 1966.

[21] Sueson A, Hansson H A, Seeman T. Pressure wave injuries to the nervous system caused by high energy missile extremity impact. The Journal of Trauma, 1990, 30(3): 295-306.

[22] Courtney A, Courtney M. Links between traumatic brain injury and ballistic pressure waves originating in the thoracic cavity and extremities. Brain Injury, 2007, 21(7): 657-662.

[23] Fackler M L. Gunshot wound review. Annals of Emergency Medicine, 1996, 28: 194-203.

[24] Bellamy R F, Zajtchuk R. The physics and biophysics of wound ballistics//Zajtchuk R. Textbook of Military Medicine, Part I: Warfare, Weaponry, and the Casualty, Vol, 5, Conventional Warfare: Ballistic, Blast, and Burn Injuries. Washington D C:Office of the Surgeon General, Department of the Army, US, 1990: 107-162.

[25] Janzon B. 小口径武器的机理、试验及其国际法的关系. 顾永春, 译. 中国兵工学会论文选编, 1986, 总 14 期：8-14.

[26] Kneubuehl B P, Coupland R M, Rothschild M A, et al. Wound Ballistics Basics and Applications. Berlin: Springer, 2011：159-160.

[27] Fackler M L. What's wrong with the wound ballistics literature, and why. Letterman Army Institute of Research, 1987, 7: 239.

[28] 马玉媛. 枪弹沿革与创伤弹道学研究综述. 弹道学报, 1991, 3(3)：74-77, 80.

[29] 付荣向. 影响弹丸致伤力的因素的分析研究. 中国兵工学会论文选编, 1983, 总 8 期：114-124.

[30] 马玉媛, 冯天顺. 56 式 7.62mm 枪弹与 M193 式 5.56mm 枪弹致伤效应特点. 中国兵工学会论文选编, 1983, 总 8 期：125-135.
[31] 马玉媛. 肥皂与肌肉致伤结果的关系. 中国兵工学会论文选编, 1983, 总 8 期：149-156.
[32] 冯天顺. 瞬时空腔特性分析. 中国兵工学会论文选编, 1983, 总 8 期：142-148.
[33] 冯天顺, 付荣向. 弹丸在软肥皂中的运动性状研究. 轻兵器技术, 1984, (2)：22.
[34] 付荣向. 小口径枪弹致伤效应的试验与分析. 中国兵工学会论文选编, 1986, 总 14 期：48-52.
[35] 马玉媛, 付荣向, 冯天顺. 直径 5.56 毫米球型破片的致伤特点. 中国兵工学会论文选编, 1983, 8：172-177.
[36] 马玉媛, 冯天顺, 付荣向, 等. 四种破片致伤因素的分析. 中国兵工学会论文选编, 1986, 总 14 期：14-19.
[37] 付荣向, 马玉媛, 冯天顺, 等. 球形破片致伤特征量的工程估算. 中国兵工学会论文选编, 1986, 总 14 期：20-23.
[38] 冯天顺, 付荣向, 冯天顺, 等. 四种球形破片对生物软组织的致伤特性. 中国兵工学会论文选编, 1986, 总 14 期：45-47.
[39] 王佩文. 两种方形破片对动物和着冬装动物致伤效应研究. 中国兵工学会论文选编, 1986, 总 14 期：57-59.
[40] 马玉媛. 从创伤效应探讨破片发展趋势. 兵工学报 (弹箭分册), 1985, 5(4)：26-29.
[41] 刘荫秋, 马玉媛. 创伤弹道学——弹头、破片杀伤效应及其机理的研究. 中国兵工学会论文选编, 1986, 总 14 期：65-70.
[42] Ma Y Y. Pressure analysis for spinal cord wounded by gunshot. The Journal of Trauma(China), 1990, 6(2)S: 21-24.
[43] 胥少汀. 枪伤脊椎致脊髓损伤的机理研究. 中华创伤杂志, 1991, 7(S1)：30-32.
[44] Wen X J. The study of pressure measuring in wound ballistics. The Journal of Trauma (China), 1990, 6(2)S: 163-168.
[45] 马玉媛. 弹前压力波特性及远达效应. 轻兵器, 1991, (6): 1-3.
[46] 马玉媛. 中国兵器工业第二〇八研究所技术档案, 分类号 KTD89275.21：《创伤弹道学研究-压力波远达效应、手榴弹威力参数优化设计》第 7 分册. 1992：39-45, 137-141.
[47] 文小健, 马玉媛. 间接损伤时压力波物理作用的探讨. 中华创伤杂志, 1991, 7(S1)：107-109.
[48] 周国强, 马玉媛, 李惠昌, 等. 压力波传播特性分析. 轻兵器, 1991, (2)：87-88, 25.
[49] 周国强, 文小健, 姚传利, 等. 冲击波在模拟血管中的传递特性初探. 轻兵器, 1991, (2)：48-50.
[50] 高玲, 马玉媛, 文小健, 等. 水中弹头波对离体生物组织的作用. 轻兵器, 1991, (2)：59-62.
[51] Li M, Wen X J, Zhou X H, et al. A finite element analysis of the femur subjected the dynamic. The Journal of Trauma, 1990, 6(2)S: 182-186.
[52] 李鸣, 马玉媛, 付荣向, 等. 球型破片在软靶标中侵彻压力波的特性及其间接性骨折的响应. 中国兵工学会论文选编, 1986, 总 14 期：36-40.
[53] 孙德儒. 长骨间接骨折机理研究. 轻兵器, 1991, (2)：38-42.
[54] 胡时胜. 间接骨折的应变片测量. 第三届全国创伤弹道学学术交流会论文汇编, 1990：22.

[55] 付荣向. 中国兵器工业第二〇八研究所技术档案, 分类号 KTD86-236.2.1/141.2.1：《弹头破片杀伤效应和致伤机理研究》材料之五. 1989：91-100.

[56] 张运法, 魏惠之. 钢球垂直撞击肥皂模拟靶标形成空腔的一种工程计算方法. 轻兵器, 1991, (2)：19-22.

[57] 赵新, 肖均. 高速弹头侵彻水的数值模拟. 轻兵器, 1991, (2)：72-74.

[58] 王晓鸣, 娄国伟, 魏惠之, 等. 水中空腔效应的试验研究. 轻兵器, 1991, (2)：17-19.

[59] 裴思行, 孙韬, 张启毅, 等. 生物模拟靶标的合理设计研究. 轻兵器, 1991, (2)：35-37.

[60] 孙韬. 避弹衣防护下的胸部毁伤. 轻兵器, 1991, (2)：33-35.

[61] 李桢祥. 人体维持战斗力成分与受损权值. 轻兵器, 1991, (2)：75-77, 74.

[62] 李桢祥. 人体致伤模型及丧失战斗力概率计算. 轻兵器, 1991, (2)：78-80, 74.

[63] Ma Y Y, Wang S, Wang D W, et al. The evaluation method of bullet wounding power. 16th International Ballistics Symposium and Exhibition, 1996, 3: 125-131.

[64] 王舒, 马玉媛. 评价枪弹杀伤威力的损伤权值计算方法. 中国兵工学会轻武器学会第三届年会论文集, 1996：129-133.

[65] Kneubuehl B P, Coupland R M, Rothschild M A, et al. Wound Ballistics Basics and Applications. Berlin: Springer, 2011：334.

[66] 袁灿兴. 晚清参与 1899 年海牙保和会始末. 五邑大学学报 (社会科学版), 2011, 13(2): 76-79.

[67] Dimond F C, Jr, Rich N M. M-16 rifle wounds in vietnam. Journal of Trauma, 1967, 7(3): 620-624.

[68] Prokosch E. The swiss draft protocol on small-calibre weapon systems. International Review of the Red Cross, 1995, 35(307): 411.

[69] Documentation of Internal Workshop on Wound Ballistics. Interlaken and Thun, Switzerland, 1997.

第 2 章　杀伤元与模拟靶标

杀伤元和模拟靶标是轻武器杀伤效应研究中最基本的对象。轻武器杀伤效应的各项研究工作几乎都是基于杀伤元与模拟靶标的相互作用效应开展的。本章主要介绍轻武器杀伤元及其弹药、杀伤元实验模拟方法、明胶靶标和新型模拟靶标等。

2.1　杀伤元及其实验模拟方法

在轻武器杀伤效应研究中，杀伤元通常利用制式枪械或弹药发射装置 (如弹道枪) 等发射，模拟实际情况下着靶前的运动状态。轻武器杀伤元主要包括破片和弹头。破片主要采用与实际破片参数相近的模拟破片或者直接使用榴弹爆炸产生的实际破片，弹头则主要采用实弹弹头。

2.1.1　破片特征参数

破片是杀伤榴弹爆炸所产生的杀伤单元体。国际上普遍认为英国炮兵军官亨利 · 施雷普内尔将军 (Major-General Henry Shrapnel) 发明了具有近现代意义的杀伤榴弹。杀伤榴弹通常称为 Shrapnel shell，榴弹爆炸所产生的杀伤破片称为 Shrapnel。属于轻武器的杀伤榴弹主要包括手榴弹、枪榴弹、榴弹发射器发射的小口径榴弹等，如图 2.1 所示。

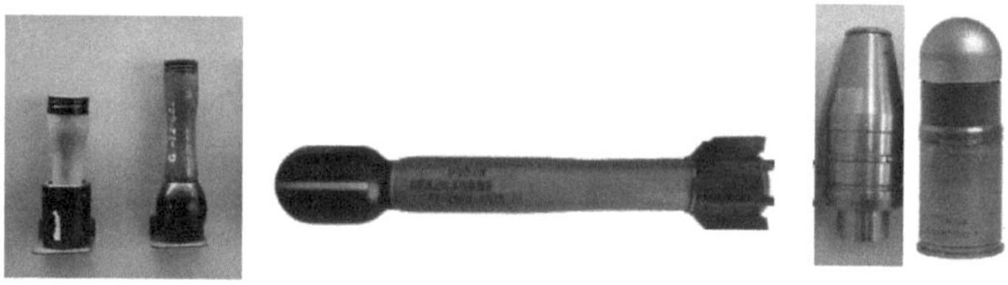

(a) 手榴弹　　(b) 枪榴弹　　(c) 小口径榴弹

图 2.1　典型的杀伤榴弹

当前，破片及其杀伤榴弹的技术发展趋势主要有以下几个方面：一是采用全预制或半预制破片以控制破片数量和破片形状，通过调整装药和弹体的匹配关系保证破片速度；二是破片质量小和数量多，破片质量大都在 0.2g 左右，有效破片数量增多，可提高杀伤密度、增大命中概率；三是在尽量提高破片速度的前提下，采用适当形状的破片或几种形状破片组合，在预期的杀伤范围内，获得更为有效的杀伤效果。

破片的材质、形状、质量、速度等参数与杀伤性能密切相关。轻武器杀伤榴弹的破片材质主要是钢质，其形状主要分为球形、菱形、立方体、六方柱体等。球形破片具有形状规则、飞行阻力小、存速能力强、侵彻能力强等特点，被广泛应用于榴弹的预制破片。球形破片直径一般为 2.0~4.0mm，每 0.5mm 为一个系列，破片质量在 0.03~0.26g 之间。初速约在 1000~1500m/s 之间，其中 ϕ2.0mm 钢球初速接近 1500m/s，ϕ4.0mm 钢球初速接近 1000m/s。有效杀伤半径一般在 5~10m 之间。菱形破片主要是榴弹的半预制破片，如图 2.2(a) 所示，按照其成型方法主要分为钢丝缠绕预制和钢板刻槽等两种。立方体、六方柱体破片多为采用钢板预制刻槽技术手段后的杀伤榴弹产生，其质量约为 0.1~0.2g，初速约为 1000m/s 以下，破片外观分别如图 2.2(b)、(c) 所示。

(a) 菱形破片壳体　(b) 立方体破片壳体　(c) 六方柱体破片

图 2.2　钢板刻槽类破片榴弹壳体及破片外观

国内外典型手榴弹半预制破片和预制可控破片参数分别见表 2.1、表 2.2，枪榴弹破片参数见表 2.3，小口径榴弹破片参数见表 2.4。

表 2.1　手榴弹半预制破片参数

研制国	手榴弹类型	破片类型	破片质量/g	破片数量/片	杀伤半径/m
中国	77 式木柄	钢板预制刻槽	约 0.4	270	7
	82 式无柄	钢板预制刻槽	约 0.3	330	6
美国	M26A2 防御	钢丝缠绕刻槽	约 0.15	1000	15
	M57 防御	钢丝缠绕刻槽	约 0.15	1000	15
	M61 防御	钢丝缠绕刻槽	约 0.15	1000	15
	M67 防御	钢丝缠绕刻槽	约 0.15	1000	15
苏联	RGO 式防御	双层钢板刻槽	约 0.35	600	8
	RGH 式进攻	双层铝板刻槽	约 0.15	600	5
英国	L2A2 进攻	钢丝缠绕刻槽	约 0.2	900	10
	RO 01A1	钢丝缠绕刻槽	约 0.15	1000	15

表 2.2　手榴弹预制可控破片参数

研制国	手榴弹类型	破片类型	破片直径/mm	破片数量/片	杀伤半径/m	破片初速/(m/s)
中国	77-1 式	预制钢珠	2.5～3.0	1600	6	1020
	82 式全塑	预制钢珠	2.5～3.0	1600	6	1020
苏联	M75 式	预制钢珠	2.0～2.3	4400	5	1250
德国	M-DN51	预制钢珠	2.0～2.3	6500	5	970
意大利	MU-50/G	预制钢珠	2.5～3.0	1000	7	950
	OD/82	预制钢珠	2.0～2.5	1400	5	1500
荷兰	NR20C1	预制钢珠	2.0～2.3	2100	5	1600

表 2.3　枪榴弹破片参数

研制国	枪榴弹类型	破片类型	破片质量/g	破片直径/mm	破片数量/片	杀伤半径/m	破片初速/(m/s)
中国	DQS1-40	钢板刻槽 + 预制钢球	—	3.5	约 400	约 14	1150
法国	吕歇尔	钢丝缠绕刻槽	0.17	—	约 500	约 12	/
	M262	钢板刻槽	0.14	—	约 300	约 10	1200
	PRB434	钢丝缠绕刻槽	0.18	—	约 450	约 14	1200
比利时	PRB404	钢丝缠绕刻槽	0.14	—	约 600	约 13	1200
	AP32Z	预制钢珠	0.13	3.2	1250	约 12	1200
	FRG	钢板刻槽	0.14	—	约 300	约 5	1200

注：“—” 表示不涉及该参数；“/” 表示数据未知，本章下同。

表 2.4　小口径榴弹破片参数

研制国	名称	破片类型	破片质量/g	破片直径/mm	破片数量/片	杀伤半径 /m	破片初速/(m/s)
中国	35 下挂	钢丝缠绕刻槽	0.12	—	约 350	约 12	/
	DFS87 式	钢丝缠绕刻槽	0.1	—	约 300	约 11	/
	FM406	钢板刻槽	0.15	—	约 300	约 6	1500
美国	M406	钢板刻槽	0.15	—	约 330	约 6	1500
	M403	预制钨球	0.25	3	400	/	/
奥地利	92 式	预制钢珠	—	2～2.3	1000	/	/
比利时	FN40	预制钢珠	0.13	3.2	450	约 5	/

2.1.2　弹头特征参数

弹头是枪弹的基本组成部分之一，是通过枪械发射的杀伤单元体。枪弹一般由弹头、弹壳、发射药和底火四部分组成，见图 2.3。其中弹壳用于盛装和连接发射药、底火和弹头，底火用于点燃发射药，为弹头提供运动能量。枪弹主要分为手枪弹、步枪弹、大口机枪弹等，其中主要用于杀伤人员目标的是手枪弹和步枪弹。

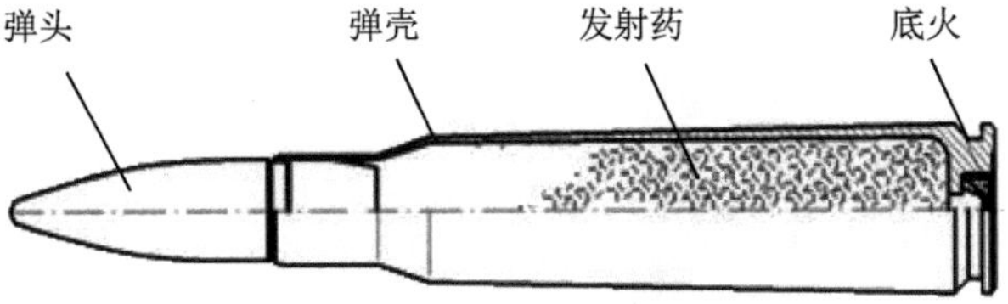

图 2.3 枪弹组成示意图

1. 手枪弹头

手枪弹主要配用于手枪，用于杀伤 50m 以内有生目标。由于几乎所用冲锋枪都使用手枪弹，手枪弹也被称为手枪冲锋枪弹。手枪是单手操作武器，为了减小后坐力、保证射击舒适性，手枪弹的枪口冲量、枪口动能需要有一定的限制。因此，手枪弹头的速度通常情况下随口径 (质量) 的增大而相应地减小。典型口径手枪弹及弹头见图 2.4。

(a) (b) (c) (d)

图 2.4 典型口径手枪弹及弹头

(a) 92 式 5.8mm 手枪弹及弹头；(b) 51 式 7.62mm 手枪弹及弹头；(c) 9mm 巴拉贝鲁姆手枪弹及弹头；(d) 11.43mm 柯尔特手枪弹及弹头

手枪弹头典型结构可分为铅心被甲结构、钢心铅套被甲结构两种类型，如图 2.5 所示。手枪弹头的长径比通常在 1.5 左右，随口径的减小而增大，最大值可达到 3 左右，典型手枪弹头特征参数详见表 2.5。

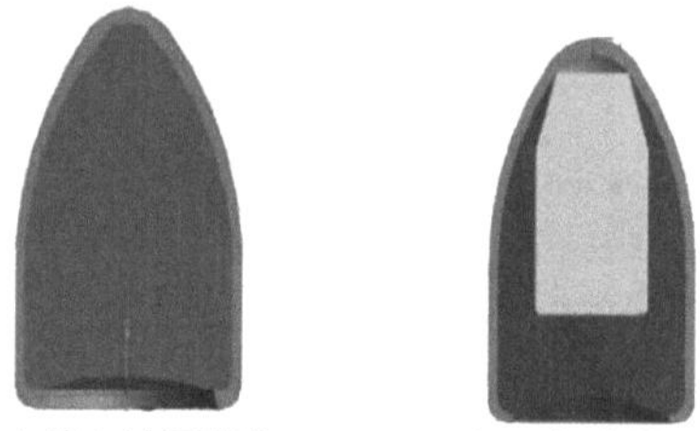

(a) 铅心被甲结构 (b) 钢心铅套被甲结构

图 2.5 典型手枪弹结构

表 2.5 典型手枪弹头特征参数

手枪弹名称	弹头结构	弹头质量/g	初速/(m/s)	弹头直径/mm	弹头长度/mm	膛线缠距/mm
5.45mm 7N7 手枪弹	钢心铅托被甲	2.6	315	5.64	14.5	—
51 式 7.62mm 手枪弹	铅心被甲	5.5	435	7.85	14.00	240
64 式 7.62mm 手枪弹	铅心被甲	4.8	300	7.85	12.10	240
92 式 9mm 手枪弹	钢心铅套被甲	8.0	360	9.00	16.70	254
92A 式 9mm 手枪弹	铅心被甲	8.0	360	9.00	14.88	254
9mm 巴拉贝鲁姆手枪弹	铅心被甲	8.0	350	9.00	14.88	254
11.43mm 柯尔特手枪弹	铅心被甲	14.9	250	11.48	17.46	540

国内外典型手枪弹按口径主要分为四种，分别是 9mm 巴拉贝鲁姆手枪弹、7.62mm 托卡列夫手枪弹、11.43mm 柯尔特手枪弹以及小口径手枪弹等。

9mm 巴拉贝鲁姆手枪弹 (9mm Parabellum Pistol Cartridge) 是世界上使用最广泛的手枪弹，又名 9×19 手枪弹、9mm 鲁格手枪弹、P08 式 9mm 手枪弹。该弹于 1902 年由德国工程师乔治 · 鲁格与德国武器弹药公司 (DWM) 合作研制，最先配用于 M1902 年式鲁格手枪，还配用于德国 P08 式和 P38 式手枪、MP38 式和 MP40 式冲锋枪，英国勃朗宁 No.2 式手枪、司登式和 L2A3 式冲锋枪，法国 M50 式手枪、M49 式冲锋枪，比利时勃朗宁 HP 手枪和维格尼诺冲锋枪，瑞士和芬兰的拉蒂手枪和秀米冲锋枪，瑞典 M45 冲锋枪，以色列乌齐冲锋枪、马德逊冲锋枪、意伯莱达 1951 式手枪、M38 式冲锋枪等。1953 年北约将其定为制式手枪弹。目前，有 70 多个国家制造使用此弹。我国的 DAP92A 式 9mm 手枪弹与 9mm 巴拉贝鲁姆手枪弹可互换使用。

7.62mm 托卡列夫手枪弹，又称 7.62×25 手枪弹，是苏联由 7.63mm 毛瑟手枪弹改进而来，在第二次世界大战中广泛使用于 TT-30 手枪和 PPSh、PPS 冲锋枪等。该弹 1951 年在我国生产定型，命名为 1951 年式 7.62mm 手枪弹，简称 51 式 7.62mm 手枪弹。该弹曾是我国军警使用的主要手枪弹种，配用于 51 式、54 式 7.62mm 手枪，以及 79 式、85 式 7.62mm 冲锋枪等枪械。

11.43mm 柯尔特手枪弹，又称.45 A.C.P 枪弹、11.43×23 手枪弹等。该弹由约翰 · 勃朗宁在 1904 年设计完成，一直是美军的制式装备，也是现役装备中口径最大的手枪弹。该弹配用于 M1911 系列自动手枪、汤姆逊冲锋枪等武器，在第二次世界大战中发挥了重要作用。

小口径手枪弹是轻武器小口径化进程当中较为独特的产物。目前国内外主要有两型产品定型装备。一是苏联的 5.45mm 手枪弹，又称 5.45×18 手枪弹，军方定型名称为 7N7。弹头结构为覆铜钢被甲、前钢心后铅心的串联弹心结构，其结构与步枪弹头结构相近。枪弹参数见表 2.5。该弹主要配用于 ПСМ 5.45mm 自动手枪，现主要装备于俄罗斯军警。另一个是我国的 5.8mm 手枪弹，又名 DAP92 式 5.8mm 手枪弹，该弹弹头同样采用覆铜钢被甲，前钢心后铅心的串联弹心结构，能轻松穿透软质防弹衣。该弹配用于 QSZ92 式 5.8mm 手枪。

2. 步枪弹头

步枪弹在这里是指配用于步枪、机枪发射的弹药，也称之为步机枪弹。近现代军用步枪弹发展最为重要的分水岭是中间型威力枪弹和小口径枪弹的出现和广泛装备。中间型威力枪弹和小口径枪弹的有效射程为 400m，配用于连发射击的突击步枪，也配用于班用机枪、轻机枪。现在所称的步枪弹主要是指突击步枪弹。为了有所区分，习惯上将有效射程 600m 的中口径步枪弹 (如 7.62mm M1908 枪弹、7.62mmNATO 枪弹) 称为大威力枪弹，现在主要配用于通用机枪、重机枪。典型步枪弹及弹头见图 2.6。

(a) (b) (c) (d) (e) (f)

图 2.6 典型步枪弹及弹头

(a) 5.45mm 7N6 步枪弹；(b) 5.56mm SS109 枪弹；(c) 5.8mm 步枪弹；(d) 56 式 7.62mm 步枪弹；(e) 7.62mm NATO 步枪弹；(f) 53 式 7.62mm 步枪弹

步枪弹头结构主要分为铅心被甲结构、钢心铅套被甲结构等两种类型，其中钢心铅套背甲结构又可细分为前置钢心结构、后置钢心结构和钢尖铅托结构等三种形式，如图 2.7 所示。当前，国内外主要装备的步枪弹有 56 式 7.62mm 步枪弹、5.56mm SS109 步枪弹、5.45mm 7N6 步枪弹、5.8mm 步枪弹和 7.62mm M1908 步枪弹、7.62mm NATO 步枪弹。步枪弹头的长径比通常在 4 左右，小口径枪弹初速通常在 900m/s 以上，7.62mm 枪弹初速则在 700m/s 以上。典型步枪弹头特征参数详见表 2.6。

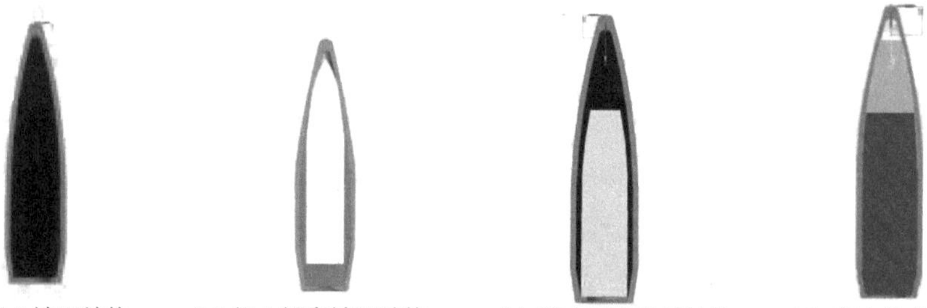

(a) 铅心被甲结构　(b) 钢心铅套被甲结构(前置钢心)　(c) 钢心铅套被甲结构(后置钢心)　(d) 钢心铅套被甲结构(钢尖铅托)

图 2.7　典型步枪弹结构

表 2.6　典型步枪弹头特征参数表

步枪弹名称	弹头结构	弹头质量/g	钢心质量/g	初速/(m/s)	弹头直径/mm	弹头长度/mm	膛线缠距/mm
5.45mm 7N6 步枪弹	后置钢心、铅套、被甲	3.45	1.2	950	5.63	25.4	195
5.56mm M193 步枪弹	铅心、被甲	3.56	—	990	5.70	18.8	305
5.56mm SS109 步枪弹	钢尖、铅托、被甲	4.0	0.66	945	5.70	23.0	178
56 式 7.62mm 普通弹	后置钢心、铅套、被甲	7.9	4.7～4.8	720	7.92	26.8	240
53 式 7.62mm 普通弹	后置钢心、铅套、被甲	9.6	5.05～5.25	845	7.92	32.3	240
7.62mm NATO 步枪弹	铅心、被甲	9.5	—	810	7.85	29.2	305

7.62mm M43 步枪弹，又称 7.62×39 步枪弹，是最为成功而且至今仍在世界范围内广泛使用的中间型威力枪弹。该弹采用钝头钢心、铅套、覆铜钢被甲的钢心铅套被甲结构 (后置钢心)，长径比约 3.4，主要配用于著名的卡拉什尼科夫 AK47 步枪及其枪族。我国 1956 年引进生产，定型名称为 56 式 7.62mm 步枪弹，主要配用于 56 式半自动步枪、冲锋枪、班用轻机枪，81 式步枪等枪械。

5.56mm SS109 步枪弹，美国型号为 M855 步枪弹，又称为 5.56×45 步枪弹，1980 年被北约正式选定为制式步枪弹。该弹弹头采用钢尖铅托结构，前半部分为一个钢锥，后半部分填充铅心，长径比约为 4，弹头重 4g，初速 950m/s。该弹主要配用于 M16 自动步枪和 M249 机枪。值得一提的是，5.56mm SS109 步枪弹的前身是美国 1964 年定型的世界上第一个小口径步枪弹——5.56mm M193 步枪弹。SS109 步枪弹的主要改进之处在于弹头结构和适配的膛线缠距。SS109 弹头由 M193 弹头的 19mm 变长为 23mm，弹头质量由 3.5g 增加至 4.0g，并采用钢尖–铅托复合弹心结构，增强了侵彻力，又保留了在人员目标中易变形破碎的特点，较好地兼顾了侵彻力与杀伤效果。SS109 弹头适配的膛线缠距为 7in(178mm)，而 M193 弹头适配的膛线缠距为 12in(305mm)，这样 SS109 弹头转速更高、稳定储备量大，增强了中远距离的飞行稳定性和抗干扰性。

5.45mm 7N6 步枪弹，又称 M74 步枪弹、5.45×39 步枪弹，1974 年由苏联定型生产。该弹弹头为钝头钢心、铅套、覆铜钢被甲式结构，长径比约 4.6，弧形部较细长 (弧形半径为 11 倍口径)，其外形气动力特性较优，有优良的外弹道性能。该弹配用于供 AK-74 式突击步枪、RPK-74 式班用轻机枪、AN94 步枪等枪械使用。后来发展了 7N10 普通弹、7N22 穿甲弹。7N10 钢心由平头变为尖头，7N22 采用了 Y12A 高碳工具钢作为钢心，钢心头部有个小尖。

大威力步枪弹，国内外主要装备的型号产品有两种。一个是 7.62mm M1908 步枪弹，又称 7.62×54R 步枪弹，我国的定型名称为 53 式 7.62mm 普通弹。该弹为钢心、铅套、覆铜钢被甲结构，长径比约 4，现在主要配用于 53 式骑枪、五五式坦克机枪等。另一个是 7.62mm NATO 步枪弹，又称 7.62×51 步枪弹，1953 年北约正式将其确定为制式标准用弹。该弹有钢心、铅套、铜被甲和铅心、铜被甲两种结构，前者弹头质量略大于后者，长径比约为 3.7，弹头重约 9.5g，初速 810m/s，主要配用于美国 M14 半自动步枪、M60 和 M73 机枪，英国 L2A1 式步枪，比利时 F.N 机枪，德国 G3 式步枪等。

2.1.3 杀伤元实验模拟方法

杀伤元实验模拟方法是指采用实验的方法，获得弹头、破片杀伤元特定的运动参数，为杀伤效应分析和杀伤机理研究提供实验手段和实验数据。杀伤元模拟的关键是模拟杀伤元在即将进入目标前的运动状态。本小节重点介绍以发射药作为驱动能源，采用枪械发射杀伤元的方法。

1. *破片实验模拟方法*

杀伤榴弹实际爆炸杀伤时产生的破片，是以榴弹为中心向四周分散。为了研究的简便性和实验的可重复性，在破片模拟实验中均采取枪械定向发射单一破片的方法，破片速度模拟实验方法如图 2.8 所示。

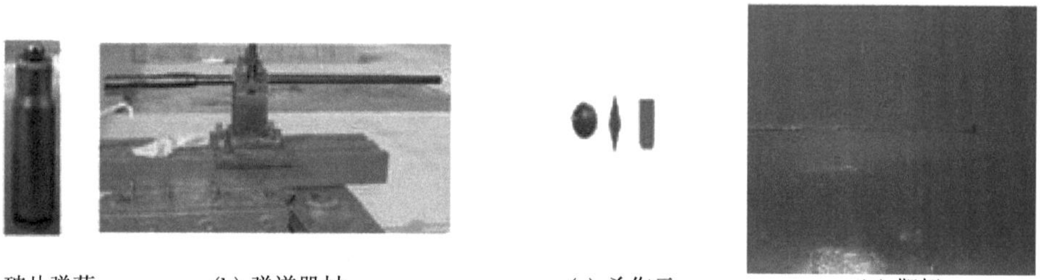

(a) 破片弹药　(b) 弹道器材　(c) 杀伤元　(d) 靶标

图 2.8　破片速度模拟实验方法示意图

破片模拟的弹药结构为破片 + 弹托、弹壳、底火、发射药。弹托通常是塑料弹托，也可以采用金属弹托。弹托前端设置一凹槽，以便安装破片，弹托后端压入弹壳内，弹托与弹壳之间为过盈配合。由于破片实际发射时没有高速旋转，发射时采用滑膛弹道枪械即可。发射时匹配合适的发射药，以获得稳定的速度，宜选用高燃速发射药，如多-45、多-125，双粒-17 等。对于外形规则的球形预制破片，其着靶时运动姿态稳定，着靶速度跳差较小；对于半预制类破片，如菱形破片、方形破片、柱形破片，其运动姿态不易控制，着靶速度跳差大于球形破片；对于自然破片，因其形状、大小的随机性，在空气中的飞行姿态不确定，其着靶姿态难以控制，着靶速度跳差最大。

以 ϕ4.8mm 球形破片为例，其选用的弹托材料为聚碳酸酯，发射系统口径为 7.62mm，发射器材为滑膛弹道枪。根据所需要模拟的速度范围的不同，弹道器材可以选用 56 式 7.62mm 滑膛弹道枪和 53 式 7.62mm 滑膛弹道枪，前者主要用于模拟 500~900m/s 速度范围，后者则用于模拟 800~1200m/s 速度范围。对于低于 500m/s 的速度，用火药发射的方法获得的速度跳差大。

弹托材料采用两瓣式结构 (图 2.9)，两瓣弹托合在一起组成完整的弹托，弹托参数如表 2.7 所示。弹托前端为一柱形凹槽，用于放置破片，后端为长孔，有利于弹托出枪口后在空气阻力的作用下迅速分离，减小弹托对目标的影响，并提

图 2.9　两瓣式弹托结构的单瓣结构

高破片的散布密集度，降低速度跳差。通常靶位到枪口的距离不低于 5m，以确保弹托在空气中分离。发射药则选用了多孔系列的多-125 发射药。获得的速度与药量之间的关系参考表 2.8、表 2.9。

表 2.7 弹托参数

弹托材料	弹托总长/mm	弹托外径/mm	前端孔直径/mm	前端孔深度/mm	后端孔直径/mm	后端孔深度/mm
聚碳酸酯	14	7.9	5	3	5	9

表 2.8 ϕ4.8mm 球形破片的速度模拟表

序号	发射方式	药量/g	模拟速度/(m/s)	靶位距离/m
1	53 式 7.62mm 弹壳及滑膛弹道枪	1.0	1200	4.8
2	56 式 7.62mm 弹壳及滑膛弹道枪	0.6	900	7.1
3	53 式 7.62mm 弹壳及滑膛弹道枪	1.0	800	21.5
4	56 式 7.62mm 弹壳及滑膛弹道枪	0.5	800	7.8
5	56 式 7.62mm 弹壳及滑膛弹道枪	0.5	700	13.1
6	56 式 7.62mm 弹壳及滑膛弹道枪	0.5	500	26.5

表 2.9 ϕ4.8mm 球形破片靶位距离与着靶速度关系

序号	发射方式	药量/g	着靶速度/(m/s)	靶位距离/m
1	53 式 7.62mm 弹壳及滑膛弹道枪	1.0	1100	8.5
2	53 式 7.62mm 弹壳及滑膛弹道枪	1.0	1000	12.5
3	53 式 7.62mm 弹壳及滑膛弹道枪	1.0	900	16.8
4	56 式 7.62mm 弹壳及滑膛弹道枪	0.6	800	11.8
5	53 式 7.62mm 弹壳及滑膛弹道枪	1.0	700	26.9
6	56 式 7.62mm 弹壳及滑膛弹道枪	0.6	700	17.1
7	56 式 7.62mm 弹壳及滑膛弹道枪	0.5	600	19.3
8	56 式 7.62mm 弹壳及滑膛弹道枪	0.6	600	23.2

对于速度范围超出表 2.8 和表 2.9 的，可以采用参照上述药量和靶位距离，根据破片在空气中的速度衰减规律，适当调整药量、换用发射药和调整靶位距离的方法获得所需的速度参数。

其他破片则可参照上述方法模拟破片着靶速度。本书中常用的两种菱形破片质量分别为 0.15g 和 0.25g，破片宽度均为 2.5mm。0.15g 菱形破片高 2.5mm，长 3.1mm；0.25g 菱形破片高 3.2mm，长 4mm，外形如图 2.10 所示。

图 2.10　菱形破片外形

2. 弹头实验模拟方法

弹头模拟采用实弹弹头，在近距离上用弹道枪或者战斗枪发射的方法，模拟弹头在远距离上对人员的杀伤。步枪弹在进行杀伤实验时，通常将靶标放置在距离枪口 100m 处，手枪弹则通常将靶标放置在距离枪口 25m 处。

影响弹头对目标杀伤的因素较多，最主要的参数是弹头速度，因此弹头模拟的主要参数为速度。转速影响弹头在空气中飞行的稳定性，进而可能改变进入目标时的着靶角度，影响弹头在目标中的翻滚位置。转速也是杀伤研究需要重点关注的参数。因此，弹头模拟的主要参数为速度、转速。

采用杀伤元模拟实验的方法，可以获得与实际射程上落速一致的速度，通常忽略弹头转速的变化，但弹头在空气中转速的衰减要比速度的衰减慢得多，采用降速度模拟远距离射程上实际速度的方法，则会带来转速的差异，其转速影响弹头飞行稳定性，从而导致杀伤效果的差异。

56 式 7.62mm 普通弹弹头在 100m 处分别以 640m/s、460m/s 速度射击靶标 [1]，膛线缠距分别为 200mm、240mm、305mm，得到致伤模拟实验数据如表 2.10 所示。

表 2.10　56 式 7.62mm 普通弹弹头 100m 致伤模拟比较

组别	膛线缠距 /mm	初速 /(m/s)	能量传递量 /J	能量传递率 /%	入口面积 /cm^2	出口面积 /cm^2	空腔体积 /cm^3	最大空腔直径 /cm
1	200	648	130	8	3.8	8.7	51.8	10.0
	240	644	196	12	3.9	8.8	50.8	9.0
	305	644	291	18	3.4	14.0	57.0	8.2
2	200	476	121	14	2.2	3.4	21.8	5.4
	240	459	136	16	1.9	7.2	30.1	5.8
	305	462	225	26	1.9	12.8	43.1	5.1

从表 2.10 两个速度组的统计平均数可以看出，虽然初速一样，但是对模拟靶标的致伤效果不相同。随着膛线缠距的增加，弹头在靶标中的传递能量增加，出口面积增大，空腔体积增大。与 56 式弹的制式膛线缠距 240mm 相比，在 1 组中，膛线缠距 200mm 的传递能量为膛线缠距 240mm 的传递能量的 66.3%，膛线

缠距 305mm 的传递能量为膛线缠距 240mm 的传递能量的 150%; 在 2 组中，膛线缠距 200mm 的传递能量为膛线缠距 240mm 的传递能量的 89.0%，膛线缠距 305mm 的传递能量为膛线缠距 240mm 的传递能量的 165.4%。这种致伤效果的差异，主要是由弹头飞行的稳定性不同而产生的，弹头是靠高速旋转来保持飞行稳定的，弹头的旋转由枪管的膛线赋予，初速相同时，膛线缠距越小，获得的旋转速度越高，稳定储备量也就越大。在空气中的飞行稳定的弹头，碰击靶标进入稠密介质时，都会发生失稳。稳定储备量越大，失稳发展过程就越慢。失稳速率的大小是影响弹头能量传递速率的重要因素，也是影响致伤效果的重要因素。弹头翻滚点与入口的距离都随着膛线缠距的增大而缩短。

研究结果表明，采取仅降低弹头速度的方法，将会对致伤效果存在一定的影响，采用在近距离上降低着靶速度模拟远距离弹头着靶姿态时，为了更加接近杀伤元的实际致伤效果，则应考虑同时减小膛线缠距。由于膛线缠距无法随时更改，在研究不同距离杀伤元的杀伤时宜以实际射程进行实验。

目前常用的枪弹种类繁多，典型手枪弹、步枪弹不同射程上的外弹道参数分别如表 2.11、表 2.12 所示。

表 2.11　典型手枪弹弹头外弹道参数

枪弹名称	弹头质量/g	初速/(m/s)	25m 落速/(m/s)	50m 落速/(m/s)
5.45mm 7N7 手枪弹	2.6	315	304	295
9mm 巴拉贝鲁姆手枪弹	8.0	360	345	331
51 式 7.62mm 手枪弹	5.5	430	419	409
11.43mm 柯尔特手枪弹	14.9	250	245	239

注：以上落速为标准气象条件、1° 射角下的计算值。

表 2.12　典型步枪弹弹头外弹道参数

枪弹名称	弹头质量/g	初速/(m/s)	100m 落速/(m/s)	200m 落速/(m/s)	400m 落速/(m/s)	600m 落速/(m/s)
5.45mm 7N6 步枪弹	3.5	950	843	744	566	415
5.56mm M193 枪弹	3.5	990	834	691	458	376
5.56mm SS109 枪弹	4.0	945	847	755	589	445
56 式 7.62mm 普通弹	8.0	720	627	541	391	304

注：以上落速为标准气象条件、1° 射角下的计算值。

2.2 明胶靶标

在轻武器杀伤效应研究领域，选择人体肌肉软组织为主要研究对象，分析杀伤元在人体的运动及相互作用过程 [2]。人体肌肉模拟靶标常用的模拟材料有水、胶泥、肥皂和明胶，其中明胶靶标是现今公认的较为理想的人体肌肉模拟靶标。本节将以明胶靶标为基础，详细介绍影响明胶靶标使用的重要参数，明胶靶标与生物之间的杀伤效应相似效果 [3]，以及明胶靶标的制备与检测方法，为终点杀伤效应研究提供基础靶标。此外，针对研究经常使用的有防护靶标，简要介绍基于明胶靶标的防护靶标防护材料，为杀伤元对有防护的杀伤研究提供靶标基础。

2.2.1　影响明胶靶标性能的主要因素

明胶原料是动植物的蛋白质水解物产物，且绝大多数明胶为动物蛋白水解产物，本身与人体肌肉具有一定的相似性，是目前国内外创伤弹道研究中普遍采用的肌肉模拟靶标材料。明胶按照制备方法的不同分为碱法明胶和酸法明胶。顾名思义，碱法明胶是指在碱性环境条件下提取明胶，环境 pH 在 7~9，国外标记为 A 型明胶 [4]，在国外众多文献资料中标记的 250A 弹道明胶中的 A 就是碱法制备的明胶；酸法明胶是指在酸性环境条件下提取明胶，环境 pH 在 4.7~5.4，国外标记为 B 型明胶。我国用于轻武器终点杀伤研究的明胶主要为碱法制备。

明胶颗粒是一种无味、无色 (略带浅黄色)、半透明、坚硬的非晶态物 (图 2.11)，其不溶于有机溶剂，吸水性强、黏度高，是肽分子聚合物质、胶原蛋白质的水解产物，主要来源于猪、牛等动物的皮、骨中的结缔组织的水解。终点杀伤效应研究用的明胶靶标，通常使用的是猪皮熬制的明胶。明胶的分子量通常为 1 万 ~7 万，高级明胶分子量在 10 万 ~15 万以内。其不易溶于冷水，但能吸收冷水的重量却是自身的 5~10 倍，易溶于温水，冷却形成凝胶，凝胶熔点通常在 24~28℃ 之间，其溶解度与凝固温度相差很小，易受水分、温度、湿度的影响而变质。明胶是一种热可逆的材料，是一种在水溶液中的蛋白质，并且是亲水胶体。

明胶靶标是由一定比例的明胶颗粒与水混合加热熬制而成，具有较好的透明性 (见图 2.12)，可使用高速摄影直观地获取弹道冲击全过程中弹头、破片等轻武器杀伤元的运动规律及宏观力学表现。

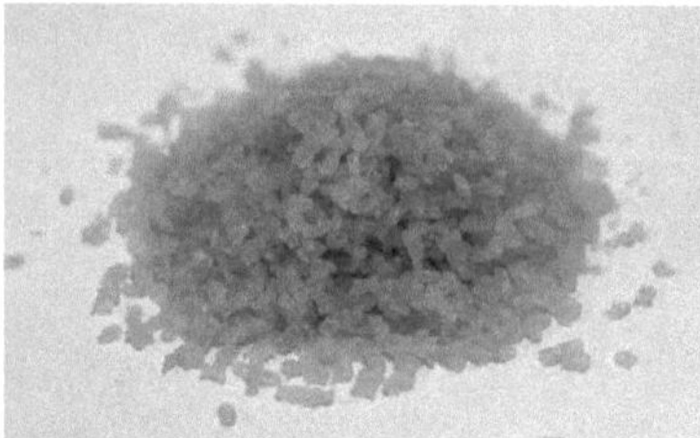

图 2.11　淡黄色明胶原料颗粒

图 2.12　淡黄色透明明胶靶标

影响明胶靶标使用的重要参数有原料性能、靶标配比、明胶靶标外形尺寸、明胶靶标温度。以下分别详细论述。

1. 原料性能

明胶原料性能直接影响明胶靶标的强度和透明性。

明胶原料的分子量不同，其凝冻强度也不同。凝冻强度是表示明胶靶标强度的物理量，代表标准浓度和温度条件下明胶靶标维持外形的能力，因此凝冻强度是检验明胶原料的重要指标，凝冻强度用 Bloom g 表示。凝冻强度测试是在 10℃ 条件下，使用直径为 12.7mm 的圆柱，压入含明胶 6.67%的胶冻表面 4mm 时所施加的力。

通过测试钢球不同速度条件下对明胶靶标的侵彻深度，可以获得不同凝冻强度条件下明胶与肌肉的相似关系，确定的明胶靶标原料凝冻强度参数为 250~260Bloom g。

明胶原料含有不同杂质成分时制备的明胶靶标透明度也不同，为了便于直接使用高速摄影观察杀伤元在明胶靶标内的运动过程，必须对明胶靶标透明性提出要求。影响明胶靶标透明度的参数分别是 620nm 和 450nm 波长光照条件下的透过率。其中 620nm 波长光照透过率直接关系到制成明胶靶标后的透明性，如图 2.13 所示，450nm 波长光照透过率主要决定明胶靶标的色泽。由于终点杀伤效应研究用的明胶靶标尺寸较大，对明胶原料的透明性有较高的要求，原料透过率要求 620nm 波长透过率 ⩾98%，450nm 波长透过率 ⩾90% 。

(a) 90%透过率　　(b) 95%透过率

图 2.13　原料 620nm 透过率不足时样品的透明性

此外，明胶原料的冻点也是影响明胶靶标性能的参数。冻点是明胶溶液由液态转变为固态的温度。不同冻点的明胶的强度有所不同，高冻点的明胶在 33.1℃ 条件下仍能保持良好外形，而通常使用的明胶在 30.7℃ 条件下已经完全熔化为液态，如图 2.14 所示。为保证数据的一致性，对明胶靶标原料冻点限定为 25~28℃。

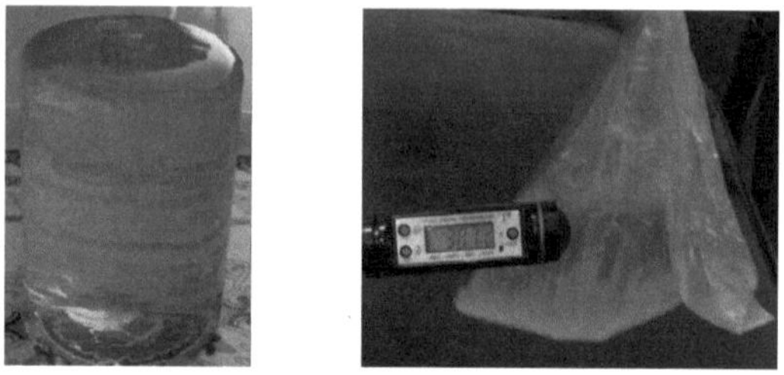

(a) 33.1℃时的高冻点明胶样品　(b) 30.7℃时的实验明胶样品

图 2.14　明胶冻点对靶标温度敏感程度的影响

2. 靶标配比

第一个使用明胶模拟肌肉软组织的是瑞士的埃米尔 · 特奥多尔 · 科赫尔 (Emil Theodor Kocher)。在随后的研究中，主要发展两种配比，一种是 20%配比，另一种是 10%配比。第一个使用 20%配比的明胶作为肌肉模拟靶标的是 Harvey，他在 20 世纪 40 年代时研究了该配比条件下明胶靶标与枪弹杀伤的效应，他当时使用的明胶靶标温度为 24℃ [5]。1985 年，法克勒 (Fackler) 和马林诺斯基 (Malinowski) 采用了 10%配比的明胶，后来的研究中，多数学者参考该配比。Fackler 和 Malinowski 研究使用的明胶靶标配方成为经典配方，其明胶颗粒与水的质量比为 1:9，明胶温度为 4℃ 。Fackler 等 [6] 开展了弹头对 10%配比、4℃ 的明胶块和活体麻醉猪后腿肌肉的弹道冲击实验研究，得出相同条件下弹头对肌肉和明胶的侵彻深度相差在 3%以内，同时还引用未公开数据指出瞬时空腔直径相差在 8%以内，并基于上述研究结论建立了 10%配比、4℃ 的明胶靶标标准及创伤剖面图评估方法，该标准在后续研究中被广泛应用，成为明胶模拟肌肉组织的主要依据。10%配比的明胶密度约为 1.1g/cm^3，略大于水。人体肌肉密度约为 1.12g/cm^3，10%配比的明胶密度与人体肌肉相近。明胶靶标的密度与肌肉目标相近，是保证靶标反映杀伤元运动过程的重要参数。

目前国内外学者通常认为 10%配比的明胶更接近人体肌肉，该配比在研究中被广泛使用。

3. 明胶靶标外形尺寸

明胶靶标外形尺寸是影响靶标的重要参数，其横截面尺寸直接影响到瞬时空腔特征的变化规律及瞬时空腔边缘轮廓，其长度则影响伤道形状及杀伤元能量传递量，同时靶标外形尺寸还关系到制备时间长短。根据轻武器杀伤效应模拟实验对靶标的要求，靶标尺寸的确定原则为：截面尺寸应保证目前典型步枪弹、手枪弹侵彻明胶过程中，靶标边界不影响最大瞬时空腔的形成 (不能有单侧压缩或单侧凸起的瞬时空腔)，即包含完整的瞬时空腔，且空腔轮廓边缘清晰。长度应保证能反映杀伤元的主要运动过程，同时与人体最大厚度接近，经研究确定，靶标的外形尺寸为 30cm×30cm×30cm。

明胶靶标截面尺寸的确定主要通过研究小口径步枪实验弹在不同截面尺寸的瞬时空腔完整性，包括 20cm×20cm、25cm×25cm、30cm×30cm、35cm×35cm、40cm×40cm 这 5 个截面尺寸。典型截面尺寸下明胶靶标中的瞬时空腔如图 2.15 所示，通过高速摄影所记录的明胶瞬时空腔变化数据，获得明胶瞬时空腔最大直径等实验数据，详见表 2.13。

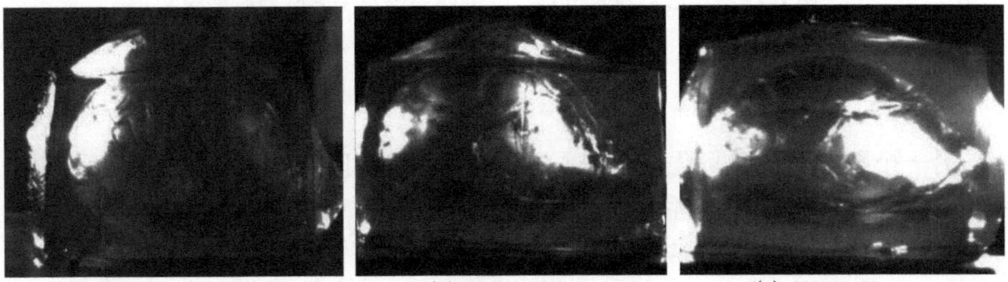

(a) 20cm×20cm (b) 30cm×30cm (c) 40cm×40cm

图 2.15 典型截面尺寸下明胶靶标中的瞬时空腔

表 2.13 不同靶标截面尺寸中的最大空腔数据

靶标截面尺寸/cm	样本量/发	瞬时空腔最大直径/mm	空腔状态
20×20	3	184	凸出靶标表面
25×25	3	202	凸出靶标表面
30×30	3	212	空腔包含在靶标尺寸内
35×35	3	217	空腔包含在靶标尺寸内
40×40	3	222	空腔包含在靶标尺寸内

从高速摄影录像及测试数据可知，当靶标尺寸较小时，受弹头侵彻作用所产生的瞬时空腔将在明胶靶标表面形成凸起；靶标截面尺寸在 30cm×30cm~40cm×40cm 时，空腔数据偏差在 5%以内，因此明胶靶标最小截面尺寸可以定为 30cm×30cm。

靶标的长度可以衡量杀伤元的侵彻深度，美国通常认为侵彻深度在 1~15cm 即可造成有效杀伤，其基本依据为 15cm 深度可保证杀伤元触及直立人体的重要致命器官，因此靶标的长度不得小于 15cm。根据典型枪弹在不同厚度明胶靶标的运动过程高速摄影研究，当明胶靶标长度为 30cm 时，小口径步枪实验弹、56 式 7.62mm 普通弹、5.56mm SS109 枪弹在明胶靶标中均可呈现出完整的翻滚运动过程，形成显著的瞬时空腔效应，如图 2.16 所示，因此明胶靶标的长度可以定为 30cm。

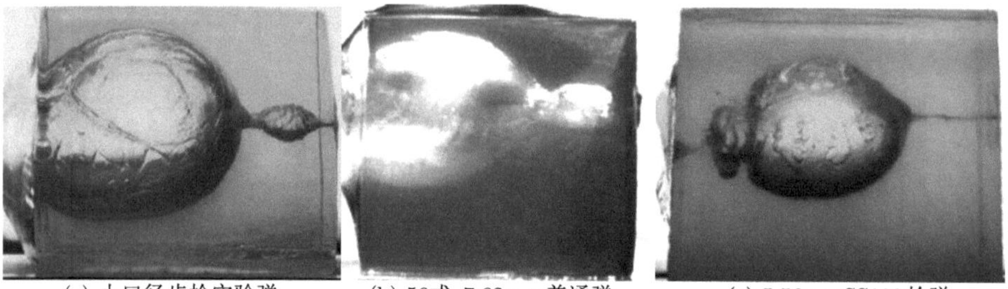

(a) 小口径步枪实验弹　　(b) 56式 7.62mm 普通弹　　(c) 5.56mm SS109 枪弹

图 2.16　典型枪弹在 30cm 长度明胶中最大瞬时空腔效果

4. 明胶靶标温度

另一个影响明胶靶标强度的是温度。明胶是热可逆凝胶化材料 [7]，具有熔点和凝固点，在一定温度条件下可以从固态变成液态，反之亦然，如图 2.17 所示。

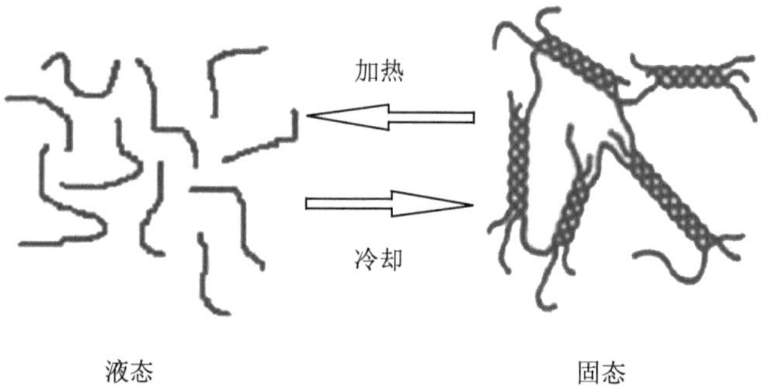

图 2.17　明胶分子固液转化示意图

温度对明胶靶标的屈服应力、剪切模量影响显著。屈服应力随温度上升呈下降趋势，4~10℃ 范围内略有下降趋势，10~15℃ 范围内下降趋势变大，15~20℃ 范围内显著下降，20~25℃ 范围内基本不变，如图 2.18 所示。剪切模量随温度增加而下降，整体呈剪切模量随温度升高而呈下降趋势，下降趋势最显著的温度范围同样为 15~20℃，如图 2.19 所示。

由于明胶为黏弹性介质，具有一定的蠕变性能，温度越低蠕变性越弱。由于明胶靶标含水量为 90%，水结冰后，影响明胶靶标的力学性能和透明性能，因此明胶靶标的温度不能低于 0℃。通过明胶靶标温度和力学性能之间关系的研究，明胶靶标力学性能在 4~10℃ 时相对稳定，考虑实际使用时需在实验场地自然温度条件下放置一段时间，为防止明胶靶标温度变化对实验数据产生过大影响，结合国外研究情况，将明胶靶标温度定为 4℃。

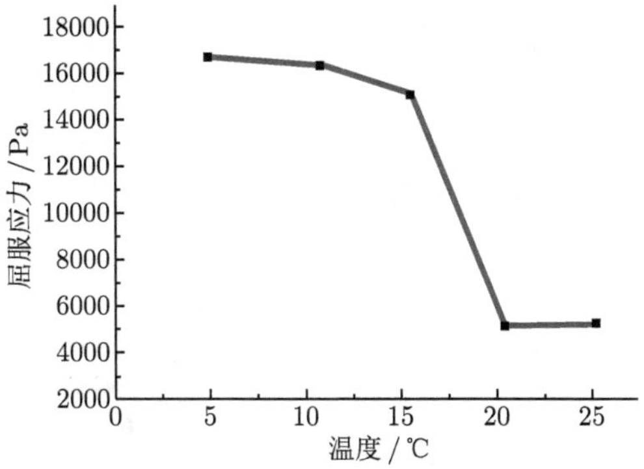

图 2.18 10%配比明胶屈服应力与温度关系

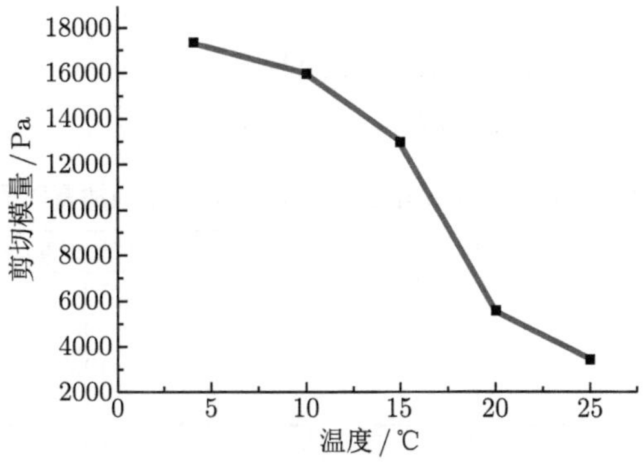

图 2.19 10%配比明胶剪切模量与温度关系

为了减小杀伤元侵彻过程因明胶温度不均产生的影响，明胶靶标使用时应保证靶标温度的均匀性。明胶靶标凝胶过程主要分为明胶溶液在室温冷却和明胶在 4℃ 环境中恒温凝胶两个过程。明胶靶标凝胶过程中与周围环境发生热交换，内部温度不断降低。通过测试明胶靶标中心位置得到明胶靶标温度变化时间历程曲线，从曲线可以看出，随着保温时间的增加，在 20h 后，明胶整体温度变化趋势为先线性下降，然后逐步趋于稳定，见图 2.20。通过 ANSYS 热力学仿真分析同样得出，在明胶靶标保温 20h 时后，整体温度趋于平稳 [8]。因此，对于 30cm×30cm×30cm 的明胶靶标，保温时间通常定为 24h。

钢球在明胶中的侵彻深度随着温度的升高而增大，温度是影响靶标弹道性能最为重要的因素。

在实验过程中，明胶靶标从保温条件下取出放到实验指定位置后，可能还需要一定时间的准备。在这段放置时间内，由于靶标与外界进行热量交换，靶标性能可能会随放置时间而发生变化，为保证靶标性能稳定，实验时间不应超过 2h。

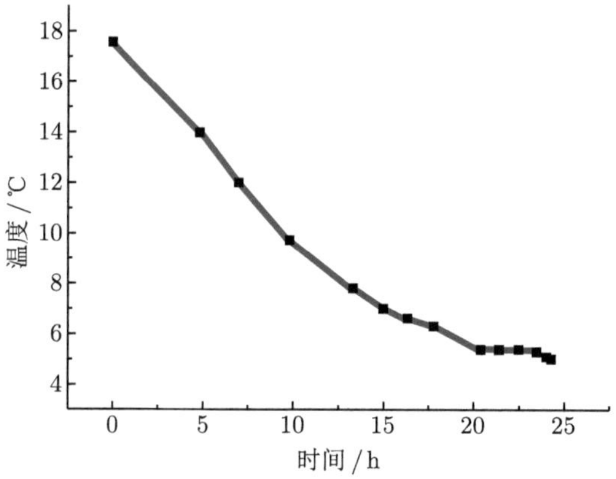

图 2.20 明胶保温过程中内部温度随时间变化曲线

保温后的明胶放置在 15℃ 及 30℃ 两种条件下，ϕ3mm 球形破片侵彻深度随放置时间的变化情况详见表 2.14。

表 2.14 不同温度下明胶 ϕ3mm 球形破片侵彻深度随放置时间变化的对比数据

原始温度/℃	环境温度/℃	放置时间/h	样本量/发	平均侵彻深度/cm	侵彻深度跳差/cm
4	15	0	11	10.1	0.5
		0.5	10	10.3	0.8
		1.5	7	10.2	0.5
		3.5	7	10.5	0.8
	30	0	10	10.2	0.8
		2	13	11.0	1.7
		3.5	7	11.9	2.0

根据表 2.14 数据可以看出，平均侵彻深度随放置时间增加而变大，且环境温度与原始温度相差越大，其变化越明显。同时，在同一明胶中的侵彻深度跳差会随放置时间增加而变大，在 30℃ 的环境下放置 2h 后，侵彻深度相对跳差达到约 15%。

2.2.2 明胶靶标与肌肉的相似效应

人体肌肉是一种各向异性的黏弹性物质，明胶靶标是一种各向同性的黏弹性物质。肌肉的弹性模量为 8279Pa[9]，10%的 4℃ 明胶靶标弹性模量为 5400Pa[10]，二者处于同一数量级。

使用 ϕ4.8mm 的钢球侵彻明胶靶标和猪后肢，对比二者之间的空腔效应，如图 2.21 所示。其中明胶靶标可以通过高速摄影，从同一杀伤元分别获得不同时刻的瞬时空腔数据，猪后肢中的瞬时空腔数据则是通过在不同时刻将多头猪通过高速 X 射线的方法获得。明胶靶标能表现钢球侵彻肌肉的瞬时空腔最大直径，其数值随着钢球速度的增大而变大，与肌肉中的规律一致，如表 2.15 所示。

(a)

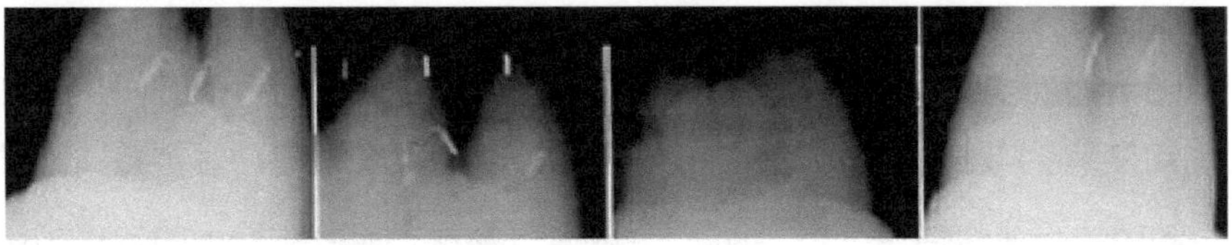

(b)

图 2.21 钢球侵彻明胶靶标 (a) 和猪后肢 (b) 效果对比

表 2.15 球形破片杀伤元在明胶靶标和猪后肢肌肉中的瞬时空腔最大直径

钢球速度/(m/s)	瞬时空腔最大直径/mm	
	明胶靶标	猪后肢肌肉
800	61	45
1000	78	61

针对杀伤元在肌肉目标中的瞬时空腔膨胀动过程，以小口径步枪实验弹对比侵彻明胶靶标和猪后肢的空腔膨胀过程。明胶靶标和猪后肢中的瞬时空腔最大直径变化规律一致，明胶靶标可完整再现其空腔膨胀收缩全过程。小口径步枪实验弹侵彻明胶和猪后肢空腔膨胀过程对比见图 2.22，数据见表 2.16。

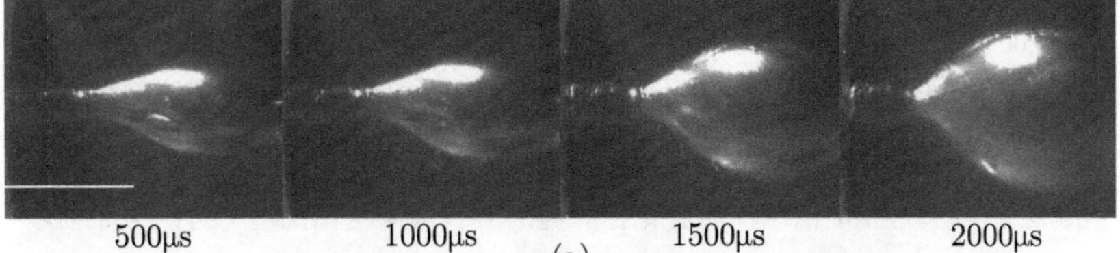

500μs 1000μs 1500μs 2000μs

(a)

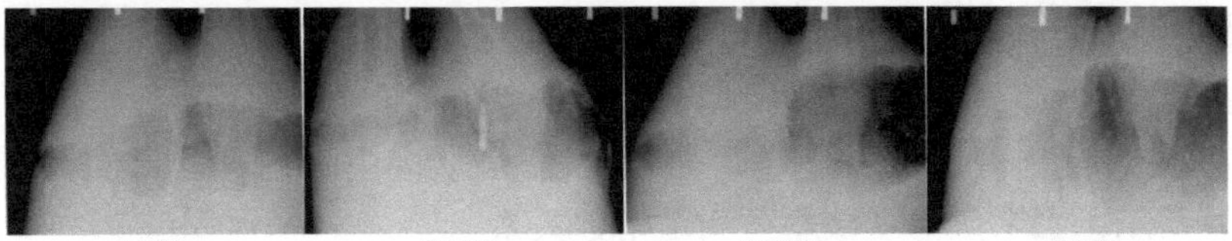

500μs 1000μs 1500μs 2000μs

(b)

图 2.22 小口径步枪实验弹侵彻明胶靶标 (a) 和猪后肢 (b) 空腔膨胀过程对比

表 2.16　小口径步枪实验弹在明胶靶标和猪后肢肌肉中的瞬时空腔最大直径

时刻/μs	瞬时空腔最大直径/mm		瞬时空腔最大直径处水平位移/mm	
	明胶靶标	猪后肢肌肉	明胶靶标	猪后肢肌肉
500	70.9	93.02	190.45	201.80
1000	104.96	111.61	202.68	251.01
1500	141.81	152.11	203.13	285.73
2000	160.99	169.69	202.57	184.35

以相近速度段的钢球在明胶靶标和猪后肢肌肉中的不同侵彻时间 t 得到的不同侵彻深度 s 为数据，以 $s=\dfrac{1}{\alpha_0}\ln(1+\alpha_0\nu_0 t)$ 为拟合方程，对实验数据进行拟合，得到的拟合曲线如图 2.23 所示。可以得出钢球在明胶靶标中的运动规律与在猪后肢肌肉中的运动规律一致。

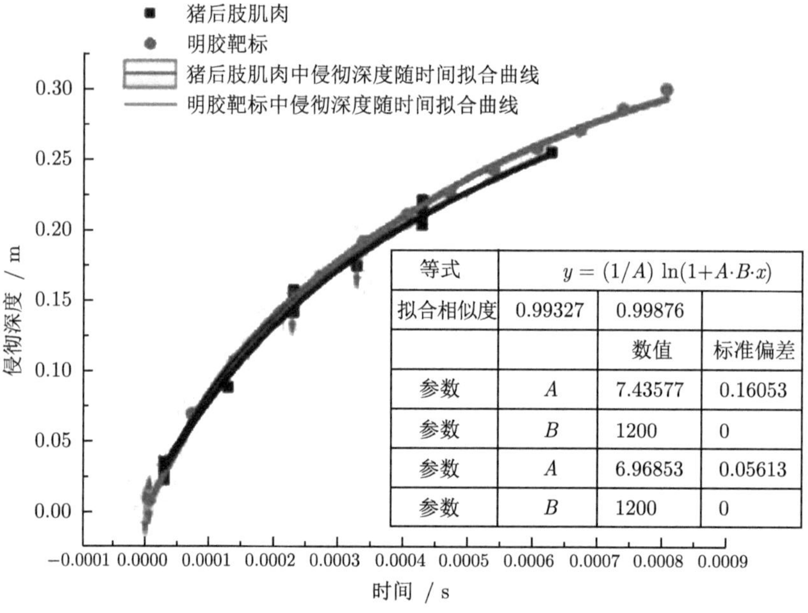

图 2.23　ϕ4.8mm 钢球在明胶靶标和猪后肢肌肉中侵彻深度与时间关系曲线

压力是反映杀伤效应的另一重要参数，其在介质中的衰减满足指数 $p=ae^{bs}$ 衰减规律。对比钢球在明胶靶标和猪后肢肌肉中的压力衰减，得到压力在明胶靶标中的衰减满足 $p=40.8e^{-0.21815s}$，钢球在猪后肢肌肉中满足 $p=25.281e^{-0.095s}$，如图 2.24 所示，二者压力衰减均可满足指数关系。

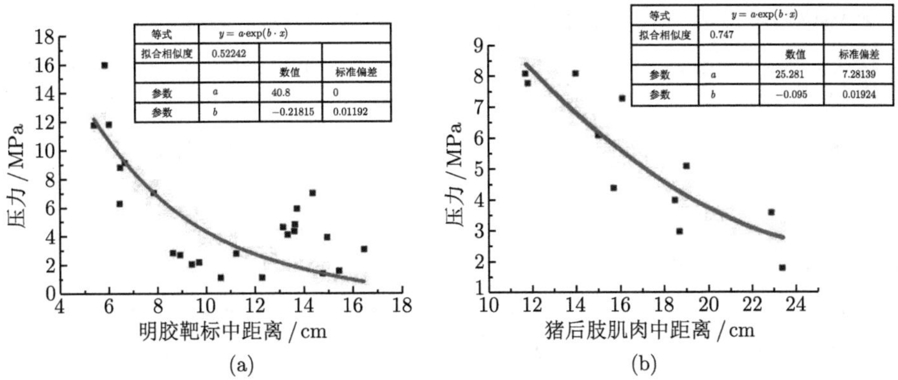

图 2.24 球形破片侵彻明胶靶标 (a) 和猪后肢肌肉 (b) 的压力与距离关系曲线

2.2.3 明胶靶标的制备与检测方法

规范明胶靶标的制备方法是保证明胶靶标性能一致性的重要前提，是研究、评判杀伤元对明胶杀伤效果的重要基础。

1. 明胶靶标的制备方法

明胶靶标的制备关系到明胶靶标的性能，必须严格按照明胶靶标的流程制备，靶标的制备及检测方法可以参考 WJ20328—2016[11]。现对制备方法进行详细说明，见图 2.25。

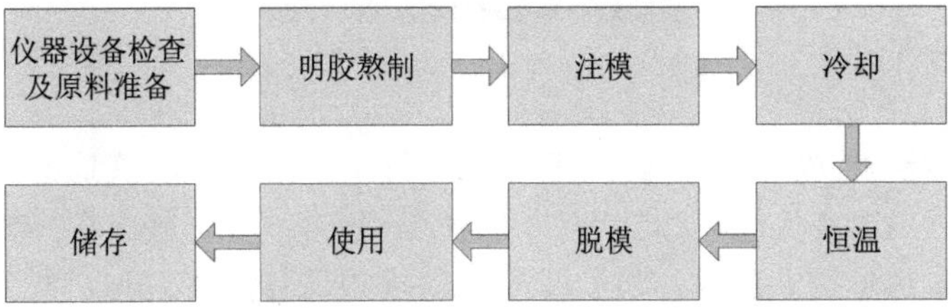

图 2.25 明胶靶标制备流程图

1) 明胶原料及仪器设备要求

明胶原料是影响明胶靶标性能的关键因素，为了保证明胶靶标的力学性能稳定，需要将明胶原料参数控制在一定范围，具体要求见表 2.17。

表 2.17 明胶原料参数要求

项目	凝冻强度/BLoom g	透过率 (620nm 波长)	透过率 (450nm 波长)	黏度/(MPa·s)	冻点/℃
参数值	250～260	⩾ 98%	⩾ 90%	4.5～5.5	⩾ 26.5

明胶靶标制备设备的控温精度应达到 ±1℃ 以内，热炉总功率为 2500～3000W。加热棒沿炉底均匀布置，水浴炉可加热的明胶溶液最大体积以 60L 为宜。

温控仪控温范围为 0~100℃，控温精度 ±0.5℃，目前市面上的电子控温设备较多，使用方便。如美控 TN99 温控仪，可控温度为 −40 ~150℃，控温精度 0.1℃。

2) 明胶熬制

明胶熬制是指明胶粉末与水形成明胶溶液的过程。明胶靶标制作过程中通常采用水浴加热的方式加速明胶粉末的溶解，加热温度决定明胶溶解的速度，温度越高溶解速度越快，但是温度过高容易引起明胶分子链的破坏，因此，制备明胶靶标的水浴温度应控制在 (60±1)℃。

明胶靶标的配比按照 10%，即水与明胶颗粒质量比为 9:1。以制备一块 30cm 见方的明胶靶标为例，则其需要水 24.3kg，明胶 2.7kg。

明胶和水放入水浴加热设备内进行加热，每隔 15~30min 进行一次充分搅拌，搅拌时搅拌棒应将水浴炉底层的明胶溶液与水充分搅匀。为缩短熬制时间，也可在熬制前使用温水或凉水对明胶颗粒进行浸泡处理，使其更容易溶解。浸泡后的明胶如图 2.26 所示。

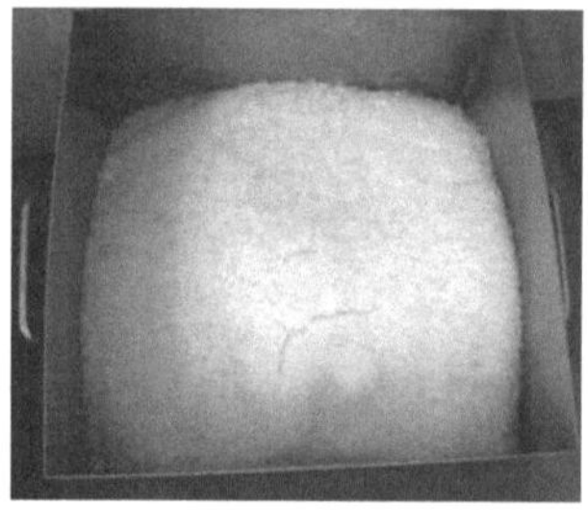

图 2.26　浸泡发胀的明胶颗粒

胶液温度到达 60℃ 后，继续恒温至明胶完全溶解，胶液均匀、无未溶解的明胶颗粒为止。通常为胶液达到 60℃ 后约 1~1.5h，具体判断可以参照以下方法：初步观察无未溶解明胶颗粒；进一步观察，搅拌后静置 15min，拂去溶液表面的气泡 (见图 2.27(a))，清晰见到水浴炉底面轮廓即可 (见图 2.27(b))。

(a)　　(b)

图 2.27　明胶熬好前后对比

3) 注模

明胶完全溶解后，将明胶溶液从水浴设备中注入成型模具。成型模具的尺寸根据实际需要确定。以 30cm 见方的明胶靶标为例，使用的成型模具应保证模具内部尺寸为 30cm 见方。需要注意的是，成型模具不得使用生锈材料，可以使用铝合金、不锈钢合金以及塑料材料，生锈模具制备出的明胶靶标色泽差，外观发红，如图 2.28 所示。

图 2.28 生锈模具制备出的明胶靶标

为提高明胶靶标的表面光洁度，可使用塑料薄板对模具内壁进行处理。具体方法为在模具内沿着内壁衬一层塑料薄片 (如聚乙烯 (PE))，塑料片厚度在 0.5~1mm。注意所使用的塑料薄板应与模具内壁贴合良好，不得影响明胶靶标的尺寸和形状。

4) 冷却

注入模具的明胶溶液连同模具一起放在室内自然温度 (0~30℃) 下静置冷却，自然冷却时间通常为 12h 左右。明胶表面气泡 (图 2.29(a)) 可随冷却过程消除 (图 2.29(b))。

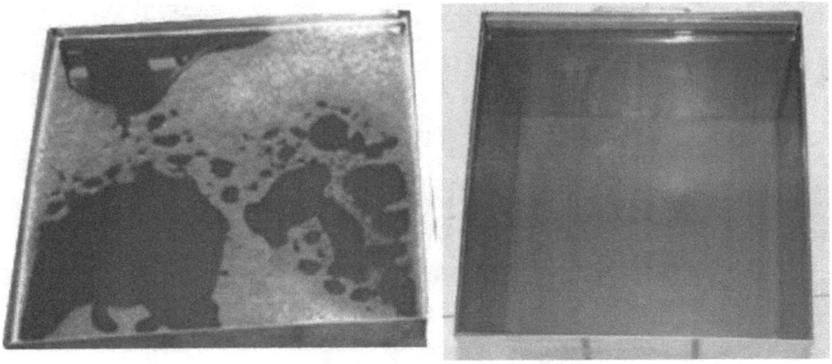

(a) (b)

图 2.29 冷却过程的明胶靶标

5) 恒温

冷却的明胶靶标及模具一同放入保温箱中恒温，恒温温度为 (4±1)℃ 。保温时间为 24h。在空气干燥时，适当提高保温箱的湿度，可以防止恒温过程中明胶靶标表面失水干燥而结皮。

需要注意的是明胶靶标模具不得过于靠近保温箱内壁，以防局部温度过低造成明胶靶标结冰破坏。

6) 脱模

刀片紧贴模具内壁，在明胶靶标四周划开一个深约 1~3cm 的缝，如图 2.30 所示。

图 2.30　划缝

模具倒扣于托盘上，将热水缓慢均匀地浇于模具底面、侧面及边棱，边棱位置需要多浇水。使与模具接触的明胶靶标熔化，均匀提升模具即可脱模，如图 2.31 所示。迅速用大量自来水冲洗明胶靶标表面，使其光洁平整。带有塑料板时，在使用前轻轻去除塑料板即可。

图 2.31　脱模

7) 使用

脱模后的明胶靶标再次放入恒温箱保温 30min。

实验环境温度高于 30℃ 或者低于 0℃ 时，应尽快完成实验，以 1h 内为宜，靶标放置时间最长不得超过 2h，否则会影响靶标性能。

8) 储存

需要对明胶靶标进行储存时，可将明胶靶标放置于 (4±1)℃ 的保温箱中，如储存时间超过 4h，则需用塑料薄膜将明胶靶标密封，以防明胶靶标表面水分蒸发。

储存时间一般不超过 48h。

2. 明胶靶标的检测及合格判定

采用钢球侵彻明胶深度反映明胶力学特性的原理，建立明胶靶标检测方法。

具体方法为采用 ϕ3mm 的钢球对明胶靶标进行检测。检测所需的仪器设备为：测速靶，要求测速靶可测量 ϕ3mm 钢球的运动速度；探针，用于测试钢球在明胶中的侵彻深度；发射器，用于发射 ϕ3mm 钢球，通常采用 ϕ4.5mm 口径的气枪。为了实现钢球在气枪中的发射，可以采用弹托的方式，如图 2.32 所示。

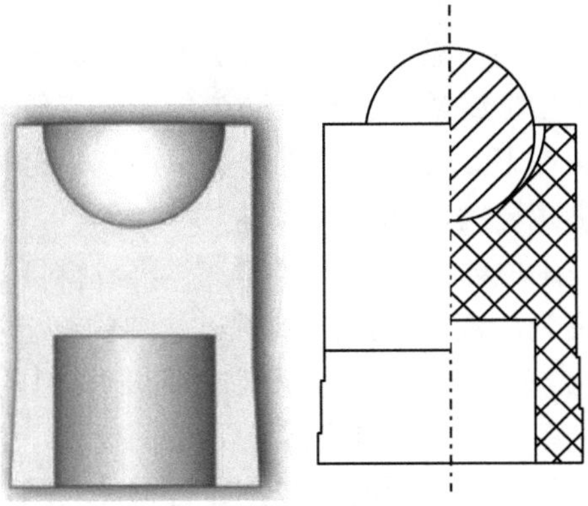

图 2.32 气枪用弹托结构

用发射器发射 ϕ3mm 钢球，测试其距离发射器口部 1m 处的速度，以 (270 ±10)m/s 为有效速度，将明胶紧靠测速靶后放置。钢球垂直于明胶表面射入明胶靶标，射击有效 5 发为 1 组，共射击 3 组，统计 3 组平均侵彻深度，以平均侵彻深度在 10~11cm 为明胶靶标合格。有效弹着点的判定为弹着点到明胶边缘距离不小于 5cm，弹着点之间距离不小于 3cm，钢球在明胶中的运动轨迹相互无交叉、干涉。

2.2.4　基于明胶靶标的防护靶标

1. 防弹衣和防弹头盔

防护作为杀伤元与目标中间的介质，对杀伤元的侵彻杀伤具有较大的影响，按照防护的部位，防护主要分为防弹衣和防弹头盔。防弹衣可分为软质、硬质和软硬结合三种。

软质防弹衣的材料以高性能纺织纤维的复合材料为主，这些高性能纺织纤维受力变形，吸收弹头冲击能量，起到防护作用。由于这种防弹衣采用无纬布形式，具有良好的柔软性，故称为软质防弹衣。软质防弹衣主要防手枪弹和破片。软质防弹衣纤维材料主要包括芳香族聚酰胺纤维 (俗称芳纶纤维)、超高分子量聚乙烯纤维两种。芳纶是美国杜邦公司在 20 世纪 70 年代初期开发研制的一种有机纤维，它具有比强度高、延伸率好、抗破坏力强等特点，被称为第二代复合装甲材料。芳纶的密度比玻璃纤维约小 1/2，在给定质量下，芳纶复合材料的抗弹能力是钢的 5 倍左右，韧性是玻璃纤维复合材料的 3 倍。芳纶的缺点是易吸湿，在阳光下受紫外线的辐射影响，强度会衰减。超高分子量聚乙烯 (UHMWPE) 是第三代抗弹纤维，它具有密度低、抗吸湿性好、耐磨性好、动能吸收性良好等特点。现已商品化的纤维主要有联合信号公司开发的 Spectra 纤维和荷兰 DSM 公司开发的 Dyneema 纤维。其中 Dyneema 纤维的密度仅为 0.97g/cm^3，是芳纶的 2/3，缺点是熔点较低，但有研究表明，温度对于纤维防弹性能的影响极其有限。此外，在同等面密度时，UHMWPE 纤维复合材料防弹能力比芳纶复合材料高约 25%，而且在相同防护水平的条件下，使用其纤维增强树脂基复合材料防弹板比陶瓷或芳纶复合材料防弹板质量减轻约 30%～40% 。

硬质防弹材料中技术成熟的有合金钢、陶瓷复合材料、高模高强聚乙烯板及芳纶复合板，目前使用最为广泛的硬质防弹材料是陶瓷复合材料和高聚乙烯板 (或芳纶板) 的复合插板。合金钢硬度大、强度高、韧性好，具有良好的防弹性能，是早期应用于单兵防护装备的材料。其不足之处是密度大、柔性差，穿着时感觉不适。钛合金、铝合金是近些年出现的新型合金材料，它的密度比合金钢小，有较好的防弹性能，但价格昂贵，一般用于有特殊要求的情况。陶瓷硬度大、强度高、密度低，是一种很好的防护材料。它的缺点是脆性大、易碎。将陶瓷与背衬材料复合在一起作为一个整体，即将陶瓷固定在由复合材料制成的背衬上制成的防弹陶瓷复合板，可共同抵抗高速枪弹的冲击。陶瓷复合材料的种类有很多，用于个体防护的主要有氧化物、氮化物、碳化物。常用品种有碳化硼、碳化硅、氧化铝。高模高强聚乙烯板及芳纶复合板是为获得一定的使用性能而将两种或两种以上的材料结合起来制成的。将尼龙、玻璃纤维、凯芙拉等防弹纤维织物浸渍树脂，热固模压制成复合插板，具有防弹性能好、质量轻，而且易于加工成型等特点。

软硬结合则是将软质防弹衣与硬质防弹插板相组合，以达到良好的抗弹效果，并便于穿戴。

国内外关于防护的标准主要有美国的 NIJ 标准，我国的警用标准 [12~14]。美国 NIJ 0101.04 标准将防弹衣的防护等级主要划分为六个，分别是 I 级、ⅡA 级、Ⅱ 级、ⅢA 级、Ⅲ 级、Ⅳ 级，见表 2.18。美国 NIJ 0101.06 标准于 2008 年发布，新标准将防弹衣防弹性能进行了微小调整，主要体现在：① NIJ 0101.06 标准不再对 I 级防护进行说明；② 更改了部分枪弹种类和弹头初速，并缩小了部分弹头初速范围，初速统一为基准速度 ±9.1m/s 的方式；③对防弹衣及插板规格进行了统一，要求尺寸不大于 254mm×305mm。

表 2.18 美国 NIJ 0101.04 防弹衣等级划分

序号	防护等级	评定标准
1	I	可防.22LRHV 手枪弹，弹头重 40 格令 (约 2.6g)，初速 308~332m/s； 或防.38 Special RN 全被甲转轮手枪弹，弹头重 158 格令 (约 10.3g)，初速 244~274m/s
2	ⅡA	可防 9mm 巴拉贝鲁姆手枪弹，弹头重 124 格令 (约 8g)，初速 320~344m/s； 或防.357 JSP 马格鲁姆软尖弹，弹头重 158 格令 (约 10.3g)，初速 366~396m/s
3	Ⅱ	可防 9mm 巴拉贝鲁姆手枪弹，弹头重 124 格令 (约 8g)，初速 346~376m/s； 或防.357 JSP 马格鲁姆软尖弹，弹头重 158 格令 (约 10.3g)，初速 410~430m/s
4	ⅢA	可防 9mm 巴拉贝鲁姆手枪弹，弹头重 124 格令 (约 8g)，初速 411~442m/s； 或防.44 Lead SWC GC 马格鲁姆空尖弹，弹头重 240 格令 (约 15.6g)，初速 411~442m/s
5	Ⅲ	可防 7.62mm 全被甲普通弹，弹头重 147 格令 (约 9.6g)，初速 823~853m/s
6	Ⅳ	可防 7.62mm 穿甲弹，弹头重 166 格令 (约 10.8g)，初速 853~884m/s

我国防弹衣军用标准 GJB 4300—2002 中将防弹衣划分为软体防弹衣和硬体防弹衣两种，防破片防弹衣划分为 4 级，即 I~IV 级。破片采用 1.1g 的标准破片，尺寸如图 2.33 所示。防枪弹防弹衣防护等级划分为 6 级，即 I~VI 级。

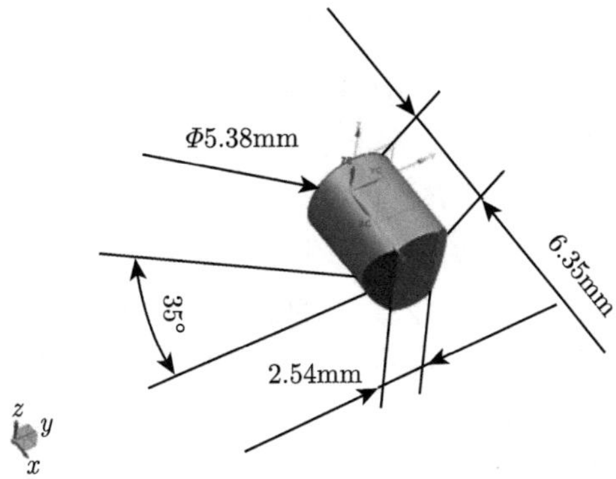

图 2.33 标准破片外形

防破片防弹衣的性能等级划分如表 2.19 所示。

表 2.19　我国防破片防弹衣的性能等级划分

防破片等级	Ⅰ	Ⅱ	Ⅲ	Ⅳ
破片速度 V_{50}/(m/s)	⩾ 510	⩾ 610	⩾ 650	⩾ 700

我国警用防弹衣防护性能标准 GA 141—2001 将防弹衣等级划分为 6 级，见表 2.20。

表 2.20　我国警用防弹衣性能等级划分

防弹衣等级	枪型	弹种	弹速/(m/s)
1	77 式 7.62mm 手枪	64 式 7.62mm 手枪弹	300～320
2	54 式 7.62mm 手枪	51 式 7.62mm 手枪弹	420～450
3	79 式 7.62mm 轻型冲锋枪	51 式 7.62mm 手枪弹	480～515
4	54 式 7.62mm 手枪	51B 式 7.62mm 手枪弹	420～450
5	79 式 7.62mm 轻型冲锋枪	51B 式 7.62mm 手枪弹	480～515
6	56 式 7.62mm 半自动步枪	56 式 7.62mm 普通弹	710～735

防弹头盔主要分为金属头盔和聚合物头盔，目前头盔主要为聚合物头盔，通常为芳纶材料编织压制而成。头盔主要用于防破片杀伤和手枪弹杀伤。我国警用防弹头盔标准 GA 293—2012 将头盔划分为两个等级，即 Ⅰ 级和 Ⅱ 级，见表 2.21。

表 2.21　我国警用防弹头盔性能等级划分

防弹头盔等级	弹种	速度/(m/s)
Ⅰ	64 式 7.62mm 手枪弹	300±10
Ⅱ	51 式 7.62mm 手枪弹	435±15

本书研究中采用的防护靶标包括三种，分别为：① 软质防弹衣。采用 GA 141—2001 2 级防弹标准，材料为 UHMWPE，简称 Ⅱ 级防弹衣。主用用于开展破片、手枪弹侵彻有防护目标的生物损伤效应、理论模型和数值仿真分析研究用。② 复合防弹衣。采用 NIJ Ⅲ 级防弹插板 +Ⅱ 级防弹衣，这里简称为 III 级复合防弹衣。其中 NIJ Ⅲ 级防弹插板由氧化铝陶瓷和高分子量聚乙烯 (PE) 背板黏接而成。主要用于开展步枪弹侵彻有防护目标的生物损伤效应、理论模型和数值仿真分析研究。③ 防弹头盔板。采用 GA293—2012 Ⅱ 级防弹标准，头盔板材料采用芳纶材料，简称 Ⅱ 级防弹头盔板。主要用于开展破片、手枪弹侵彻有防护目标的生物损伤效应、理论模型和数值仿真分析研究。书中涉及相关靶标如果没有特殊注明，均为以上防护靶标。

2. 防护材料与靶标复合方法

防护材料与靶标的复合尽可能地模拟人员真实穿戴情况。在以明胶靶标为人体肌肉模拟靶标的基础上，防护材料与明胶靶标的复合主要是采用紧贴放置的方法，并采用松紧带或透明宽胶带等将防护材料固定在明胶靶标上，如图 2.34、图 2.35 所示。

图 2.34 软质防弹衣与明胶靶标复合

图 2.35 软硬复合防弹衣与明胶靶标复合

在研究杀伤元对有防护目标杀伤机理时，采用平板状防弹插板与明胶靶标相复合的方法，如图 2.36 所示。平板状的防弹插板具有与明胶靶标贴合紧密、测试数据一致性良好等优点。研究杀伤元对戴头盔人员杀伤时，则可同样采用平板状头盔板与明胶靶标相复合的方法。

图 2.36 平板状硬质防护复合靶标

2.3 新型模拟靶标

明胶靶标以肌肉组织为模拟对象，代表了简化的人体，用于研究轻武器杀伤元对人的典型作用过程和杀伤机理。更加接近真实人体、使用更加简便的靶标，是靶标研究中不变的目标。在人体模拟靶标方面，国内外针对不同的人体部位，研究了不同模拟靶标，主要包括头部靶标、躯干靶标以及四肢靶标。我国研制了全身的假人靶标，具有头部、躯干和四肢，并在内部装配了传感器，可以用来测试杀伤元对人体作用过程的力学参数。在模拟靶标简便性研究方面，国内外均探索了采用高分子聚合物材料替代明胶靶标的研究，具有与肌肉相似的黏弹性，且比明胶透明性更好、便于长期储存。本节简要介绍国内假人靶标和靶标用高分子聚合物材料的发展情况。

2.3.1 假人靶标

如图 2.37 所示，假人靶标在外形和结构上与人体接近，具有头部、躯干和四肢。采用橡胶、树脂等材料模拟人体皮肤、肌肉、内脏等软组织器官，用金属模拟骨骼。在假人靶标上安装多种传感器，测试杀伤元对假人靶标钝击作用下的各种参数。

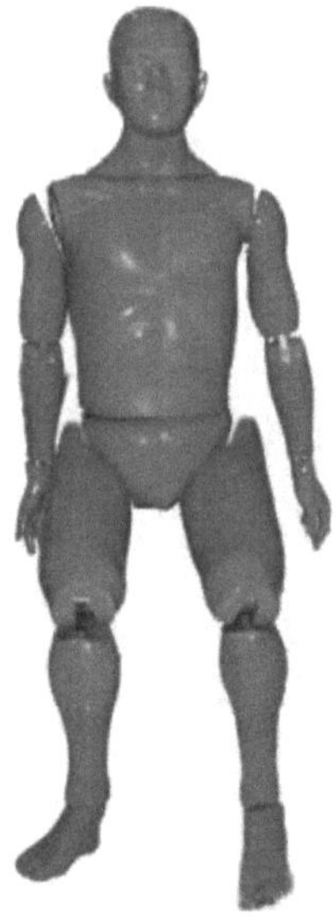

图 2.37 假人靶标

按照头部、躯干及上肢、骨盆及下肢等部位，分别选用不同的材料 [15] 制作假人靶标，详细部位及材料参数见表 2.22。

表 2.22 假人靶标外形、结构与材料参数

部位	尺寸	重量	组成部分	模拟材料
头部	高度 26.5cm 前后径 17.4cm 左右径 16cm 头围 58cm	5.86kg	头皮 颅骨 脑组织	自结膜–纤维聚氨酯弹性体 不锈钢 硅橡胶弹性材料
躯干及上肢	高度 43.5cm 厚度 23cm 宽度 32cm 胸围 93.2cm	32kg	皮肤 肌肉脂肪 胸部骨骼 肺 其他内器 颈椎 皮肤肌肉 骨骼	自结膜–纤维聚氨酯弹性体 氨基–脂肪弹性体 不锈钢 橡胶–塑料发泡弹性体 氨基–硅脂弹性体 铝合金和弹性橡胶圆环 自结膜–纤维聚氨酯弹性体 铝合金
骨盆及下肢	—	41.5kg	皮肤肌肉 骨骼	自结膜–纤维聚氨酯弹性体 铝合金

图 2.38~图 2.43 是假人靶标的主要组织器官外形。

图 2.38 模拟大脑

图 2.39 模拟颅骨

图 2.40 模拟头皮

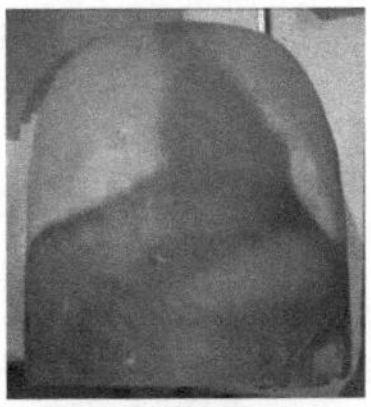

图 2.41 一体化模拟内脏器官

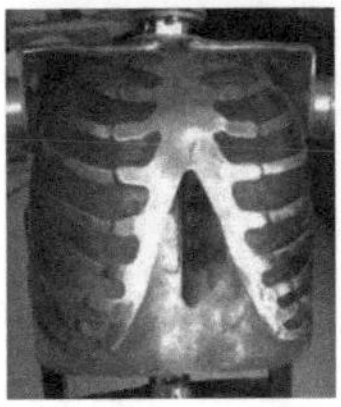

图 2.42 模拟胸廓及其模拟骨架

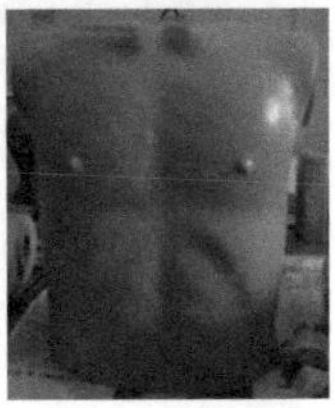

图 2.43 躯干模拟皮肤

假人靶标主要在头部、躯干配置有压力、加速度和力传感器，用于测试轻武器杀伤元钝击 (非侵彻) 人体时的各种物理参数。传感器安装位置示意图及传感器种类如图 2.44 所示。

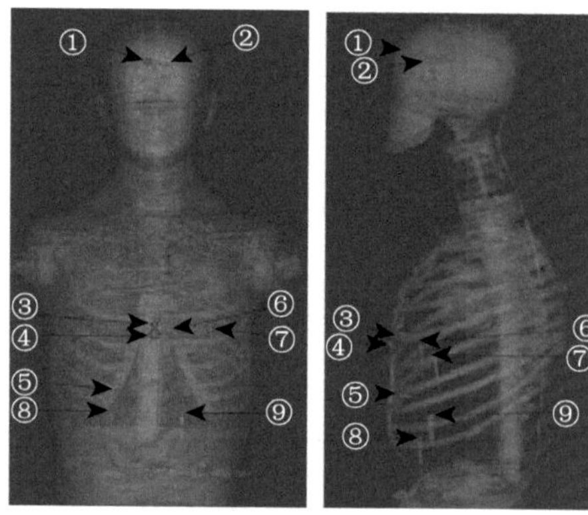

图 2.44　假人靶标传感器安装位置

①颅骨加速度传感器；②脑压力传感器；③胸骨加速度传感器；④胸骨力传感器；⑤肋骨加速度传感器；⑥心脏压力传感器；⑦肺压力传感器；⑧肝压力传感器；⑨胃压力传感器

假人靶标是目前国内外研究的热点，与人体的相似性及工程实用性还有待深入研究。

2.3.2　靶标用高分子聚合物材料

明胶为生物蛋白质水解产物，长时间存储会分解变质。制备的明胶靶标在使用前需要恒温至 4℃，恒温时间通常为 24h。研究明胶材料的替代材料也是靶标研究的重要内容。国内外研究学者将高分子聚合物——科腾 (Kraton) 与石蜡油 (又称白油) 混合制成肌肉模拟靶标 (图 2.45)。科腾是一种苯乙烯类嵌段共聚物的

图 2.45　透明的高分子聚合物

热塑弹性体，具有高强度和低黏度特性，可采用熔融或溶液方法进行成型加工，并且无须化学交联即可获得与硫化橡胶强度相当的制品，其硬度介于 11~91(邵 A)，拉伸强度为 50~5000psi(0.35~35MPa)。石蜡油是常用化工原料，广泛用于化妆品等。

将科腾和石蜡油按照 3:17 质量比配置后混合均匀，加热恒温至 110~140℃，直至科腾完全溶解，注入模具中抽真空冷却成型。制备而成的肌肉模拟材料具有很多优点，如近似水的透明度，长期储存不会分解变质，可在常温条件下使用，等等。目前该材料在国内外还没有广泛应用，与人体的相似性有待进一步研究。

参 考 文 献

[1] 傅荣向. 弹头飞行稳定性对致伤的影响. 轻兵器, 1989, (1): 27-33.

[2] 刘荫秋, 王正国, 马玉媛. 创伤弹道学. 北京: 人民军医出版社, 1991.

[3] 金永喜, 李兵仓, 王舒, 等. 明胶靶标作为肌肉目标杀伤作用模拟实验模型的合理性研究. 第八届全国创伤学术会议, 2011：1209.

[4] Kneubuehl B P, Coupland R M, Rothschild M A, el al. Wound Ballistics—Basics and Application. Translation of the Revised third German Edition. New York: Springer-Verlag, 2008.

[5] Harvey E N, McMillen J H, Butler E G, et al. Wound ballistics. Washington D C: Medical Department United States Army, 1962: 143-235.

[6] Fackler M L, Surinchak J S, Malinowski J A, et al. Bullet fragmentation: A major cause of tissue disruption. The Journal of Trauma, 1984, 24(1): 35-39.

[7] 刘坤, 吴志林, 徐万和, 等. 球形破片侵彻明胶修正力学模型. 南京理工大学学报, 2012, 36(5)：755-761.

[8] 曾鑫, 周克栋, 赫雷, 等. 基于 ANSYS 的明胶靶标温度场仿真分析. 科学技术与工程, 2013, 10(30)：182-185.

[9] 王宝珍, 郑宇轩, 胡时胜. 猪后腿肌肉的动态拉伸性能. 爆炸与冲击, 2010, 30(5)：449-455.

[10] 金永喜, 买瑞敏, 张敬敏, 等. 基于瞬时空腔效应的明胶靶标与肌肉目标等效性研究. 兵工学报, 2014, 35(6): 935-939.

[11] 崔海林, 王舒, 金永喜, 等. 轻武器杀伤威力测试用明胶靶标制备与检查方法 (WJ 20328—2016). 北京: 国家国防科技工业局, 2016.

[12] 邱日祥. 美国 NIJ 0101.04 防弹衣标准简介. 中国个体防护装备, 2004, (6)：28-30.

[13] 中华人民共和国公安部. 警用防弹衣 (GA 141—2010). 2011.

[14] 中华人民共和国公安部. 警用防弹头盔及面罩 (GA 293—2012). 2012.

[15] 第三军医大学野战外科研究所. 仿真人体靶标使用说明书. 2013.

第 3 章 无防护生物损伤效应

3.1 概 述

轻武器所致的战伤是现代常规战争的主要战伤类型，其发生率受战争样式变化与武器发展的影响。在过去以争夺地理目标为主要作战样式的战争中，枪支类轻武器的使用较为广泛，枪弹所致的战伤的发生率占战伤的比例较高。在第一次世界大战期间，由枪弹所致的战伤占全部战伤的 65% 。而在现代信息化战争中，对核心目标的非接触性远距离打击则成为主要作战形式。爆炸性武器伤的比例明显上升，轻武器伤的比例则有所下降。在 20 世纪末的两伊战争中，单纯枪弹伤的发生率已降至 18%~23%，而爆炸性损伤发生率则升至 81%，其中也包含部分单兵爆炸性武器伤 [1]。

对于轻武器损伤，除了与不同的作战形式、武器类型有关以外，轻武器本身的技术参数也对损伤效应有较明显的影响。文献报道，不同口径的轻武器打击，其致死概率有明显的差别 (见表 3.1)。

表 3.1 不同口径轻武器打击的致死概率 [2]

口径	致伤例数	死亡率/%
5.56mm	17	42
.38in	11	64
9mm	10	10
357in	4	50

轻武器所致损伤的严重度与损伤的部位密切相关，其中枪弹伤多为头、颈、胸、腹、四肢等部位的单部位损伤，具有单一入口与出口的特征，而单兵爆炸性武器破片所致的损伤则多涉及多器官多部位。

轻武器所致的不同部位损伤中，颅脑伤的发生率与致死率均较高。在伊拉克战争与阿富汗战争中，1255 例脑损伤病例中，774 例均为杀伤元所致的穿透性损伤 [3]，481 例为闭合性损伤。美军以往的战伤资料分析表明，在到达医疗救护所以前的早期死亡伤员中，颅脑伤占绝大部分。不同部位损伤所致的即刻死亡与早期死亡中，颅脑伤占 42.3% 。

头颈颌面部由于多处于暴露状态，因此也是轻武器损伤的主要部位。据有关资料报道，苏军在 1979 年阿富汗战争中头面部火器伤占 13%，俄军在 1994 年车臣武装冲突中头面部伤占 19% 。1991 年美军在沙漠风暴军事行动中，头面部伤占 17.3%，颈部伤占 4.3% 。1996~1998 年以色列战伤统计中，头面部伤占 24%，颈部伤占 12%。1998 年 7 月至 1999 年 3 月美军在索马里摩加迪沙 (Mogadishu) 军事行动中，头面部伤占 36%[4]。在颌面部伤中，由于眼在颌面部占据了较重要的位置，其损伤也较为常见，其中枪弹与破片所致的眼贯通伤最为常见，可占眼部损伤的 70%以上。这些损伤常造成眼球的损失或丧失，救治较为困难。

在腹部战伤中，枪弹所致结直肠战伤占比较高，约为 58%，爆炸破片所致占 35%，其他为车祸伤 5%、跌落伤 1%、钝性伤 1%。

轻武器对生物损伤效应的特点与有无防护密切相关。无防护条件下的生物损伤效应的特点主要取决于杀伤元的形状、质量、速度、性质以及被打击部位的组织器官类型与所处的状态。在无防护损伤中，近 75%是爆炸性破片与枪弹所致的穿透性损伤，这些损伤的救治存活率与以往相比有了很大的提高，已经达到了 90% 的历史空前水平。在越南战争时期，穿透性损伤的存活率是 84%，第二次世界大战时则是 80%。

此外，高原、水下等特殊环境因素对轻武器的生物损伤效应也将产生显著影响，其作用机制主要在两方面：一是高原、水下等环境条件下的介质密度可对轻武器杀伤元的弹道特性产生影响，从而影响这些特殊环境条件下的创伤弹道特性。二是这些环境条件下的细菌污染特性、人体耐受性变化导致轻武器伤情显著改变。

无防护生物损伤效应研究是轻武器杀伤效应研究的基础，本章从 5.56mm、7.62mm 两种弹头，球形、柱形、三角形、方形四种形状破片的致伤效应出发，探讨无防护生物损伤效应基本特点及主要影响因素。在此基础上，针对以往研究较少的小破片致伤效应，超高速杀伤元致伤效应，以及高原、海水、干热等特殊环境因素对轻武器致伤效应的影响进行阐述，并从杀伤元生物损伤效应评估的现状、方法与标准方面介绍生物损伤效应评估的发展与应用。

3.2 无防护生物损伤效应基本特点

3.2.1 杀伤元所致伤道类型及特点

按照致伤武器类型，可分为枪弹伤、弹片伤。

按照杀伤元伤道形态，可分为贯通伤、盲管伤、切线伤和反跳伤。

(1) 贯通伤，既有入口又有出口者称为贯通伤。贯通伤有三种情况：入口大出口小，多见高速弹片击中组织时；出、入口均小，多见稳定高速枪弹正位击中机体较薄的部位；入口小出口大，多见于枪弹伤。

(2) 盲管伤，仅有入口而无出口者称为盲管伤。多见于弹片伤和较远距离的枪弹伤。

(3) 切线伤，杀伤元沿体表切线方向穿过，形成浅表沟槽状伤道者称为切线伤。

(4) 反跳伤，为入口和出口集中于一点的浅表伤口，多是动能较小杀伤元击中人体某一坚硬部位 (如颅骨、肋骨) 后被弹回所形成的伤。

按照相邻体腔是否联合损伤分类，通常杀伤元造成胸腔和腹腔同时发生损伤并伴有膈肌破裂的称为胸腹联合伤。

肢体软组织火器伤伤道病理形态学特点如下。

按照病理形态，伤道可分为三个区域。①原发伤道区：杀伤元直接击穿组织或器官后所残留的空腔，腔内常有坏死组织、凝血块以及吸入的污物等。②挫伤区：紧靠原发伤道的区域，为杀伤元动能向伤道周围侧向传递，瞬时空腔形成中高度挤压、牵拉肌肉组织发生挫伤的区域。判定挫伤区组织活力可采用 4CS 标准，如损伤肌组织颜色暗紫，致密度呈软泥样，无毛细血管出血，无收缩力，可认为是失活组织，应予以切除。③震荡区：挫伤区以外的区域，伤后早期与挫伤区分界不清，数天后炎症反应明显后可分清。肉眼观察，该区与正常组织无明显差异，仅见不同程度的充血；光镜观察，可见震荡区内有灶性肌纤维坏死，主要病变为血循环障碍及其所引起的后果。

3.2.2 杀伤元所致损伤的一般伤情特点

1. 局部组织损伤严重

四肢软组织大块缺损破坏，损伤范围广，筋膜间隙分离，筋膜下出血、血肿，肌束的出血和坏死可遍及整段肢体，并可见由侧冲力所致的间接骨折。由于爆炸弹药多采用预制破片和集束发射，常是几枚甚至十几枚弹片同时击中机体，组织损伤重，筋膜间隙综合征发生率高。

腹部火器伤可造成肝、肾、脾等实质器官严重破裂，腹内大血管断裂。杀伤元的冲击波效应可造成胃、膀胱等空腔器官损伤。

颅脑火器伤阵亡率为 68.6%，死亡率高达 80%，脑实质广泛性毁损、碎裂是阵亡的主要原因。存活伤员大多是颅骨切线伤并有一侧脑叶受损。

高速枪弹、破片击中胸部时，除其弹道路径上的肋骨骨折、心脏与大血管破裂外，杀伤元的冲击波效应可造成肺组织广泛挫伤、出血，肺膜撕裂，形成肺大疱。

2. 伤道外损伤 (远达效应) 多见

高速杀伤元 (枪弹、破片) 击中机体时常发生伤道以外的组织器官损伤，如腹壁切线伤可发现小肠、胰腺破裂；胸腔贯通伤可伴腹腔器官破裂；颈部软组织贯通伤伤员可发生高位截瘫，肢体软组织伤伤员可发生间接骨折等。

动物实验发现 [5]，以 M193 枪弹、56 式 7.62mm 普通弹、1.03g 钢球分别射击犬头颅、腹部与四肢，远离伤道的心、肺、脑出现点片状出血。镜下可见这些器官发生不同程度的结构改变，如心肌间质毛细血管内皮细胞水肿，内皮细胞膜向管腔抬起或撕脱，内皮细胞间连接增宽，心肌细胞水肿，肌丝排列紊乱。肺的显微改变为间质出血、水肿，内皮细胞肿胀变性。脑的改变为神经元和神经纤维变性、组织水肿。武器所致远达效应发生率的高低顺序为：M193 枪弹 >56 式 7.62mm 普通弹 >1.03g 钢球，致伤部位远达效应发生率为：头颅 > 腹部 > 四肢。

伤道以外的远达损伤发生机制复杂，可能与高速枪弹、破片击中机体产生的冲击波以及侵彻过程中产生的压力波有关。压力波可造成循环管腔内血流发生强烈扰动，从而损伤远离伤道的组织器官。此外，火器致伤时的机体强烈应激反应、冲动震动都可能与远达效应发生有关。

3. 盲管伤多，伤道复杂

远距离射击的枪弹以及在致死范围以外的爆炸破片进入体内后遇阻力迅速减速，常存于体内而成为盲管伤。据 440 例钢珠弹伤的统计，盲管伤占 72.3%，贯通伤占 15%，切线伤占 12.7%。颅脑钢珠弹伤几乎全是盲管伤。表浅的盲管伤可直接探及，较深的盲管伤的伤道曲折迂回，常损伤多种脏器，需要手术探查。

4. 伤员常多处和多部位受伤

美军在 20 世纪 60 年代越南战争中，投掷的 CBU-24/B 集束炸弹的子弹药 BLU-26/B(石榴弹) 的分布达 6.83 颗/m^2，每颗小弹爆炸可散布直径 5.56mm 钢球 280~300 个。由于集束弹药的密集投放以及爆炸武器大量采用预制、半预制破片，伤员常多处和多部位受伤。

5. 污染重

现代火器伤在组织严重损伤的同时也造成组织广泛污染。高速枪弹、破片致伤组织时，一方面瞬时空强的脉动作用可造成伤腔外衣碎屑、泥土等吸入伤腔；另一方面高速枪弹、破片在击中组织时，可直接将体表附着的衣屑等带入伤腔。由于现代火器伤损伤严重，尤其是多发伤更造成组织损伤广泛，伤员的免疫功能抑制，易发生感染。实验发现，多发伤的局部组织对葡萄球菌的感染耐受性仅为相同部位单一伤的 1/6~1/3。据国外统计，软组织战伤伤口感染的可能性为 12%，结肠伤约为 58%，多发伤并伴有股骨开放性骨折约为 90%。

3.2.3 两种典型枪弹的生物损伤特点

弹头的致伤效应特点与弹头的形状、结构等因素密切相关。M193 枪弹与 56 式 7.62mm 普通弹是具有不同致伤效应的典型代表，实验表明 [6]，在射击条件相同、肢体厚度基本一致的情况下，两种弹头的局部损伤效应表现出各自显著的特点，原因主要在于它们的弹道学特点。M193 弹头速度快、质量轻 (3.5g)，进入稠密介质后，减速阻力突然剧增，弹头容易失稳，特别是质量轻的影响更为重要。M193 弹头比 56 式 7.62mm 普通弹弹头质量轻一半以上，因此，M193 弹头比 56 式 7.62mm 普通弹弹头产生翻滚的概率要大得多，前者为 95.4%，后者为 47.5%。Rybeck 等报道 [7]，当偏航角为 90° 时，弹头所受的压力比弹头未发生偏航时所受的压力大 10~20 倍。因此，弹头翻滚时传给组织的能量大，致伤作用强。

另外，弹头的结构对弹头的损伤效应特点也有重要影响。M193 弹头弹形尖，被甲薄，质地较软，尾部敞开，撞击组织后尖形弹头的尾部应力大，铅心易流出，容易变形和破碎。这种不够坚硬的弹头的翻滚和能量释放早而快。与 M193 枪弹相比，SS109 枪弹弹头的结构改变，发射药量、弹头的长度和质量增加，即将 M193 枪弹的铅心弹头改为钢心弹头，将发射药增加到 1.63g，弹头的质量增加到 4.0g。另外，SS019 枪弹虽然改动不大，但在射程、精度和侵彻力等综合性能上却上了一个新台阶。56 式 7.62mm 普通弹弹头在重量、弹头长度上均大于 M193 弹头和 SS109 弹头，其弹道稳定性好，穿透能力也较强，但在生物体内造成的伤腔容积等较小。

刘荫秋等 [8] 采用 M193 枪弹与 56 式 7.62mm 普通弹两种弹头打击犬双后肢，实验表明，M193 弹头翻滚多发生在弹头侵彻组织 6~8cm 处，56 式 7.62mm 普通弹弹头则多发生在 15~20cm 处。当犬双后肢厚度为 12cm 时，所有入口肢能量消耗均很小，且较为恒定，损伤亦较轻。而出口肢则有明显差别，M193 弹头出口肢能量传递为入口肢的 4~9 倍，而 56 式 7.62mm 普通弹弹头仅为 1~3 倍。M193 弹头两侧肢体能量传递的显著差别，说明其翻滚点主要在出口肢，因而使大量能量瞬间释放在近出口的 5~6cm 长伤道中，形成喇叭状伤道出口。

56 式 7.62mm 普通弹弹头能量传递是随着弹头穿入组织深度而逐渐增加的，其能量传递的分布相对均匀。大都在弹头尚未达到翻滚时已穿出体外，因而两侧肢体间的能量传递率相差不大。因此可见，M193 弹头致伤效应之所以比 56 式 7.62mm 普通弹弹头强，主要是由于它易翻滚变形和破碎。

1. 枪弹弹头的出入口损伤特点

出口大于入口是枪弹伤的基本特点之一。M193 枪弹与 56 式 7.62mm 普通弹两种弹头打击犬双后肢时，都表现出伤道出口大于入口的特征，但出口的大小有一定的差异。56 式 7.62mm 普通弹弹头的入口与弹径相近，出口略大于弹头直径。M193 弹头的入口则小于其本身的弹径，呈圆形，边缘整齐，出口面积差异较大。从出入口伤道面积的比例来看，56 式 7.62mm 普通弹弹头出口面积最高为入口面积的 5.6 倍，而 M193 弹头的出口面积比入口面积可大 10~20 倍。M193 弹头的破碎率为 56 式 7.62mm 普通弹弹头的 60 多倍 (图 3.1~ 图 3.4)。

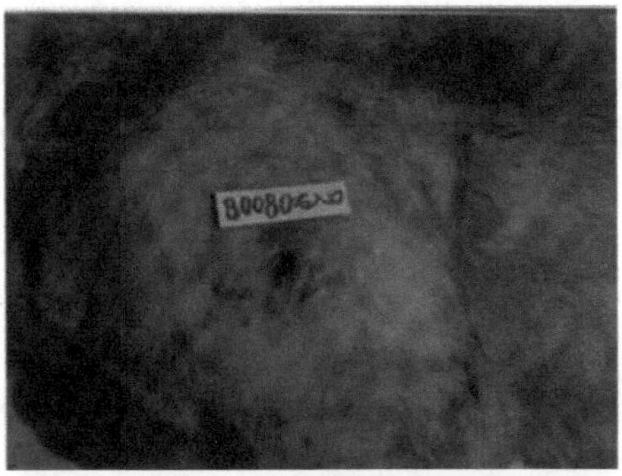

图 3.1　56 式 7.62mm 普通弹弹头入口

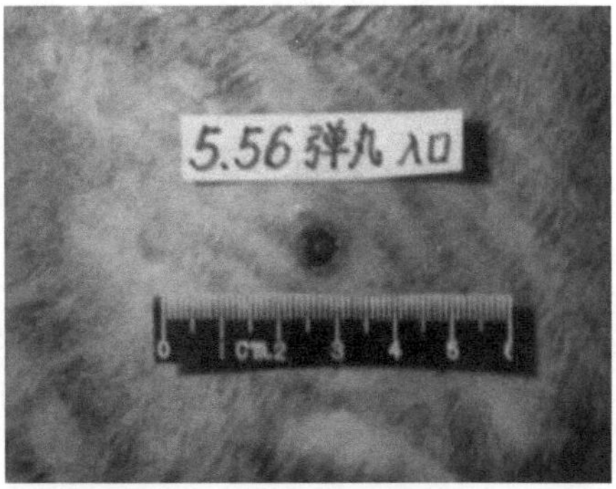

图 3.2　M193 弹头入口

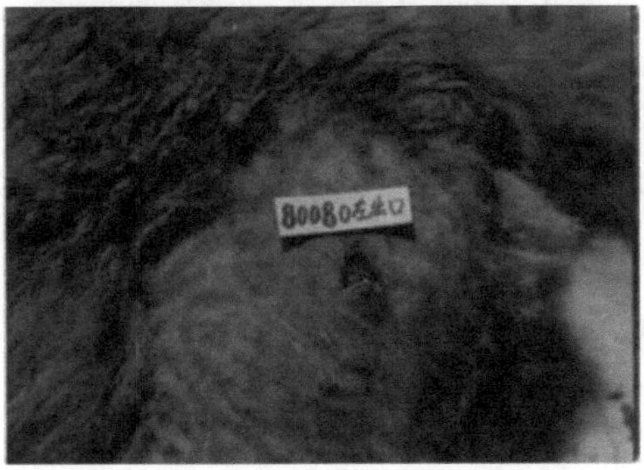

图 3.3　56 式 7.62mm 普通弹弹头出口

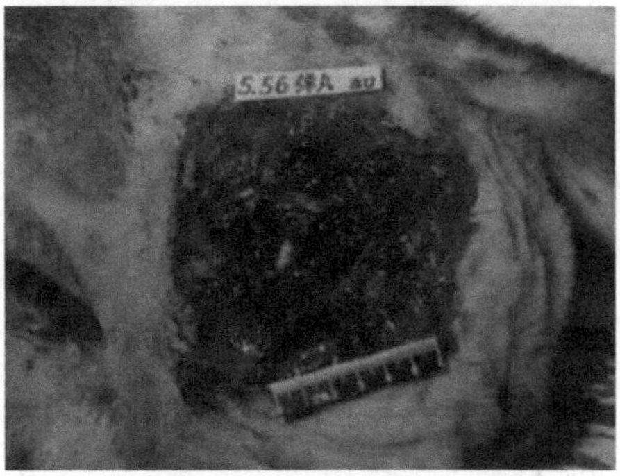

图 3.4　M193 弹头出口

伤道出口面积为入口面积两倍以上的伤道即称为复杂伤道。56 式 7.62mm 普通弹弹头复杂伤道发生率约为 47.5%，而 M193 弹头复杂伤道发生率可达 95.4%。因此，M193 弹头所致的伤道形状多呈大的缺损性喇叭状，而 56 式 7.62mm 普通弹弹头伤道多呈圆筒或圆锥形。

2. 枪弹弹头的伤道损伤范围特点

伤腔容积是通常用来衡量伤道损伤范围的一个重要指标，而伤腔容积的大小取决于能量传递的多少。M193 与 56 式 7.62mm 两种弹头所致伤腔容积大小与其能量传递之间均表现出高度相关性 (图 3.5)。两种弹头所致的伤腔容积大小以 M193 破碎弹头所致的伤腔容积为最大，两种弹头未发生破碎时所致出口肢的伤腔容积比入口肢大 2~4 倍，M193 破碎弹头所致出口肢伤腔容积则比入口肢大 10 倍左右。

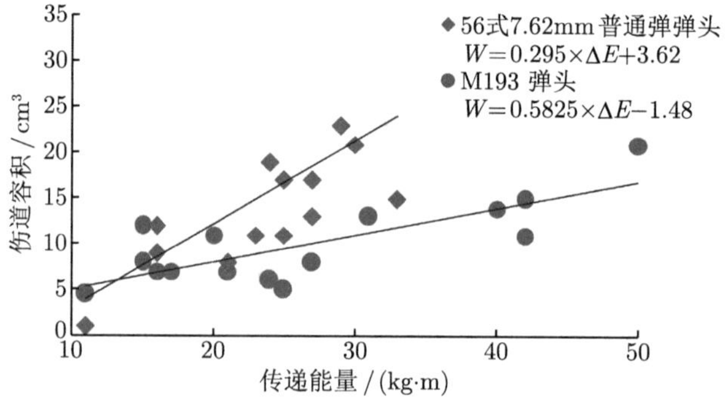

图 3.5　两种步枪弹头的伤腔容积与传递能量关系

此外，伤后伤道坏死组织的清除量也是反映伤道损伤范围的一个重要指标。就 M193 弹头与 56 式 7.62mm 普通弹弹头而言，在弹头不发生破碎的情况下，56 式 7.62mm 普通弹弹头高速打击时，坏死组织的清除量大于两种弹头的制式速度打击的情况。但在 M193 弹头破碎时，其坏死组织的清除量要明显高于弹头不破碎情况。伤道出口肢坏死组织清除量要明显大于入口肢，弹头破碎时的出入口肢组织清除量可相差 4~6 倍以上。

3.2.4　四种不同形状破片的生物损伤特点

破片是单兵榴弹类轻武器的主要致伤因素，其致伤效应与破片的质量、速度、形状等因素密切相关。当破片质量相同时，速度是决定其致伤力的主要因素。当速度和质量相同时，破片形状则是决定其致伤力的重要因素。目前常用的破片形状有球形、柱形、三角形、方形。刘荫秋等 [9] 对质量为 0.44g 的球形、柱形、三角形、方形破片的致伤效应开展了研究，实验表明：当质量和形状相同时，速度是主要的致伤因素。如果破片速度由低向高变化，无论哪一种形状的破片，其组织能量吸收、伤口面积、伤腔容积、坏死组织清除量均成倍增长。当破片速度低于 1000m/s 时，伤道挫伤区厚度多在 0.5cm 以内；速度高于 1000m/s 时，挫伤区厚度则多在 1~2.5cm，震荡区相对广泛。由此可见，破片所致组织损伤范围和程度首先与破片的速度有重要的关系。在速度相同、形状不同时，破片的伤口面积、伤腔容积等指标以三角形、方形破片增加最为明显，从入口部的单肢长度能量释放与破片撞击速度的关系来看，钢球和圆柱形破片基本上呈平方关系，而不规则的三角形和方形破片则近似呈立方关系。

因此，破片沿伤道的能量释放率可用下式来表示：

$$\frac{\mathrm{d}E}{\mathrm{d}x}=\frac{1}{2}C_x\frac{k}{W}\rho\beta V^2 \tag{3.1}$$

式中：E 为破片的能量；k 为破片形状参数；x 为破片穿入距离；ρ 为靶标密度；C_x 为破片阻力系数；V 为破片速度；W 为破片断面比重；β 为系统参量。

由此可见，在实验条件一定时，能量释放与破片的速度及其阻力系数成正比，而与破片断面比重成反比。三角形和方形破片的断面比重小，阻力系数大，因而在其穿入组织的较短距离上释放大量能量，更易造成浅而宽的伤道，盲管伤的发生率也比钢球和圆柱形破片显著增大，这是高速破片伤的致伤特点。这种类型的损伤容易致残，给外科早期清创和后期修复带来很大困难。

1. 不同形状破片的能量释放特点

球形、柱形、三角形、方形四种不同形状破片侵彻犬双后肢时，组织吸收能量将随着破片速度的增大而增加。在破片形状相同时，随着破片速度增大，破片所致的组织吸收能量也明显增加，破片致伤时的能量传递率一般在 81%~100%，高速破片与低速破片打击相比，能量传递率可增加 5~6 倍以上。在两侧肢体的吸收能量分配上，入口肢明显多于出口肢，尤以不规则的三角形、方形破片为甚，这说明各种破片的能量吸收主要集中在入口肢上。

四种形状破片的单位吸收能量和撞击速度关系如下：

球形：$\Delta E/l=3.32\times10^{-7}V_C^{2.2514}$，$n=25$，$r=0.9512$

圆柱形: $\Delta E/l=3.04\times10^{-7}V_C^{2.2733}$，$n=23$，$r=0.9488$

方形: $\Delta E/l=0.3\times10^{-7}V_C^{2.6256}$，$n=18$，$r=0.9003$

三角形: $\Delta E/l=0.24\times10^{-7}V_C^{2.7177}$，$n=21$，$r=0.9529$

其中：l 为伤道长度，ΔE 为组织吸收能量，V_C 为撞击速度，n 为例数，r 为相关系数。

2. 不同形状破片的伤道特征

高速破片致伤时，贯通伤仍然占多数，刘荫秋等对 156 只犬的致伤实验表明，贯通伤 110 例，盲管伤 46 例。在 46 例盲管伤中，三角形破片伤 26 例 (57%)，方形破片 18 例 (39%)，柱形破片 2 例 (4%)。钢球均为贯通伤，说明其侵彻能力强。

破片伤的伤口特点表现为入口面积大于出口面积，一般为 2~4 倍，而在三角形和圆柱形贯通伤组中，其入口面积比出口面积大 30 倍。导致这种差别的因素不仅在于速度，破片形状的影响更为突出。三角形和方形破片撞击速度达 1000m/s 以上时，入口面积比破片本身投影面积明显增大，最大可达 79 倍 (表 3.2)。

表 3.2　不同形状破片所致出、入口面积与盲管伤发生率

组别	V/(m/s)	入口面积/cm^2	出口面积/cm^2	盲管伤	
				例数	发生率
钢球	708	0.33±0.04	0.17±0.04	/	/
	1068	0.57±0.18	0.16±0.06	/	/
	1264	1.94±1.73	0.19±0.09	/	/
	1454	1.52±0.61	0.35±0.29	/	/
圆柱形	734	0.73±0.10	0.13±0.07	/	/
	1093	2.30±0.75	0.18±0.22	/	/
	1291	5.59±2.83	0.32±0.24	1	7%
	1405	10.25±18.40	1.58±3.91	1	9%
方形	785	1.22±0.53	0.25±0.09	/	/
	1118	5.13±0.02	0.37±0.15	6	50%
	1287	10.23±4.14	0.17±0.16	5	39%
	1560	18.50±19.65	0.30±0.82	7	54%
三角形	714	0.97±0.08	0.20±0.12	4	80%
	1050	7.14±6.00	0.16±0.16	5	56%
	1269	7.11±3.80	0.08±0.19	6	67%
	1526	19.71±12.49	0.38±0.09	11	61%

3. 不同形状破片的损伤范围特点

伤腔容积是反映伤道损伤范围的重要指标，伤腔容积大小取决于能量传递的多少，球形、圆柱形、方形、三角形四种不同形状破片所致的伤腔容积大小与组织吸收能量均有相关性，r 值分别为 0.50、0.60、0.78、0.64。在破片形状相同时，高速破片组的伤腔容积比低速组大 1~4 倍，入口肢比出口肢大，三角形和方形破片所致的入口肢伤腔容积比出口肢大 4~6 倍 (表 3.3)。

表 3.3　不同形状破片所致伤腔容积的比较

组别	V/(m/s)	ΔE/(kg·m)	入口肢/(W/cm^3)	出口肢/(W/cm^3)	双肢/(W/cm)^3
钢球	708	9.43±0.46	3.90±0.56	3.53±1.10	7.34±1.20
	1068	20.37±1.84	11.27±4.36	5.84±1.52	17.11±5.08
	1264	30.73±0.64	12.81±3.68	9.21±2.41	22.05±2.69
	1454	39.36±1.46	16.32±3.06	10.90±2.82	27.22±3.44
圆柱形	734	11.51±1.96	9.18±2.25	7.96±2.49	17.13±3.91
	1093	23.25±1.63	17.47±3.12	8.38±2.54	25.86±1.27
	1291	23.70±1.25	22.40±5.38	9.13±2.94	31.54±5.76
	1405	49.79±1.77	23.4±13.10	12.60±5.44	36.02±9.48
方形	785	12.75±1.00	8.05±3.17	4.77±1.79	12.80±1.99
	1118	23.86±1.91	12.50±4.69	2.65±3.37	15.41±3.29
	1287	33.78±1.78	19.83±4.46	3.61±2.76	23.03±2.61
	1560	53.42±2.61	30.29±6.08	5.02±5.69	35.31±4.30
三角形	714	11.27±0.70	7.74±2.14	/	7.74±2.14
	1050	27.22±2.54	14.72±7.90	3.68±6.98	18.40±3.55
	1269	36.54±1.16	22.08±3.42	2.77±2.82	24.85±3.01
	1526	52.82±2.43	35.80±4.39	3.97±2.91	39.78±4.50

此外，从伤道坏死组织清除量上观察，不同形状破片所致坏死组织清除量有明显差异。四种不同形状的破片低速致伤时，损伤较轻，坏死组织清除量均在 6g 以内；而高速致伤时，坏死组织清除量比低速致伤时要高 2~5 倍。两侧肢体相比，入口肢普遍比出口肢高 0.3~4 倍。而在三角形、方形破片高速致伤时，入口肢坏死组织清除量要比出口肢高 7~23 倍。由此可见，破片的致伤主要集中在入口肢，速度越低越明显，因而入口肢损伤严重。

3.3 小破片的生物损伤效应

小破片是现代爆炸性武器的主要杀伤因素，其生物损伤效应的评估研究既是现代战伤救治的重点，也是爆炸性武器预制破片设计的重要依据。本节所阐述的小破片主要是指 0.15g 与 0.25g 的钢质菱形破片。

3.3.1 小破片对生物肢体的损伤效应特点

为研究小破片对生物肢体的损伤效应特点，本实验在对实验动物予以 3%戊巴比妥钠经耳缘静脉麻醉后，采用 7.62mm 滑膛枪，以 550~1200m/s 不同速度分别发射 0.15g、0.25g 钢质菱形破片打击单侧后肢，打击后通过解剖观察其创伤效应。结果表明，与 0.15g 小破片相比，在破片速度相似的情况下，0.25g 小破片撞击动能显著增大，所致的伤口大小及伤情严重度也显著增加 (表 3.4)。

表 3.4 破片打击实验动物四肢后的损伤效应

破片质量/g	破片速度/(m/s)	伤口大小/cm^2	伤道长度/cm	破片撞击动能/J	伤情评分
0.15	1004.52±173.71	0.36±0.22	5.15±2.59	77.79±26.50	1.33±0.49
0.25	1068.88±107.64	0.70±0.34	5.79±2.50	144.17±28.15	1.50±0.52

理论分析表明，0.15g 和 0.25g 两种小破片的撞击动能在速度为 1300m/s 时可分别达到 147J、211J。当两种破片打击肢体的速度小于 1300m/s 时，撞击动能与弹道至骨缘距离的比均未达到股骨断裂的阈值 286，因此，理论上不会引起骨折断裂所致的失能。实验用两种破片打击肢体 31 例，其中 0.15g 破片 15 次，0.25g 破片 16 次，撞击速度为 765~1296m/s。结果表明，小破片击中四肢后，入口较小，在 990m/s 时只有 $0.4cm^2$(图 3.6)。与 0.15g 破片相比，0.25g 破片造成的损伤伤道较长，入口较大，在 860m/s 时达到 $0.6cm^2$(图 3.7)。但两种破片虽可致内脏损伤 (图 3.8)，但却无一例发生骨折断裂 (图 3.9)。

图 3.6　0.15g 破片所致伤道入口

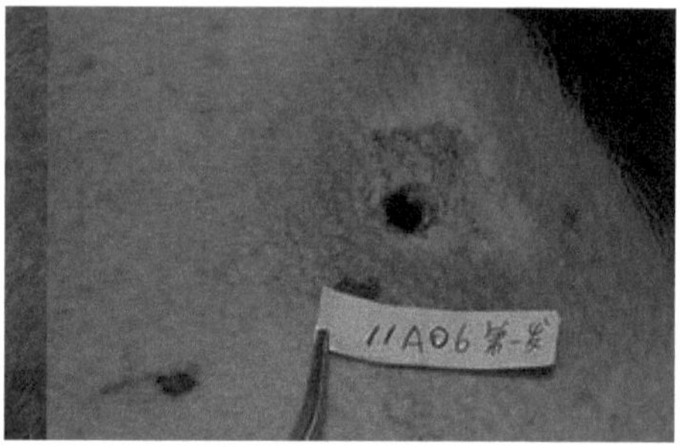

图 3.7　0.25g 破片所致伤道入口

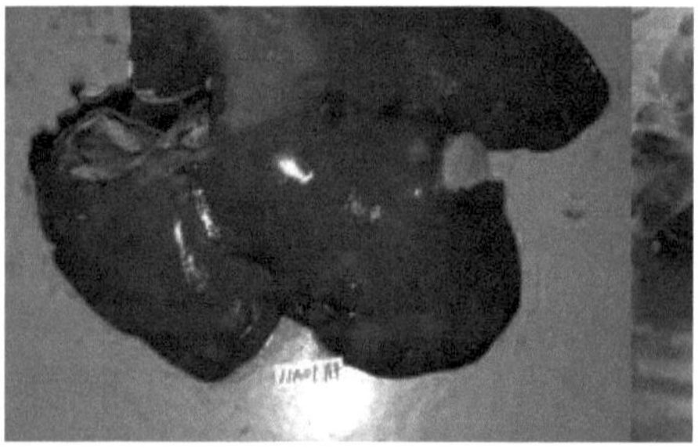

图 3.8　0.15g 破片所致肝破裂损伤

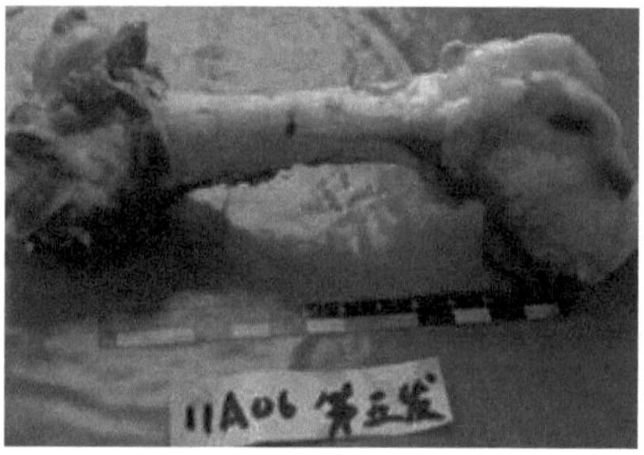

图 3.9　0.25g 破片命中股骨未断裂

两种破片虽不能造成骨折，但实验表明，高速时可命中肢体血管，造成肢体主要血管的破裂出血。因此，小破片对肢体打击时所致肢体失能的主要原因可归结为对肢体主要血管造成的破裂出血，其损伤的概率与伤道的范围密切相关。本实验表明，小破片打击时伤道的撞击动能与伤道入口面积、深度密切相关 (图 3.10、图 3.11)，如将小破片打击时的伤道近似看作圆柱体，下肢也以标准人体计算近似圆柱体的体积，则可得出小破片打击时撞击动能与血管毁伤概率的关系曲线 (图 3.12)。

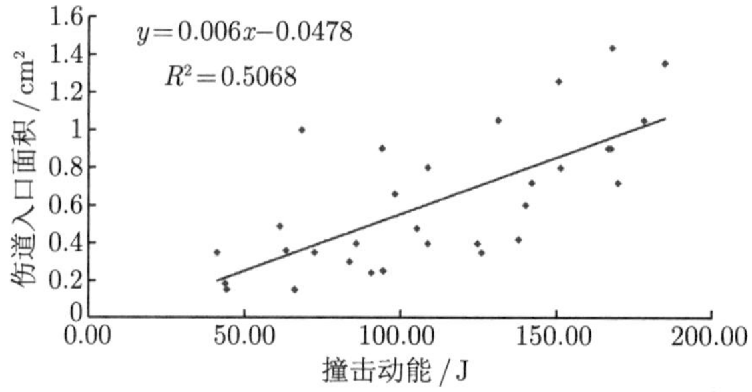

图 3.10　小破片撞击动能与伤道入口面积的关系

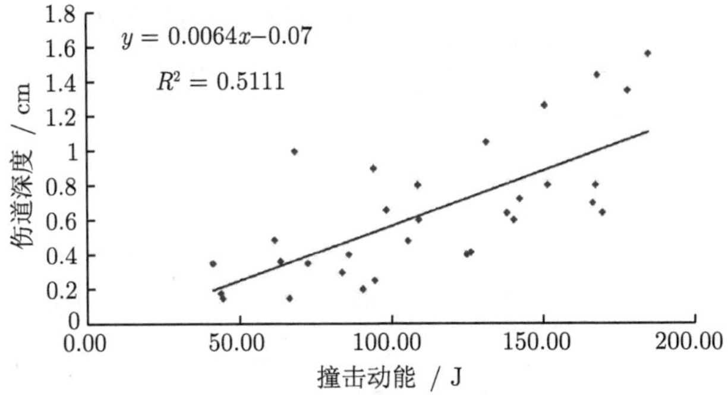

图 3.11 小破片撞击动能与伤道深度的关系

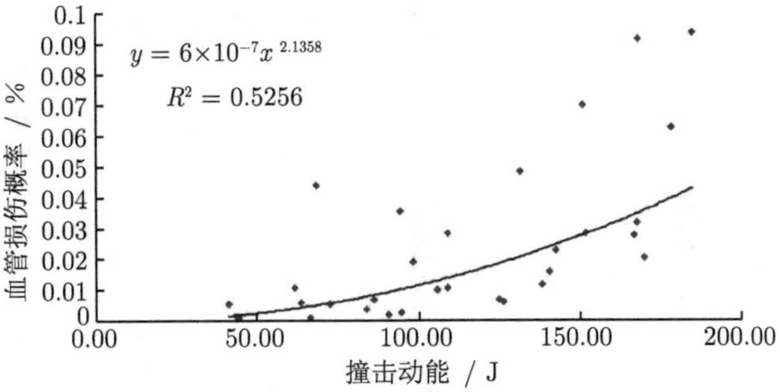

图 3.12 小破片打击时撞击动能与血管毁伤概率的关系

3.3.2 小破片打击胸腹部时的损伤效应特点

小破片打击胸腹部时，其损伤效应的严重度取决于两个因素：①是否穿透胸腹腔；②是否命中重要组织器官。是否穿透胸腹腔与杀伤元的打击动能有明显关系；是否命中重要组织器官，除打击部位外，还与杀伤元的损伤范围有关。对于相同的武器打击精度，重要组织器官的命中概率应是一致的。因此，杀伤元对胸腹部组织器官的损伤程度更多地应取决于杀伤元打击伤道入口面积与深度。由 3.3.1 节分析可知，小破片打击时的伤道入口面积、深度与杀伤元的撞击动能密切相关。

本实验在实验动物麻醉状态下，采用 7.62mm 滑膛枪，以 550~1200m/s 不同速度分别发射 0.15g、0.25g 钢质菱形破片打击胸腹部，打击后通过解剖观察其创伤效应。结果表明，与 0.15g 小破片相比，在破片速度相似的情况下，0.25g 小破片撞击动能显著增高，所致的伤口大小及伤情严重度也显著增加 (表 3.5)。

表 3.5 破片打击实验动物胸腹部后的损伤效应

破片质量/g	破片速度/(m/s)	皮肤入口大小/cm^2	伤道长度/cm	破片撞击动能/J	伤情评分
0.15	776.51±238.51	0.22±0.13	3.03±0.83	49.42±33.12	2.47±0.94
0.25	699.83±95.04	0.40±0.23	3.28±1.06	62.29±17.41	2.95±0.60

研究结果表明，小破片打击胸、腹部时，0.25g 破片对胸、腹部的穿透率均为 100%，而 0.15g 破片对胸、腹部的穿透率则分别为 67.84%、88.24%(图 3.13)。两种破片所致穿透率的差异是否单纯为撞击动能差异所致？我们将 0.15g 与 0.25g 两组中撞击动能 (分别为 49.151J、49.097J) 相似的两组数据 ($n = 6$) 进行比较，发现当撞击动能相似时，两组的穿透率仍然有明显的差异 (图 3.14)。同时，我们对 0.15g 小破片打击胸、腹部时的穿透率进行了比较，发现对腹部的穿透率明显大于胸部，其原因可能与胸部含有肋骨、胸骨等解剖结构有关。

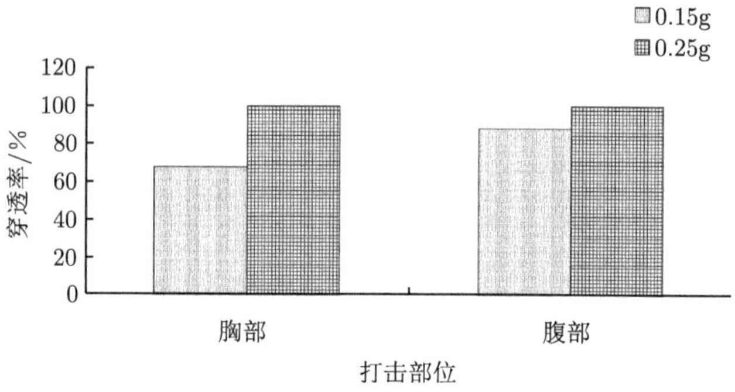

图 3.13 两组破片打击不同部位的穿透率比较

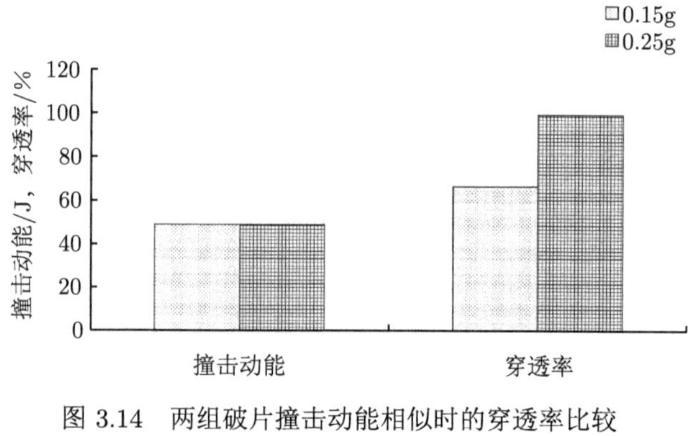

图 3.14 两组破片撞击动能相似时的穿透率比较

两种破片打击后胸腹壁的穿透是失能判定的基本条件，由上述分析可见，撞击动能与是否穿透之间并没有较好的一致性，因此，撞击动能不宜作为破片能否穿透的唯一条件，一定范围内破片的质量也是能否穿透的重要因素之一。依据本实验研究结果，破片打击胸腹部致失能的标准应为破片质量 0.20g 左右，破片撞击动能 50J 左右。但该标准尚需进一步的实验验证。

胸部损伤导致失能的主要原因有气胸与肺出血引起的呼吸功能障碍。在本实验中，失能与破片的质量和速度密切相关。质量和速度越大，伤口的面积越大，形成的气胸不易闭合或闭合延迟；而动能越大，击中肺部导致的出血面积越大，呼吸功能降低得越严重。本实验致伤胸部时，能有效穿透胸部的失能评分分布在 3~5、14~15 两个区间，其皮下入口面积的平均值分别为 2.35cm^2、0.97 cm^2；破片动能平均值分别为 62.7J、34.8J；肺出血面积则分别为 1/3~1/2 的肺下叶面积和 1/10 的肺下叶面积。

腹部器官多而密集，腹部损伤导致失能与受累的器官和损伤程度密切相关。失能评分在 3~5 区间内的损伤为 1/3(>6cm) 的脾破裂或一侧肾 80%损伤。6~8 区间内的损伤包括大于 3cm 小于 6cm 的脾破裂。14~15 区间内的损伤为小肠、结肠的多发穿孔。腹部损伤失能程度与入口面积和破片质量无关，当击中脾脏和 (或) 肾脏时破片动能越大，失能程度越高。

两种破片在最低致伤速度458m/s 左右时，穿透性并无明显差别，速度超过700m/s 可击穿腹膜进入腹腔，导致胃肠穿孔及脾、肝、肾等实质性器官的破裂出血，引起腹膜炎、肠梗阻。速度越高，入口越大。在 500m/s，入口面积只有 0.1~0.2cm^2；在 700m/s，入口面积达到 0.3~0.5cm^2。击中胸部时，速度和质量越高，入口越大。0.15g 小破片在 600m/s 时，入口面积只有 0.13cm^2，在 1200m/s 时达到 0.3cm^2，可致胸腔穿孔、心肺损伤。低速 (500~600m/s) 打击时，不能致肋骨骨折。

3.3.3 小破片致颅脑的损伤效应特点

为了解小破片打击颅脑时的损伤效应特点，本实验采用 0.15g、0.25g 两种破片打击实验动物 11 只，观察破片打击后实验动物的局部伤情、存活情况以及对颅骨的穿透性。11 只实验动物中，0.15g 破片打击 7 只，命中 5 只；0.25g 破片打击 4 只，均命中。0.15g 破片打击命中的 5 只实验动物中，平均撞击动能为 33.15J。5 只实验动物中，破片穿透颅骨 1 只，未死亡。未穿透的 4 只动物中，骨折 2 只，即刻死亡 2 只。说明破片是否穿透颅骨并不是判断死亡或失能的根本依据，非穿透情况下也有较高的死亡率。0.25g 破片打击命中的 4 只实验动物中，平均撞击动能为 47.50J，未穿透 3 只，穿透 1 只，均存活。本实验结果表明，破片打击颅脑时，所致失能需要的撞击动能明显较小，30~40J 的撞击动能即可致实验动物死亡。与 0.15g 小破片相比，在破片速度相似的情况下，0.25g 小破片撞击动能显著增大，所致伤口大小与伤道长度也显著增加，但 0.25g 小破片打击的伤情严重度并未增加，表明 0.15g 与 0.25g 小破片对颅脑的损伤严重度并无显著差异 (表 3.6)。

表 3.6 破片打击实验动物头部后的损伤效应

破片质量/g	破片速度/(m/s)	皮肤入口大小/cm^2	伤道长度/cm	破片撞击动能/J	伤情评分
0.15	659.91±87.02	0.15±0.06	1.73±0.46	33.15±8.65	2.50±1.76
0.25	616.28±16.54	0.25±0.04	2.19±0.73	47.50±2.52	2.00±0.82

0.15g 小破片击中头部后，当速度小于 600m/s 或者能量小于 27J 时，不能击穿颅骨，仅嵌于颅骨上，失能评分为 8~10，属于轻度至中度失能。速度高于 600m/s 时，破片可造成颅骨骨折，甚至穿透颅骨进入额窦，严重影响思维行动意识，造成失能评分较低，达到 1~5，属于重度至极重度失能。

小破片击中头部造成失能的最主要原因为破片撞击骨组织产生的应力波经过颅骨传递给脑组织，造成思维意识部分丧失，严重影响其作战能力，使战斗人员在一定时间内执行战斗任务的某项功能完全丧失，如穿透直接命中脑组织，造成死亡，达到极重度失能。

3.3.4 小破片生物损伤效应的基本特点

小破片的创伤弹道学特点符合一般创伤弹道学的基本规律，但也有其自身的一些特点，其损伤效应的基本特点主要表现在以下方面：

(1) 以穿透性损伤为主要损伤机制，瞬时空腔效应不明显。瞬时空腔的形成是高速杀伤元致伤的一个最重要的特点。在杀伤元高速穿过机体组织的过程中，伤道周围弹性软组织在压力 (高达 10MPa 以上) 作用下向外扩展，可形成比杀伤元本身直径大 10~30 倍的空腔，但仅持续数毫秒。瞬时空腔既是高速飞行的杀伤元穿过机体组织后，组织内部发生的一种变化迅速的物理现象，又是造成组织器官严重创伤的一个重要原因。瞬时空腔的周期性胀缩，既可产生强大的压力波在机体内传播，引起邻近及远隔部位组织器官的损伤；又可通过空腔内的负压吸吮作用，导致伤道严重污染。小破片由于体积小，与生物组织的接触面小，因此撞击时遇到的阻力小，对生物组织产生的切割力大，产生的侧冲力小，形成的瞬时空腔小，远隔部位的损伤与局部的伤口污染程度均可能较小。

(2) 盲管伤多。小破片由于在组织内能量衰减快，穿透能力弱，因此容易停留在组织内，造成盲管伤。

(3) 复杂伤道多。伤道的复杂性是杀伤元致伤的一个重要特征。小破片所致伤道的复杂性主要体现在路径复杂。小破片在组织内能量衰减较快，遇密度不同组织时易发生弹道方向的变化，因此容易造成复杂伤道。

3.4 超高速杀伤元的生物损伤效应

杀伤元的损伤效应与速度有明显的关系，尽管对于碰撞速度在 1000m/s 以下的杀伤元致伤效应研究较多，但是随着高爆炸药的广泛使用，所致杀伤元的撞击速度不断提高，很多杀伤元打击的速度远远超出 1000m/s。对于超过这个速度后杀伤元会对机体产生什么样的损伤，目前文献报道较少。因此，我们以长白猪为实验对象，采用 0.72g 钢珠，以 2000m/s、3000m/s 和 4000m/s 速度的杀伤元致伤猪后肢，并以 1000m/s 的杀伤元作为对照，通过病理解剖学观察，以及检测相应的生理学指标，测试相关的物理致伤参数，了解超高速杀伤元对机体局部与全身的损伤效应特点及其相关致伤机理。

3.4.1 超高速杀伤元生物损伤实验模型

将 15 头雄性长白猪分成 5 组，分别为 1000m/s 组、2000m/s 组、3000m/s 组、4000m/s 组、空白对照组 (非致伤组)，每组 3 头，平均体重 (40±15)kg。

以 3%戊巴比妥钠耳缘静脉麻醉注射后，予以股动脉置管用于抽血和生理指标检测 (血压、心率)，并在颈动脉内安装压力传感器。在右后肢肌肉最厚处标记弹着点，并在距弹着点 11cm 处安放压力传感器。

伤前监测脑电、心电、血压、心率、呼吸等生理指标并抽血。收集好伤前相关指标后将实验猪移至致伤台，摆好体位，瞄准致伤点后予以各种速度致伤。致伤物为 0.72g 钢球，直径 5.6mm，致伤距离 5m。2000m/s 以上速度的杀伤元发射装置为轻气炮，1000m/s 的发射装置为弹道枪。

致伤后 30min、1h、3h、6h 分别监测相关生理指标并抽血。伤后 6h 麻醉状态下予以腹主动脉放血致死后解剖，取材。

取三块 27cm×27cm×27cm 大小的肥皂分别在 1000m/s、2000m/s、4000m/s 的速度下致伤，致伤距离 5m，观察肥皂的损伤情况和伤道特征。

3.4.2 超高速杀伤元的伤道特点

1. 超高速杀伤元的伤道形状特点

从 1000m/s 到 4000m/s，随着杀伤元速度的增加，入口处的损伤面积增大。出口面积随着速度从 1000m/s 增大到 3000m/s 而逐渐增大 (表 3.7)。在 4000m/s 时，杀伤元未能穿出软组织，而在伤腔内形成较大的损伤 (图 3.15~图 3.18)。

表 3.7 不同速度下出入口大小

速度/(m/s)	入口面积/cm^2	出口面积/cm^2
1000	0.7	0.2
2000	26.083	3.12
3000	108	3.5
4000	241	0

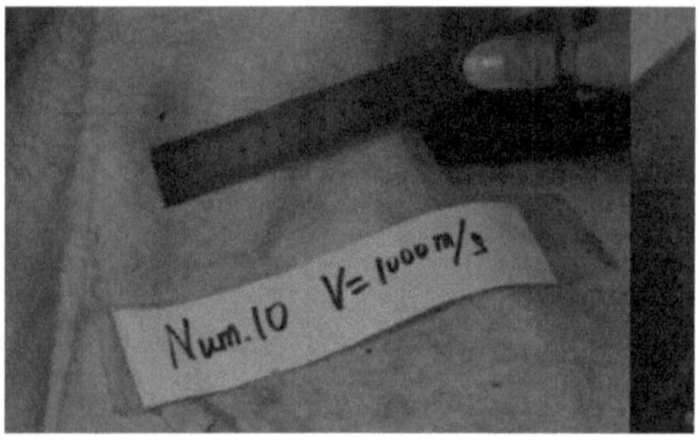

图 3.15　1000m/s 致伤时入口

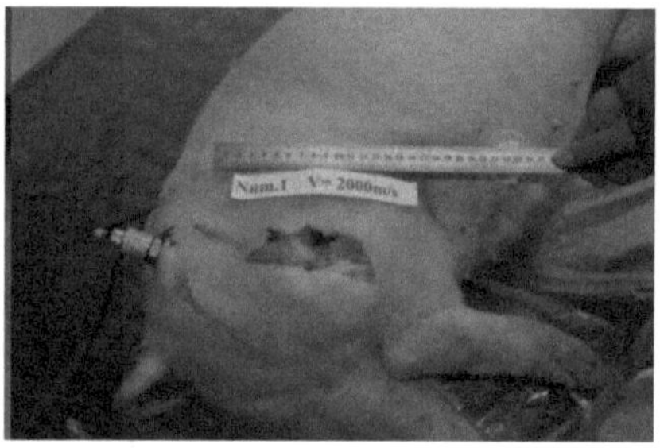

图 3.16　2000m/s 致伤时入口

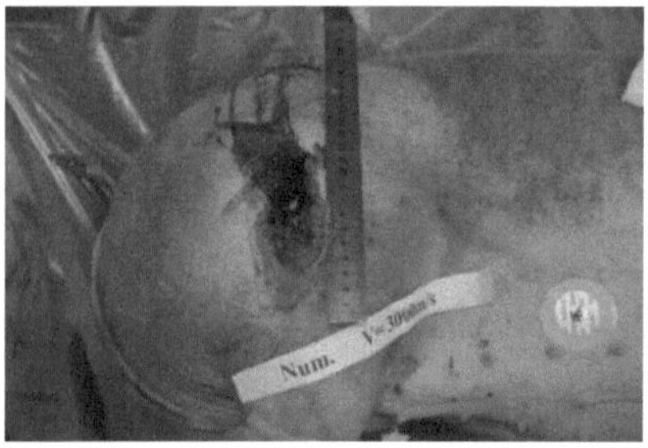

图 3.17　3000m/s 致伤时入口

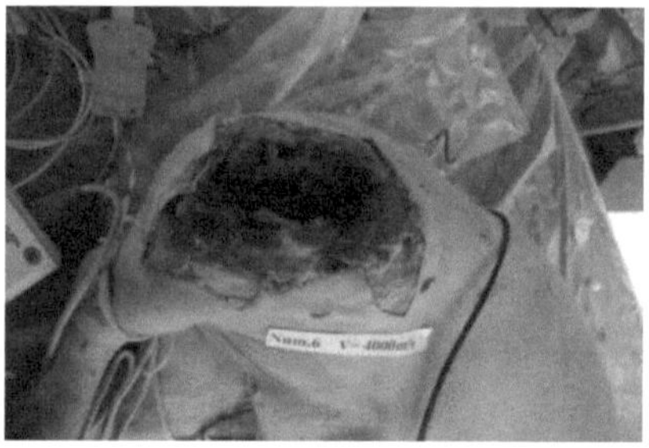

图 3.18　4000m/s 致伤时入口

超高速杀伤元撞击肥皂靶标时，伤道形状的变化尤其明显。2000m/s 速度打击肥皂时形成直径为 16cm 的入口和 3cm 大小的出口圆锥体。4000m/s 速度打击肥皂时形成 30cm×25cm×17cm 的球形坑，未击穿肥皂，无出口。如图 3.19、图 3.20 所示。

图 3.19　2000m/s 撞击肥皂靶标入口形态

图 3.20　4000m/s 撞击肥皂靶标入口形态

2. 超高速杀伤元的伤道分区特点

不同速度撞击时伤道坏死组织以及伤道内坏死区、挫伤区和震荡区范围的变化，表现为：从 1000m/s 到 4000m/s，随着杀伤元速度的增加，伤道内坏死的程度加重。不同速度撞击时伤道内坏死区范围也随着撞击速度的增加而逐渐增大 (表 3.8，图 3.21~ 图 3.23)。

表 3.8 不同速度杀伤元撞击时伤道组织损伤范围与坏死组织量的比较

速度/(m/s)	伤道坏死组织量/g	坏死区范围直径/cm	挫伤区范围直径/cm	震荡区范围直径/cm
1000	45.8	1.2	1	1
2000	182.93	2.5	2	2
3000	587.5	3	2	2
4000	825.5	4	3	2

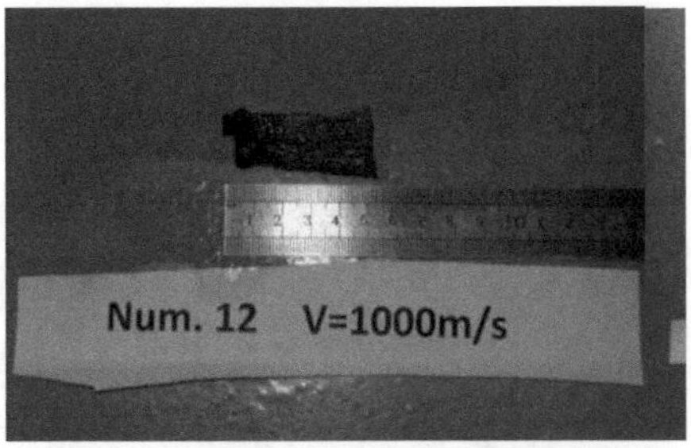

图 3.21 1000m/s 致伤时坏死区

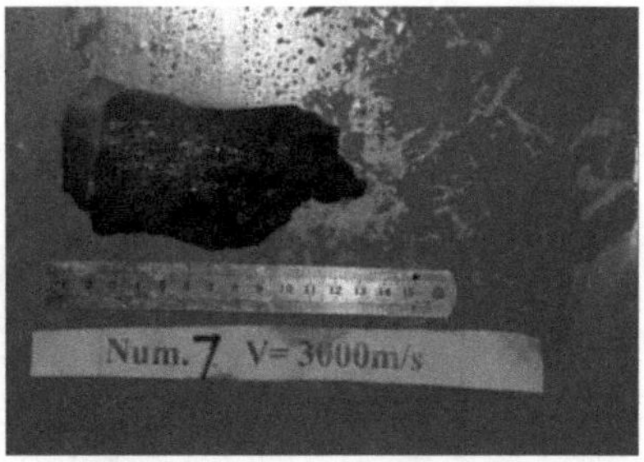

图 3.22 3000m/s 致伤时坏死区

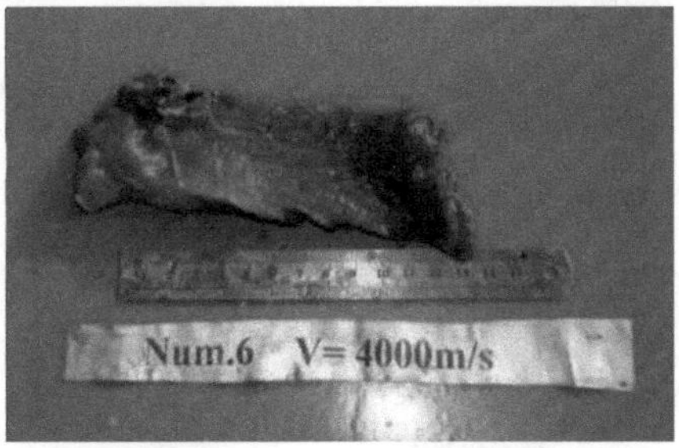

图 3.23 4000m/s 致伤时坏死区

3.4.3 超高速杀伤元的远达损伤效应特点

1. 大体解剖病理学观察

1000m/s 致伤时，除伤道外，邻近或远处器官肉眼观察未见明显异常。2000m/s 致伤时，可见伤道内有股骨中段粉碎性骨折。3000m/s 致伤时，除股骨粉碎性骨折外，还可见肺出血，结肠黏膜下出血。4000m/s 致伤时可见各器官的广泛损伤，主要表现为：股骨粉碎性骨折，邻近肠黏膜下出血，膀胱出血，肺实变，蛛网膜下腔出血，肺出血 (图 3.24)。

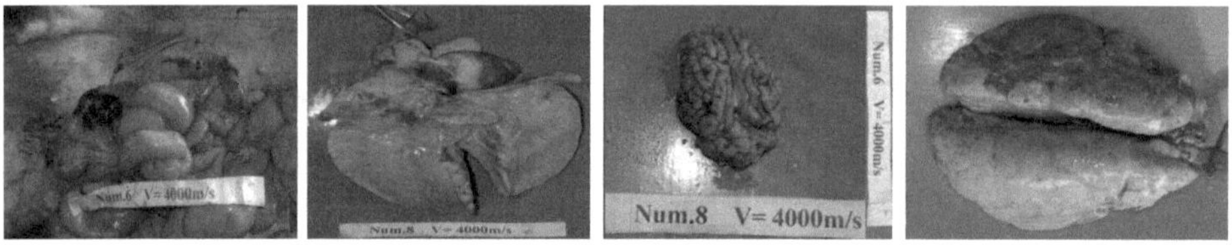

(a) 肠黏膜下出血 (b) 肺实变 (c) 蛛网膜下腔出血 (d) 肺出血

图 3.24 4000m/s 破片所致组织器官出血

2. 显微病理学观察

4000m/s 致伤时伤道内肌肉损伤严重，肌肉出血范围深达 7cm。同时还引起多器官的损伤，包括肾、肝挫伤出血，蛛网膜下腔出血 (图 3.25~图 3.28)。

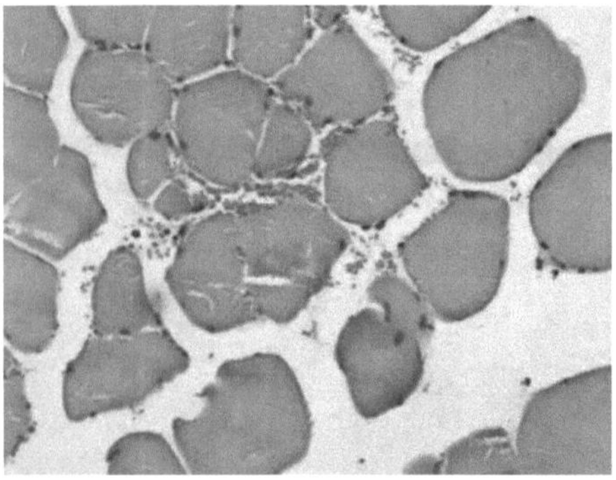

图 3.25 伤道肌肉组织 7cm 处可见出血

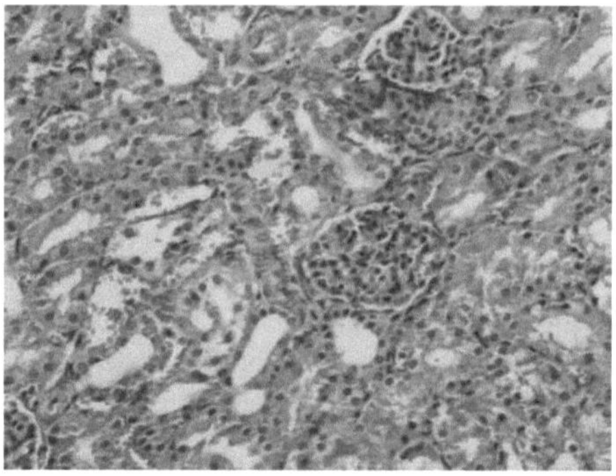

图 3.26 肾挫伤出血

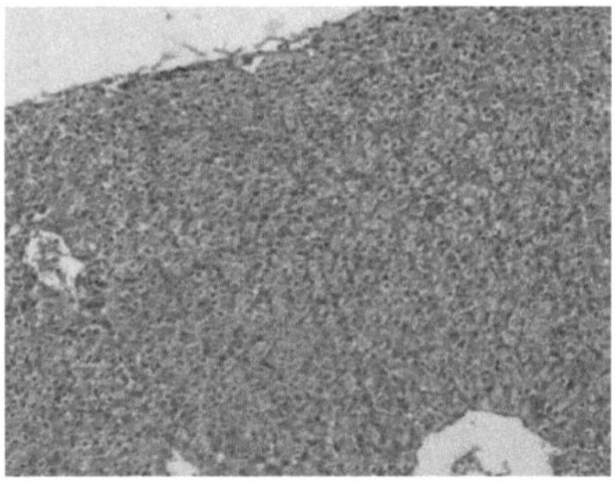

图 3.27 肝挫伤出血

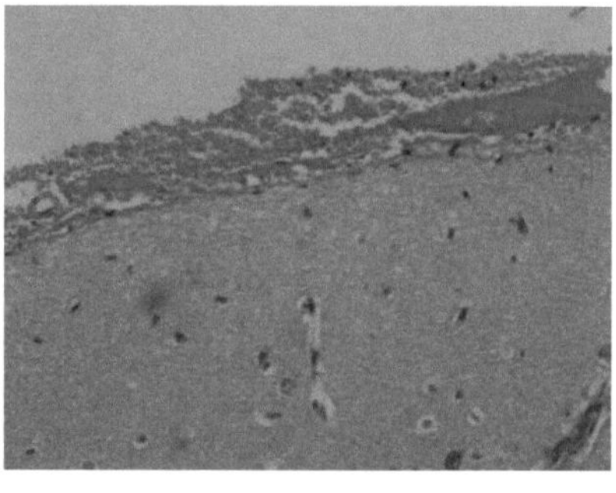

图 3.28 蛛网膜下腔出血

3. 重要器官生理功能变化

超高速杀伤元的远达损伤效应不仅表现在解剖结构上，同时也表现在生理功能的变化上。超高速杀伤元损伤后，最基本的生理功能性指标变化主要表现为伤后不同时间实验动物平均动脉压的降低 (图 3.29)。

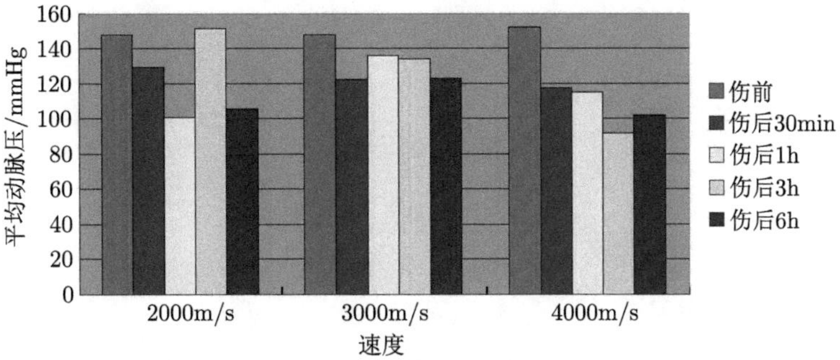

图 3.29 各速度组实验动物不同时间点平均动脉压变化

生化指标检测观察发现，肝、肾、脑等重要组织器官损伤的敏感指标伤后均有显著变化 (图 3.30~图 3.34)。

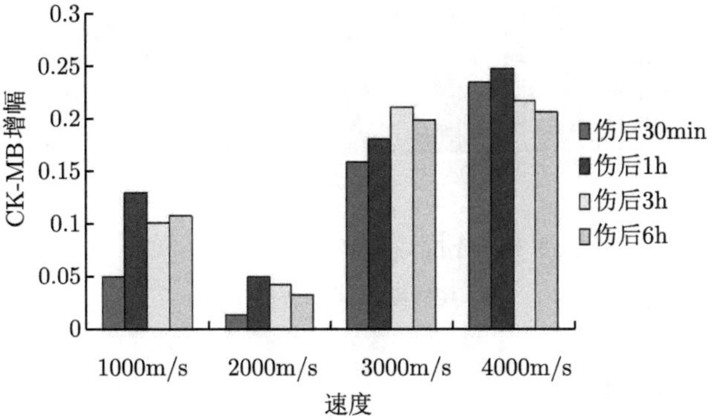

图 3.30 不同速度致伤后 CK-MB(肌酸激酶同工酶) 增幅

伤后，3000m/s 和 4000m/s 致伤组明显增高

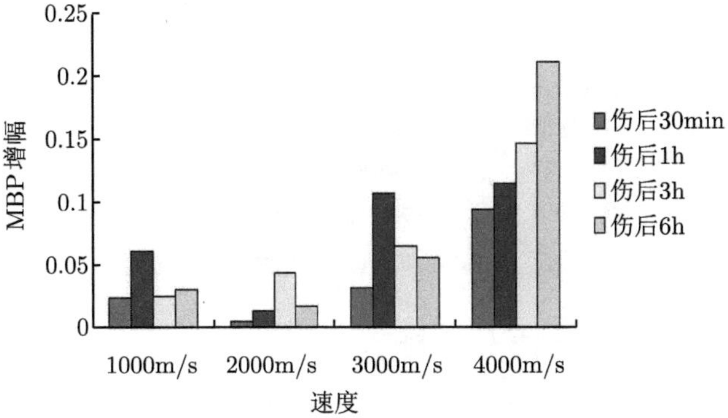

图 3.31 不同速度致伤后 MBP(髓鞘碱性蛋白) 增幅

伤后 3h、6h，4000m/s 致伤组明显增高

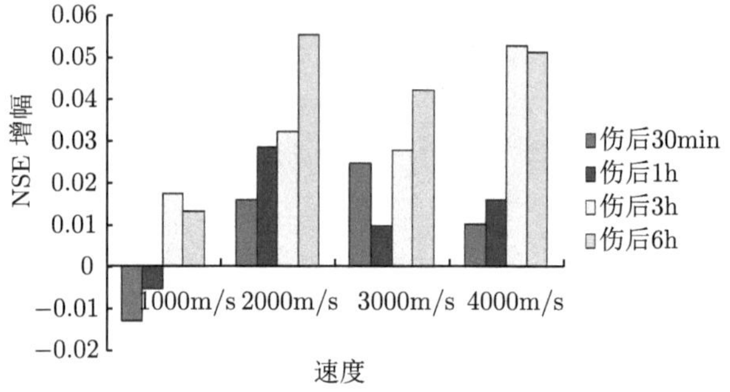

图 3.32　不同速度致伤后 NSE(神经元特异性烯醇化酶) 增幅

伤后 6h，2000m/s，3000m/s，4000m/s 致伤组明显增高

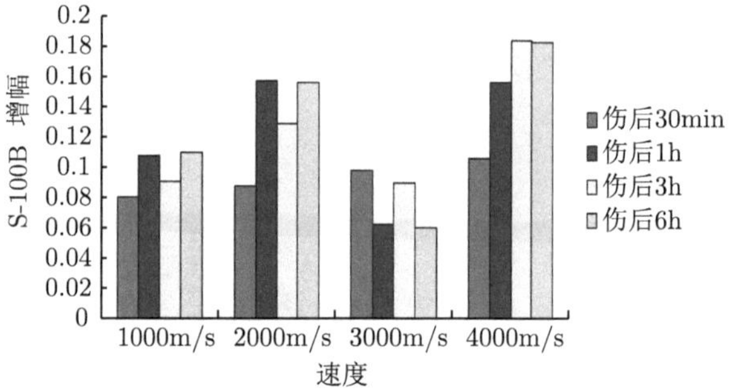

图 3.33　不同速度致伤后 S-100B 增幅

伤后各组均明显增加

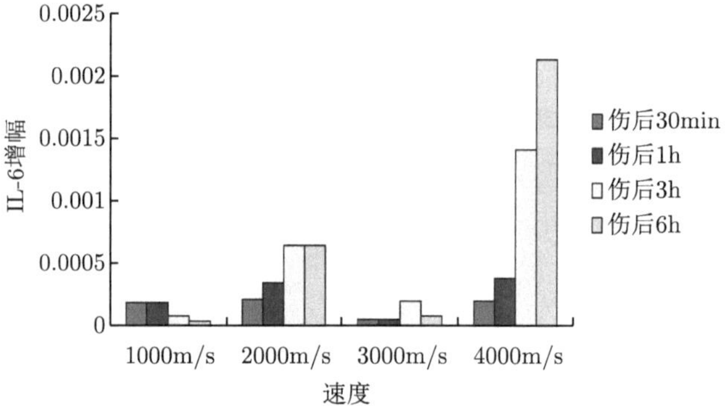

图 3.34　不同速度致伤后 IL-6 增幅

伤后 3h、6h，4000m/s 致伤组明显增高

3.4.4　超高速杀伤元的远达损伤机制

超高速杀伤元所致的远达损伤机制与杀伤元撞击后所致的力学响应密切相关。尤其是撞击所致的局部压力峰值极高，容易沿着充满液体的管道 (动脉、静脉等) 传导，从而造成远离伤道的部位受伤。

1. 不同速度杀伤元撞击后弹着点邻近处组织内压力变化

超高速杀伤元撞击后的力学作用首先表现在局部组织，致伤局部组织及其邻近区域内的压力变化是远隔部位损伤发生的主要原因 (图 3.35、图 3.36)。随着杀伤元撞击速度增加，局部组织内的压力呈指数形式增加 (表 3.9，图 3.37)。

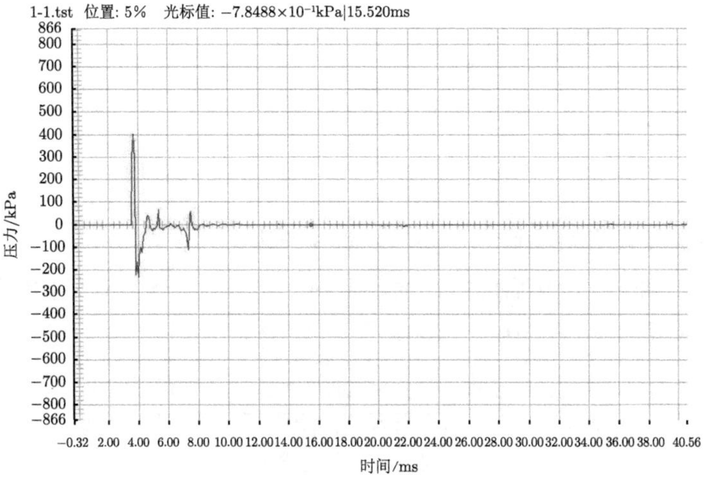

图 3.35 1000m/s 撞击速度时组织内的压力

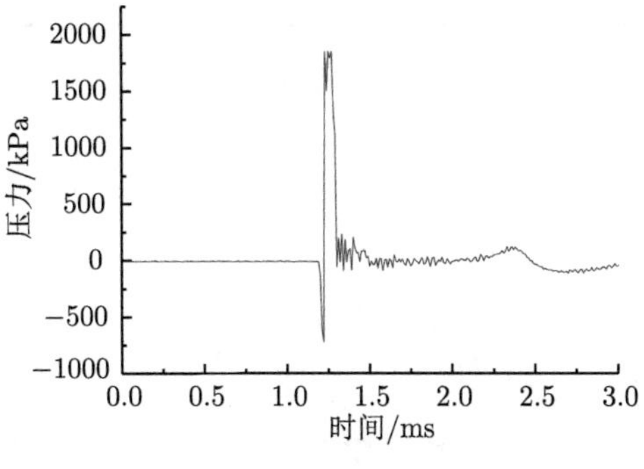

图 3.36 3000m/s 撞击速度时邻近组织内的压力

表 3.9 局部组织内压力与杀伤元撞击速度的关系

撞击速度/(m/s)	距弹着点位置/cm	峰值压力/kPa	正压持续时间/ms	持续时间/ms	冲量/(kPa·ms)
1000	10	401	0.2	1.32	41.78
2000	10	626	0.16	0.76	64
		1506	0.46	1.58	103.5
3000	10	1867	0.12	0.43	106
4000	15	2532~4500	> 0.3	破片击中	> 745

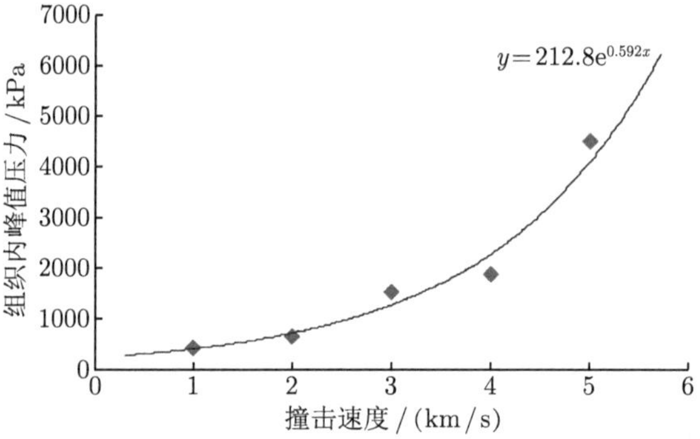

图 3.37 局部组织内峰值压力与杀伤元撞击速度的关系

2. 不同速度破片撞击时血管内物理参数的变化

以 0.72g 钢球撞击猪后肢时，局部组织内的压力与胸主动脉内的压力均随着速度的增加而增加 (表 3.10，图 3.38~图 3.41)。

表 3.10 不同杀伤元撞击速度时主动脉内压力变化

撞击速度/(m/s)	距弹着点位置/cm	峰值压力/kPa	正压持续时间/ms	持续时间/ms	冲量/(kPa·ms)
1000	45	24.07	2.04	2.04	10.34
2000	46	35	1.72	14.08	11.16
3000	43	45.7	1.44	1.48	33.4
4000	48	26.57	3.68	3.68	16.3
	46	172	2.08	2.08	64.45

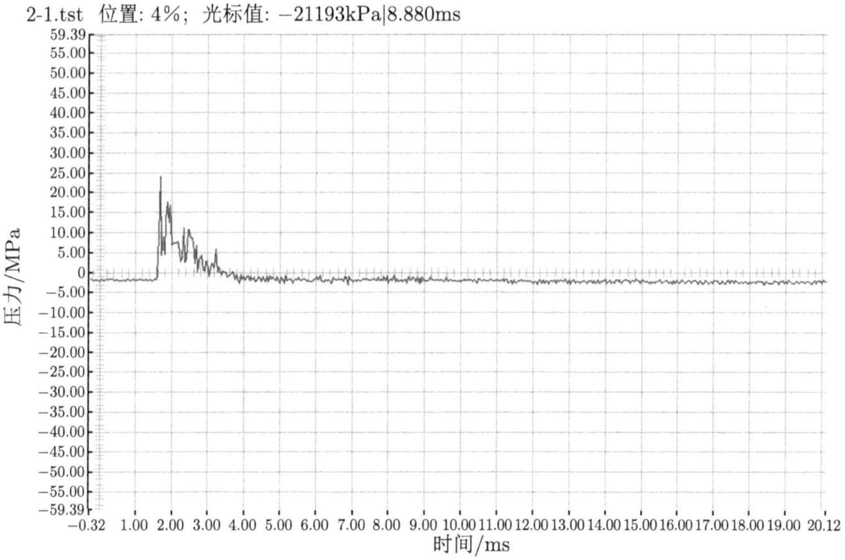

图 3.38 1000m/s 撞击速度时胸主动脉内的压力

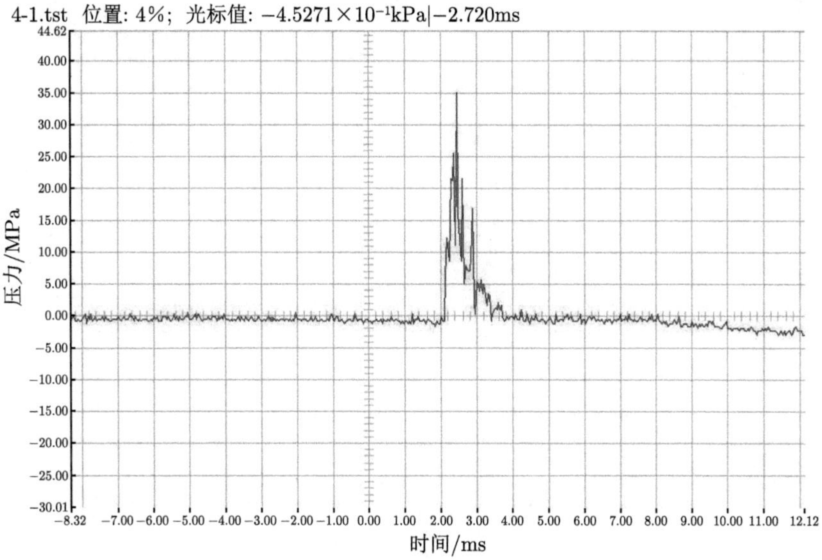

图 3.39 2000m/s 撞击速度时胸主动脉内的压力

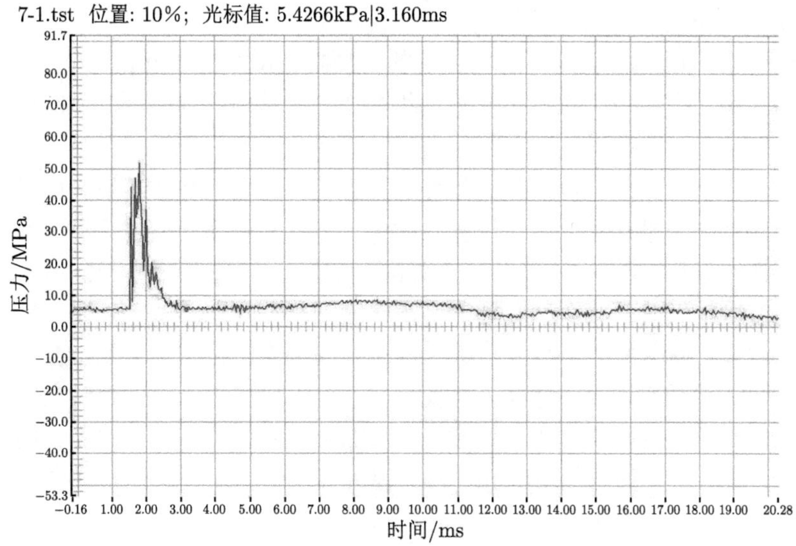

图 3.40 3000m/s 撞击速度时胸主动脉内的压力

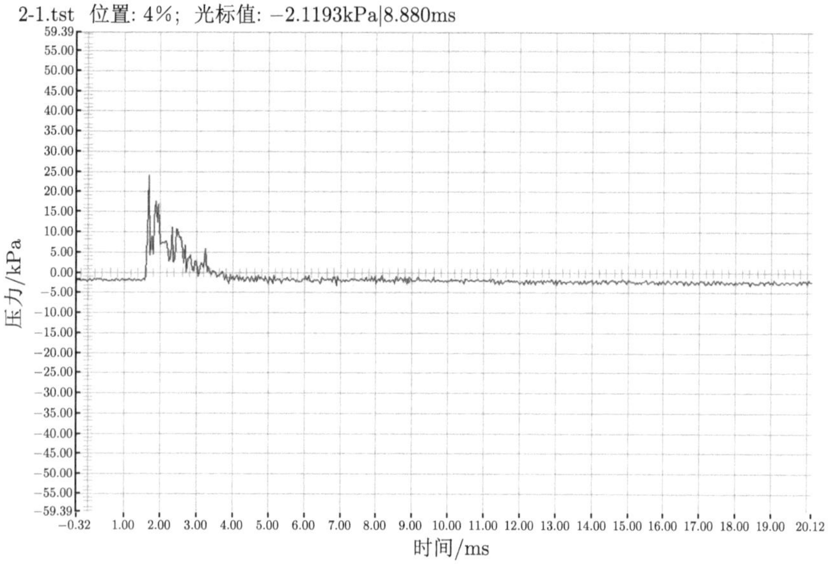

图 3.41　4000m/s 撞击速度时胸主动脉内的压力

上述实验证明，杀伤元撞击后局部与血管内压力波可显著增加。Janzon 等也通过实验证实，超压的致伤作用确实存在，他们用带孔的石膏筒包绕猪的整个后肢，以高速杀伤元致伤肢体，此时形成的瞬时空腔受到很大限制，结果表明：该实验所产生的组织损伤较无石膏筒包绕的组织损伤减少约 40%。由此他们认为，在典型的杀伤元损伤中，约有 1/3 的组织损伤是由杀伤元撞击所产生的压力波引起的。

杀伤元穿入体内后会以低频高位移的压力波形式迅速释放能量，此时，被猛烈向前和向外加速推动的局部组织吸收能量，并且在杀伤元通过后继续运动，形成了比杀伤元直径大 10~20 倍以上的空腔。杀伤元击中组织的 83%，能量形成瞬时空腔。空腔持续时间为杀伤元通过组织时间的 2000 倍。对于相同的组织来说，吸收能量愈多，瞬时空腔的体积愈大，周围组织损伤的范围也愈大，甚至距伤道较远的血管、神经也可发生牵拉，伤及骨骼，发生间接性骨折。瞬时空腔的形成与杀伤元的质量、速度等因素密切相关，SS109 枪弹的弹头以 900m/s 的速度射击明胶时，瞬时空腔的直径达 6cm，约为弹头直径的 12 倍，而 56 式 7.62mm 枪弹的弹头以 700m/s 的速度射击明胶时，瞬时空腔的直径约 3cm，仅为弹头直径的 4 倍左右。在动能相近的条件下，质轻而速度快的杀伤元的能量释放更快，故易造成浅而宽的伤口，伤员致残的概率却大为增加。

组织特性对瞬时空腔的形成会产生明显的影响。瞬时空腔的大小取决于杀伤元传递给组织的能量以及组织本身的物理力学特性。当杀伤元速度低于 340m/s

时，基本上不产生瞬时空腔。由于人体各种组织的结构不同，力学特性各异，杀伤元所产生的空腔效应也不相同。空腔效应在肌肉、肝脏、脑等组织中较为明显。在肌肉组织中，每焦耳能量约形成体积 0.7mL 的瞬时空腔；但在较低密度的组织 (如肺) 或较高密度的组织 (如骨) 中，空腔效应则不明显。肺脏密度低 (0.4~0.5g/cm^3)，肺泡腔充满空气，弹性小，难以形成空腔；骨骼肌密度为 1.02~1.04g/cm^3，弹性好，一旦被杀伤元击中，形成的瞬时空腔较大。骨骼密度高 (1.11g/cm^3)，坚实性强，黏性和弹性小，击中时难以形成脉动空腔。由于存在比例效应 (scaling effect)，受伤组织体积和空腔大小成反比。

远达损伤效应的发生与诸多因素有关，包括杀伤元的速度、质量、形状、结构、大小、飞行状态、射中角度、进入体内的失稳情况及生物体个体差异 (包括组织的密度、比重、含气含水量、坚硬度、黏滞性等)，这些因素决定远达效应的程度。一般认为，远达效应的发生是高速杀伤元对机体打击的重要特征，通常认为杀伤元速度低于 500m/s 则远达效应出现的概率较小。同时，在远达效应的判定上，要注意与生物体受创伤后的一般性病理生理反应过程 (如应激性溃疡等) 相区别。

火器伤远达效应发生的规律和特点具有以下一些表现：①远达效应损伤广泛、多发，往往累及多部位、多器官。②损伤复杂、多变，不同器官的远达效应损伤的程度及病变特点各不相同。一般来讲，离伤道较远的大静脉损伤较动脉严重，易发生破裂或内膜损伤；离伤道较远的骨骼易发生骨折，且多发生在肌肉发达的骨骼；心肺和大血管充满血液容易发生较大的损伤；空腔器官容易发生破裂；含水丰富的脑组织、肝组织的损伤坏死程度较肌肉组织严重。腹部贯通伤伤道外易发生肝脾破裂、肠破裂和膀胱出血等；胸部贯通伤时，可发生伤道外的心脏出血、心包积血、肺脏出血或肝脏出血等；颈部或腰部贯通伤时，可发生颈脊髓或腰脊髓损伤而引起截瘫；下肢贯通伤时，可引起股动脉、股静脉、坐骨神经损伤和股骨骨折等。③亚细胞分子水平的损害。远达效应损伤不光发生在组织器官水平，有些远达效应虽然在大体上或镜下并没有发现明显的组织器官损伤，但超氧化物歧化酶 (SOD) 及脂质过氧化物 (LPO) 均显著升高，提示存在亚细胞分子水平的损害。

高速杀伤元对机体产生远达效应的机制目前主要有以下几种学说：①压力波作用，即杀伤元击中组织时形成巨大瞬时空腔，巨大瞬时空腔多次膨胀挤压、塌陷牵拉和撕裂周围组织而致伤。②冲击波效应，即高速杀伤元击中组织之前产生的冲击波沿管道或骨性组织传播，导致其他组织器官的损伤。冲击波致伤机制比较复杂，一般认为主要是超压、动压等引起血液动力学变化、内爆效应、碎裂效应、惯性效应、冲击震动效应，这些变化及效应及改变，致使器官破裂、血管破裂、组织损伤、骨骼断裂等。③继发性杀伤元损伤学说。由于弹头或碎片在体内或体外破碎，或击中骨骼等硬组织时发生破碎后，所产生的继发性杀伤元造成伤道外组织损伤。④血流动力学改变学说。刘荫秋等通过大量实验提出：致伤瞬间由于压力波作用于循环管路系统，使管内血流剧烈扰动，类似血锤效应造成远隔器官出血损伤，这可能是远达效应发生的主要原因。另外，由于压力的改变也传递到血管内，导致血管压力及血流速度等发生剧烈改变，进而导致组织器官出血等损伤。⑤神经内分泌学说。神经体液因子包括各种激素及其他因子，在高速杀伤元致远达效应的发生过程中也起到一定作用，但是这些因子是在什么时间发生改变？它们的改变对组织器官的损害起到什么作用？与应激反应有何区别？这些问题有待进一步研究。

目前对远达效应的诊断和治疗尚缺乏行之有效的方法和标准，加上人们对其严重性认识不足，以及远达效应发生早、受累器官多、伤情隐蔽、临床表现不典型等特点，远达效应的误诊率和漏诊率均较高。远达效应的存在，以及严重创伤所导致的全身性损害反应，则为火器伤后多器官功能衰竭的发生提供了基础。远达效应的诊断虽然困难，但经过多年的研究工作积累，也有了一些可以借鉴的方法：①依据局部损伤效应的推测判断。远达效应的发生并不是独立存在的，它是火器性局部损伤效应的伴随状况。因此，采用创伤弹道学的理论方法，对局部损伤效应进行检查分析，可为远达效应的判断提供依据。②影像学检查。随着影像学检查技术手段的提高，对不同组织器官的小出血性病变进行检测的可能也越来越可行，因此采用 B 超、CT 等现代影像学手段来对远达效应进行诊断十分必要。③功能学检查。远达效应对心、脑、肺等重要组织器官造成的病理学改变必然会引起生理、生化等功能性改变，因此，采用心电、脑电、心肌酶谱等检查手段对远达效应的诊断也是十分有帮助的。在治疗上，目前尚无有针对性的方法，建议在明确诊断的基础上，进行对症治疗。

3.5　不同环境条件下的生物损伤效应

高原、水下等特殊环境条件从弹道特性与机体反应两方面影响轻武器的生物损伤效应。我国幅员辽阔，环境条件复杂，轻武器的杀伤效应也必定要考虑不同环境条件的生物损伤效应特点。

3.5.1　高原枪弹与破片伤特点

高原地区的高海拔、低气压、强紫外线和缺氧等特殊地理环境因素对高原火器伤的伤道病理变化将产生明显的影响。李恩平等研究表明，56 式 7.62mm 与 M193 两种弹头打击犬双后肢时，在射击条件相同、肢体厚度基本一致的情况下，两种弹头对犬双后肢的损伤程度和范围与弹头速度、能量吸收有关，即速度越快，能量吸收越多，组织损伤越重，这与平原基本一致。但高原枪弹伤与平原枪弹伤相比有其不同的特点：①同等弹头在高原比平原速度快。在标准大气压下，M193 弹头平均初速度为 975m/s，56 式 7.62mm 弹头为 710~725m/s，而在高原低压条件下，前者增加约 3%~5%，后者增加约 5%~9%，表明高原地区大气压低、空气阻力小、弹头速度快是致局部伤情重的主要原因。②高原枪弹所致局部组织损伤较平原重。李恩平等研究表明，伤后 12~36h，原发伤道侧壁肌组织呈暗红色软泥样，不收缩，不出血。光镜下 M193 弹头致伤组挫伤区宽度 0.96cm，56 式 7.62mm 组挫伤区宽度 0.82cm，而在平原地区，两种弹头致伤时光镜下观察挫伤区宽度在 0.5cm 以内，表明高原地区火器伤局部组织损伤较平原地区重，这与高原气压低、弹头速度快、组织吸收能量高、瞬时空腔大等因素有关。③伤道细菌生长繁殖慢，感染时限延长。高原枪弹伤实验表明，伤后 12h 细菌数量为 1.3×10^4 个/克组织，伤后 24h 为 8.6×10^5 个/克组织。伤道出现明显炎症反应的时间为 (48.8 ± 9.4)h，细菌数量为 3.9×10^8 个/克组织。平原地区伤后 6h 为 10^4 个/克组织，伤后 12h 为 10^5 个/克组织，感染临界细菌数量为 10^5 个。提示高原地区火器伤感染细菌临界数量和时限均大于平原，这可能是由于高原气候寒冷、空气干燥、紫外线强且日照时间长，延缓了细菌繁殖或使细菌侵袭力降低。

高原地区爆炸性破片的杀伤效应与枪弹伤相似，赖西南等研究发现，高原环境中破片的终点速度较平原快，相同装药情况下，1.03g 钢球速度约为平原的 112.77%，0.37g 三角形破片速度为平原的 115.25%(表 3.11)。

表 3.11 高原、平原条件下破片终点速度比较

射击距离/m	杀伤元种类	高原速度/(m/s)	平原速度/(m/s)
10	0.37g 三角形破片	953.22±26.42	827.08±12.32
20	1.03g 钢珠	836.62±17.25	741.89±19.16

造成高原和平原破片速度差异的原因在于大气压的不同。一般情况下，海拔每升高 100m，大气压降低 7.45mmHg，实验地点海拔 3658m，大气压仅为海平面的 64.35%，与气压密切相关的空气密度也减少了 37.35%。同时，破片飞行时速度的衰减还取决于其所受的阻力。杀伤元飞行阻力可以用 $F=\frac{1}{2}C_xS\rho V^2$ 表示。其中 F 为阻力 (N)；C_x 为杀伤元阻力系数；S 为杀伤元阻力面积 (m^2)；ρ 为空气密度 (kg/m^3)；V 为杀伤元运动速度 (m/s)。由此可知，因高原空气密度低导致破片飞行阻力下降，速度衰减慢，所以高原破片飞行速度较平原快。三角形破片飞行阻力面积较钢球大，故速度变化更为明显。

杀伤元动能与速度呈平方关系。高原破片终点速度高、动能大，所有高速发射的破片均可穿透平均厚度为 15cm 的猪双后肢和 20cm 厚的肥皂块，而在平原环境中，除钢珠造成贯穿伤外，40%三角形破片为盲管伤，无一例三角形破片贯穿肥皂块。通常认为机体大血管和重要脏器与体表距离在 15cm 以内，侵彻深度达到或超过 15cm 时可视为有效杀伤。因此，高原和平原破片的出入口面积、空腔容积和坏死组织清除量的差异 (表 3.12) 表明，高原爆炸破片的杀伤半径较平原大。

表 3.12　高原、平原条件下破片伤出入口面积、空腔容积和坏死组织清除量的比较

组别	致伤破片	入口面积/cm^2	出口面积/cm^2	单位伤道长度的空腔容积/(mL/cm)	单位伤道长度的坏死组织清除量/(g/cm)
高原组	钢珠	2.29±0.13	0.36±0.22	2.85±0.86	3.45±0.89
	三角破片	1.72±0.72	0.60±0.52	1.52±0.39	3.54±1.10
平原组	钢珠	0.67±0.22	0.18±0.13	1.11±0.32	2.34±0.39
	三角破片	0.95±0.42	0.05±0.07	0.96±0.41	0.96±0.41

3.5.2　海水浸泡伤特点

由于水与空气密度的显著差别，水中弹道与空气中相比也表现出显著不同的特点。近年来，由于海洋权益争端日趋激烈，人员在水下活动及水下轻武器的使用也更为普遍，因此，水下枪弹或破片伤也是我们关注的重点。水下轻武器伤多发生在海洋领域，其损伤的最大特点是不可避免的海水浸泡。轻武器伤合并海水浸泡是一种特殊的损伤类型，它对于伤口局部与全身都将产生严重的影响。

1. *海水浸泡对局部软组织损伤效应的影响*

海水浸泡对局部软组织损伤的影响与海水温度、渗透压及细菌种类等因素密切相关。赖西南等研究表明，枪弹伤被海水浸泡后，局部肌肉组织在伤后 4h 即呈水洗样苍白，无血凝块形成。在伤后 7h，实验动物的伤口均可见局部创面再次发生渗血，这种少量渗血可延续至伤后 10h 左右局部血痂形成而自行停止。同时，枪弹伤伤口合并海水浸泡时易发生感染，海水浸泡火器伤伤口伤后 28h 感染发生率达 100%，表现为局部伤口发臭，表面伴脓苔形成。显微病理可见伤道周围组织肌纤维变性坏死，肌纤维结构碎裂变细呈明显脱水状，肌间隙增宽，部分肌间隙内可见出血。

2. *海水浸泡对神经血管功能的影响*

神经血管功能状态是影响肢体活动和损伤组织范围的重要因素，它们对海水浸泡具有显著敏感性。姜忠华等将大鼠单侧股神经置于海水中浸泡，检测双侧大鼠复合肌肉动作电位的变化情况。研究表明，海水浸泡后，大鼠双侧大腿复合神经肌肉动作电位潜伏期逐渐延长、动作电位幅度逐渐降低，其变化的机制可能与海水浸泡所致的低体温有关，而与海水直接浸泡关系不大。

枪弹伤后的血管功能变化对伤后伤情发展具有十分重要的意义，海水浸泡可从多方面对血管功能产生影响。首先，海水浸泡可对血管内皮细胞产生影响，其损伤的时间及程度等与陆地枪弹伤相比具有一定的特点。实验表明，与陆地枪弹伤相比，枪弹伤合并海水浸泡的内皮细胞损伤达到最大效应的时间相对较长、程度相对较重，更容易加重凝血功能紊乱，诱发机体弥漫性血管内凝血的发生。

同时，海水由于其高渗作用，浸泡伤口后可导致血管通透性增加，微循环功能产生障碍，引起伤口局部水肿、出血加重。虞积耀等应用激光多普勒技术测定机体火器伤合并海水浸泡时伤道周围组织的血流变化情况，结果表明，伤后36h 内浸泡肢体距伤道 1.5cm 处，骨骼肌血流量明显低于伤前水平，仅为伤前的20.5%～40.0%。同时，伤区组织压力保持在伤前的 130%～180%的水平。从病理的角度看，海水浸泡后的组织器官小血管中有微血栓形成，血管通透性增加，并伴有广泛出血。海水浸泡时间的延长，可导致全身血容量下降，这可能与长时间的海水浸泡导致体温下降所致的心肌收缩力降低、血流速度减慢、回心血流量减少、体位性低血压等因素有关。这些因素是枪弹伤合并海水浸泡后血流动力学异常，进而导致死亡的主要原因。

3. 海水浸泡对循环、呼吸功能的影响

循环、呼吸功能是影响枪弹伤预后的重要指标，在胸腹部枪弹伤、重度失血性休克合并海水浸泡时，将导致循环、呼吸功能的显著变化，从而使得实验动物的存活率明显降低，其结果与海水浸泡伤的以下特点有关：①枪弹伤合并海水浸泡后脱水性损伤严重。海水高渗及循环快，加快了机体脱水作用，使血液中的水分大量排出，有效循环血量减少，表现为血细胞比容增大，血浆渗透压及血浆钠、钾、氯等离子浓度升高。②海水浸泡时失血量增多。枪弹伤伤口浸泡在海水中，血液在海水中不易凝固，伤口不易自然止血，因此，海水浸泡条件下的机体失血量较陆地更多。③海水浸泡可产生过度的应激和炎症反应。海水含氯化钠 0.53～0.58mmol/L，pH8.0～8.21，属于高渗、强碱性液体，具有特殊的理化性质。同时，海水中还含有 20 余种对人体有明显致病作用的细菌，当枪弹伤的开放伤口合并海水浸泡时，可出现与陆地枪弹伤不同的病理生理学变化。胸腹腔的海水浸泡伤尤其容易引起机体发生多器官功能障碍。

腹部枪弹伤多为开放性损伤，腹部开放性损伤合并海水浸泡时，可发生明显的体液代谢改变，主要表现为高渗性脱水，高钠、高钾、高氯血症，以及严重的代谢性酸中毒。虞积耀等研究发现，腹部开放性损伤经生理盐水浸泡时，血浆渗透压、血钾、血钠、血氯等在伤后均无明显变化；但经海水浸泡后，血浆渗透压、血钠、血氯等在伤后均显著升高，说明海水浸泡是导致高渗状态和高钠、高氯血症的主要原因。这主要是因为海水中含有大量无机盐，主要成分为氯化钠，钠、氯离子的浓度为血浆的 4～5 倍；海水渗透压为血浆的 5～6 倍。当血浆受到海水浸泡时，腹膜作为一种生物性半透膜，具有强大的吸收和通透作用；高浓度的钠离子和氯离子很快扩散入血，而血中和组织间液中的水分则被海水吸出，从而造成高渗性脱水和高钠、高氯血症。

水下胸部枪弹伤也是一种重要的伤情，海水进入胸部，由于海水的高渗作用，同样可产生透析效应，即细胞外液的水分大量排出，组织间液的水含量减少，形成细胞外液包括血浆的浓缩，海水中的高浓度电解质移入细胞外液，造成血中电解质浓度升高，表现为高钠血症和高氯血症。血钠的升高使血浆渗透压升高，形成细胞外液的高渗状态。高渗性脱水造成了循环血量的急剧减少，从而导致血压下降。同时，海水浸泡后机体产生的严重酸中毒，可抑制心脏功能，使心脏收缩力下降，平均动脉压、心输出量和心脏指数下降，肺动脉楔压上升。此外，当海水进入胸腔后，则可通过对血流动力学的影响加重上述效应。

3.5.3 干热环境枪弹伤特点

我国幅员辽阔，沙漠干热地带约占国土面积的 13%。沙漠地区具有夏季气温高、昼夜温差大、干燥、太阳辐射强等特点，这些特点不可避免地对枪弹伤的损伤效应产生影响。刘江伟等在平均气温 29.3℃ 的沙漠地带，采用 54 式手枪、发射 51 式 7.62mm 手枪弹打击长白猪腹部，结果表明，室内常温与室外干热环境相比，实验动物的存活率有显著差别，伤后 2h，室内常温组的存活率为 100%，而室外干热环境组的实验动物全部死亡，存活率为 0。干热环境条件下枪弹伤的高死亡率，可能与干热环境对循环、呼吸等重要器官功能的影响密切相关。

1. 干热环境对枪弹伤局部伤情的影响

出血与感染是影响枪弹伤局部伤情的主要因素，干热环境可对出血与感染产生显著的影响。干热环境条件下，伤口易于止血。一方面，干热环境条件下空气湿度低，人体水分蒸发多，导致血液黏度、红细胞比容增大等血液流变学指标变化，全血黏度的增大可降低血液的流动性，增加血液的凝固性，促进血液的凝固；另一方面，干热环境条件下凝血酶原时间、部分凝血活酶时间均显著低于常温环境，纤维蛋白降解产物、血小板数量则显著高于常温环境。因此，上述凝血功能的变化也将对伤口局部出血情况产生影响。

然而，由于干热环境条件下细菌更易于繁殖，所以伤口感染较常温环境更为严重。刘江伟等采用腹部枪弹伤模型，观察了干热环境对局部伤道细菌学的影响。研究表明，常温环境下，伤道细菌数量约在伤后 8h 达到感染临界值 (每克组织细菌数大于 10^5 个)，而干热环境条件下，伤道细菌繁殖快、数量多，感染提前，在伤后 4h，伤道细菌数量即可达到感染临界值。因此，干热环境条件下，应及早进行合理清创并早期使用足量抗生素。同时，干热环境还可对体温产生明显影响。暴露于沙漠干热环境 3h 的实验动物，平均体温可达 (39.1 ± 0.3)℃ ，而常温对照组的体温为 (36.9 ± 0.2)℃ 。当体温高于 40℃ 时，可显著抑制机体免疫细胞功能，在腹部火器伤等感染严重情况下，免疫细胞功能的降低，可削弱或损害肠黏膜对肠道中细菌和内毒素的屏障功能，使大量细菌和内毒素经门静脉和肠系膜淋巴系统侵入血循环，造成肠源性内毒素血症和细菌移位。因此，干热环境条件下枪弹伤后严重并发症的发生率更高。

2. 干热环境对循环功能的影响

失血是枪弹致伤效应的重要因素，干热环境的高温、低湿度等多种因素可对机体循环功能产生显著影响，从而影响枪弹伤的损伤效应。首先，干热环境下，由于环境温度升高，机体代谢旺盛，能耗增加，从而增加心脏负担，降低心脏功能性损伤的阈值；其次，由于环境湿度低，人体水分蒸发量大，血容量减少，心输出量降低，心功能下降；最后，由于水分的蒸发，红细胞比容增加，血液黏度增大，循环阻力增大，导致心脏负荷过重，因此也加重心脏的损伤效应。

3. 干热环境对呼吸功能的影响

机体呼吸功能是损伤效应的重要表征之一，轻武器伤对呼吸功能的影响是多方面的。直接的胸部枪弹伤对呼吸功能的损害作用也是直接的，其他部位的枪弹伤可对呼吸功能产生间接的损伤作用。干热环境条件下轻武器伤对呼吸功能的损害效应，主要体现在以下几方面：一是干热环境对呼吸功能的直接影响。干热环境条件下，机体水分丢失快，散热慢，水盐代谢失衡而导致低血容量性水电解质紊乱，从而对呼吸功能产生影响。二是干热环境下感染的易发性对呼吸功能的间接损伤作用。干热环境条件下，枪弹伤伤口易于感染，枪弹伤的组织损伤合并伤口感染所致的内毒素释放，可刺激机体激活各种免疫细胞，释放各种炎症因子，导致急性肺损伤的发生，其中内毒素是导致急性肺损伤的主要因素。内毒素是各种细胞因子所致级联反应的诱发因素，它作为这些反应的“扳机”，引起促炎细胞因子大量释放入血，导致急性肺脏损伤，呼吸功能障碍，加重干热环境条件下枪弹伤的损伤效应。

3.6 无防护生物损伤效应的评估

轻武器杀伤效应的评估涉及生物损伤效应评估、物理模型评估及计算机仿真评估 [10]，其中生物损伤效应评估是所有评估手段的基础。

3.6.1 生物损伤效应评估概述

杀伤元所致失能的评估是一个复杂的过程，Eisler 等提出，杀伤元所致失能的评估可分为以下五个步骤：

(1) 杀伤元的相关参数与撞击条件的界定；

(2) 杀伤元所致损伤的描述；

(3) 损伤的医学评估；

(4) 损伤对行为能力的影响；

(5) 损伤所致行为能力的减退与特定战斗任务需求的比较。

对于某一个具体损伤，首先应该尽量了解杀伤元的有关参数及撞击机体的条件，这些参数应包括杀伤元的能量传递、生物体与爆炸点的距离、杀伤元的大小等有关参数，它们对判定损伤程度具有十分重要的意义。因此，在实验中我们应首先尽量获取这些参数。

对于损伤的描述，主要是指直接的损伤情况，多以解剖观察为标准，包括损伤的部位、范围、程度等。

损伤的医学评估，则是又一个复杂的分支问题。因为杀伤元的损伤并不局限在损伤的局部，尤其是当高速或超高速杀伤元损伤，以及并发神经、血管损伤等情况时，远达效应及严重并发症的发生等将增加损伤的医学评估难度。因此，损伤的医学评估不仅限于损伤局部的解剖观察，还应从伤后不同时间循环、呼吸、神经等器官功能的变化方面给出正确的评估。

损伤对行为能力的影响通常分为轻、中、重以及完全丧失行为能力四个层次，也可以 25%、50%、75%以及 100%来表示。美国创伤数据与弹药效应工作组 (Wound Data and Munition Effectiveness Team，WDMET) 提出的评定标准如下：

(1) 即刻或早期 (伤后 50min 内) 死亡，相对于完全丧失行为能力。

(2) 重度。伤者需要开颅、腹腔镜、开胸等手术；伤后 50min 以后死亡；单个肢体截肢；股动脉等大动脉损伤；大的颌面部损伤；粉碎性股骨、肱骨、桡骨、尺骨、胫骨骨折；坐骨神经、臂丛神经等严重的神经损伤。

(3) 中度。除胸腔以外的肌肉组织内穿透性伤口的深度超过 5cm；眼球摘除术；广泛性的清创术；除了股动脉、颅内动脉、胸内动脉、腹内动脉以外的动脉损伤；除了手指、脚趾、鼻梁以外的其他骨损害；不需要开颅术的颅骨骨折；手或脚的截肢；除重度以外的其他神经损害；胸腔的插管引流术。

(4) 轻度。手指或脚趾的截肢术；浅表的清创术；手指或脚趾的骨折；24h 内能重返战斗岗位的。

通常，上述损伤对行为能力影响的轻、中、重度的分类并非绝对的，而是在一定的可塑性范围内，比如胸部损伤，上界范围可设定为：即刻或 50min 内的早期死亡、重度损伤可评估为 100%失能；中度损伤可评估为 75%失能；轻度损伤可评估为 25%失能。下界范围可设定为：即刻或 50min 内的早期死亡可评估为 100%失能；重度损伤可评估为 75%失能；中度损伤可评估为 50%失能；轻度损伤可评估为 0%失能。

最终，不同损伤程度所致失能的多少依然要依据所执行战斗任务的具体情况。如手指或脚趾的截肢术对于防御人员来说可能为轻度失能，但对于后备人员来说，则可能由于该损伤而被淘汰，即意味着 100%失能。

总的来说，武器损伤生物效应的评估是一个十分复杂的过程，目前尚无统一的标准与方法，但创伤弹道学研究有可能为生物损伤效应的评估提供理论依据。

3.6.2 生物损伤效应评估模型

实验动物由于与人体在结构与功能方面具有相似性，因此成为检验轻武器损伤效应的首要方法。生物损伤效应的评估方法与实验的目的、致伤的部位、需要的环境等因素有关。

目前，火器伤实验应用较多的动物是犬和猪。犬易于训养，其肌肉、骨骼、血液循环系统以及胸、腹腔的主要器官均与人体有较好的相似性和可比性，是火器伤研究常用的动物。不足之处是犬肢体肌肉不够丰满，形成的火器伤伤道较短，但如将犬双后肢捆在一起射击，则可得到接近于人下肢的伤道。猪的皮肤构造与人皮相似，肌肉丰满，能造成较完整的伤道，但致伤实验、功能检测及后期处理均不如犬方便。为观察小破片对肌肉、血管、神经的损伤效应，也可采用兔或猫等较小型动物作为实验动物。

致伤武器是致伤效应评估的必要条件，其应用的类型依据实验目的需要而确定。由于生物损伤效应与撞击能量密切相关，因此，杀伤元打击速度的测试通常是实验的必要步骤。实验模型的制作依据不同，所以打击部位不同。常用的实验模型有以下几种。

1. 肢体软组织伤实验模型

常用动物为成年犬，体重多在 12~14kg。麻醉后剪短双后肢股部皮肤毛，将双后肢捆在一起，弹着点定在股中部肌肉丰满处，避开股骨、股动脉以及坐骨神经。可采用制式步枪、手枪发射各类枪弹，也可采用滑膛枪发射球形、三角形、圆柱形等钢质破片。通过调整发射药量，获得不同的发射速度。56 式 7.62mm 弹头初速约 712m/s，射击犬双后肢 (厚度约 13cm)，平均传递能量 201.2J，伤腔最大直径可达 2.4~6.0cm，伤后 6h 挫伤区最大宽度约 0.8~1.2cm。M193 弹头初速约 990m/s，平均传递能量约 665J，伤腔最大直径可达 4.0~24cm，伤后 6h 挫伤区最大宽度与 56 式 7.62mm 弹相似。伤道周围组织局部压力测定表明，M193 枪弹致伤时，伤道周围局部压力是 56 式 7.62mm 普通弹的 1.7 倍，可达 16.21MPa。

该模型可应用于杀伤元所致局部损伤效应的创伤弹道学研究以及观察致伤后的全身反应。

实验动物猪也常用于火器伤的肢体软组织损伤效应评估研究，体重通常在 25～30kg。多用 3%戊巴比妥钠静脉麻醉，体位以悬吊单后肢为多见，射击点多为股部外侧肌肉丰满处，避开股骨、股动脉以及坐骨神经。致伤弹药可采用各类制式枪弹以及不同类型和速度的破片。56 式 7.62mm 普通弹射击猪单后肢，射距 30m，传递能量约为 157J，伤道入口面积约为 $42mm^2$，出口面积约为 $46mm^2$；M193 弹传递能量约为 423J，伤道入口面积约为 $25mm^2$，出口面积约为 $2152mm^2$，可达 56 式 7.62mm 普通弹的数十倍。

2. 腹部火器伤实验模型

腹部火器伤不同于软组织火器伤，有其自身的创伤弹道与伤情特点。腹部火器伤实验模型通常采用体重 12～18kg 的犬或 25～50kg 的猪为实验动物。动物麻醉后四肢悬吊于致伤架，射击点通常选择在下腹部，射击方向与身体长轴呈 90°，可根据实验需要选择贯通伤或切线伤，致伤时应避免杀伤元直接击中髂骨。以 53 式 7.62mm 枪弹射击犬腹部，造成腹部贯通伤，腹内分布于原发伤道区内的小肠呈多发性穿孔，肠壁血肿，出现肠壁全层广泛出血，尤以黏膜下层明显；黏膜上皮明显水肿，部分上皮脱落、变性、坏死；肌层可见部分肌纤维断裂。此外，射击武器也可采用步枪、手枪发射制式枪弹以及滑膛枪发射不同速度和质量的破片。

该模型适合于观察腹部损伤的病理和病理生理变化特点，以及开展腹部火器伤的救治研究。

3. 胸部火器伤实验模型

胸部火器伤也通常采用体重 12～18kg 的犬或 25～50kg 的猪为实验动物。3%戊巴比妥钠静脉麻醉，必要时需行气管插管，射击点选择在犬或猪胸中下部 (平剑突平面肋间，右锁骨中线外 0.5cm)。以滑膛枪发射初速为 600～800m/s、质量为 0.4g 的钢球，也可采用制式步枪发射 7.62mm 或 5.56mm 枪弹。致伤后有血气胸时应立即用不透气的敷料封闭胸壁出入口，并行右胸第 2 肋间锁骨中线指祥排气，也可立即实施胸腔闭式引流，将气管导管连接呼吸机进行辅助呼吸。此类损伤模型主要造成犬或猪右肺中下叶或下叶外带贯通伤，弹着点处肋骨骨折，以及肋间动脉断裂。致伤动物存活时间约为 4~6h，适合于观察致伤后较短时间内的病理生理变化和损伤局部的病理特点。

4. 颅脑火器伤实验模型

颅脑火器伤是战伤的常见类型，死亡率高，是火器伤研究的重点。颅脑火器伤常由于伤及中枢神经系统而危及生命，因而实验模型较难制作。有报告采用高压气枪弹致伤猴颅脑以模拟低速杀伤元伤，制作时预先在麻醉猴右枕骨钻直径 7mm 的孔，采用高压气枪发射重 0.31g、直径 3mm 的钢球，撞击速度为 56～180m/s，由钻孔处射入颅脑，造成颅脑盲管伤，杀伤元传递能量为 0.49~5.02J。该模型由于取出了颅骨，排除了骨折片继发损伤，便于单独观察脑组织损伤的病理改变。

颅脑贯通伤模型可采用体重 12~18kg 的成年犬，以 3%戊巴比妥钠静脉麻醉，气管插管，致伤犬平卧于致伤台，弹着点选择前额或颞部，剪短弹着点处皮肤毛，以 53 式滑膛枪发射质量 0.15g 的钢球，初速 (399.1±16.8)m/s，传递能量 (12.0±1.0)J。致伤后实验犬有短暂的呼吸暂停，平均时间约 15min，经辅助呼吸后恢复自主呼吸，伤后心率即刻减慢，以后逐渐恢复。致伤动物病理解剖显示，钢球穿过颅骨、额叶、颞叶，停留于对侧皮下或肌肉中，脑伤道挫伤范围约 2.0~2.5cm，硬膜下血肿以出口侧较重，脑室中可见血凝块，大脑及延髓软膜下可见点状出血。该模型动物 10h 存活率为 100%，24h 存活率为 75%，适用于颅脑火器伤的局部病理特点以及早期全身病理生理变化的研究。

5. 颌面部火器伤实验模型

颌面部火器伤十分常见，且结构复杂，因此实验模型的建立也较其他部位困难。以往颌面部火器伤的研究中也常采用体重 12~18kg 的成年犬，麻醉后将犬平卧固定于致伤台，弹着点位置选择在一侧咬肌前缘前 2.5~3.5cm 处下颌体，以 53 式 7.62mm 滑膛枪发射质量为 0.7g 的钢球，速度为 1100~1300m/s。伤后立即清理口腔，避免呼吸道阻塞。该模型的弹着点处下颌骨粉碎性骨折，骨质缺损范围平均为 3.0cm^2，口腔黏膜撕裂，伤道及伤道边缘小动、静脉有血栓形成，血管壁损伤，面神经肿胀、变性。该模型可应用于颌面部火器伤缺损、血管损伤修复的实验研究。

6. 脊髓火器伤实验模型

采用体重 40~50kg 的健康家猪，清醒状态下俯卧固定于致伤架，以 7.62mm 或 5.56mm 弹头致伤，以脊髓横突及棘突顶点定位，确定致伤部位。脊髓震荡伤模型的射击点选择在棘突与横突连线的上 2/5 部位，损伤以软组织为主，相邻脊髓实质可发生稀疏点状出血。脊髓感觉诱发电位 (SEP) 虽有改变，但能很快恢复，动物伤后不发生全瘫，有跛行，1 周后可自愈。脊髓损伤模型的射击点选择在棘突与横突连线的中 2/5 部位，伤道通过椎管后外侧，即棘突底部，该棘突多为粉碎骨折，椎管基本完整，硬膜完好，伤道内可产生大量骨质碎片，脊髓硬膜外或下部严重出血，神经细胞严重变性，SEP 多消失或改变明显。实验动物伤后瞬间即全软截瘫。

7. 火器伤致失能程度评估的实验模型

随着现代战争信息化程度的提高，对人员作业能力的要求也愈来愈高，因此，轻武器致人员失能程度的评估也日益受到重视。目前，失能评估的内容主要为运动失能与认知失能。

运动失能的评估可采用麻醉与非麻醉两种状态。麻醉状态便于打击部位、损伤程度的精确控制。实验动物常采用体重 12～18kg 的犬或 25～50kg 的猪，麻醉可采用速效麻醉剂丙泊酚，剂量约 1mg/kg。该麻醉剂作用时间较短 (一般 10～20min)，便于致伤时控制，又不影响后续的运动能力观察。非麻醉状态能更好地反映实验动物的运动状态，但不易控制，随机性较大，不易得到理想致伤状态。

认知失能的评估则相对较为复杂，目前尚无经典的大动物认知失能评估模型。赖西南等建立了大动物主动规避危险择食的认知失能评估实验模型。该模型根据猪在饥饿状态下对食物的渴求的本性和特有的拱食行为特性，以及其嘴部对电刺激的敏感性，建立了猪主动规避危险择食实验步骤：通过电刺激训练，使猪对不带电食盆 (圆盆) 和带电食盆 (方盆) 内食物形成特定的主动规避危险的主动规避反应 (AAR)，即形成条件反射；之后，猪主动规避方盆食物，而选择圆盆食物。主动规避危险择食实验模型成功建立的标准为猪主动选择圆盆食物，规避方盆，不敢试探方盆食物，并对方盆存在一定警惕或恐惧反应。

主动规避危险择食实验模型的建立，是对空间结构的学习和记忆的过程，同时，也是形成条件性恐惧记忆的过程。因此，通过该实验模型，动物可具备空间记忆或条件记忆，在此基础上对实验动物进行致伤，观察伤后动物对方盆食物的主动规避反应能力的变化，实验动物主动规避反应的损害程度显示了伤后动物记忆的损伤程度。这为弹道撞击所致认知功能损害程度的评估提供了科学手段。

3.6.3　生物损伤效应评估标准

生物损伤效应的评估标准从评估内容上可分为损伤严重度的评估与失能程度的评估。损伤严重度的评估主要考虑的是损伤对生命活动威胁的程度，不考虑损伤所致的后遗症等预后情况。失能程度的评估主要考虑的是损伤对作战人员所从事作业能力的影响程度，不以对生命的威胁程度为主要考虑对象。从评估依据上又可分为基于物理致伤参数的评估与基于生物损伤表现的评估。基于物理致伤参数的评估主要依据的是冲击波的超压峰值、持续时间，破片的质量、速度、形状等。基于生物损伤表现的评估主要依据的是生物体的病理、病理生理等损伤表现。

对于高速破片致人员 (或生物) 的杀伤效应评估标准，目前仍然尚未形成完整的体系，已颁布、已发表或正在使用的相关标准包括以下几类。

1. *破片杀伤判据*

目前已颁布的破片杀伤判据主要是依据破片的致伤参数——破片的撞击动能与生物损伤效应之间的关系建立的，包括《小质量钢质破片对人员的杀伤判据》(GJBz 20450—97)[11]、《钢质球形破片对人员的杀伤判据》(GJB 1160—91) 以及

《钢质自然破片对人员的杀伤判据》(GJB 2936—97)。上述标准在考虑高速破片的质量与撞击速度的同时，还考虑了以下一些因素：①人体各大解剖部位及其维持战斗力成分的受弹面积；②战场上多变的掩蔽条件所带来的人体各部位暴露机会的非均匀性；③人员的战术任务和战斗动作；④破片命中人体部位及方向的随机性；⑤丧失战斗力的时间。它们存在的主要问题是：①大部分撞击能量所致的失能判据属于理论推导，缺乏确实的实验数据支撑；②实际上战场条件下破片质量与撞击速度难以获得，而上述标准又无法从既有伤情推测人员的失能程度，因此，实际使用中难以实施。

2. 生物损伤严重度的评估标准 [12]

生物损伤严重度的评估是轻武器杀伤效应评估的基本依据，我们以生物体的解剖学评估为基础，对实验动物的损伤严重度也提出了分级与基本依据 (表 3.13)。

表 3.13 损伤严重度的分级与基本依据

损伤严重度分级	评分	基本依据
无伤	0~0.1	无解剖结构与功能损伤；或损伤很轻微，对机体不足以产生采用现有医学手段可检测出的损伤类型 (即无损伤或自我无感觉的损伤)
轻度伤	0.1~0.3	对机体功能影响较轻的体表损伤；或对机体功能影响较轻，对人员的认知、行为能力不足以造成明显的影响，且损伤无需救治可自愈 (自我有感觉但短期无需救治的损伤)
中度伤	0.3~0.6	有伤及骨骼、肌肉、血管、神经的组织器官损伤，损伤可明显影响人员的认知、行为能力，但不足以构成对人员生命的威胁，经简单救治后人员可维持一定战斗力 (需要一定的救治，但可以不下火线的损伤)
重度伤	0.6~0.8	损伤伤及颅脑及胸腹腔内脏组织器官，且损伤范围在 60% 以上，或损伤深度可造成组织器官功能丧失 60% 以上，或肢体有一处以上的毁损性损伤 (人员经救治虽可维持生命，但基本丧失维持战斗的能力)
极重度伤	0.8~1.0	有一处以上严重影响颅脑及胸腹腔内重要组织器官的损伤，或双肢以上的毁损性损伤，人员不经救治，生命活动无法维持 2h 以上 (人员经救治较难以维持生命，完全丧失维持战斗的能力)

3. 解剖损伤评估标准

1971 年，美国机动车医学会通过分析数千例创伤病人数据制定出的简明损伤定级标准 (Abbreviated Injury Scale，AIS)，最初仅适用于评定交通事故伤，后经数次修订完善，成为适用于各种创伤早期分级评定的标准，广泛应用于临床研究、创伤动物实验 [13,14]。AIS 是以解剖学为基础的损伤严重度评分，决定损伤严重度的因素包括对生命威胁程度、死亡率、吸收能量、治疗复杂性、是否需重症监护、机体功能是否丧失等。AIS 对头、面、颈、胸、腹及盆腔器官、脊柱、上肢、下肢和体表 9 个解剖部位的损伤进行 7 个损伤严重度等级序列的划分，即无损伤 (0 分)、轻度 (1 分)、中度 (2 分)、较重 (3 分)、重度 (4 分)、危重 (5 分)、极重度或致死性损伤 (6 分)。该严重度与死亡率之间有显著相关性，3 分以内的损伤不会危及生命。由于在确定严重度分值时死亡率不是唯一因素，AIS 分值为 6 分时不等于死亡，而只是表明损伤器官处于极度危重。损伤严重度被评为 AIS 2~3 分的人员多需住院治疗，丧失作业能力。

4. 生理学与生物化学评估标准

杀伤元致伤的伤口大小及穿透深度等病理学评估标准虽然是损伤效应评估的基础，但并不适用于对武器杀伤效应的精确评估。只有进行更加精确的武器杀伤效应评估，我们才能发现新的、更加重要的致伤机制。因此，生理学与生物化学的评估在生物损伤效应评估中依然具有十分重要的意义。

纯生理学的创伤评分已被广泛用于院前伤员分类和重症病房中伤员治疗效果与转归的评估预测 [15]。常用的有格拉斯哥昏迷评分 (Glasgow Coma Scale, GCS)、创伤评分 (Trauma Score, TS)、修订的创伤评分 (Revised Trauma Score, RTS)、急性生理学和慢性健康状况评估 (the Acute Physiology and Chronic Health Evaluation, APACHE)、系统性炎症反应综合征 (System Inflammation Response Syndrome, SIRS) 评分。GCS 主要从睁眼、语言反应、运动反应三个方面对伤员进行评估，总分值 3~16 分。TS 则结合了 GCS，加上了血压、呼吸、毛细血管充盈状况。APACHE 评分系统根据有机体的主要系统 (神经、心血管、呼吸系统、泌尿、消化和血液系统) 的主要变化和反映生理紊乱的实验室检查数据 (血液 pH、血清肌酐、血细胞比容等) 进行评分。1992 年，鉴于系统性炎症反应综合征在伤员预后和转归中的重要性，人们提出了基于系统性炎症反应综合征的评估方法，该方法作为一种简单的累加计算体温、心率、呼吸频率和白细胞计数的方式，已被证实能可靠地预测创伤病人的死亡率。

此外，电生理学作为一种客观的评估手段已经得到了愈来愈充分的应用。Ho 等 [16] 以心电图为主要观察指标对泰瑟枪的偶然致死效应进行了分析；脑电图作为一种神经精神功能变化的分析指标，在我们以往的多次武器杀伤生物效应评估中也得到了良好的应用；耳窝听觉电位在听神经损伤检测中的应用也已有报道 [17]。

虽然生理学功能的检测已经十分普遍，但它与行为能力之间的量效关系尚不明了，如脑电图的变化到何种程度将可能引起思维判断异常？心电图异常到何种程度才能引起心脏泵血功能的改变？心脏泵血功能的改变与行为能力之间的定量关系是什么？这些问题尚需要我们进一步的探讨。

在生物化学的评估标准方面，主要基于许多组织器官的损伤都将引起相应的血清标记物水平的改变，因此，采用生物化学的检测方法不仅能更加灵敏地评估武器所致的组织器官损伤情况，而且杀伤的后期效应评估也具有更加科学的意义。

目前常用的反映损伤严重度的生物化学指标有血糖、白细胞数、红细胞数、血细胞比容、肾上腺素、去甲肾上腺素等；反映肌肉损伤以及肝肾功能的有尿素氮、肌苷、尿素氮与肌苷比值、乳酸脱氢酶、肌酸磷酸激酶、肌钙蛋白等；反映呼吸功能的有血氧分压，二氧化碳分压，血钠、钾、钙、氯、碳酸氢盐浓度等 [18]。

5. 整体的综合评估标准

当损伤涉及多个部位和多个系统器官时，要对伤员的总体伤势作出正确的评估，不能由各部位伤的单独评估进行简单的相加或求得平均数，因为伤员的各部位伤情评估分值与各个系统器官的 AIS 分值之间并非线性关系。1974 年 Baker 发现损伤严重度和死亡率与 AIS 的平方和相关，且在多发伤病人应用中，此规律依然存在，因此，他提出以 AIS 的平方和估计总伤情 [19]。

该评估方法即损伤严重度评估法 (injury severity score, ISS)，以身体三个最严重损伤区域的最高 AIS 分值为依据，计算其平方和作为评估分值：

$$\mathrm{ISS} = \mathrm{MaxAIS}^2 + \mathrm{2ndAIS}^2 + \mathrm{3rdAIS}^2 \tag{3.2}$$

对于复合损伤的评估，Ripple 等 [20] 则提出了计算公式：

$$P_{(I/H)}\mathrm{total} = 1 - (1 - P1)(1 - P2)(1 - P3)\cdots(1 - Pn) \tag{3.3}$$

式中：Pn 为单个部位的失能评估概率。

综合的 ISS 是以单个部位的 AIS 评分值为依据的。在总体失能率的评估中，也是以单个个体的失能率评估为依据，再将失能的百分率乘以失能的发生率，则可求得总体的失能率。假如失能率以 25%分级，某个群体的失能率分布为：25%的受伤人群遭受了 25%的失能；35%的受伤人群遭受了 50%的失能；20%的受伤人群遭受了 75%的失能；20%的受伤人群遭受了 100%的失能。

那么，总体的失能概率为

$$P_{(I/H)} = (0.25 \times 0.25) + (0.35 \times 0.50) + (0.20 \times 0.75) + (0.20 \times 1.00) = 0.5875$$

6. 失能程度的评估标准

从实验动物的损伤严重度推测人员的失能程度，是目前失能程度实验评估的主要方法。大致的失能程度可根据人员执行任务能力的丧失程度分为 5 级 (表 3.14)。

表 3.14　失能程度的分级与判定依据

程度	百分率	基本依据
0	0%	无解剖结构与功能损伤
轻度	25%	对机体功能影响较轻的体表损伤，或经自救互救后能具备较完全战斗能力的轻伤
中度	50%	对战斗人员执行战斗任务的某项功能有中等程度影响的损伤，或经前线专业人员的救治能大部分恢复战斗能力的损伤
重度	75%	对战斗人员执行战斗任务的某项功能有重度影响的损伤，或经前线专业人员的救治只能恢复少部分战斗能力的损伤
极重度	100%	使战斗人员执行战斗任务的某项功能完全丧失的损伤，或经前线专业人员的救治虽能维持生命但不能在战斗期间恢复战斗能力的损伤

失能包括运动、认知、视、听等多种能力的丧失，其中运动行为能力的丧失是评估的重点，针对常用实验动物猪、羊的行为能力丧失程度判定，我们在前期实验的基础上，提出了相关的评估标准 (表 3.15)。

表 3.15　实验羊行为功能丧失程度评分表

睁眼	站立	运动	饮水或吃草实验
自行睁眼 (3) 刺痛睁眼 (2) 不能睁眼 (1)	自行站立 (4) 刺痛正常站立 (3) 刺痛站立不稳 (2) 不能站立 (1)	自行行走、奔跑 (5) 刺痛行走但懒动 (4) 刺痛肢体能运动但不能行走 (3) 刺痛肢体躲避 (2) 刺痛无肢体活动 (1)	饮水或主动吃草 (3) 不能饮水或吃草 (1)

注：括号内为评分值。

依据上述评分，提出实验羊行为功能丧失程度判定标准 (表 3.16)。

表 3.16　实验羊行为功能丧失程度判定标准

失能程度	0%	25%	50%	75%	100%
评分	15	12	9	6	⩽ 3

参 考 文 献

[1] Peleg K, Aharonson-Daniel L, Stein M, et al. Gunshot and explosion injuries: characteristics, outcomes, and implications for care of terrorrelated injuries in Israel. Ann Surg, 2004, 239(3): 311.

[2] Tholpady S S, DeMoss P, Murage K P, et al. Epidemiology, demographics, and outcomes of craniomaxillofacial gunshot wounds in a level I trauma center. Journal of Cranio-Maxillofacial Surgery, 2013, 42(5): 403-411.

[3] Hinsley D E, Rosell P A E, Rowlands T K, et al. Penetrating missile injuries during asymmetric warfare in the 2003 Gulf conflict. Br J Surg, 2005, 92(5): 637-642.

[4] Williams A J, Hartings J A, Lu X C M, et al. Characterization of a new rat model of penetrating ballistic brain injury. J Neurotrauma, 2005, 22(2): 313-331.

[5] 刘荫秋, 王正国, 马玉媛. 创伤弹道学. 北京: 人民军医出版社, 1992.
[6] 王正国. 枪弹致伤力和致伤机制的再认识. 中华创伤杂志, 1998, 14(5): 263-265.
[7] Rybeck B, Janzon B. Absorption of missile energy in soft tissue. Acta Chir Scand, 1976, 142(3): 201-207.
[8] 刘荫秋, 吴炳杰, 唐承功, 等. 两种弹丸致狗软组织伤的瞬时空腔的效应. 第三军医大学学报, 1984, 6(4)：401-403, 428.
[9] 刘荫秋, 程雪云, 李曙光, 等. 不同形状、速度的小破片对狗软组织致伤特点. 创伤杂志, 1986, 2(1)：15-17.
[10] Pintar F A, Kumaresan S, Yoganandan N, et al. Biomechanical modeling of penetrating traumatic head injuries: a finite element approach. Biomed Sci Instrum, 2001, 37: 429-434.
[11] 中国人民解放军总参谋部. 小质量钢质破片对人员的杀伤判据 (GJBz 20450—97). 1997.
[12] 王建民, 赖西南, 陈洪, 等. 武器杀伤效应的检测与失能判定的标准与依据. 野战外科通讯——武器杀伤效应评估现状与进展 (特辑), 2006, 31(3)：55-57.
[13] 都定元. 创伤评分的演进与 AIS2005. 创伤外科杂志, 2006, 8(3): 193-197.
[14] Fan C X, Zhang Z P, Cheng Q S, et al. Experimental study on acute respiratory distress syndrome and analysis of relevant factors in rabbits subjected to thoracic blast trauma. Zhongguo Wei Zhong Bing Ji Jiu Yi Xue, 2011, 23(4): 243-246.
[15] 姚元章. 创伤评估方法及进展. 野战外科通讯——武器杀伤效应评估现状与进展 (特辑), 2006, 31(3)：58-63.
[16] Ho J D, Miner J R, Lakireddy D R, et al. Cardiovascular and physiologic effects of conducted electrical weapon discharge in resting adults. Academic Emergency Medicine, 2006, 13(6): 589-595.
[17] Kang D Z, Wu Z Y, Lan Q, et al. Combined monitoring of evoked potentials during microsurgery for lesions adjacent to the brainstem and intracranial aneurysms. Chinese Medical Journal, 2007, 120(18): 1567-1573.
[18] 姚远, 周继红, 刘大维, 等. 爆炸伤伤情创伤评分. 创伤外科杂志, 2006, 8(6)：533-535.
[19] Baker S P, O'Neill B, Haddon W J, et al. The injury aeverity score: a method for describing patients with multiple injueies and evaluating emergency care. J Truma, 1974, 14: 187-196.
[20] Ripple G R, Mundie T G. Medical evaluation of nonfragment injury effects in armored vehicle live fire tests—instrumentation requirements and injury criteria. AD-A233058, Walter Reed Army Institute of Research(WRAIR), Washington D C, 1989.

第 4 章　有防护生物损伤效应

4.1　概　　述

有防护生物效应是指枪弹、爆炸破片击中防弹衣、头盔所造成的生物损伤效应。

第一次世界大战中，英国研制了称之为戴菲尔德个体护具 (Dayfield body shield)，采取内嵌钢板的帆布夹克。1915 年法国阿德里安将军发明了以 0.8mm 低碳钢为防弹层的头盔，可阻止 60%～70%弹片侵彻头部。该头盔被法国、英国、俄国、德国等国军队广泛采用 [1]。据统计，第一次世界大战穿着防弹衣的英国士兵伤亡率较未穿着防弹衣的作战人员较未穿的士兵降低 58%[2]。在第二次世界大战中，防弹衣至少保护了 7 万美军的生命。美军在朝鲜战争中使用尼龙纤维制作的 M-12 型防弹衣，可挡住 75%的弹片和 25%的枪弹，胸部伤发生率较第二次世界大战下降 30%[3]。腹部的致死率降低 65%，使总减员率降低 15%。21 世纪初伊拉克、阿富汗战争中，美军面颈部伤由越南战争的 16%大幅升高至 26%～30%，从侧面证实头盔、防弹衣防护的有效性 [4]。个体防弹装具除在战场应用外，平时也大量用于执法人员防护，大幅提高了中弹警员的存活率。据统计，穿防弹衣的警员中弹后的存活率是未穿人员的 3.4 倍，胸部中弹警员 76%活存。1972～2012 年，防弹衣的使用挽救了美国 3000 名以上警员的性命 [5]。

当前防弹衣、防弹头盔普遍采用凯芙拉纤维、超高分子量聚乙烯 (UHMWPE)、氧化铝陶瓷、碳化硅陶瓷等高性能材料，防护能力得到大幅提升。高性能防弹衣、防弹头盔的发展也为轻武器装备的发展带来了新挑战、新机遇。开展有防护生物损伤效应研究，揭示轻武器杀伤作用特点，建立杀伤元参数与有防护生物损伤程度的关系，对研发新型轻武器装备具有重要价值。

有防护生物损伤效应大致可分为穿透损伤效应和非穿透损伤效应。穿透损伤效应是指杀伤元穿透防护后对目标造成的弹道伤。非穿透损伤效应是指杀伤元没有穿透防护的情况下，杀伤元的部分能量可通过其背弹面后凸形变传至体壁或头部，产生局部高应力、剪切力以及压力波，从而造成防护后皮肤软组织、颅脑、胸、胸腹腔器官、脊髓损伤，此类非穿透损伤又称为防护后钝性伤 (BABT)。

有防护生物损伤效应研究最早见于临床报告。1969 年 Shepard 等报告，越南战争中一名穿着防弹衣的美国士兵被 M-16 步枪弹近距离击中胸部，虽然弹头未穿入胸腔，但在到达医院后 45min 死于呼吸困难，尸体解剖发现有大面积肺挫伤[6]。1995 年法军报告 1 名穿着插陶瓷硬质防弹板的复合防弹衣的平民被 14.5mm 枪弹击中，伤员胸部大面积皮肤、肌肉坏死，并有少量胸腔积血。1978 年 Carroll 报告了 5 例穿着 7~18 层凯芙拉软质防弹衣的警察在被口径 0.38in 和 0.22in 手枪弹击中后，弹头虽未穿透防弹衣，但靠近防弹衣背面的皮肤发生挫伤、撕裂[7]。防弹头盔后钝性伤可发生颅骨骨折、颅内血肿、脑挫裂伤，颈椎的过度弯曲可造成颈椎或脊髓伤[8,9]。

自 20 世纪 70 年代以来，美国、俄罗斯以及北大西洋公约组织 (NATO) 对穿透伤、非穿透伤个体防弹装具的生物效应及力学特性开展了许多研究，涉及流行病学调查、尸体、仿人体模型、动物实验等，着眼于建立损伤判定标准和弹头致伤能量阈值。1972 年，美国国家司法研究所 (NIJ) 通过山羊胸部和胶泥撞击实验，确定防弹衣背衬油基胶泥凹陷深度小于 44mm 为警用防弹衣安全标准，不会发生致死性 BABT，颁布了警用软质防弹衣标准 NIJ0101.00。最新版本为 2008 年颁布的 NIJ0101.06，按照常见轻武器弹药划分防弹衣防护等级。俄罗斯学者曾报告入侵阿富汗 (1979~1989 年) 苏军 17 例 1.25mm 和 6.5mm 厚钛板硬质防弹衣后损伤，提示弹头动能 3000J 是防弹衣后损伤阈值[10]。NATO 防弹衣后损伤研究组采用多种枪弹射击猪胸部硬质防弹衣，认为：造成防弹衣后轻度损伤的弹头动能为 1700J，致命损伤见于 8000J；皮肤损伤和肺损伤无明显相关；未见心脏特异性损伤[11]。Bass 等[12] 采用 7.62mm 实验弹 (9.72g) 射击覆盖 UHMWPE 纤维板的尸体、假人胸骨部位，得出弹头撞击力为 (24900±1400)N 时胸骨骨折发生概率为 50%的结论。

2009 年以来，我国研究人员采用猪作为防护后的实验动物，较系统地观察手枪弹、小口径步枪弹侵彻防弹衣或防弹头盔时，实验动物的大体解剖、组织学以及病理生理的改变，分析了动物体内压力变化与损伤关系，首次提出了非穿透损伤可能导致伤员认知和运动能力障碍，使之作战能力下降的观点[13~16]。本章将重点介绍上述研究的主要成果。

4.2 实验动物与损伤评估

4.2.1 实验动物的选择

成年猪为医学实验常采用的大型动物，在创伤研究中常采用体重 (40~60kg) 与人体相近的猪作为生物靶标[17]。猪的基因序列和染色体结构与人类基因组有很强的相似性，60kg 猪的心、肺等主要器官大小、解剖结构和人相似，心血管功能、呼吸功能与人接近。免疫系统和人的相似度达 80%，鼠和人仅有 10%相似。猪皮肤结构与人皮肤大致一样，由表皮、真皮、皮下组织及皮肤附属器构成，猪皮肤厚度略大于成年人。成年长白猪皮肤平均厚度为 2.7~4.1mm，成年人皮肤平均厚度为 2.0~2.2mm[18]。4 月龄 40kg 猪与人的脊柱进行 CT 扫描对比，结果显示猪脊柱椎管、横突长度、椎弓根大小与人相似，猪脊柱可作为人脊柱代表性研究模型 [19]。传统行为认知研究中常采用啮齿类动物鼠，目前认为猪是最适用于认知行为研究的非灵长类实验动物 [20]。鼠的大脑无皱褶，为“光滑大脑”(lissencephalic brain)，与人差距大。而猪脑有沟回，神经细胞多，猪的空间思维、形象思维能力强，认知行为更接近人类，已广泛应用于行为学应激反应研究。

猪作为实验动物的不足之处在于其大体解剖与人相似性差。猪头颈部呈圆锥形，颈部短，头部侧向运动有限，这可能导致头部钝性撞击时，猪头部运动与人差异大；猪胸骨凸出，呈前高后低的长三棱形，胸廓呈锥形凸起，似尖顶向下的等腰三角形，与人的平坦胸部明显不同，故猪胸部钝性撞击时的能量传递、应力波传播与人存在不同之处；猪皮肤胶原纤维密度较人皮肤大，弹性和抗拉强度较人皮肤更强，相同能量投射物穿透猪的皮肤形成的伤口可能较人的皮肤伤口小 [21]；人只有 12 个胸椎，猪却有 15 个胸椎，且猪的脊背较人窄，猪的前 8 个胸椎的棘突比人长，且被厚而结实的软组织覆盖，因此猪脊背承受打击的能力常较人强。由于人和猪在解剖结构方面的差异，因此在分析本项研究成果时，应注意以上差异对实验结果的影响。

本项研究采用体重 40~60kg 猪模拟人体，胸部覆盖防弹衣或头部覆盖防弹头盔板，采用典型杀伤元射击胸部或腹部特定部位，观察伤后病理、病理生理、认知行为学改变。该动物实验获第三军医大学实验动物伦理委员会批准。

4.2.2 解剖损伤评估

本项研究采用 AIS 2005 版 [22] 评估防弹衣后实验动物解剖损伤程度。对同一实验动物防弹衣后多部位损伤 AIS 评分采用不同解剖部位中最高 AIS(maximum abbreviated injury scale, MAIS) 评分，以平均 MAIS 评分表述某组实验动物损伤严重度；对同一实验动物同一解剖部位损伤评分采用该损伤部位 MAIS 评分值。对脏器出血描述如下：点状出血为出血面积小于 0.2cm×0.2cm；斑状出血为出血面积 0.2cm×0.2cm~1.0cm×1.0cm；片状出血为出血面积大于 1.0cm×1.0cm。

4.3 手枪弹非穿透 II 级防弹头盔板所致颅脑损伤效应

4.3.1 实验方法

1. *动物分组与致伤*

体重 40~60kg 雄性长白家猪 ($n = 33$)，按致伤手枪弹速度随机分为 280m/s 组 ($n = 3$)、360m/s 组 ($n = 9$)、420m/s 组 ($n = 3$)、假致伤对照组 ($n = 5$)、行为学观察组 ($n = 5$)、行为学对照组 ($n = 5$)、颅内压检测组 ($n = 3$)。以 3%戊巴

比妥钠静脉注射麻醉实验猪，将防护等级符合中国警用 GA 293—2001II 级的芳纶纤维 (芳纶-D258) 防弹头盔板 (II 级防弹头盔板) 置于直立站位或右侧卧位猪头额顶部，头盔泡沫衬垫 (聚醚型聚氨泡沫塑料) 贴于猪头顶部和枕部交界处及鼻根部凹陷处，将头盔板紧靠衬垫固定，保持头盔板与头额顶部表面距离约 12mm，以弹道枪发射弹头速度分别为 280m/s、360m/s、420m/s 的 9mm 巴拉贝鲁姆手枪弹 (以下简称 9mm 手枪弹)，射击相对应致伤组的实验猪，弹着点为猪头额顶部，即双眼外眦连线中点 (图 4.1、图 4.2)，射距 10m，每只实验猪射击 1 次。假致伤对照组除发射 9mm 空包弹外，余同致伤组。

图 4.1 防弹头盔专用泡沫衬垫安放位置

图 4.2 致伤体位与预设瞄准点

以弹道枪发射弹头速度为 360m/s 的 9mm 手枪弹，射击 II 级防弹头盔板覆盖的行为学观察组实验猪头额顶部，防弹头盔板类型、放置部位、射击部位、射击距离同致伤组，行为学对照组除发射 9mm 空包弹外，余同行为学观察组。

以弹道枪发射弹头速度分别为 280m/s、360m/s、420m/s 的 9mm 手枪弹，射击颅内压检测组实验猪头额顶部，防弹头盔板类型、放置部位、射击部位、射击距离同致伤组。

2. 生理、病理观察

观察防弹头盔板后凸高度、实验猪头部皮损特点及范围，记录实验猪伤前、伤后血压、心率、呼吸率等全身性生理改变。

伤后 3h，静脉注射过量麻醉药物予以安乐死，经颈动脉灌注多聚甲醛固定液，解剖观察颅脑大体病变，采用 AIS 评估颅脑损伤程度。切取皮层、海马区等处脑组织制作病理切片，分别以光学显微镜、电子显微镜观察。取脑组织病理标本前经颈动脉灌注多聚甲醛固定液，以避免中枢神经系统缺血时间过长造成脑神经细胞变性。

3. 认知行为评估

利用猪饥饿进食的生理要求，本实验通过进食触电厌恶学习 (aversive learning) 建立主动规避反应实验，形成条件性恐惧记忆反应。

实验前 1 个月对实验猪进行规避反应 (avoidence response) 学习训练：使用两个大小一致的不锈钢食盆，分为白盆和红盆。红盆外表涂以红色油漆并在盆口边缘加焊两个铁条以方便动物识别，在红盆边缘连接上电源导线并与自制可调电压刺激装置相接，在猪进食红盆时以 20V 交流电电击。训练 2 周后，实验猪建立了主动规避学习记忆，不进食红盆内食物，仅进食白盆内食物。

将已建立主动规避学习记忆的实验猪随机分为行为学观察组和行为学对照组，实验前猪禁食 24h，自由饮水。以短效麻醉剂丙泊酚静脉注射实验猪，在猪麻醉期 (5~10min) 内将其固定于特制固定架上，待麻醉作用完全消失后 1h，参照 4.3.1 节 1.，以速度为 360m/s 的 9mm 手枪弹射击覆盖头盔板的猪头部。射击后立即释放实验猪，观察猪认知行为变化。如实验猪误进食红盆食物，遭电击后仍进食，提示丧失主动规避学习记忆能力；如频繁试探红盆但未进食，提示主动规避学习记忆能力减退。

4. 头盔板后凸变形量检测

将Ⅱ级防弹头盔板固定在特制固定架上，架后不放置实验动物，以高速摄影机 (Redlake-HE) 观察弹头速度 280m/s 组、360m/s 组、420m/s 组的 9mm 手枪弹击中头盔板瞬间，板背面后凸变形特点，测定最大后凸高度与最终后凸高度，每组至少获得 3 发有效数据。

5. 颅内压检测

在颅内压检测组实验猪 (处于麻醉状态下) 头部放置压力传感器：①位于左顶部与枕部交界处，传感器插入脑实质 1cm，感受面朝向枕部；②位于左顶部，插入脑实质内 1.5cm。传感器插入后，拍摄 CT 片确定位置 (图 4.3)。

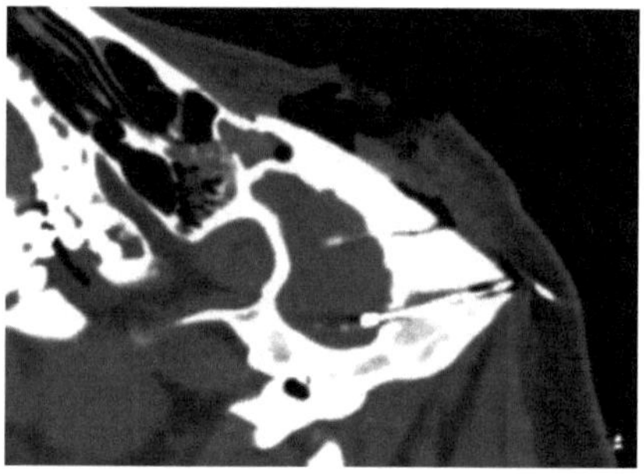

图 4.3 猪头颅 CT 片示左顶部与枕部交界处及左顶部颅内压力传感器的位置

压力传感器采用蚌埠赛英电子科技发展有限公司 CMM-093-500(SG)，量程 500kPa，灵敏度 0.143mV/kPa。

4.3.2 实验结果

1. II 级防弹头盔板变形情况与实验猪头部皮损

三种速度致伤组防弹头盔板均未被击穿。280m/s 组弹头仅造成 II 级防弹头盔板弹着面浅层破坏，无残留弹头，防弹头盔板背面平均后凸高度为 3.89mm；360m/s 组弹头嵌入防弹头盔板内层，防弹头盔板背面平均后凸高度为 5.97mm；420m/s 组弹头侵彻深度较 360m/s 组更大，弹头嵌入防弹头盔板内层，防弹头盔板背面平均后凸高度为 8.94mm(表 4.1)。

表 4.1 不同速度致伤组防弹头盔板侵彻变形

组别	弹孔面积/cm^2	后凸面积/cm^2	后凸高度/mm
280m/s 组	1.66 ± 0.63^{ab}	14.94 ± 6.75^{ab}	3.89 ± 1.02^{ab}
360m/s 组	1.07 ± 0.21^{b}	36.70 ± 8.67^{b}	5.97 ± 1.27^{b}
420m/s 组	0.62 ± 0.34	45.36 ± 4.72	8.94 ± 1.88

注：本章表中两均数比较均采用单因素方差分析。a. 与 360m/s 组比较，$p < 0.05$；b. 与 420m/s 组比较，$p < 0.05$。

防弹头盔板后凸处后头部皮肤连续性存在，可见分界明显的皮肤苍白区，重者可伴局部皮肤凹陷或少量渗血，外周可见环形红晕区，不同速度组的苍白区、红晕区面积差别显著。(表 4.2)。

表 4.2 头部皮损

组别	苍白区面积/cm^2	红晕区面积/cm^2
280m/s 组	3.67 ± 0.58	15.67 ± 4.04^{ab}
360m/s 组	7.89 ± 4.03	43.89 ± 18.31
420m/s 组	9.67 ± 4.04	48.92 ± 3.50

注：a. 与 360m/s 组比较，$p < 0.05$；b. 与 420m/s 比较，$p < 0.05$。

2. 基本情况

所有实验猪均在实验观察期间活存。不同速度组别实验猪在伤后即刻出现血压下降，以收缩压为著，下降幅度依次为 280m/s 组 <360m/s 组 <420m/s 组，之后逐渐上升，击中后 30min 恢复至伤前水平。不同速度组实验猪伤后 2~5min 心率较伤前逐渐加快，击中后 5min 达峰值，其中 360m/s 组、420m/s 组与伤前比有统计学意义，之后逐渐减慢，伤后 30min 基本恢复至伤前水平。假致伤对照组在空包弹射击后动脉血压、心率与击中前相比无明显变化。

3. 大体、显微、超微病理

360m/s 组、420m/s 组防弹头盔板后凸处多为头皮全层 (皮肤、皮下组织、帽状腱膜、腱膜下层、骨膜) 挫伤出血，两组中 30%的实验猪发生颅骨线性骨折，

360m/s 组 1 例发生额骨凹陷合并复杂线性骨折。280m/s 组头皮损伤限于皮下组织，颅骨完整。三组实验猪均可见脑皮质、蛛网膜下腔、垂体等处出血，软脑膜下充血，垂体充血等损伤，损伤部位见于防弹头盔板后凸处额顶叶和对侧脑底面颞叶脑组织 (对冲伤)(表 4.3、图 4.4~图 4.6)。损伤评估为：360m/s 组平均 AIS 评分为 2.44，中度偏较重度伤；420m/s 组平均 AIS 评分为 3.67，较重度偏重度伤；280m/s 组平均 AIS 评分为 1.67，轻度偏中度伤。

表 4.3　不同速度组颅脑大体面观损伤

组别	损伤位置	颅脑损伤特点	AIS 评分及损伤等级
280m/s 组	颅骨	颅骨完整，未见骨折线	1.67 ± 0.58 轻度偏中度伤
	脑顶面观	额顶叶外侧沟回少量蛛网膜下腔出血 (2/3)	
	脑底面观	颞叶内侧沟回蛛网膜下腔出血 (1/3) 垂体前叶充血 (1/3)	
360m/s 组	颅骨	额骨线性骨折 (2/9)，伴双侧额窦窦壁骨折 (1/9) 额骨复杂线性骨折 (1/9)，伴额窦窦壁凹陷性骨折	2.44 ± 0.73 中度偏较重度伤
	脑顶面观	双额叶脑皮质出血伴脑表面血肿形成 (1/9) 额顶叶沟回 (9/9) 及小脑沟回 (3/9) 蛛网膜下腔出血 额顶叶 (6/9) 及小脑 (3/9) 软脑膜下出血	
	脑底面观	颞叶底面沟回 (5/9) 及中脑表面 (1/9) 蛛网膜下腔出血 颞叶内侧软脑膜下出血 (1/9) 垂体前叶出血 (2/9)	
420m/s 组	颅骨	额顶骨线性骨折 (1/3)	3.67 ± 0.58 较重度偏重度伤
	脑顶面观	小脑幕硬膜外出血 (2/3) 额顶叶皮质脑出血 (3/3) 伴血肿形成 (2/3) 额顶叶蛛网膜下腔出血 (3/3)	
	脑底面观	颞叶底面脑出血 (2/3) 伴血肿形成 (1/3) 颞叶底面沟回蛛网膜下腔出血 (3/3) 垂体前叶充血 (1/3)	

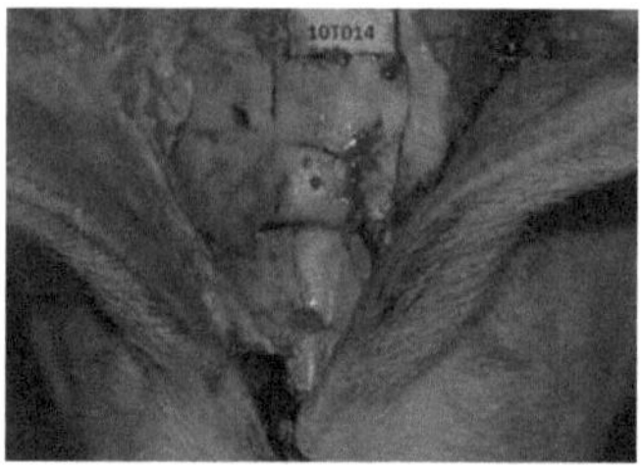

图 4.4　360m/s 组额骨凹陷，复杂线性骨折

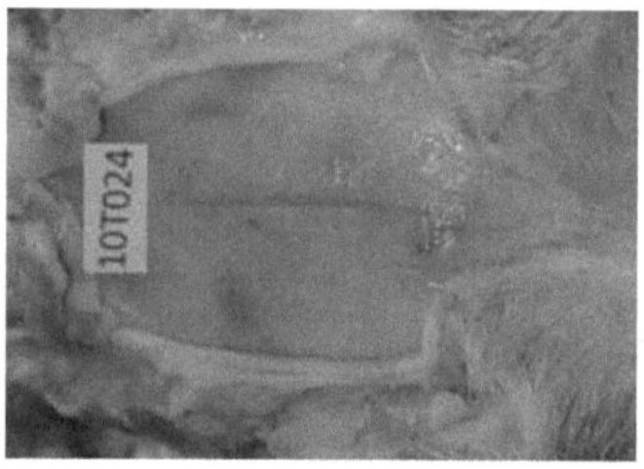

图 4.5　420m/s 组额顶骨线性骨折

显微镜下可见，三个速度组的实验猪脑蛛网膜下腔出血、水肿，神经元存在不同程度的急性变性改变，主要为胞核轻度固缩、胞质染色加深，海马区神经元胞质内尼氏体减少 (图 4.7~图 4.10)。上述显微病理变化以防弹头盔板后凸撞击部位

额顶叶外侧大脑皮质为著，其次为撞击对侧的颞叶内侧；显微损伤程度为 420m/s 组 >360m/s 组 >280m/s 组。

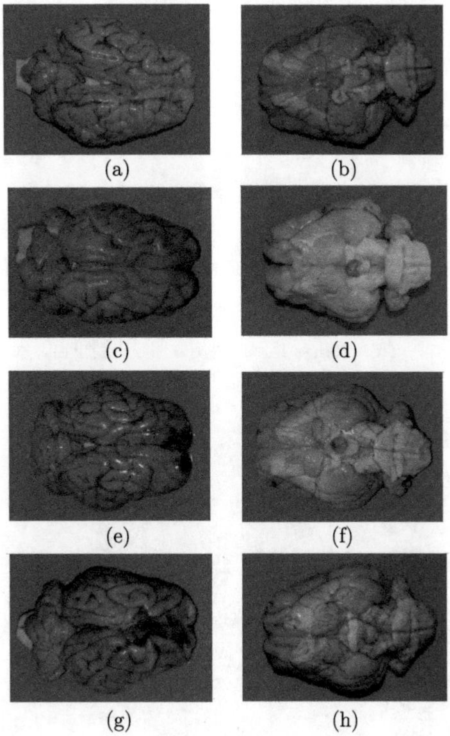

图 4.6 脑组织大体观察

(a) 对照组脑顶面观，示正常脑组织；(b) 对照组脑底面观，示正常脑组织；(c) 280m/s 组脑顶面观，双额顶叶皮质沟回蛛网膜下腔出血；(d) 280m/s 组脑底面观，脑左颞叶蛛网膜下腔出血及垂体前叶充血；(e) 360m/s 组脑顶面观，双额叶脑皮质出血伴蛛网膜下腔出血；(f) 360m/s 组脑底面观，垂体前叶出血；(g) 420m/s 组脑顶面观，右额顶叶脑出血伴蛛网膜下腔出血；(h) 420m/s 组脑底面观，双额底面蛛网膜下腔出血及垂体前叶充血

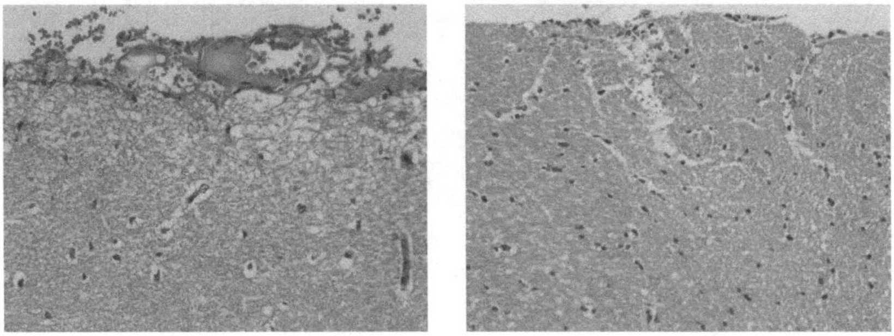

(a) (b)

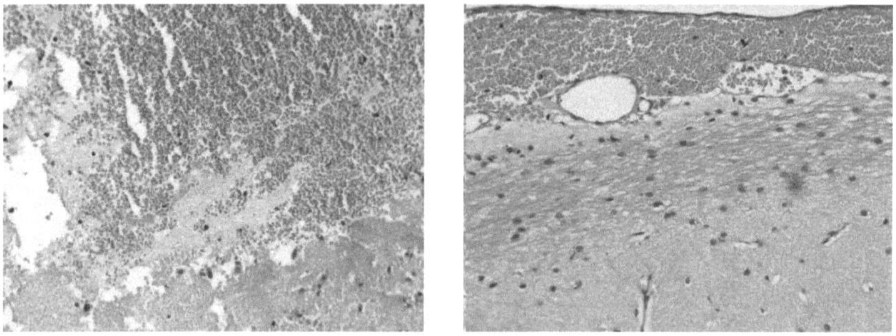

(c)　　(d)

图 4.7　脑皮质及蛛网膜下腔出血显微病理观察 (HE 染色，×400)

(a) 360m/s 组额叶蛛网膜下腔出血；(b) 360m/s 组颞叶内侧少量出血 (箭头处)；(c) 420m/s 组额叶脑出血、水肿；(d) 420m/s 组颞叶内侧蛛网膜下腔出血、水肿

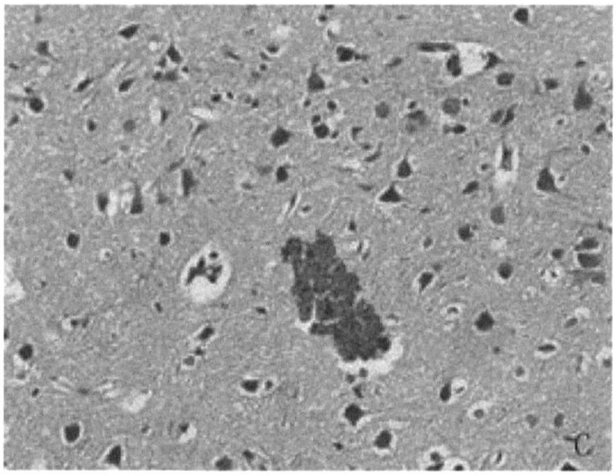

图 4.8　360m/s 组额叶皮层出血，神经元变性，胞核固缩 (HE 染色，×400)

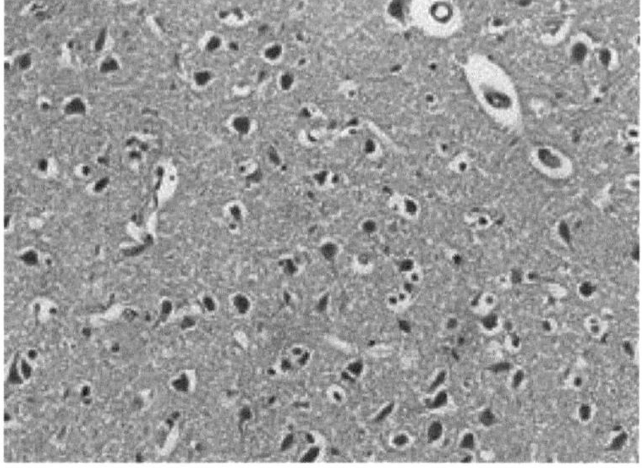

图 4.9　420m/s 组脑皮层神经元变性，胞核固缩 (HE 染色，×400)

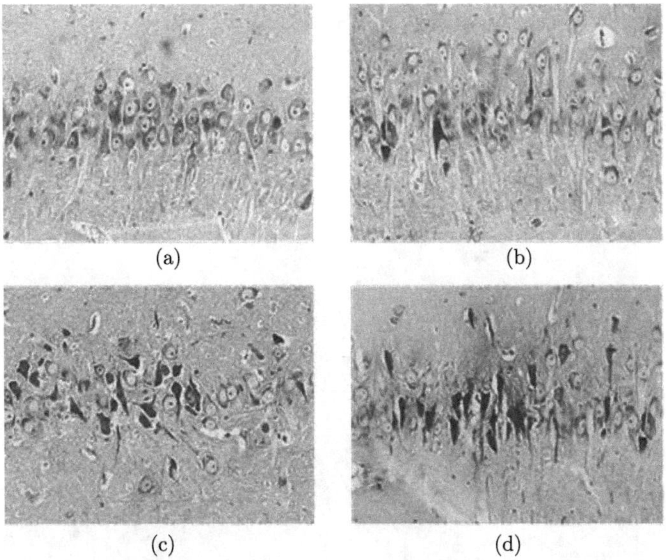

图 4.10 海马神经元显微病理改变 (尼氏染色，HE 染色，×400)

(a) 对照组海马神经元正常；(b) 280m/s 组海马神经元变性；(c) 360m/s 海马锥体细胞变性；(d) 420m/s 组海马锥体细胞变性

透射电镜下可见不同速度组实验猪海马神经元超微结构发生以下改变：核被膜不规则、凹陷；有髓神经纤维可见不同程度水肿，髓鞘排列紊乱、空泡样及脱髓鞘样等改变，无髓神经纤维内电子密度减小，呈不同程度水肿，其内可见髓鞘样改变 (即线粒体等细胞器坏死形成)(图 4.11)。上述海马神经元超微病理损伤以 420m/s 组最重，其次为 360m/s 组，280m/s 组最轻。

4. 认知行为评估

伤后 7~19min，行为学观察组 60%(3/5) 实验猪相继出现全身肌肉不同程度的肌颤，持续时间约 10~35min。伤后 15~30min 内，20%(1/5) 实验猪出现多次呕吐，非喷射性，呕吐物为胃内容物。伤后 5~110min，实验猪陆续恢复进食，80%(4/5) 丧失主动规避学习记忆能力，其中 1 头猪直接进食红盆食物，3 头猪多次试探红盆后进食；20%(1/5) 猪出现主动规避学习记忆减弱, 多次试探红盆后放弃。空包弹射击后，行为学对照组猪与射击前比较未见明显变化，未出现肌颤、呕吐和食盆错误。

5. 高速摄影

三种速度 9mm 手枪弹击中防弹头盔板瞬间均可致防弹头盔板局部“圆锥样”后凸变形，但均未穿透防弹头盔板，击中后 0.5~1ms 内后凸变形达到最大，紧接着逐渐缩小至最终变形，整个过程一般持续数毫秒 (图 4.12)。防弹头盔板的动态变形过程中，最大变形后凸高度均显著大于最终变形后凸高度 (p <0.05)，最大变形后凸高度、最终变形后凸高度及最大变形速率依次为 280m/s 组 <360m/s 组 <420m/s 组 (表 4.4)。

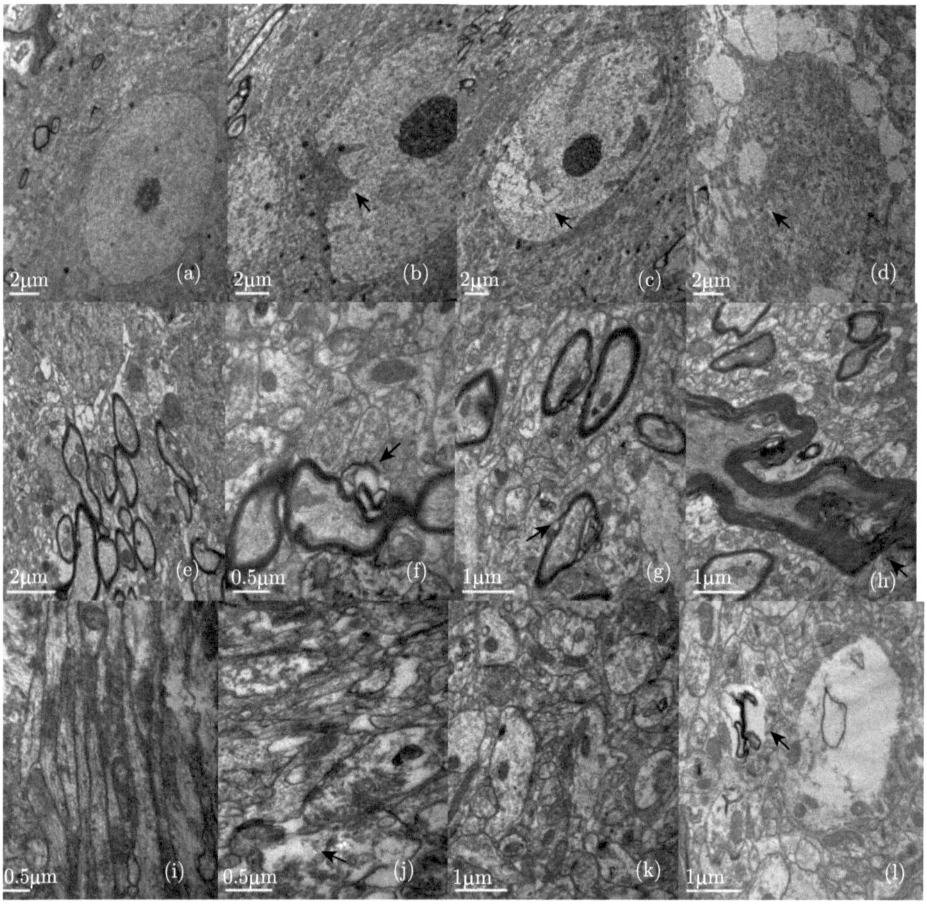

图 4.11　海马皮质超微病理改变

(a) 对照组海马锥体细胞核、核仁正常 (×6000)；(b) 280m/s 组海马锥体细胞核核被膜不规则、凹陷 (箭头处) (×7000)；(c) 360m/s 组锥体细胞核核被膜外形不规则、凹陷，核质溶解 (箭头处) (×5000)；(d) 420m/s 组锥体细胞核结构破坏、水肿 (×6000)；(e) 对照组有髓神经纤维正常 (×10000)；(f) 280/s 组有髓神经纤维髓鞘分层 (箭头处) (×30000)；(g) 360m/s 组有髓神经纤维髓鞘分层、排列紊乱、空泡样改变 (箭头处) (×20000)；(h) 420m/s 组有髓神经纤维髓鞘明显破坏 (箭头处) (×20000)；(i) 对照组无髓神经纤维正常 (×25000)；(j) 280m/s 组无髓神经纤维轻度水肿 (箭头处) (×40000)；(k) 360m/s 组无髓神经纤维水肿 (×20000)；(l) 420m/s 组无髓神经纤维明显水肿，其内可见髓鞘样结构 (箭头处) (×20000)

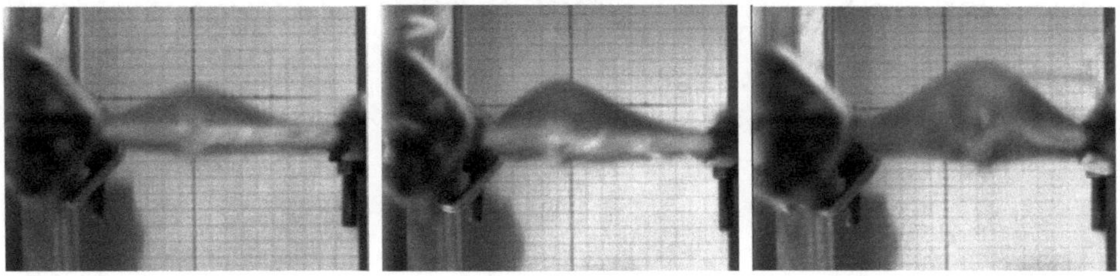

(a) (b) (c)

图 4.12 不同速度 9mm 手枪弹致防弹头盔板动态变形

(a) 280m/s 组致防弹头盔板最大变形；(b) 360m/s 组致防弹头盔板最大变形；(c) 420m/s 组致防弹头盔板最大变形

表 4.4 9mm 手枪弹致防弹头盔板后凸变形参数

组别	后凸高度		最大变形	
	最大变形/mm	最终变形/mm	时间/ms	速度/(m/s)
280m/s 组	22.67 ± 2.08^{bc}	6.00 ± 1.00^{d}	0.83 ± 0.29	31.00 ± 16.46
360m/s 组	31.33 ± 4.93^{ac}	12.00 ± 1.73^{ad}	0.83 ± 0.29	40.67 ± 13.87
420m/s 组	48.67 ± 2.08^{ab}	16.67 ± 3.79^{ad}	0.83 ± 0.29	64.33 ± 25.74

注：a. 与 280/s 组比较，$p < 0.05$；b. 与 360m/s 组比较，$p < 0.05$；c. 与 420m/s 组比较，$p < 0.05$；d. 与最大变形比较，$p < 0.05$。

6. *颅内压力*

9mm 手枪弹击中 II 防弹头盔板时，左顶部及左顶枕部交界处颅内压力峰值、持续时间见表 4.5。

表 4.5 9mm 手枪弹击中 II 级防弹头盔板时颅内压力变化

组别	左顶部颅内压力		左顶枕部交界处颅内压力	
	峰值/kPa	持续时间/ms	峰值/kPa	持续时间/ms
280m/s 组	202.92 ± 73.60^{bc}	0.38 ± 0.24	167.27 ± 84.98^{d}	0.37 ± 0.23
360m/s 组	514.17 ± 190.67^{ac}	0.10 ± 0.11	359.00 ± 123.08^{d}	0.16 ± 0.11
420m/s 组	796.48 ± 280.88^{ab}	0.10 ± 0.03	524.71 ± 442.64^{d}	0.09 ± 0.08

注：a. 与 280m/s 组比较，$p < 0.05$；b. 与 360m/s 组比较，$p < 0.05$；c. 与 420m/s 组比较，$p < 0.05$；d. 与左顶部颅内压力比较，$p < 0.05$。

左顶部颅内压力峰值均显著高于左顶枕部交界处颅内压力峰值 (p <0.05)，压力峰值依次为 280m/s 组 <360m/s 组 <420m/s 组，压力峰值持续时间为 280m/s 组 >360m/s 组 >420m/s 组。

4.3.3 讨论

以芳纶纤维板为防弹材料的防弹头盔最早见于 1984 年美国的 PASGT 头盔，可防手枪弹穿透，防护能力较以往钢盔提高了 4~5 倍。以往的金属头盔主要依赖自身强度使弹头变钝，通过头盔背部变形，形成大于弹头直径的挤压区，分散弹头能量，达到拦截弹头的目的。芳纶防弹头盔以及其后问世的超高分子量聚乙烯头盔、碳纤维头盔主要通过高抗拉强度、高模量的高分子纤维材料的编织层变形、剪切破坏、盔壳背弹面变形鼓包吸收弹头能量。如盔壳鼓包变形量超过一定范围会对头部形成快速挤压和撞击，导致防弹头盔后 BABT，又称防弹头盔后钝性伤 (BHBT)。

本研究见三种弹头速度击中防弹头盔板均造成不同程度的头部损伤，损伤程度与枪弹速度一致，280m/s 组、360m/s 组、420m/s 组 9mm 手枪弹所致损伤分别为轻度偏中度伤 (平均 AIS 评分为 1.67)、中度偏较重度伤 (平均 AIS 评分为 2.44) 和较重偏重度伤 (平均 AIS 评分为 3.67)。

所有致伤组防弹头盔板后头皮凹陷明显，360m/s 组、420m/s 组皮肤全层挫伤出血，两组中 30%的实验猪发生头部额骨骨折，其中 75%为线性骨折，均发生于眼眶以上额骨；凹陷压缩性骨折发生率 25%，发生部位靠近眼眶处额骨，额窦腔室塌陷。由于防弹头盔后骨折部位均与皮肤凹陷部位相对应，且高速摄影证实，360m/s 组、420m/s 组的 9mm 手枪弹击中头盔板，瞬间后凸变形高度均 2~4 倍于头盔板与头部之间的安全距离 12mm，提示防弹头盔板后凸的冲击力是造成头皮挫伤撕裂、颅骨骨折的主要力学因素。颅骨对压力有较强的承受能力，防弹板后凸撞击致颅骨骨折的压力值可高达兆帕级。460m/s 组 9mm 手枪弹射击超高分子量聚乙烯头盔，造成人尸体颅骨 50%骨折的压力阈值为 15220kPa[23]。颅骨由 23 块形状和大小不同的扁骨和不规则骨构成。额部的骨质最厚，其后依次为顶部、枕部和颧弓。由于头部不同部位颅骨结构、厚度不同，造成骨折的冲击力大小有别。

本研究 420m/s 组与 360m/s 组骨折发生率相同，但高速摄影提示前者防弹头盔板后凸高度为后者的 1.5 倍，其原因可能与 420m/s 组实验动物偏少有关。

防弹头盔后脑损伤的病理特征为大脑皮质、硬膜下、蛛网膜下腔、软脑膜下、垂体等部位出血、血肿，脑神经元出现核固缩、尼氏体溶解、有髓神经纤维脱髓鞘等显微、超微结构改变，实验猪认知行为障碍等。上述脑损伤程度以 420m/s 组为最重，其后依次为 360m/s 组、280m/s 组。

防弹头盔后脑损伤程度与高颅内压一致。头顶部左侧和顶枕交界处右侧插入的压力传感器测得压力数据表明，420m/s 组颅内两处压力峰值分别为 360m/s 组的 1.55 倍、1.46 倍，为 280m/s 组的 3.93 倍、3.14 倍。该压力数据证实：9mm 手枪弹击中防弹头盔板时，压力波在颅内传播造成脑毛细血管撕裂、小动脉、静脉断裂出血，脑局部灌注减少或终止，导致脑神经元缺血、缺氧，发生变性、凋亡或坏死。距离防弹头盔板稍远的头顶枕部交界处压力传感器测得的压力值低于头顶部左侧插入的压力传感器，说明压力波在颅内传播时呈梯度衰减。在压力波传至对侧颅底时，由于入射波反射，可造成局部压力增大，发生撞击对侧脑损伤，即对冲伤，如颞叶内侧蛛网膜下腔出血、垂体出血。除压力波传播所致损伤外，防弹头盔后凸撞击造成颅骨与脑组织相对运动不一致也是造成脑出血的重要原因。

脑损伤的症状和体征与损伤部位、严重程度有关。如硬膜下出血量大时，可造成脑干受压，出现瞳孔扩大、血压升高、心动过缓的现象，严重者出现呼吸、心跳停止；伤及颞叶、顶叶以及海马区神经元，可引起认知行为障碍。本实验对猪认知行为的观察证实，360m/s 组 9mm 手枪弹击中防弹头盔板，部分实验猪出现疑为蛛网膜下腔出血，小脑损伤所致的呕吐、肌颤，所有实验猪均出现主动规避学习记忆能力减退或短暂丧失，提示脑损伤影响认知行为。

本研究可见三种速度组猪均有垂体前叶充血或垂体前叶出血。垂体位于颅底蝶鞍上垂体窝内，垂体前叶损伤与脑组织内压力波传播、颅底与脑组织相对运动产生剪切力等损伤机制有关，为典型的对冲伤。垂体为全身功能最复杂的内分泌器官，分泌 9 种激素，垂体前叶分泌的促甲状腺激素、促肾上腺皮质激素、促性腺激素，分别参与外周甲状腺激素、肾上腺皮质激素、性激素分泌调控，为机体生长、代谢、性功能、应激调控等方面最重要的激素。垂体前叶损伤可导致伤后出现全身内分泌代谢严重紊乱或致精神疾病发生，如脑垂体前叶损伤造成生长激素分泌下降的伤员中，15%～20%出现创伤后应激障碍 (posttraumatic stress disorder, PTSD)。

4.4 手枪弹非穿透 II 级软质防弹衣生物损伤效应

4.4.1 实验方法

采用体重 40～60kg 雄性长白家猪，随机以 3%戊巴比妥钠 30mg/kg 耳缘静脉麻醉后，解剖分离右侧股动脉，行右侧股动脉切开术置入三通管，用于采集动脉血和进行有创动脉血压 (IBP) 监测。将记录心电图的针状电极插入实验猪四肢，监测实验猪心电。采用达到中国警用防弹衣防护等级标准 (GA 141—2001)II 级标准的超高分子量聚乙烯纤维软质防弹衣 (II 级软质防弹衣) 覆盖猪胸部，用绳索固定，使其紧贴胸部。

以弹道枪发射弹头速度 360m/s 的 9mm 手枪弹，弹着点为侧卧位猪胸骨右侧缘 6～7 肋 ($n = 3$)、右胸腋前线 8～9 肋 ($n = 2$)、第 5 胸椎 ($n = 1$) 射击，射距 25m，每头实验猪仅射击 1 次。

观察防弹衣后胸部皮损特点及范围，记录防弹衣后凸量。射击前后监测实验动物及其心率、动脉血压、心电，射击后 3h 抽取动脉血，以过量麻醉实施安乐死后进行解剖，观察胸、腹腔器官大体损伤，以 AIS 评估损伤程度；取器官组织固定、包埋、染色、切片，观察光镜下显微病理变化。

4.4.2 实验结果

1. 一般情况

9mm 手枪弹穿透软质防弹衣编织物 5 层，弹头嵌于防弹层中呈蘑菇状变形。防弹衣呈圆锥形后凸，后凸高度为 (15.5±4.64)mm。

所有实验猪均在实验观察期间活存。9mm 手枪弹击中后瞬间，实验猪均出现短暂血流动力学改变，动脉血压较击中前轻度下降，30~60s 恢复至击中前水平。心电图示，弹头击中瞬间，所有实验猪均有心率加快或变慢，50%(2/4) 实验猪一过性出现心电 S-T 段抬高或压低 0.1mV，1~2min 恢复正常，提示心肌有短暂缺血性损伤。

2. 皮肤损伤

射击后瞬间，软质防弹衣后凸造成皮肤凹陷变形，80%(4/5) 实验猪皮肤连续性存在，皮肤色泽发生变化，呈同心圆分布，中心为苍白圆形区，直径约为 4.0~5.0cm，为皮下血管收缩所致；苍白区周围皮肤血管反应性充血，形成直径约为 6.0~8.0cm 的红晕区。弹头击中 10 余分钟后，苍白圈转为瘀斑或渗血，2h 内充血红晕圈皮肤色泽恢复接近正常。20%(1/5) 实验猪皮肤损伤深及肌层。

3. 大体、显微结构损伤

(1) 弹着点：胸骨右侧缘 6~7 肋。未见肋骨骨折，肉眼观肺膜下出血发生率为 100%(3/3)，出血部位多位于防弹层后凸撞击处下方右肺前叶，肺前叶边缘、靠近脊柱的肺后叶背缘等处亦可见，呈斑块、条索状，未见肺撕裂，支气管、细支气管断裂，肺大血管损伤等肺实质损伤 (图 4.13)。心脏钝性伤见于右心室外膜下点、片状出血，发生率 67%(2/3)，其中 1 例同时存在左心室外膜下出血，1 例有左心室内膜下出血。未见肝、肾、脾脏损伤。损伤程度评估：平均 MAIS 评分 2.6，中度偏较重度伤。

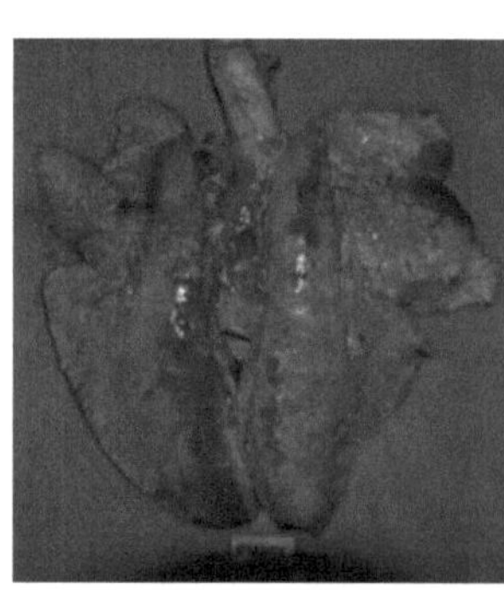

图 4.13　肺前叶边缘、肺后叶背缘出血

光镜下，肺出血痕处肺泡间隔撕裂，毛细血管破裂，肺泡内充满密集红细胞，肺出血痕以外 5cm 亦可见肺泡间隔断裂、肺间质出血、水肿、炎细胞浸润等显微病变 (图 4.14)；心脏内膜出血处心肌纤维断裂出血、水肿。

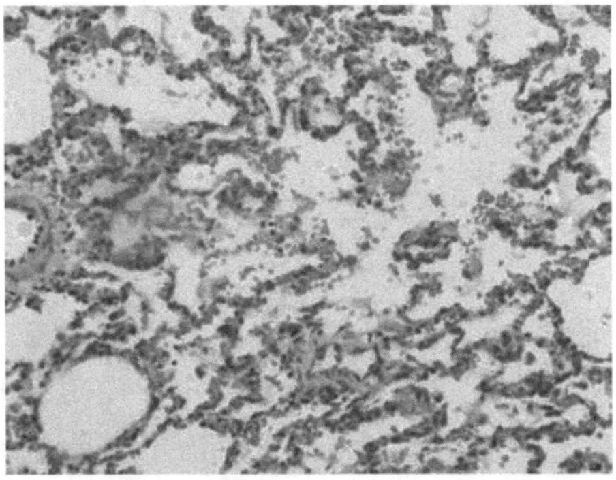

图 4.14 肺泡结构破坏，红细胞进入肺泡，肺间质炎细胞浸润、水肿 (HE 染色，×400)

(2) 弹着点：右胸腋前线 8~9 肋。未见肋骨骨折，肉眼观肺、心脏无明显挫伤出血，1 例发生肝左、右叶包膜下条索状出血，未见肾、脾大体损伤。损伤程度评估：平均 MAIS 评分 1.0，轻度伤。

(3) 弹着点：第 5 胸椎。脊柱棘突、横突完整，无骨折，脊髓连续、完整，软脊膜下血管轻度充血、淤血，光镜下可见脊髓散在灶性出血，少数前角神经元水肿变性 (图 4.15)；未见肺、心脏、肾、脾大体损伤。损伤程度评估：平均 MAIS 评分 1.0，轻度伤。

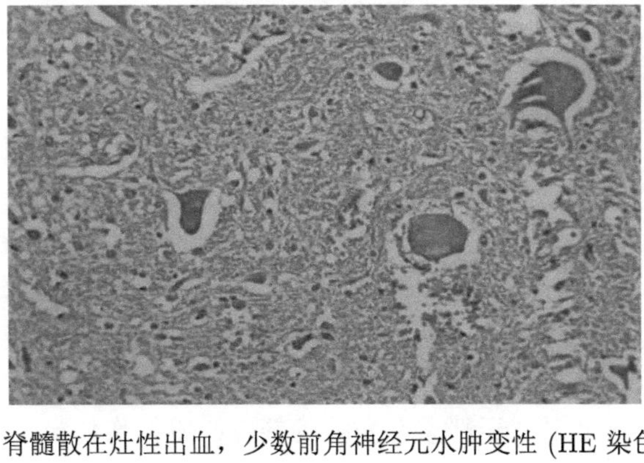

图 4.15 脊髓散在灶性出血，少数前角神经元水肿变性 (HE 染色，×400)

4.4.3 讨论

1. 皮肤损伤

9mm 手枪弹击中 Ⅱ 级软质防弹衣所致皮肤损伤多为轻度，以皮肤挫伤、擦伤为主，皮肤出血发生在真皮或皮下组织，为皮肤血管被防弹层后凸挤压而急剧变形破裂所致。临床上对此类皮肤损伤可采取清洁创面、保持创面干燥、防止感染等措施，创面大多在一周内痊愈。防弹衣后凸也可造成皮肤穿透伤，伤口呈锥形，轻者穿透皮下组织，重者穿透肌层。

2. 肺损伤

9mm 手枪弹击中胸部 Ⅱ 级防弹衣所致肺挫伤程度为轻至中偏重度，未见肺撕裂，支气管、细支气管断裂，肺大血管损伤等肺损伤，未见血、气胸。肺挫伤的临床症状和体征取决于挫伤程度和范围。临床上，此类肺挫伤伤员可能有短暂的胸痛、胸闷、憋气感，或有咳嗽症状，动脉或脉搏血氧饱和度无明显改变，如伤员咳血或咳血丝样痰、呼吸困难，发绀，动脉或脉搏血氧饱和度 $< 90\%$，听诊可闻及湿性啰音，多为重度肺挫伤；严重者可发生呼吸窘迫综合征，出现顽固性低氧血症，死亡率高。

本研究证实，9mm 手枪弹击中胸、背部 Ⅱ 级防弹衣所致胸腹腔器官 BABT 与击中胸部位置关系密切。击中胸骨右侧缘 6~7 肋时，肺挫伤程度中度偏较重度，无腹腔器官伤；击中右胸腋前线 8~9 肋时，未见心、肺大体损伤，但肝脏出现轻度挫伤。这一损伤差异与猪心、肺、肝在胸部的投影位置有关。猪心上界距胸骨左、右缘 1cm 左右，下界位于左侧锁骨中线内侧第 5 肋和右侧第 6 胸肋关节处；肺脏上界为第 3 肋软骨上缘，下界位于第 7 胸肋关节处；肝脏上界在腋前线 8~9 肋范围内。由于上述器官在胸部投影的差异，因此可以得出，9mm 手枪弹击中胸部位置不同，所致 BABT 的发生率、损伤程度不同。

3. 心脏损伤

本研究中，心脏挫伤为轻度，未见心肌破裂或大片状出血，心电图 S-T 段抬高或压低持续时间不超过 2min，未发生室性心动过速、心室纤颤、心室扑动等严重心律失常，即心脏震荡 (commotion cordis)[24]，这可能与实验动物数量有限以及发生心脏震荡限于外力撞击时心室处于舒张末期，“窗口期” 窄有关。由于心脏震荡所致死亡率高，临床救治胸部防弹衣后损伤伤员应及时监测伤员心电，避免对心脏震荡的漏诊、误诊。无严重并发症的轻度心脏挫伤伤员，只需卧床休息、对症治疗即可痊愈。

需要注意的是，心脏受到瞬时冲击作用时发生的心率减慢、血压下降等血流动力学变化，可能造成脑灌注量短暂减少，由于脑血流量占心输出量的 15%~20%,

脑神经元对缺血、缺氧非常敏感，伤员可能出现头晕、视物不清、定向力障碍等症状，影响作战能力。

4. 脊髓

Carroll 等 [7] 曾采用动能 302J 的 0.38m 铅心手枪弹射击警用凯芙拉防弹衣覆盖的山羊 (体重 40kg) 脊柱，被击中的 7 只山羊均有棘突或横突骨折，脊髓存在不同程度的大体与显微病理改变。本项研究采用 9mm 手枪弹动能 (483J) 高于 Carroll 等实验的手枪弹动能，但并未发生脊柱骨折和肉眼观脊髓损伤，仅镜下见软质防弹衣后凸撞击猪背部脊髓散在灶性出血。造成上述脊柱、脊髓损伤差异的原因与实验动物解剖特点、实验采用软质防弹衣的厚度有关。山羊的棘突、横突较大，背部肌肉组织较猪的薄，脊柱、脊髓较猪更易受伤，同时，Carroll 等实验采用凯芙拉防弹衣的防弹纤维织物层为 7 层，本实验采用的软质防弹衣为 46 层纤维织物层，防弹衣吸收能量多，因此脊柱、脊髓伤较轻。

本研究所见 Ⅱ 级软质防弹衣后损伤为脊髓震荡伤，实验猪可能出现一过性的脊髓运动、感觉功能轻度障碍，通常在数小时或数天内恢复正常。Carroll 等 [7] 曾观察到，4 只棘突骨折山羊无神经功能障碍症状，3 只横突骨折山羊出现短暂后肢轻度瘫痪，其中 2 只在伤后 1h 内恢复，1 只在伤后 24h 恢复。

4.5 小口径步枪实验弹穿透防弹衣生物损伤效应

4.5.1 实验方法

采用体重 40~60kg 雄性长白家猪 5 头，按照实验采用的枪弹类型，随机分为小口径步枪实验弹组 ($n = 3$)、小口径步枪实验弹 (钨心) 组 ($n = 2$)。以 3%戊巴比妥钠 30mg/kg 耳缘静脉注射麻醉猪后，将其置于侧卧位。

小口径步枪实验弹组：猪胸部覆盖 Ⅱ 级软质防弹衣，用绳索固定防弹衣，使其紧贴胸部。以弹道枪发射小口径步枪实验弹：弹头速度 590m/s、动能 792J，弹着点为实验猪左侧锁骨中线 6~7 肋、右胸腋中线 8~9 肋和第 8 胸椎，射距 25m，且每头实验猪仅被射击一次。

小口径步枪实验弹 (钨心) 组：实验猪胸部覆盖 Ⅲ 级复合防弹衣。用绳索固定防弹衣，以使其与胸部相贴。以弹道枪发射弹头速度 830m/s、940m/s 的小口径步枪实验弹 (钨心)，弹着点为侧卧位实验猪左侧锁骨中线第 6~7 肋，射距 25m，且每只实验猪仅被射击一次。

射击后，观察穿透防弹层后实验猪存活情况，解剖观察死亡猪胸腹腔组织器官损伤改变，评估损伤程度。如射击后 1h 内实验猪未死亡，在过量麻醉下安乐死后解剖。

4.5.2 实验结果

1. 小口径步枪实验弹组

弹头速度 590m/s 小口径步枪实验弹穿透防护后射入猪胸部，伤后 2~30min 内致伤动物均死亡。

(1) 弹着点：左侧锁骨中线 6~7 肋。弹头经左肺、膈肌、肝脏膈面、胸主动脉、胸 8~9 椎体至背部皮下 (图 4.16)。左胸肋骨无骨折，胸 8~9 椎体水平胸降主动脉破裂，纵行裂口长约 3cm，裂口周围动脉外膜下大面积淤血。胸 8~9 椎体粉碎性骨折，脊髓挫裂伤。左肺破裂出血，实变，右肺前、中叶破裂出血，出血面积 12cm×16cm (图 4.17)。心尖部可见苍白缺血区，范围约 1.5cm×2.0cm；左心室内膜下可见点状出血，二尖瓣膜缘可见出血点。肝脏膈面破裂伤，面积约 6cm×7cm(图 4.18)。脾脏包膜下广泛出血。损伤评估结果为：MAIS 评分 6，极重度伤。

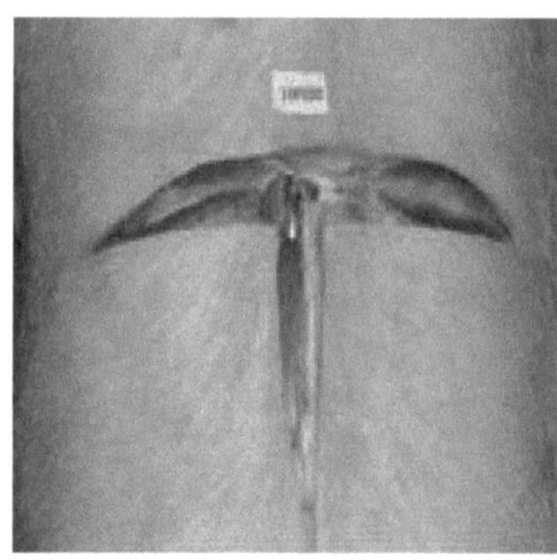

图 4.16 弹头钢心停留在背部皮下组织

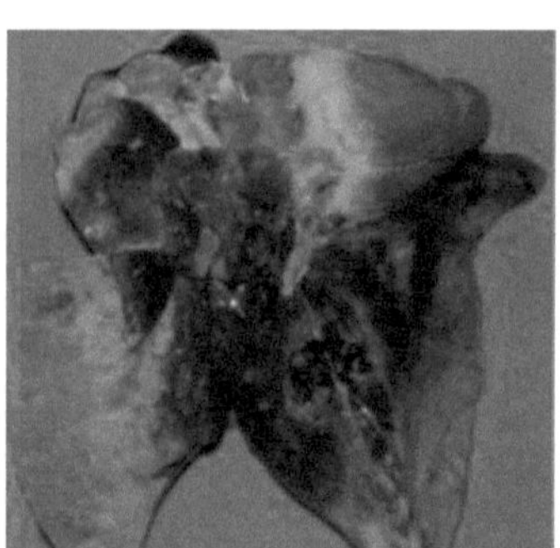

图 4.17 左肺、右肺前、中叶破裂出血

图 4.18 肝脏膈面破裂

(2) 弹着点：右胸腋中线 8~9 肋。弹头穿过肺脏、肝脏、小肠，最终停留在左肾隐窝。右肺下叶、右肺背侧缘可见多处挫裂伤。心包积液 20mL，左心内膜

下广泛出血。肝脏中、右叶穿透伤，腹腔内可见大量不凝血，约 2L，右下腹可见大量凝血块，约 1L。肠管、肠系膜多处裂口，肠管断裂。脑左顶叶外侧出血。损伤评估结果为：MAIS 评分 5，危重伤。

(3) 弹着点：第 8 胸椎。弹头自第 8 胸椎右侧 3cm 处射入，斜向下穿过右肺后叶、胸降主动脉、膈肌、肝中叶、脾脏，停留在左胸腋前线肋弓下缘皮下。第 8、9 胸椎椎弓板右侧粉碎性骨折，脊髓严重挫伤。胸主动脉破裂，横行裂口长约 2cm，右肺中、后叶及左后肺可见大面积挫裂伤和出血，出血面积 5cm×3cm，肝中叶近第二肝门区破裂，脾脏穿透。损伤评估结果为：MAIS 评分 6，极重度伤。

2. 小口径步枪实验弹 (钨心) 组

弹头速度为 830m/s 时，小口径步枪实验弹 (钨心) 穿透陶瓷防弹插板，陶瓷防弹插板射孔入口 3.0cm×3.0cm，出口 0.5cm×0.7cm；未击穿 Ⅱ 级防弹衣，但背面后凸变形明显。伤后瞬间实验猪口鼻涌出血性泡沫液，实验观察期间实验猪活存。解剖见左肺后叶腹面肺膜下浅表片状出血，面积 5.5cm×5.0cm，左肺后叶背面浅表片状出血，面积 5.4cm×4.0cm，实验猪存在肋骨骨折、心内膜点状出血、胸主动脉外膜血肿等损伤。损伤评估结果为：MAIS 评分 4.7，重度偏危重伤。

弹头速度为 940m/s 时，可同时穿透陶瓷防弹插板和 Ⅱ 级防弹衣。陶瓷防弹插板射孔入口 2.5cm×3.5cm，出口 0.5cm×0.5cm，Ⅱ 级防弹衣射孔入口 0.5cm×0.6cm，出口 1.0cm×0.3cm，伤口喷射状出血，实验猪伤后 1～2min 死亡。解剖见胸壁伤道入口 1.3cm×0.8cm，出口 4.0cm×2.0cm(图 4.19)，位于 9～10 肋，第 9 肋粉碎性骨折，胸腔内散在弹心碎片，左肺后叶背面裂口 5.3cm×4.2cm，3/4 肺后叶出血实变，右肺后叶背面 6.5cm×3.2cm 出血 (图 4.20)，胸主动脉破裂出血，主动脉外膜血肿，直径 13cm，右肝包膜下大片状出血。损伤评估结果为：MAIS 评分 6，极重度伤。

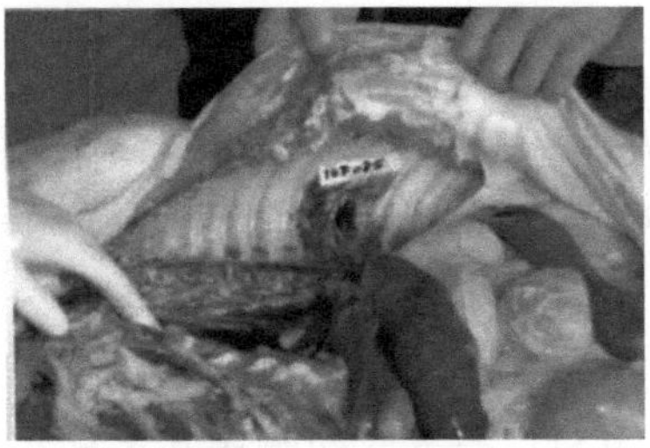

图 4.19 胸廓内侧穿甲弹穿孔出口 4.0cm×2.0cm

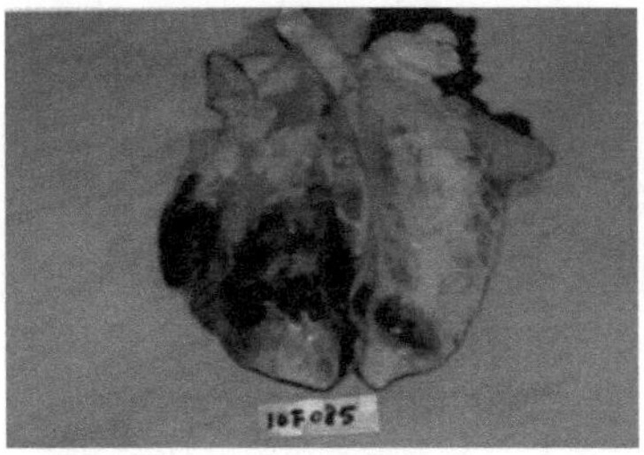

图 4.20 左肺后叶背面裂口 5.3cm×4.2cm，3/4 肺后叶出血实变，右肺后叶背面 6.5cm×3.2cm 出血

4.5.3 讨论

1. 小口径步枪实验弹穿透 Ⅱ 级软质防弹衣生物效应

本研究可见，弹头速度 590m/s 组小口径步枪实验弹贯穿 Ⅱ 级软质防弹衣射入体内后，造成实验猪胸、腹腔器官和脊髓高能弹道伤，实验猪均在伤后 30min 内死亡。小口径步枪实验弹弹头速度快，弹头在穿透 Ⅱ 级防弹衣后弹头完整，即使击中骨质的椎弓板，残余弹头动能仍造成胸、腹腔器官严重损伤。

本研究中实验弹穿透胸部 Ⅱ 级软质防弹衣后，伤后 30min 内实验猪死亡率达 100%，高于战伤统计的胸部枪弹伤死亡率 (71%~74%)，其原因可能与弹头穿过软质防弹衣后弹头着靶角度可能发生改变，导致弹头与胸部的接触面积增大，传递组织的能量大于未穿过防弹衣的弹头有关。

2. 小口径步枪实验弹 (钨心) 穿透 Ⅲ 级复合防弹衣生物效应

本研究证实，初速 830m/s 小口径步枪实验弹 (钨心) 穿透陶瓷防弹插板后侵彻其后软质防弹衣时，UHMWPE 纤维拉伸变形拦截了弹头，但 Ⅱ 级防弹衣快速后凸可挤压胸壁，导致局部压力、剪切力升高，造成肋骨骨折、肺脏大面积挫伤出血，邻近脊柱的胸主动脉受挤压发生外膜血肿，出现重度偏危重度 BABT。

初速 940m/s 实验弹 (钨心) 可穿透 Ⅲ 级复合防弹衣后射入胸、腹腔。弹心穿透陶瓷防弹插板后防弹衣时发生破碎，造成胸廓伤道出口大，胸腔内器官严重受损，类似“达姆弹效应”，伤情程度较仅穿透陶瓷防弹插板提高 1~2 级，为致死性损伤。

4.6 小口径步枪实验弹非穿透胸部防弹衣生物损伤效应

4.6.1 实验方法

1. 动物分组与致伤

采用体重 40~60kg 雄性长白家猪 ($n = 30$)，随机分为 5 组，其中致伤组 ($n = 14$) 分别按实验采用的弹头速度分为 590m/s 组 ($n = 3$)、740m/s 组 ($n = 5$)、910m/s 组 ($n = 6$) 组。其余动物分为假致伤对照组 ($n = 4$)、力学测试组 ($n = 4$)、行为学观察组 ($n = 5$)、行为学对照组 ($n = 3$)。

以 3%戊巴比妥钠 30mg/kg 耳缘静脉麻醉致伤组、力学测试组、假致伤对照组实验猪，其中致伤组、假致伤对照组实验猪行右侧股动脉切开术置入导管，用于采集动脉血和进行有创动脉血压 (IBP) 监测。将 Ⅲ 级复合防弹衣覆盖猪胸部，用绳索固定，使其紧贴胸部。以弹道枪发射弹头速度分别为 590m/s、740m/s、

910m/s 的小口径步枪实验弹，弹着点为侧卧位实验猪胸部左侧锁骨中线 4~6 肋，每头实验猪仅射击一次，射距 25m。假致伤对照组除发射无弹头的空包弹外，余同致伤组。

以短效麻醉剂丙泊酚静脉注射行为学观察组实验猪，在猪麻醉期 (5~10min) 内将其固定于特制固定架上，待麻醉作用完全消失后 1h，以速度 740m/s 小口径步枪实验弹射击覆盖 Ⅲ 级复合防弹衣的行为学观察组清醒猪胸部左侧锁骨中线 4~6 肋区。行为学对照组除发射无弹头的空包弹外，余同致伤组。

在力学测试组实验猪不同部位放置压力传感器后，以 Ⅲ 级复合防弹衣覆盖胸部后致伤。弹着点和弹头速度同致伤组。

2. 生理、病理观察与 CT 检查

观察胸部皮损特点及范围、防弹插板后凸值。记录射击前后肢体导联心电图，检测动脉血压、心率、呼吸变化，将血氧仪传感器套在刮除毛发的猪尾，测定脉搏血氧饱和度 (pulse oximety，SpO_2)；以酶联免疫吸附法检测血浆脑损伤标志物——神经元特异性烯醇化酶 (neuron specific enolase, NSE)、S-100 钙结合相关蛋白 β(S-100 calcium binding protein β，S-100 β 蛋白)、髓鞘碱性蛋白质 (myelin basic protein) 水平；随机选择部分实验猪射击 3h 后进行胸部 CT 平扫和胸廓骨骼三维重建。

射击 3~6h 后，静脉注射过量麻醉药物实施安乐死后进行解剖，观察心脏、肺脏、脑、脊髓组织等大体病理改变，采用 AIS 评估损伤程度。切取待进行显微、超微病理观察的组织制作病理切片，分别以光学显微镜、电子显微镜观察。取脑组织病理标本前，经颈动脉灌注多聚甲醛固定液，以避免脑缺血时间过长造成神经细胞变性。

3. 认知行为评估

按照 4.3.1 节 1. 对行为学观察组和行为学对照组实验猪致伤，按照 4.3.1 节 3. 对两组实验猪进行主动规避学习记忆评估。

4. 力学参数检测

在力学测试组实验猪下述部位分别放置压力、力传感器：

压力传感器放置位置：①位于胸骨剑突左侧 2cm 皮下，感受面朝向预计胸部弹着点，距离预计胸部击中点 5cm；②位于左顶叶脑实质内 0.5cm，感受面朝向枕部，距离预计胸部击中点 34cm。

力传感器放置位置：固定于左腋前线第 5 肋，距离预计胸部击中点 6cm。

其中压力传感器采用蚌埠赛英电子科技发展有限公司 CMM-093-500(SG)，量程 500kPa，灵敏度 0.143mV/kPa。力传感器采用美国 PCB 公司 200B04 型，量程 4.448kN。

4.6.2　实验结果

1. Ⅲ 级复合防弹衣的变形情况

三种速度的小口径步枪实验弹击中胸部 Ⅲ 级复合防弹衣时，弹孔直径约 1cm，陶瓷防弹插板均未击穿，Ⅱ 级防弹衣后凸变形，910m/s 组陶瓷防弹插板后凸高度和面积与 740m/s 组、590m/s 组比较有显著差异 (表 4.6)。

表 4.6　防弹插板背板后凸高度及面积

组别	后凸高度/mm	后凸面积/cm^2
910m/s 组	9.44±1.94[a]	50.83±9.47[a]
740m/s 组	4.25±1.50	25.94±7.55
590m/s 组	3.10±0.22	17.67±4.67

注：a. 与 740m/s 组、590m/s 组比较，$p < 0.01$。

2. 实验猪存活及呼吸、循环状况

实验观察期间，致伤组实验猪均活存。实验猪在被击中瞬间，通常发生呼吸短暂停止，持续时间 8～15s，不同速度组间变化无明显差异。740m/s 组 1 头猪伤后瞬间鼻腔涌出约 5mL 粉红色泡沫痰，出现抽泣样呼吸，心率下降到 42 次/min，约 2min 后心率上升，5min 后呼吸恢复。910m/s 组、740m/s 组伤后瞬间至伤后 5min，实验猪动脉收缩压较伤前显著下降；590m/s 组伤后瞬间至伤后 2min，动脉收缩压降幅约 10%(表 4.7)。910m/s 组、740m/s 组伤后 30min 内，部分实验猪可见高尖 T 波，偶见 QRS、T 波电交替、S-T 段下移等异常心电图。实验猪伤后 3h 内 SpO_2 与伤前相比无明显改变。

表 4.7　致伤组动脉收缩压　　(单位：mmHg)

组别	伤前	伤后				
		瞬间	2min	5min	15min	30min
910m/s 组	161±20	118±19.5[a]	140±18.9[a]	150±17.9	157±12.64	165±20.9
740m/s 组	170±4.64	143±7.75[a]	151±13.37[a]	161±3.5	156±11.9	154±9.9
590m/s 组	149±7.78	135±6.36[a]	163±7.78	159±0.7	156±4.24	162±2.12

注：a. 与伤前收缩压比较，伤后收缩压显著降低，$p < 0.05$。

3. 皮肤损伤

射击后瞬间，防弹衣后凸处的皮肤出现苍白区和红晕区，未发生皮肤撕裂。速度 910m/s 组弹头所致苍白区与红晕区分界明显，590m/s 组弹头致伤表现为分界不清，740m/s 组弹头介于两者之间。皮肤损伤面积大小与弹头速度改变一致。(表 4.8)。

表 4.8 致伤组皮损苍白区及红晕区面积

组别	苍白区面积/cm^2	红晕区面积/cm^2
910m/s 组	24.17±7.36[a]	40.00±12.46
740m/s 组	12.75±2.55	45.06±12.63
590m/s 组	10.60±3.20	19.87±8.32

注：a. 与 740m/s 组、590m/s 组比较，$p < 0.05$。

4. CT 检查

随机选择 CT 检查的 910m/s 组 2 头实验猪，均有防弹衣后凸处单根肋骨线性骨折 (图 4.21、图 4.22)，CT 肺窗示左肺中叶 (心叶) 挫伤出血 (图 4.23)。740m/s 组和 590m/s 组实验猪未见肋骨骨折。

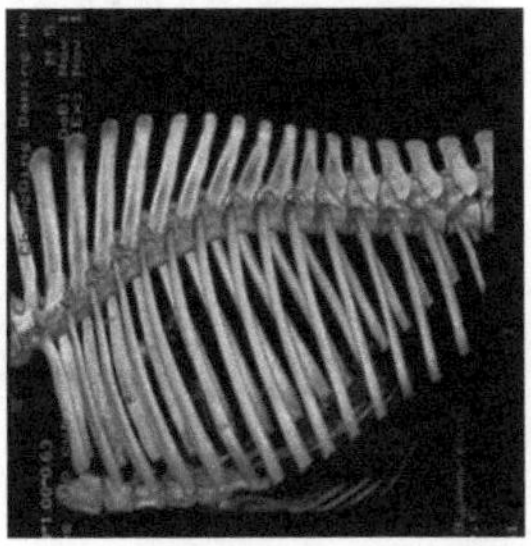

图 4.21 CT 三维重建 910m/s 组左侧第 6 肋锁骨中线处横形骨折，断端对位对线良好

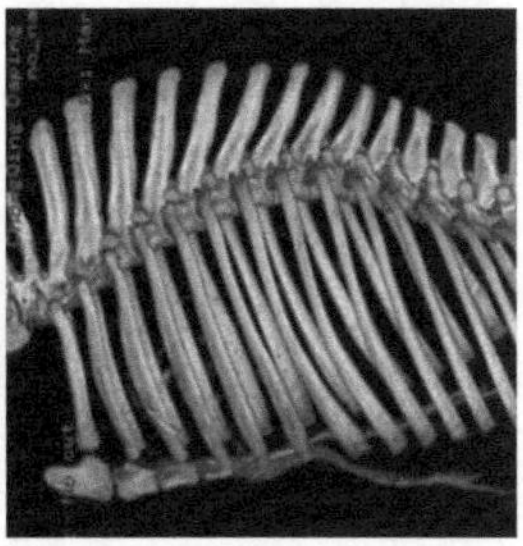

图 4.22 CT 三维重建 910m/s 组左侧第 3 肋锁骨中线处斜形骨折，断端对位对线良好

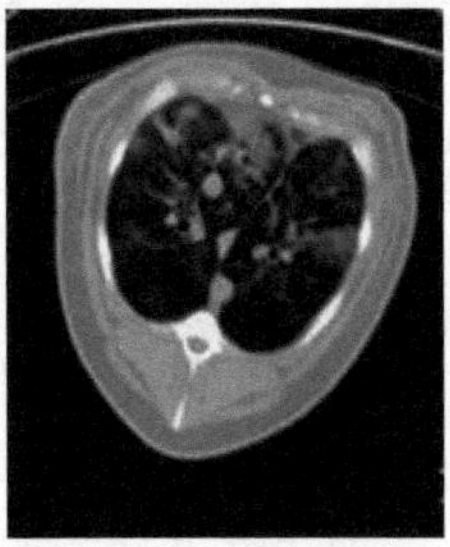

图 4.23 910m/s 组实验猪左肺中叶 (心叶) 密度增高片状出血阴影

5. 大体与显微、超微病理改变

1) 大体病理

910m/s 组肺膜下片状出血发生率为 100%(6/6)，肺膜下出血面积最大为 7.0cm×1.0cm，最小为 2.0cm×3.0cm，发生部位为靠近防弹层后凸撞击处的左肺前叶和中叶，未见胸膜破裂、肺撕裂、支气管断裂、肺大血管损伤 (图 4.24)。50%

(3/6) 实验猪发生左、右心室内膜下、二尖瓣缘、乳头肌点状出血 (图 4.25)。脾脏上极包膜下点片状出血 3 例，发生率 50%，片状最大出血面积 8cm×4cm。软脑膜血管充血、淤血发生率 67%(4/6)(图 4.26)。损伤程度评估为：平均 MAIS 评分 2.33，中度伤。

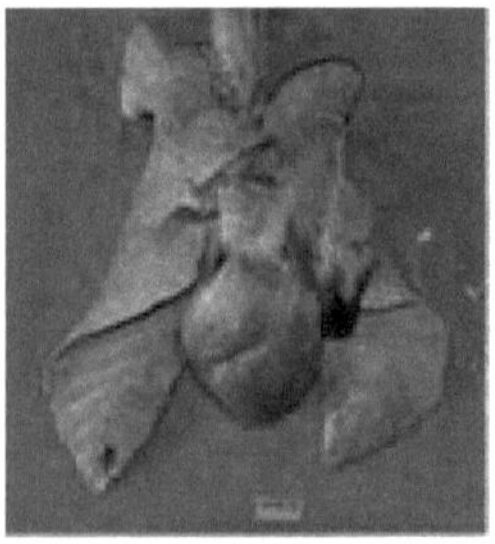

图 4.24　910m/s 组左肺中叶外侧出血

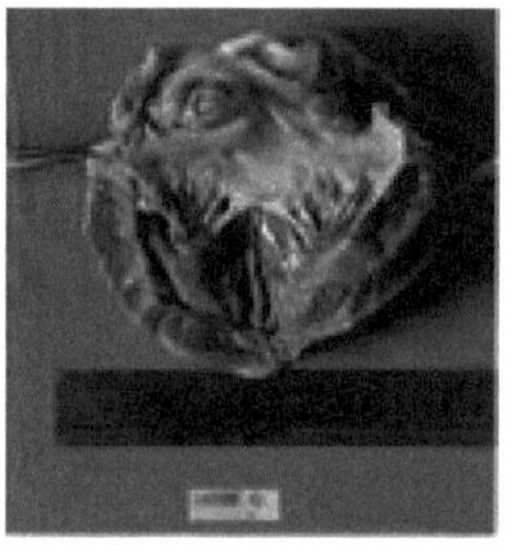

图 4.25　910m/s 组左心室内膜下点状出血

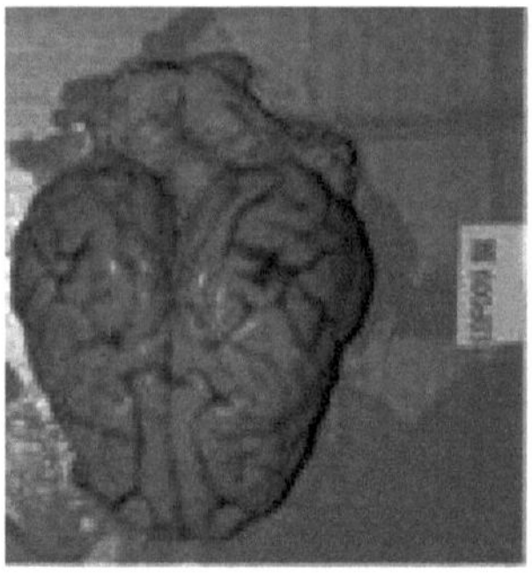

图 4.26　910m/s 组脑软脑膜血管充血、淤血

740m/s 组肺膜下出血发生率 80%(4/5)，发生部位同 910m/s 组，其中 1 头猪在中弹后瞬间鼻腔涌出血性泡沫，解剖见左肺中叶出血，面积 8.0cm×5.0cm，左肺下叶上部 2.0cm×1.0cm。左心室内膜下点状出血发生率 20%(1/5)。软脑膜血管充血、淤血发生率 60%(3/5)。损伤程度评估为：平均 AIS 评分 1.75，轻偏中度伤。

590m/s 组 33%(1/3) 实验猪发生肺膜下出血，出血面积 0.5cm×1.0cm。未见肉眼观心脏、脑损伤。损伤程度评估为：平均 MAIS 评分 0.33，无伤至轻度伤。

2) 显微、超微病理

910m/s 组，距肉眼观出血 10cm 处，肺组织仍可见肺泡间质出血、渗出等病变 (图 4.27)。740m/s 组亦可见上述显微结构变化，损伤程度明显较 910m/s 组轻；590m/s 组未见明显显微病理改变。

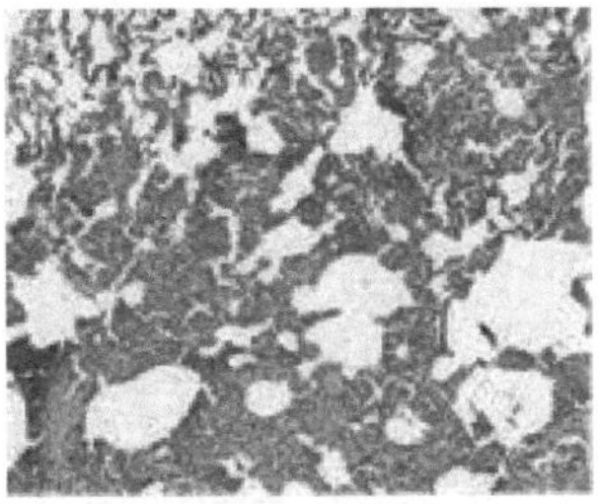

图 4.27 910m/s 组距肉眼观出血 10cm 处左肺后叶肺间隔出血、水肿、炎细胞浸润 (HE 染色，×200)

光镜下假致伤对照组海马神经元胞体无皱缩，细胞核位于细胞中央，核清晰，尼氏体均匀排列在胞质内；910m/s 组和 740m/s 组少数海马神经元胞体皱缩，核固缩，胞核偏位，尼氏体溶解，上述病理改变以 910m/s 组更明显；590m/s 组神经元胞体轻度肿胀，胞核 (图 4.28)。透射电镜下假致伤对照组海马神经元及轴突形状完整，胞核无溶解，线粒体无肿胀。910m/s 组海马神经元胞核核型不规则，粗面内质网扩张，轴突髓鞘厚度不均，局部松解、膨出，部分轴突脱髓鞘；740m/s 组可见髓鞘排列紊乱以及脱髓鞘改变；590m/s 组神经元变性以及轴突髓鞘 (图 4.29)。

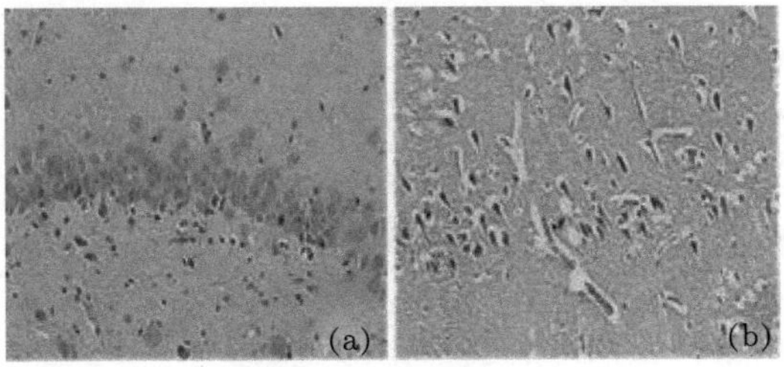

图 4.28 (a) 对照组海马神经元胞体无皱缩，细胞核位于细胞中央，核清晰；(b) 910m/s 组海马神经元胞体皱缩，核固缩，尼氏体溶解

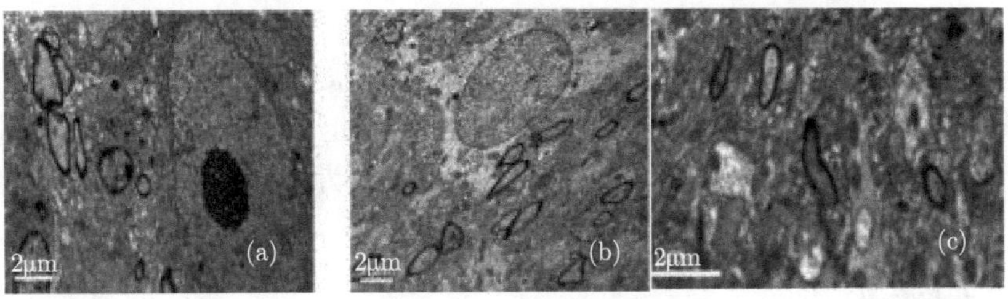

图 4.29 透射电镜下海马神经元超微结构 (×8000)

(a) 假致伤对照组海马神经元及轴突形状完整，胞核无溶解，线粒体无肿胀；(b) 910m/s 组海马神经元粗面内质网扩张，部分轴突脱髓鞘；(c) 740m/s 组海马神经元轴突脱髓鞘

6. 血浆脑损伤标志物

神经元特异性烯醇化酶 (NSE) 和 S-100β 蛋白为神经元或星形胶质细胞内蛋白酶。中枢神经系统髓受损时，NSE、S-100β 可由损伤神经细胞漏出后再通过受损的血脑屏障进入外周血液循环，其血浆水平与损伤严重度相关。实验结果表明，910m/s 组、740m/s 组循环血 NSE 水平均在伤后 1h 较伤前明显升高，伤后 3h 分别为伤前的 1.9 倍和 1.6 倍，590m/s 组较伤前无明显变化 (表 4.9)；伤后 3h，910m/s 组、740m/s 组血浆 S-100β 蛋白水平较伤前明显升高 (表 4.10)。

表 4.9　致伤组实验猪血浆 NSE 水平　　(单位：μg/L)

组别	伤前	伤后			
		30min	1h	2h	3h
910m/s 组	4.28±0.05	5.8±0.69	7.24 ± 0.55^{ac}	7.23 ± 0.61^{ac}	8.18 ± 0.39^{ac}
740m/s 组	4.25±0.37	5.13±0.45	5.77±1.01	6.62 ± 0.84^{b}	6.98 ± 1.48^{b}
590m/s 组	4.03±1.56	4.28±0.45	4.53±0.42	4.87±0.19	5.16±0.18

注: a. 与伤前比较，$p < 0.01$；b. 与伤前比较，$p < 0.05$；c. 与 590m/s 组比较，$p < 0.05$。

表 4.10　致伤组实验猪血浆 S-100β 水平　　(单位：μg/L)

组别	伤前	伤后			
		30min	1h	2h	3h
910m/s 组	8.00±0.75	8.80±0.43	9.06±0.33	10.21±0.6	13.2 ± 1.43^{ab}
740m/s 组	7.35±0.48	8.59±0.37	9.22±0.87	9.88±0.68	10.9 ± 0.79^{a}
590m/s 组	7.95±0.12	7.99±0.48	8.02±0.06	8.57±0.86	8.10±0.57

注: a. 与伤前比较，$p <0.05$；b. 与组间同时间比较，$p < 0.05$。

7. 认知行为评估

740m/s 组致伤后，实验猪懒动，40%(2/5) 猪一过性丧失主动规避学习记忆能力，直接进食红盆食物遭电击；1 头猪全身颤抖，蜷缩于猪舍一角，白、红盆内的食物均不食用；40%(2/5) 猪主动规避学习记忆减退，多次试探进食红盆内食物，最终放弃。主动规避学习记忆一过性丧失或减退的实验猪 24h 内均恢复规避反应，未再发生误食红盆食物或试探红盆进食。行为学对照组实验猪未发生择食错误。

8. 力学参数

弹头击中 Ⅲ 级复合防弹衣瞬间，胸部皮下组织压力、肋骨力、颅内压见表 4.11，不同弹头速度组之间差别显著。

表 4.11 不同弹速击中胸部时实验猪压力、力、颅内压

组别	胸部皮下组织压力/kPa	肋骨力/N	颅内压/kPa
590m/s 组	1449.54±1083.8	224.5±112.34	23.32±4.41
740m/s 组	2834.4±1970.25	802.27±347.27	45.52±27.38
910m/s 组	6067.86±811.42[ab]	2422.47±874.87[ab]	88.27±8.81[ab]

注：a. 与 740m/s 组比较，$p < 0.01$；b. 与 590m/s 组比较，$p < 0.01$。

4.6.3 讨论

研究证实，小口径步枪实验弹非穿透胸部 Ⅲ 级复合防弹衣时，可致实验猪心、肺、脑损伤，弹头速度与防弹衣后 BABT 损伤程度关系密切，弹头速度 910m/s、动能 1883.9J 时可致中偏较重度伤 (平均 MAIS 评分 2.33)，弹头速度 740m/s、动能 1245.8J 时可致轻偏中度伤 (平均 MAIS 评分 1.75)，弹头速度 590m/s 时为无损伤至轻度伤 (平均 MAIS 评分 0.33)。

弹头速度 910m/s 组击中防弹衣时，胸部皮下组织压力、肋骨力分别为 590m/s 组的 419%、1079%，为 740m/s 组的 214%、302%，故弹头速度 910m/s 组所造成的 BABT 重于 740m/s 组、590m/s 组。

防弹衣后损伤除与弹头速度、动能有关外，枪弹类型、射击部位、防弹材料类型等因素对损伤程度均有较大影响。如瑞典 Gryth[25] 曾报告，以 7.62mm NATO 弹，800m/s 分别射击 60kg 猪胸部覆盖的陶瓷防弹板、陶瓷防弹板与 3 层织物组合、高分子量聚乙烯纤维板与 4 层芳纶组合的防弹材料，防弹板均未被击穿，2h 内实验猪死亡率分别为 50%、25%和 45%。

1. 肺损伤

对三种不同速度的实验弹击中实验猪时与肺出血发生率的关系分析表明，910m/s 组弹头击中 Ⅲ 级复合防弹衣时，肺出血发生率为 100%，740m/s 组弹头为 50%，590m/s 组弹头为 33%。该结果表明，小口径步枪实验弹致半数实验猪肺出血的弹头速度阈值约为 740m/s。

显微病理观察显示，910m/s 组、740m/s 组实验猪肺出血痕以外 10cm 处仍可见肺泡间质出血、水肿、炎细胞浸润等病变，提示防弹层后传递部分能量可能以压力波形式造成远离撞击点以外的肺组织损伤。

2. 心脏损伤

大体解剖可见 910m/s 组、740m/s 组实验猪左心室内膜、乳头肌、二尖瓣缘点状出血等轻度心脏损伤，910m/s 组心脏损伤发生率为 740m/s 组的 2 倍，部分实验猪心电图出现心肌缺血损伤、应激反应常见的高尖 T 波、QRS-T 波电交替、S-T 段下移等异常波形。此类心脏损伤可能与心脏、循环血儿茶酚胺类、内皮素等血管活性物质升高引起的心脏小血管收缩有关。弹头侵彻防弹衣时，疼痛、胸

廓挤压、胸腹器官损伤、应激等多种因素可刺激机体蓝斑核–交感神经–肾上腺髓质系统生成和分泌肾上腺素、去甲肾上腺素、多巴胺等儿茶酚胺类血管活性物质。已证实刺激心脏交感神经或大剂量输入肾上腺素、去甲肾上腺素可引起左心内膜、乳头肌出血 [26]。血管内皮细胞释放的内皮素-1(ET-1) 具有较去甲肾上腺素更强的缩血管作用。Gryth[25] 曾报告 7.62mm NATO 弹击中猪胸部超高分子量聚乙烯硬质防弹板和凯芙拉软质防弹衣组成的复合防弹衣后 7min，循环血中内皮素-1 含量明显升高，推测该因子可能参与了心肌缺血病变的过程。除以上神经体液因素外，瞬时血管内压力升高对心脏损伤发生可能也有重要作用。有报告指出 [27]，.22in LR 和.45in ACP 铅心手枪弹击中防弹衣瞬间，未穿透防弹衣，胸腔内主动脉压力可达 100kPa 和 500kPa。胸腔内血管压力急剧升高可导致心脏毛细血管压升高，从而引起终末血管破裂。

3. 脑损伤

哺乳动物脑海马位于脑颞叶内侧面的基底部，属于边缘系统的一部分，为爆炸伤、撞击伤时易伤及的脑区。本实验 910m/s 组、740m/s 组海马神经元损伤以水肿变性、轴突脱髓鞘为特征，910m/s 组病理损伤程度较 740m/s 组重，血浆脑损伤标志物浓度升高幅度也较 740m/s 组高。

脑海马神经元损伤可能与弹头侵彻防弹衣时瞬间颅内压升高以及过度应激有关。本实验检测到，910m/s 组弹头击中胸部 Ⅲ 级复合防弹衣瞬间，颅内压可达 88.27kPa，猪胸部皮下组织压力与颅内压有良好的一致性，提示弹头击中防弹衣产生弹道钝性冲击压力是造成颅内压升高的主要力学因素。瑞典学者曾注意到，高速 (1500m/s) 钢球击中猪后肢时，升至 125kPa 的颅内压可造成海马、下丘脑神经元损伤 [28]。侧向流体冲击 (lateral fluid percussion，LFP) 脑损伤实验证实，瞬时流体压力脉冲为 103~206kPa 时可致实验动物轻度至中度脑损伤，造成海马齿状回损伤，实验动物出现 2~3min 的意识丧失 [29]。颅内压升高可刺激兴奋神经元释放兴奋性神经介质谷氨酸，进而刺激小胶质细胞释放白介素-6β(IL-6β)、肿瘤坏死因子-α(TNF-α) 等多种促炎因子，启动炎症反应和氧化应激反应，造成继发性脑神经元变性、凋亡和坏死 [29]。此外，强烈应激可刺激肾上腺髓质、皮质过度释放神经递质，也可引起海马神经元损伤。

海马神经元负责长时记忆的存储转换和空间定向。为了解海马神经元损伤对学习记忆的影响，本研究建立了猪主动规避学习记忆模型，该模型类似于猪、鼠穿梭箱实验，鼠跳台实验，拔杆实验，实验猪通过 2 周选择食盆电击实验，逐渐形成规避电击的条件反射长时记忆。评估结果表明，致伤瞬间至伤后 2~4h，40%(2/5) 猪丧失主动规避学习记忆能力，40%(2/5) 猪主动规避学习记忆减退，1 头猪出现过度应激反应，全身颤抖。

胸部 BABT 引起猪主动规避学习记忆能力丧失或减退与海马神经元损伤关系密切。当视、听、触、痛等多种感觉信息通过脑干网状结构系统及皮质下行纤维传递至海马，其神经元突触传递可在兴奋性传入神经刺激下产生长时程增强 (LTP) 易化现象，建立条件反应。突触 LTP 产生、建立、消退与条件反应建立、巩固、消退一致。本研究 910m/s 组、740m/s 组海马神经元发生变性、轴突脱髓鞘等改变，可能会影响突触 LTP 建立与维持，从而导致实验猪主动规避学习记忆力能力改变。由于学习记忆是细胞、分子层次上受氨基酸类神经递质、记忆蛋白、细胞外调节蛋白激酶 (ERK) 信号通路等多因素调节的复杂生理过程，参与记忆痕迹形成的脑结构包括海马、小脑、杏仁体和大脑皮层，因此，胸部 BABT 所致猪主动规避学习记忆的变化除与压力、应激等因素造成海马神经元变性损伤有关外，还可能与涉及长时记忆的某些生物物质代谢一过性紊乱，以及与记忆相关的脑其他结构细胞、分子层次上的变化有关，此方面的研究工作还有待深入。

4.7 小口径步枪实验弹非穿透脊柱区防弹衣生物损伤效应

4.7.1 实验方法

1. 动物分组与致伤

采用体重 40~60kg 雄性长白家猪 ($n=36$)，随机分为 7 组，其中 3 组为致伤组，按照弹头初速分为 590m/s 组 ($n=5$)、740m/s 组 ($n=3$)、910m/s($n=9$)；其余为假致伤对照组 ($n=6$)、行为学观察组 ($n=5$)、行为学对照组 ($n=5$)、力学测试组 ($n=3$)。

以 3%戊巴比妥钠 30mg/kg 耳缘静脉麻醉致伤组、力学测试组、假致伤对照组实验猪，分离致伤组、假致伤对照组实验猪右侧股动脉，行右侧股动脉切开术置入导管，用于采集动脉血和进行有创动脉血压 (IBP) 监测。将 Ⅲ 级复合防弹衣覆盖猪背部，用绳索固定，使其紧贴背部。以弹道枪发射弹头速度 590m/s、740m/s、910m/s 的小口径步枪实验弹，弹着点为侧卧位实验猪背部第 8 胸椎 (T8)，每只实验猪仅射击一次，射距 25m。假致伤对照组除发射无弹头的空包弹外，余同致伤组。

将已建立主动规避学习记忆的实验猪随机分为行为学观察组和行为学对照组，实验前猪禁食 24h，自由饮水，在短效麻醉剂丙泊酚麻醉作用完全消失后 1h，以速度 910m/s 小口径步枪实验弹射击覆盖 Ⅲ 级复合防弹衣的清醒猪背部 T8 部位。行为学对照组除发射无弹头的空包弹外，余同致伤组。

在力学测试组实验猪不同部位放置压力传感器后，以 Ⅲ 级复合防弹衣覆盖背部后致伤，射击部位和弹头速度同致伤组。

2. 生理、病理观察

射击后观察背部皮损特点及范围，记录防弹插板后凸量和面积。射击前后记录肢体导联心电图，检测动脉血压、心率、呼吸变化。将血氧仪传感器套在刮除毛发的猪尾，测定脉搏血氧饱和度 (SpO_2)。

采用 Neuroscan 64 导双极脑电图 (EEG) 仪记录致伤前后实验猪脑胞群的自发性、节律性电活动。脑电记录针式电极分别置于双侧额部 (双眼内眦连线水平左右两侧距正中线 2cm 处)、顶部 (双眼外眦连线向后 2cm 水平左右两侧距正中线 2cm 处) 头皮，对应脑额叶和顶叶；心电电极 2 个，位于左胸，相距 5cm；参考电极位于耳垂，接地电极位于鼻根部。致伤前 10min 开始连续采集实验动物头皮自发 EEG 至伤后 30min，采用 Neuroscan 4.3 分析软件对脑电图进行功率频谱分析，0~4Hz 为 δ 波，4~8Hz 为 θ 波，8~13Hz 为 α 波，13~30Hz 为 β 波。

采用 MK-NMB 诱发电位检测仪检测实验猪致伤前和伤后 3h 的体感诱发电位 (somatosensory evoked potential changes, SEP)。该记录电极位于枕骨粗隆，接地电极位于颈部皮肤，参考电极位于鼻根部，以钩状电刺激器刺激股神经，记录伤前和伤后 3h 实验猪 SEP。

伤后 6h，静脉注射过量麻醉药物予以安乐死，观察脊柱、脊髓、脑等组织大体病理改变，采用 AIS 评估损伤程度。切取组织制作病理切片，分别以光学显微镜、电子显微镜观察。取脑组织病理标本前经颈动脉灌注多聚甲醛固定液，以避免脑细胞缺血时间过长造成细胞变性。

3. 脊髓损伤猪步态评估

伤后 4~5h，待实验猪由麻醉状态清醒后，以 Kuluz's 猪步态评分 [30] (表 4.12，以下简称 Kuluz 评分) 评估伤前、伤后四肢运动能力，分数越低表示肢体运动能力越差，其脊髓损伤越重。

表 4.12 Kuluz's 猪步态评分

评分	行走状态	评分	行走状态
1	无运动	6	后肢拖行，偶可支撑躯干
2	仅股部肌肉收缩	7	站立，试图行走，但后肢无法前行
3	股部、膝关节轻微活动	8	站立，行走 3~5 步，后肢移动差
4	各关节有节奏地屈伸，但不能负重	9	行走 5 步以上，但有前后蹄拖地
5	后肢拖行，试图支撑躯干	10	正常行走

4. 认知行为评估

按照 4.3.1 节 1. 对行为学观察组和行为学对照组实验猪致伤，按照 4.3.1 节 3. 对两组实验猪进行主动规避学习记忆评估。

5. 力学参数检测

在力学测试组实验猪 (处于麻醉状态下) 下述部位分别放置压力传感器、加速度传感器。

压力传感器放置部位：①分别固定于距脊柱 T8 尾端 5cm，头端 10cm、15cm 棘突旁，传感器感受面向上，与棘突垂直；②位于颅内右侧枕叶，埋入深度 0.5cm，传感器感受面朝向对侧。

加速度传感器放置部位：固定于第 10 腰椎 (T10) 棘突，传感器感受面与棘突平行。

压力传感器采用蚌埠赛英电子科技发展有限公司 CMM-093-500(SG)，量程 500kPa，灵敏度 0.143mV/kPa。加速度传感器采用美国 PCB 公司 350C02 型，量程 49000g，或者美国 Measurement-Specialties 公司 52M30-2000-240，量程 2000g。

4.7.2 实验结果

1. Ⅲ 级复合防弹衣的变形情况

三种弹头速度小口径步枪实验弹击中背部 Ⅲ 级复合防弹衣时，防弹插板均未击穿，防弹插板后凸高度、面积见表 4.13。

表 4.13 防弹插板后凸高度及面积 ($n = 17$)

组别	后凸高度/mm	后凸面积/cm^2
910m/s 组	9.33±0.61^{ab}	50.75±4.76^{ab}
740m/s 组	4.33±0.33	22.92±1.47
590m/s 组	2.80±0.16	16.26±2.42

注: a. 与 740m/s 组比较，$p < 0.01$；b. 与 590m/s 组比较，$p < 0.01$。

2. 存活及呼吸、循环状况

致伤组实验猪均存活，击中后 2~20min 内动脉血压、心率、SpO_2 较伤前略有下降 (表 4.14)。心电图检测未见有病理意义的心电波形。

表 4.14 各实验组 SpO_2

组别	伤前	2min	5min	10min	15min	20min
假致伤对照组	92.83%±0.79%	90.83%±0.65%	91.17%±1.25%	92.00%±1.15%	94.33%±0.80%	93.33%±2.03%
590m/s 组	84.40%±2.84%	80.20%±3.44%	83.00%±4.88%	84.80%±2.62%	82.50%±2.36%	84.75%±2.84%
740m/s 组	89.67%±1.45%	88.67%±0.33%	89.00%±1.00%	89.67%±2.40%	89.33%±0.67%	88.33%±1.33%
910m/s 组	91.57%±2.93%	87.86%±3.74%	87.86%±3.07%	87.29%±3.74%	89.14%±3.06%	88.00%±2.86%

3. 皮肤损伤

伤后瞬间，防弹衣后凸处的皮肤出现苍白区和红晕区，皮肤损伤面积大小与弹头速度大小正相关 (表 4.15)。

表 4.15 致伤组皮损苍白区及红晕区面积 ($n = 13$)

组别	苍白区面积/cm^2	红晕区面积/cm^2
910m/s 组	27.17±11.18[a]	72.50±14.00
740m/s 组	21.33±3.05	44.33±10.69
590m/s 组	2.33±1.53	13.00±1.73

注：a. 与 740m/s 组、590m/s 组比较，$p < 0.05$。

4. 大体、显微、超微病理改变

所有致伤组实验猪未见椎体、关节突以及棘突、横突、椎弓、椎板等骨折或脱位，910m/s 组可见脊髓蛛网膜下腔出血和脊髓软脊膜下充血、淤血 (22%，2/9) (图 4.30)，肺表面点状出血 (100%，9/9)，心内膜下出血 (33%，3/9)，肝包膜下出血 (33%，3/9)，肾包膜下出血 (56%，5/9)，脑组织未见肉眼观损伤。损伤评估为：平均 MAIS 评分 2.22，中度偏较重度伤。740m/s 组可见肺表面点片状出血 (100%，3/3)，肾包膜出血 (33%，1/3)，脊髓及其他脏器未见肉眼观损伤。损伤评估为：平均 MAIS 评分 2.00，中度伤。590m/s 组可见肺点状出血 (60%，3/5)，肝包膜下出血 (20%，1/5)，脊髓、脑及其他脏器未见肉眼观损伤。损伤评估为：平均 MAIS 评分 1.17，轻度伤。

图 4.30 910m/s 组脊髓、脏器大体损伤

(a) 蛛网膜下腔出血；(b) 脊髓表面挫伤

910m/s 组在光镜下脊髓前角神经元变性皱缩，胞质和细胞核深染，部分细胞胞核消失，尼氏体溶解，轴突变形并崩解，脊髓前角微血管内可见血栓形成 (图 4.31)；电镜下脊髓灰质前角内血管内皮细胞肿胀、渗出，前角运动神经元胞质和胞核溶解，有髓神经纤维内有空泡和板层小体形成，海马无髓鞘神经纤维肿胀，有空泡形成 (图 4.32)。740m/s 组和 590m/s 组未见脊髓显微结构损伤。

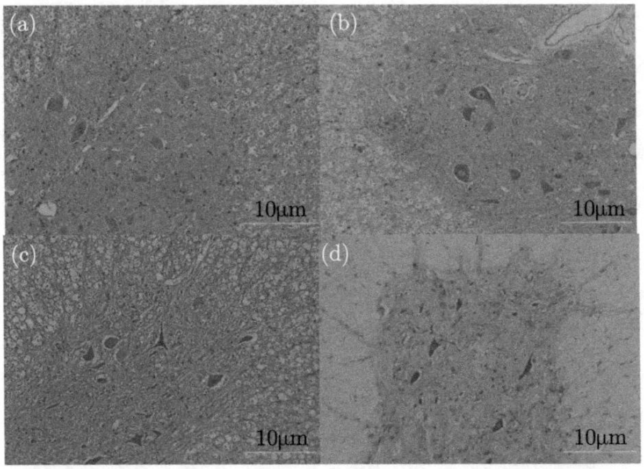

图 4.31 910m/s 组小口径步枪实验弹击中背部防弹衣脊髓显微结构

(a) 假致伤对照组脊髓前角运动神经元 (HE 染色，×200)，细胞无明显肿胀，细胞核清晰；(b) 假致伤对照组脊髓前角运动神经元 (Nissl 染色，×200) 胞质内尼氏体清晰可见；(c) 致伤组脊髓前角运动神经元 (HE 染色，×200) 皱缩变形，微血管内可见血栓形成；(d) 致伤组致伤后脊髓前角运动神经元 (Nissl 染色，× 200) 内细胞核消失，胞质内尼氏体溶解

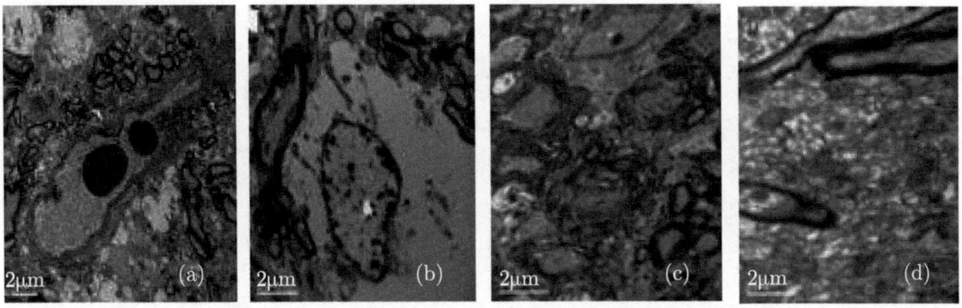

图 4.32 910m/s 组脊髓超微结构

(a) 脊髓前角血管内皮细胞肿胀，间隙内有渗出 (×5000)；(b) 脊髓前角运动神经元 (× 8000) 胞质和胞核溶解；(c) 脊髓有髓神经纤维内空泡形成，板层小体形成 (× 4000)；(d) 海马无髓神经纤维肿胀，胞质出现空泡 (×10000)

5. 体感诱发电位

该电生理检查直接反映脊髓与外周神经传导功能，SEP 潜伏期、波幅变化提示脊髓侧后索上行感觉传导通路异常。步枪实验弹击中猪背部防弹衣后，伤后 3h 致伤组和假致伤对照组实验猪 SEP 潜伏期与伤前相比无明显差异，但波幅均较伤前降低，且随着步枪实验弹速度增加，致伤组波幅降低值 (伤前值–伤后值) 越

大，与假致伤对照组降低值相比均有显著性差异 ($p < 0.01$)，910m/s 波幅降低值与 740m/s、590 m/s 组有显著性差异 ($p < 0.01$)(表 4.16)。

表 4.16　各实验组股神经诱发电位波幅较伤前降低绝对值

分组	假致伤对照组	590m/s 组	740m/s 组	910m/s 组
波幅降低绝对值/μV	0.58 ± 0.15	$1.92 \pm 0.36^{+}$	$3.22 \pm 0.32^{+}$	$4.33 \pm 0.17^{+\#}$

注：+ 与假致伤对照组相比，$p < 0.01$；# 与 590 m/s 组、740m/s 组相比，$p < 0.01$。

6. 脊髓损伤猪步态评估

910m/s 组的 9 头实验猪均表现出不同程度的双侧后肢肌力为下降，33%(3/9) 实验猪双侧后肢拖行且无法支撑后半部身躯，Kuluz 评分为 5 分；22%(2/9) 实验猪后肢能站立，但不能持久，Kuluz 评分为 7 分；44%(4/9) 实验猪能够行走超过 5 步，但双后肢的膝关节屈曲受限，Kuluz 评分为 9 分。740m/s 组的 3 头实验猪中，有 1 头 (33%) 表现为行走时摇晃但行走能超过 5 步，Kuluz 评分为 8 分；其余实验猪未见运动功能障碍。590m/s 组实验猪均未出现运动功能障碍。针刺有运动障碍的实验动物四肢时，其后肢疼痛反应明显较前肢迟钝。假致伤对照组猪肢体活动正常，提示发射弹药时声响刺激、残留麻醉药物对清醒后实验猪肢体运动能力无明显影响。

7. 脑电图 (EEG)

910m/s 组实验猪伤后 1min，左右额叶和左右顶叶脑电 $\delta \sim \alpha$ 波幅强度均下降，与伤前有明显差异 ($p < 0.01$)。3~6min 后脑电活动逐渐恢复正常，在不同的脑叶，恢复间期有所不同 (图 4.33)。740m/s 组、590m/s 组的实验猪伤后脑电变化与伤前相比，未见有显著差异。

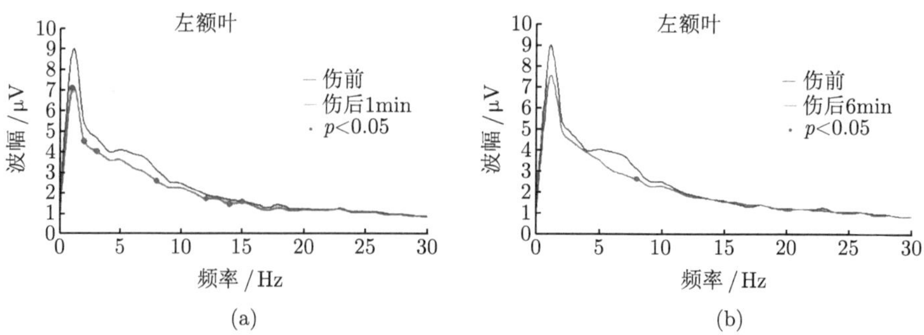

(a)　　(b)

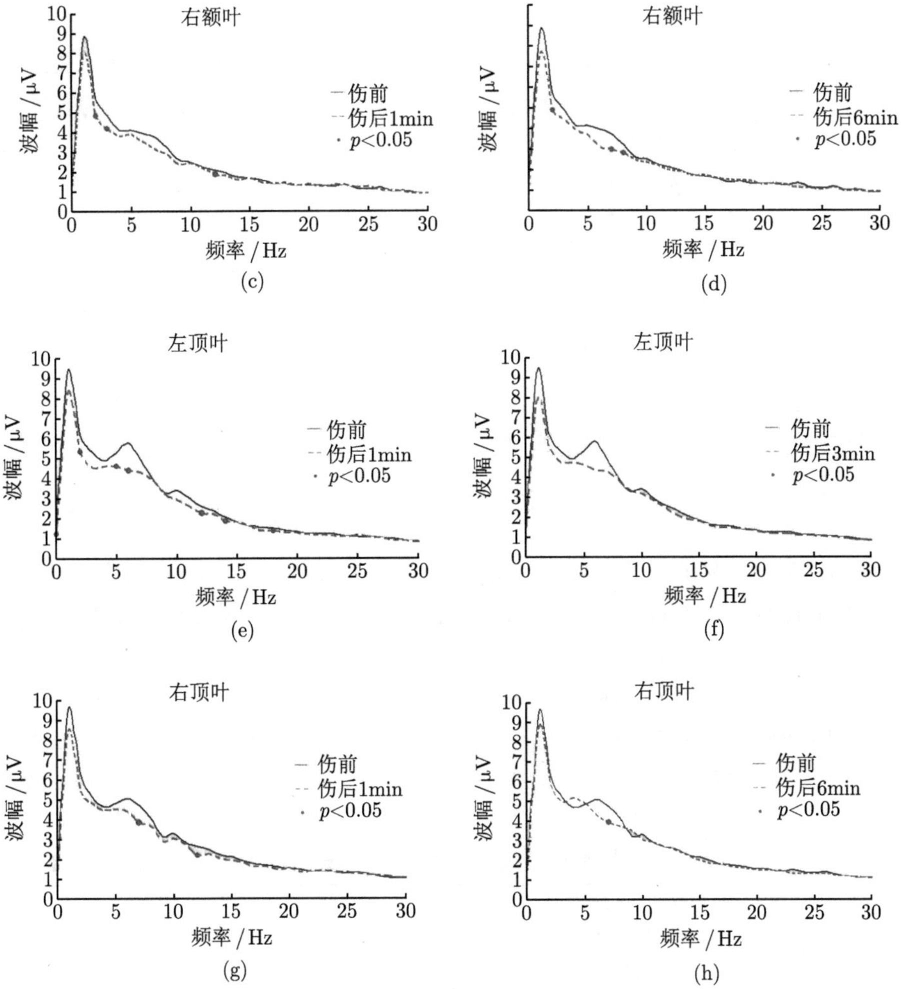

图 4.33 910m/s 组实验猪伤后脑电功率频谱图

(a)～(d) 为额叶脑电变化; (e)～(h) 为顶叶脑电变化；实线代表伤前，虚线代表伤后；点代表伤后波幅均值与伤前值比较差异显著的频率

8. 认知行为评估

910m/s 组的 40%(2/5) 实验猪一过性丧失主动规避学习记忆，进食红盆食物后遭电击，60%(3/5) 实验猪主动规避学习记忆能力减退，频繁试探红盆。实验猪四肢运动能力下降，5 头实验猪中 1 头猪 Kuluz 评分为 5 分，1 头 Kuluz 评分为 7 分，3 头 Kuluz 评分为 9 分，伤后 48h 内实验猪运动功能均恢复正常。

9. 力学参数

三种速度弹头造成脊柱压力峰值见表 4.17，脊柱压力与传感器到 T8 距离线性相关：590m/s 组、740m/s 组和 910m/s 组实验猪脊柱压力峰值与到 T8 的距离的拟合方程分别为：$y=189.88e^{-0.9186x}$，$R^2=0.8895$；$y=630.61e^{-1.2396x}$，$R^2=0.9353$；$y=729.45e^{-1.0178x}$，$R^2=0.9052$。其中 y 为脊柱压力峰值，x 为与 T8 的距离。

表 4.17 与 T8 不同距离脊柱压力峰值 (单位：kPa)

组别	5cm	10cm	15cm
590m/s 组	91.35±48.83	20.81±1.49	14.55±1.48
740m/s 组	220.36±6.15[a]	36.27±9.36	18.47±3.67
910m/s 组	318.83±122.76[ab]	65.13±37.85	41.64±13.90

注：a. 与本组其他距离压力值比较，$p < 0.01$；b. 与本组其他距离压力值比较，$p < 0.05$。

三种弹头速度击中 Ⅲ 级复合防弹衣时颅内压力与椎骨加速度值见表 4.18。脊柱旁肌组织压力 (5cm 处) 和 T10 加速度呈正相关，$y=7.24x+1290.60$，y 为加速度，g；x 为压力，kPa；$R^2=0.85$。颅内压力与脊柱区压力存在正相关关系，$y=0.26x+7.03$，y 为颅内压，kPa；x 为脊柱旁压力，kPa；$R^2= 0.732$。T10 棘突加速度和弹头速度呈正相关，$y=6.14x-1803.80$，y 为加速度，g；x 为弹头速度，m/s；$R^2=0.85$。

表 4.18 颅内压力、椎骨加速度值

组别	左顶叶压力/kPa	T10 棘突加速度/g	加速度持续时间/ms
590m/s 组	38.86±8.67	1947.95±118.39	8.03± 1.89[b]
740m/s 组	41.08 ±7.77	2501.25±226.85	1.25± 0.14[b]
910m/s 组	98.67±36.82[a]	3853.43± 806.02[b]	0.36±0.08

注：由于传感器故障，未测得 740m/s 组致伤后颈动脉相应压力值。a. 与其他实验组比较，$p < 0.05$；b. 与其他实验组比较，$p < 0.01$。

4.7.3 讨论

本研究证实，小口径步枪实验弹击中猪背部 T8 时，Ⅲ 级复合防弹衣未被穿透，所有实验动物未见椎体、关节突以及棘突、横突、椎弓、椎板等骨折或脱位，但脊髓以及心、肺、肝、肾等器官存在不同程度 BABT，弹头速度 910m/s 组可致中偏较重度伤 (平均 MAIS 评分 2.22)，740m/s 组可致中度伤 (平均 MAIS 评分 2.00)，590m/s 组可致轻度伤 (平均 MAIS 评分 1.17)。

1. 脊髓伤

脊髓为延髓的延续，包括中央部的灰质及其周围的白质。灰质分为前后角。前角主要为运动神经元，每个细胞轴突与其所支配骨骼肌纤维合成一个运动单元。该细胞受损可引起骨骼肌收缩无力，严重者引起瘫痪。后角主要为感觉神经元，主司浅感觉 (痛、温、触觉)、本体感觉、内脏觉、复合感觉等。白质由密集的脊髓纤维组成，为神经传导通路，分为脊髓向脑传达的上行束和从脑传向脊髓的下行束。脊髓被膜由外向内分为硬脊膜、蛛网膜、软脊膜。

肢体运动功能障碍是脊髓损伤最直接的证据之一。对于人类而言，常根据肢体主动运动和抗阻力情况将脊髓损伤后肢体的肌力分为 6 级。但在评判实验猪脊髓损伤后肢体的肌力时，如果采用此方法，常难以准确地描述损伤肢体抗阻力情况。本研究采用 Kuluz 的猪脊髓损伤后的步态评分方法 (10 分法) 对致伤后动物的肌力进行判定，该方法将伤后肢体的运动和行走情况分成 10 个等级 (10 分)，5 分以下表示肢体有严重肌力障碍。

小口径步枪实验弹击中背部脊柱区 Ⅲ 级复合防弹衣可导致脊髓轻度挫伤，属脊髓震荡伤类型，大体病理改变为脊髓蛛网膜下腔出血，脊髓软脊膜下充血、淤血。组织学检查可见脊髓灰质前角神经元、有髓神经纤维病理变性；电生理检查可见反映脊髓白质上行束传导功能的体感诱发电位波幅降低，实验猪后肢肌力减退，运动障碍等。上述改变以 910m/s 组最明显，严重后肢运动功能障碍发生率为 30%；740m/s 组脊髓挫伤程度低于 910m/s 组弹头所致脊髓伤，无严重后肢运动功能障碍发生；590m/s 组未发生明显脊髓伤。上述脊髓伤属脊髓震荡伤，伤后 48h 内肢体运动功能障碍均恢复正常。

弹头击中背部脊柱防弹衣时产生冲击压力是造成脊髓 BABT 的主要力学因素。对脊柱棘突处压力检测表明，弹头速度与椎骨处压力、加速度变化线性相关。椎骨加速度与所受外力的合力大小成正比。910m/s 组距 T8 5cm 处压力可达 318.83kPa，T10 椎骨处加速度 3853g；740m/s 组距 T8 5cm 处压力为 220.36kPa，T10 处加速度为 2501.25g。脊柱和脊髓的力学特性差异大，在冲击压力作用下，椎骨和椎骨内脊髓变形运动不同步，脊髓与椎骨产生剪切应力，造成脊髓损伤，故大体解剖可见脊髓软脊膜下充血、淤血及蛛网膜下腔出血等。

2. 脑、胸腹腔器官损伤

脑电图 (EEG) 是通过脑表面电极记录下来的深层脑细胞群的自发性、节律性电活动，是临床判定常用脑功能检查的电生理指标。脑结构损伤以及功能紊乱时，脑电频谱和波幅可发生变化。研究表明，910m/s 组实验猪伤后出现与脑挫伤时脑电类似的变化 [31]，左、右额叶和左、右顶叶脑电 $\delta \sim \alpha$ 波幅强度均较伤前明显下降，740m/s 组、590m/s 组实验猪伤后脑电变化与伤前比较未见有显著差异。结合检测到的 910m/s 组颅内压力在弹头击中瞬间达 98.67kPa，电镜下海马神经元无髓鞘神经纤维肿胀，实验猪有主动规避学习记忆减弱或一过性丧失等认知改变，提示实验猪存在轻度脑损伤。

高速弹头击中背部脊柱区陶瓷复合防弹衣所致脑损伤机制可能与背部弹道冲击力传至脑有关。目前对背部弹道冲击力通过何种途径传至脑尚不清楚，推测可能通过椎骨、脑脊液两条通路传递。脊柱经寰枕关节与颅骨相连，压力波可经椎骨传至脑。此外，脊髓蛛网膜下腔上接第四脑室，腔内充满的脑脊液总量可达 130~150mL。按照帕斯卡原理，加在密闭液体上的压强，能够大小不变地向各个方向传播。因此，经脑脊液传播可能是背部脊柱区复合防弹衣被高速步枪弹击中时压力波传播的主要途径，需要对此进一步研究。

研究发现，胸腔器官 (肺、心)、腹腔器官 (肝、肾) 也存在轻至中度损伤，大体病变为器官包膜下出血，且随着弹头速度的增加，器官损伤的概率增加。本研究注意到，步枪弹击中背部所致肺包膜下出血程度及范围不及击中胸部，前者肺出血多为点状，大多为浅表肺组织，后者出血大小以片状居多，常见肺深层组织出血。这可能是由于猪胸廓背部与背部 12 根肋骨后端均借肋头关节和肋横突关节与胸椎相连，胸廓前部仅有 1~7 肋骨与胸骨相连，因而防弹层后凸撞击背部脊柱区时，胸廓背部向前移动幅度远不如胸廓前部，故造成的胸腹腔器官损伤相对较轻。

4.8 典型步枪弹非穿透胸部防弹衣生物损伤效应

4.8.1 实验方法

1. 动物分组与致伤

采用体重 40~60kg 雄性长白家猪 ($n = 16$)，随机分为 3 组，分别为 SS109 枪弹组 ($n = 5$)、56 式 7.62mm 步枪弹组 ($n = 6$)、假致伤对照组 ($n = 5$)。以 3% 戊巴比妥钠静脉注射麻醉实验猪，行右侧股动脉切开术置入三通管，用于采集动脉血和进行有创动脉血压 (IBP) 监测，将 Ⅲ 级复合防弹衣覆盖猪胸部，用绳索固定，使其紧贴胸部。采用调整速度的方式使两种枪弹弹头着靶动能相近，弹着点为侧卧位胸部左侧锁骨中线 4~6 肋，假致伤对照组除发射空包弹外，余同步枪弹组。

2. 生理、病理观察

射击后观察背部皮损特点及范围，记录陶瓷防弹插板后凸值和面积。射击前后记录肢体导联心电图，检测动脉血压、心率、呼吸变化。将血氧仪传感器套在刮除毛发的猪尾，测定 SpO_2。

取击中 Ⅲ 级复合防弹衣以前及击中后动脉血，检测血清中心肌损伤标志物肌酸激酶同工酶 (creatine kinase-MB，CK-MB) 活性、心肌敏感肌钙蛋白 I(cardiac-specific troponin I，cTnI)，计算击中后较击中前升高比值 (升幅)(升高比值 =(击中后值 − 击中前值)/击中前值)。射击 3~6h 后，静脉注射过量麻醉药物予以安乐死，观察心脏、肺脏、脑组织等大体病理改变，以 AIS 评估解剖损伤程度；对肺脏背面、腹面均拍照，以 PS CS3 软件选肺出血部位，计算出血部位像素值占全肺像素值的比例。心、肺局部组织取材部位均在肉眼可见出血点以外 5cm 处，取材后置于 4%多聚甲醛内固定，石蜡包埋、切片，行常规 HE 染色，显微镜下观察病理损伤特点。

3. 高速摄影观察复合防弹衣后凸变形

将 Ⅲ 级复合防弹衣固定在特制固定架上，架后不放置实验动物，以高速摄影观察 SS109 枪弹、56 式 7.62mm 步枪弹击中防弹衣瞬间，防弹衣背面后凸变形特点。每组至少取得 3 发有效数据。

4.8.2 实验结果

1. III 级复合防弹衣变形与皮肤损伤

陶瓷防弹插板未被击穿，弹头破碎，墩粗变形弹心嵌于防弹插板中，防弹插板背板以及 II 级防弹衣后凸变形，56 式 7.62mm 步枪弹组防弹插板背板后凸高度 (5.00±2.29)mm，明显大于 SS109 枪弹组的 (4.13±0.98)mm。

防弹衣后胸部皮肤形成分界明显的苍白区，未见皮肤破损，56 式 7.62mm 步枪弹组皮肤苍白区面积明显大于 SS109 枪弹组 (图 4.34、图 4.35)。

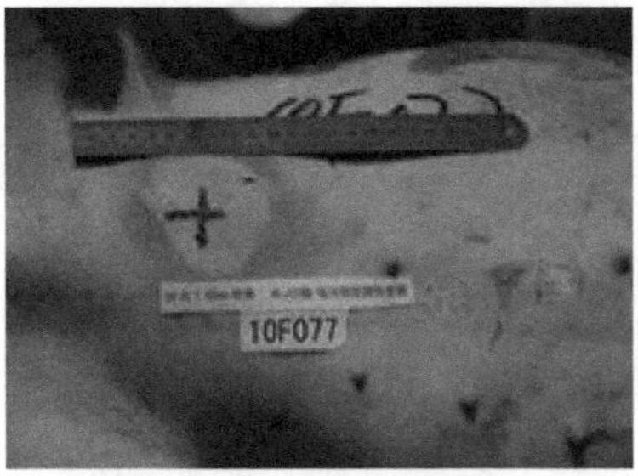

图 4.34 56 式 7.62mm 步枪弹组皮损苍白区

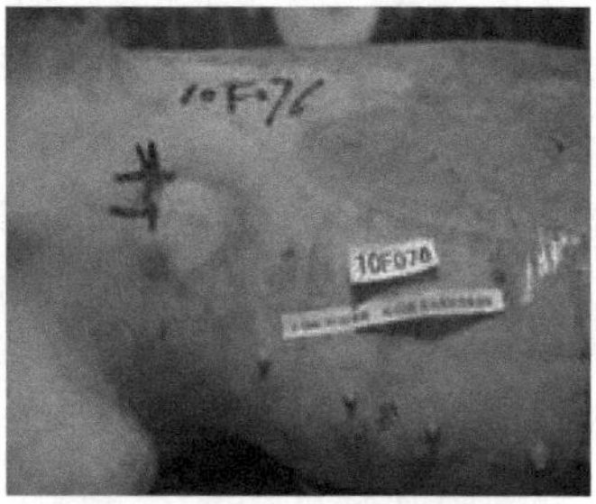

图 4.35 SS109 枪弹组皮损区

2. 存活及呼吸、循环状况

实验观察期间，两个实验弹组别实验猪均活存。实验猪心率、呼吸率、动脉血压、SpO_2 略有波动 (表 4.19)，与伤前差别无统计学意义。心电图检测示，56

式 7.62mm 步枪弹组 50%(3/6) 实验猪出现心肌缺血的异常心电，如双相 T 波、S-T 抬高、QS 波等 (图 4.36)，SS109 枪弹组心电未见明显异常。

表 4.19 击中复合防弹衣前后 SpO_2

组别	伤前	伤后						
		瞬间	2min	5min	10min	15min	20min	30min
对照组	95.0%±3.2%		94.7%±2.7%	95.3%±3.5%	94.4%±5.9%	95.0%±10.0%	93.8%±8.9%	95.5%±2.6%
7.62mm	94.0%±2.6%	93.3%±3.0%	85.0%±13.0%	88.7%±10.2%	89.2%±7.4%	89.8%±4.6%	89.6%±8.0%	92.8%±2.6%
SS109	91.8%±4.7%	90.5%±2.1%	89.5%±2.1%	89.5%±4.9%	95.5%±6.4%	98.3%±1.5%	98.7%±1.1%	88.8%±5.0%

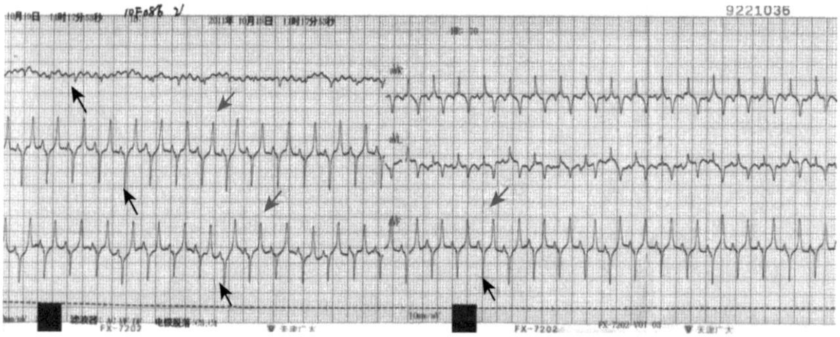

图 4.36 56 式 7.62mm 步枪弹组伤后 1、2、3、aVF 导联出现 QS 波 (↖) 伴 2、3、aVF 导联 T 波高尖 (↙)

3. 大体与显微病理改变

两个组别的实验猪的损伤评估分别为：56 式 7.62mm 步枪弹组的平均 MAIS 评分为 3.17，较重偏重度伤；SS109 枪弹组的平均 MAIS 评分为 2.00，中度伤。

肺脏肉眼观损伤以肺膜下浅表点、片状出血为主，部分动物肺深层出血严重，肺叶呈肝样实变，出血部位大多位于复合防弹衣后凸撞击处 (图 4.37、图 4.38)，未见胸膜破裂，肺撕裂，支气管，细支气管断裂，肺大血管损伤。7.62mm 步枪弹组肺脏点状出血 (1/6)、片状出血 (1/6)，伴实变 (2/6)，肺脏出血面积占全肺百分比为 6.00%±3.18%；5.56mm 步枪弹组肺脏点状出血 (4/5)、片状出血 (1/5)，肺脏出血面积占全肺百分比为 3.95%±2.13%，两组相差显著 ($p<0.05$)。显微病理观察，两组均可见肺泡间隔破裂、出血、肺大疱，56 式 7.62mm 步枪弹组显微病理改变较 SS109 枪弹组重。

心脏肉眼观损伤以心内膜、外膜下、乳头肌、瓣膜出血为病理特征。56 式 7.62mm 步枪弹组心脏心内膜点状出血 (3/6)、二尖瓣瓣膜点状出血 (3/6)、三尖瓣瓣膜点状出血 (1/6)、心外膜片状出血 (1/6)，SS109 枪弹组心内膜点状出血 (2/5)、二尖瓣瓣膜点状出血 (3/5)、心包积血 (1/5)。显微病理观察，两组均可见心肌纤维断裂、心肌出血等显微结构损伤，56 式 7.62mm 步枪弹组重于 SS109 枪弹组。

部分实验猪脑可见软脑膜下血管充血、出血，56 式 7.62mm 步枪弹组发生率为 50%(3/6)，SS109 枪弹组发生率为 20%(1/5)。

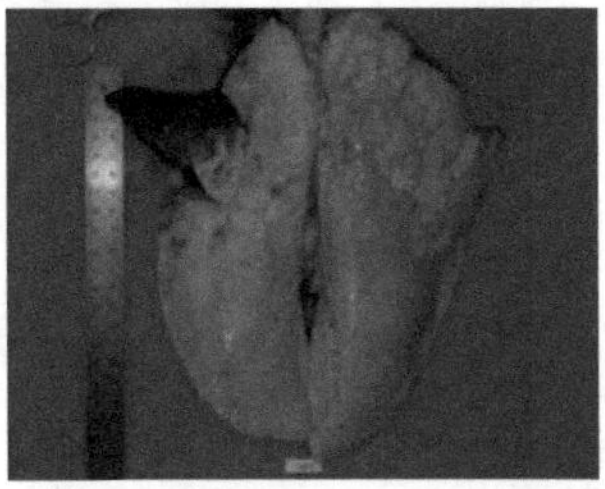

图 4.37 56 式 7.62mm 步枪弹组
左肺中叶片状出血、实变

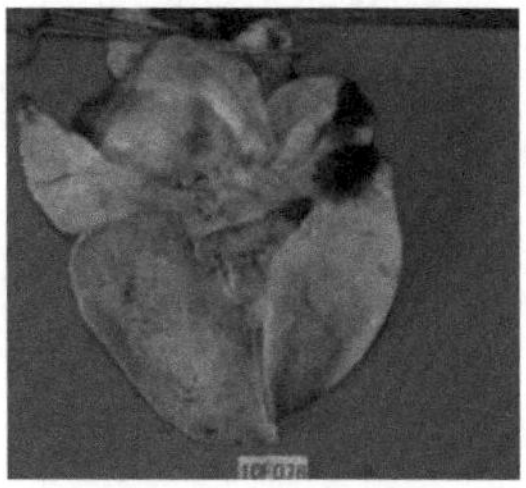

图 4.38 SS109 枪弹组
左肺中叶、后叶片状出血

4. 血浆心肌损伤标志物

CK-MB 为磷酸肌酸激酶 (CK) 的亚型，主要存在于心肌细胞胞质中，参与细胞内能量运转、心肌收缩、ATP 再生。在急性心肌损伤早期，心肌纤维胞质 CK-MB 由损伤细胞膜“漏入”循环血，造成血中活性水平常异常升高。心肌肌钙蛋白 I(cTnI) 为肌钙蛋白的一种异构体，具有较高的心肌特异性。在心肌细胞完整性破坏时，cTnI 进入血液中。血清 cTnT 含量异常升高是心肌损伤特异性的、较灵敏的标志。伤后 3h，56 式 7.62mm 步枪弹组血清 CK-MB 活性、TnT 含量均较击中前上升，56 式 7.62mm 步枪弹组升幅大于 SS109 枪弹组 (表 4.20)。

表 4.20 伤后 3h 血清心肌损伤标志物较伤前升幅值

组别	CK-MB	cTnI
56 式 7.62mm 步枪弹组	1.30±0.30	0.49±0.21
SS109 枪弹组	0.41±0.17	0.22±0.07

5. 高速摄影复合防弹衣后凸变形特点

复合防护层在击中瞬间发生后凸变形，达到最大变形后逐渐缩小至最终变形，持续 10ms 左右。后凸变形以 56 式 7.62mm 步枪弹组较大，SS109 枪弹较小；到达最大变形的时间以 56 式 7.62mm 步枪弹组较快，SS109 枪弹组较慢 (表 4.21)。

表 4.21 防弹衣瞬间后凸变形参数

组别	防弹板瞬间最大变形/cm	防弹板残余最终变形/cm	到达最大变形时间/ms	变形速度/(m/s)
SS109 枪弹组	2.73±0.20	1.56±0.40^{b}	1	27.3
56 式 7.62mm 步枪弹组	3.00±0.14^{a}	1.45±0.07^{b}	0.75^{a}	40^{a}

注：a. 与其他组比较，$p < 0.05$；b. 与同组瞬间最大变形量比较，$p < 0.05$。

4.8.3 讨论

本实验采用了两种不同类型的弹头，相近的撞击动能 1800J。研究证实，此两种结构不同、动能相近的弹头分别击中猪胸部 Ⅲ 级复合防弹衣时，56 式 7.62mm 步枪弹所造成的 BABT 大体损伤程度较 SS109 枪弹高 1 个等级 (平均 MAIS 评分 3.17 vs 2.00)，同时，伤后 56 式 7.62mm 步枪弹组心电异常发生率、血浆心肌损伤标志物水平较 SS109 枪弹组高，心脏、肺脏显微病理损伤程度重。上述结果提示，动能相近、结构不同的步枪实验弹所致 Ⅲ 级复合防弹衣后 BABT 差别明显。

防弹衣后凸变形量与变形速度是决定 BABT 损伤程度的主要力学因素，高速摄影证实，56 式 7.62mm 步枪弹击中防弹衣时，其瞬间后凸变形量、变形速度分别为 SS109 枪弹的 110%和 147%。由于侵彻时弹头破碎，侵彻 Ⅲ 级复合防弹衣的实体为钢质弹心，56 式 7.62mm 步枪弹钢心质量 (4.75g) 大，SS109 枪弹钢心质量 (0.66g) 小，二者动能相差约 3.6 倍，因此，56 式 7.62mm 步枪弹造成伤情较重。

参 考 文 献

[1] Carey M E, Herz M, Corner B, et al. Ballistic helmets and aspects of their design. Neurosurgery, 2000, 47(3)：678-689.

[2] Prat N, Rongieras F, Sarron J C, et al. Contemporary body armor: technical data, injuries, and limits. European Journal of Trauma and Emergency Surgery, 2012, 38: 95-105.

[3] 王书勤, 孙燕侠. 防弹衣的变迁. 轻兵器, 2001, (6): 68-70.

[4] Tong D, Beirne R. Combat body armor and injuries to the head, face, and neck region: a systematic review. Military Medicine, 2013, 178(4): 421-426.

[5] Liu W W, Taylor B. The effect of body armor on saving officers' lives: an analysis using LEOKA data. J Occup Environ Hyg, 2017, 14(2): 73-80.

[6] Shepard G H, Ferguson J L, Foster J H. Pulmonary contusion. Ann Thorac Surg, 1969, 7(2): 110-119.

[7] Carroll A W, Soderstrom C A. A new nonpenetrating ballistic injury. Ann Surg, 1978, 188(6): 753-757.

[8] Wallace D, Rayner S. Combat helmets and blast traumatic brain injury. Journal of Military and Veterans' Health, 2012, 20(1): 10-17.

[9] Ling G, Bandak F, Armonda R, et al. Explosive blast neurotrauma. J Neurotrauma, 2009, 26(6): 815-825.

[10] National Research Council. Testing of Body Armor Materials: Phase Ⅲ. Washington D C: The National Academies Press, 2012.

[11] Knudsen P J, Gøtze H. Behind armour blunt Trauma. Trials Report 02/97. Oksbøl, Denmark: Danish Army Combat School, 1997.

[12] Bass C R, Salzar R S, Lucas S R. Injury rick in behind armor blunt. JOSE, 2006, 12(4): 430-442.

[13] 苏正林. 步枪弹射击防弹衣后长白猪远达脑损伤的特点及机制研究 (硕士论文). 重庆: 第三军医大学, 2012.

[14] 张波. 步枪弹致背部复合防弹衣后脊柱脊髓钝性损伤特点及损伤机理研究 (博士论文). 重庆: 第三军医大学, 2012.

[15] 黄艺峰. 手枪弹击中防弹头盔致颅脑损伤特点及机理研究 (硕士论文). 重庆: 第三军医大学, 2012.

[16] 王凌青. 不同弹体结构步枪弹致防弹衣后钝性伤特定及其生物力学机制 (硕士论文). 重庆: 第三军医大学, 2013.

[17] Garner J P, Watts S, Parry C, et al. Development of a large animal model for investigating resuscitation after blast and hemorrhage. World Journal of Surgery, 2009, 33(10): 2194-2202.

[18] 许琴, 徐新明, 张东辉, 等. 新疆长白猪皮肤组织结构与人皮肤组织结构的比较. 实验动物科学, 2011, 28(3): 34.

[19] Busscher I, Ploegmakers J J W, Verkerke G J, et al. Comparative anatomical dimensions of the complete human and porcine spine. Eur Spine J, 2010, 19(7): 1104-1114.

[20] Gieling E T, Nordquist R E, van der Staay F J. Assessing learning and memory in pigs. Anim Cogn, 2011, 14: 151-173.

[21] Breeze J, James G R, Hepper A E. Perforation of fragment simulating projectiles into goat skin and muscle. J R Army Med Corps, 2013, 159(2): 84-89.

[22] 美国机动车医学促进会 (AAAM). 简明损伤定级标准 (AIS2005). 重庆市急救医疗中心, 编译. 重庆: 重庆出版社, 2006.

[23] Committee on Review of Test Protocols Used by the DoD to Test Combat Helmets; Board on Army Science and Technology; Division on Engineering and Physical Sciences; National Research Council. Review of Department of Defense Test Protocols for Combat Helmets. http://www.nap.edu/catalog.php?record_id=18621.

[24] Prat N, Rongieras F, Sarron J C, et al. Contemporary body armor: technical data, injuries, and limits.Eur J Trauma Emerg Surg, 2012, 38(2)：95-105.

[25] Gryth D, Hemodynamic, respiratory and neurophysiological reactions after high-velocity behind armor blunt trauma. Stockholm: Karolinska Institutet, 2007.

[26] Kaye M P, McDonald R H, Randall W C. Systolic hypertension and subendocardial hemorrhages produced by electrical stimulation of the stellate ganglion. Circulation Research, 1961, 11(11): 1164-1170.

[27] Kneubuehl B P. Wound Ballistics: Basics and Applications. Translation of the revised third German edition (2008). Berlin: Springer, 2011: 224.

[28] Suneson A, Hansson H A, Seeman T. Pressure wave injuries to the nervous system caused by high-energy missile extremity impact: Part Ⅱ. Distant effects on the central

nervous system—a light and electron microscopic study on pigs. The Journal of Trauma, 1990, 30(3): 295-306.

[29] Courtney A, Courtney M. Links between traumatic brain injury and ballistic pressure waves originating in the thoracic cavity and extremities. Brain Injury, 2007, 21(7): 657-662.

[30] Kuluz J, Samdani A, Benglis D, et al. Pediatric spinal cord injury in infant piglets: description of a new large animal model and review of the literature. J Spinal Cord Med, 2010, 33(1): 43-57.

[31] Drobin D, Gryth D, Persson J K E, et al. Electroencephalogram, circulation, and lung function after high-velocity behind armor blunt trauma. J Trauma, 2007, 63(2): 405-413.

第 5 章　杀伤效应模拟实验

5.1　概　　述

杀伤效应模拟实验的目的是：通过实验手段来认识武器装备的杀伤作用特点、效果及其过程，分析杀伤作用主要参数与效应现象的关系，探索杀伤机制和提取内在物理规律，定量地判定武器装备的杀伤作用性能。

杀伤效应模拟实验的测试内容包含杀伤元参数和靶标内杀伤效应表征参数两个方面。通常情况下，杀伤元参数指杀伤元在命中靶标前的状态参量和命中靶标后的状态变化过程参量，主要有: 杀伤元着靶速度、着靶角度、杀伤元在靶标内的速度和姿态等。靶标内杀伤效应表征参数主要有：靶标内的空腔发展演变过程、能量传递量、最大瞬时空腔直径和靶标内的压力等 [1]。

针对不同的测试对象需要采用不同的实验方法，例如：使用光电靶测试杀伤元着靶速度，使用脉冲 X 射线或者高速摄影测试靶标内杀伤元和空腔运动过程 [2]，使用压电式压力传感器 [3] 测试靶标内的压力等。20 世纪 70 年代以前，杀伤效应模拟实验一般是先采用注水法测量杀伤元射击肥皂靶标后的空腔容积，再沿弹道轴线切开肥皂靶标，并将其切成厚度相等的片状，测量内部永久空腔的窄伤道长度、最大空腔直径及横截面积等特征参数。20 世纪 70 年代后，采用明胶靶标的研究逐渐增多，系统性地开展了各种类型枪弹和破片对明胶靶标侵彻效应实验 [4,5]。我国创伤弹道实验研究在 20 世纪 80 年代才具备高速摄影和脉冲 X 射线实验条件，曾经使用阴影条纹摄影机测试弹头着靶和出靶时的速度与姿态数据，也使用过脉冲 X 射线照相系统，用来获取杀伤元在靶标内部的运动以及空腔变化过程的瞬态图像，但是不能得到连续图像数据，当时通常采用射击一组杀伤元的方法，调整每发弹不同的 X 射线曝光时间，来近似得到杀伤元在靶标内不同位置上的运动轨迹 [6]。20 世纪 90 年代，我国的军用标准 GJB 3196—98《枪弹试验方法》中，给出了采用切片法测试肥皂靶标内空腔容积的方法，以及使用脉冲 X 射线测试弹头在靶标内的速度、能量衰减、翻滚角度的方法 [7]。

2010 年前后，我国在杀伤效应模拟实验方面，应用现代高速摄影测试方法以及靶标内置压力传感器的压力效应测实方法 [8]，对无防护和有防护两种靶标状态，开展了大量的模拟实验研究，获取了丰富的实验数据，建立了一套更加先进的杀伤效应模拟实验方法，极大地推动了这一时期国内杀伤效应理论和评估的研究进展。本章内容就是基于这一时期的研究成果，介绍有、无防护情况下的杀伤元侵彻靶标过程测试方法和靶标内压力测试方法以及二者的误差分析，并列举了丰富的杀伤效应模拟实验实例，供读者参考。

5.2　杀伤元侵彻明胶靶标过程测试

杀伤元侵彻靶标过程主要采用高速摄影测试方法。在无防护情况下的主要测试参数包括杀伤元在靶标内的运动过程、靶标内的窄伤道长度和瞬时空腔变化过程、瞬时空腔直径以及杀伤元着靶状态参数等。有防护靶标情况下的主要测试参数包括防弹衣变形情况、杀伤元着靶状态参数等。本节按照测试方案、典型实验测试结果、杀伤元运动特征和瞬时空腔演化过程特征总结等几个方面进行介绍。

5.2.1　测试方案

测试方案总体布局见图 5.1，在模拟靶标的前方设置一套光电靶，用于获取杀伤元的着靶速度；在模拟靶标的侧方布置高速摄影，用于获取杀伤元在靶标内的运动过程以及靶标内空腔演变过程，如果需要正交拍摄，一般是在靶标正侧方和正下方各布置一台高速摄影相机；同时，在高帧频拍摄方式下，环境光源光强不够，需单独配置一套光源增强设备。

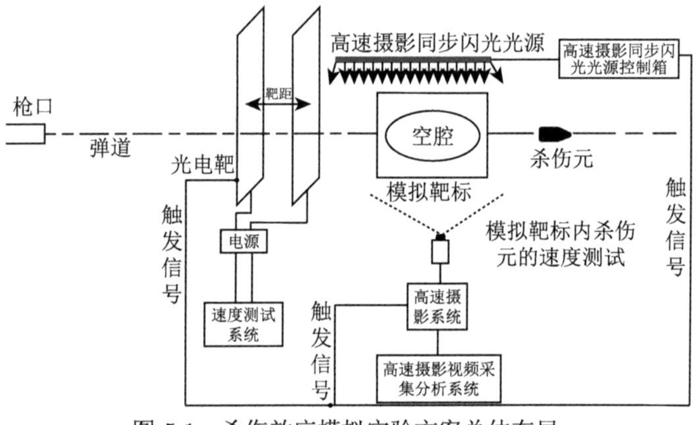

图 5.1　杀伤效应模拟实验方案总体布局

1. 测试设备及其配置要求

由于高速摄影测试是对空间–时间关系的捕捉，因此制定高速摄影测试方案时主要考虑高速摄影的空间分辨率和时间分辨率两方面。首先，从空间分辨率上考虑，实验中应选择最佳的镜头焦距及拍摄距离，在保证覆盖目标区域的前提下，有足够的图像分辨率；其次，从时间分辨率上考虑，单张照片的曝光时间应尽可能短，拍摄帧频应足够高；最后，补充光源，如果采用脉冲光源，应该覆盖杀伤元的整个侵彻作用时间，确保高速摄影拍摄时有足够的光强 [9]。高速摄影测试参数配置如表 5.1 所示。

表 5.1 高速摄影测试参数配置

参数	配置
拍摄帧频	手枪弹：不低于 10000f/s；步枪弹：不低于 20000f/s
曝光时间	手枪弹：不超过 15μs；步枪弹：不超过 10μs
分辨率	不低于 640×480ppi
视场区间	覆盖靶标前方 10cm 和靶标后方 10cm
触发后采集数据时间长度	不小于 2s
独立光源的曝光时间	不小于 2s
独立光源的光强	不小于 80000cd
测速范围	20～2000m/s
测试目标直径	2～20mm

2. 实验流程

高速摄影测试的实验流程见图 5.2。

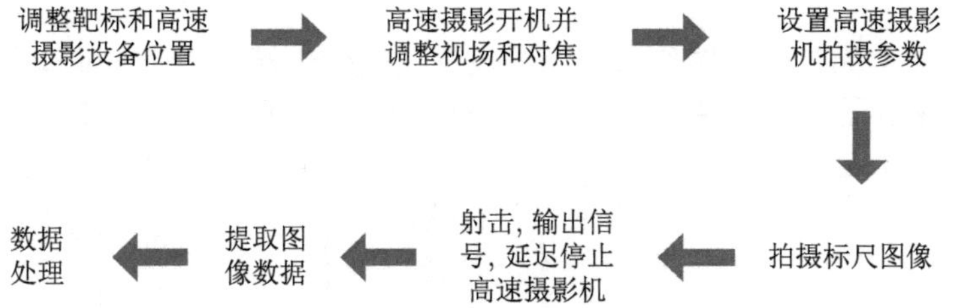

图 5.2 高速摄影实验流程

(1) 先调整靶标和高速摄影设备的位置，使得高速摄影机正对靶标放置，安全起见，高速摄影机与靶标间距不小于 3m；

(2) 打开高速摄影机，调整光源、视场和对焦，使得拍摄的图像范围足够大，且清晰度最好；

(3) 根据杀伤元运动速度和拍摄区域大小，调整高速摄影机分辨率、拍摄帧频和曝光时间等参数；

(4) 将水平尺放置在靶标正上方中轴线位置，静态拍摄水平尺，假定在拍摄图像上选取的水平尺长度为 A，在该长度内能够读取的像素数量为 B，则高速摄影图像的标尺系数为

$$k = A/B \tag{5.1}$$

(5) 开始射击，高速摄影机数据读取模式采用前触发或后触发方式，数据采集时间不小于 2s，确保拍摄到杀伤元侵彻的完整过程；

(6) 截取并保存需要的高速摄影图像数据，进行数据处理。

3. 数据处理方法

高速摄影图像数据的处理是围绕实验需求进行的，在杀伤效应模拟实验中，高速摄影图像通常需要处理的主要数据有：杀伤元在靶标内速度、杀伤元在靶标内能量传递量、靶标内瞬时空腔容积或直径、防弹衣鼓包尺寸等。

1) 杀伤元在靶标内速度数据处理方法

首先，根据高速摄影机的拍摄帧频，计算出相邻两幅图像的间隔时间 t，设高速摄影机的拍摄频率为 f，则高速摄影图像的时间间隔 $t = 1/f$。选择杀伤元侵彻靶标过程的高速摄影连续图像 (图 5.3)，进行处理。

图 5.3　杀伤元侵彻靶标过程的连续图像

在图 5.3 中的每一张图像上利用图像读取软件选择杀伤元向前运动的特征点，通常选择杀伤元运动中的最前端，读取杀伤元水平运动的水平像素数量和时间，结合标尺系数，得到杀伤元侵彻过程中的瞬时速度计算公式为

$$v = \frac{N \cdot k}{t} \tag{5.2}$$

式中：v 为瞬时速度，m/s；N 为像素数量；k 为标尺系数；t 为运动时间，s。

对杀伤元侵彻过程的高速摄影图像序列按上述方法依次、连续处理，获得杀伤元侵彻明胶靶标过程的速度数据集，就可以进行杀伤元在靶标内的速度衰减过程曲线拟合。在选择曲线拟合方法时，应该结合杀伤元在靶标内的侵彻运动特点进行考虑，例如步枪弹在明胶靶标内的运动过程可以划分为三个阶段：稳定阶段、急剧失稳阶段和失稳后运动阶段，每个阶段的运动状态有较大差别，因此曲线拟合方法采用分段拟合法更好，每一段拟合采用的一元多项式回归模型为

$$v = a_1 s^n + a_2 s^{n-1} + \cdots + a_{n+1} + \varepsilon \tag{5.3}$$

式中：$a_1, a_2, \cdots, a_{n+1}$ 为回归系数；ε 为随机误差。

利用最小二乘法求 $a_1, a_2, \cdots, a_{n+1}$ 的最小二乘估计，使得残差 $\mathrm{RSS} = \sum_i (v_i - \hat{a}_1 s^n + \hat{a}_2 s^{n-1} + \cdots + \hat{a}_{n+1})^2$ 达到最小。结合弹头实际运动规律，添加约束条件为：在分段点处的弹头速度与加速度均唯一确定，求出 $\hat{a}_1, \hat{a}_2, \cdots, \hat{a}_{n+1}$ 的值，得到每一段的速度位移曲线拟合方程：$\hat{v} = \hat{a}_1 s^n + \hat{a}_2 s^{n-1} + \cdots + \hat{a}_{n+1}$。

拟合曲线效果如图 5.4 所示，该曲线更加合理地反映了步枪弹在明胶靶标内的运动过程，拟合程度较好。

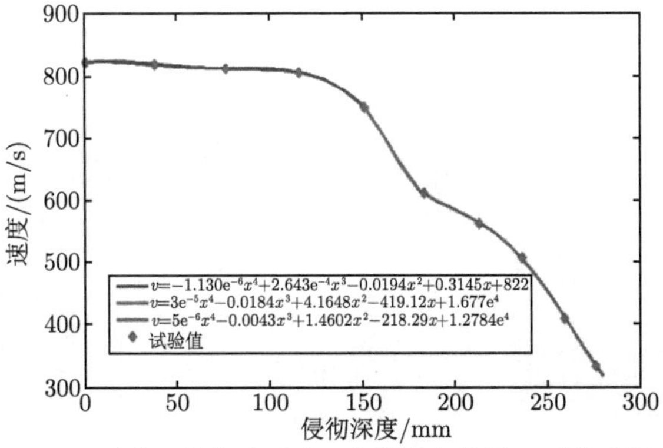

图 5.4 杀伤元靶标内速度 (分段拟合效果) (后附彩图)

球形破片和手枪弹在靶标内的运动过程比较稳定，速度衰减过程不剧烈，不需要采用多段拟合方法。

2) 杀伤元在靶标内能量传递量数据处理方法

杀伤元侵彻肌肉模拟靶标的能量传递量是评估杀伤效应的重要物理参量，对于弹头不破碎的情况，可由式 (5.4) 计算得出。

$$E = \frac{1}{2}m\left(v_{入}^2 - v_{出}^2\right) \tag{5.4}$$

式中：m 为杀伤元的质量，kg；$v_{入}$ 为杀伤元射入模拟肌肉靶标的速度，m/s；$v_{出}$ 为杀伤元射出模拟肌肉靶标的速度，m/s；E 为杀伤元侵彻肌肉模拟靶标的能量传递量，J。

对于破碎弹头，如果破碎的弹体全部留在靶标内，则 $v_{出}$=0m/s。

3) 靶标内瞬时空腔数据处理方法

首先，不同杀伤元造成的瞬时空腔的形状是不同的。球形破片、手枪弹和步枪弹形成的瞬时空腔形状见图 5.5，可以明显看出三者有很大差异。其中，球形破片形成的瞬时空腔是最规则的，几乎都是规则的圆锥体；大多数手枪弹形成的瞬时空腔形状近似为两段圆柱体；步枪弹形成的最大瞬时空腔，几乎都是一个巨大的球体空腔。

其次，步枪弹形成的瞬时空腔整体形状通常是不规则的，因此不能很准确地获取瞬时空腔容积数据，而瞬时空腔直径数据在图像上是可以较准确获取的。通过在水平和垂直两个方向上布置高速摄影机，对比水平和垂直两个视场方向上的瞬时空腔演变过程，除个别实例中二者有较大差异外，大部分实例中，两个方向上的瞬时空腔演变过程是一致的，尤其是最大瞬时空腔的形状基本一致，最大直径差异不显著，并且一般是水平方向的空腔略大，如图 5.6 所示，这可能是由于靶标内的瞬时空腔膨胀是按照球面波形式膨胀，因此两个方向上瞬时空腔形状基本一致。

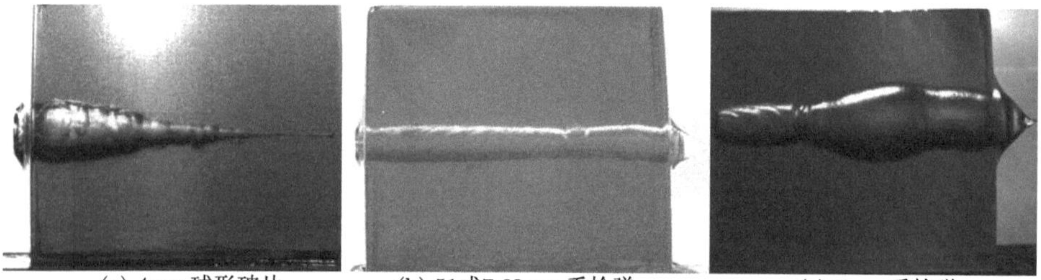

(a) 4mm 球形破片　(b) 51式7.62mm 手枪弹　(c) 9mm 手枪弹

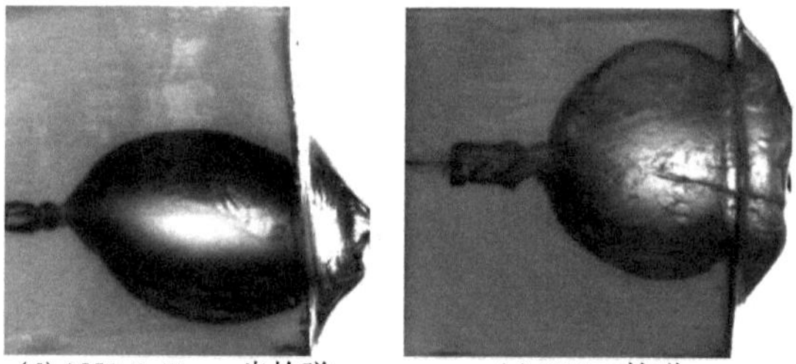

(d) 7N6 5.45mm 步枪弹　(e) SS109枪弹

图 5.5　典型杀伤元最大瞬时空腔对比

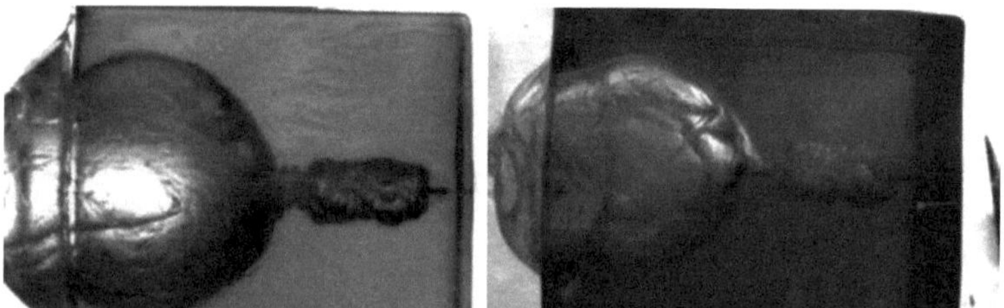

(a) 水平位置相机拍摄　(b) 垂直位置相机拍摄

图 5.6　水平和垂直两个位置相机同步拍摄步枪弹瞬时空腔 (后附彩图)

因此，不同杀伤元形成的瞬时空腔的数据处理方法是不同的。

A. 球形破片或手枪弹瞬时空腔容积处理方法

球形破片类杀伤元造成的空腔是非常规则的圆锥形或圆柱形，因此可以按照圆锥体计算最大瞬时空腔容积数据，见图 5.7。从高速摄影机所拍摄的多幅图像中找出瞬时空腔变化到最大位置的一幅图像，先利用高速摄影软件读出瞬时空腔的直径和高度在图像中占有多少像素，再利用标尺系数，计算得到瞬时空腔 (锥体) 的直径和高度，最后通过式 (5.5) 计算出瞬时空腔容积。

$$V = \frac{1}{12}\pi d^2 h \tag{5.5}$$

式中：d 为瞬时空腔底面的直径，m；h 为瞬时空腔的高度，m；V 为瞬时空腔容积，m^3。

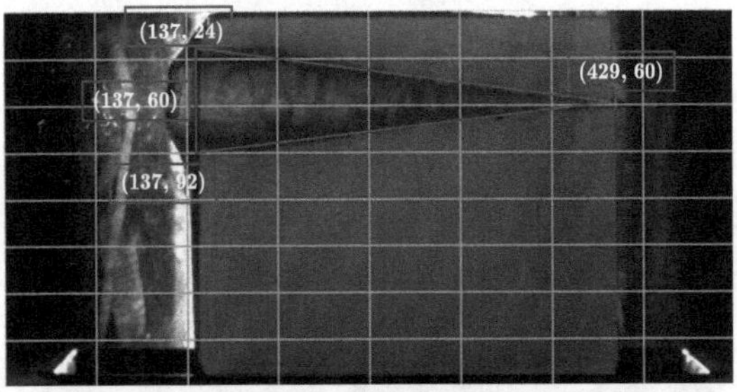

图 5.7 破片瞬时空腔容积计算示意图

B. 步枪弹瞬时空腔直径数据处理方法

先从高速摄影机所拍摄的多幅图像中找出瞬时空腔变化过程的一组图像，再在每一幅图像上判读出瞬时空腔直径所占像素数量，见图 5.8，再通过标尺系数，计算得到每幅图像上的瞬时空腔直径。

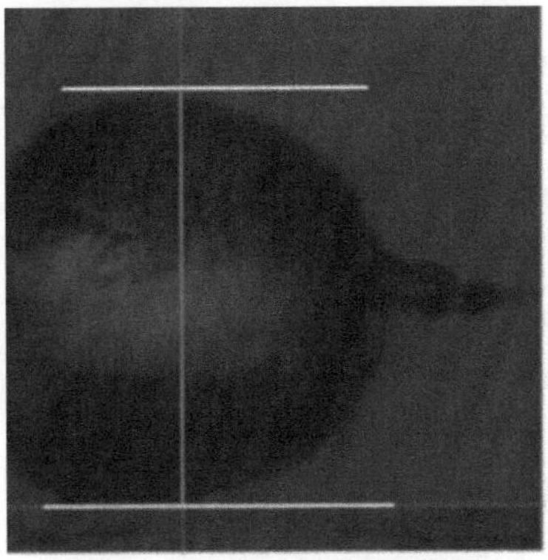

图 5.8 瞬时空腔直径判读

由于每个时刻都有一个瞬时空腔最大直径数据，将其绘制成曲线，就可以获得弹头在明胶靶标中瞬时空腔直径变化的曲线数据图，见图 5.9，该数据曲线充分反映了瞬时空腔的膨胀和收缩过程。

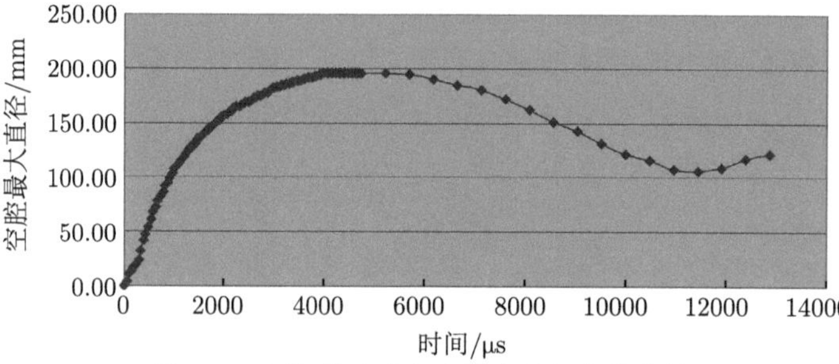

图 5.9 步枪弹瞬时空腔最大直径变化曲线

4) 防弹衣鼓包尺寸数据处理方法

在有防护杀伤效应模拟实验中，使用高速摄影测试方法获取防弹衣变形数据，其主要数据结果是杀伤元侵彻过程中的防弹衣鼓包变形数据，通常情况下的高速摄影图像序列如图 5.10 所示。

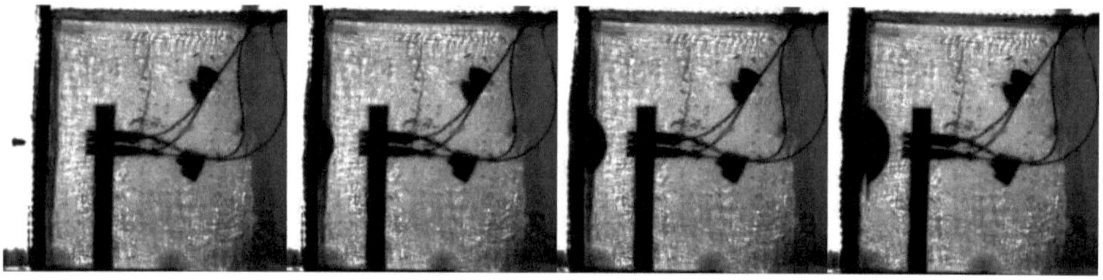

图 5.10 高速摄影获取防弹衣变形过程

防弹衣鼓包最大尺寸的数据处理方法为：选择防弹衣鼓包最大的一帧图像进行图像处理，从图中获取鼓包轴向上包含的像素数量，利用标尺系数，二者相乘即为防弹衣在明胶靶标内造成的鼓包最大位移数据。需要注意的是，在防弹衣鼓包过程中，鼓包会持续膨胀，在某个时刻鼓包前端会出现分离，此时才是防弹衣变形的实际位置图像。因为防弹衣鼓包过程中，明胶会相应收缩，随着鼓包而内凹，在防弹衣鼓包达到最大位置时，明胶会继续内凹，同时与防弹衣之间出现分界线，此时的图像才是防弹衣最大鼓包尺寸，如图 5.11 所示。

另外，射击后对防弹衣进行静态检测，可测得防弹衣最大鼓包半径和最大凹陷深度数据。

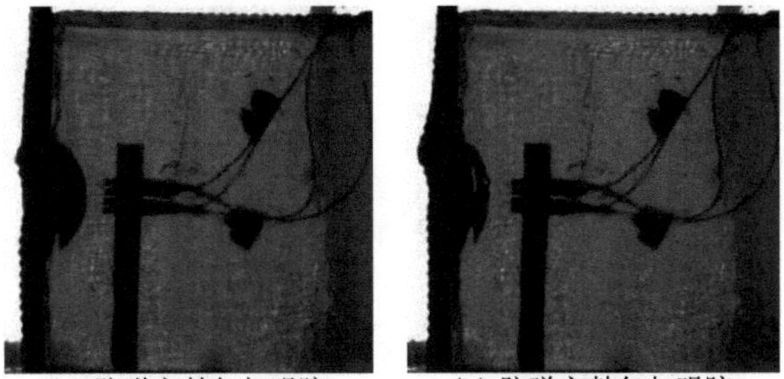

(a) 防弹衣鼓包与明胶内凹共同运动　(b) 防弹衣鼓包与明胶内凹分离时刻

图 5.11 防弹衣最大鼓包位置判别

5.2.2 典型杀伤元侵彻明胶靶标实验测试结果

为便于读者通过实例来充分理解在杀伤效应模拟实验中的高速摄影方法和了解不同杀伤元对靶标的侵彻效应，本小节介绍各种典型杀伤元侵彻靶标的高速摄影图像序列、明胶靶标内的速度–位移曲线、弹头翻滚角度变化曲线，并总结得出杀伤元运动规律和瞬时空腔演变规律。

1. 5.8mm 全铜步枪弹侵彻无防护明胶靶标结果

按照 5.8mm 口径设计了一种全铜结构的新型步枪弹。该弹射击 15m 处无防护明胶靶标，侵彻过程图像序列部分截图和靶标最终状态见图 5.12。

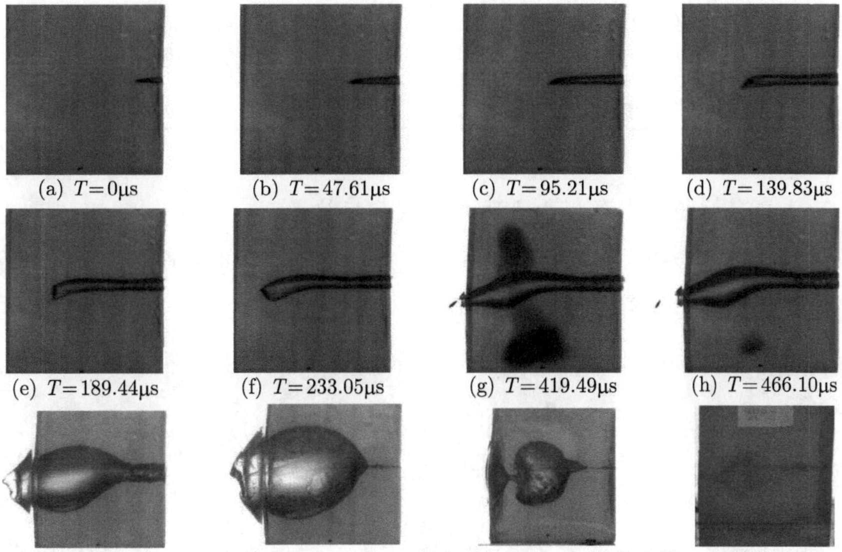

(a) T=0μs　(b) T=47.61μs　(c) T=95.21μs　(d) T=139.83μs

(e) T=189.44μs　(f) T=233.05μs　(g) T=419.49μs　(h) T=466.10μs

(i) T=1513.52μs　(j) T=5322.32μs　(k) T=9131.12μs(空腔内缩)　(l) 射击后静止

图 5.12 明胶靶标中 5.8mm 全铜步枪弹弹头/瞬时空腔运动过程及最终状态 (后附彩图)

根据高速摄影数据可以处理得到弹头在明胶靶标中的速度变化，见图 5.13。

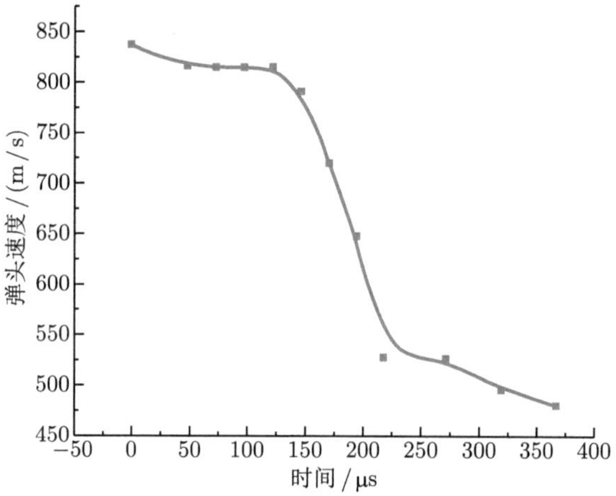

图 5.13　明胶靶标中弹头速度变化曲线

该发枪弹的侵彻过程关键参数数据见表 5.2。

表 5.2　5.8mm 全铜步枪弹侵彻靶标过程关键参数数据

杀伤元参数	数值
入靶速度/(m/s)	837.6
入靶角度/(°)	1.6
窄伤道失稳时刻/μs	73.1～97.5
窄伤道翻滚角度/(°)	4.2～11.6
窄伤道长度/mm	134～168
失稳时角速度/(rad/s)	5302
出靶角度/(°)	221.6

2. 小口径步枪实验弹侵彻无防护明胶靶标结果

使用小口径步枪实验弹在 100m 射距上侵彻无防护明胶靶标，侵彻过程图像序列部分截图和靶标最终状态见图 5.14。

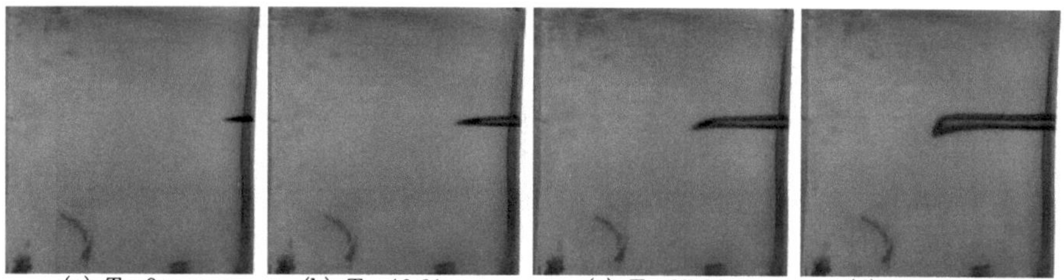

(a) $T=0$μs　(b) $T=46.61$μs　(c) $T=95.21$μs　(d) $T=139.83$μs

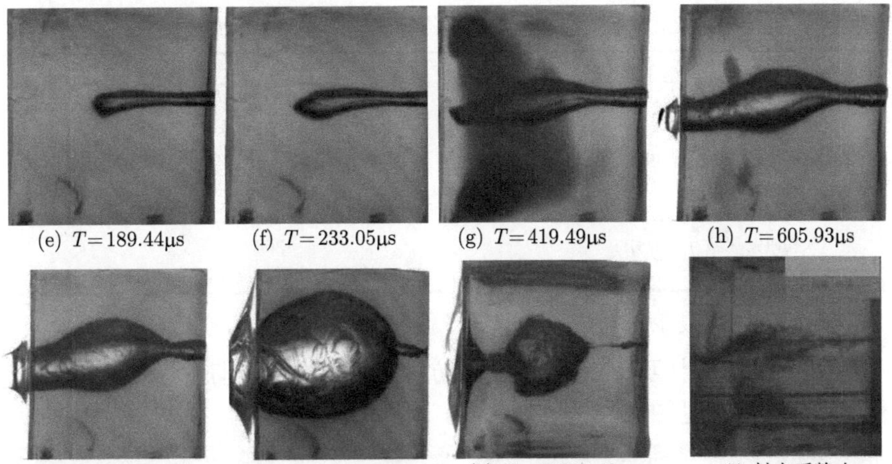

(e) T=189.44μs (f) T=233.05μs (g) T=419.49μs (h) T=605.93μs

(i) T=1034.39μs (j) T=4128.86μs (k) T=10603.43μs (二次膨胀) (l) 射击后静止

图 5.14 明胶靶标中小口径步枪实验弹弹头/瞬时空腔运动过程及最终状态 (后附彩图)

根据高速摄影数据可以处理得到弹头在明胶靶标中的速度变化，见图 5.15。

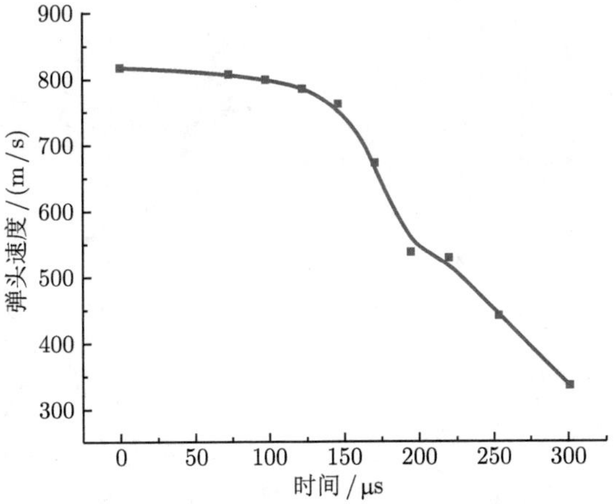

图 5.15 明胶靶标中弹头速度变化曲线

该发枪弹的侵彻过程关键参数数据见表 5.3。

表 5.3　小口径步枪实验弹侵彻靶标过程关键参数数据

杀伤元参数	数值
入靶速度/(m/s)	816.3
入靶角度/(°)	2.5
窄伤道失稳时刻/μs	146.2~170.6
窄伤道翻滚角度/(°)	9.5~15.6
窄伤道长度/mm	112.0~131.7
失稳时角速度/(rad/s)	4364.6
出靶角度/(°)	90.00(弹轴与水平轴夹角，弹尖朝下)

3. SS109 枪弹侵彻无防护明胶靶标结果

SS109 枪弹在射距 100m 处侵彻无防护明胶靶标，侵彻过程图像序列部分截图和靶标最终状态见图 5.16。

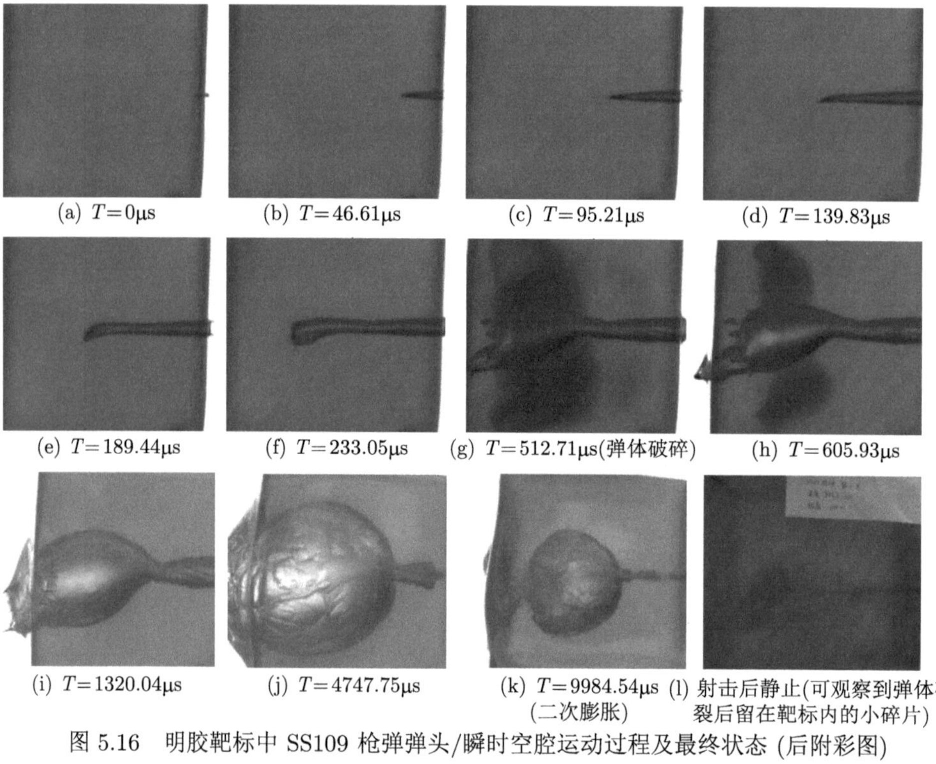

(a) $T=0\mu s$　(b) $T=46.61\mu s$　(c) $T=95.21\mu s$　(d) $T=139.83\mu s$

(e) $T=189.44\mu s$　(f) $T=233.05\mu s$　(g) $T=512.71\mu s$(弹体破碎)　(h) $T=605.93\mu s$

(i) $T=1320.04\mu s$　(j) $T=4747.75\mu s$　(k) $T=9984.54\mu s$ (二次膨胀)　(l) 射击后静止(可观察到弹体破裂后留在靶标内的小碎片)

图 5.16　明胶靶标中 SS109 枪弹弹头/瞬时空腔运动过程及最终状态 (后附彩图)

根据高速摄影数据处理，可以得到弹头在明胶靶标中的速度变化，见图 5.17。该发枪弹的侵彻过程关键参数数据见表 5.4。

4. 56 式 7.62mm 步枪弹侵彻无防护明胶靶标结果

56 式 7.62mm 步枪弹在射距 100m 处侵彻无防护明胶靶标，侵彻过程图像序列部分截图见图 5.18。

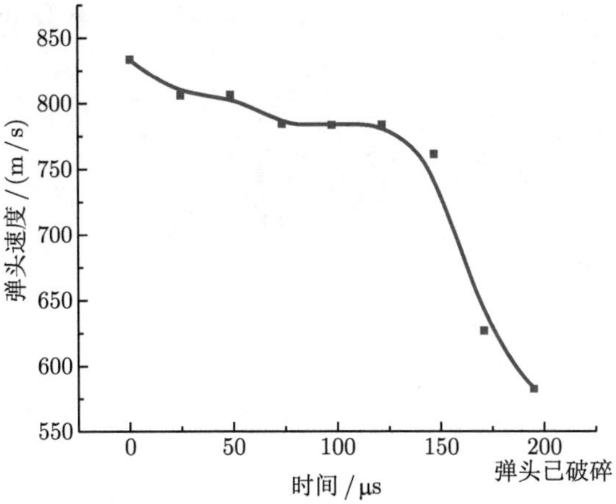

图 5.17 明胶中弹头速度变化曲线

表 5.4 SS109 枪弹侵彻靶标过程关键参数数据

杀伤元参数	数值
入靶速度/(m/s)	833.2
入靶角度/(°)	2.5
窄伤道失稳时刻/μs	97.5~121.8
窄伤道翻滚角度/(°)	8.1~15.3
窄伤道长度/mm	84.5~103.5
失稳时角速度/(rad/s)	5154
出靶角度/(°)	弹头已破碎

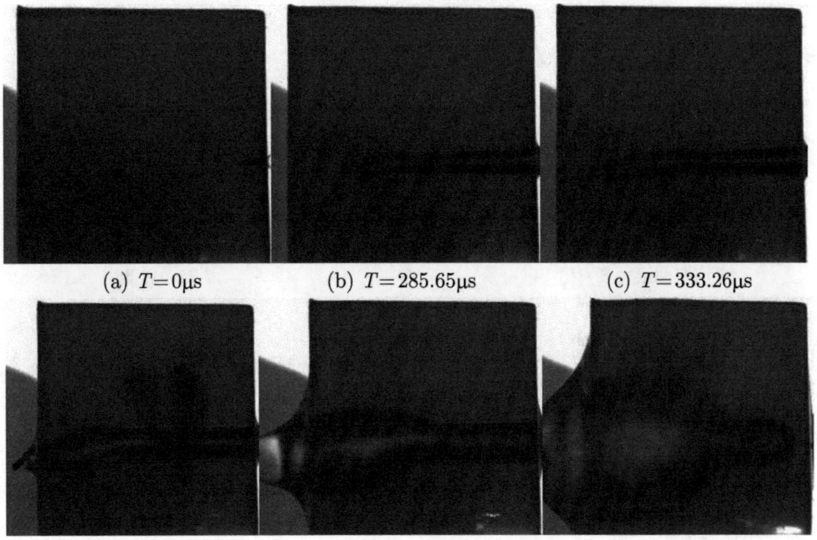

(a) T=0μs (b) T=285.65μs (c) T=333.26μs

(d) T=523.68μs (e) T=1142.58μs (f) T=3618.15μs

(g) T=6903.04μs　(h) T=11758.97μs　(i) T=175.19.43μs(二次膨胀)

图 5.18　明胶靶标中 56 式 7.62mm 步枪弹弹头/瞬时空腔运动过程及最终状态 (后附彩图)

根据高速摄影数据处理，可以得到弹头在明胶靶标中的速度变化，见图 5.19。

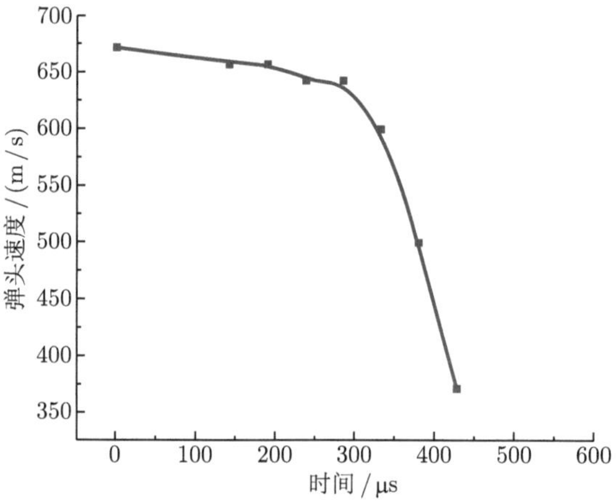

图 5.19　明胶中弹头速度变化曲线

该发枪弹的侵彻过程关键参数数据见表 5.5。

表 5.5　56 式 7.62mm 步枪弹侵彻靶标过程关键参数数据

杀伤元参数	数值
入靶速度/(m/s)	672.6
入靶角度/(°)	0.8
窄伤道失稳时刻/μs	194.9~219.3
窄伤道翻滚角度/(°)	7.77~14.68
窄伤道长度/mm	137.31~155.30
失稳时角速度/(rad/s)	4944
出靶角度/(°)	40.03(弹轴与水平轴夹角，弹尖朝右上)

5. 11.43mm 柯尔特手枪弹侵彻无防护明胶靶标结果

11.43mm 柯尔特手枪弹在射距 25m 处侵彻无防护明胶靶标，侵彻过程图像序列部分截图见图 5.20。

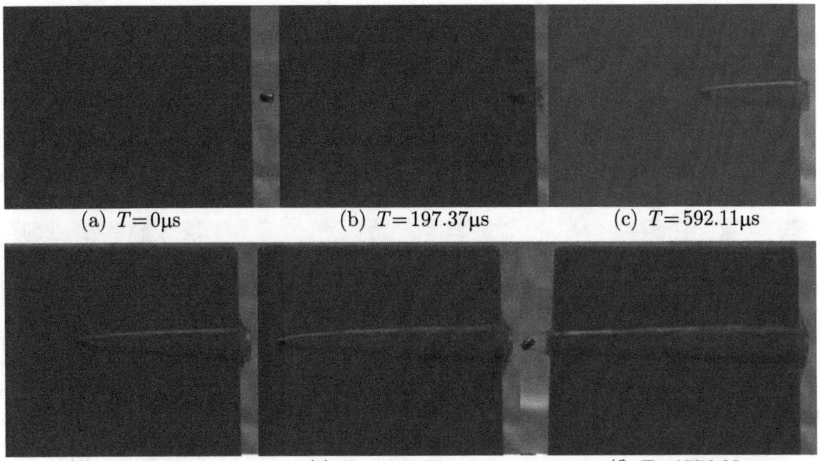

(a) T=0μs　(b) T=197.37μs　(c) T=592.11μs

(d) T=986.85μs　(e) T=1381.59μs　(f) T=1776.33μs

图 5.20　11.43mm 柯尔特手枪弹在明胶靶标内的侵彻过程 (后附彩图)

6. 64 式 7.62mm 手枪弹侵彻无防护明胶靶标结果

64 式 7.62mm 手枪弹在射距 25m 处侵彻无防护明胶靶标，侵彻过程图像序列部分截图见图 5.21。

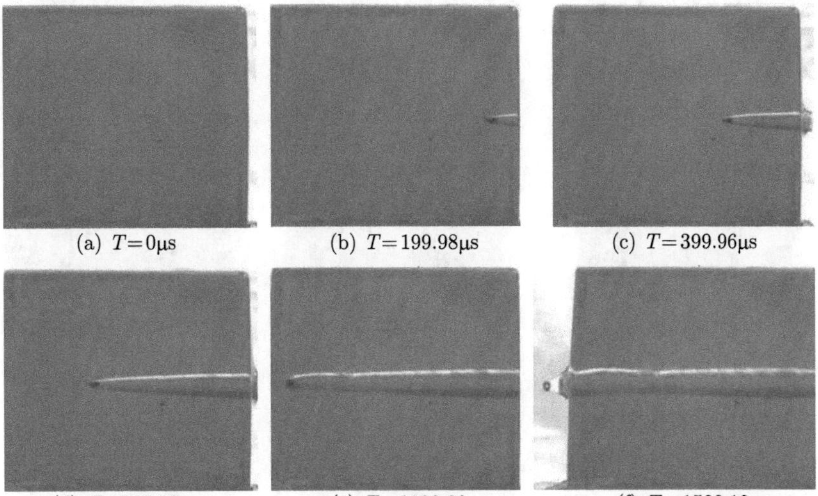

(a) T=0μs　(b) T=199.98μs　(c) T=399.96μs

(d) T=799.92μs　(e) T=1199.88μs　(f) T=1533.18μs

图 5.21　64 式 7.62mm 手枪弹在明胶靶标内的侵彻过程 (后附彩图)

7. 9mm 手枪弹侵彻无防护明胶靶标结果

9mm 手枪弹在射距 25m 处侵彻无防护明胶靶标，侵彻过程图像序列部分截图见图 5.22。

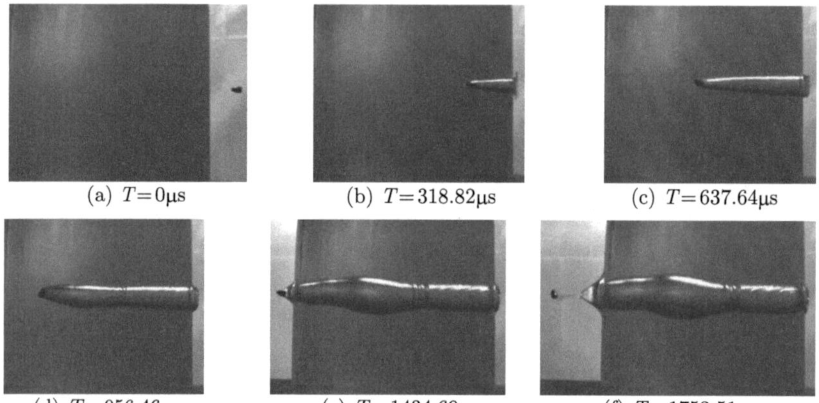

(a) T=0μs　(b) T=318.82μs　(c) T=637.64μs

(d) T=956.46μs　(e) T=1434.69μs　(f) T=1753.51μs

图 5.22　9mm 手枪弹在明胶靶标内的侵彻过程 (后附彩图)

8. 小口径手枪实验弹侵彻无防护明胶靶标结果

小口径手枪实验弹在射距 25m 处侵彻无防护明胶靶标，侵彻过程图像序列部分截图见图 5.23。

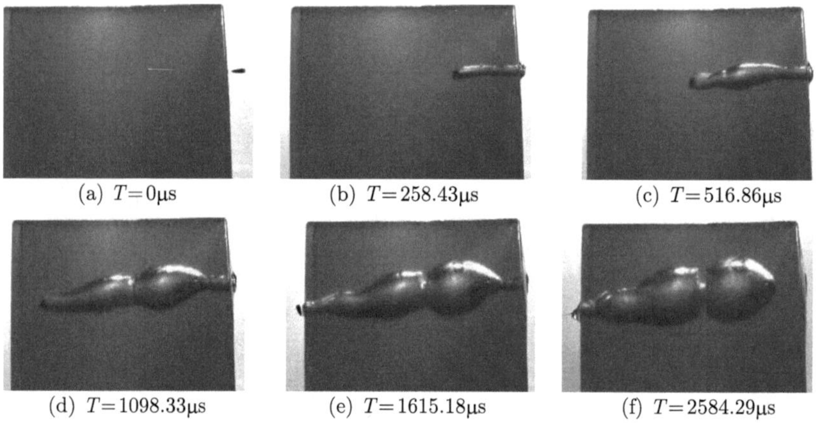

(a) T=0μs　(b) T=258.43μs　(c) T=516.86μs

(d) T=1098.33μs　(e) T=1615.18μs　(f) T=2584.29μs

图 5.23　小口径手枪实验弹在明胶靶标内的侵彻过程 (后附彩图)

9. 4.8mm 球形破片侵彻无防护明胶靶标结果

4.8mm 球形破片在射距 5m 处侵彻无防护明胶靶标，侵彻过程图像序列部分截图见图 5.24。

射击距离 5m，射击 10 发 4.8mm 球形破片后的空腔容积和能量传递量测试结果见表 5.6，从表中数据可以看出，球形破片在靶标内的能量传递量和最大瞬时空腔容积数据比较稳定。

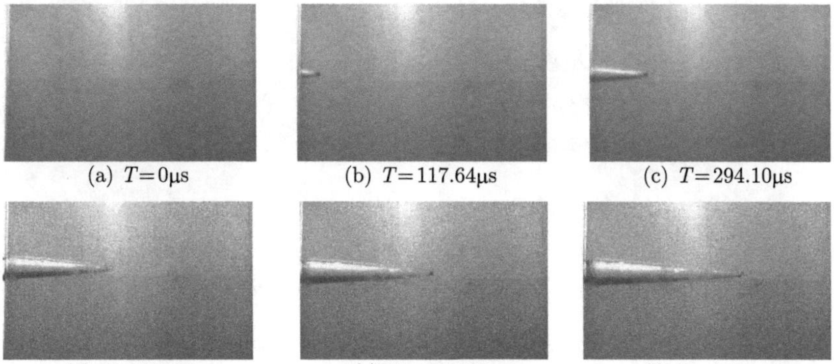

(a) $T=0\mu s$　(b) $T=117.64\mu s$　(c) $T=294.10\mu s$

(d) $T=588.20\mu s$　(e) $T=882.30\mu s$　(f) $T=1176.40\mu s$

图 5.24 4.8mm 球形破片在明胶靶标内的侵彻过程

表 5.6 球形破片最大瞬时空腔容积和能量传递量测试结果

射击顺序	最大瞬时空腔容积/($\times 10^{-4}m^3$)	能量传递量 /J
1	4.95	222.8
2	5.23	222.2
3	4.55	213.8
4	4.93	219.8
5	4.81	218.2
6	4.89	225.9
7	4.87	220.4
8	4.73	223.8
9	4.99	223.0
10	4.66	226.1

10. 典型手枪弹对有防护靶标的侵彻效应高速摄影数据和分析

通过高速摄影实验方法进行了典型手枪弹对有防护靶标的杀伤效应测试实例，其防弹衣瞬时最大变形情况见图 5.25。

射击后，对 Ⅱ 级防弹衣进行静态检测，测量得到的防弹衣最大鼓包半径和最大凹陷深度的数据见表 5.7。

(a) 9mm手枪弹速度360m/s　(b) 9mm手枪弹速度220m/s

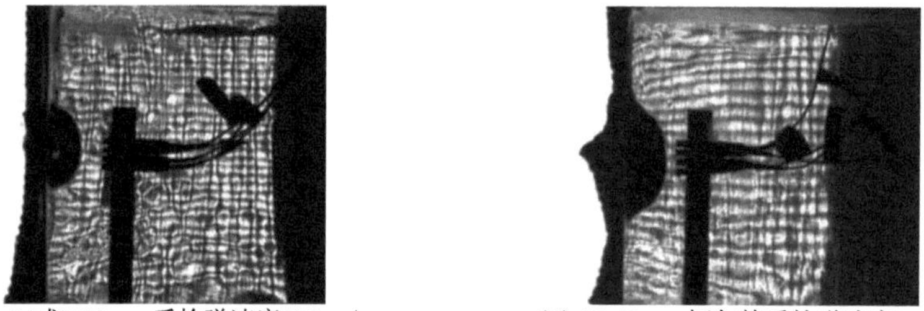

(c) 64式7.62mm手枪弹速度290m/s　　(d) 11.43mm柯尔特手枪弹速度240m/s

图 5.25　典型手枪弹侵彻有防护靶标 (NIJ Ⅱ 级) 时防弹衣的瞬时最大变形

表 5.7　典型手枪弹对有防护靶标的防弹材料变形数据对比

弹头类型	弹头能量/J	最大鼓包半径/mm	最大凹陷深度/mm
9mm 手枪弹	518	49	29
9mm 手枪弹 (低速)	194	38	18
64 式 7.62mm 手枪弹	202	33	23
11.43mm 柯尔特手枪弹	429	62	30

对上述数据进行处理后，手枪弹能量与防弹衣最大凹陷深度关系曲线见图 5.26，从中可以看出，弹头能量与防弹衣的凹陷深度呈正相关关系。

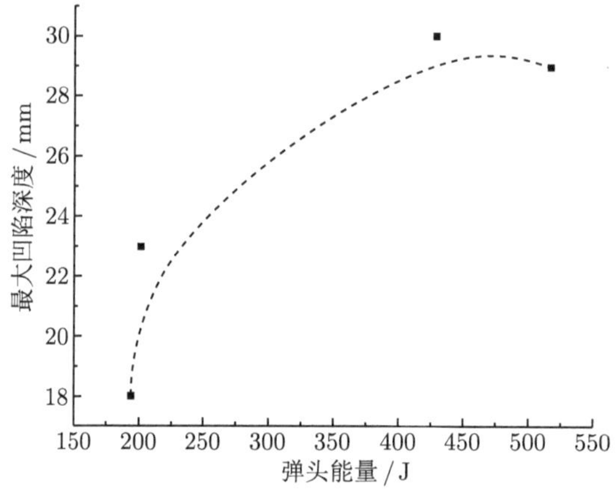

图 5.26　手枪弹能量与防弹衣最大凹陷深度关系

11. 典型步枪弹对有防护靶标的侵彻效应高速摄影数据和分析

以小口径步枪实验弹和 56 式 7.62mm 普通弹分别以 877m/s 和 690m/s 的速度撞击 Ⅲ 级复合防护明胶靶标时，明胶靶标的瞬时空腔演化过程高速摄影图像分别见图 5.27 和图 5.28，可以看出两种步枪弹均未穿透防护。

从高速摄影图像数据中可以发现，瞬时空腔的形状在平面内大致对称，为详细分析明胶靶标瞬时空腔变形规律，定义“深度”和“半径”这两个参数来描述瞬时空腔变形轮廓。通过高速摄影后处理软件确定了不同时刻明胶靶标空腔轮廓上点的“深度”和“半径”坐标。小口径步枪实验弹以 877m/s 的速度撞击后随时间变化的瞬时空腔变形轮廓曲线见图 5.29，图中以半径为横坐标，深度为纵坐标。可以看出，深度方向的变化比半径方向的变化要快，而且凹陷深度不等于凹陷半径，表明鼓包变形轮廓不能简单地用半球形或部分球形来描述。

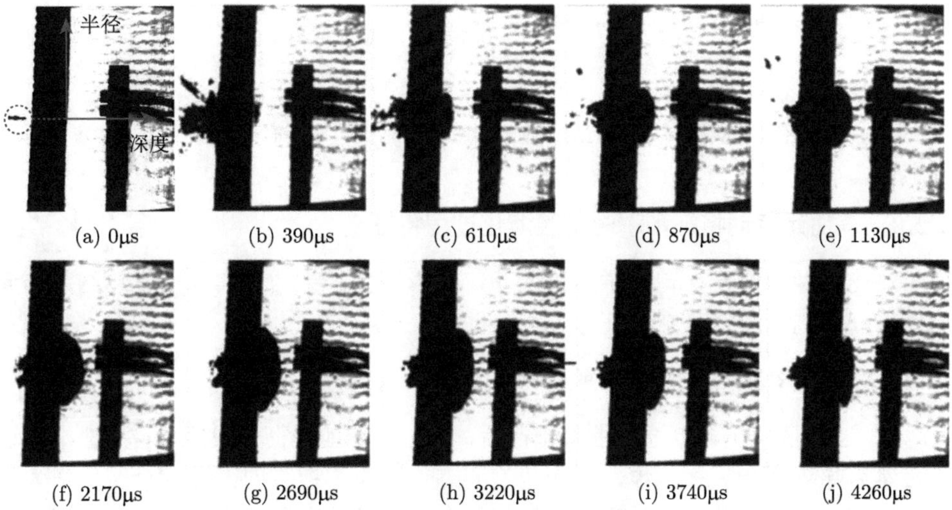

图 5.27 小口径步枪实验弹撞击明胶靶标时的鼓包变形过程

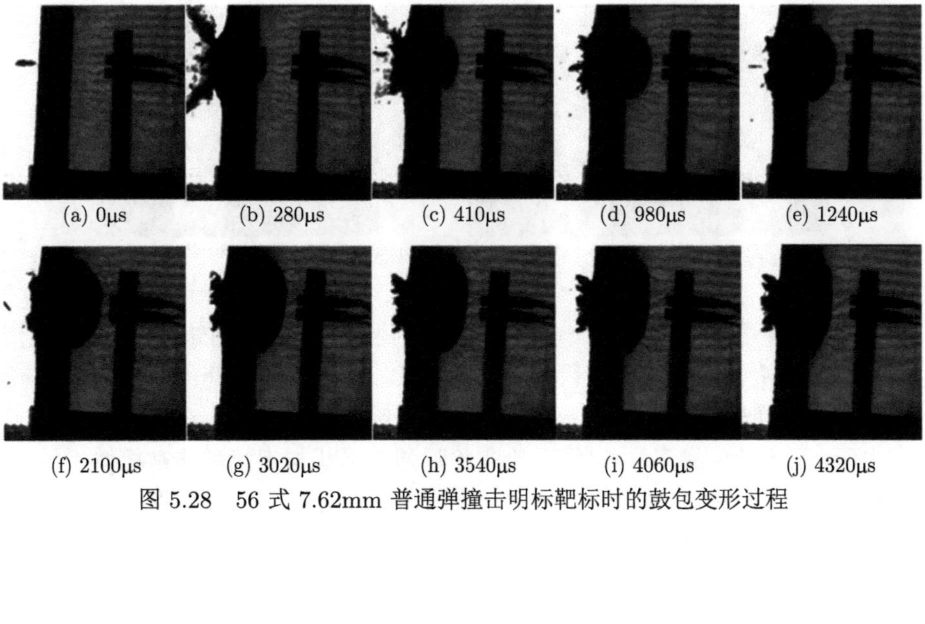

图 5.28 56 式 7.62mm 普通弹撞击明标靶标时的鼓包变形过程

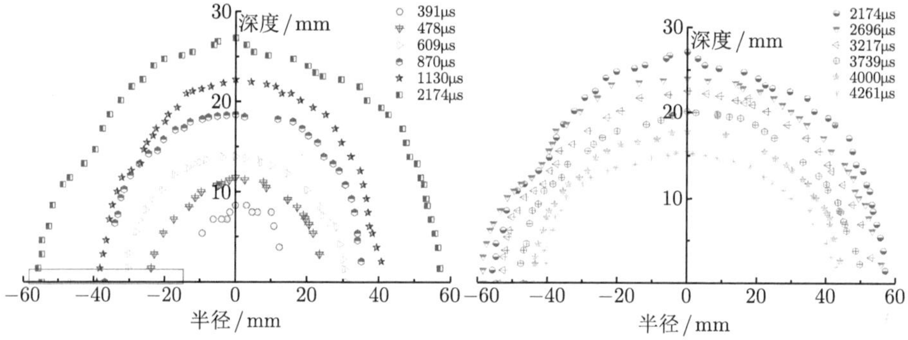

(a) 膨胀过程　　　　(b) 收缩过程

图 5.29　小口径步枪实验弹以 877m/s 撞击明胶靶标时鼓包的瞬时空腔膨胀和收缩演化过程

5.2.3　杀伤元运动特征和瞬时空腔演化过程特征

对比各种杀伤元在靶标中运动的高速摄影图像结果，从实验角度总结杀伤元运动特征和靶标内瞬时空腔演化过程特征。

1. 杀伤元在无防护靶标中的运动特征

(1) 通常情况下，步枪弹进入靶标后，会先稳定地侵彻一段距离，形成窄伤道段，然后弹头开始失稳翻滚，以大角度姿态偏离原弹道方向，弹头会产生很大的偏转角度，部分实验中枪弹弹尖已经翻转向后，继续在靶标内运动，直至飞出靶标，实例见图 5.30。

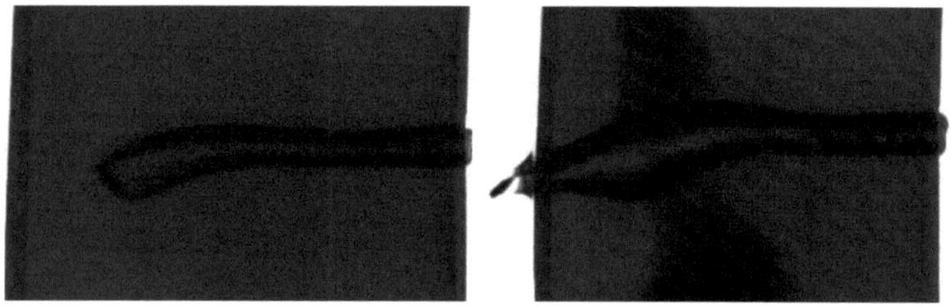

图 5.30　步枪弹在靶标中大角度翻转

(2) 步枪弹在明胶靶标中大多数情形下会快速失稳，运动轨迹中的窄伤道短，相较而言，手枪弹在靶标中失稳慢，窄伤道长。对比两种弹药的形状差别，不难得出造成这种现象的主要原因是手枪弹多数是钝形头部形状，在靶标中运动时不容易失稳，而作为特例，小口径手枪实验弹弹头形状与步枪弹非常相似，因此其在明胶靶标中的侵彻过程就与步枪弹非常类似，充分说明了弹头形状会影响弹头在目标内的运动稳定性。

(3) 实验中大部分 SS109 枪弹都表现为在靶标内破碎，类似的小口径步枪实验弹则很少出现该现象，口径更大一些的 7.62mm 步枪弹则没有出现过该现象。

(4) 球形破片在靶标内的运动轨迹是一条稳定的直线，不存在偏转现象，破片停留在靶标内的情况下，会出现明显的破片回弹现象，见图 5.31。

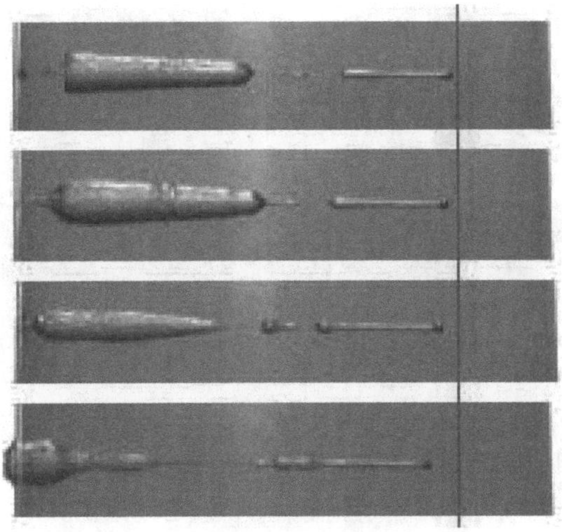

图 5.31 球形破片在靶标中回弹现象

2. 杀伤元侵彻无防护靶标时的瞬时空腔演化过程特征

(1) 瞬时空腔演化形状取决于杀伤元在靶标内是否偏转，见图 5.32。球形破片在靶标内运动稳定，不会发生偏转，因此其瞬时空腔是一个规则的圆锥形空腔，同样运动较稳定的 11.43mm 手枪弹，其空腔在弹头侵彻过程中表现为一个圆锥体，之后逐渐演化为规则的圆柱体，从圆锥体演变为圆柱体的原因可能是手枪弹的能量远大于球形破片，因此其在侵彻靶标过程中传递能量的过程是稳定的；另外，几乎同样外形的 9mm 手枪弹则在靶标内发生了小角度的偏转，因此其瞬时空腔就会有明显的偏转。

(a) (b) (c)

图 5.32 球形破片 (a)、11.43mm 手枪弹 (b) 和 9mm 手枪弹 (c) 瞬时空腔形状

(2) 步枪弹产生的瞬时空腔在第一次膨胀中通常形成中间鼓、两头窄的初始空腔形状，之后该初始空腔将继续膨胀较长时间，在膨胀到最大体积后，开始收缩，直至收缩成很小一团，形成明显的二次膨胀，二次膨胀的瞬时空腔最大体积比第一次的瞬时空腔体积略小，见图 5.33。

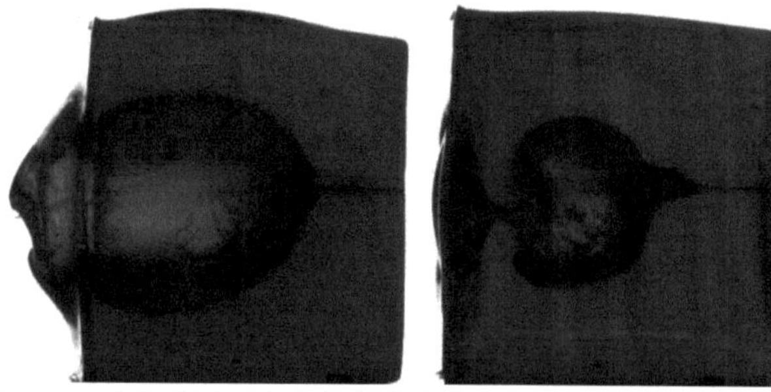

图 5.33　步枪弹瞬时空腔的首次膨胀和二次膨胀最大体积对比

(3) 杀伤元在开始侵彻靶标时和离开靶标时，在靶标入口和出口端均会形成外翻的瞬时空腔，步枪弹形成的出口处，瞬时空腔会延伸出靶标端面较长距离，在空腔收缩期，有明显的反向回缩至靶标内的现象，见图 5.34。

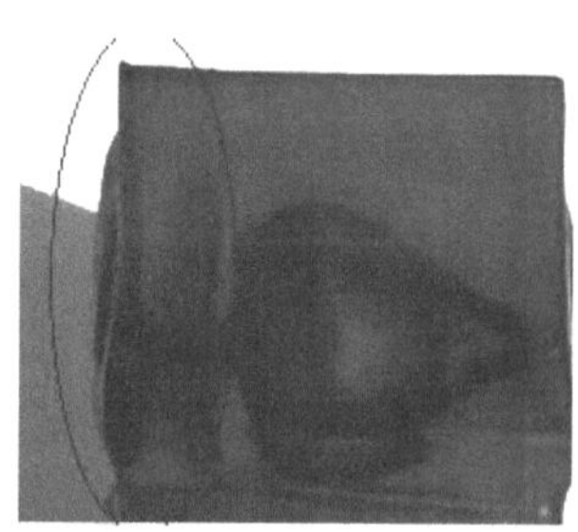

图 5.34　步枪弹瞬时空腔在出口处的回缩 (后附彩图)

3. 有防护明胶靶标的瞬时空腔演化过程特征

进一步分析实验数据发现，不同时刻的瞬时空腔剖面形状相似，能够采用椭圆曲线来进行拟合。并且对瞬时空腔膨胀半径和深度采用归一化的方法进行处理，横坐标 $x = r/r_m$，纵坐标 $y = d/d_m$，r_m 为膨胀半径最大值，d_m 为空腔深度最大值，处理后的归一化瞬时空腔演化结果见图 5.35。

采用式 (5.6) 拟合：

$$\frac{x^2}{a^2} + \frac{y^2}{b^2} = 1 \tag{5.6}$$

拟合结果为 a =1.16，b=1。

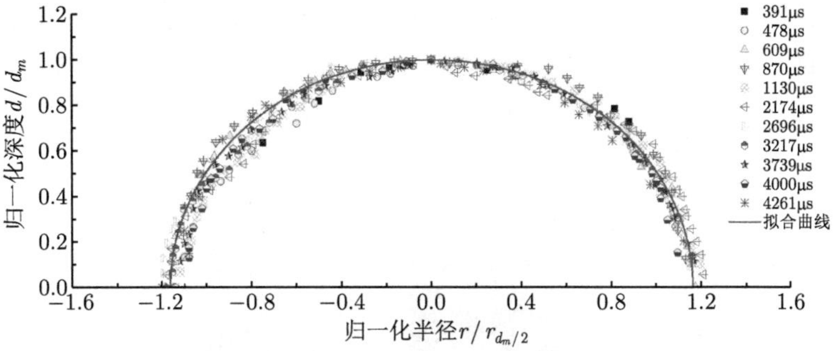

图 5.35 小口径步枪实验弹以 877m/s 撞击时归一化的瞬时空腔轮廓曲线 (后附彩图)

使用 56 式 7.62mm 普通弹实验数据与上述拟合曲线进行对比，结果见图 5.36。

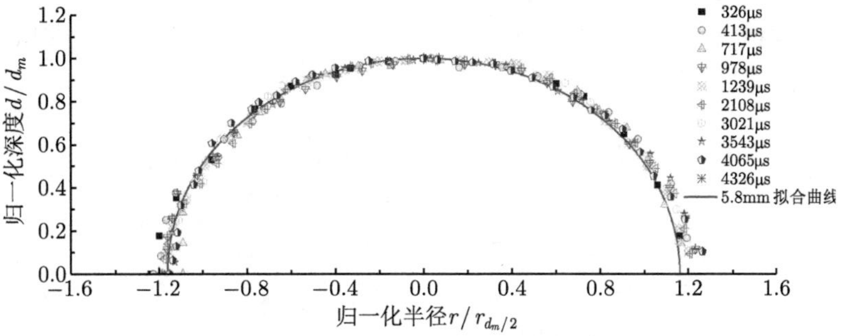

图 5.36 56 式 7.62mm 普通弹以 690m/s 撞击时归一化的瞬时空腔轮廓曲线 (后附彩图)

从图中可以发现，56 式 7.62mm 普通弹的归一化实验数据与拟合曲线吻合得非常好，证明有防护靶标的瞬时空腔演化过程可以采用椭圆方程进行拟合。

5.3 明胶靶标内压力测试

杀伤元侵彻明胶靶标过程中产生的压力是一种峰值较高、持续时间极短的压力脉冲。由于明胶自身是固液混合体，而传感器又是不太小的一个固体，当传感器埋设在明胶中时，二者之间的界面结合情况会影响压力传感器测试结果；同时，无防护明胶靶标内压力测试与有防护明胶靶标内压力测试的传感器应当设计不同的布设方案。

5.3.1 明胶靶标内压力测试传感器选型和处理

1. 压力传感器选型

选型原则：首先，传感器体积应尽可能小一些，避免埋设传感器后过于改变明胶的结构和力学性能改变较大；其次，根据经验，靶标内置传感器的量程选择在 30MPa 左右；当然，不同杀伤元产生的压力效应也有较大差异，需要事先进行摸底测试或理论分析。本书中选择的是美国 PCB 公司的 PCB113B22 系列压力传感器，见图 5.37，该传感器头部直径 5mm，最大量程 30MPa。

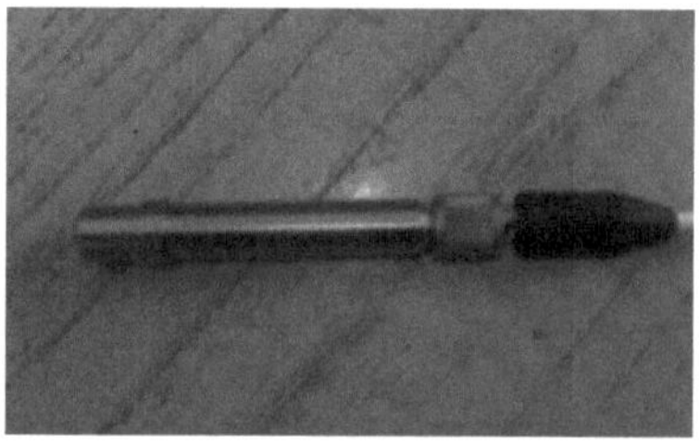

图 5.37　PCB113B22 系列压力传感器

另外，明胶靶标内的压力测试中，考虑到明胶靶标的固液特性，需要对植入其中的传感器做防水处理，一般用防水胶带缠绕包裹压力传感器及数据线接头即可，处理方法见图 5.38。

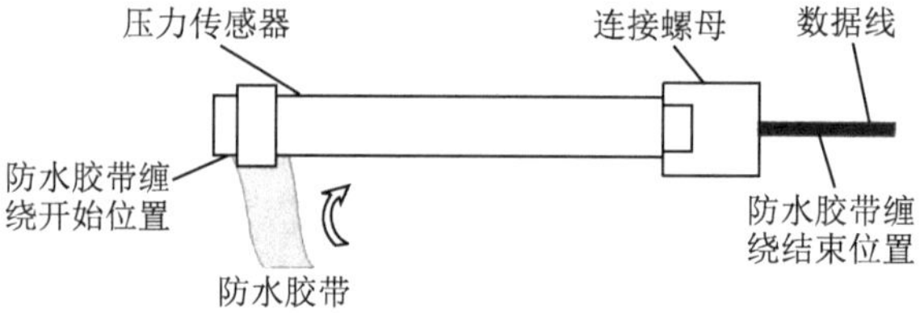

图 5.38　压力传感器的防水处理

2. 传感器敏感面处理和植入方法

传感器敏感面处理和植入采用两种方案，见图 5.39，分别为传感器测压油包裹预留孔植入和传感器胶布包裹预留孔植入两种方案。

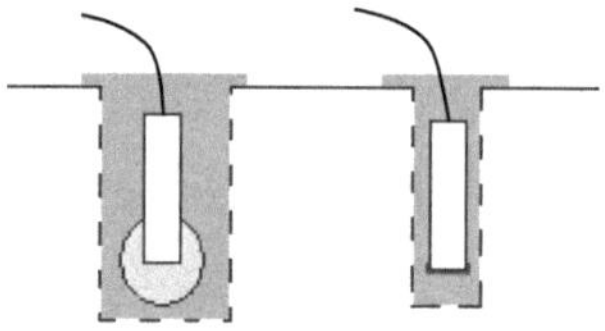

(a) 传感测压油包裹预留孔植入　(b) 胶布包裹预留孔植入

图 5.39　传感器敏感面处理方案

传感器测压油包裹预留孔植入方案：采用安全套作为护套，护套内注入石蜡油作为测压油来传递压力，包裹整个传感器敏感面，同时在明胶制备过程中预留安装传感器的安装孔，待明胶达到半凝固状态，将带有护套包裹的传感器置入安装孔内，并灌注液态明胶，待整体凝固后进行实验。

传感器胶布包裹预留孔植入方案：在传感器表面平整敷贴单层医用胶布，利用胶布的弹性来减小界面影响，同样，在明胶制备过程中预留安装传感器的安装孔，待明胶达到半凝固状态，将传感器置入安装孔内，并灌注液态明胶，待整体凝固后进行实验。

两种方案获得的压力波形数据见图 5.40。可以看出，传感器测压油包裹预留孔植入方案在一定程度上消除了高频振荡噪声，但是后期的波形振荡还是比较明显；传感器胶布包裹预留孔植入方案，胶布表面纤维与明胶可很好地耦合，在受压状态下依然具有较好的压力传递能力，同时在卸载过程中对传感器敏感面包裹更佳，能较好地消除干扰噪声，该方案更适用于明胶靶标内的压力测试。

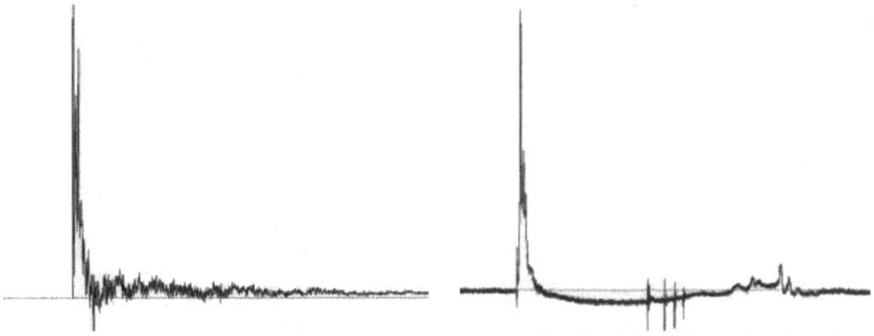

(a) 传感器测压油包裹预留孔植入压力波形　(b) 传感器胶布包裹预留孔植入压力波形

图 5.40 传感器处理方案对测压波形的影响

5.3.2 无防护明胶靶标内的压力测试

1. 传感器布设方法

在无防护条件下，为了获取杀伤元在侵彻明胶靶标过程中多点的压力效应变化过程，在靶标中以线性方式布设 5 个传感器，为了在长度 30cm 明胶靶标内尽量让传感器靠近压力产生位置 (即弹道线)，同时避免被弹头打中，要求：第一个传感器与弹着面间距 5cm，其后 4 个传感器依次间距 4～5cm 布设；传感器埋设深度一般控制为不超过 10cm，确保与明胶中心至少有 5cm 的安全距离。如图 5.41 所示，传感器敏感面正对弹道轴线，测量弹体穿过靶标并向弹轴径向传播的压力波。

2. 典型枪弹无防护压力测试实例

1) SS109 枪弹侵彻明胶靶标压力曲线和高速摄影同步拍摄

以 SS109 枪弹侵彻明胶靶标为例，实验测得的压力曲线见图 5.42，同时拍摄的高速摄影图像见图 5.43 ～ 图 5.45。

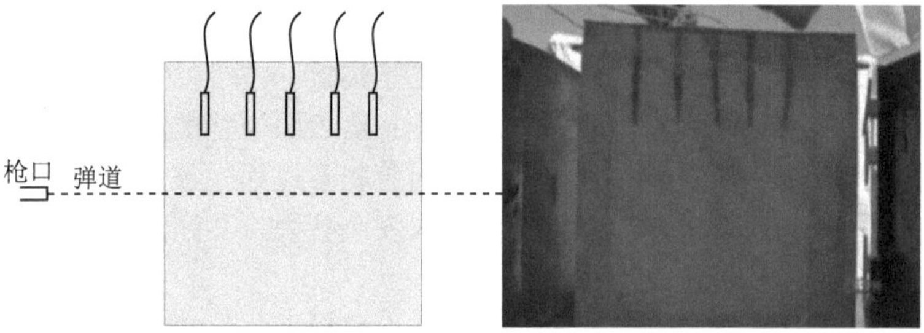

图 5.41　侵彻测压传感器布设方式

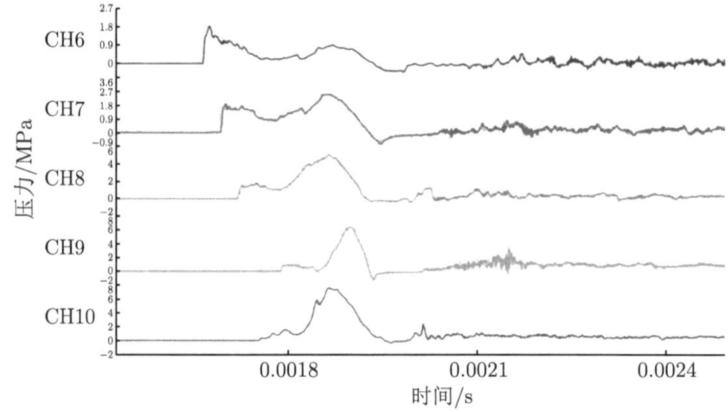

图 5.42　SS109 枪弹穿过明胶靶标时的压力波

图 5.43　着靶时刻

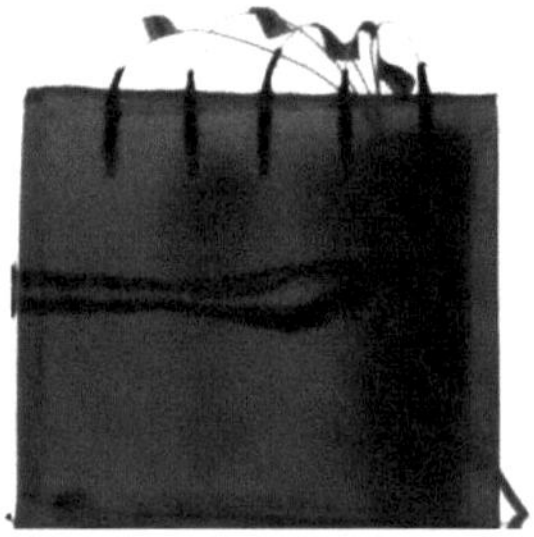

图 5.44　翻滚时刻

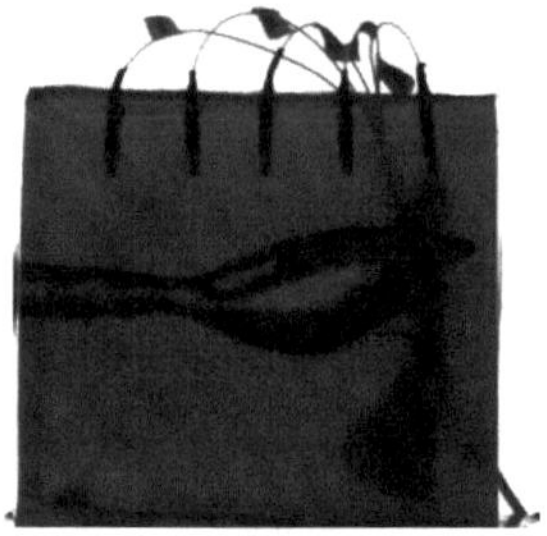

图 5.45　破碎时刻

2) 典型实例的数据分析

对压力曲线和高速摄影图像进行比对分析发现：

(1) 五个压力传感器按照弹道方向依次编号为 CH6~CH10，在压力数据曲线上的第一个压力峰值的大小顺序是正好符合传感器排序，最大值为 CH6 传感器测得，该传感器离弹着点最近，因此第一个压力峰值是杀伤元命中靶标时产生，对应的高速摄影图像见图 5.43。

(2) 五个传感器压力曲线上的第二个压力峰值的最大值是 CH9 和 CH10(二者基本相当) 测得，对比观察该发枪弹侵彻过程的高速摄影图像数据，可以明显看出，枪弹在靶标内出现严重翻滚的位置区间，正好是在 CH9 和 CH10 传感器之间的位置段，因此，第二个压力峰值可以判断为弹头在靶标内失稳翻滚产生，对应的高速摄影图像见图 5.44。

因此，得出以下无防护侵彻情况下的压力传播规律：

(1) 弹头着靶过程产生第一次压力波效应；

(2) 弹头在靶标内失稳、翻滚产生第二次压力波效应，并且第二次的压力峰值比第一次的压力峰值高，也就是说，当弹头失稳翻滚时，会产生一次更严重的压力效应。

该效应的类似压力曲线在小口径步枪实验弹侵彻明胶靶标过程中同样产生，见图 5.46，该弹在靶标内同样是在 CH9 附近位置失稳翻滚，相应地，CH9 的压力数据更大，也进一步验证了上述规律。

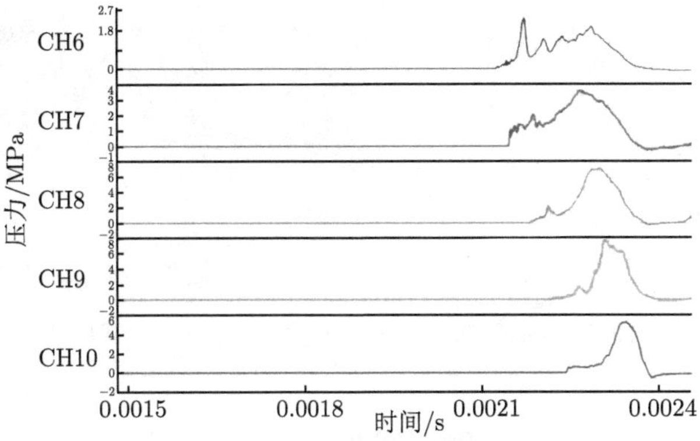

图 5.46 小口径步枪实验弹侵彻明胶靶标时的压力波

5.3.3 有防护明胶靶标内的压力测试

在测试有防护情况下的杀伤效应模拟实验中，针对杀伤元未穿透防弹衣的情形，要求测得防弹衣后方靶标内的压力波数据，同时获取此过程中防护层变形情况。因此需要用压力传感器来测得防弹衣后靶标内的压力效应，同时采用高速摄影方法，获取防弹衣的变形情况。本小节主要介绍此种情况下的压力传感器布设方法，并介绍典型杀伤元的实测数据结果，同时结合防弹衣变形的高速摄影数据进行分析。

1. 压力传感器布设方法

有防护非穿透防弹衣情况下的压力测试希望获得弹着点正后方的压力效应数据，而弹着点与传感器相对位置和距离不同，都将会极大地影响测得的压力数据结果。压力传感器布设和实验方法如下：

(1) 将四个压力传感器集中固定在一个支架上，再埋设到靶标中，要求四个压力传感器的中心正对弹着点，测试后取四个传感器的均值来表征弹着点正后方的压力数据，可以在很大程度上减小弹着点散布对测试数据的影响，见图 5.47。

(2) 在靶标受弹面紧贴放置防护材料，根据防护等级需要，可以是 Ⅱ 级防弹衣或 Ⅲ 级复合防弹衣，有防护靶标实际效果见图 5.48。

(3) 传感器距离受弹面过近，有可能损坏传感器；距离过远，压力数据不明显。经过多次实验的对比，为了保证能够有效测得压力数据，对于软质防弹衣后的压力测试，传感器与防弹衣的间距为 5cm；对于硬质防弹衣后的压力测试，传感器与防弹衣的间距为 3cm。

(4) 实验实施时，先进行杀伤元的密集度测试，找出弹着点散布中心，再布置靶标，布置过程中应尽量确保散布中心正好位于传感器敏感面接收位置的中心区域，这样可以最大限度提升弹着点位置准确性。

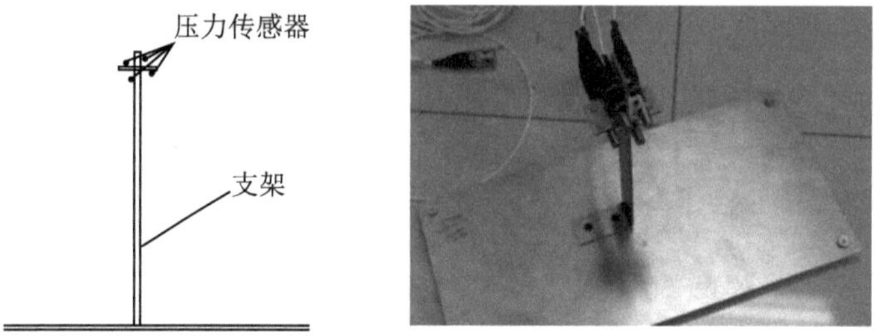

图 5.47　有防护靶标内压力传感器支架结构和实际效果

图 5.48　内置压力传感器 (带支架) 的有防护非穿透靶标

2. 典型枪弹对有防护明胶靶标的压力峰值数据对比

按照前述实验方法，获取的典型枪弹对不同防弹材料＋明胶靶标的实测压力数据见表 5.8。

3. 小口径步枪实验弹和 56 式 7.62mm 普通弹压力测试结果

表 5.9 和表 5.10 分别给出了 3 发小口径步枪实验弹和 3 发 56 式 7.62mm 普通弹射击有防护靶标时，靶标内的 4 个传感器测得的结果。

表 5.8 几种枪弹作用于防护材料的实测压力数据对比

弹头类型	明胶靶前防弹材料	弹头落速 /(m/s)	压力峰值 /MPa	平均压力峰值/MPa	正压冲量 /(Pa·s)	平均正压冲量 /(Pa·s)
9mm 手枪弹	Ⅱ 级防弹衣	348	7.45 8.61 6.97 9.22	8.06	229 234 168 376	251.75
9mm 减装药手枪弹	Ⅱ 级防弹衣	222	3.694 3.814 4.564 3.361	3.858	118.68 136.69 145.79 132.61	133.44
64 式 7.62mm 手枪弹	Ⅱ 级防弹衣	292	5.728 4.536 5.158 4.202	4.906	181.46 151.18 186.31 182.47	175.355
11.43mm 柯尔特手枪弹	Ⅱ 级防弹衣	241	2.533 6.960 5.106 6.733	5.333	164.87 290.56 217.58 283.74	239.188
小口径步枪实验弹	Ⅲ 级复合防弹衣	877	10.48 12.29 14.90 10.20	11.97	543 326 383 291	385.75
56 式 7.62mm 普通弹	Ⅲ 级复合防弹衣	690	16.25 15.83 13.9 18.33	16.08	407 399 433 568	451.75

表 5.9 小口径步枪实验弹压力测量结果

速度 /(m/s)	最大压力/MPa				平均值 /MPa
	通道 1	通道 2	通道 3	通道 4	
868	12.43	18.49	16.43	14.06	15.35
877	10.48	12.29	12.29	10.20	11.97
884	11.76	10.28	10.16	13.41	11.40

表 5.10 56 式 7.62mm 普通弹压力测量结果

速度 /(m/s)	最大压力/MPa				平均值 /MPa
	通道 1	通道 2	通道 3	通道 4	
690	16.25	15.83	13.90	18.33	16.08
692	12.73	14.47	12.29	15.18	13.67
687	15.30	14.87	16.21	16.95	15.83

图 5.49 给出了小口径步枪实验弹以 877m/s 速度撞击时 4 个压力传感器测得的压力–时间曲线。

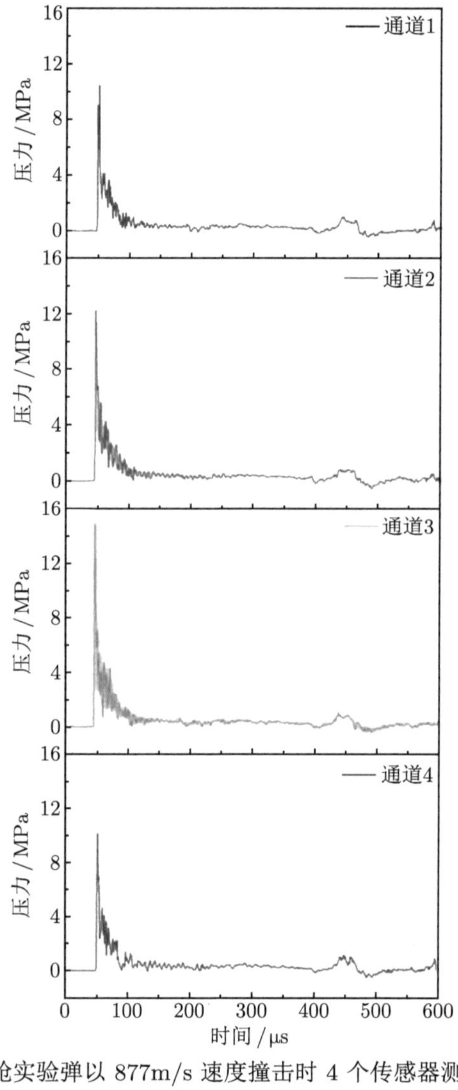

图 5.49　小口径步枪实验弹以 877m/s 速度撞击时 4 个传感器测得的压力–时间曲线

从图中可以看到，压力曲线的上升沿非常陡峭，上升时间仅为 5μs，随后伴随着一系列的高频振荡，且压力逐渐减小，持续时间约为 50μs，在第一个压力峰值后约 400μs，出现幅值较低 (大约为 1MPa) 的第二个压力峰值。4 个传感器测得的压力曲线的特征和变化趋势都是一致的，数据稳定，说明该测试方法适用于有防护情况下的压力测试。

4. 压力波与防弹衣后明胶靶标瞬时空腔凹陷深度之间的相关性实验数据分析

采用高速摄影方法可以获取瞬时空腔凹陷过程图像，得到最大凹陷深度数据，采用压力传感器可以测得该过程中的压力变化情况，将二者结合到一起同时测试，就可以获得瞬时空腔最大凹陷深度与对应最大压力的实验数据，高速摄影与压力同时测试获取的防弹衣后明胶靶标的瞬时空腔凹陷过程图像数据见图 5.50。

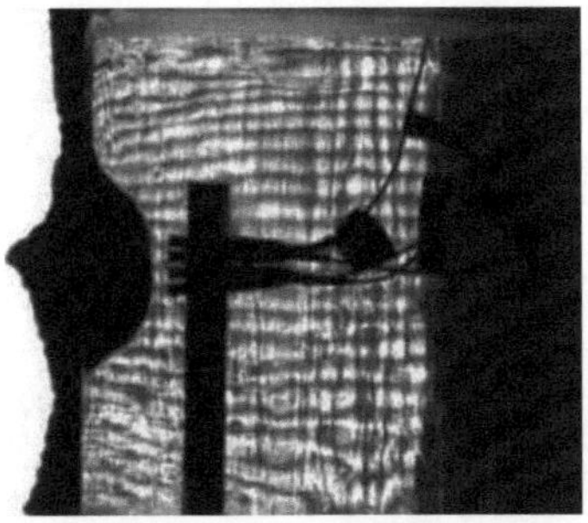

图 5.50 防弹衣后明胶靶标的瞬时空腔凹陷过程图像

为分析瞬时空腔变形与压力波之间的相关性，通过前述测试方法，获得了小口径步枪实验弹和 56 式 7.62mm 普通弹瞬时空腔最大凹陷深度与对应最大压力的实验数据，见表 5.11。

表 5.11 两种枪弹瞬时空腔最大凹陷深度与最大压力

弹药种类	速度/(m/s)	最大凹陷深度/mm	最大压力平均值/MPa
56 式 7.62mm 普通弹	690	33.33	16.08
	692	33.33	13.67
	687	34.11	15.83
小口径步枪实验弹	868	29.46	15.35
	877	27.13	11.97
	884	25.58	11.40

对上述数据，采用式 (5.7) 对瞬时空腔最大凹陷深度与最大压力之间的关系进行拟合：

$$P_{\max} = aD_{\max} + b \tag{5.7}$$

式中：$P_{\max}$ 为拟合得到的最大压力，MPa；$D_{\max}$ 为瞬时空腔最大凹陷深度，mm；a, b 为拟合系数。

拟合获得的瞬时空腔最大凹陷深度与最大压力之间的函数关系为

$$P_{\max} = 0.454D_{\max} + 0.223 \tag{5.8}$$

5.4　杀伤效应模拟实验误差分析

5.4.1　高速摄影测试误差分析

枪弹、球形破片等杀伤元侵彻明胶产生瞬时空腔，高速摄影测试瞬时空腔直径、容积等尺寸的误差主要来源于标尺和高速摄影系统引起的误差。

1. 标尺的误差分析

1) 标尺的示值误差 e_1

高速摄影测试瞬时空腔尺寸时，一般使用钢直尺进行标定。假设标尺长度为 300mm，分辨率为 0.50mm，其示值误差 e_1 为

$$e_1 = \frac{0.50}{300} \times 100\% = 0.167\%$$

2) 标尺与杀伤元在明胶内的运行轨迹不平行引起的测量误差

在使用高速摄影机拍摄标尺时，由于人为因素，标尺与杀伤元在明胶内的运行轨迹不平行将引起测量误差。假设 a，b，c 为理论标尺上的三个点，理论标尺与杀伤元在明胶内的运行轨迹重合，o 点为高速摄影机镜头所在位置。实际标尺位置与理论标尺位置的关系如下。

(1) 实际标尺与理论标尺 b 点重合，但不与 a、c 点重合，如图 5.51 所示。

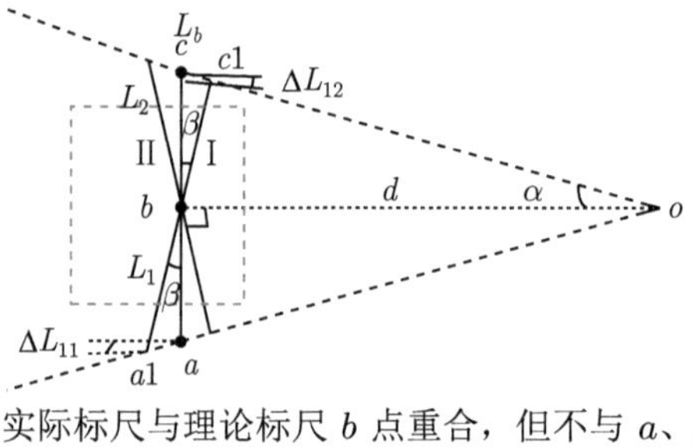

图 5.51　实际标尺与理论标尺 b 点重合，但不与 a、c 点重合

假设实际标尺的长度分别为 L_1 和 L_2，理论标尺的长度为 L_b，高速摄影机与理论标尺之间的距离为 d，实际标尺与理论标尺之间的角度为 β，实际标尺对应的视场角为 2α，则与理论标尺的误差分别为 ΔL_{b1} 和 ΔL_{b2}。根据三角形关系，有

$$\Delta L_{b1} = \Delta L_{11} - \Delta L_{12} = \frac{L_b \sin\left(\dfrac{\beta}{2}\right)\sin\left(\dfrac{\beta}{2}+\alpha\right)}{\cos(\beta+\alpha)} - \frac{L_b \sin\left(\dfrac{\beta}{2}\right)\sin\left(\alpha-\dfrac{\beta}{2}\right)}{\cos(\alpha-\beta)} \tag{5.9}$$

式中：$\alpha = \arctan\left(\dfrac{L_b/2}{d}\right)$。

在测试中，一般 $\beta \leqslant 2^\circ$，取 $\beta=2^\circ$，$L_b = 300\text{mm}$，$d = 3\text{m}$，则 $\Delta L_{b1}=0.18\text{mm}$。同理，$\Delta L_{b2}=0.18\text{mm}$。

(2) 实际标尺与理论标尺 a 点重合，但不与 b、c 点重合，如图 5.52 所示。

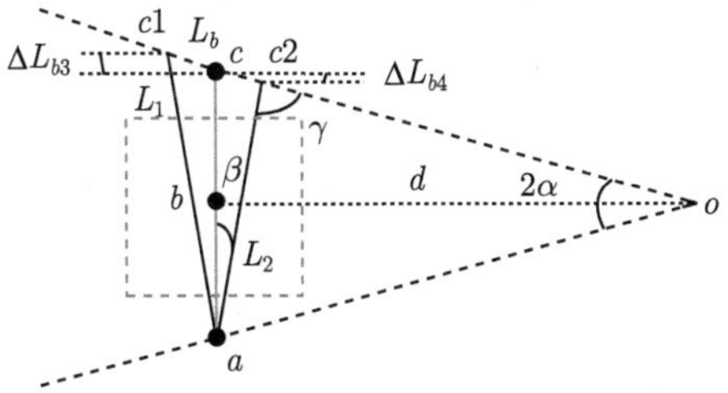

图 5.52 实际标尺与理论标尺 a 点重合，但不与 b、c 点重合

假设实际标尺的长度分别为 L_1 和 L_2，理论标尺长度为 L_b，高速摄影机与理论标尺之间的距离为 d，实际标尺与理论标尺之间的角度为 β，实际标尺对应的视场角为 2α，则与理论标尺的误差分别为 ΔL_{b3} 和 ΔL_{b4}。根据三角关系，有

$$\Delta L_{b3} = L_b\left(\frac{\cos(\alpha)}{\cos(\alpha+\beta)} - 1\right) \tag{5.10}$$

在测试中，一般 $\beta \leqslant 2^\circ$，取 $\beta=2^\circ$，$L_b = 300\text{mm}$，$d = 3\text{m}$，则 $\Delta L_{b3} = 0.71\text{mm}$。同理，由三角形关系得

$$\Delta L_{b4} = L_b\left(\frac{\cos(\alpha)}{\cos(\alpha-\beta)} - 1\right) \tag{5.11}$$

则 $\Delta L_{b4} = -0.34\text{mm}$。

综合以上分析，标尺与杀伤元在明胶靶标内运动轨迹不平行引起的测量相对误差 e_2 为

$$e_2 = \frac{\sqrt{\sum_{i=1}^{4} \Delta L_{bi}^2}}{L} = 0.28\%$$

2. 高速摄影系统引起的空腔尺寸误差分析

1) 视频像元数引起的空腔尺寸误差

A. 标尺在视频图像中所占像元数引起的空腔尺寸误差

杀伤元侵彻明胶靶标产生空腔的尺寸是由标尺长度、高速摄影拍摄视频图像中空腔尺寸所占像元数与标尺长度所占像元数的比例关系计算获得，而像元数一

般由人工判读方式获取。假设标尺长度 300mm 所占的像元数 N_1 为 500。一般由人为因素引起的静态标尺图像判读误差 e_{N1} 为 3 个像元数，则标尺在视频图像中所占像元数引起的空腔尺寸误差 e_3 为

$$e_3=\frac{e_{N1}}{N_1}=0.6\%$$

B. 最大空腔在视频图像中所占像元数的误差

同理，由人工判读最大空腔尺寸边界时所产生的像元数读取误差 e_{N2} 也为 3。以某次空腔测试项目得到的最大空腔图像进行分析，其最大空腔的长轴为 100mm，在图像中所占的像元数 N_2 为 167，则最大空腔在视频图像中所占像元数的误差 e_4 为

$$e_4=\frac{e_{N2}}{N_2}=1.80\%$$

2) 视频图像拖影引起的判读误差

由于高速摄影机在拍摄视频图像时存在曝光时间，所以在视频图像中存在拖影现象，从而引起最大空腔边界的判读误差。

假设高速摄影机的曝光时间为 10μs，空腔的膨胀速率为 50m/s，则产生的拖影距离 Δx 为 0.5mm，即拖影距离引起最大空腔尺寸两端边界的像元数读取误差 e_{N3} 为 2。因此，视频图像拖影引起的判读误差 e_5 为

$$e_5=\frac{e_{N3}}{N_2}=1.20\%$$

3) 拍摄频率引起的误差

由于明胶内的空腔膨胀是个连续的过程，采用高速摄影法测量最大瞬时空腔尺寸，受高速摄影机拍摄频率的限制，有可能拍不到最大空腔的图像，而将引起最大空腔尺寸测试的误差 Δy，一般可认为是相差一帧图像引起的误差。在测试过程中，假设高速摄影机的拍摄频率是 21005 帧/s，空腔膨胀的速率为 50m/s，则 $\Delta y=2.38$mm，对应占有像元数 e_{N4} 为 4。因此，拍摄频率引起的误差 e_6 为

$$e_6=\frac{e_{N4}}{N_2}=2.40\%$$

3. 综合误差

在最大空腔尺寸测试项目中，将标尺和高速摄影系统引起的误差视为随机误差，可采用方和根来计算综合误差 [10]，则

$$e_a=\sqrt{\sum_{i=1}^{6}e_i^2}=3.30\%$$

综合以上分析，步枪弹侵彻有防护明胶靶标产生的最大瞬时空腔变形的综合误差为 3.30%，可以满足实验测试需求，该测试方法可行。

5.4.2 靶标内压力测试误差分析

非侵彻明胶靶标内压力测试项目的误差来源于整个测试系统的各个组成部分，包括压力传感器、信号调理器、数据采集系统、压力数据处理方法、弹着点散布、传感器位置和实验中模拟靶标安放等引起的误差。

1. 压力传感器的误差分析

在压力测试项目中选用了型号为 PCB113B24 的压力传感器，经计量部门检定，该压力传感器的不确定度 U_a 为 1.3%(k=2)。

根据实验方案，将 4 个压力传感器均匀分布在半径约为 1cm 的圆周内，可忽略压力传感器的测试不平衡性，将 4 个压力传感器用于同一点压力的测试必然减小压力传感器自身误差的影响，则总误差 e_1 为

$$e_1 = \frac{\sqrt{(1.3\%)^2 + (1.3\%)^2 + (1.3\%)^2 + (1.3\%)^2}}{4} = 0.65\%$$

2. 数据采集系统的误差分析

1) 转换误差 e_2

在压力测试项目中，数据采集系统的最大输入电压 U_{FS} 为 5V，转换精度为 LSB/2，因此，数据采集系统的转换偏差 ΔU_1 为 0.16mV，即转换误差为

$$e_2 = \frac{\Delta U_1}{U_{FS}} \times 100\% = 0.0032\%$$

2) 数据采样率误差 e_3

使用高精度信号发生器产生频率为 100kHz、幅值为 5V 的正弦波信号，由数据采集系统以 1MHz 的采样频率进行采集，对采集后的波峰数据进行比较，其平均偏差 ΔU_2=2mV，则数据采样率误差为

$$e_3 = \frac{\Delta U_2}{U_{FS}} \times 100\% = 0.04\%$$

3. 信号调理器的误差分析

经计量部门检定，信号调理器的输出不确定度为 0.2%(k=2)，则信号调理器引起的误差为 $e_4 = 0.2\%$。

4. 压力数据处理方法的误差分析

非侵彻明胶靶标内压力测试中，压力传感器均匀布置在半径约 2cm 的圆周内，在距离明胶靶标弹击面 4cm 位置布设 4 个传感器，传感器呈正方形排列，射击瞄准点定为传感器的布置中心位置处，假设 4 个传感器所测压力分别为 P_1、P_2、

P_3、P_4，理想状态下有 $P_1 = P_2 = P_3 = P_4$，则 4 个传感器的中心位置处所测压力为 $\overline{P} = P_1$。

假设 4 个传感器的中心位置处的实际压力为 P_c，由明胶内压力波传递规律可知，压力数据处理方法误差 e_5 为

$$e_5 = \left|\frac{\overline{P} - P_c}{P_c}\right| \times 100\% = \left[1 - \frac{d^{1.6}}{(\sqrt{R^2 + D^2})^{1.6}}\right] \times 100\% = 0.076\%$$

5. 传感器位置的误差分析

1) 示值误差引起的压力测量误差 e_6

在传感器安装布置中，测量长度 D 为 40mm 和 R 为 25mm，测量误差均为钢尺的测量误差 0.50mm，不确定度 k 取 2，则由钢尺的示值误差引起的压力测量误差为

$$e_6 = \frac{\Delta P}{P} \times 100\% = \frac{k}{R^2 + D^2}\sqrt{D^2\Delta D^2 + R^2\Delta R^2} \times 100\% = 2.12\%$$

2) 传感器在模拟靶标中位置误差引起的压力测量误差 e_7

4 个传感器阵列埋设时，在明胶内采用专用传感器安装固定支架，基本能精确定位，但在明胶注模、脱模和传感器安装过程中，人为因素会导致传感器阵列的埋设距离误差 $\Delta D \leqslant$1mm。则传感器在模拟靶标中位置误差引起的压力测量误差为

$$e_7 = \frac{\Delta P}{P} \times 100\% = \frac{kD}{R^2 + D^2}\Delta D \times 100\% = 3.6\%$$

3) 测试过程中传感器移位误差引起的压力测量误差 e_8

在实际测试过程中，强冲击使传感器与明胶一定会存在相对位移。根据大量实验，传感器的移位误差 ΔD 在 0.5mm 以内。则传感器的移位引起的压力测量误差为

$$e_8 = \frac{\Delta P}{P} \times 100\% = \frac{kD}{R^2 + D^2}\Delta D \times 100\% = 1.8\%$$

6. 模拟靶标安放引起的误差分析

在实验现场布置时，由于人为原因会与弹道线存在一个角度误差，根据经验，模拟靶标与弹道线之间的角度误差可以控制在 5° 以内，见图 5.53。

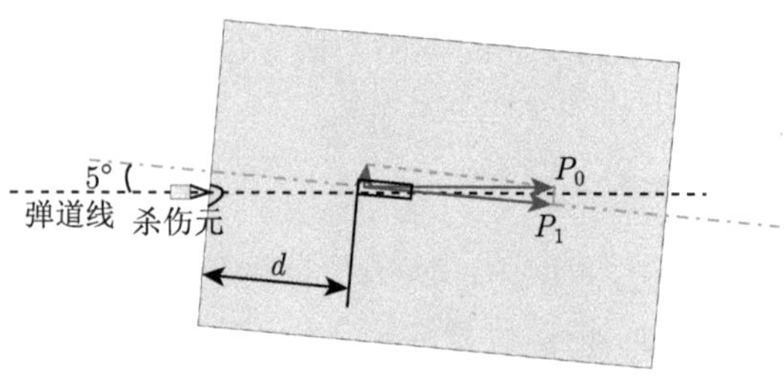

图 5.53　模拟靶标实验现场布置角度引起的压力测试误差

由三角关系可知，模拟靶标在实验现场布置角度变化引起的压力测试误差为

$$e_9 = \frac{\Delta P}{P_0} \times 100\% = (1 - \cos 5^\circ) \times 100\% = 0.38\%$$

7. 弹着点散布的误差分析

假设弹着点的坐标为 (x, y)，根据传感器布置可知，$-2\text{cm} \leqslant x \leqslant 2\text{cm}$ 或 $-2\text{cm} \leqslant y \leqslant 2\text{cm}$，且 $\sqrt{x^2+y^2} \leqslant 2$，即弹着点的散布 $R_{100} \leqslant 2\text{cm}$，认为在半径为 2cm 的圆区域内数据有效，否则数据无效。则弹着点的散布引起的压力测试误差为

$$\begin{aligned}
e_{10} &= \left|\frac{\overline{P} - P_{\rm c}}{P_{\rm c}}\right| \times 100\% \\
&= \left|\left(\sqrt{x^2+y^2+(\sqrt{R^2+D^2})^2}\right)^{1.6} \left[\frac{1}{4(\sqrt{x^2+(R-y)^2+D^2})^{1.6}}\right.\right. \\
&\quad + \frac{1}{4(\sqrt{(R-x)^2+y^2+D^2})^{1.6}} + \frac{1}{4(\sqrt{x^2+(R+y)^2+D^2})^{1.6}} \\
&\quad \left.\left. + \frac{1}{4(\sqrt{(R+x)^2+y^2+D^2})^{1.6}} - \frac{1}{\left(\sqrt{x^2+y^2+(\sqrt{R^2+D^2})^2}\right)^{1.6}}\right]\right| \times 100\%
\end{aligned} \tag{5.12}$$

取 $x = y = \sqrt{2}\text{cm}$，$R$=2cm 和 D=4cm，代入上式可得 $e_{10} = 4.21\%$。

8. 综合误差

在非侵彻压力测试项目中，对压力传感器、数据采集系统、信号调理器、压力数据处理方法、传感器位置、模拟靶标安放和弹着点散布等引起的误差采用方和根来计算综合误差，计算结果如下：

$$e_a = \sqrt{\sum_{i=1}^{10} e_i^2} = 6.25\%$$

从误差分析结果可知，该方法的误差可控，证明该测试方法可用于相关实验研究。需要说明的是：压力测试的综合误差主要来源于压力传感器的重复性误差、传感器位置误差和弹着点散布误差等，因此，弹着点正后方压力测试中，压力传感器的选用、传感器的安装布置精确定位、减小弹着点散布等对提高测试精度非常重要。和单个传感器的方法相比，采用 4 个传感器阵列测试压力取平均值的方法有效地减小了弹着点散布引起的压力测试误差，提高了压力测试稳定性和重复性，有效地控制了测试误差。

参 考 文 献

[1] 王浩圣，崔海林，邓均，等. 终点杀伤效应模拟试验综合测试系统. 第四届国防科技工业试验与测试技术发展战略高层论坛文集，2012: 346-353.

[2] 黄珊，徐诚，温垚珂，等. 典型小口径步枪弹侵彻明胶时空腔演化规律的实验研究. 北京理工大学学报，2017, 37(4): 342-347.

[3] 吴东鑫. 新型实用传感器应用指南. 北京: 电子工业出版社，1998: 8-13.

[4] 刘荫秋，王正国，马玉媛. 创伤弹道学. 北京：人民军医出版社，1991：32-42.

[5] 林勇，王经瑾，宋征，等. 明胶弹创空腔闪光 X 射线投影图像三维重建. 清华大学学报 (自然科学版)，2002，42(12): 1576-1578.

[6] 王守信，周国强，姚传利. 多头闪光脉冲 X 光机在创伤弹道研究中的应用. 轻兵器，1991, 2: 63-66.

[7] 国防科学技术工业委员会. 枪弹试验法 (GJB 3196—98). 1998：97-106.

[8] 王浩圣. 轻武器杀伤效能试验研究. 南京: 南京理工大学，2011.

[9] 刘世平. 实验外弹道学. 北京: 北京理工大学出版社，2016: 358-363.

[10] 郭锡福. 火炮武器系统外弹道试验数据处理与分析. 北京: 国防工业出版社，2013: 39-40.

第 6 章　典型杀伤元与模拟靶标相互作用理论模型

6.1　概　　述

本章以明胶为模拟靶标，结合靶标力学性能，建立杀伤元侵彻明胶靶标理论模型，分析杀伤元在明胶中运动和瞬时空腔的变化规律，为轻武器杀伤效能评估和杀伤元优化设计提供技术支撑。

近年来，一些学者已对杀伤元侵彻明胶理论模型开展了研究，取得了一定成果。Sturdivan[1] 假设明胶为不可压缩流体，建立了破片侵彻明胶黏性流体阻力模型。Nennstiel[2] 认为球形破片在明胶中仅受到惯性阻力作用，且阻力系数为速度和明胶特性相关的函数。Peters[3] 将破片在明胶中受力简化为惯性阻力和明胶自身强度，且明胶强度的大小取决于特征速度。Dzimian 考虑到明胶的不可压缩特性，利用 Poncelet 方程建立了压强阻力、黏性阻力、塑性流阻力对破片作用的运动模型 [4]。Janzon[5] 提出一种基于弹头质心一维运动且忽略弹头旋进的简化运动模型。Kneubuehl 等 [6] 将弹头在明胶中的运动简化为质心水平运动和绕心运动，且阻力系数和法向力系数为入射角的函数。Swain 等 [7] 认为明胶为宾厄姆体 (Bingham solid)，并基于 Poncelet 方程建立了球形破片侵彻明胶运动模型。

近年来，随着凯芙拉和 UHMWPE 等纤维广泛应用于软质防弹衣中，其抗弹机理和钝性损伤的研究受到国内外学者的广泛关注。Flanagan 等 [8]、刘元坤 [9]、顾冰芳等 [10]、梅志远等 [11]、王晓强等 [12]、梁子青等 [13] 进行了凯芙拉纤维、三维机织复合材料、UHMWPE 纤维等材料的侵彻实验，对其抗弹机理进行了分析。Smith 等 [14,15] 研究了具有非线性应力应变特征的尼龙纱线横向冲击性能，并提出了单根无限长纱线横向冲击理论。Vinson 等 [16] 基于静态圆锥壳理论，提出了弹体侵彻纤维时耗散能量的计算模型。Walker [17] 使用静态挠曲分析法，建立了织物与软质复合材料的冲击模型。顾伯洪 [18] 提出了基于纤维应变率效应的织物弹道冲击破坏分析模型，获得了不同应变率条件下不同层数平纹织物的弹道侵彻性能。Phoenix 等 [19] 建立了弹体冲击下防弹织物破坏响应的分析模型，研究了钝头弹冲击二维薄膜的动态响应过程。Wen[20] 提出了弹体侵彻层合板的经验模型，并分析了弹头所受侵彻阻力与层合板材料参数的关系。Naik 等 [21] 研究了机织复合材料的弹道冲击性能，建立了基于应力波理论和能量守恒定律的分析模型。这些模型大都仅考虑与弹体接触的主要纤维断裂，而忽略纤维变形区中未断裂纤维及防护后人体吸收的弹体能量，且未考虑纤维在高应变率下的本构特性。随着枪弹和防护装备不断发展，现有模型无法满足对致伤效应评估的要求。本章将会介绍近年来本团队最新的研究成果。

6.2　破片侵彻明胶靶标理论模型

在现代战争中，破片杀伤较为常见，各种弹药破片造成的伤亡率高达 80%。近代小型杀伤枪榴弹中的球形破片质量逐渐减小、速度不断提高。因此，研究不同质量、不同速度破片的致伤效应，对于榴弹设计具有十分重要的意义。本节以球形、菱形破片为对象，研究破片在目标中运动模型。

6.2.1　球形破片侵彻明胶靶标理论模型 [22~24]

要提高榴弹杀伤威力，关键在于获知榴弹破片在目标中的运动规律及致伤特点。建立破片与目标相互作用的理论模型对研究运动规律与致伤效应之间的关系具有重要的意义，可为榴弹中破片的选型提供理论参考。

球形破片在明胶中的运动规律主要受靶标作用力影响，其受力情况复杂，主要表现为惯性阻力、黏性阻力、明胶抗力，如图 6.1 所示。

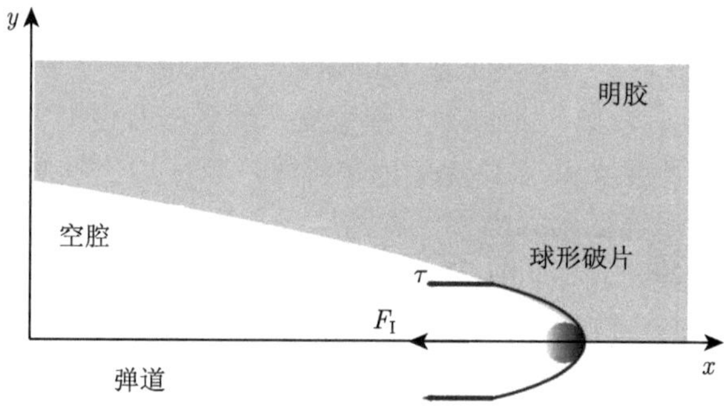

图 6.1　球形破片侵彻明胶过程中的受力分析

(1) 惯性阻力。侵彻过程中，包裹破片的明胶质点势必在其推动下同时向前运动，这部分明胶质点从静止状态至向前运动状态首先需克服自身惯性，这种惯性作用体现为惯性阻力。

(2) 黏性阻力。破片侵彻明胶时，破片表面会被一层黏性流体包围，由于明胶具有黏性，破片运动过程中周围形成“边界层”，使其受到黏性切应力作用，亦在其表面产生摩擦力，体现为黏性阻力。

(3) 明胶抗力。破片侵彻明胶时，明胶材料自身具有抵抗破坏的能力，与材料自身压缩强度有关，体现为明胶抗力。

明胶为高密度各向同性黏弹性介质 ($\rho_{明胶} \approx 822\rho_{空}$)，具有触变性，在一定压力下可发生液化。破片周围由边界层包围，即存在一薄层黏性流体，且该边界层为固态与液态并存的混合态明胶。

引入如下基本假设：① 忽略破片重力；② 破片为刚体；③ 明胶为不可压缩黏性流体。

由黏性流体力学理论可知，惯性阻力与速度平方成正比，黏性阻力与速度成正比。根据牛顿第二定律，破片在明胶中的受力情况可描述为

$$\begin{cases} F = -m\dfrac{\mathrm{d}v}{\mathrm{d}t} \\ F = F_{\mathrm{I}} + F_{\mathrm{V}} + F_{\mathrm{r}} \\ F_{\mathrm{I}} = \dfrac{1}{2}\rho v^2 S C_{\mathrm{D}} \\ F_{\mathrm{V}} = C_{\mathrm{V}} S v \\ F_{\mathrm{r}} = A\sigma_{\mathrm{Y}} \end{cases} \tag{6.1}$$

式中，F 为破片所受阻力，F_{I} 为惯性阻力，F_{V} 为黏性阻力，F_{r} 为明胶抗力，ρ 为明胶密度，m 为破片质量，v 为破片速度，S 为破片最大横截面积，C_{D} 为惯性阻力系数，C_{V} 为黏性阻力系数，A 为破片表面积，σ_{Y} 为明胶剪切屈服强度 ($\sigma_{\mathrm{Y}} = 0.02\mathrm{MPa}$)。

令 $a_1 = \rho C_{\mathrm{D}}/2$，$a_2 = C_{\mathrm{V}}S$，$a_3 = A\sigma_{\mathrm{Y}}$，$a_4 = \sqrt{-a_2^2 + 4a_1a_3}$，积分式 (6.1)，可得速度 v 关于 t 的函数为

$$v(t) = \frac{-a_2 + a_4\tan\left[\dfrac{1}{2}\left(-\dfrac{a_4}{m}\right)t + C_1a_4\right]}{2a_1} \tag{6.2}$$

式中，C_1 为积分常数。

根据初始条件 $v(0) = v_0$，可得破片速度为

$$v(t) = \frac{-a_2 + a_4\tan\left[\dfrac{1}{2}\left(-\dfrac{a_4}{m}\right)t + \arctan\left(\dfrac{2a_1v_0 + a_2}{a_4}\right)\right]}{2a_1} \tag{6.3}$$

对式 (6.3) 进行积分，可得位移 $x(t)$ 为

$$x(t) = C_3 + \frac{-a_2t + 2m\ln\left\{\cos\left[\left(\dfrac{a_4}{2m}\right)t - \dfrac{C_2a_4}{2}\right]\right\}}{2a_1} \tag{6.4}$$

式中，x 为位移，t 为破片在目标中运动时间，C_2、C_3 为常数。

由初始条件 $x(0)=0$，$x'(0)=v_0$，可得位移为

$$x(t)=\frac{-a_2 t}{2a_1}-\frac{m}{a_1}\cdot\ln\left(\frac{a_4}{2\sqrt{a_1a_3+a_1a_2\cdot v_0+a_1^2v_0^2}}\right)+\frac{1}{2a_1}\left[2m\cdot\ln\left\{\cos\left[\frac{a_4}{2m}\cdot t-\arccos\left(\frac{a_4}{2\sqrt{a_1a_3+a_1a_2\cdot v_0+a_1^2v_0^2}}\right)\right]\right\}\right] \tag{6.5}$$

1. 阻力系数的确定

破片在明胶中所受惯性阻力、黏性阻力分别与惯性阻力系数、黏性阻力系数相关，选取ϕ4mm 口径破片为杀伤元，根据最小二乘法原理，对惯性阻力系数和黏性阻力系数进行计算，确定最佳惯性阻力系数和黏性阻力系数，球形破片参数如表 6.1 所示。

表 6.1　球形破片参数

d/mm	v_0/(m/s)	m/g
3	696	0.111
4	749	0.262

由 Sturdivan 和 Segletes 等对球形破片的研究及国外大量球形破片侵彻明胶实验可知，惯性阻力系数在 0.2~0.4 范围内 [1,6]。为建立更为准确的球形破片侵彻明胶运动模型，采用最小二乘法对惯性阻力系数进行计算。

其误差方程为 [22]

$$r_i=y_i-y_0(a_1,a_2) \tag{6.6}$$

式中，y_i 为测量值，y_0 为理论值。

根据最小二乘法原理，惯性阻力系数最佳值应在残余误差平方和最小时获得，因此，当误差最小时，应满足条件：

$$r_1^2+r_2^2+\cdots+r_n^2=\sum_{i=1}^{n}r_i^2=\text{最小} \tag{6.7}$$

对残余误差平方和 $\sum\limits_{i=1}^{n}r_i^2$ 求导数，并令其为 0，则有

$$\frac{\partial\left(\sum\limits_{i=1}^{n}r_i^2\right)}{\partial a_1}=0 \tag{6.8}$$

$$\frac{\partial\left(\sum_{i=1}^{n} r_i^2\right)}{\partial a_2}=0 \tag{6.9}$$

由于破片在目标中的运动速度通过平均速度方法获得，高速摄影读取时存在一定误差，这样将产生误差传递，若以位移为参考标准，可有效避免。因此，计算惯性阻力系数和黏性阻力系数时以位移与时间关系的残余误差作为评定标准。

计算得到位移与时间关系的残余误差平方和最小时的惯性阻力系数，如表 6.2 所示。

表 6.2　ϕ4mm 破片位移误差方程极值点 (惯性阻力系数)

d/mm	误差方程极值点	平方差和
4	0.35	0.0023

通过查阅国外文献 [1] 可知，黏性阻力系数在 3000~10000 范围内，采用最小二乘法对黏性阻力系数进行计算，并以位移与时间关系作为评定标准，得到残余误差平方和最小时的黏性阻力系数，如表 6.3 所示。

表 6.3　ϕ4mm 破片位移误差方程极值点 (黏性阻力系数)

d/mm	误差方程极值点	平方差和
4	4316	0.0018

由国外现有研究结论 [2] 可知，惯性阻力系数、黏性阻力系数与破片直径关联度较低，不随直径改变。利用前面第 5 章所获得的大量球形破片侵彻明胶的实验数据，采用最小二乘法，得到球形破片侵彻 10%明胶靶标的惯性阻力系数为 0.35，黏性阻力系数为 4320，该组参数已经过大量的实验数据验证。

2. 算例

采用上述模型进行数值计算，并与实验结果进行对比。研究过程中选取ϕ3mm 球形破片杀伤元，其入靶速度参数是根据实验时破片的速度而定的，如表 6.1 所示。

破片侵彻明胶过程如图 6.2 所示，破片最终停留在目标内。以破片入靶时刻为计时起点，出靶时刻为计时终点，入靶速度实测值为 696m/s，图 6.3 给出了速度、位移随时间变化实验值与理论值对比曲线，运动时间为 2500μs 时速度实验值为 5m/s，位移实验值为 0.2215m。可见，考虑明胶抗力时速度差为 12.5m/s，位移差为 0.0064m，位移相对误差为 2.9%，速度、位移理论值与实验值误差棒曲线如图 6.4 所示。

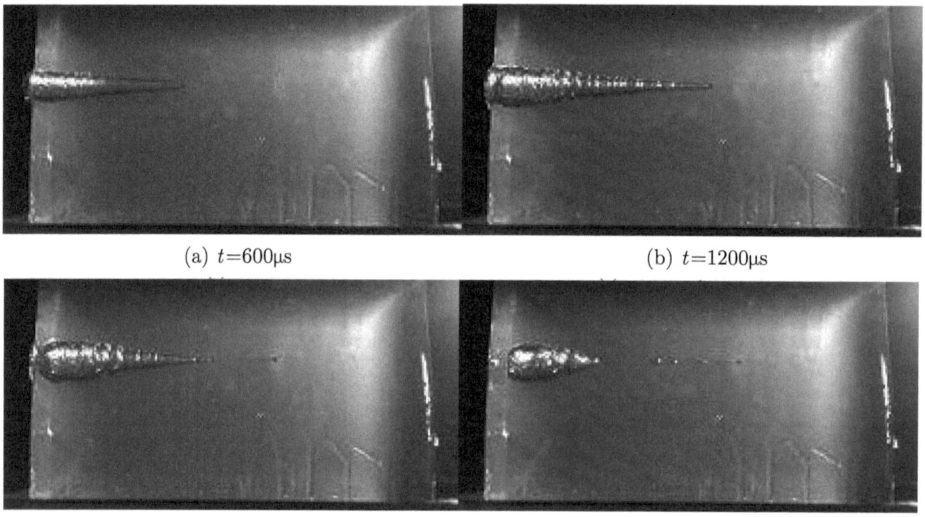

(a) t=600μs　　(b) t=1200μs

(c) t=1800μs　　(d) t=2400μs

图 6.2　ϕ3mm 破片第一发侵彻明胶过程

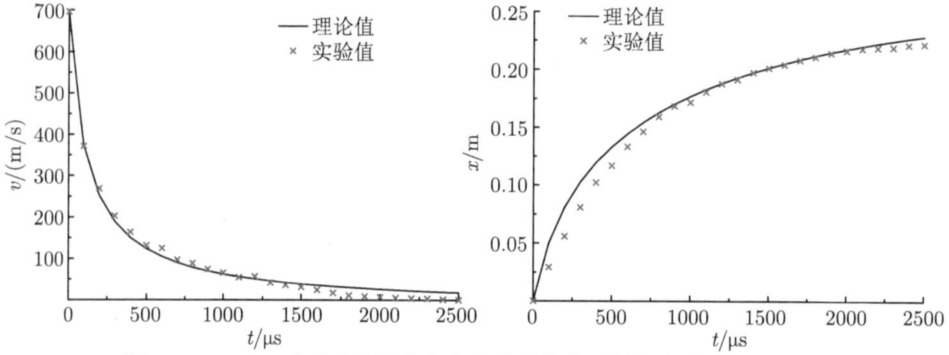

图 6.3　ϕ3mm 球形破片速度和位移模型数值计算与实验结果的比较

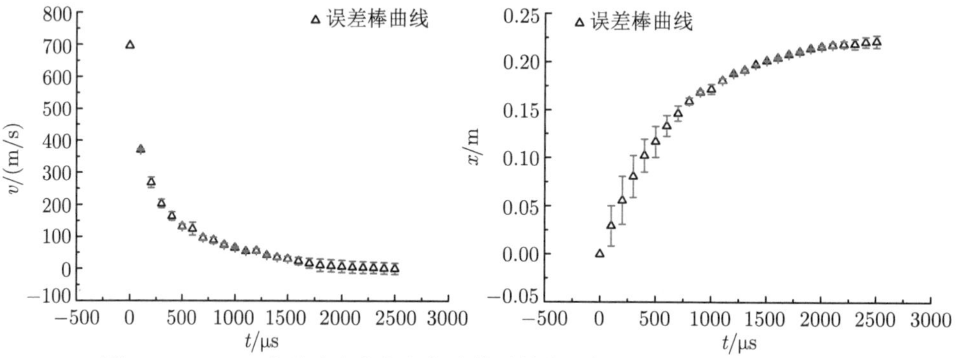

图 6.4　ϕ3mm 球形破片速度和位移模型数值计算与实验结果误差棒曲线

6.2.2 菱形破片侵彻明胶靶标理论模型 [27,28]

(1) 假设菱形破片为刚体，不考虑破片侵彻过程中的弹塑性变形，这主要是基于实验收集的破片未出现明显的塑性变形。

(2) 假设平行四边形平面顶点的动态阻力系数 a 的大小仅和该点的角度有关，平行四边形内任意点的动态阻力系数是四个顶点处系数的线性插值；静态阻力系数 c 为常数，其取值与球形破片的静态阻力系数相同。

(3) 令向量 $\boldsymbol{g}_{\rm s}$ 和 $\boldsymbol{g}_{\rm t}$ 分别平行于平行四边形的两条边，如图 6.5 所示，两条边的长度分别为 $2L_{\rm s}$、$2L_{\rm t}$，图中 $a_{\rm s}$、$a_{\rm t}$ 为对应顶点的动态阻力系数。

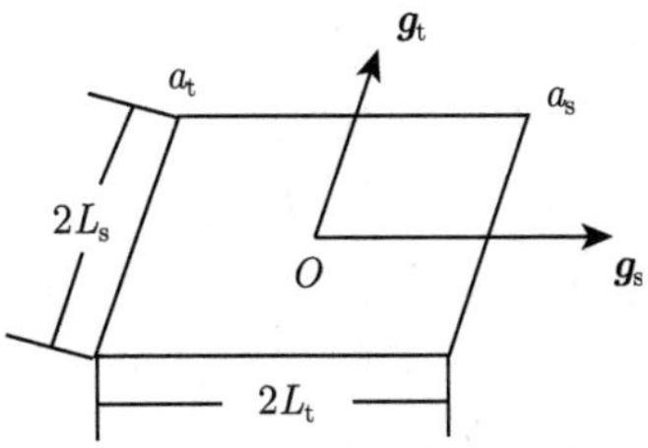

图 6.5 平行四边形平面的动态阻力系数

根据该假设，可得平面内任意点 $(x^{\rm s}, x^{\rm t})$ 的动态阻力系数为

$$a\left(x^{\rm s}, x^{\rm t}\right) = d_0 + d_1 \cdot x^{\rm s} + d_2 \cdot x^{\rm t} + d_3 \cdot x^{\rm s} \cdot x^{\rm t} \tag{6.10}$$

式中，$x_{\rm s}$、$x_{\rm t}$ 为对应于 $\boldsymbol{g}_{\rm s}$、$\boldsymbol{g}_{\rm t}$ 的坐标。将四个顶点的动态阻力系数代入上式可得

$$a\left(x^{\rm s}, x^{\rm t}\right) = \frac{a_{\rm s} + a_{\rm t}}{2} + \frac{x^{\rm s} \cdot x^{\rm t}}{2L_{\rm s} \cdot L_{\rm t}} \cdot (a_{\rm s} - a_{\rm t}) \tag{6.11}$$

菱形破片的尺寸参数如图 6.6 所示，令破片三边的长度分别为 a、b、c；在菱形破片的几何中心 O 建立直角坐标系 $Oxyz$，其中 Ox 平行于 a 边，Oy 平行于 b 边，Oz 垂直底面向上。令 Ox、Oy、Oz 三轴的基矢量分别为 $\boldsymbol{i}$、$\boldsymbol{j}$、$\boldsymbol{k}$，建立斜线坐标系 $O\xi\eta\zeta$，其中 $O\xi$ 平行于 a 边，$O\eta$ 平行于 b 边，$O\zeta$ 平行于 c 边；令 $O\xi$、$O\eta$、$O\zeta$ 三轴的基矢量分别为 $\boldsymbol{g}_1$、$\boldsymbol{g}_2$、$\boldsymbol{g}_3$。

$\boldsymbol{g}_1$、$\boldsymbol{g}_2$、$\boldsymbol{g}_3$ 和 $\boldsymbol{i}$、$\boldsymbol{j}$、$\boldsymbol{k}$ 的关系可表示为

$$\begin{bmatrix} \boldsymbol{g}_1 \\ \boldsymbol{g}_2 \\ \boldsymbol{g}_3 \end{bmatrix} = \begin{bmatrix} 1 & 0 & 0 \\ \cos\gamma & \sin\gamma & 0 \\ \cos\theta\cdot\cos\gamma & \cos\theta\cdot\sin\gamma & \sin\theta \end{bmatrix} \cdot \begin{bmatrix} \boldsymbol{i} \\ \boldsymbol{j} \\ \boldsymbol{k} \end{bmatrix} \tag{6.12}$$

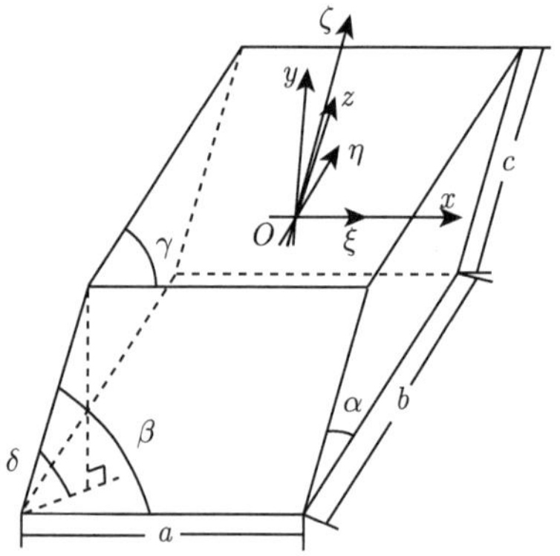

图 6.6　菱形破片的尺寸参数

为描述菱形破片的空间运动，建立固定坐标系 $O'x'y'z'$，令 $O'x'$、$O'y'$、$O'z'$ 三轴的基矢量分别为 $\boldsymbol{i}'$、$\boldsymbol{j}'$、$\boldsymbol{k}'$，采用欧拉角描述连体坐标系 $Oxyz$ 相对坐标系 $O'x'y'z'$ 的转动，其中φ、ψ 和θ 分别表示自转角、进动角和章动角，且 θ 为 Oz 轴与 $O'z'$ 的夹角。破片表面任意微元的相对矢径 $\boldsymbol{r}$ 在斜线坐标系中可表示为

$$\boldsymbol{r} = x^1 \cdot \boldsymbol{g}_1 + x^2 \cdot \boldsymbol{g}_2 + x^3 \cdot \boldsymbol{g}_3 \tag{6.13}$$

破片表面任意点的矢径 $\boldsymbol{r}'$ 可表示为

$$\boldsymbol{r}' = \boldsymbol{r}'_O + \boldsymbol{r} \tag{6.14}$$

式中，$\boldsymbol{r}'_O$ 为破片质心的矢径。

破片表面任意点的速度 $\boldsymbol{v}'$ 可表示为

$$\boldsymbol{v}' = \boldsymbol{v}'_O + \boldsymbol{\omega} \times \boldsymbol{r} \tag{6.15}$$

式中，$\boldsymbol{v}'_O$ 为质心的运动速度；$\boldsymbol{\omega}$ 为破片的转动角速度，连体坐标系中表示为

$$\boldsymbol{\omega} = P \cdot \boldsymbol{i} + Q \cdot \boldsymbol{j} + R \cdot \boldsymbol{k} \tag{6.16}$$

其中，P、Q 和 R 分别为角速度在 x、y 和 z 方向的分量，表达式为

$$\begin{cases} P = \dot{\psi} \cdot \sin\theta \cdot \sin\varphi + \dot{\theta} \cdot \cos\varphi \\ Q = \dot{\psi} \cdot \sin\theta \cdot \cos\varphi - \dot{\theta} \cdot \sin\varphi \\ R = \dot{\psi} \cdot \cos\theta + \dot{\varphi} \end{cases} \tag{6.17}$$

微元面积大小 $\mathrm{d}S$ 可表示为

$$\mathrm{d}S = \mathrm{d}x^{\mathrm{s}} \cdot dx^{\mathrm{t}} \cdot |\boldsymbol{g}_{\mathrm{s}} \times \boldsymbol{g}_{\mathrm{t}}| \tag{6.18}$$

式中，$\mathrm{d}x^{\mathrm{s}}$、$\mathrm{d}x^{\mathrm{t}}$ 分别为 x^{s}、x^{t} 坐标的增量，“×”表示向量叉乘。

微元的外法线方向 $\boldsymbol{n}$ 可以表示为

$$\boldsymbol{n} = \frac{\boldsymbol{g}_{\mathrm{s}} \times \boldsymbol{g}_{\mathrm{t}}}{|\boldsymbol{g}_{\mathrm{s}} \times \boldsymbol{g}_{\mathrm{t}}|} \tag{6.19}$$

将式 (6.13)、式 (6.16) 和式 (6.17) 代入式 (6.10) 可求得任意位置点的受力 $\boldsymbol{f}$。将 $\boldsymbol{f}$ 对质心 O 点取矩得

$$\boldsymbol{M} = \boldsymbol{r} \times \boldsymbol{f} \tag{6.20}$$

根据高等动力学理论，破片的质心运动方程可以表示为

$$\begin{cases} m \cdot \ddot{X}'_O = \sum f'_x \\ m \cdot \ddot{Y}'_O = \sum f'_y \\ m \cdot \ddot{Z}'_O = \sum f'_z \end{cases} \tag{6.21}$$

式中，m 为质量，X'_O、Y'_O、Z'_O 为质心在固定坐标系中的坐标，$\sum f'_x$、$\sum f'_y$ 和 $\sum f'_z$ 为 $\boldsymbol{f}$ 在固定坐标系中的分量。

破片推广的欧拉运动方程可以表示为

$$\begin{cases} \dot{G}_x + Q \cdot G_z - R \cdot G_y = \sum M_x \\ \dot{G}_y + R \cdot G_x - P \cdot G_z = \sum M_x \\ \dot{G}_z + P \cdot G_y - Q \cdot G_x = \sum M_x \end{cases} \tag{6.22}$$

其中

$$\begin{cases} G_x = J_x \cdot P - J_{xy} \cdot Q - J_{xz} \cdot R \\ G_y = -J_{xy} \cdot P + J_y \cdot Q - J_{yz} \cdot R \\ G_z = -J_{xz} \cdot P - J_{yz} \cdot Q + J_z \cdot R \end{cases} \tag{6.23}$$

J_x、J_{xy}、J_{yz}、J_y、J_{xz} 和 J_z 为破片对 $Oxyz$ 坐标系的惯性张量分量，$\sum M_x$、$\sum M_y$ 和 $\sum M_z$ 为破片绕 x、y 和 z 轴的力矩分量。

整理式 (6.15)、式 (6.19)、式 (6.20) 和式 (6.21)，得菱形破片侵彻明胶的六自由度运动方程，可表示为

$$
\begin{cases}
\ddot{X}'_O = \dfrac{\sum f'_x}{m} \\
\ddot{Y}'_O = \dfrac{\sum f'_y}{m} \\
\ddot{Z}'_O = \dfrac{\sum f'_z}{m} \\
\ddot{\varphi} = k_3 - k_2 \cdot \cos\varphi \cdot \cot\theta - k_1 \cdot \cot\theta \cdot \sin\varphi - \cot\theta \cdot \dot{\varphi} \cdot \dot{\theta} + \csc\theta \cdot \dot{\psi} \\
\ddot{\psi} = k_2 \cdot \csc\theta \cdot \cos\varphi + k_1 \cdot \csc\theta \cdot \sin\varphi + \csc\theta \cdot \dot{\varphi} \cdot \dot{\theta} - \cot\theta \cdot \dot{\psi} \cdot \dot{\theta} \\
\theta = k_1 \cdot \cos\varphi - k_2 \cdot \sin\varphi - \sin\theta \cdot \dot{\varphi} \cdot \dot{\psi}
\end{cases}
\tag{6.24}
$$

式中

$$k_1 = (\varDelta_1 \cdot H_1 + \varDelta_2 \cdot H_2 + \varDelta_3 \cdot H_3)/\varDelta$$

$$k_2 = (\varDelta_4 \cdot H_1 + \varDelta_5 \cdot H_2 + \varDelta_6 \cdot H_3)/\varDelta$$

$$k_3 = (\varDelta_7 \cdot H_1 + \varDelta_8 \cdot H_2 + \varDelta_9 \cdot H_3)/\varDelta$$

其中

$$H_1 = \sum M_x - Q \cdot G_z + R \cdot G_y$$

$$H_2 = \sum M_y - R \cdot G_z + P \cdot G_z$$

$$H_3 = \sum M_z - P \cdot G_z + Q \cdot G_x$$

$\varDelta$、$\varDelta_1 \sim \varDelta_9$ 分别为

$$
\begin{cases}
\varDelta = -J_{xz} \cdot J_{xz} \cdot J_y - 2 \cdot J_{xy} \cdot J_{xz} \cdot J_{yz} - J_x \cdot J_{yz} \cdot J_{yz} \\
\qquad - J_{xy} \cdot J_{xy} \cdot J_z + J_x \cdot J_y \cdot J_z \\
\varDelta_1 = -J_{yz} \cdot J_{yz} + J_y J_z \\
\varDelta_2 = -J_{xz} \cdot J_{xz} + J_{xy} J_z \\
\varDelta_3 = J_{xz} \cdot J_y + J_{xy} J_{yz} \\
\varDelta_4 = J_{xz} \cdot J_{yz} + J_{xy} J_z \\
\varDelta_5 = -J_{xz} \cdot J_{xz} + J_x J_z \\
\varDelta_6 = J_{xy} \cdot J_{yz} + J_x J_z \\
\varDelta_7 = J_{xz} \cdot J_y + J_{xy} J_{yz} \\
\varDelta_8 = J_{xy} \cdot J_{xz} + J_x J_{yz} \\
\varDelta_9 = -J_{xy} \cdot J_{xy} + J_x J_y
\end{cases}
\tag{6.25}
$$

6.2.3 算例

三种菱形破片的物理参数如表 6.4 所示。

表 6.4 菱形破片的物理参数

编号	m/g	a/mm	b/mm	c/mm	α/(°)	β/(°)	γ/(°)
1#	0.15	2.81	2.83	2.53	90	90	90
2#	0.16	3.23	3.23	2.60	90	90	53.6
3#	0.27	5.37	5.37	1.50	90	90	53.6

1. 长方体破片

对长方体破片，即 1# 菱形破片的运动规律进行研究，它六个面上的角度均为 90°。表 6.5 为 1# 菱形破片的初始运动参数，破片速度通过高速摄影的图像分析得到。表 6.6 为计算得到的破片初始欧拉角和初始角速度，长方体破片初始姿态对比如图 6.7 所示。

表 6.5 1# 菱形破片的初始位移和速度分量

实验编号	Z_{c0}/mm	Y_{c0}/mm	X_{c0}/mm	V_{cz_0}	V_{cy_0}/mm	V_{cx_0}/(m/s)
NO.1	−6	0	0	670	0	0

表 6.6 破片的初始欧拉角和初始角速度

实验编号	ψ/(°)	φ/(°)	θ/(°)	$\dot{\psi}$/(rad/s)	$\dot{\varphi}$/(rad/s)	$\dot{\theta}$/(rad/s)
NO.1	90	90	45	0	0	0

(a) 实验　　(b) 模型

图 6.7 长方体破片的初始姿态对比

图 6.8 和图 6.9 分别为 1# 菱形破片 NO.1 实验侵彻位移 Z_c 和 Y_c 随时间的变化。Z_c 实验值和模型值的最大误差为 4.2mm，平均误差为 2.7mm；Y_c 实验值和模型值的最大误差为 2.0mm，平均误差为 1.2mm。

2. 非长方体破片

表 6.7 为 2# 和 3# 菱形破片的初始运动参数，其中 2# 和 3# 破片对应的实验编号分别为 NO.2、NO.3。表 6.8 为根据实验图像试算得到的破片初始欧拉角和初始角速度，模型和实验图像的比较如图 6.10 所示。

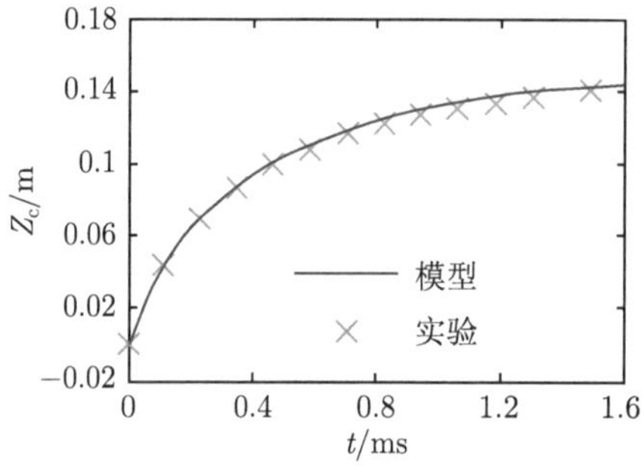

图 6.8　NO.1 实验的 Z_c 随时间的变化

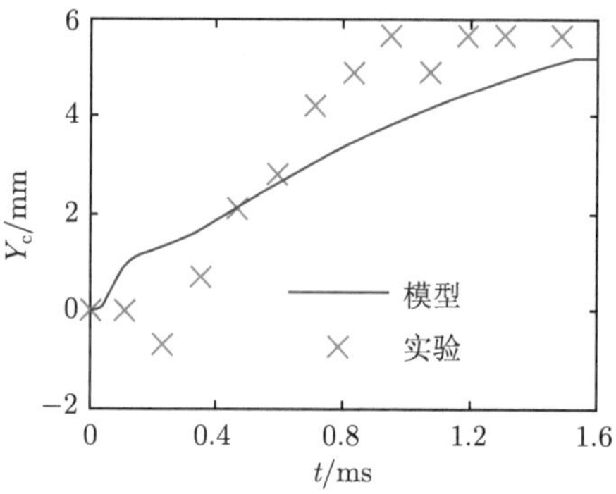

图 6.9　NO.1 实验的 Y_c 随时间的变化

表 6.7　2# 和 3# 菱形破片的初始位移和速度分量

实验编号	Z_{c0}/mm	Y_{c0}/mm	X_{c0}/mm	V_{cz_0}/mm	V_{cy_0}/mm	V_{cx_0}/mm
NO.2	−6	0	0	670	0	0
NO.3	−6	0	0	360	0	0

表 6.8　破片的初始欧拉角和初始角速度

实验编号	ψ/(°)	φ/(°)	θ/(°)	$\dot{\psi}$/(rad/s)	$\dot{\varphi}$/(rad/s)	$\dot{\theta}$/(rad/s)
NO.2	70	90	−90.5	0	0	0
NO.3	0	20	12	0	0	0

(a) NO.2　(b) NO.3

图 6.10　非长方体破片的初始姿态

图 6.11 和图 6.12 分别为 2# 菱形破片 NO.2 实验侵彻位移 Z_c 和 Y_c 随时间的变化。Z_c 实验值和模型值的最大误差为 4.1mm，平均误差为 1.7mm；Y_c 实验值和模型值的最大误差为 6.5mm，平均误差为 5.6mm。

图 6.13 和图 6.14 分别为 3# 菱形破片 NO.3 实验侵彻位移 Z_c 和 Y_c 随时间的变化。Z_c 实验值和模型值的最大误差为 3.8mm，平均误差为 1.4mm；Y_c 实验值和模型值的最大误差为 3.7mm，平均误差为 2.2mm。

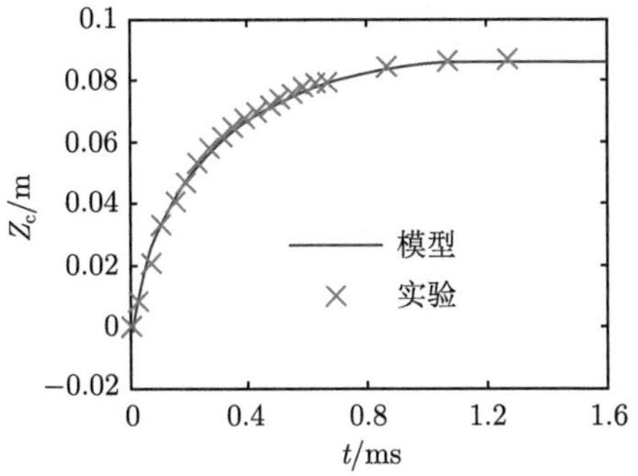

图 6.11 NO.2 实验中 Z_c 随时间的变化

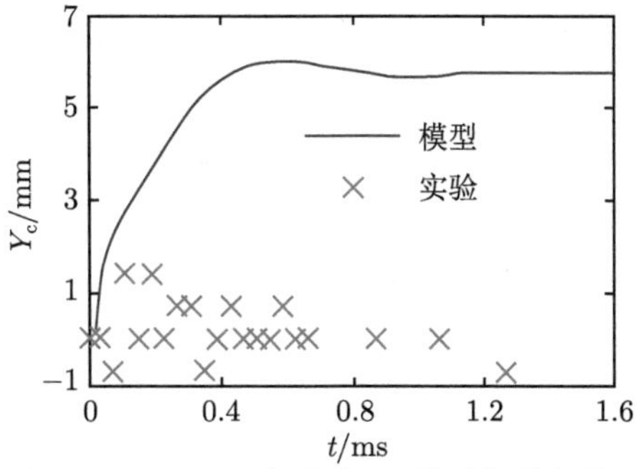

图 6.12 NO.2 实验中 Y_c 随时间的变化

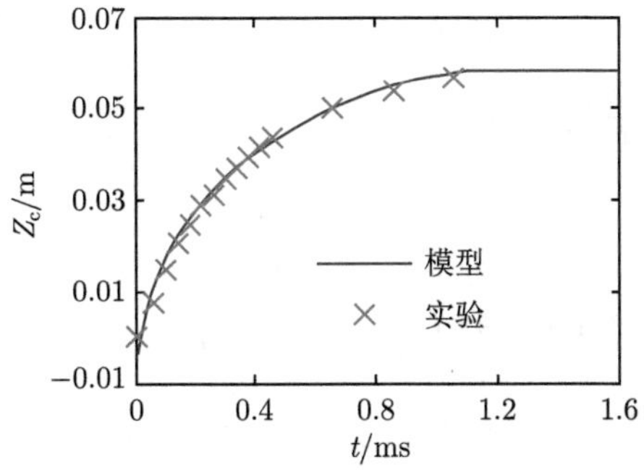

图 6.13 NO.3 实验中 Z_c 随时间的变化

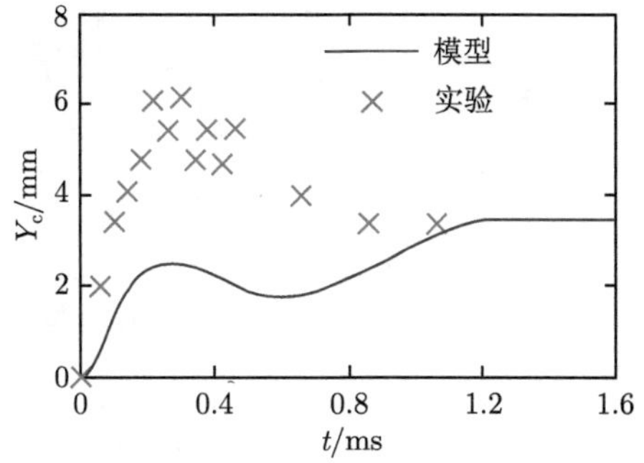

图 6.14 NO.3 实验中 Y_c 随时间的变化

6.3 步枪弹侵彻明胶靶标理论模型

在步枪系统不断发展的推动下，步枪弹由大威力型、中间威力型向小口径化转变，以创伤效应为依据的新型步枪弹应运而生。由于口径减小，弹头长径比增大，命中目标时易翻滚，杀伤效果突出，弹伤变得极其复杂、严重。本节以明胶为组织模拟物，通过实验研究和理论分析对步枪弹在目标中的运动规律展开详细讨论。

6.3.1 三自由度刚体运动模型 [29,30]

一般情况下，弹头在空气中运动时因自身旋转而稳定飞行，当其侵入密度为空气密度 800 多倍的明胶靶标时，弹头所受阻力和力矩也相应增大数百倍。可见，即便在空气中稳定飞行的弹头，侵入明胶后也将发生失稳和翻滚。根据弹头在明胶中的运动特点，引入如下假设：

(1) 弹头为刚体，忽略其变形与破碎；

(2) 忽略弹头重力和自旋 (陀螺效应)；

(3) 忽略平面外偏航，认为弹头运动在包含轨迹的垂直平面内；

(4) 忽略科氏惯性力对弹头运动的影响。

建立水平坐标系 Oxy，若弹头侵入明胶时攻角 $\delta \neq 0$，其周围压力分布不对称，对表面压力分布积分得出的明胶作用力 R_1 既不与弹轴平行也不与速度平行，与弹轴相交于压力中心。若 R_1 平移至弹头质心处，可等效为合力 R 与翻滚力矩 M，R 又可分解为与速度反向的阻力 D 以及与速度垂直的升力 L，如图 6.15 所示。

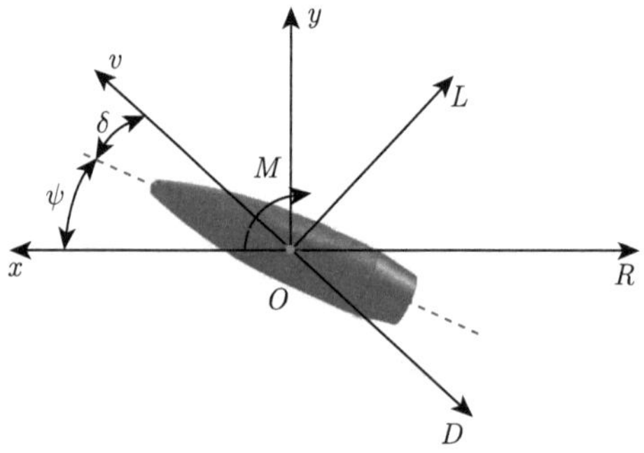

图 6.15　弹头在明胶中受力情况

可见，弹头在目标中的运动由质心平动以及绕质心转动组成。阻力 D 以及升力 L 可表示为

$$\begin{cases} D = -\left(\dfrac{1}{2}\rho v^2\right) A_0 C_{\mathrm{D}} \\ L = \left(\dfrac{1}{2}\rho v^2\right) A_0 C_{\mathrm{L}} \end{cases} \tag{6.26}$$

式中，ρ 为明胶密度，v 为弹头速度，C_{D} 为阻力系数，C_{L} 为升力系数，A_0 为弹头特征面积。

特征面积 A_0 可表示为

$$A_0 = \frac{\pi d^2}{4} \tag{6.27}$$

式中，d 为弹头直径。

根据空气动力学原理，阻力系数 C_{D} 为攻角 δ 的偶函数，阻力方向与 δ 正负无关；升力方向与攻角 δ 正负有关，升力系数 C_{L} 为攻角 δ 的奇函数，并在 $\delta=0°$ 和 90° 时不存在升力，C_{D} 和 C_{L} 可分别表示为

$$C_{\mathrm{D}} = C_{\mathrm{D0}} \cdot f(\delta) = C_{\mathrm{D0}} \cdot \left(1 + C_0 \sin^2 \delta\right) \tag{6.28}$$

$$C_{\mathrm{L}} = C_{\mathrm{L0}} \cdot \cos^2 \delta \sin 2\delta \tag{6.29}$$

式中，C_{D0} 为零攻角时阻力系数，C_0 为常数，C_{L0} 为与弹头外形结构有关的初始升力系数，δ 为攻角。

翻滚力矩 M 可表示为

$$M = \frac{1}{2}\rho v^2 A_0 l C_{\mathrm{M}} \tag{6.30}$$

式中，l 为弹头长度，C_{M} 为翻滚力矩系数。

C_{M} 可表示为

$$C_{\mathrm{M}} = C_{\mathrm{M0}} \cdot \sin\delta \tag{6.31}$$

式中，C_{M0} 为与弹头外形结构有关的初始翻滚力矩系数。

弹头侵入明胶后，产生分离现象，导致压力中心前移，偏角增大，模型中偏角变化体现为弹头绕其赤道轴的翻滚。此时，迎胶面与背胶面间形成压力差，而弹头被黏性流体包裹，表面存在阻碍其翻滚的摩擦力，上述两者的合力矩阻碍翻滚运动，称之为偏航阻尼力矩，可表示为

$$M_{zz} = \left(\frac{1}{2}\rho v^2\right) A_0 l \left(\frac{d\dot{\psi}}{v}\right) C_{zz} \tag{6.32}$$

式中，$\dot{\psi}$ 为偏角一次导数 (弹头绕赤道轴翻滚角速度)；C'_{zz} 为偏航阻尼力矩系数导数，且与弹头外形结构相关。

弹头在明胶中运动过程如图 6.16 所示，可分为以下两个阶段：

(1) “窄伤道” 形成阶段 (弹头翻滚角度小于 10° 的运动阶段)，基本处于稳定飞行状态；

(2) 翻滚阶段，即偏角迅速增大阶段。

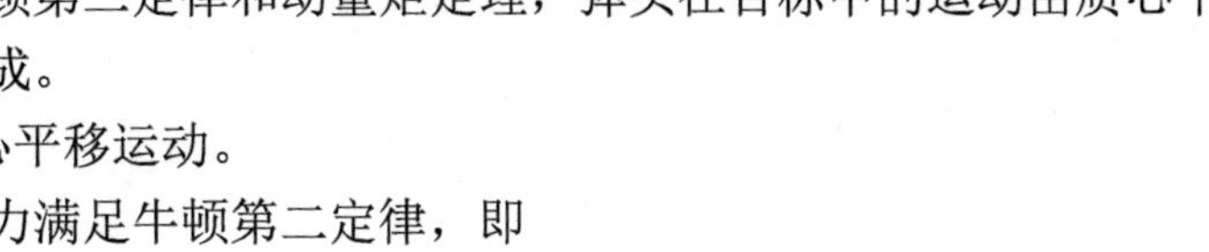

图 6.16 弹头在明胶中运动过程

根据牛顿第二定律和动量矩定理，弹头在目标中的运动由质心平移运动和绕质心转动组成。

(1) 质心平移运动。

弹头受力满足牛顿第二定律，即

$$m\frac{\mathrm{d}v}{\mathrm{d}t} = \sum F_i \tag{6.33}$$

式中，m 为弹头质量，t 为弹头运动时间，$\sum F_i$ 为作用在弹头上的合外力。

运动过程中速度方向发生变化，不再近似为水平。因此，阻力 D 和升力 L 在 x、y 方向上均存在分量，运动方程可表示为

$$m\ddot{x}=-\left(\frac{1}{2}\rho A_0\right)\cdot v^2\cdot C_{\mathrm{L}}\cdot\sin(\psi-\delta)-\left(\frac{1}{2}\rho A_0\right)\cdot v^2\cdot C_{\mathrm{D}}\cdot\cos(\psi-\delta) \quad (6.34)$$

$$m\ddot{y}=\left(\frac{1}{2}\rho A_0\right)\cdot v^2\cdot C_{\mathrm{L}}\cdot\cos(\psi-\delta)-\left(\frac{1}{2}\rho A_0\right)\cdot v^2\cdot C_{\mathrm{D}}\cdot\sin(\psi-\delta) \quad (6.35)$$

式中，ψ 为偏角。

由图 6.15 可知，攻角 δ 与偏角ψ 间关系为

$$\delta=\psi-\arctan\frac{v_y}{v_x} \quad (6.36)$$

式中，v_x 为质心速度在 x 方向的分量，v_y 为 y 方向的分量。

将式 (6.27)、式 (6.28) 代入式 (6.34)、式 (6.35)，可得

$$\begin{aligned}m\ddot{x}=&-\left(\frac{1}{2}\rho A_0\right)\cdot v^2\cdot C_{\mathrm{L0}}\cdot\cos^2\delta\sin 2\delta\cdot\sin(\psi-\delta)\\&-\left(\frac{1}{2}\rho A_0\right)\cdot v^2\cdot C_{\mathrm{D0}}\cdot\left(1+C_1\sin^2\delta\right)\cdot\cos(\psi-\delta)\end{aligned} \quad (6.37)$$

$$\begin{aligned}m\ddot{y}=&\left(\frac{1}{2}\rho A_0\right)\cdot v^2\cdot C_{\mathrm{L0}}\cdot\cos^2\delta\sin 2\delta\cdot\cos(\psi-\delta)\\&-\left(\frac{1}{2}\rho A_0\right)\cdot v^2\cdot C_{\mathrm{D0}}\cdot\left(1+C_1\sin^2\delta\right)\cdot\sin(\psi-\delta)\end{aligned} \quad (6.38)$$

(2) 绕质心转动。

绕质心转动可用动量矩定理描述，即

$$J_z\frac{\mathrm{d}^2\varphi}{\mathrm{d}t^2}=\sum M_z\left(F\right) \quad (6.39)$$

则转动方程为

$$I_{\mathrm{b}}\ddot{\psi}=T \quad (6.40)$$

式中，I_{b} 为弹头赤道转动惯量，$\ddot{\psi}$ 为角加速度，T 为弹头所受合力矩。

弹头所受合力矩为

$$T=\left(\frac{1}{2}\rho v^2\right)A_0lC_{\mathrm{M}}-\left(\frac{1}{2}\rho v^2\right)A_0l\left(\frac{d\dot{\psi}}{v}\right)C'_{zz} \quad (6.41)$$

结合式 (6.40)，可得转动方程为

$$I_{\mathrm{b}}\ddot{\psi}=\left(\frac{1}{2}\rho v^2\right)A_0lC_{\mathrm{M0}}\cdot\sin\delta-\left(\frac{1}{2}\rho v^2\right)A_0l\left(\frac{d\dot{\psi}}{v}\right)C'_{zz} \quad (6.42)$$

式中，$v^2 = \dot{x}^2 + \dot{y}^2$。

根据式 (6.26)、式 (6.27)、式 (6.31)，弹头在明胶中运动方程可描述如下：

$$\begin{cases} \ddot{x} = -\dfrac{\rho A_0 C_{\mathrm{L0}}}{2m} \cdot \cos^2\delta \sin(2\delta) \cdot \sqrt{\dot{x}^2 + \dot{y}^2} \cdot \dot{y} - \dfrac{\rho A_0}{2m} \\ \quad \cdot C_{\mathrm{D0}} \cdot \left(1 + C_0 \sin^2\delta\right) \cdot \sqrt{\dot{x}^2 + \dot{y}^2} \cdot \dot{x} \\ \ddot{y} = \dfrac{\rho A_0 C_{\mathrm{L0}}}{2m} \cdot \cos^2\delta \sin(2\delta) \cdot \sqrt{\dot{x}^2 + \dot{y}^2} \cdot \dot{x} - \dfrac{\rho A_0}{2m} \\ \quad \cdot C_{\mathrm{D0}} \cdot \left(1 + C_0 \sin^2\delta\right) \cdot \sqrt{\dot{x}^2 + \dot{y}^2} \cdot \dot{y} \\ \ddot{\psi} = \dfrac{\rho A_0 C_{\mathrm{M0}} l}{2I_{\mathrm{b}}} \cdot \sin\delta \cdot \left(\dot{x}^2 + \dot{y}^2\right) - \dfrac{\rho A_0 l d C'_{zz}}{2I_{\mathrm{b}}} \cdot \psi \cdot \sqrt{\dot{x}^2 + \dot{y}^2} \end{cases} \tag{6.43}$$

1. 模型参数确定 [31]

侵彻过程中，弹头弧形部形状是影响侵彻性能的主要因素之一。弧形部形状较多，主要包括锥形体、相切尖拱 (包括半球头)、相割尖拱、截头尖拱和平板尖拱 [32]。

枪弹弧形部多以相切尖拱、相割尖拱两种形式出现，如图 6.17 所示，且枪弹的下移量均很小。

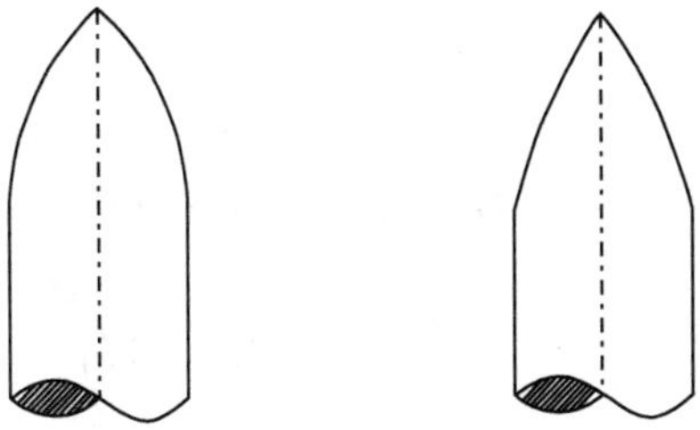

(a) 相切尖拱　　(b) 相割尖拱

图 6.17　常见枪弹弧形部形状

本节主要针对相切尖拱弹头展开研究。为描述这类弧形部，引入弧形部长径比λ_{s}，可表示为

$$\lambda_{\mathrm{s}} = h/d \tag{6.44}$$

式中，h 为弧形部高度。

根据空气动力学原理，弹头越锐长，越有利于减小阻力，即λ_{s} 越小，弹头越钝，阻力系数越大。

假设阻力系数 C_{D0} 为λ_{s} 的函数，可表示为

$$C_{\mathrm{D0}} = a_1 \cdot \left(\lambda_{\mathrm{s}}^2 + a_2\right)^{-a_3} \tag{6.45}$$

式中，a_1、a_2、a_3 为常数。

弹头周围压强不对称导致升力产生，升力系数 C_{L0} 可表示为

$$C_{\mathrm{L0}} = C_{y1}\cos\delta - C_{x1}\sin\delta \tag{6.46}$$

式中，C_{y1} 为法向力系数，C_{x1} 为轴向力系数。

当攻角 $\delta\neq 0$ 时，根据线化理论可将来流分成轴向流动和横向流动。对于横向流动，可取远前方速度为 $V_\infty\cos\delta$(小攻角时取为 V_∞)，而横向流动前方速度为 $V_\infty\sin\delta$，流过尖头弹体时产生法向力，且由于黏性作用，在弹体上表面将发生附面层分离，产生附加法向力，如图 6.18 所示。

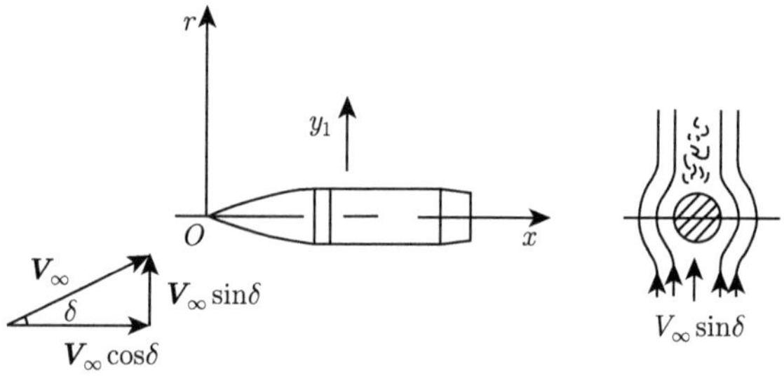

图 6.18　弹头法向力形成示意图

对于尖锐头部，靠近头部的附面层基本不分离，法向力可按理想流体进行计算，而中间圆柱部和尾椎部，则必须考虑这种黏性影响。因此，总的法向力由三部分组成，即

$$C_{y1} = C_{y1\mathrm{n}} + C_{y1\mathrm{t}} + C_{y1\mathrm{f}} \tag{6.47}$$

式中，$C_{y1\mathrm{n}}$ 为头部法向力系数，$C_{y1\mathrm{t}}$ 为尾部法向力系数，$C_{y1\mathrm{f}}$ 为由黏性引起的附加法向力系数。

$C_{y1\mathrm{n}}$ 不仅取决于λ_{s}，且与圆柱部长径比λ_{c} 有关，$C_{y1\mathrm{n}}$ 随着比值$\lambda_{\mathrm{c}}/\lambda_{\mathrm{s}}$ 增大而增大；$C_{y1\mathrm{f}}$ 随λ_{c} 增大而增大。

可见，λ_{c} 对 C_{y1} 影响较大，为产生升力的主要诱因。若升力系数为λ_{c} 的函数，则可表示为

$$C_{\mathrm{L0}} = b_1 + b_2\mathrm{e}^{\frac{\lambda_{\mathrm{c}}-b_3}{b_4}} \tag{6.48}$$

式中，b_1、b_2、b_3 及 b_4 均为常数。

因弹头压心在质心之前，所受力矩为翻滚力矩，弹头翻滚速度主要由该力矩决定，也受弹头结构特征量影响 [33,34]。减小弹头赤道转动惯量 I_{b}，增大弹头质阻心距均可使弹头偏角增大，增加弹头长度也可增大翻滚力矩 [35]。假设翻滚力矩

系数 C_{M0} 为弹头长度 l 和赤道转动惯量 I_{b} 的函数，可表示为

$$C_{\mathrm{M0}} = c_1 \cdot \left(\frac{ml^2}{I_{\mathrm{b}}}\right)^{c_2} + c_3 \tag{6.49}$$

式中，c_1、c_2 和 c_3 均为常数。

偏航阻尼力矩由弹头绕赤道轴偏转引起，起抑制偏转运动的作用。现有步枪弹尾部大多为收缩形，使弹头压力中心向顶端前移，质阻心距增大，降低静稳定性。若弹头尾部为圆柱形，其尾部会受到稳定力矩作用，如图 6.19 所示。

图 6.19　偏航弹头形成的空腔

钝头弹侵彻明胶过程中，会形成一个脱离弹头的空腔。若尾部为圆柱形，当它碰击空腔壁时会受到升力作用；若尾部为船尾形，则无稳定力作用，将出现由伯努利效应引起的扰动升力，使弹头尾部进一步陷入空腔壁中。在尖头弹情况下，尾部出现稳定力的可能性减小，空腔始终附着于弹头上。

可见，偏航阻尼力矩系数导数 C'_{zz} 与弹头尾部收缩比 S' 有关，且收缩比越大，C'_{zz} 也越大，弹头尾部收缩比可表示为

$$S' = \frac{d_{\mathrm{d}}^2}{d^2} \tag{6.50}$$

式中，d_{d} 为弹头尾部直径。

C'_{zz} 可表示为

$$C'_{zz} = n_1 \left(S'\right)^2 - n_2 S' + n_3 \tag{6.51}$$

式中，n_1、n_2 和 n_3 均为常数。

2. 三种步枪弹侵彻明胶运动模型对比

近几十年来，一些学者已对步枪弹侵彻明胶运动模型展开研究。Bo Janzon 提出一种基于弹头质心一维运动且忽略弹头旋转的简化运动模型，Beat Kneubuehl 和 Karl Sellier 将步枪弹在明胶中的运动简化为质心水平运动和绕心运动，且阻力

系数和法向力系数为入射角的函数。为准确反映步枪弹在目标中的运动规律，本节将三自由度刚体运动模型与 Bo Janzon、Karl Sellier 模型进行对比，并分析模型差异。

结合弹头在明胶中的运动特点，Bo Janzon 提出一种基于弹头质心一维运动和绕心运动的简化模型，建模前引入如下假设 [5]：

(1) 忽略弹头旋转；

(2) 弹头为刚体。

$$
\begin{cases}
\ddot{x} = -\dfrac{C_{\mathrm{D}}A_{\mathrm{L}}\rho}{2m}\dot{x}^2 \\
\ddot{\psi} = \dfrac{C_{\mathrm{N}}A_{\mathrm{T}}\rho l}{2I_{\mathrm{b}}}\dot{x}^2
\end{cases}
\tag{6.52}
$$

式中，m 为弹头质量，ρ 为明胶密度，C_{D} 为弹头阻力系数，A_{L} 为零偏航时弹头在与轨迹垂直平面内的投影，C_{N} 为升力系数，A_{T} 为弹头在与弹轴垂直平面内的投影，ψ 为偏角，I_{b} 为弹头赤道转动惯量，l 为弹头长度，x 为侵彻位移。

基于 Bo Janzon 模型假设，Karl Sellier 将弹头在明胶中的运动简化为质心水平运动和绕心运动。

$$
\begin{cases}
\ddot{x} = -C_{\mathrm{D0}}^{*}\dfrac{\rho A_0}{2m}\left(1 + C_1'\sin^2\psi\right)\dot{x}^2 \\
\ddot{\psi} = C_{\mathrm{N0}}^{*}\dfrac{\rho A_0 l}{2I_{\mathrm{b}}}\dot{x}^2\sin\psi - C_2'\dfrac{\rho A_0 l^2}{2I_{\mathrm{b}}}\dot{x}\dot{\psi}
\end{cases}
\tag{6.53}
$$

式中，A_0 为弹头横截面积，C_{D0}^{*} 为小攻角时阻力系数，C_{N0}^{*} 为小攻角时法向力系数，C_1'、C_2' 为常数。

与三自由度刚体运动模型对比可知，Bo Janzon 模型、Karl Sellier 模型均认为攻角和偏角为同一角度，模型中系数为常数，且忽略升力、偏航阻尼力矩对弹头的作用。

3. 算例

为获得步枪弹在目标中的运动规律，在实验研究基础上分别选取 56 式 7.62mm 普通弹为杀伤元，对三自由度刚体运动模型、Bo Janzon 模型、Karl Sellier 模型三种运动模型进行数值计算，并与实验结果进行对比，56 式 7.62mm 普通弹结构如图 6.20 所示，弹头结构参数见表 6.9。

为保证理论分析和实验的可对比性，模型计算初始条件与实验所测得弹头运动参数相同，入靶速度为 625.5m/s，初始攻角为 1.5°，初始偏角为 1.5°，根据三种运动模型，对弹头在明胶中的运动规律进行计算。位移与运动时间、y 方向偏移关系曲线分别如图 6.21(a)、(b) 所示，弹头运动时间分别为 654μs、528μs、635μs，出靶时三自由度刚体运动模型所得 y 方向偏移为 0.012m，其余模型因未考虑升力作用，y 方向无偏移。图 6.21(c)、(d) 分别为速度、偏角随位移变化曲线。三种模型所得出靶速度分别为 270m/s、507.3m/s、348.7m/s，出靶偏角分别为 180.7°、393.2°、200.5°。图 6.21(c) 中点 A、B、C 分别表示三种模型下“窄伤道”结束阶段，该阶段弹头运动时间分别为 240μs、145μs、163μs，速度分别为 523.8m/s、602.4m/s、553.4m/s。如图 6.21(d) 中点 D 所示，Karl Sellier 模型计算所得弹头在位移为 0.272m 时，偏角达到最大值 211.2°，随后开始回摆直至出靶。

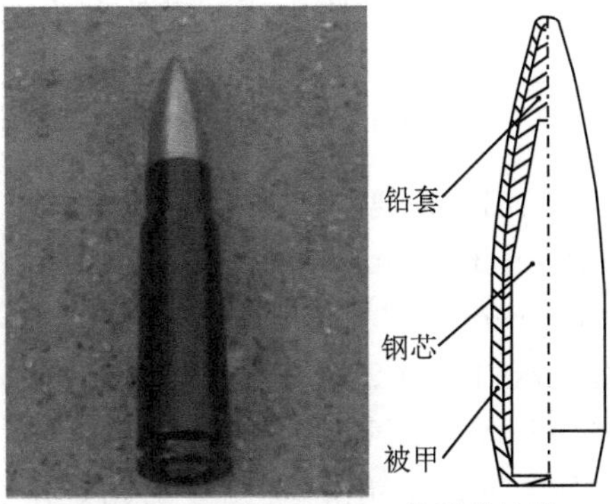

图 6.20 56 式 7.62mm 普通弹结构

表 6.9 56 式 7.62mm 普通弹弹头结构参数

弹种	m/g	d/mm	l/mm	$I_b/(g \cdot mm^2)$
56 式 7.62mm 普通弹	7.9	7.92	26.8	366.9

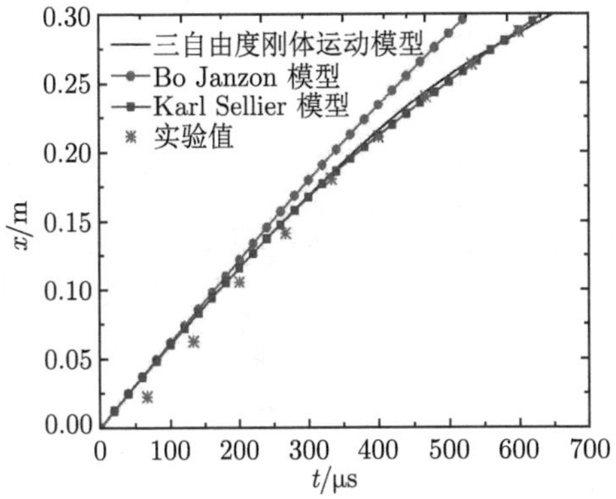

(a) 位移随时间变化曲线

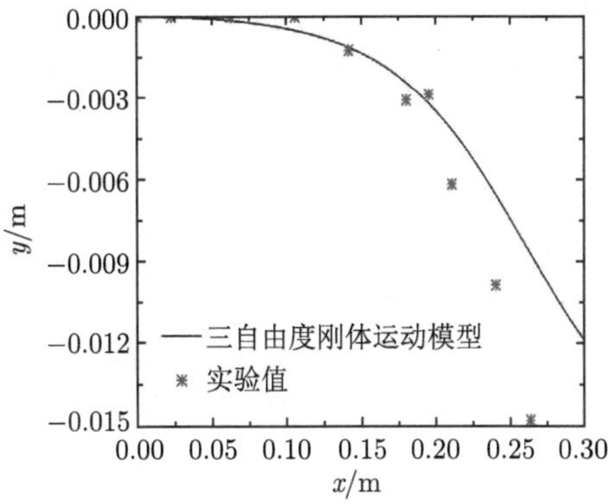

(b) y方向偏移随位移变化曲线

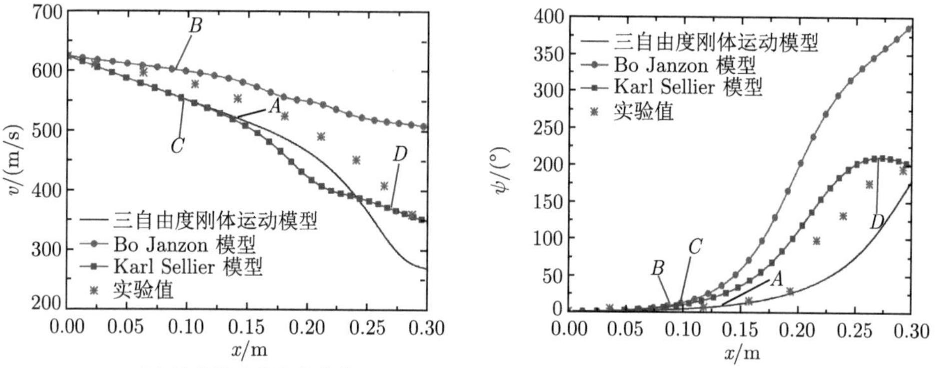

(c) 速度随位移变化曲线　　(d) 偏角随位移变化曲线

图 6.21　56 式 7.62mm 普通弹各模型理论曲线

图 6.22(a)、(b) 分别给出了角速度、加速度随位移变化曲线。由图 6.22 可知，位移分别为 0.289m、0.195m、0.205m，偏角分别为 154.2°、181.2°、123.5° 时，三自由度刚体运动模型、Bo Janzon 模型、Karl Sellier 模型的角速度分别达到最大值 11667.2rad/s、33114.4rad/s、15891.2rad/s。位移分别为 0.249m、0.164m、0.182m，偏角分别为 74.4°、86.6°、78.5° 时，三者的加速度分别达到最大值 -1028390.4m/s^2、-455939.1m/s^2、-854180.7m/s^2。出靶时三者的角速度分别为 11380.4rad/s、14104.4rad/s、−3790.7rad/s，加速度分别为 -94669.8m/s^2、-184892.6m/s^2、-197145.1m/s^2。如图 6.22(b) 中点 E、F 所示，Karl Sellier 模型、三自由度刚体运动模型所得弹头加速度分别达到最小值 -396219m/s^2、-412441m/s^2。

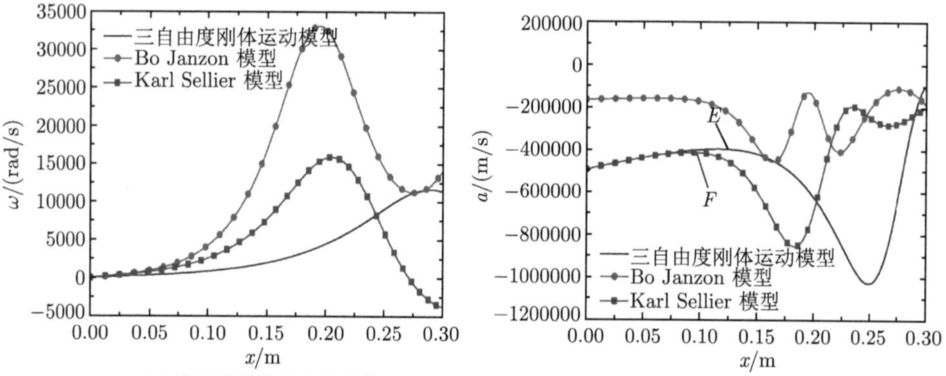

(a) 角速度随位移变化曲线　　(b) 加速度随位移变化曲线

图 6.22　56 式 7.62mm 普通弹角速度和加速度理论曲线

4. 模型参数对运动规律的影响

为研究阻力系数、升力系数、翻滚力矩系数、偏航阻尼力矩系数导数对运动规律的影响，设计了 7.62mm 全铜弹，其结构如图 6.23 所示，结构参数如表 6.10

所示。

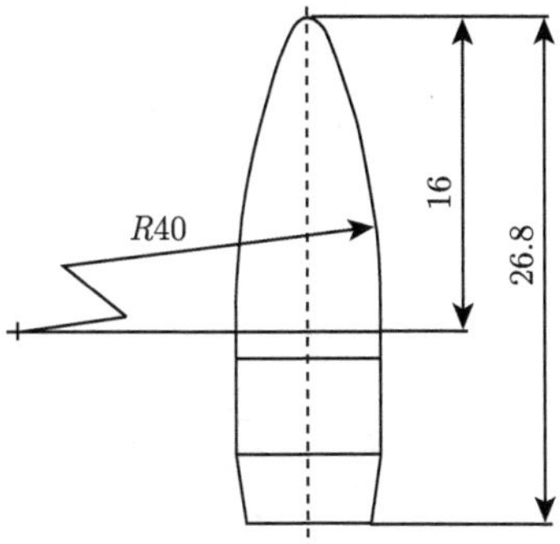

图 6.23 7.62mm 全铜弹结构图 (单位：mm)

表 6.10 7.62mm 全铜弹结构参数

杀伤元	m/g	d/mm	l/mm	$I_b/(\mathrm{g\cdot mm^2})$	λ_s	λ_c	S'
7.62mm 全铜弹	8.15	7.92	26.8	354.6	2.01	0.9	0.73

1) 阻力系数 C_{D0}

以 0.05 为步长，分别选取 0.3、0.35、0.4 为参考点，入靶速度为 700m/s，初始攻角为 1°，初始偏角为 1°，其他参数不变。图 6.24(a)、(b)、(c) 分别为速度、y 方向偏移、偏角随位移变化曲线，出靶速度分别为 400.1m/s、360.9m/s、326.0m/s；出靶时 y 方向偏移分别为 0.0073m、0.0074m、0.0074m，出靶偏角分别为 91.9°、95.3°、98.3°。

可见，不同阻力系数时“窄伤道”阶段结束时位移分别为 0.1m、0.1695m、0.1689m，“窄伤道”阶段能量传递量分别为 565.38J、640.15J、710.29J，能量传递率分别为 29.472%、33.369%、37.025%，翻滚阶段能量传递量分别为 726.28J、768.29J、792.03J，能量传递率分别为 37.859%、40.049%、41.286%。

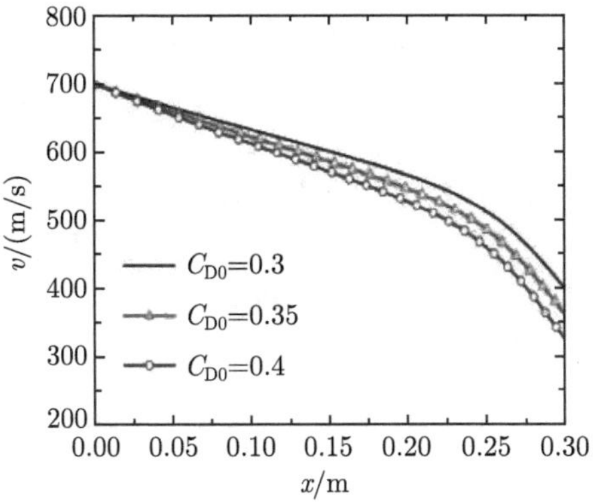

(a) 速度随位移变化曲线

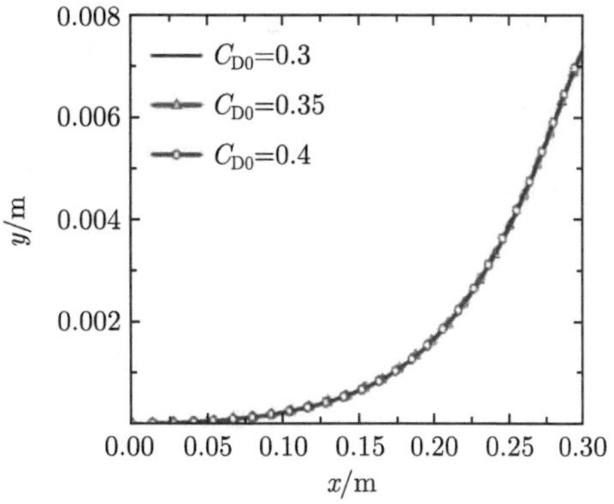

(b) y方向偏移随位移变化曲线

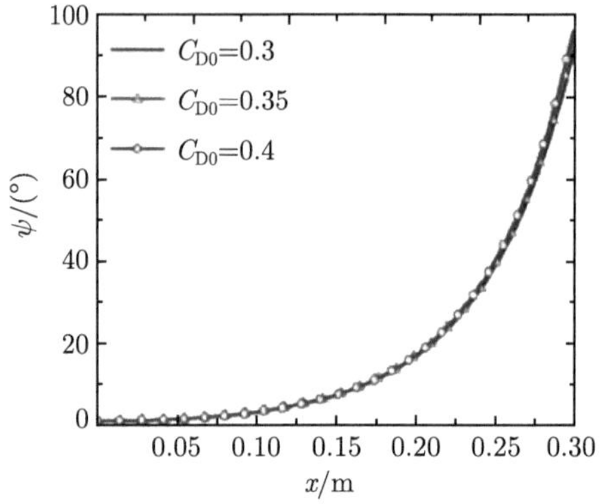

(c) 偏角随位移变化曲线

图 6.24　不同阻力系数时的理论曲线

综上，当其他系数不变，阻力系数增大时，弹头速度衰减加快，向靶标传递能量增加，“窄伤道”阶段位移、y 方向偏移及偏角基本不变。可见，阻力系数影响速度衰减快慢。

2) 升力系数 C_{L0}

以 0.05 为步长，分别选取 0.3、0.35、0.4 为参考点，其他参数不变。图 6.25(a)、(b)、(c) 分别为速度、y 方向偏移、偏角随位移变化曲线，出靶速度分别为 400.1m/s、405.7m/s、411.3m/s；出靶时 y 方向偏移分别为 0.0073m、0.0084m、0.0095m，出靶偏角分别为 91.9°、88.5°、85.2°。

可见，不同升力系数时“窄伤道”阶段结束时位移分别为 0.17m、0.171m、0.172m，“窄伤道”阶段能量传递量分别为 565.38J、568.44J、573.31J，能量传递率分别为 29.472%、29.631%、29.884%，翻滚阶段能量传递量分别为 726.28J、705.71J、682.84J，能量传递率分别为 37.859%、36.789%、35.594%。

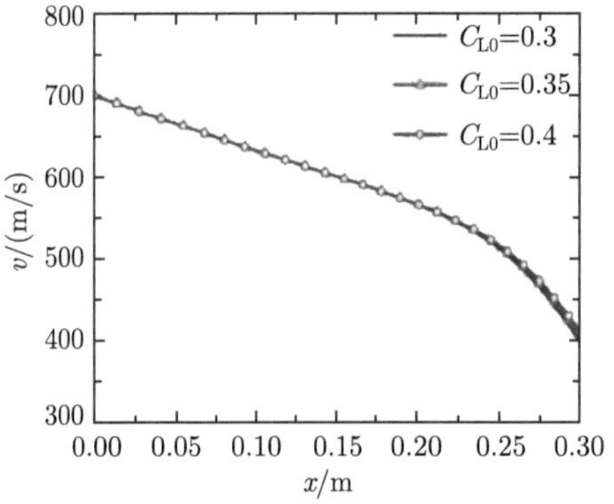

(a) 速度随位移变化曲线

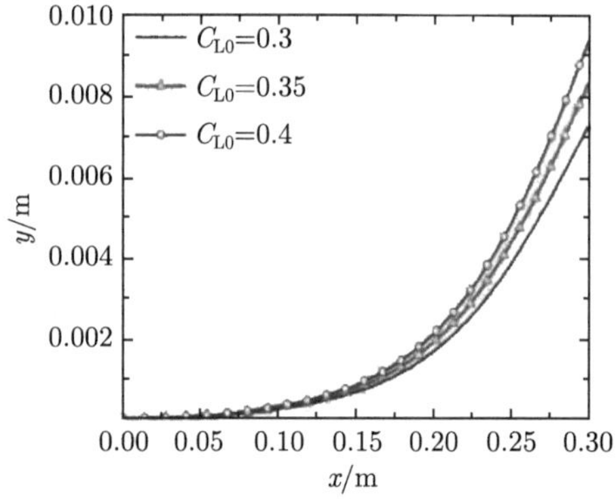

(b) y方向偏移随位移变化曲线

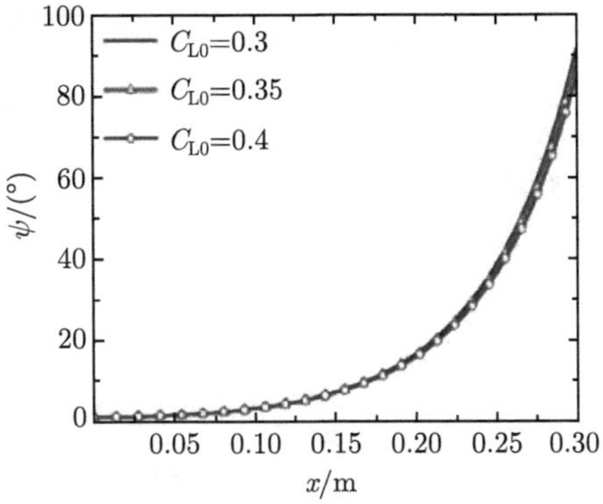

(c) 偏角随位移变化曲线

图 6.25 不同升力系数时的理论曲线

综上，当其他系数不变时，随着升力系数增大，y 方向偏移增大，“窄伤道”阶段位移、弹头速度衰减、向靶标传递的能量及偏角基本不变。可见，升力系数主要影响弹头在靶标中的 y 方向偏移。

3) 翻滚力矩系数 C_{M0}

以 0.05 为步长，分别选取 0.2、0.25、0.3 为参考点，其他参数不变。图 6.26(a)、(b)、(c) 分别为速度、y 方向偏移、偏角随位移变化曲线，出靶速度分别为 400.1m/s、362.5m/s、359.5m/s，出靶时 y 方向偏移分别为 0.0073m、0.0079m、0.0080m，出靶偏角分别为 91.9°、170.7°、241.3°。

可见，不同翻滚力矩系数时“窄伤道”阶段结束时位移分别为 0.17m、0.15m、0.136m，“窄伤道”阶段能量传递量分别为 565.38J、509.85J、469.19J，能量传递率分别为 29.472%、26.577%、24.457%，翻滚阶段能量传递量分别为 726.28J、893.99J、943.22J，能量传递率分别为 37.859%、46.601%、49.167%。

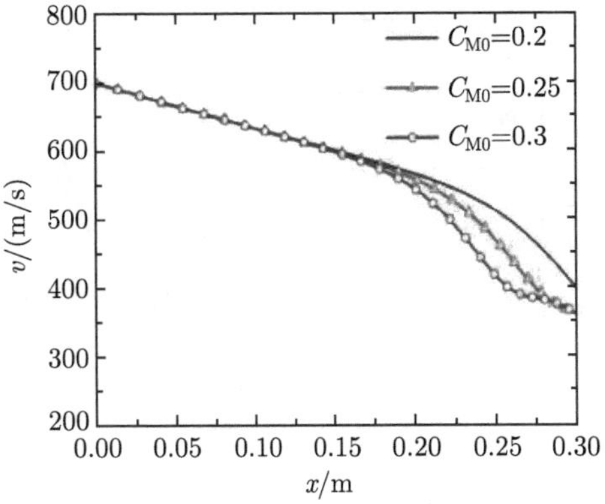

(a) 速度随位移变化曲线

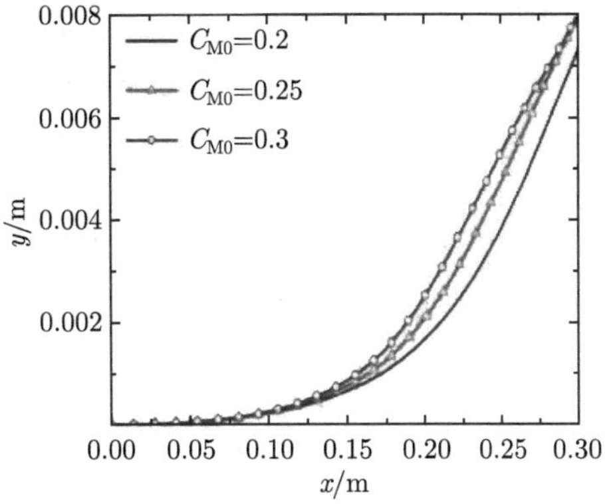

(b) y方向偏移随位移变化曲线

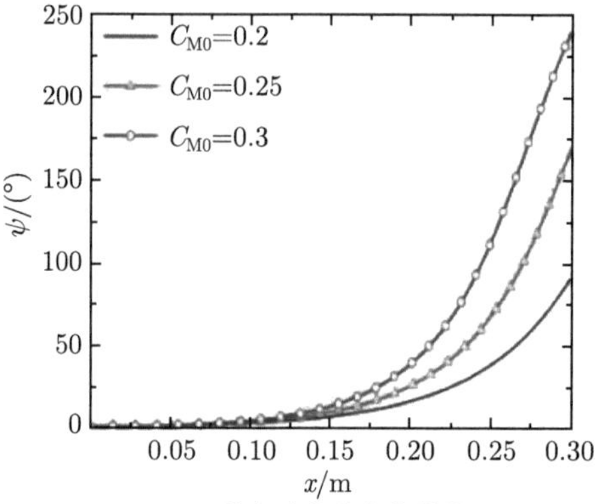

(c) 偏角随位移变化曲线

图 6.26　不同翻滚力矩系数时的理论曲线

综上，当其他系数不变时，随着翻滚力矩系数的增大，弹头翻滚加快，出靶偏角增大，“窄伤道”阶段位移减小，向靶标传递能量增加，y 方向偏移基本不变。可见，翻滚力矩系数影响弹头在靶标中翻滚的快慢。

4) 偏航阻尼力矩系数导数 C'_{zz}

以 0.1 为步长，分别选取 0.3、0.4、0.5 为参考点，其他参数不变。图 6.27(a)、(b)、(c) 分别为速度、y 方向偏移、偏角随位移变化曲线，出靶速度分别为 400.1m/s、419.3m/s、438.1m/s，出靶时 y 方向偏移分别为 0.0073m、0.0071m、0.0069m，出靶偏角分别为 91.9°、77.3°、65.2°。

可见，不同偏航阻尼力矩系数导数时“窄伤道”阶段结束时位移分别为 0.17m、0.175m、0.181m，“窄伤道”阶段能量传递量分别为 565.38J、580.14J、594.59J，能量传递率分别为 29.472%、30.241%、30.993%，翻滚阶段能量传递量分别为 726.28J、649.80J、572.45J，能量传递率分别为 37.859%、33.871%、29.839%。可见，偏航阻尼力矩系数导数影响弹头在靶标中翻滚的快慢。

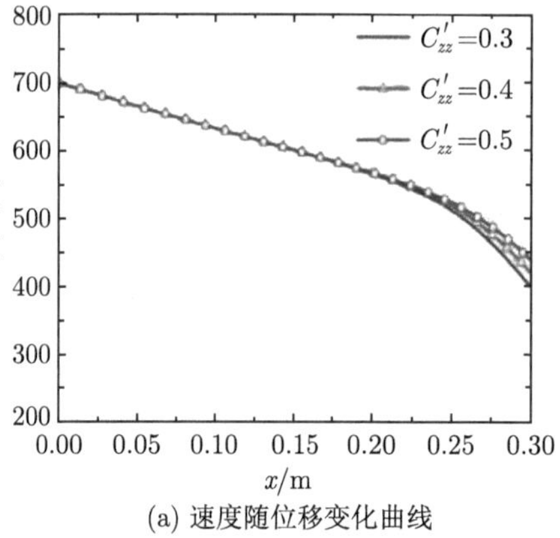

(a) 速度随位移变化曲线

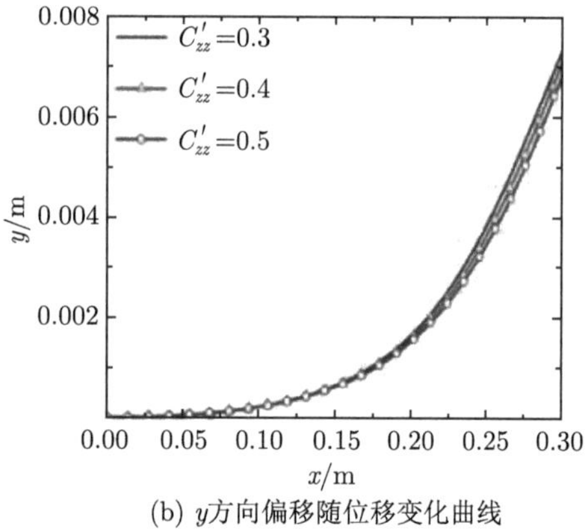

(b) y方向偏移随位移变化曲线

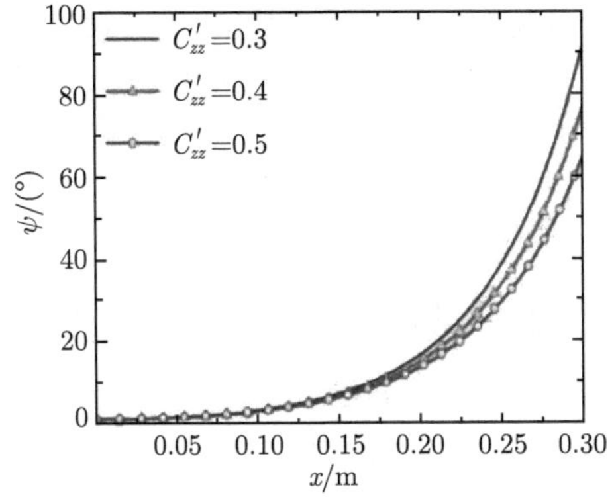

(c) 偏角随位移变化曲线

图 6.27 不同偏航阻尼力矩系数导数时的理论曲线

综上所述，阻力系数影响速度衰减的快慢，升力系数影响 y 方向偏移，翻滚力矩系数和偏航阻尼力矩系数导数影响弹头在目标中翻滚的快慢。

6.3.2 翻滚和破碎准则

当弹头所受翻滚力矩大于偏航阻尼力矩时，弹头即能翻滚。经化简可得出弹头在明胶中翻滚的条件：

$$v \cdot C_{\mathrm{M0}} \cdot \sin\delta > C'_{zz} \cdot d \cdot \dot{\psi} \tag{6.54}$$

根据弹头在明胶中的运动模型和以上条件，可以得出：

(1) 若攻角为 0°，则弹头都不会翻滚 (计算结果已经验证，实验结果也证明，攻角极小时弹头翻滚较小)；

(2) 对于所有在空气中稳定飞行的弹头而言，若攻角不为 0°，在明胶中都满足上述条件，也就是说，带攻角弹头在明胶中必然翻滚；

(3) 根据“窄伤道”计算原则，以弹头在明胶中偏转 10° 作为翻滚判据，如图 6.28 所示，此时弹头在明胶形成的迎胶面高度约为弹头直径的 120%～150% 。

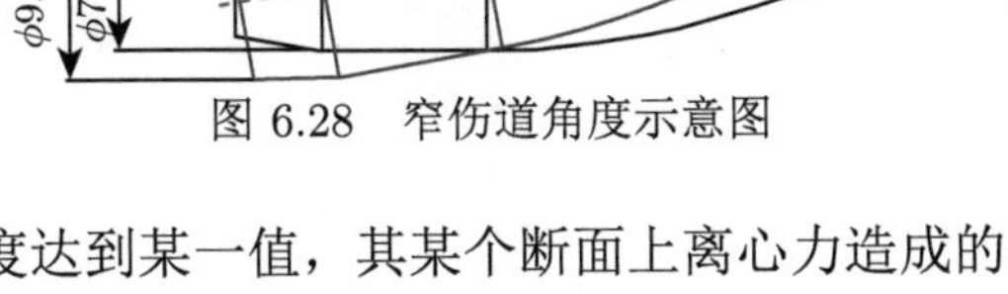

图 6.28 窄伤道角度示意图

当弹头翻滚速度达到某一值，其某个断面上离心力造成的向外的张力超过了材料的抗张应力时，就会在此处出现断裂。由于弹心材料和弹头壳材料大都是铜和涂漆钢等，其抗张强度较大，不易破裂，而铅心或者铅柱，由于其抗张强度较低，因此当离心力引起的拉应力大于抗张强度时，铅心就会发生破碎，从尾部挤出，其后由于尾部出铅，中线出现空隙，在向前运动时明胶的压力下，弹头圆柱部和尾部发生压扁现象。

$$\frac{1}{2}\rho_q\pi r_q^2\omega^2\left(l_q^2-x^2\right)>\sigma_0\cdot\pi r_q^2 \tag{6.55}$$

铅心破碎距弹底的位置 x 的范围为

$$x<\sqrt{l_q^2-\frac{2\sigma_0}{\rho_q\omega^2}} \tag{6.56}$$

铅套破碎临界角速度为

$$\omega>\sqrt{\frac{2\sigma_0}{\rho_q\left(l_q^2-x^2\right)}} \tag{6.57}$$

(1) 小口径步枪实验弹的铅套破碎临界角速度为$\omega>14789.31\text{rad/s}$。

当弹头攻角为 1° 时，弹头速度大于 650m/s 就会产生破碎；小于 650m/s 就不破碎，原总装备部 31 基地和中国兵器工业第二〇八研究所的实验基本验证了这一点。若攻角小于 0.2°，弹头翻滚角速度小于临界破碎角速度，不产生破碎。

(2) SS109 枪弹的铅套破碎临界角速度为$\omega>10624\text{rad/s}$。

SS109 枪弹结构如图 6.29 所示，结构参数如表 6.11 所示。当弹头攻角为 1° 时，若弹头入靶速度大于 588m/s，弹头翻滚角速度大于临界角速度，铅碗破碎；若弹头速度小于 588m/s，弹头翻滚角速度都小于铅套破碎临界角速度，弹头不破碎，已通过大量实验验证。

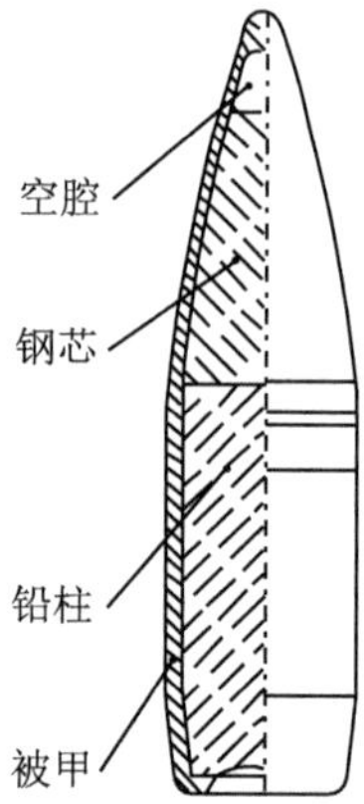

图 6.29　SS109 枪弹结构图

表 6.11 SS109 枪弹结构参数

杀伤元	m/g	d/mm	l/mm	$I_b/(\mathrm{g\cdot mm^2})$
SS109 枪弹	4	5.7	23	112

6.3.3 基于微元面受力的三维运动模型 [36]

1. 枪弹弹头特征分析

假设弹头为表面光滑的旋转体，并将弹头的表面看作很多圆锥面的组合，对弹头表面微元面的分析可简化为对锥面微元面的分析。建立惯性坐标系 $O'x'y'z'$ 和圆锥面的连体坐标系 $Oxyz$，如图 6.30 所示。令 $O'x'y'z'$ 的基矢量为 $\boldsymbol{i}'$、$\boldsymbol{j}'$ 和 $\boldsymbol{k}'$，$Oxyz$ 的基矢量为 $\boldsymbol{i}$、$\boldsymbol{j}$ 和 $\boldsymbol{k}$。采用欧拉角描述连体坐标系相对惯性坐标系的转动，其中φ, ψ 和θ 分别表示自转角、进动角和章动角。这里令 Oz 轴与 $O'z'$ 轴的夹角为θ，原点 O 位于弹头的质心位置，Oz 与弹头的对称轴重合。欧拉角与上述两个坐标系的关系如图 6.31 所示，其中辅助坐标系 $O\xi'\eta'\zeta'$ 各轴与惯性坐标系 $O'x'y'z'$ 对应轴平行。

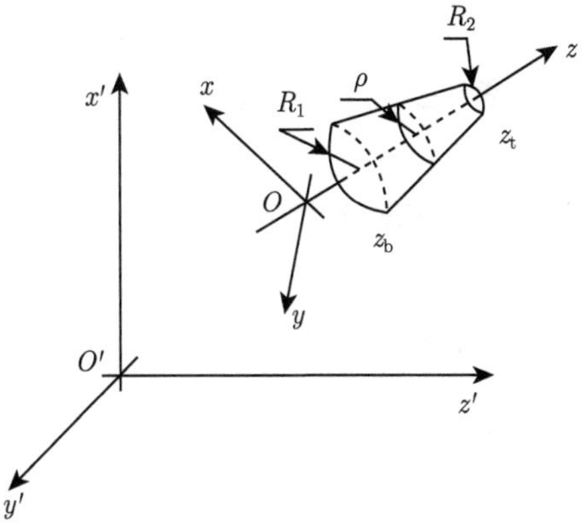

图 6.30 锥面和连体坐标系 $Oxyz$ 在惯性坐标系 $O'x'y'z'$ 中的示意图

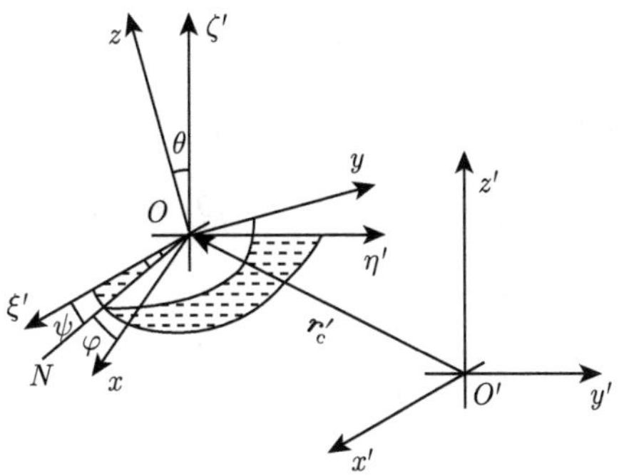

图 6.31 欧拉角的空间表示

令圆锥顶面和底面的 z 坐标分别为 z_{t} 和 z_{b}，其圆面半径分别为 R_2 和 R_1。锥面上任意微元的位置可表示为

$$\boldsymbol{r}' = \boldsymbol{r}'_{\mathrm{c}} + \boldsymbol{r} \tag{6.58}$$

式中，$\boldsymbol{r}'_{\mathrm{c}}$ 为弹头质心的绝对矢径。

$\boldsymbol{r}'_{\mathrm{c}}$ 在坐标系 $O'x'y'z'$ 中可表示为

$$\boldsymbol{r}'_{\mathrm{c}} = X_{\mathrm{c}} \cdot \boldsymbol{i}' + Y_{\mathrm{c}} \cdot \boldsymbol{j}' + Z_{\mathrm{c}} \cdot \boldsymbol{k}' \tag{6.59}$$

微元的相对矢径 $\boldsymbol{r}$ 可以表示为

$$\boldsymbol{r} = \rho\cos\delta \cdot \boldsymbol{i} + \rho\sin\delta \cdot \boldsymbol{j} + z \cdot \boldsymbol{k} \tag{6.60}$$

式中，(ρ, δ, z) 为 $\boldsymbol{r}$ 的柱坐标表示。

对式 (6.58) 微分，得任意点的速度为

$$\boldsymbol{v} = \boldsymbol{v}_{\mathrm{c}} + \boldsymbol{\omega} \times \boldsymbol{r} \tag{6.61}$$

式中，$\boldsymbol{v}_{\mathrm{c}}$ 为质心的运动速度，$\boldsymbol{\omega}$ 为弹头的转动角速度。

$\boldsymbol{v}_{\mathrm{c}}$ 可以表示为

$$\boldsymbol{v}_{\mathrm{c}} = v_{\mathrm{c}x} \cdot \boldsymbol{i} + v_{\mathrm{c}y} \cdot \boldsymbol{j} + v_{\mathrm{c}z} \cdot \boldsymbol{k} \tag{6.62}$$

$\boldsymbol{\omega}$ 可以表示为

$$\boldsymbol{\omega} = P \cdot \boldsymbol{i} + Q \cdot \boldsymbol{j} + R \cdot \boldsymbol{k} \tag{6.63}$$

其中，P、Q 和 R 分别为角速度在 x、y 和 z 方向的分量，表达式为

$$\begin{cases} P = \dot{\psi}\sin\theta\sin\varphi + \dot{\theta}\cos\varphi \\ Q = \dot{\psi}\sin\theta\cos\varphi - \dot{\theta}\sin\varphi \\ R = \dot{\psi}\cos\theta + \dot{\varphi} \end{cases} \tag{6.64}$$

式中，上标 “·” 表示物理量对时间的一阶导数。

在坐标系 $Oxyz$ 中，锥面上微元坐标 (x, y, z) 满足数学方程：

$$\sqrt{x^2 + y^2} = R_1 + k_1 \cdot (z - z_{\mathrm{b}}) \tag{6.65}$$

式中，k_1 为锥面母线斜率，可表示为

$$k_1 = \frac{R_2 - R_1}{z_{\mathrm{t}} - z_{\mathrm{b}}} \tag{6.66}$$

式 (6.65) 也可用柱坐标表示为

$$\rho = R_1 + k_1 \cdot (z - z_{\mathrm{b}}) \tag{6.67}$$

任意点的外法线方向 $\boldsymbol{n}$ 可以表示为

$$\boldsymbol{n} = n_x \cdot \boldsymbol{i} + n_y \cdot \boldsymbol{j} + n_z \cdot \boldsymbol{k} \tag{6.68}$$

结合式 (6.60) 和式 (6.66) 可得，当 $k_1 \leqslant 0$ 时：

$$\begin{cases} n_x = -k_1 \cos\delta / \sqrt{1+k_1^2} \\ n_y = -k_1 \sin\delta / \sqrt{1+k_1^2} \\ n_z = 1/\sqrt{1+k_1^2} \end{cases} \tag{6.69}$$

当 $k_1 > 0$ 时:

$$\begin{cases} n_x = k_1 \cos\delta / \sqrt{1+k_1^2} \\ n_y = k_1 \sin\delta / \sqrt{1+k_1^2} \\ n_z = -1/\sqrt{1+k_1^2} \end{cases} \tag{6.70}$$

微元的面积 $\mathrm{d}s$ 大小为

$$\begin{aligned} \mathrm{d}s &= \rho\sqrt{1+k_1^2} \cdot \mathrm{d}\rho \cdot \mathrm{d}\delta \\ &= [R_1 + k_1(z - z_{\mathrm{b}})] \cdot \sqrt{1+k_1^2} \cdot k_1 \cdot \mathrm{d}z \cdot \mathrm{d}\delta \end{aligned} \tag{6.71}$$

对于圆柱面 $k_1 \to \infty$，和圆锥面的讨论同理：

$$\begin{cases} \begin{cases} n_x = \cos\delta \\ n_y = \sin\delta \\ n_z = 0 \end{cases} \\ \mathrm{d}s = \rho \cdot \mathrm{d}z \cdot \mathrm{d}\delta \end{cases} \tag{6.72}$$

对于弹头上的圆面 $k_1 = 0$，同理可得

$$\begin{cases} \begin{cases} n_x = 0 \\ n_y = 0 \\ n_z = \pm 1 \end{cases} \\ \mathrm{d}s = \rho \cdot \mathrm{d}\rho \cdot \mathrm{d}\delta \end{cases} \tag{6.73}$$

式中，圆面朝向 z 轴时 n_z 取正值，否则取负值。

得 $\boldsymbol{f}$ 对质心 O 点的力矩 $\boldsymbol{M}$：

$$\boldsymbol{M} = \boldsymbol{r}_A \times \boldsymbol{f} \tag{6.74}$$

2. 接触分析

根据坐标系 $Oxyz$ 与坐标系 $O'x'y'z'$ 的关系，基矢量 $\boldsymbol{i}'$、$\boldsymbol{j}'$ 和 $\boldsymbol{k}'$ 与基矢量 $\boldsymbol{i}$、$\boldsymbol{j}$ 和 $\boldsymbol{k}$ 的关系可表示为

$$\begin{bmatrix} \boldsymbol{i}' \\ \boldsymbol{j}' \\ \boldsymbol{k}' \end{bmatrix} = \begin{bmatrix} \alpha_1 & \alpha_2 & \alpha_3 \\ \beta_1 & \beta_2 & \beta_3 \\ \gamma_1 & \gamma_2 & \gamma_3 \end{bmatrix} \cdot \begin{bmatrix} \boldsymbol{i} \\ \boldsymbol{j} \\ \boldsymbol{k} \end{bmatrix} \tag{6.75}$$

α_1、β_1、γ_1、α_2、β_2、γ_2、α_3、β_3 和γ_3 与欧拉角的关系为

$$\begin{cases} \alpha_1 = \cos\psi\cos\varphi - \sin\psi\sin\varphi\cos\theta \\ \beta_1 = \sin\psi\cos\varphi + \cos\psi\sin\varphi\cos\theta \\ \gamma_1 = \sin\varphi\sin\theta \\ \alpha_2 = -\cos\psi\sin\varphi - \sin\psi\cos\varphi\cos\theta \\ \beta_2 = -\sin\psi\sin\varphi + \cos\psi\cos\varphi\cos\theta \\ \gamma_2 = \cos\varphi\sin\theta \\ \alpha_3 = \sin\psi\sin\theta \\ \beta_3 = -\cos\psi\sin\theta \\ \gamma_3 = \cos\theta \end{cases} \tag{6.76}$$

将式 (6.75)、式 (6.76) 代入式 (6.58)~(6.60) 得

$$\boldsymbol{r}' = X\cdot\boldsymbol{i}' + Y\cdot\boldsymbol{j}' + Z\cdot\boldsymbol{k}' \tag{6.77}$$

假设 A 点必须位于明胶块内，若入射平面为 $O'x'y'$，则

$$Z > 0 \tag{6.78}$$

另假设外法线方向和质心运动方向夹角小于 90°，对于锥面而言：

$$m_1\cdot v_{cx}\cdot\cos\delta + m_1\cdot v_{cy}\cdot\sin\delta + m_2\cdot v_{cz} > 0 \tag{6.79}$$

若 $k_1 < 0$，则 $m_1 = -k_1$，$m_2 = 1$；若 $k_1 > 0$，则 $m_1 = k_1$，$m_2 = -1$。显然 m_1 始终大于 0。下面讨论 δ 的取值范围。

1) $v_{cx} > 0$

式 (6.79) 可表示为

$$\cos\delta - n_1\cdot\sin\delta - n_2 > 0 \tag{6.80}$$

其中，n_1 和 n_2 分别表示为

$$\begin{cases} n_1 = -\dfrac{v_{cy}}{m_1 \cdot v_{cx}} \\ n_2 = -\dfrac{m_2 \cdot v_{cz}}{m_1 \cdot v_{cx}} \end{cases} \tag{6.81}$$

求解式 (6.80) 得：

(1) 当 $1+n_2 > 0$ 时，有

$$\begin{cases} 2\arctan(f_1) < \delta < 2\arctan(f_2), & 1-n_2^2+n_1^2>0 \\ \delta = \arctan(f_1), & 1-n_2^2+n_1^2=0 \\ \delta \in \varnothing, & 1-n_2^2+n_1^2<0 \\ f_1 = -\dfrac{n_1}{1+n_2} + \dfrac{1}{1+n_2}\sqrt{1-n_2^2+n_1^2} \\ f_2 = -\dfrac{n_1}{1+n_2} - \dfrac{1}{1+n_2}\sqrt{1-n_2^2+n_1^2} \end{cases} \tag{6.82}$$

(2) 当 $1+n_2 < 0$ 时，有

$$\begin{cases} \begin{cases} -\pi < \delta < 2\arctan(f_1) \\ 2\arctan(f_2) < \delta < \pi \end{cases}, & 1-n_2^2+n_1^2>0 \\ \delta = \arctan(f_1), & 1-n_2^2+n_1^2=0 \\ \delta \in \varnothing, & 1-n_2^2+n_1^2<0 \\ f_1 = -\dfrac{n_1}{1+n_2} + \dfrac{1}{1+n^2}\sqrt{1-n_2^2+n_1^2} \\ f_2 = -\dfrac{n_1}{1+n_2} - \dfrac{1}{1+n^2}\sqrt{1-n_2^2+n_1^2} \end{cases} \tag{6.83}$$

(3) 当 $1+n_2 = 0$ 时，有

$$\begin{cases} -\pi < \delta < 2\arctan\left(\dfrac{1}{n_1}\right), & n_1 > 0 \\ 2\arctan\left(\dfrac{1}{n_1}\right) < \delta < \pi, & n_1 < 0 \\ -\pi < \delta < \pi, & n_1 = 0 \end{cases} \tag{6.84}$$

2) $v_{cx} < 0$

式 (6.79) 可化为

$$\cos\delta - n_1 \cdot \sin\delta - n_2 < 0 \tag{6.85}$$

n_1 和 n_2 分别表示为

$$\begin{cases} n_1 = -\dfrac{v_{cy}}{m_1 \cdot v_{cx}} \\ n_2 = -\dfrac{m_2 \cdot v_{cz}}{m_1 \cdot v_{cx}} \end{cases} \tag{6.86}$$

求解式 (6.85) 得：

(1) 当 $1+n_2<0$ 时，有

$$\begin{cases} f_1=-\dfrac{n_1}{1+n_2}+\dfrac{1}{1+n_2}\sqrt{1-n_2^2+n_1^2} \\ f_2=-\dfrac{n_1}{1+n_2}-\dfrac{1}{1+n_2}\sqrt{1-n_2^2+n_1^2} \\ 2\arctan(f_1)<\delta<2\arctan(f_2), & 1-n_2^2+n_1^2>0 \\ \delta=\arctan(f_1), & 1-n_2^2+n_1^2=0 \\ \delta\in\varnothing, & 1-n_2^2+n_1^2<0 \end{cases} \tag{6.87}$$

(2) 当 $1+n_2>0$ 时，有

$$\begin{cases} \begin{cases} -\pi<\delta<2\arctan(f_1) \\ 2\arctan(f_2)<\delta<\pi \end{cases}, & 1-n_2^2+n_1^2>0 \\ \delta=\arctan(f_1), & 1-n_2^2+n_1^2=0 \\ \delta\in\varnothing, & 1-n_2^2+n_1^2<0 \\ f_1=-\dfrac{n_1}{1+n_2}+\dfrac{1}{1+n_2}\sqrt{1-n_2^2+n_1^2} \\ f_2=-\dfrac{n_1}{1+n_2}-\dfrac{1}{1+n_2}\sqrt{1-n_2^2+n_1^2} \end{cases} \tag{6.88}$$

(3) 当 $1+n_2=0$ 时，有

$$\begin{cases} -\pi<\delta<2\arctan\left(\dfrac{1}{n_1}\right), & n_1<0 \\ 2\arctan\left(\dfrac{1}{n_1}\right)<\delta<\pi, & n_1>0 \\ \delta\in\varnothing, & n_1=0 \end{cases} \tag{6.89}$$

3) $v_{cx}=0$

(1) 当 $v_{cy}>0$ 时，有

$$\begin{cases} n_3=-\dfrac{m_2\cdot v_{cz}}{m_1\cdot v_{cy}} \\ -\pi<\delta<\pi, & n_3<-1 \\ \delta\in\varnothing, & n_3>1 \\ \begin{cases} \arctan(n_3)<\delta<\dfrac{\pi}{2} \\ \dfrac{\pi}{2}<\delta<\pi-\arctan(n_3) \end{cases}, & -1<n_3<1 \end{cases} \tag{6.90}$$

(2) 当 $v_{cy}<0$ 时，有

$$\begin{cases} n_3=-\dfrac{m_2\cdot v_{cz}}{m_1\cdot v_{cy}} \\ \delta\in\varnothing, & n_3<-1 \\ -\pi<\delta<\pi, & n_3>1 \\ \begin{cases} \pi-\arctan(n_3)<\delta<\dfrac{3\pi}{2} \\ -\dfrac{\pi}{2}<\delta<\arctan(n_3) \end{cases}, & -1<n_3<1 \end{cases} \tag{6.91}$$

(3) 当 $v_{cy}=0$ 时，有

$$\begin{cases} -\pi<\delta<\pi, & m_2v_{cz}>0 \\ \delta\in\varnothing, & m_2v_{cz}\leqslant 0 \end{cases} \tag{6.92}$$

假设弹头上微元的阻力系数、黏性阻力系数和材料抗力等参数皆为常数，且与球形破片的阻力系数相等。根据以上分析，对弹头表面的圆锥面、圆柱面、上下圆面上的力、力矩进行积分，得到弹头在 $\boldsymbol{i}'$、$\boldsymbol{j}'$ 和 $\boldsymbol{k}'$ 方向所受的合力分别为 $\sum f_x$、$\sum f_y$ 和 $\sum f_z$；弹头绕 x、y 和 z 轴的力矩分量分别为 $\sum M_x$、$\sum M_y$ 和 $\sum M_z$。

根据高等动力学理论，弹头的质心运动方程可以表示为

$$\begin{cases} m\cdot\ddot{X}_c=\sum f_x \\ m\cdot\ddot{Y}_c=\sum f_y \\ m\cdot\ddot{Z}_c=\sum f_z \end{cases} \tag{6.93}$$

式中，m 表示弹头的质量，X_c、Y_c 和 Z_c 表示弹头质心在固定坐标系中的坐标，“ ¨ ” 表示物理量对时间的二阶导数。

弹头的欧拉运动方程可以表示为

$$\begin{cases} J_x\dot{P}+(J_z-J_y)\cdot R\cdot Q=\sum M_x \\ J_y\dot{Q}+(J_x-J_z)\cdot P\cdot R=\sum M_y \\ J_z\dot{R}+(J_y-J_x)\cdot P\cdot Q=\sum M_z \end{cases} \tag{6.94}$$

式中，J_x、J_y 和 J_z 分别为弹头绕 x、y 和 z 轴的转动惯量。

对式 (6.93) 和式 (6.94) 整理可得 X_c、Y_c、Z_c、φ、ψ 和θ 表示的三维弹道方程为

$$
\begin{cases}
\ddot{X}_{\mathrm{c}} = \dfrac{\sum f_x}{m} \\
\ddot{Y}_{\mathrm{c}} = \dfrac{\sum f_y}{m} \\
\ddot{Z}_{\mathrm{c}} = \dfrac{\sum f_z}{m} \\
\ddot{\varphi} = k_3 - k_2 \cdot \cos\varphi \cdot \cot\theta - k_1 \cdot \cot\theta \cdot \sin\varphi - \cot\theta \cdot \dot{\varphi} \cdot \dot{\theta} + \csc\theta \cdot \dot{\psi} \\
\ddot{\psi} = k_2 \cdot \csc\theta \cdot \cos\varphi + k_1 \cdot \csc\theta \cdot \sin\varphi + \csc\theta \cdot \dot{\varphi} \cdot \dot{\theta} - \cot\theta \cdot \dot{\psi} \cdot \dot{\theta} \\
\theta = k_1 \cdot \cos\varphi - k_2 \cdot \sin\varphi - \sin\varphi \cdot \dot{\varphi} \cdot \dot{\psi}
\end{cases}
\tag{6.95}
$$

k_1、k_2 和 k_3 可表示为

$$
\begin{cases}
k_1 = \left(\sum M_x - (J_z - J_y) \cdot R \cdot Q\right) / J_x \\
k_2 = \left(\sum M_y - (J_x - J_2) \cdot P \cdot R\right) / J_y \\
k_3 = \left(\sum M_z - (J_y - J_x) \cdot P \cdot Q\right) / J_z
\end{cases}
\tag{6.96}
$$

将积分得到的 $\sum f_x$、$\sum f_y$、$\sum f_z$、$\sum M_x$、$\sum M_y$ 和 $\sum M_z$ 代入式 (6.95)。在初始条件已知的情况下，即可求得弹头质心位置和空间姿态随时间的变化规律。

56 式 7.62mm 普通弹弹头侵彻明胶的相对位置如图 6.32 所示。

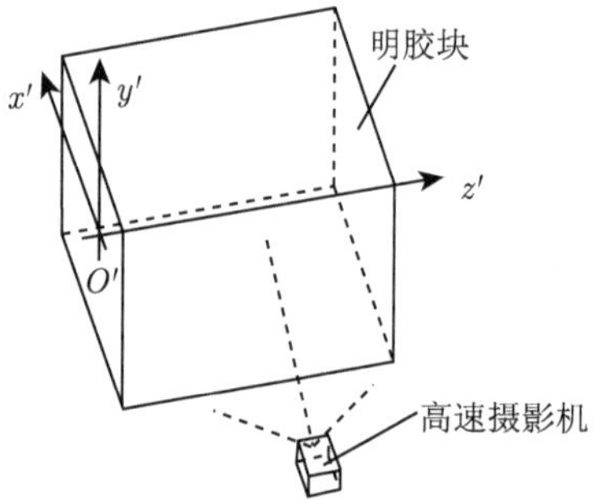

图 6.32　高速摄影机和明胶块在固定坐标系 $O'x'y'z'$ 中的位置

实验中 56 式 7.62mm 普通弹弹头的初始参数如表 6.12 和表 6.13 所示，下标 “0” 表示相应物理量的初始值，可以得到弹头的攻角为 3.5°。以弹头出枪口时的角速度分量作为弹头侵彻明胶时的初始条件，其数值通过理论计算得

$$
\begin{cases}
\dot{\psi}_0 = \dfrac{A}{2B} \dot{\varphi}_0 \\
\dot{\varphi}_0 = \dfrac{2\pi \cdot V_{\mathrm{c}z_0}}{\eta \cdot d_{\mathrm{p}}}
\end{cases}
\tag{6.97}
$$

式中，d_p 为弹径。

表 6.12 56 式 7.62mm 普通弹弹头的初始位移和速度分量

Z_{c0}/mm	Y_{c0}/mm	X_{c0}/mm	V_{cz_0}/(m/s)	V_{cy_0}/(m/s)	V_{cx_0}/(m/s)
−20	0	0	626	0	0.2

表 6.13 56 式 7.62 mm 普通弹弹头的初始欧拉角和初始角速度

ψ_0/(°)	φ_0/(°)	θ/(°)	$\dot{\psi}_0$/(rad/s)	$\dot{\varphi}_0$/(rad/s)	$\dot{\theta}_0$/(rad/s)
30	0	−3.5	1424	19000	0

56 式 7.62mm 普通弹模型计算结果和实验数值的比较如图 6.33 ~ 图 6.35 所示。图 6.33 为弹头质心 Z_c 坐标随时间的变化，图 6.34 为 Y_c 随 Z_c 的变化，图 6.35 为弹头在 $O'y'z'$ 平面投影转角随 Z_c 的变化，记弹头在 $z'O'y'$ 平面投影转角为 P_x。可以看出，P_x 在 20cm 深度时突然开始快速增长，在 9cm 距离内由 36° 增加到了 186°。弹尾朝前时 (约 180°)，弹头的翻滚速度变缓。弹头在明胶中虽存在大角度的翻滚，但弹头质心在水平方向的运动可近似看作匀速运动。弹头在竖直方向的运动距离最大为 1.67cm。

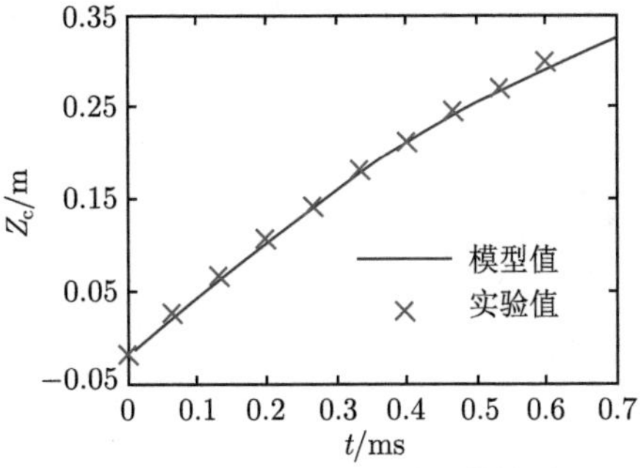

图 6.33 弹头质心和时间的关系

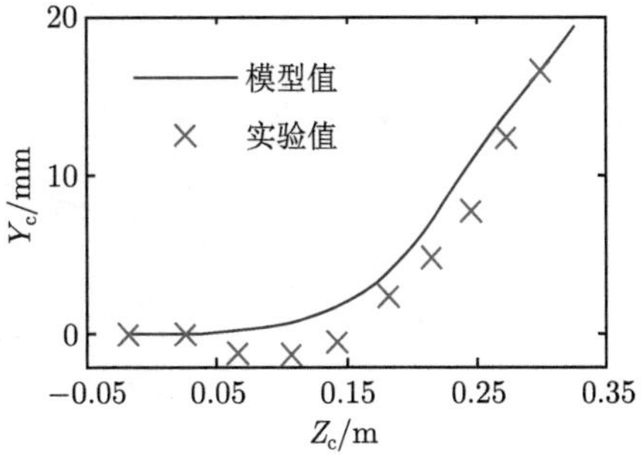

图 6.34 Y_c 与 Z_c 的关系

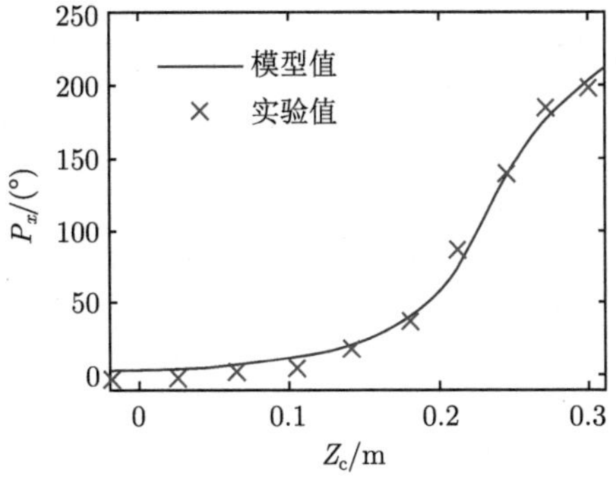

图 6.35 投影转角和水平位移的关系

三维弹道模型中，引入了进动角，将投影转角和实际的章动角区别开来，克服了平面模型中概念的混淆。对比发现，模型所得的数据同实验数据符合得很好。

6.4　杀伤元侵彻明胶靶标瞬时空腔经验模型

针对杀伤元侵彻明胶时产生的瞬时空腔运动，提出如下两个基本假设：

(1) 假设与破片运动轨迹方向垂直的空腔截面是一个圆面，圆面的中心为破片的质心位置，不考虑不同空腔截面的相互影响；

(2) 假设明胶为弹性介质，其变形为平面轴对称变形。

在破片质心位置建立速度坐标系 $O_{c}x_{v}y_{v}z_{v}$，如图 6.36 所示。令破片的质心速度方向为 z_v 轴的方向，选另外两个与 z_v 垂直的方向作为 x_v 和 y_v，令它们的基矢量分别为 $\boldsymbol{i}_v$、$\boldsymbol{j}_v$ 和 $\boldsymbol{k}_v$。在坐标原点 O_{c} 同时建立 $O_{c}xyz$ 坐标系，使其与固定坐标系 $O'x'y'z'$ 平行。根据坐标系 $Oxyz$ 和坐标系 $O'x'y'z'$ 的关系，基矢量 $\boldsymbol{i}'$、$\boldsymbol{j}'$ 和 $\boldsymbol{k}'$ 与基矢量 $\boldsymbol{i}_v$、$\boldsymbol{j}_v$ 和 $\boldsymbol{k}_v$ 的关系可表示为

$$\begin{bmatrix} \boldsymbol{i}_v \\ \boldsymbol{j}_v \\ \boldsymbol{k}_v \end{bmatrix} = \begin{bmatrix} l_1 & l_2 & l_3 \\ m_1 & m_2 & m_3 \\ n_1 & n_2 & n_3 \end{bmatrix} \cdot \begin{bmatrix} \boldsymbol{i}' \\ \boldsymbol{j}' \\ \boldsymbol{k}' \end{bmatrix} \tag{6.98}$$

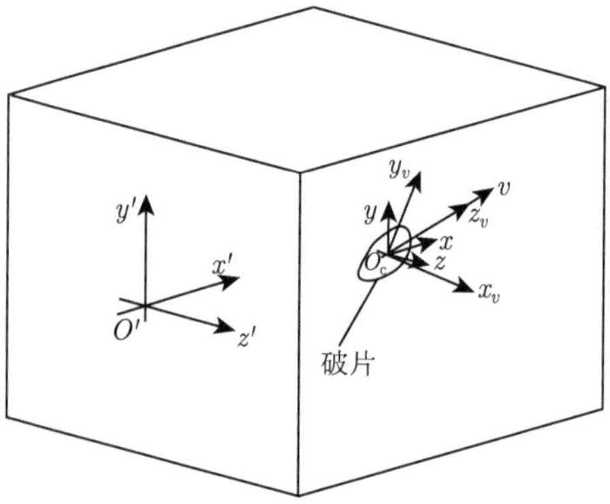

图 6.36　瞬时空腔坐标系

根据式 (6.98)，空腔内壁在 $O_{c}xyz$ 坐标系中坐标 (x,y,z) 与 $(x_v,\ y_v,\ z_v)$ 的关系为

$$\begin{bmatrix} x_v \\ y_v \\ z_v \end{bmatrix} = \begin{bmatrix} l_1 & m_1 & n_1 \\ l_2 & m_2 & n_2 \\ l_3 & m_3 & n_3 \end{bmatrix} \cdot \begin{bmatrix} x \\ y \\ z \end{bmatrix} \tag{6.99}$$

空腔圆面的方程在速度坐标系中可以表示为

$$\begin{cases} x_v^2 + y_v^2 = R^2 \\ z_v = 0 \end{cases} \tag{6.100}$$

根据式 (6.98) 和式 (6.99)，可得空腔内壁在坐标系 O_cxyz 中的方程为

$$\begin{cases} [(l_3m_1-l_1m_3)y+(l_3n_1-l_1n_3)z]^2+[(l_3m_2-l_2m_3)y+(l_3n_2-l_2n_3)z]^2=(l_3R)^2 \\ l_3x + m_3y + n_3z = 0 \end{cases} \tag{6.101}$$

对于 O_cyz 平面内的观察者，求明胶的瞬时空腔变为求下式取极大值的 $h(y,\ z)$ 坐标：

$$h(y, z)=y^2 + z^2 \tag{6.102}$$

以方程式 (6.101) 为约束条件，利用拉格朗日乘子法可得 $h(y, z)$ 取极值时的四组坐标，其中两组为极小值、两组为极大值。以极大值的轮廓作为破片侵彻明胶的最大瞬时空腔。

令明胶的空腔半径为 u_0，半径 r 处明胶的径向位移 u 可表示为

$$u = f(r) \cdot u_0(t) \tag{6.103}$$

根据胡克定律，明胶的运动方程表示为

$$\frac{\partial^2 u}{\partial r^2} + \frac{1}{r}\frac{\partial u}{\partial r} - \frac{1}{r^2}u = \frac{\rho_0}{\lambda + 2G}\frac{\partial^2 u}{\partial t^2} \tag{6.104}$$

式中，ρ_0、λ 和 G 分别为明胶的密度、拉梅常量和剪切模量。

式 (6.104) 对半径 r 从 $0\sim R$ 进行积分，得

$$p \cdot u_0 = \frac{\rho_0}{\lambda + 2G}\frac{\mathrm{d}^2(nu_0)}{\mathrm{d}t^2} \tag{6.105}$$

式中，$p = \int_r \left(\frac{\partial^2 f}{\partial r^2} + \frac{1}{r}\frac{\partial f}{\partial r} - \frac{1}{r^2}f\right)\mathrm{d}r$，$n = \int_r f\mathrm{d}r$，$R$ 为明胶块的外径。

求解式 (6.105) 并利用初始条件 t=0，u_0=0 得

$$u_0 = A \cdot \sin(\omega \cdot t) \tag{6.106}$$

式中，A 为瞬时空腔幅值，ω 为空腔振动角频率。

假设空腔内壁的运动规律仅和该截面获得的能量有关，式 (6.106) 表示为

$$u_0(t) = A(E_\mathrm{s}) \cdot \sin(\omega(E_\mathrm{s}) \cdot t) \tag{6.107}$$

式中，E_s 为截面获得的能量，J/m；A 和ω 是 E_s 的函数。

6.4.1　球形破片侵彻明胶靶标瞬时空腔模型 [37]

1. 模型参数确定

图 6.37 为ϕ4mm 钢球侵彻明胶 1ms 时的瞬时空腔。从图中可以看出，空腔和明胶有明显的分界线，将坐标系设定在选定的截面位置，通过读取空腔分界线的纵坐标，得到空腔位移随时间的变化关系。图 6.38、图 6.39 分别为ϕ3mm 钢球以 660m/s、ϕ4mm 钢球以 720m/s 速度侵彻明胶时，不同截面处空腔半径随时间的变化曲线。

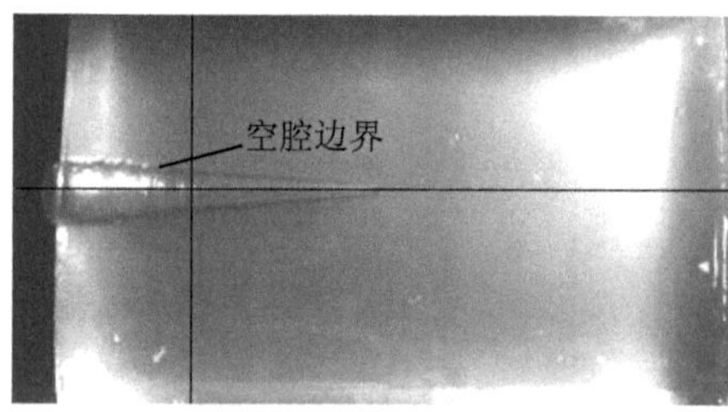

图 6.37　ϕ4mm 钢球侵入明胶 1ms 时的瞬时空腔

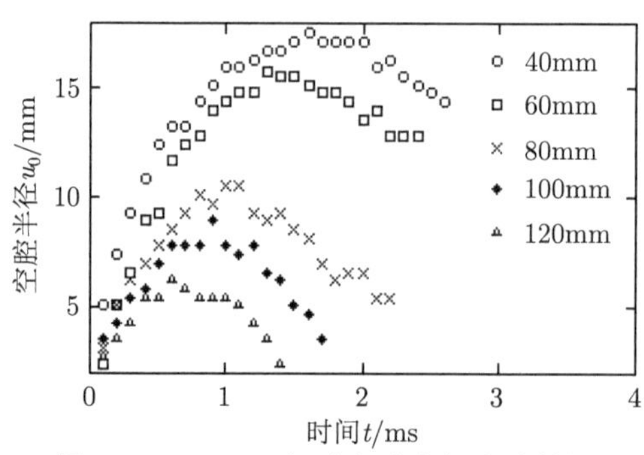

图 6.38　ϕ3mm 钢球空腔半径实验数据

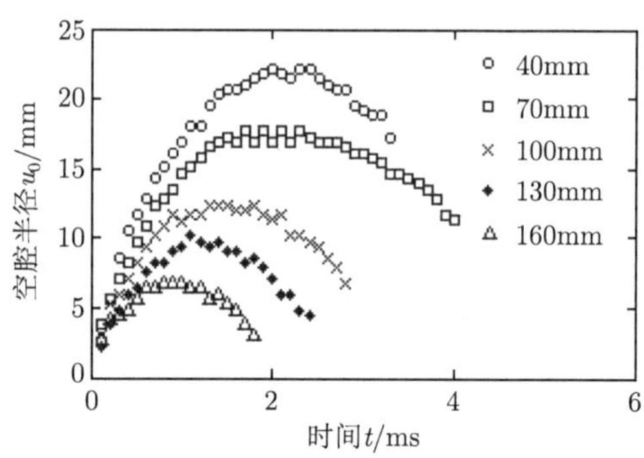

图 6.39　ϕ4mm 钢球空腔半径实验数据

对两发实验弹的空腔运动数据进行正弦函数拟合，可得到拟合的幅值 A_1 和角频率ω_1 以及确定系数 R^2。ϕ3mm、ϕ4mm 钢球的拟合结果分别如表 6.14、表 6.15 所示。

表 6.14 ϕ3mm 钢球 660m/s 空腔正弦函数拟合结果

位置/mm	A_1/mm	ω_1/(rad/s)	R^2
40	17.5	740.2	0.96
60	15.8	903.8	0.95
80	9.8	1067.1	0.87
100	8.2	1424.2	0.96
120	6.0	1712.9	0.96

表 6.15 ϕ4mm 钢球 720m/s 空腔正弦函数拟合结果

位置/mm	A_1/mm	ω_1/(rad/s)	R^2
40	22.4	640.2	0.98
70	18.0	557.5	0.94
100	12.6	825.1	0.96
130	9.7	1050.2	0.97
160	6.8	1298.7	0.97

以上拟合结果表明，采用正弦曲线能够较好地拟合空腔的运动。

假设截面获得的能量等于球形破片在该处损失的能量，即

$$E_s = -\frac{dE}{dx} = -F_x \tag{6.108}$$

式中，E 为球形破片的总动能。根据球形破片的运动模型可求得弹道方向任意位置的 E_s。

将拟合的幅值 A_1、角频率ω_1 以及数值计算得到的 E_s 汇总起来，通过最小二乘法拟合得到幅值 A、角频率ω 和 E_s 的关系，如图 6.40、图 6.41 所示，其表达式为

$$A = 0.808 \times 10^{-3} E_s^{0.543} \tag{6.109}$$

$$\omega = 9.12 \times 10^3 E_s^{-0.412} \tag{6.110}$$

2. 算例

球形破片侵彻明胶靶标过程中，明胶靶标产生的瞬时空腔数值计算是根据瞬时空腔经验模型进行的，选择ϕ3mm 球形破片杀伤元，其速度数据是实验时测量所得，数值计算和实验条件一致，如表 6.16 所示。

图 6.42 是破片侵彻明胶靶标时数值计算的瞬时空腔形状与实验结果的比较。

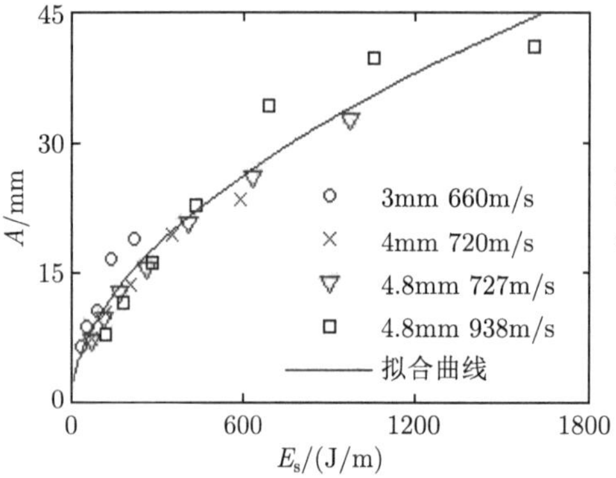

图 6.40　破片空腔幅值和能量的关系

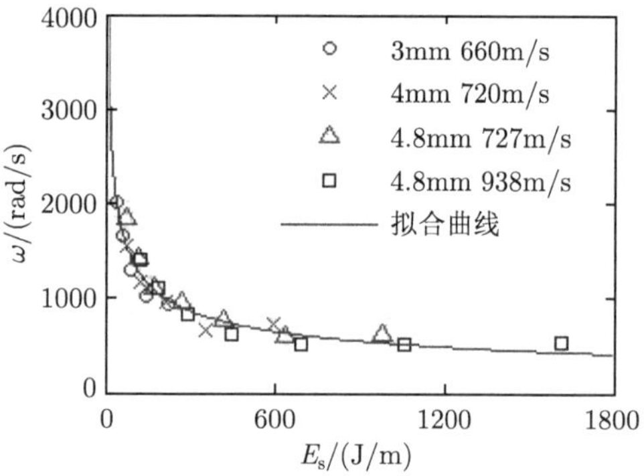

图 6.41　破片空腔角频率和能量的关系

表 6.16　ϕ3mm 球形破片杀伤元实验值

破片直径/mm	破片速度/(m/s)
3	659.4

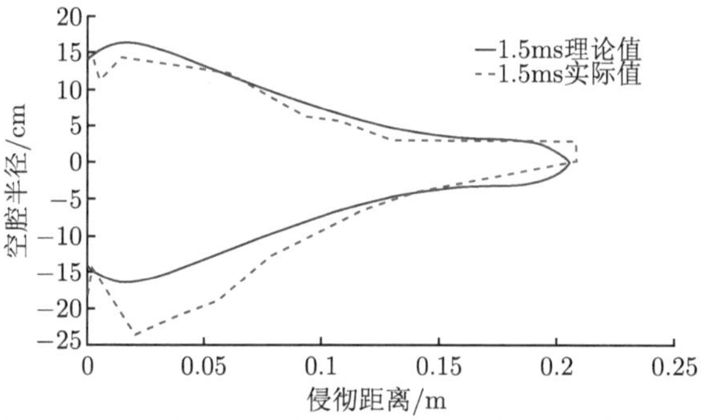

图 6.42　数值计算的瞬时空腔形状与实验结果的比较

ϕ3mm 球形破片 659.4m/s 侵彻明胶的瞬时空腔模型和实验结果对比如图 6.43 所示。瞬时空腔膨胀阶段 (0~0.9ms)，理论值和实验值误差较小；1.5~2.1ms 瞬时空腔入口和空腔头部开始闭合，模型在入口处的理论误差较大，在其他位置的理论误差较小。

图 6.44 是破片数值计算的最大瞬时空腔半径与实验结果对比。表 6.17 是空腔模型数值计算与实验最大值的比较。

由球形破片在不同时刻的空腔形状可看出，该模型不但能比较好地符合最大空腔的实验结果，还能比较精确地描述不同时刻瞬时空腔的变形情况。最大误差较大，主要在于起始阶段，其他阶段无论形状还是幅值都符合得较好。

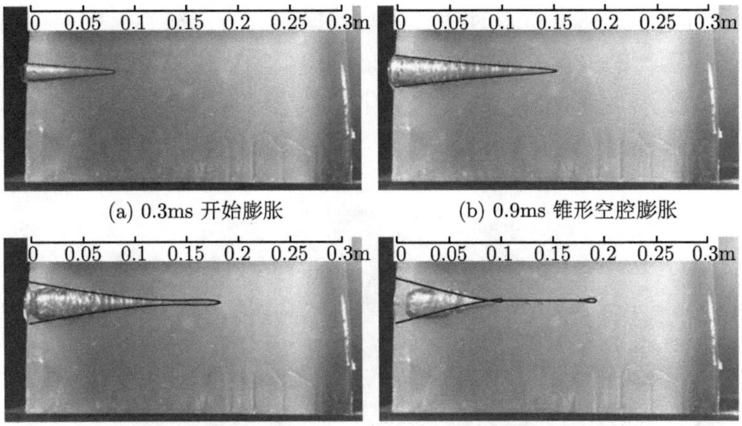

(a) 0.3ms 开始膨胀　(b) 0.9ms 锥形空腔膨胀

(c) 1.5ms 空腔入口闭合　(d) 2.1ms 空腔闭合

图 6.43　ϕ3mm 球形破片四个典型时刻模型和实验的对比 (实线为模型值)

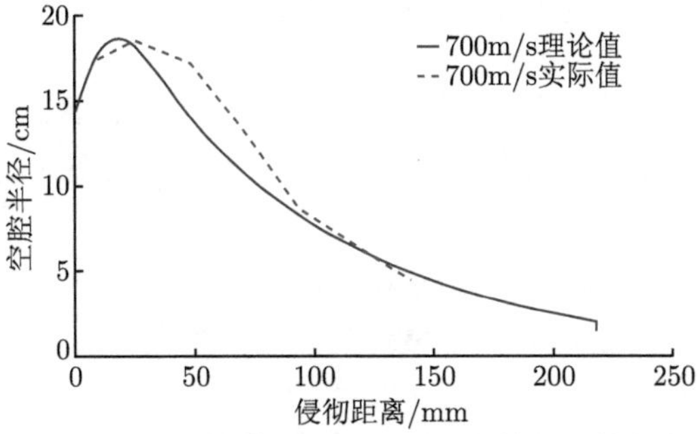

图 6.44　ϕ3mm 球形破片最大瞬时空腔半径的数值计算与实验结果对比

表 6.17　空腔模型数值计算与实验最大值比较

破片直径/mm	破片速度/(m/s)	空腔实验最大值/mm	空腔计算最大值/mm	相对误差
3	700	37.5	37.9	1.1%

6.4.2 步枪弹侵彻明胶靶标的瞬时空腔模型

1. 模型参数确定

杀伤元的瞬时空腔直径远超过杀伤元直径的大小，实验研究表明，弹头侵彻明胶过程中最大瞬时空腔直径是弹径的 15~30 倍。由于瞬时空腔的剧烈膨胀，弹头穿过明胶后明胶块中留有很大的裂纹，如图 6.45 所示。

为建立杀伤元运动特性和瞬时空腔的定量关系，评估杀伤元的致伤能力，根据步枪弹侵彻明胶瞬时空腔的特点，提出了瞬时空腔变形的基本假设，推导了瞬时空腔的运动方程；通过对瞬时空腔实验数据的分析，得到了空腔振幅、空腔角频率和杀伤元运动的关系。根据实验结果可知，瞬时空腔的二次膨胀小于瞬时空腔的第一次膨胀，且瞬时空腔的形状变化越来越不规则，因此主要对瞬时空腔的第一次膨胀收缩过程进行研究。

图 6.45　明胶弹道横截面上的裂纹

实验表明，步枪弹的运动为空间运动，其瞬时空腔不具有对称性，瞬时空腔在不同平面的投影大小不同。为了将瞬时空腔的变形和杀伤元的运动联系起来，结合明胶的力学特性，提出如下基本假设：

(1) 与杀伤元质心运动轨迹方向垂直的空腔截面是一个圆面，圆面的中心为杀伤元的质心位置，不考虑不同空腔截面的相互影响，以极大值的轮廓作为杀伤元侵彻明胶的最大瞬时空腔；

(2) 明胶为弹性介质，其变形为平面轴对称变形；

(3) 空腔内壁的运动规律仅和该截面获得的能量有关，与球形破片瞬时空腔的规律一致，表示为

$$u_0(t) = A(E_s) \cdot \sin(\omega(E_s) \cdot t) \tag{6.111}$$

式中，E_s 为截面获得的能量，J/m；A 和ω 是 E_s 的函数。

建立步枪弹侵彻明胶模拟靶标时的瞬时空腔模型就是要从大量的实验数据中确定出普遍使用空腔的振动幅值 $A(E_s)$ 和振动频率 $\omega(E_s)$ 与截面所获取能量 E_s 之间的经验关系模型。

1) 步枪弹侵彻实验数据分析

图 6.46、图 6.47 分别为 7.62mm 普通弹窄伤道部分和椭球形部分的空腔运动实验数据。

对 7.62mm 普通弹的空腔运动进行正弦函数拟合，得到拟合幅值 A_1 和角频率 ω_1 以及拟合系数 R^2，如表 6.18 所示。7.62mm 普通弹仅 50mm 位置的空腔拟合系数小于 0.9，其他位置空腔的拟合系数均大于 0.94，表明正弦曲线可以较

好地模拟步枪弹瞬时空腔的运动，其他口径步枪弹的空腔运动拟合也同样证实了这一点，本节不再赘述。

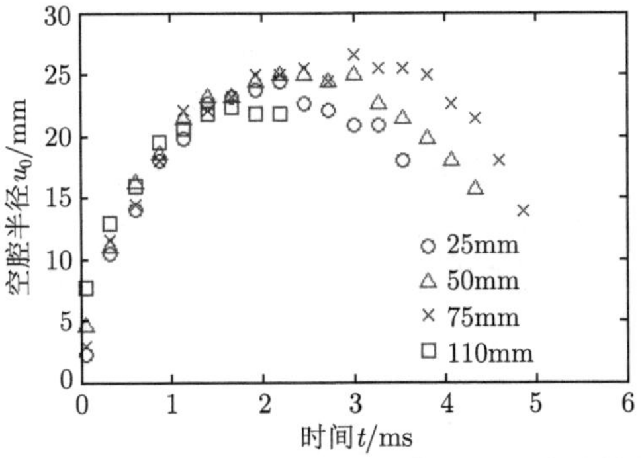

图 6.46 7.62mm 普通弹窄伤道空腔运动实验数据

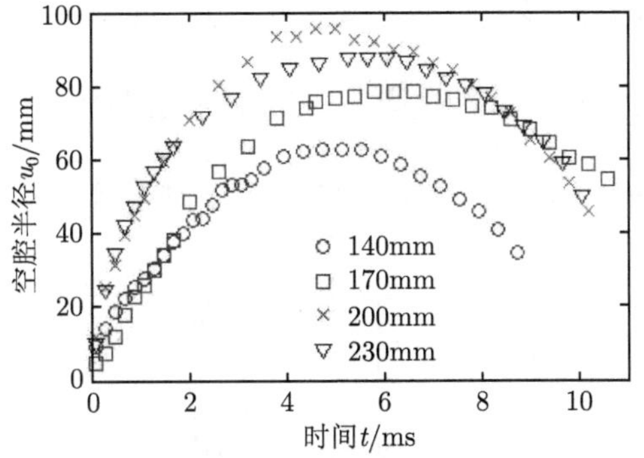

图 6.47 7.62mm 普通弹椭球形空腔运动实验数据

表 6.18 7.62mm 普通弹瞬时空腔的拟合结果

位置/mm	A_1/mm	ω_1/(rad/s)	R^2
25	24.6	636.4	0.94
50	25.8	519.1	0.89
75	26.8	465.1	0.95
110	30.9	250.3	0.95
140	63.4	275.8	0.99
170	81.7	228.2	0.98
200	97.2	238.7	0.97
230	91.1	224.9	0.95

2) 步枪弹瞬时空腔幅值、角频率和能量的关系

和球形破片相比，步枪弹侵彻明胶过程中有角速度的变化，弹头的总能量 E_{prj} 的表达式为

$$E_{\mathrm{pyj}}=\frac{1}{2}m\left(v_{\mathrm{c}x}^2+v_{\mathrm{c}y}^2+v_{\mathrm{c}z}^2\right)+\frac{1}{2}\left(A\cdot P^2+B\cdot Q^2+C\cdot R^2\right) \tag{6.112}$$

假设瞬时空腔截面获得的能量等于弹头在该位置时减少的能量，即

$$E_{\mathrm{s}}=-\frac{\mathrm{d}E_{\mathrm{prj}}}{\mathrm{d}s} \tag{6.113}$$

式中，s 为弹头质心的自然坐标。

利用步枪弹侵彻明胶的运动方程，可得到瞬时空腔不同截面的能量分布 E_{s}。以幂函数通过最小二乘法对幅值 A_1 与 E_{s}、角频率 ω_1 与 E_{s} 进行拟合，得幅值 A、角频率 ω 和 E_{s} 的关系，分别如图 6.48、图 6.49 所示，表达式为

$$A=0.163\times10^{-3}E_{\mathrm{s}}^{0.715} \tag{6.114}$$

$$\omega=7.45\times10^{4}E_{\mathrm{s}}^{-0.678} \tag{6.115}$$

从而枪弹侵彻明胶靶标的瞬时空腔计算模型即为

$$u_0(t)=0.163\times10^{-3}E_{\mathrm{s}}^{0.715}\cdot\sin(7.45\times10^{4}E_{\mathrm{s}}^{-0.678}\cdot t) \tag{6.116}$$

模型中任意时刻截面所获得的能量 E_{s} 依据枪弹弹头运动模型计算获得。

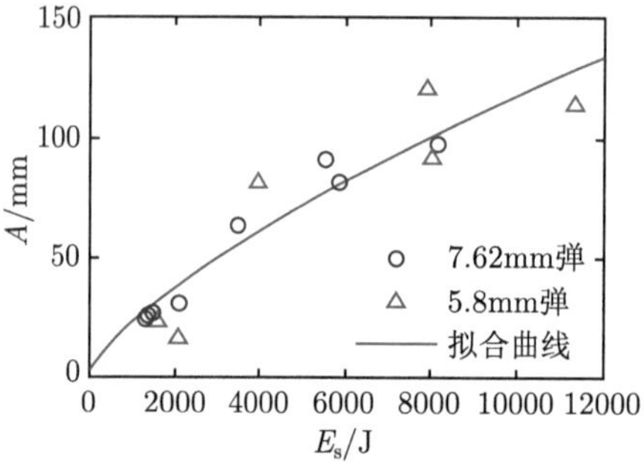

图 6.48　步枪弹空腔幅值和能量的关系

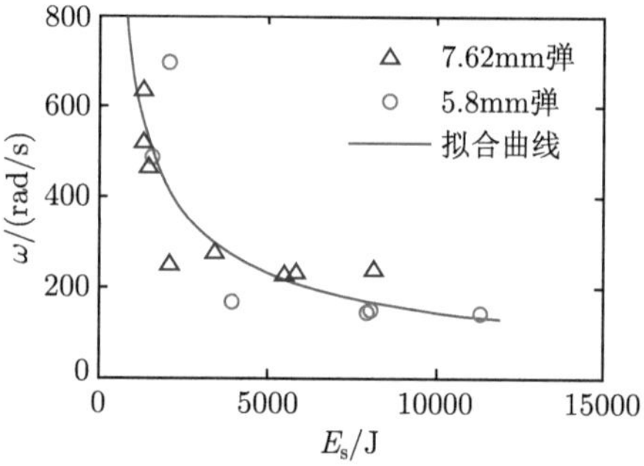

图 6.49　步枪弹空腔角频率和能量的关系

2. 算例

对于枪弹侵彻明胶靶标的瞬时空腔模型，选用 7.62mm 步枪弹作为算例。

瞬时空腔模型计算值和实验值的比较如图 6.50 所示，0~5.0ms 时侵彻深度 0~0.2m 内计算值和实验值的误差较小；1.67~5.0ms 时瞬时空腔出口处的误差较大。随着椭球形空腔的膨胀，窄伤道空腔的长度从 0.15m(图 6.50(a)、(b)) 逐渐减小到 0.1m(图 6.50(f))。理论模型能够较好地模拟窄伤道空腔从开始膨胀到闭合的过程；椭球形空腔前半部分 (0.1~0.2m) 的理论误差较小，后半部分 (0.2~0.3m)

的理论误差较大。这主要是由于步枪弹经过椭球形空腔时剧烈翻滚，其能量消耗较大。该位置空腔的剧烈膨胀逐渐压缩瞬时空腔的窄伤道长度，并促使空腔出口处的明胶水平运动。瞬时空腔模型的假设忽略了明胶横截面之间的相互作用，忽略了明胶水平方向的运动。

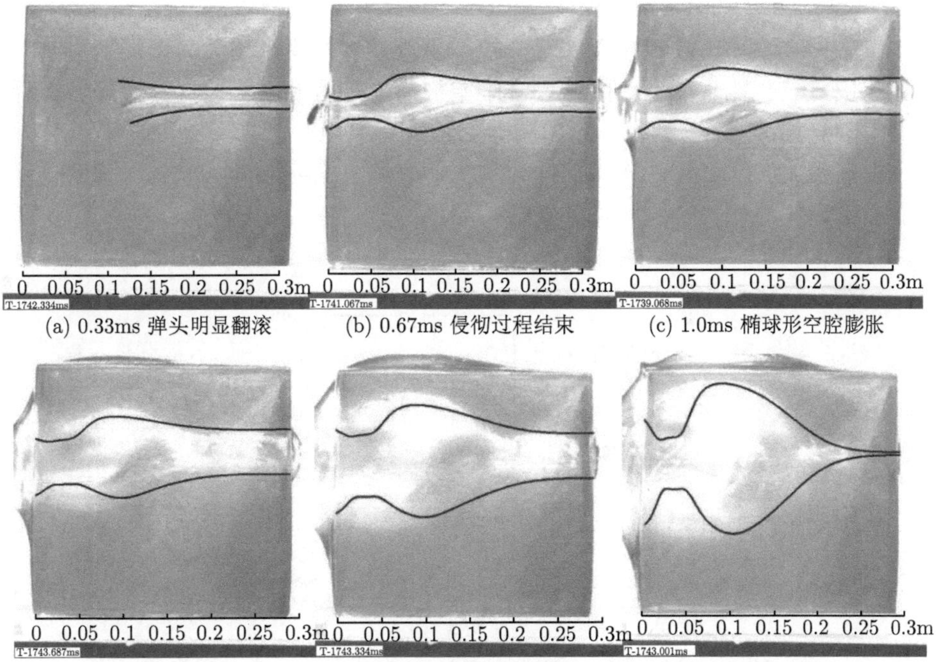

(a) 0.33ms 弹头明显翻滚 (b) 0.67ms 侵彻过程结束 (c) 1.0ms 椭球形空腔膨胀

(d) 1.67ms 颈部收缩 (e) 3.0ms 窄伤道收缩 (f) 5.0ms 窄伤道闭合

图 6.50 7.62mm 普通弹典型时刻空腔模型计算值和实验值对比

6.5 手枪弹侵彻有软防护明胶靶标理论模型 [38]

利用高强度、高模量纤维制成的防弹衣可吸收枪弹冲击动能，起到有效保护人体的作用。由于凯芙拉或超高分子量聚乙烯纤维重量轻、质地柔软、适体性好、防护效果佳，能较好阻挡 5m 以外的手枪弹，不产生二次弹片，因而在防弹领域占有重要地位。近年来，对凯芙拉和超高分子量聚乙烯等高性能有机纤维防弹性能的研究异常活跃，由于弹头侵彻有防护目标，弹体与目标之间相互作用的复杂性及防护材料破坏形式的多样性，对弹头侵彻有防护目标机理的研究尚处于实验测试或有限元分析阶段。因此，建立弹头侵彻有软防护目标运动模型对战伤救治和提高防护性能具有重要意义。本节以超高分子量聚乙烯软质防弹衣为例，采用理论分析与实验研究相结合的方法，对运动模型展开详细讨论。

弹道冲击时，纤维应变率通常大于 $100\mathrm{s}^{-1}$，而现有手枪弹侵彻软防护模型均未考虑高应变率下的纤维特性。本节针对手枪弹侵彻软防护的特点，结合纤维高应变率下本构模型，并引入明胶弹性模型，对手枪弹侵彻有软防护目标的运动模型展开研究。

6.5.1 纤维本构模型

软防护吸收冲击波能力取决于其拉伸模量，拉伸模量越大，侵彻所引起扰动传播越快，吸收能量越多。因此，纤维本构模型是研究软防护抗弹性能和运动模型的基础与关键所在。

根据相关文献可知，软防护纤维本构模型可由 Kelvin-Voigt 体与弹簧 K_1 串联的三单元体描述 [39~41]，如图 6.51 所示。

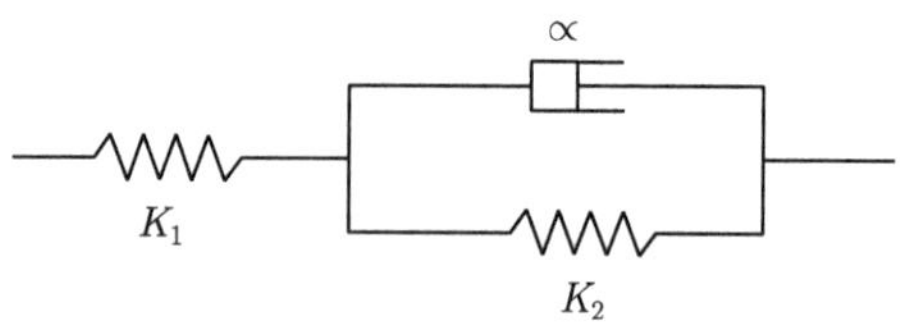

图 6.51　软防护纤维本构模型

本构关系可表示为

$$\left(1+\frac{k_2}{k_1}\right)\sigma+\left(\frac{\mu}{k_1}\right)\dot{\sigma}=k_2\varepsilon+\mu\dot{\varepsilon} \tag{6.117}$$

式中，k_1、k_2 分别为弹簧 K_1、K_2 的刚度，μ 为阻尼器阻尼，σ 为纤维应力，ε 为纤维应变，$\dot{\varepsilon}$ 为纤维应变率。

由式 (6.117) 积分，结合初始条件$\sigma(0)=0$ 可得

$$\sigma\left(\varepsilon\right)=\frac{k_1k_2}{k_1+k_2}\varepsilon-\frac{k_1^2\mu}{\left(k_1+k_2\right)^2}\dot{\varepsilon}\left(\mathrm{e}^{-[(k_1+k_2)/\mu]\varepsilon/\dot{\varepsilon}}-1\right) \tag{6.118}$$

通过文献可得，式中 $k_1=1.6\times10^2\mathrm{GPa}$，$k_2=2.8\mathrm{GPa}$，$\mu=3\mathrm{MPa\cdot s}$。

根据式 (6.118)，绘制 $\dot{\varepsilon}=0.1\mathrm{s}^{-1}$ 和 $495\mathrm{s}^{-1}$ 下应力应变曲线，如图 6.52 所示，纤维应变相同时，随着应变率增加，纤维应力增大。

通过分离式霍普金森杆获得失效应变随应变率变化关系为 [39]

$$\varepsilon_{\mathrm{f}}=\begin{cases}0.04383-0.0108\left(\dot{\varepsilon}/\dot{\varepsilon}_0\right), & 100\mathrm{s}^{-1}<\dot{\varepsilon}<410\mathrm{s}^{-1}\\ 0.0192\left[1+\mathrm{e}^{-11.8(\dot{\varepsilon}/\dot{\varepsilon}_0-0.9725)}\right], & 410\mathrm{s}^{-1}<\dot{\varepsilon}<600\mathrm{s}^{-1}\end{cases} \tag{6.119}$$

式中，$\dot{\varepsilon}_0=410\mathrm{s}^{-1}$。

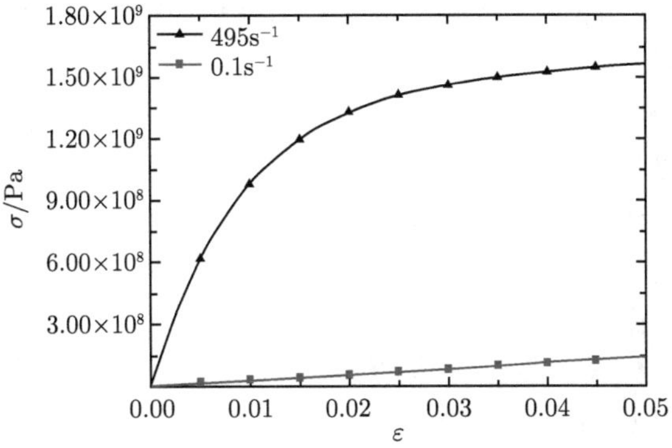

图 6.52 $\dot{\varepsilon}$=0.1s^{-1} 和 495s^{-1} 下应力应变曲线

根据式 (6.119)，绘制纤维失效应变$\varepsilon_{\rm f}$ 随应变率变化曲线，如图 6.53 所示，应变率越大，失效应变越小。

对式 (6.118) 求导可得，弹性模量 E 可表示为

$$E=\frac{{\rm d}\sigma}{{\rm d}\varepsilon}=\frac{k_1k_2}{k_1+k_2}+\frac{k_1^2}{k_1+k_2}\left({\rm e}^{-[(k_1+k_2)/\mu]\varepsilon/\dot{\varepsilon}}\right) \tag{6.120}$$

根据式 (6.120)，绘制弹性模量 E 随应变率变化曲线，如图 6.54 所示，纤维弹性模量随应变率增大而增大。

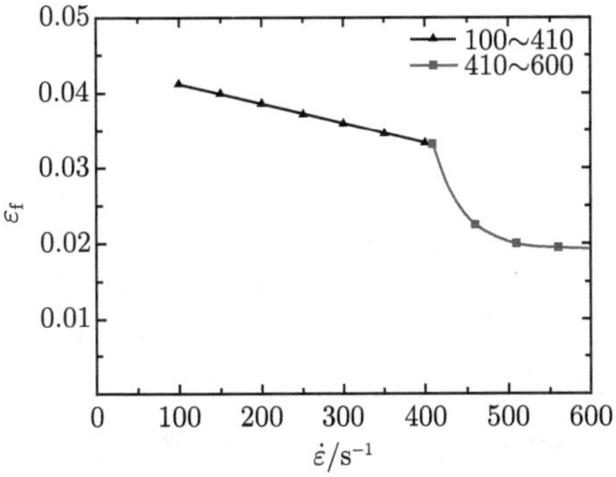

图 6.53 纤维失效应变随应变率变化曲线

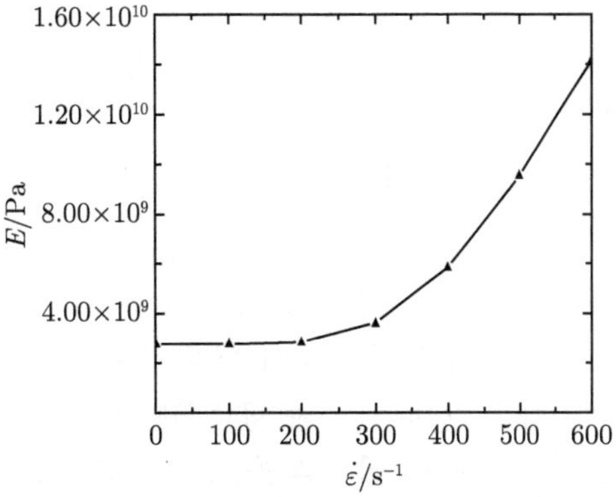

图 6.54 弹性模量随应变率变化曲线

6.5.2 手枪弹侵彻软防护能量守恒定律

枪弹侵彻防护材料通常为小质量高速冲击，冲击过程中，枪弹与防护材料之间发生能量传递，主要包括以下三种情况 [42]：

(1) 穿透防护材料，出靶时弹头具有一定速度，表明初始动能大于防护材料所吸收能量；

(2) 不完全穿透防护材料，弹头嵌入防护材料或跳弹，表明初始动能小于防护材料失效所吸收能量；

(3) 穿透防护材料，出靶时弹头剩余速度为 0，表明弹头着靶速度为弹道极限，初始动能被防护材料完全吸收。

手枪弹侵彻软防护时，防护材料将发生多种形式破坏，包括整体变形、局部压陷、纤维拔出与断裂等。可见，弹头侵彻防护实质上为纤维阻碍弹头运动并吸收其能量的过程。根据手枪弹冲击作用下防护材料动力学性能和破坏失效现象，认为防护吸收能量的机理主要包括：防护材料背部隆起形成、主要纤维拉伸破坏、辅助纤维变形，如图 6.55 所示。

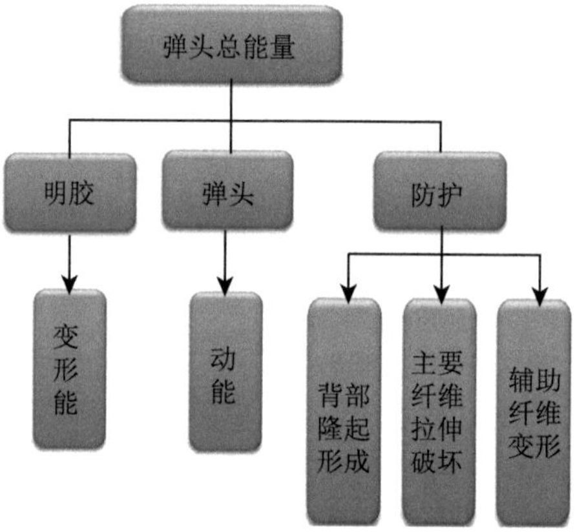

图 6.55 弹头能量转化

1. 防护材料背部隆起形成

与硬性防弹材料不同，软防护主要通过纤维变形吸收弹头动能达到防弹目的，防护材料背部隆起形成是纤维变形的一种体现。根据应力波理论，弹道冲击过程中，应力波沿纤维纵向/径向传播，波阵面形状类似双纽线或圆形，如图 6.56 所示。弹头以速度 V 侵彻软防护时，引起两个轴向应变波以速度 C 向相反方向传播，波速越快，纤维与弹头相互作用越明显。弹头的冲击使纤维产生较大张力，自两侧向中央延伸，其后从撞击点产生横向波，沿纤维向两侧传播，使纤维产生横向运动，防护材料背面产生圆锥变形，形成 V 形隆起，P 点为基脚，以速度 U_0 向两侧传播。t 时刻，F 点以外纤维质点尚未受到冲击作用。

弹头侵彻防护时背部隆起形成如图 6.57 所示。d 为弹头直径，r_{ti} 为 t_i 时刻隆起界面半径，z_i 为 t_i 时刻弹头运动距离。在第二个时间间隔时，隆起界面半径从 r_{t1} 增大到 r_{t2}，隆起高度为 z_i。r_{ti}、z_i 随纤维中波的传递不断增大，直至所有纤维失效或弹头初始动能完全被防护材料吸收。

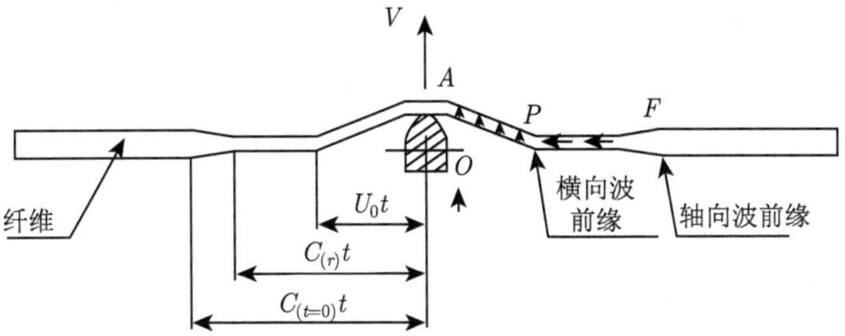

图 6.56 弹头侵彻防护时纤维中波的传播示意图

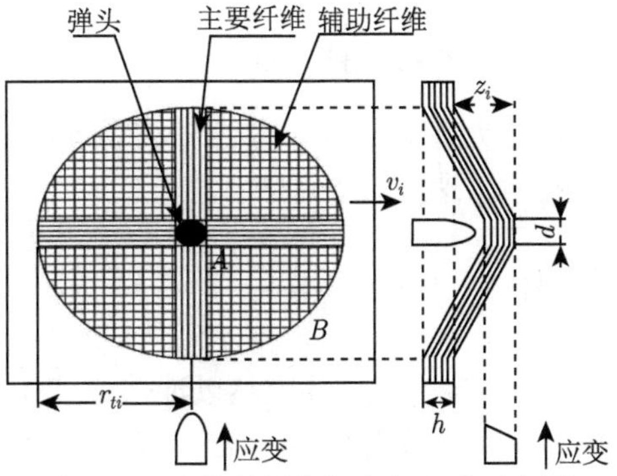

图 6.57 防护材料背部隆起形成示意图

2. 主要纤维拉伸破坏

弹头侵彻过程中，纵向波和横向波主要累及被撞击的纤维。弹头正下方纤维为主要纤维，产生阻碍弹头穿透防护材料的力。高应变率情况下，纤维超过极限应变时发生拉伸失效，因此主要纤维拉伸将吸收弹头部分动能。纤维失效发生在应变集中处，应变通常沿纤维长度方向发生衰减，因此撞击边缘处应变最大。

3. 辅助纤维变形

由图 6.57 可知，隆起区域内除主要纤维外，其他纤维为辅助纤维。纵向波在纤维交结点将应力传给辅助纤维，从而分散弹头撞击力。横向波引起的横向位移使辅助纤维通过交结点受到纤维传来的应力作用。因此，辅助纤维由于变形也将吸收部分动能。辅助纤维吸收能量主要取决于其应变分布，A 点应变和主要纤维相同，B 点应变已衰减至 0，且 A 点至 B 点的应变变化为线性规律。

结合纤维本构模型，建立手枪弹侵彻有软防护目标运动模型。弹头侵彻软防护时，总动能主要以四种形式耗散：防护背部隆起吸收动能 E_{KE}、主要纤维拉伸失效吸收能量 E_{TF}、辅助纤维变形吸收能量 E_{D}、明胶吸收能量 E_{G}。

引入如下假设 [43,44]：

(1) 弹头为刚体，忽略变形；

(2) 垂直侵彻防护材料；

(3) 冲击过程中，在某个时间间隔内弹头速度保持不变；

(4) 单层纤维间相互独立；

(5) 纵波和横波在各层材料中传播速度保持不变。

侵彻过程中纵波传播相对未变形质点而言，应变波速度 C 为 [45]

$$C = C(\varepsilon) = \sqrt{\frac{1}{\rho_{\mathrm{a}}}\frac{\mathrm{d}\sigma}{\mathrm{d}\varepsilon}} = \sqrt{\frac{E}{\rho_{\mathrm{a}}}} \tag{6.121}$$

式中，ρ_{a} 为纤维密度；$\dfrac{\mathrm{d}\sigma}{\mathrm{d}\varepsilon}$ 为纤维弹性模量。

对于横波传播，材料流动速度为 W，即当纵波通过后，图 6.55 中 APF 段纤维中质点开始向反方向收缩，速度可表示为

$$W = \int_0^{\varepsilon_{\mathrm{f}}} C(\varepsilon)\mathrm{d}\varepsilon = \int_0^{\varepsilon_{\mathrm{f}}} \sqrt{\frac{E}{\rho_{\mathrm{a}}}}\mathrm{d}\varepsilon \tag{6.122}$$

在横波前缘，质点水平运动停止，并突然以冲击速度 V 横向 (向上) 运动，假设横波向两侧移动速度相对于未变形质点为 U，可表示为

$$U = \sqrt{\frac{\sigma_{\mathrm{f}}}{\rho_{\mathrm{a}}\left(1+\varepsilon_{\mathrm{f}}\right)}} \tag{6.123}$$

式中，σ_{f} 为失效应力。

当弹头撞击软防护时，其背面形成隆起。假设产生凹陷的横截面为圆形，凹陷底部半径变化速度为横波速度，可表示为

$$c_{\mathrm{t}} = U_0 = \left(1+\varepsilon_{\mathrm{f}}\right)U - W \tag{6.124}$$

联立式 (6.123)、式 (6.124) 可得

$$c_{\mathrm{t}} = \sqrt{\frac{\left(1+\varepsilon_{\mathrm{f}}\right)\sigma_{\mathrm{f}}}{\rho_{\mathrm{a}}}} - \int_0^{\varepsilon_{\mathrm{f}}} \sqrt{\frac{1}{\rho_{\mathrm{a}}}\frac{\mathrm{d}\sigma}{\mathrm{d}\varepsilon}}\mathrm{d}\varepsilon \tag{6.125}$$

若将侵彻过程分成若干个时间间隔 Δt，第 i 个时刻，横波和纵波传播规律分别为

$$\begin{cases} t_i = i\Delta t \\ r_{ti} = \sum\limits_{n=0}^{i} c_{tn}\Delta t \\ r_i = \sum\limits_{n=0}^{i} C_n\Delta t \end{cases} \tag{6.126}$$

式中，t_i 为 i 时刻时间，r_{ti} 为横波运动距离，r_i 为纵波运动距离。

侵彻过程中，纵波随应力波的反射和传播不断衰减。Roylance 引入归一化应力σ'[46,47]，假设σ' 为与到撞击点距离相关的函数，可表示为

$$\sigma' = b^{\frac{x}{a}} \tag{6.127}$$

式中，b 为传输因子 (为常数)；a 为纤维尺寸；x 为到距撞击点距离。

纵波传播的同时，其经过的纤维应变也发生变化，且弹头撞击点处应变最大。因此，归一化应力可表示为

$$\sigma' = \frac{\sigma(x)}{\sigma_{\max}} \tag{6.128}$$

单根纤维应变变化可表示为

$$\varepsilon(x) = \frac{\sigma(x)}{E} \tag{6.129}$$

结合式 (6.127) ~ 式 (6.129) 可得

$$\varepsilon(x) = \varepsilon_{\max} b^{\frac{x}{a}} \tag{6.130}$$

式中，$\varepsilon_{\max}$ 为单根纤维最大应变且出现在 $x = 0$ 处。

式 (6.130) 可表示为

$$\varepsilon(x) = \varepsilon_0 b^{\frac{x}{a}} \tag{6.131}$$

未变形时单根纤维如图 6.58 所示，拉伸后单根纤维如图 6.59 所示。假设未变形时纤维长度为 L_1，拉伸后变为 L_2；距撞击点 x 处取一微元 $\mathrm{d}x_1$，拉伸后微元变为 $\mathrm{d}x_2$，则应变为

$$\varepsilon(x) = \frac{\mathrm{d}x_2 - \mathrm{d}x_1}{\mathrm{d}x_1} \tag{6.132}$$

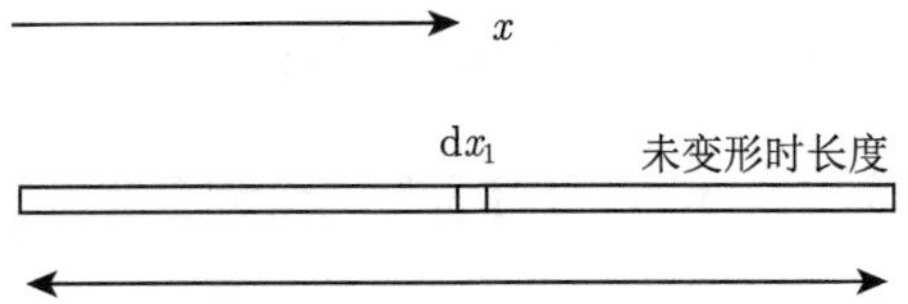

图 6.58 未变形时单根纤维

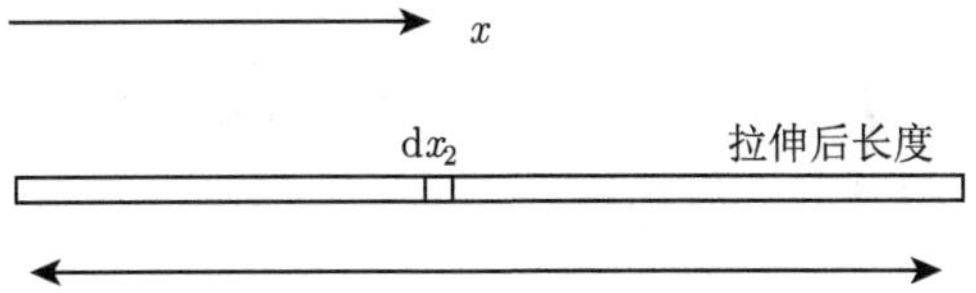

图 6.59 拉伸后单根纤维

联立式 (6.131) 和式 (6.132)，可得

$$\mathrm{d}x_2 = \mathrm{d}x_1\left(1+\varepsilon_0 b^{\frac{x}{a}}\right) \tag{6.133}$$

对式 (6.133) 两端积分，可得

$$\int_0^{L_2}\mathrm{d}x_2 = \int_0^{L_2}\left(1+\varepsilon_0 b^{\frac{x}{a}}\right)\mathrm{d}x_1 \tag{6.134}$$

由式 (6.134) 可得

$$\varepsilon_0 = \frac{L_2-L_1}{b^{\frac{L_1}{a}}-1}\frac{\ln b}{a} \tag{6.135}$$

弹头侵彻前后防护纤维变化如图 6.60 所示。当手枪弹侵彻软防护时，纤维变形前、后长度 L_1、L_2 分别为

$$L_1 = r_i \tag{6.136}$$

$$L_2 = \frac{d}{2}+\sqrt{\left(r_{ti}-\frac{d}{2}\right)^2+z_i^2}+(r_i-r_{ti}) \tag{6.137}$$

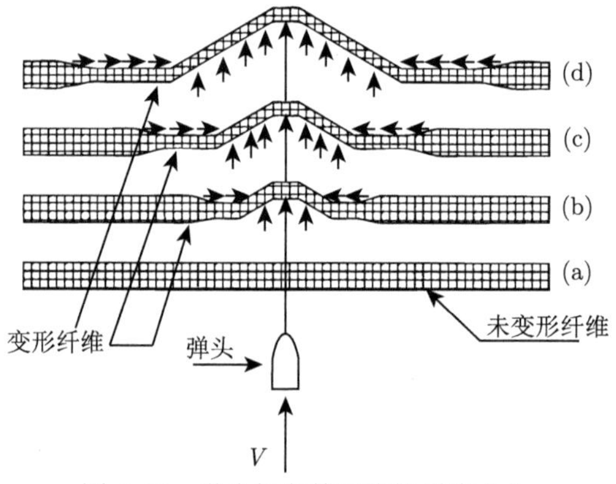

图 6.60　弹头侵彻前后防护纤维变化

结合式 (6.135)～ 式 (6.137)，可得 i 时刻撞击点处主要纤维应变为

$$\varepsilon_i = \frac{\dfrac{d}{2}+\sqrt{\left(r_{ti}-\dfrac{d}{2}\right)^2+z_i^2}+(r_i-r_{ti})-r_i}{b^{\frac{r_i}{a}}-1}\frac{\ln b}{a} \tag{6.138}$$

撞击开始阶段，能量以弹头动能形式存在，根据能量守恒定律，i 时刻前，弹头损失总能量为防护材料和明胶所吸收能量，可表示为

$$E_{\mathrm{TOTAL}i} = E_{\mathrm{KE}i}+E_{\mathrm{TF}i}+E_{\mathrm{D}i}+E_{\mathrm{G}i} \tag{6.139}$$

式中，$E_{\mathrm{TOTAL}i}$ 为从开始至第 i 个时间间隔弹头损失的总能量；$E_{\mathrm{KE}i}$ 为从开始至第 i 个时间间隔防护材料背部隆起形成吸收的动能；$E_{\mathrm{TF}i}$ 为从开始至第 i 个时间间隔主要纤维拉伸破坏吸收的能量；$E_{\mathrm{D}i}$ 为从开始至第 i 个时间间隔辅助纤维变形吸收的能量；$E_{\mathrm{G}i}$ 为从开始至第 i 个时间间隔明胶吸收的能量。

4. 防护材料背部隆起形成吸收动能 E_{KE}

基于动能定理，假设防护材料背部形成隆起后隆起速度与弹头速度相同，可表示为

$$\frac{1}{2}mv_0^2 - E_{i-1} = \frac{1}{2}\left(m + M_{\mathrm{C}i}\right)v_i^2 \tag{6.140}$$

式中，m 为弹头质量，v_0 为弹头初速，$M_{\mathrm{C}i}$ 为 t_i 时刻形成隆起质量，v_i 为 t_i 时刻弹头速度，E_{i-1} 为从开始至 t_{i-1} 时刻纤维和明胶所吸收能量。

E_{i-1} 可表示为

$$E_{i-1} = E_{\mathrm{D}(i-1)} + E_{\mathrm{TF}(i-1)} + E_{\mathrm{G}(i-1)} \tag{6.141}$$

由式 (6.140) 可得 t_i 时刻弹头速度为

$$v_i = \sqrt{\frac{\frac{1}{2}mv_0^2 - E_{i-1}}{\frac{1}{2}\left(m + M_{\mathrm{C}i}\right)}} \tag{6.142}$$

t_i 时刻防护材料背部形成隆起的半径为

$$r_{ti} = \sum_{n=0}^{i} c_{tn}\Delta t \tag{6.143}$$

由上式可得 t_i 时刻防护材料背部形成隆起的质量为

$$M_{\mathrm{C}i} = \pi r_{ti}^2 H\rho_{\mathrm{a}} \tag{6.144}$$

式中，H 为防护材料厚度，ρ_{a} 为防护材料密度。

根据上式可知，隆起动能 E_{KE} 为

$$E_{\mathrm{KE}} = \frac{1}{2}\pi r_{ti}^2 H\rho_{\mathrm{a}} \cdot v_i^2 \tag{6.145}$$

可得 i 时刻弹头减加速度为

$$a_i = \frac{v_{i-1} - v_i}{\Delta t} \tag{6.146}$$

假设弹头侵彻软防护为匀减速运动，根据上式可知弹头运动距离为

$$z_i = \sum_{n=0}^{i} \Delta z_n \tag{6.147}$$

$$\Delta z_i = v_{i-1}\Delta t - \frac{1}{2}a_i(\Delta t)^2 \tag{6.148}$$

5. 辅助纤维变形吸收能量 $E_{\mathrm{D}i}$

辅助纤维应变大小取决于距撞击点位置，靠近撞击处辅助纤维应变等于最外层主要纤维应变。因此，远离撞击点的辅助纤维应变较小。图 6.61 中，点 A、B 处应变分别为

$$r = d/\sqrt{2}, \quad \varepsilon_{\mathrm{s}y} = \varepsilon_0 \tag{6.149}$$

$$r = r_{ti}, \quad \varepsilon_{\mathrm{s}y} = 0 \tag{6.150}$$

式中，r 为辅助纤维任一点距撞击点的半径，ε_0 为距撞击点最远处主要纤维应变，$\varepsilon_{\mathrm{s}y}$ 为辅助纤维应变。

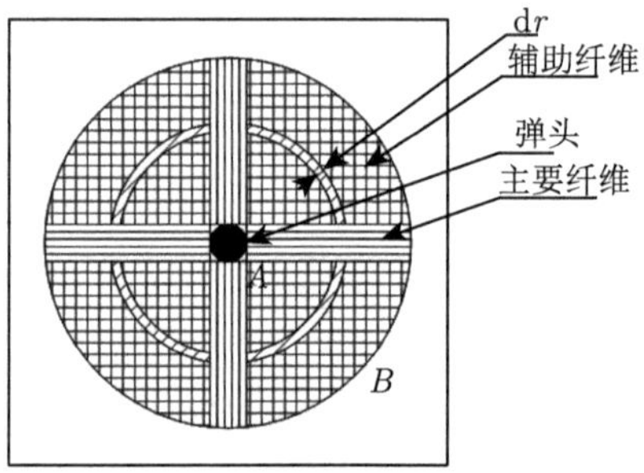

图 6.61　辅助纤维变形示意图

假设从点 A 到点 B 的应变呈线性变化，则有

$$\varepsilon_{\mathrm{s}yi} = k\varepsilon_i \tag{6.151}$$

式中，ε_i 为 i 时刻撞击点处主要纤维拉伸应变，$\varepsilon_{\mathrm{s}yi}$ 为 i 时刻辅助纤维应变。

假设 k 为 r、r_{ti}、d 的函数，则有

$$k = ar + br_{ti} + cd \tag{6.152}$$

式中，a、b、c 为与 r_{ti}、d 相关的系数。

联立式 (6.150)~ 式 (6.152) 可得

$$a = \frac{1}{\dfrac{d}{\sqrt{2}} - r_{ti}} \tag{6.153}$$

$$br_{ti} + cd = \frac{r_{ti}}{r_{ti} - \dfrac{d}{\sqrt{2}}} \tag{6.154}$$

由式 (6.152) ~ 式 (6.154) 可得系数 k 为

$$k = \frac{\sqrt{2}\,(r_{ti} - r)}{\sqrt{2}r_{ti} - d} \tag{6.155}$$

则辅助纤维应变可表示为

$$\varepsilon_{\mathrm{s}y} = \frac{\sqrt{2}\,(r_{ti} - r)}{\sqrt{2}r_{ti} - d}\varepsilon_i \tag{6.156}$$

辅助纤维中取半径为 $\mathrm{d}r$ 的微元，如图 6.61 所示。假设辅助纤维中应力为σ_{sy}，则微元中所储存变形能为

$$\mathrm{d}E_{\mathrm{D}} = \int_0^{\varepsilon_{\mathrm{s}i}} \sigma_{\mathrm{sy}}\mathrm{d}\varepsilon_{\mathrm{sy}} = \int_0^{\varepsilon_{\mathrm{s}ji}} \sigma\left(\varepsilon_{\mathrm{sy}}\right)\mathrm{d}\varepsilon_{\mathrm{s}y} \tag{6.157}$$

微元体积可表示为

$$\mathrm{d}V = H\left\{2\pi r - 8r\arcsin(\mathrm{d}/(2r))\right\}\mathrm{d}r \tag{6.158}$$

则所有辅助纤维变形所吸收能量为

$$E_{\mathrm{D}i} = \int \mathrm{d}E_{\mathrm{D}}\mathrm{d}V = \frac{1}{2}E\varepsilon_0^2 H\int_{d/\sqrt{2}}^{r_{ti}}\left(\frac{\sqrt{2}\,(r_{ti} - r)}{\sqrt{2}r_{ti} - d}\right)^2 \times\left\{2\pi r - 8r\arcsin(\mathrm{d}/(2r))\right\}\mathrm{d}r \tag{6.159}$$

6. 主要纤维拉伸破坏吸收能量 E_{TF}

由式 (6.131) 可知，距撞击点 x 处主要纤维应变为

$$\varepsilon(x) = \varepsilon_0 b^{\frac{x}{a}} \tag{6.160}$$

式中，ε_0 为撞击点处应变。

假设主要纤维中取长为 $\mathrm{d}x$、横截面积为 A 的微元，如图 6.62 所示。储存在微元 $\mathrm{d}x$ 中的应变能为

$$\mathrm{d}E_{\mathrm{TF}} = A\mathrm{d}x\int_0^{\varepsilon}\sigma\mathrm{d}\varepsilon \tag{6.161}$$

式中，A 为主要纤维横截面积；σ 为主要纤维中应力。

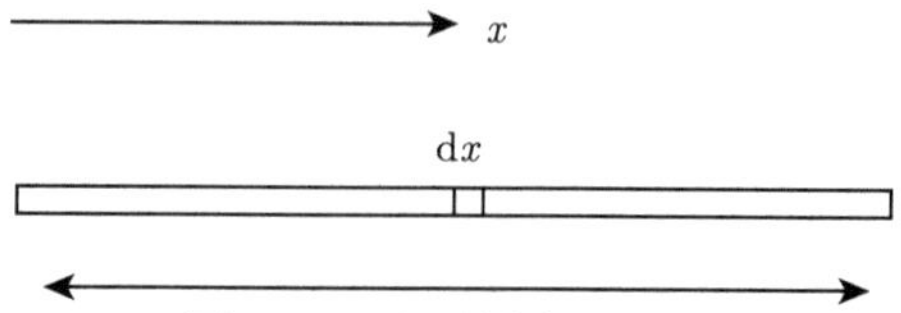

图 6.62　主要纤维示意图

主要纤维中最大应变超过极限应变，纤维发生拉伸破坏，可得主要纤维拉伸破坏吸收能量为

$$E_{\mathrm{TF}} = A\int_0^{r_i}\left(\int_{\varepsilon=0}^{\varepsilon=\varepsilon_0 b^{x/a}}\sigma(\varepsilon)\mathrm{d}\varepsilon\right)\mathrm{d}x \tag{6.162}$$

7. 明胶吸收能量 E_{Gi}

明胶为与肌肉组织非常相似的黏弹性介质，假设弹头侵彻背后有明胶支撑的软防护，用弹簧模型模拟明胶靶标，如图 6.63 所示。弹头撞击防护时，防护后明胶产生弹性变形，并以波形式向周围传播。

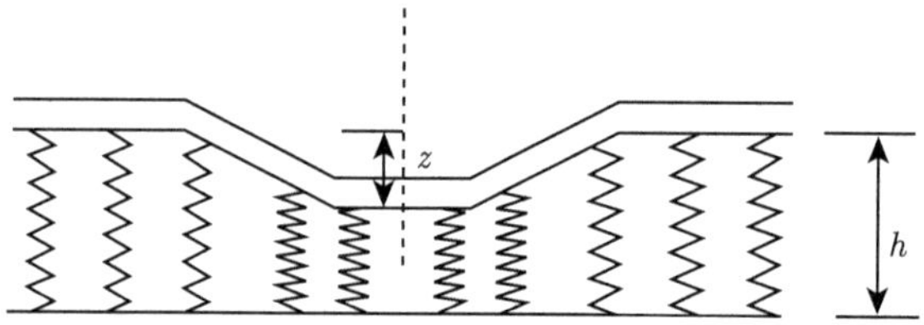

图 6.63　弹簧模型

假设明胶只受横向作用力，弹性波在明胶中传播距离为

$$h = c_{\mathrm{g}}\cdot t \tag{6.163}$$

式中，h 为弹性波在明胶中传播距离，c_{g} 为弹性波波速。

明胶所受横向作用力为

$$F_{\mathrm{g}} = \int_0^{\frac{\sqrt{2}}{2}d}\frac{z}{h}\cdot 2\pi r\cdot E_{\mathrm{g}}\mathrm{d}r + \int_{\frac{\sqrt{2}}{2}d}^{r_i}E_{\mathrm{g}}\cdot\frac{z}{h}\frac{\sqrt{2}\left(r_i - r\right)}{\sqrt{2}r_i - d}2\pi r\cdot\mathrm{d}r \tag{6.164}$$

式中，z 为防护隆起高度，E_{g} 为明胶弹性模量。

明胶吸收能量可表示为

$$E_{\mathrm{G}i} = \int_0^t F_{\mathrm{g}}\cdot v\mathrm{d}t \tag{6.165}$$

综上所述，当手枪弹侵彻有软防护目标时，可根据防护材料背部隆起形成吸收动能、主要纤维拉伸破坏吸收能量、辅助纤维变形吸收能量、明胶吸收能量，对防护的防弹性能和对人体组织钝击伤进行评估及预测。

6.5.3　手枪弹侵彻软防护计算实例

为获得手枪弹侵彻有软防护目标的运动规律和致伤效果，选取小口径手枪实验弹 (钢心铅柱被甲类) 为杀伤元，对运动模型进行数值计算，得出弹头侵彻防护时速度、位移、防护材料背部隆起形成吸收动能、主要纤维拉伸破坏吸收能量、辅助纤维变形吸收能量、明胶吸收能量随时间变化规律及软防护隆起变化曲线，并进行手枪弹侵彻有软防护目标实验，弹头结构如图 6.64 所示，结构参数如表 6.19 所示，软防护参数如表 6.20 所示。

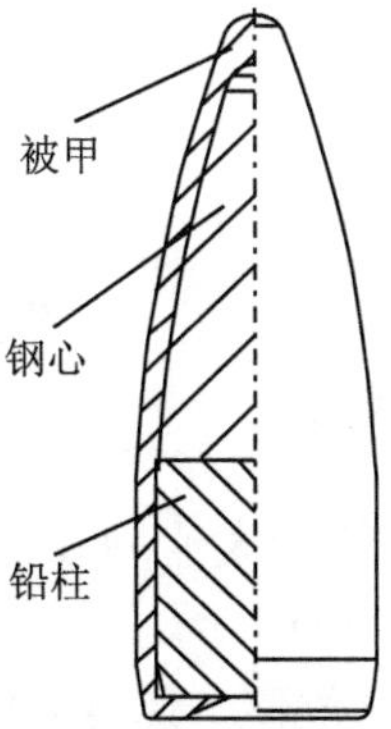

图 6.64　小口径手枪实验弹弹头结构图

表 6.19　弹头结构参数

弹种	d/mm	v_0/(m/s)	m/g	l/mm
小口径手枪实验弹	6.01	300 340	3.0	21.35

表 6.20　软防护参数

$\rho_a/(kg/m^3)$	H/m	ε_f/%	σ_f/GPa
890.2	0.008	2.9	0.65

软防护虽能有效阻滞枪弹穿透，但无法阻挡所有枪弹。枪弹侵彻有软防护目标时，即使无法穿透防护材料，中弹部位仍受到钝击载荷作用，目标也会产生损伤，本节主要对侵彻有软防护目标时的运动规律和作用效果进行理论分析。

选取两发小口径手枪实验弹，第一发入靶速度为 300m/s。位移、速度随时间变化理论曲线分别如图 6.65、图 6.66 所示，侵彻防护时间为 27μs，位移最大值为 0.0068m。

辅助纤维吸收能量、隆起动能随时间变化理论曲线分别如图 6.67(a)、(b) 所示。由图 6.67(a) 可知，弹头停止运动时辅助纤维变形吸收能量为 78J，占总能量的 58%。由图 6.67(b) 可知，侵彻时间为 20μs 时隆起动能达到最大值 7J。图 6.67(c)、(d) 分别为主要纤维拉伸破坏、明胶吸收能量随时间变化理论曲线，主要纤维、明胶吸收能量分别达到最大值 18J、32J，明胶吸收能量占总能量的 24%。

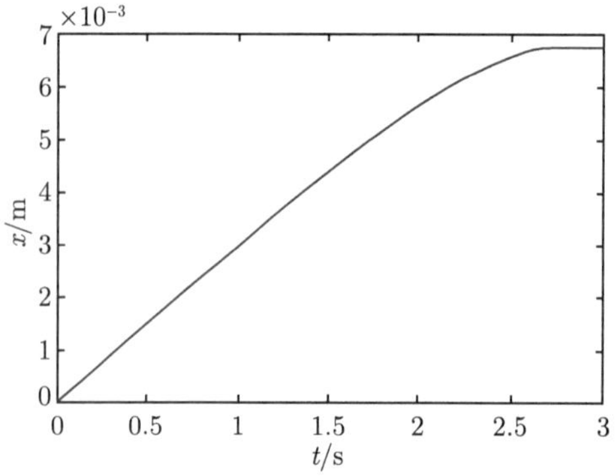

图 6.65 第一发位移随时间变化理论曲线

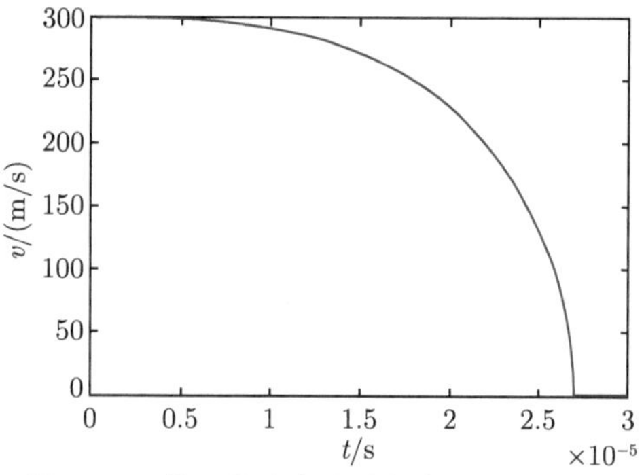

图 6.66 第一发速度随时间变化理论曲线

由图 6.67 可知，弹头侵彻位移最大值为 0.0068m。可见，入靶速度为 300m/s 时，弹头未穿透防护。

第二发入靶速度为 340m/s，位移、速度随时间变化理论曲线分别如图 6.68、图 6.69 所示，侵彻时间为 27μs 时，位移达到 0.008m。

辅助纤维吸收能量、隆起动能随时间变化理论曲线分别如图 6.70(a)、(b) 所示。由图 6.70(a) 可知，位移为 0.008m 时，辅助纤维变形吸收能量为 70J；停止运动时，辅助纤维变形吸收能量达 99J，占总能量的 57%。由图 6.70(b) 可知，侵彻时间为 21μs 时隆起动能达到最大值 9J。图 6.70(c)、(d) 分别为主要纤维拉伸破坏、明胶吸收能量随时间变化理论曲线。由图 6.70(c) 可知，弹头停止运动时能量达到最大值 19J。由图 6.70(d) 可知，位移为 0.008m 时明胶吸收能量为 43J；停止运动时，明胶吸收能量达到最大值 46J，占总能量的 27%。

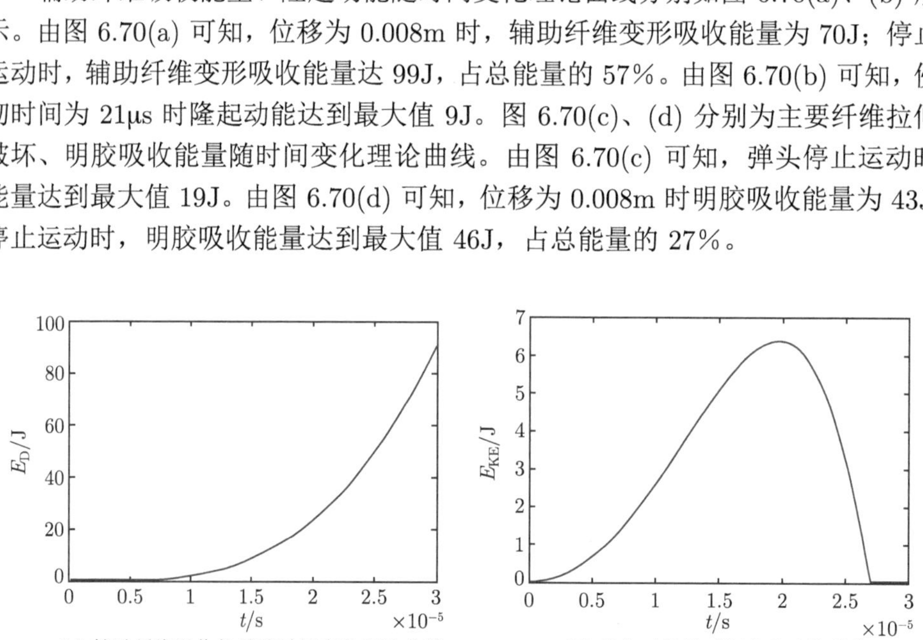

(a) 辅助纤维吸收能量随时间变化理论曲线

(b) 隆起动能随时间变化理论曲线

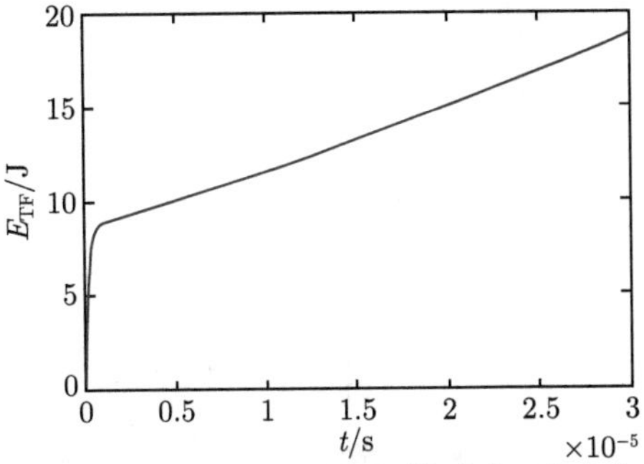

(c) 主要纤维吸收能量随时间变化理论曲线

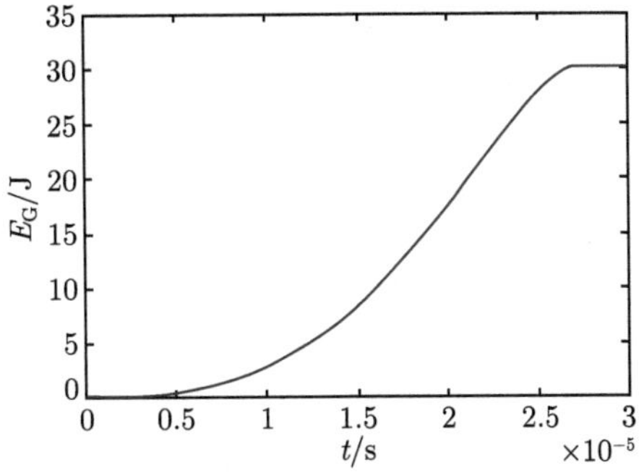

(d) 明胶吸收能量随时间变化理论曲线

图 6.67　第一发侵彻有软防护目标能量随时间变化理论曲线

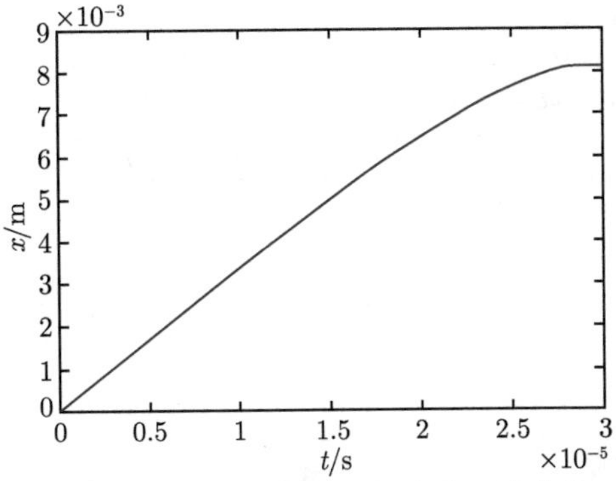

图 6.68　第二发位移随时间变化理论曲线

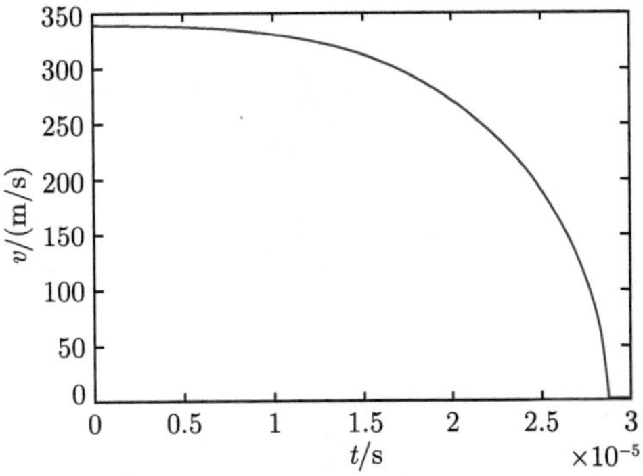

图 6.69　第二发速度随时间变化理论曲线

综上可见，当入靶速度为 300m/s 时，弹头未穿透防护，运动时间为 27μs，明胶吸收能量最大为 32J；入靶速度为 340m/s 时，侵彻软防护时间为 27μs 时，穿透防护，明胶吸收能量最大为 46J。经计算，小口径手枪实验弹极限穿透速度为 337m/s。

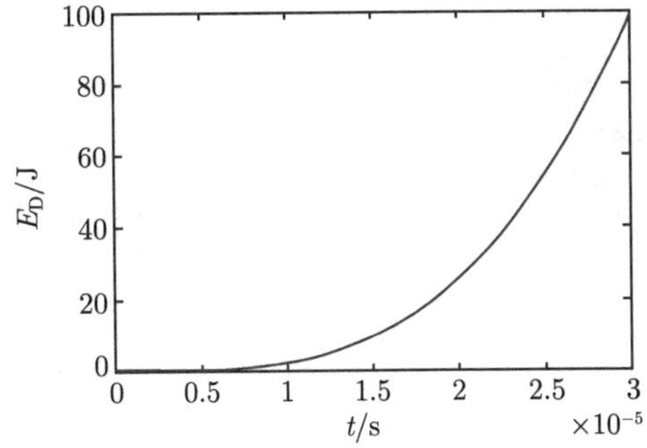

(a) 辅助纤维吸收能量随时间变化理论曲线

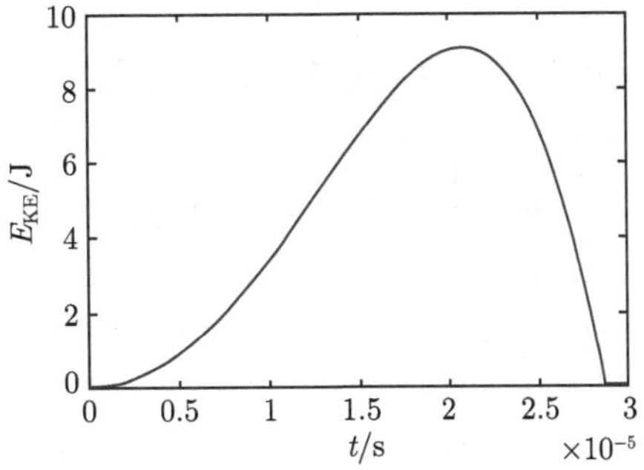

(b) 隆起动能随时间变化理论曲线

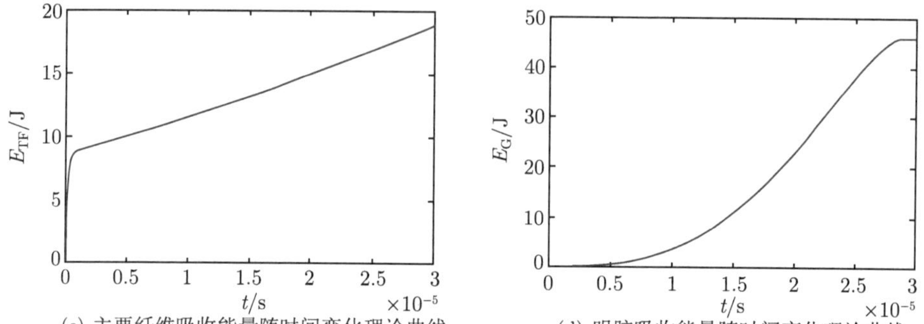

(c) 主要纤维吸收能量随时间变化理论曲线　　(d) 明胶吸收能量随时间变化理论曲线

图 6.70 第二发能量随时间变化理论曲线

选取 10 发小口径手枪实验弹，通过减装药调整弹头初速，获得侵彻有软防护靶标临界穿透速度。实验结果如表 6.21 所示。

表 6.21 小口径手枪实验弹侵彻有软防护目标实验结果

实验号	v_0/(m/s)	N_p	l/mm	z/mm	r/mm
1	440	46	21.4	8.0	6.0
2	320	30	21.4	6.9	5.3
3	380	46	21.4	7.7	5.9
4	350	46	21.4	7.3	5.6
5	340	46	21.4	7.2	5.5
6	360	46	21.4	7.4	5.7
7	330	35	21.4	7.1	5.5
8	310	28	21.4	6.8	5.2
9	310	30	21.4	6.9	5.3
10	320	31	21.4	7.0	5.4

通过程序计算得到，小口径手枪实验弹极限穿透速度为 346m/s，模型所得极限穿透速度为 337m/s，相对误差为 2.6%。

6.6 步枪弹与有硬防护明胶靶标相互作用理论模型

6.6.1 步枪弹侵彻有硬防护明胶靶标理论模型 [48]

将弹头侵彻硬防护明胶靶标的过程分解为：弹头与陶瓷锥的相互作用、陶瓷锥与超高分子量聚乙烯背板的相互作用及背板与明胶的作用。弹头、陶瓷锥和防弹衣背板之间的相互作用如图 6.71 所示，其中 u、v、w 和 q 分别为弹心、塑性流动区、陶瓷锥和背板的运动速度；h_c、h_b 分别为陶瓷锥和背板的厚度；D、L_p 分别为弹心直径和长度；R_c 为陶瓷锥底部半径；R_b 为背板的鼓包半径；α、θ 分别为陶瓷锥的半锥角和背板鼓包母线与底面的夹角。

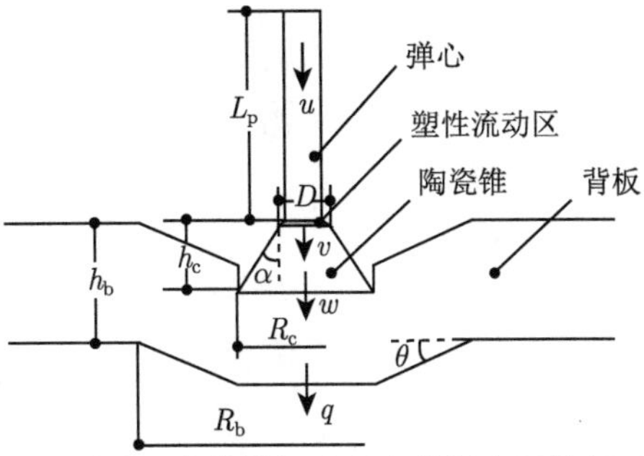

图 6.71 弹头、陶瓷锥与防弹衣背板之间的相互作用

1. 弹头和陶瓷锥的相互作用

为简化模型，仅考虑弹头中弹心与靶板的相互作用。假设弹心在很短的时间内使防护陶瓷形成陶瓷锥，不考虑该过程中能量的损耗。弹心和陶瓷锥为刚塑性材料，不考虑弹性变形。将弹心等效为外径不变的柱形弹头，其迎击面直径随速度的关系为

$$D = D_0(1 + \mu \cdot u_0) \tag{6.166}$$

式中，D_0 为弹心的初始直径；u_0 为初始速度；μ 为系数，当弹头强度为 0.38~2.0GPa 时，μ=0.7s/m。

陶瓷锥半锥角α 为弹心入射速度的线性函数：

$$\alpha = \begin{cases} 30, & u_0 < 350\text{m/s} \\ \dfrac{2300 - u_0}{65}, & 350\text{m/s} \leqslant u_0 \leqslant 1000\text{m/s} \\ 20, & u_0 > 1000\text{m/s} \end{cases} \tag{6.167}$$

2. 弹心与陶瓷锥的相互作用

弹心与陶瓷锥的作用过程分为四种情况：弹心与陶瓷锥接触面均产生塑性流动；仅陶瓷锥产生塑性流动；仅弹心产生塑性流动；弹心和陶瓷均不产生塑性流动。若弹心和陶瓷锥的速度不同，则两者中一定有一个发生塑性流动 (刚塑性材料)，即两者均不产生塑性流动的条件为两者的速度相同。下面讨论其他三种情况：

(1) 弹心与陶瓷锥均产生塑性流动。令弹心的动态强度为 Y_p, 密度为 ρ_p；陶瓷的动态强度为 Y_c，密度为ρ_c；假设它们满足 Alekseevskii-Tate 公式 (简称 A-T 公式)[49]：

$$Y_p + \frac{1}{2}\rho_p(u - v)^2 = Y_c + \frac{1}{2}\rho_c(v - w)^2 \tag{6.168}$$

由于弹心和陶瓷锥均产生塑性流动，两者塑性流动接触面的应力必然大于它们的动态强度。此时弹心的迎击面应力σ_1 为式 (6.168) 的左侧值。根据动量定理，

弹心的运动方程为

$$\begin{cases} \rho_{\mathrm{p}} L \dfrac{\mathrm{d}u}{\mathrm{d}t} + \rho_{\mathrm{p}} \dfrac{\mathrm{d}L}{\mathrm{d}t} u = -\sigma_1 \\ \dfrac{\mathrm{d}L}{\mathrm{d}t} = v - u \end{cases} \tag{6.169}$$

(2) 仅陶瓷锥产生塑性流动。由于陶瓷锥和弹心接触，此时塑性区的流动速度 $v = u$，弹心头部的应力为式 (6.168) 的右侧值，即

$$\sigma_1 = Y_{\mathrm{c}} + \frac{1}{2}\rho_{\mathrm{c}}(v - w)^2 \tag{6.170}$$

由于$\sigma_1 > Y_{\mathrm{c}}$，因此仅陶瓷锥产生塑性流动时，陶瓷锥的动态强度小于弹心的动态强度。在这一条件下，弹心不产生塑性流动的最大速度可由公式 (6.170) 中 w=0，$\sigma_1 = Y_{\mathrm{p}}$ 求得：

$$u_{\max} = \sqrt{\frac{2\left(Y_{\mathrm{p}} - Y_{\mathrm{c}}\right)}{\rho_{\mathrm{c}}}} \tag{6.171}$$

(3) 仅弹心产生塑性流动。和 (2) 同理，此时塑性区的流动速度 $v = w$，弹心头部的应力为

$$\sigma_1 = Y_{\mathrm{p}} + \frac{1}{2}\rho_{\mathrm{p}}(u - v)^2 \tag{6.172}$$

仅弹心产生塑性流动时，弹心的动态强度小于陶瓷锥的动态强度。显然，(2) 和 (3) 的情况下，弹头的运动方程仍为公式 (6.169)。在弹心强度小于陶瓷锥强度的条件下，为了获得陶瓷锥产生塑性流动的临界速度，令 w=0，$\sigma_1 = Y_{\mathrm{c}}$，代入式 (6.172)，得弹心侵彻陶瓷的临界速度：

$$u_{\min} = \sqrt{\frac{2\left(Y_{\mathrm{c}} - Y_{\mathrm{p}}\right)}{\rho_{\mathrm{p}}}} \tag{6.173}$$

3. 陶瓷锥与背板的相互作用

一般情况下，陶瓷锥的动态强度远大于背板的动态强度。假设背板与陶瓷锥的作用过程中，只有背板产生塑性流动。和式 (6.170) 同理，陶瓷锥和背板接触面的应力σ_2 为

$$\sigma_2 = Y_{\mathrm{b}} + \frac{1}{2}\rho_{\mathrm{b}}(w - q)^2 \tag{6.174}$$

式中，ρ_{b} 为背板密度，Y_{b} 为背板的动态强度。

由动量定理得陶瓷锥的运动方程为

$$\frac{\mathrm{d}P_{\mathrm{c}}}{\mathrm{d}t} = \frac{\mathrm{d}(m_{\mathrm{c}} \cdot w)}{\mathrm{d}t} = \sigma_1 \cdot \pi \frac{D^2}{4} - \sigma_2 \cdot \pi R_{\mathrm{c}}^2 \tag{6.175}$$

式中，P_{c} 为陶瓷锥的动量。

陶瓷锥的质量 m_{c} 可表示为

$$m_{\mathrm{c}}=\pi\rho_{\mathrm{c}}\left[\frac{1}{3}h_{\mathrm{c}}^{3}\tan^{2}\alpha+h_{\mathrm{c}}^{2}\tan\alpha\frac{D}{2}+h_{\mathrm{c}}\left(\frac{D}{2}\right)^{2}\right] \tag{6.176}$$

4. 背板变形

假设背板的鼓包为圆锥台，如图 6.71 所示。弹头侵彻靶标过程中，忽略圆锥面之外背板的变形能。圆锥台的锥面处于平面应力和轴对称状态下，因此背板的总塑性应变能增量为

$$\mathrm{d}E_{\mathrm{bp}}=\int(\sigma_{r}\cdot d\varepsilon_{r}+\sigma_{\theta}\cdot d\varepsilon_{\theta})\mathrm{d}\mathit{\Gamma} \tag{6.177}$$

式中，$\mathrm{d}\varepsilon_{r}$ 和 $\mathrm{d}\varepsilon_{\theta}$ 分别为径向和环向的塑性应变增量；σ_{r} 和 σ_{θ} 分别为径向和环向应力；$\mathit{\Gamma}$ 为变形积分域。

假设背板在侵彻条件下仅发生轴向位移，且板在厚度方向不变形，根据圆锥面变形假设有

$$\begin{cases}\varepsilon_{r}=\dfrac{1-\cos\theta}{\cos\theta}\\ \varepsilon_{\theta}=0\\ \varepsilon_{z}=0\end{cases} \tag{6.178}$$

式中，ε_{r}、ε_{θ} 和ε_{z} 分别为径向、环向和厚度方向的应变。

假设背板材料是刚塑性材料，满足 Mises 屈服条件：

$$\sigma_{r}^{2}-\sigma_{r}\sigma_{\theta}+\sigma_{\theta}^{2}=\sigma_{\mathrm{Y}}^{2} \tag{6.179}$$

式中，σ_{Y} 为背板的拉伸屈服强度。

将式 (6.178) 和 (6.179) 代入式 (6.177) 并进行积分，得靶板的总塑性应变能为

$$E_{\mathrm{bp}}=\frac{\sigma_{\mathrm{Y}}\cdot\varepsilon_{r}}{\sqrt{1-\nu+\nu^{2}}}h_{\mathrm{b}}(\pi R_{\mathrm{b}}^{2}-\pi R_{\mathrm{c0}}^{2}) \tag{6.180}$$

式中，ν 为背板材料的泊松比，R_{c0} 为陶瓷锥的起始底部半径，R_{b} 为锥台的底部半径。

R_{c0} 与 R_{b} 的关系可表示为

$$R_{\mathrm{b}}=R_{\mathrm{c0}}+\int_{0}^{t}\frac{1}{\tan\theta}\cdot q\cdot\mathrm{d}t \tag{6.181}$$

步枪弹撞击有防护靶标的实验表明，防护插板的背板鼓包与背板夹角 θ 相差较小，其平均值为 7.3°。为简化模型，假设 θ 在背板变形过程中保持该值不变，则背板鼓包的动能 E_{bk} 为

$$E_{\mathrm{bk}} = \frac{1}{2}\pi\rho_{\mathrm{b}} \cdot q^2 h_{\mathrm{b}} R_{\mathrm{b}}^2 \tag{6.182}$$

对背板运用能量守恒定律，可得背板的运动方程：

$$\frac{\mathrm{d}E_{\mathrm{b}}}{\mathrm{d}t} = \frac{\mathrm{d}(E_{\mathrm{bk}} + E_{\mathrm{bp}})}{\mathrm{d}t} = \sigma_2 \cdot \pi R_{\mathrm{c0}}^2 q - f \cdot q \tag{6.183}$$

式中，E_{b} 为锥台的总能量，包括动能 E_{bk} 和势能 E_{bp}；f 为明胶支撑对背板鼓包的合力。

5. 明胶块的变形

假设明胶和背板接触面重合，并以弹性基础模拟明胶的变形，如图 6.72 所示，其中 Q 表示背板鼓包的高度，h 表示弹性波在明胶中传播的距离，波速 $c \approx 1500\mathrm{m/s}$。在明胶原构形的鼓包中心建立直角坐标系 $Oxyz$，采用圆柱坐标 (r, φ, z) 表示微元的空间坐标，接触面微元的 z 向位移 u_Q 表示为

$$u_Q = \begin{cases} Q, & r < R_{\mathrm{c0}} \\ \dfrac{Q}{R_{\mathrm{c0}} - R_{\mathrm{b}}}(r - R_{\mathrm{b}}), & R_{\mathrm{c0}} < r \leqslant R_{\mathrm{b}} \\ 0, & R_{\mathrm{b}} < r \end{cases} \tag{6.184}$$

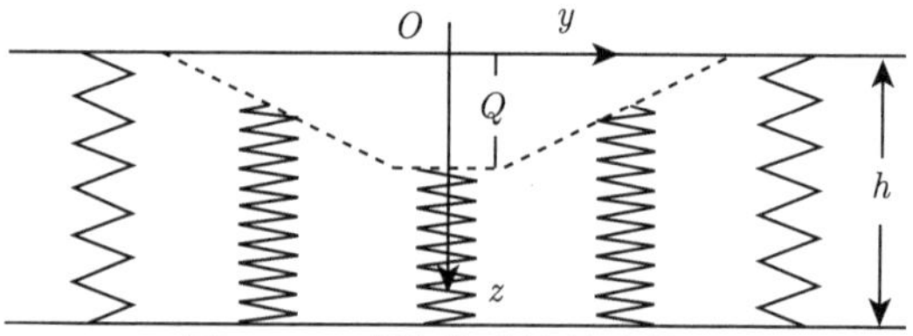

图 6.72　明胶块弹性基础模型

根据假设，r 处明胶的应变为

$$\varepsilon = \frac{u_Q}{h} \tag{6.185}$$

对变形区域的明胶应变能积分，得明胶吸收的总应变能 E_{gp} 为

$$E_{\mathrm{gp}} = \frac{\pi K}{h} \cdot \int u_Q^2 \cdot r \cdot \mathrm{d}r \tag{6.186}$$

式中，K 为明胶的体积模量，$K=1\times10^5\mathrm{Pa}$。

明胶在变形过程中具有一定的动能，假设明胶接触面的速度超过背板的速度时两者发生分离，分离前明胶的速度 v_Q 为

$$v_Q = \frac{\partial u_Q}{\partial t} \tag{6.187}$$

对变形区域的明胶动能积分，得明胶获得的总动能 E_{gk} 为

$$E_{\mathrm{gk}} = \pi\rho_{\mathrm{g}} \cdot \iint v_Q^2 \cdot r \cdot \mathrm{d}r \cdot \mathrm{d}h \tag{6.188}$$

根据能量守恒定律，明胶和背板接触面所受合力 f 可表示为

$$f = \frac{\mathrm{d}\left(E_{\mathrm{gk}} + E_{\mathrm{gp}}\right)}{q \cdot \mathrm{d}t} \tag{6.189}$$

显然 $f > 0$ 表明明胶和背板接触并发生相互作用，$f < 0$ 表明明胶和背板接触面分离。

考虑到防弹插板和明胶表面的间隙 ΔQ 对侵彻过程可能产生影响，此时将式 (6.184) 中的 Q 改为 $Q - \Delta Q$，其他不变，模型中取两者的间隙为 0.5mm。

给定弹头的初始条件，求解方程式 (6.175)、式 (6.183) 及式 (6.189)，可获得弹头的位移 U、速度 u, 塑性流动区的位移 V、速度 v，陶瓷锥的位移 W、速度 w，背板的位移 (鼓包高度)Q、速度 q。于是弹心的长度 $L_{\mathrm{p}} = L_{\mathrm{p0}} - (V - U)$，$L_{\mathrm{p0}}$ 为弹心的起始圆柱等效长度；陶瓷锥的厚度 $h_{\mathrm{c}} = h_{\mathrm{c0}} - (W - V)$，$h_{\mathrm{c0}}$ 为陶瓷的起始厚度；陶瓷锥对背板的侵蚀深度 $P_{\mathrm{b}} = Q - (W - W_0)$，$W_0$ 为陶瓷锥起始位移。结合式 (6.186) 和式 (6.188) 可进一步得到明胶吸收的总能量 E_{g}。硬质防弹衣一般用于防止步枪弹的侵蚀作用。

6.6.2 硬防护侵彻模型算例

按照弹头弹心的外形，常用的步枪弹结构类型可分为两类，如图 6.73 所示，一种是钝头弹心，一种是尖头弹心。本小节选用两种步枪弹进行侵彻实验，它们分别为 56 式 7.62mm 普通弹和 53 式 7.62mm 穿甲弹，弹心的物理参数如表 6.22 所示。

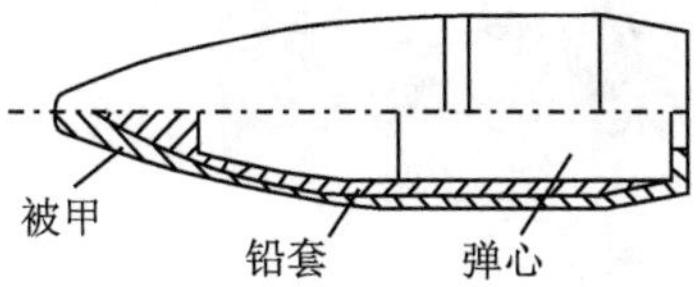

(a) 钝头弹心

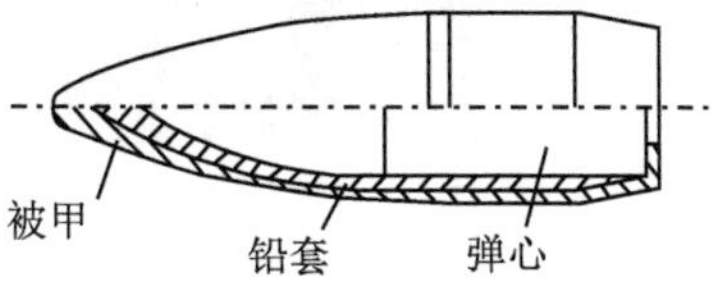

(b) 尖头弹心

图 6.73 步枪弹弹头结构

表 6.22　两种步枪弹弹心的物理参数

弹头类型	d/mm	m/g	材料	ρ/(kg/m^3)	σ/GPa	弹心类型
56 式 7.62mm 普通弹	5.85	4.2	20#	7850	1.0	钝头弹心
53 式 7.62mm 穿甲弹	5.85	5.35	淬火 20#	7850	1.8	尖头弹心

硬质防弹衣中起主要防护作用的是防弹插板，选用宁波大成新材料股份有限公司制作的长方体插板作为实验的防护插板。插板由 20 块 50mm×50mm×7mm 的 Al_2O_3 陶瓷面板平铺在 250mm×300mm×12mm 的超高分子量聚乙烯层压板上，陶瓷的周围通过超高分子量聚乙烯材料固定，其结构如图 6.74 所示。成品的防护插板外，用一层黑色的布料包裹防止陶瓷片脱落。

图 6.74　防护插板结构图

1. 56 式 7.62mm 普通弹

图 6.75 为三发 56 式 7.62mm 普通弹侵彻有硬防护靶标后的钢心变形，三发弹头的速度相近，分别为 690m/s、692m/s 和 687m/s。三个钢心的剩余长度相近，但第一个钢心的迎击面相对于其他两个钢心要小很多，说明普通弹的钢心强度有一定的差异。

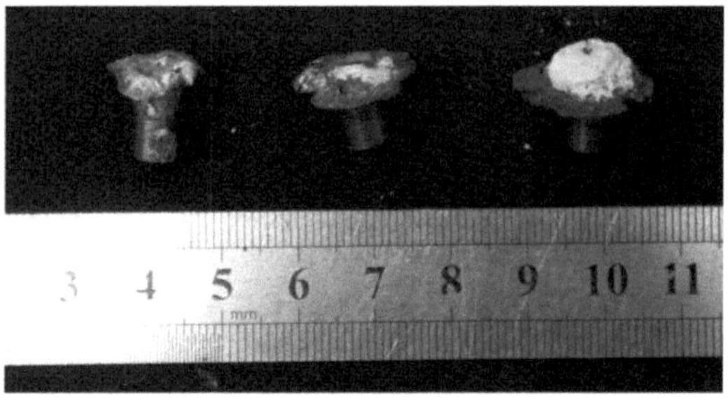

图 6.75　56 式 7.62mm 普通弹侵彻有硬防护靶标后的钢心变形

表 6.23 为实验中测得的弹心剩余长度和鼓包高度。以 690m/s 的初速作为弹头的侵彻条件代入模型计算，图 6.76 为弹心、陶瓷锥和背板速度随时间的变化。陶瓷锥 12.4μs 时速度最大，为 125.9m/s；25.7μs 时陶瓷锥和弹心的速度相同，为 87.2m/s；背板 11.5μs 时速度最大，为 85.6m/s；27.2μs 时弹心、陶瓷锥和背板的速度相同，为 70.8m/s，三者共同运动并在 163.1μs 时速度降为零，表明弹头没有穿透防护插板。

表 6.23　56 式 7.62mm 普通弹侵彻有硬防护靶标的测试结果

速度/(m/s)	弹心剩余长度/mm	鼓包高度/mm	穿透情况
690	13.0	4.5	否
692	11.0	4.0	否
687	12.5	4.5	否

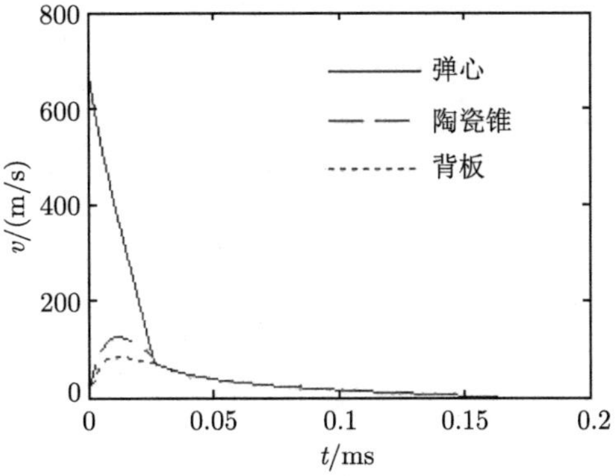

图 6.76　56 式 7.62mm 普通弹 690m/s 初速时弹心、陶瓷锥和背板的速度变化

弹头撞击防护插板后的陶瓷变形如图 6.77 所示。弹头初速 690m/s 时弹心长度随时间的变化如图 6.78 所示，弹心在 24.5μs 内侵蚀长度为 6.7mm，之后不再发生侵蚀，弹心的剩余有效长度为 13.3mm，和实验结果 11.0~12.5mm 相差 0.8~2.3mm。图 6.79 为陶瓷对背板的侵蚀深度随时间的变化，26.8μs 时侵蚀深度最大，为 0.79mm，陶瓷对背板几乎未发生侵彻，和实验结果吻合。图 6.80 为弹心作用下背板的鼓包高度，163.1μs 时其最大高度为 4.94mm。由表 6.23 知其实验值在 4.0~4.5mm 之间。图 6.81 为陶瓷锥厚度的变化，该图表明弹心没有侵入陶瓷碎片内。

通过计算可得 56 式 7.62mm 普通弹穿透防护插板的临界初速为 1250m/s，此时的背板鼓包高度为 7.0mm。

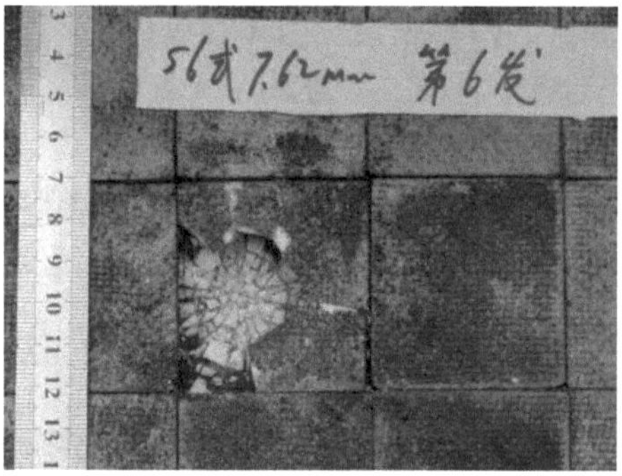

图 6.77　56 式 7.62mm 普通弹弹头撞击防护插板后的陶瓷变形

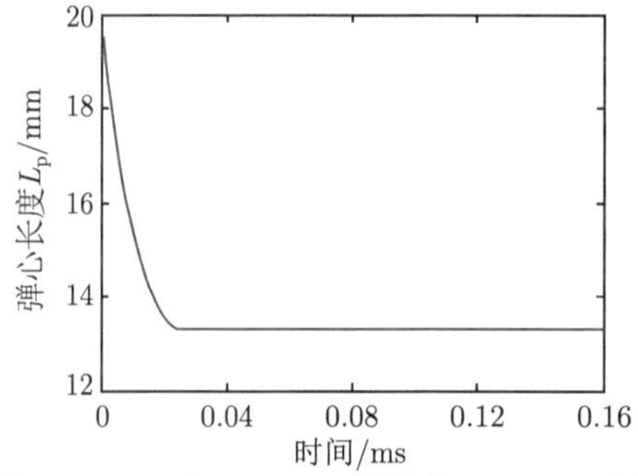

图 6.78　56 式 7.62mm 普通弹 690m/s 时的弹心长度

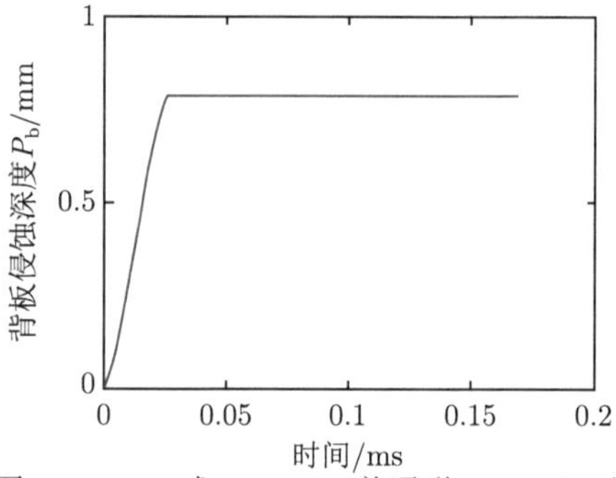

图 6.79　56 式 7.62mm 普通弹 690m/s 时陶瓷对背板的侵蚀深度

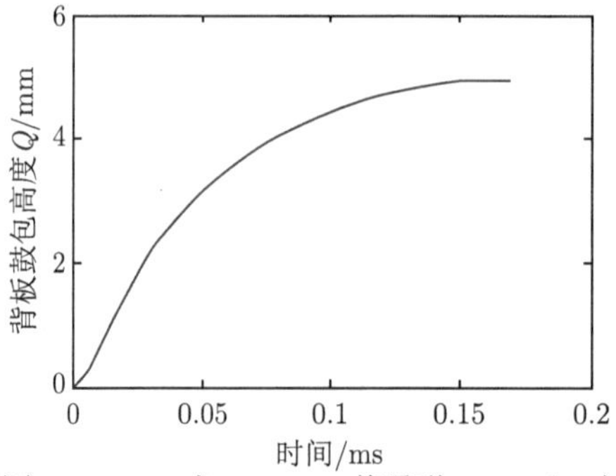

图 6.80　56 式 7.62mm 普通弹 690m/s 时背板的鼓包高度

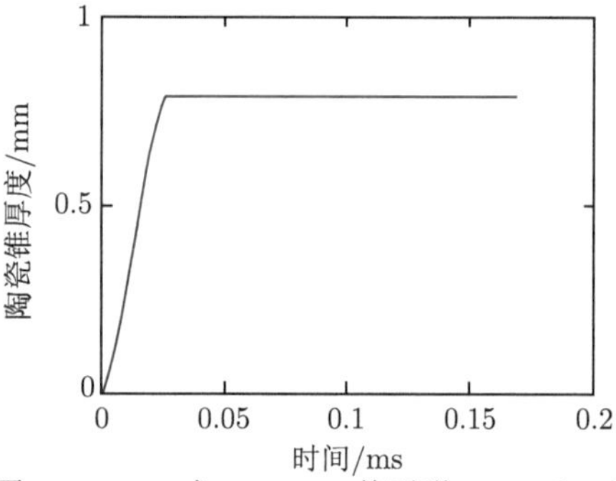

图 6.81　56 式 7.62mm 普通弹 690m/s 时的陶瓷锥厚度

2. 53 式 7.62mm 穿甲弹

图 6.82 为四发 53 式 7.62mm 穿甲弹侵彻有硬防护靶标的弹心变形图，表 6.24 为实验中测得的弹心剩余长度和鼓包高度，弹头 793m/s 时穿透防弹插

板，其余三发弹头尽管速度大于 793m/s 但未穿透防弹插板。考虑到弹头装配前弹心经过淬火处理，将弹心分为两种模式：第一种模式，弹心的迎击面不变，将其视为淬火弹心；第二种模式，弹心迎击面增加，将其视为未淬火弹心。

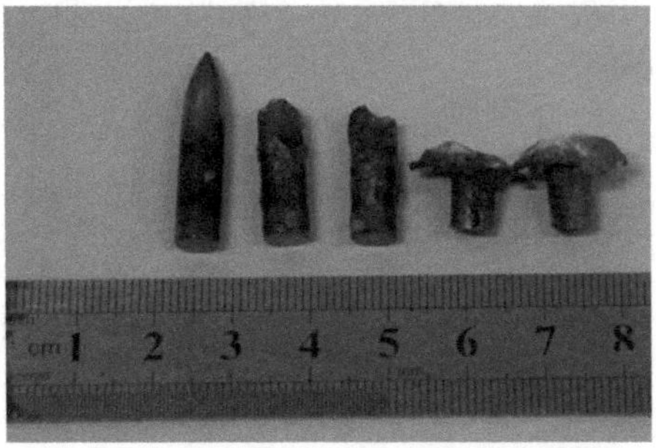

图 6.82 53 式 7.62mm 穿甲弹侵彻有硬防护靶标的弹心变形情况

表 6.24 53 式 7.62mm 穿甲弹的实验结果

速度/(m/s)	弹心剩余长度/mm	鼓包高度/mm	穿透情况
793	18.0	3.5	是
800	16.5	4.5	否
797	10.0	5.0	否
822	11.5	5.0	否

1) 淬火弹心

第一和第二发穿甲弹的变形属于第一种模式，其平均速度为 797m/s。以 797m/s 的初速作为弹头的侵彻条件代入模型计算，图 6.83 为弹心、陶瓷锥和背板速度随时间的变化。陶瓷锥 33.7μs 时速度最大，为 368.0m/s；38.4μs 时陶瓷锥和弹心的速度相同，为 366.7m/s；背板 11.5μs 时速度最大，为 73.4m/s，156.5μs 时背板停止鼓包；弹心和陶瓷锥速度自 50.8μs 保持 252.9m/s，表明弹头在 797m/s 时可以穿透防护插板。

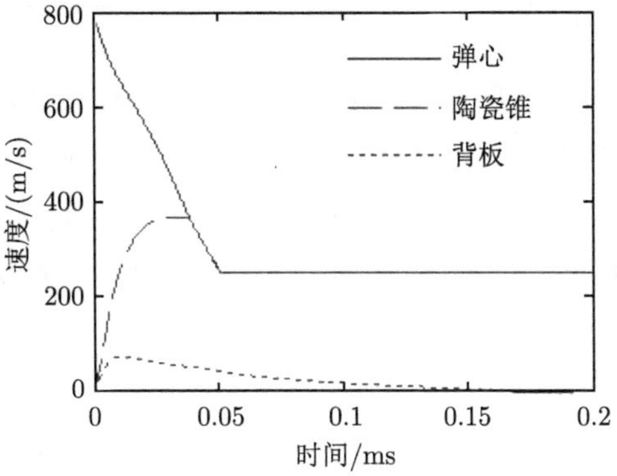

图 6.83 53 式 7.62mm 穿甲弹 797m/s 初速时弹心、陶瓷锥和背板速度的变化

弹头速度为 797m/s 时弹心长度随时间的变化如图 6.84 所示，在 42.2μs 内，弹心长度从 24.4mm 变为 14.0mm，侵蚀长度为 10.4mm。实验中弹心的剩余长度为 16.5~18.0mm，绝对误差 2.5~4.0mm。图 6.85 为陶瓷对背板的侵蚀深度随时间的变化，51.3μs 时侵蚀深度为 12mm，表明弹心穿过了背板。图 6.86 为弹心作用下背板的鼓包高度，在 156.5μs 时其最大值为 4.8mm，误差较小，为 0.3~1.3mm。图 6.87 为陶瓷锥厚度的变化，5.6μs 内陶瓷锥厚度减少了 0.65mm，表明弹心几乎没有侵入陶瓷碎片，弹心和陶瓷锥同时穿过了防弹插板。

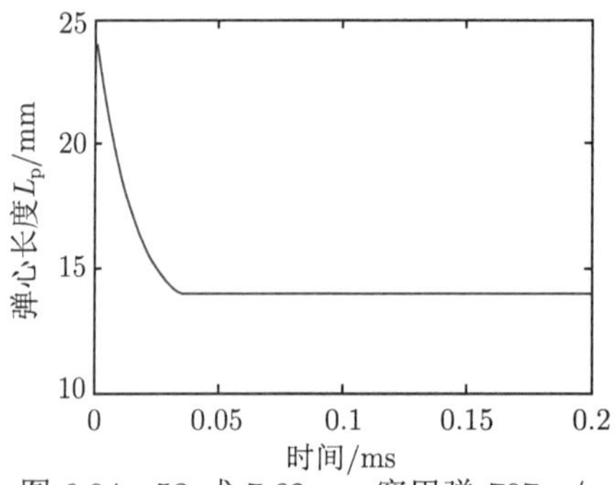

图 6.84 53 式 7.62mm 穿甲弹 797m/s 时的弹心长度

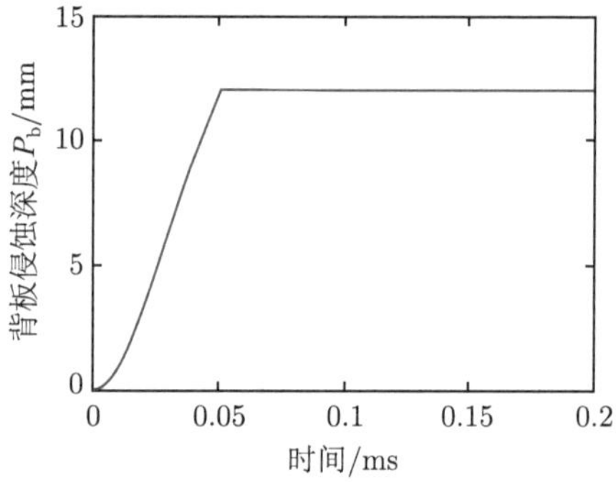

图 6.85 53 式 7.62mm 穿甲弹 797m/s 时陶瓷对背板的侵蚀深度

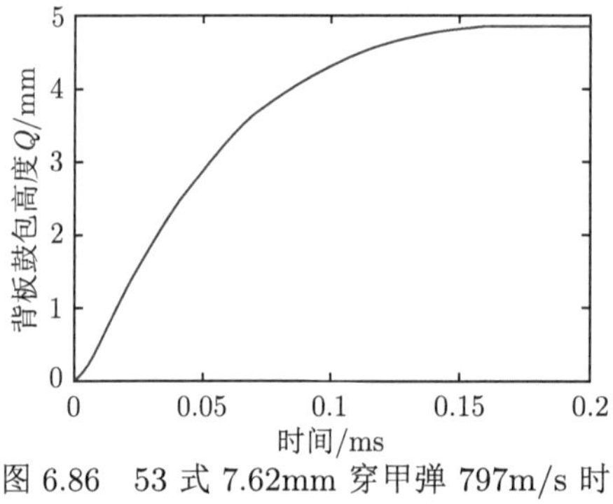

图 6.86 53 式 7.62mm 穿甲弹 797m/s 时背板的鼓包高度

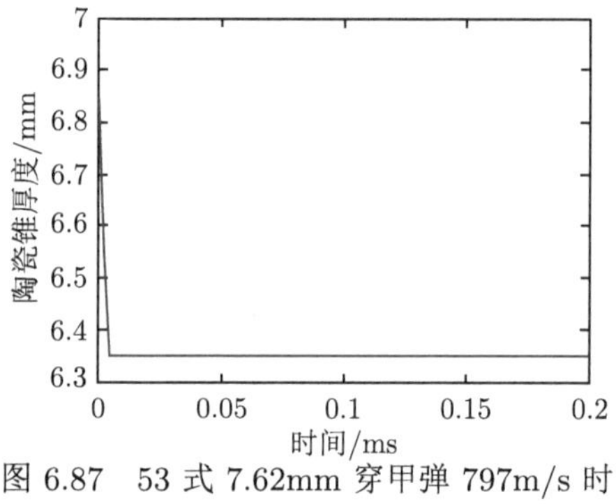

图 6.87 53 式 7.62mm 穿甲弹 797m/s 时的陶瓷锥厚度

实验中弹头初速 793m/s 时穿过了防弹插板，说明弹头的穿透极限应低于该速度。通过计算可得 53 式 7.62mm 穿甲弹的极限穿透速度为 763m/s，此时背板的鼓包高度为 5.3mm。

2) 未淬火弹心

第三和第四发穿甲弹的变形属于第二种模式，平均速度为 810m/s，它们弹心的变形和 56 式 7.62mm 普通弹的变形相似。图 6.88 为弹心、陶瓷锥和背板速度随时间的变化。陶瓷锥 17.5μs 时速度最大，为 233.6m/s；29.3μs 时陶瓷锥和弹心的速度相同，为 29.5m/s；背板 11.9μs 时速度最大，为 86.0m/s，189.0μs 时背板停止鼓包。

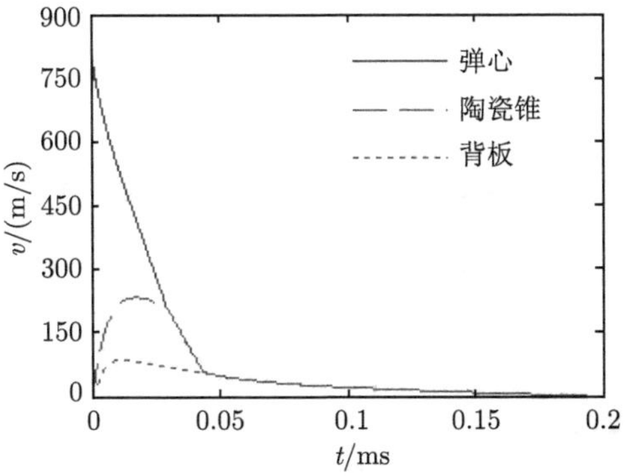

图 6.88 53 式 7.62mm 穿甲弹 810m/s 初速时弹心、陶瓷锥和背板速度的变化

弹头速度 810m/s 时弹心长度随时间的变化如图 6.89 所示，在 31.5μs 内，弹心长度从 24.4mm 变为 16.3mm，侵蚀长度为 8.1mm。实验中弹心的剩余长度为 10.0~11.5mm，绝对误差 4.8~6.3mm。这是由于弹心的侵蚀部分并未从弹心中分离，而是附着在弹心上面。

图 6.90 为陶瓷对背板的侵蚀深度随时间的变化，42.5μs 时侵蚀深度为 4.6mm，表明弹心未穿过背板。图 6.91 为弹心作用下背板的鼓包高度，在 189.0μs 时其最大值为 5.9mm，实验值误差 0.9mm。图 6.92 为陶瓷锥厚度的变化，1.1μs 内陶瓷锥厚度减少了 0.05mm，表明弹心几乎没有侵入陶瓷碎片。

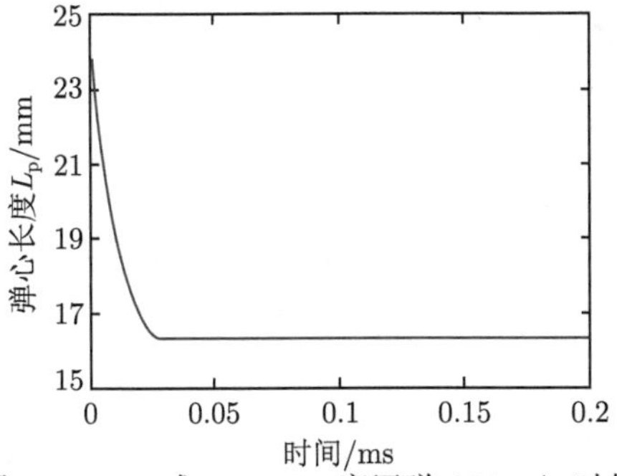

图 6.89 53 式 7.62mm 穿甲弹 810m/s 时的弹心长度

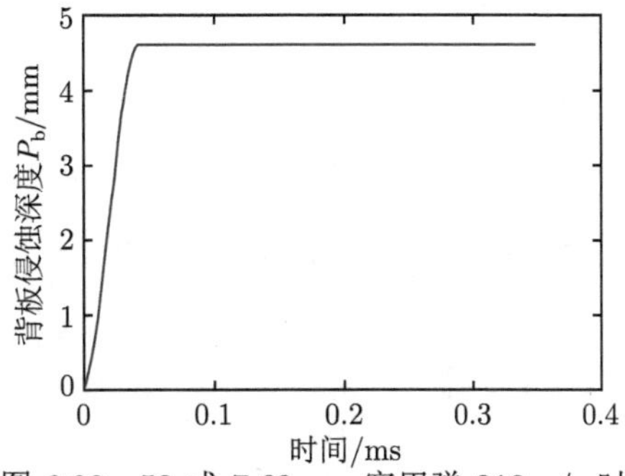

图 6.90 53 式 7.62mm 穿甲弹 810m/s 时陶瓷对背板的侵蚀深度

通过试算，可得 53 式 7.62mm 穿甲弹弹心未经淬火时的极限穿透速度为 1058m/s，此时背板的鼓包高度为 6.8mm。

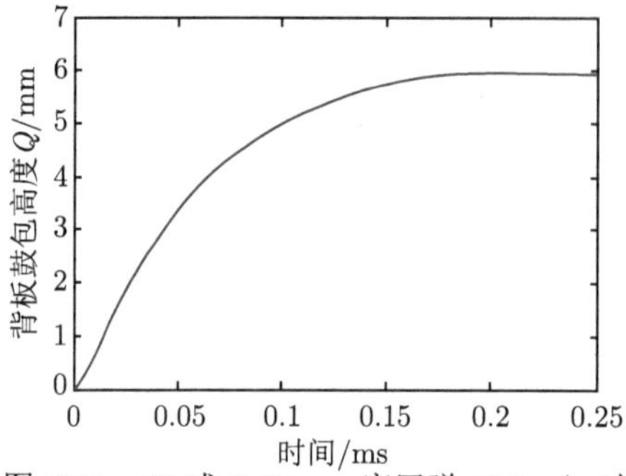

图 6.91　53 式 7.62mm 穿甲弹 810m/s 时背板的鼓包高度

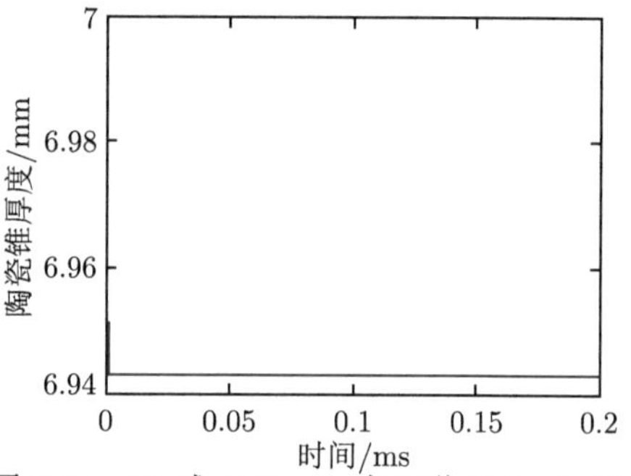

图 6.92　53 式 7.62mm 穿甲弹 810m/s 时的陶瓷锥厚度

6.6.3　钝击压力波模型 [50,51]

枪弹侵彻带防护明胶时，压力波峰值的衰减比纯弹性体中的球面波衰减 $1/r$ 要快，可能是明胶黏弹性有重要的影响。采用三元件标准黏弹性固体模型来描述明胶的线性黏弹性。

在球面波动问题中，有如下五个方程。

应变定义：

$$\frac{\partial \varepsilon_r}{\partial t} = \frac{\partial v}{\partial r} \tag{6.190}$$

$$\frac{\partial \varepsilon_\theta}{\partial t} = \frac{v}{r} \tag{6.191}$$

动量方程：

$$\frac{\partial \sigma_r}{\partial r} + \frac{2}{r}\left(\sigma_r - \sigma_\theta\right) = \rho_0 \frac{\partial v}{\partial t} \tag{6.192}$$

本构方程：

$$(\sigma_r - \sigma_\theta) + \frac{\eta}{G_1 + G_2}\frac{\partial}{\partial t}(\sigma_r - \sigma_\theta) = \frac{2G_1G_2}{G_1 + G_2}(\varepsilon_r - \varepsilon_\theta) + b_1\frac{2G_1\eta}{G_1 + G_2}\frac{\partial}{\partial t}(\varepsilon_r - \varepsilon_\theta) \tag{6.193}$$

可压缩性：

$$\sigma_r + 2\sigma_\theta = 3K\left(\varepsilon_r + 2\varepsilon_\theta\right) \tag{6.194}$$

其中 K 为体积模量，可以通过明胶中 (压缩) 波的传播速度 C 计算，由后文中波速的表达式可知，当 $G_1 = K$ 时 (对明胶成立)，$K \approx \rho C^2$。明胶中的冲击波速度可通过钝击实验中在明胶内不同距离放置传感器测量波信号计算得到，取 6 次实验的平均值，$C \approx 1420\text{m/s}$，因此 $K = 2.07 \times 10^9\text{Pa}$。

有防护钝击问题的初始条件为无扰动条件，即明胶内在 $t \leqslant 0$ 时各点处的位移和速度均为 0，$u(r, t \leqslant 0) = v(r, t \leqslant 0) = 0$。钝击载荷作用下的边界条件简化为静止的无限黏弹介质中一个半径为 a 的球形孔腔均匀受到爆炸压力 $p(r = a; t) = -p_0 \exp(-\alpha' t)$ 的作用，如图 6.93 所示，其中 α' 为衰减因子。在实际的钝击压力波实验中，无法直接测得钝击面上的压力值，只能通过高速摄影获得钝击处质点的位置–时间数据 $u(r = a; t)$。假设边界上的质点速度满足

$$v(r = a; t) = v_0 \exp(-\alpha' t), \quad t \geqslant 0; \quad v(r = a; t) = 0, \quad t < 0 \tag{6.195}$$

以此作为有防护钝击问题的边界条件，由式 (6.195) 积分得边界位移随时间的变化为

$$u(r = a; t) = \frac{1}{\alpha'} v_0 [1 - \exp(-\alpha' t)] \tag{6.196}$$

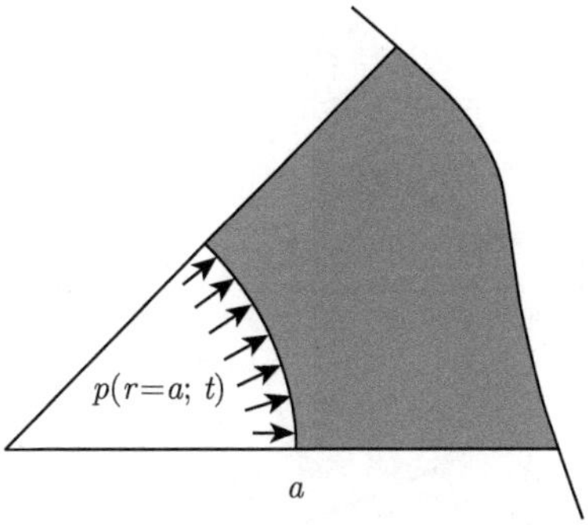

图 6.93 爆炸压力形成示意图

那么边界的位置为 $R(t) = a + u(r = a; t)$，由此拟合实验中由高速摄影观察到的边界膨胀时位置随时间变化的数据可得到边界条件 (6.195) 中的参量 v_0 和 α'。在实际的钝击实验中，明胶表面并没有一个事先存在的半径为 a 的孔腔，但是如果 a=0，那么球形应力波会出现奇点，为了避免奇点，我们选取高速摄影观察凹坑膨胀过程的时间帧里第一个非零位置值作为初始孔腔半径。

在突加载荷作用下沿特征线传播的是强间断球面波。由黏弹性微分方程组、边界条件和强间断波阵面上的相容关系，可以得到波阵面上的各参量的变化规律为

$$v = \frac{a v_0}{r} \exp\left(-\frac{2G_1^2}{3\eta\rho_0 C^3}(r - a)\right) \tag{6.197}$$

$$\sigma_r = -\rho_0 C v = -\frac{a p_0}{r} \exp\left(-\frac{2G_1^2}{3\eta\rho_0 C^3}(r - a)\right), \quad p_0 = \rho_0 C v_0 \tag{6.198}$$

$$\sigma_\theta = \frac{1}{2}\left(\frac{3K}{\rho_0 C^2} - 1\right)\sigma_r \tag{6.199}$$

$$\varepsilon_r = -\frac{v}{C} \tag{6.200}$$

$$\varepsilon_\theta = 0 \tag{6.201}$$

其中 $C = \sqrt{(K + 4G_1/3)/\rho_0}$ 为波速，由式 (6.198) 可知，强间断黏弹性球面波的应力幅值随到球心距离的增大而衰减，但与弹性球面波的随 r 成反比衰减不同，黏弹性波的衰减还包含由黏弹性导致的指数衰减的部分，式 (6.198) 用于计算冲击波在明胶中传播时波峰值随距离的衰减。

波阵面之后任一时刻、任一位置的波动参量通过微分方程组 (6.190)~(6.194) 的特征线数值解法获得。图 6.94 给出了一个典型钝击明胶实验的边界条件、边界压力和传感器观测点 (r=6.52cm) 处的压力预测与实验结果的对比。图 6.95 为压力峰值随传播距离衰减的规律与实验数据的对比。

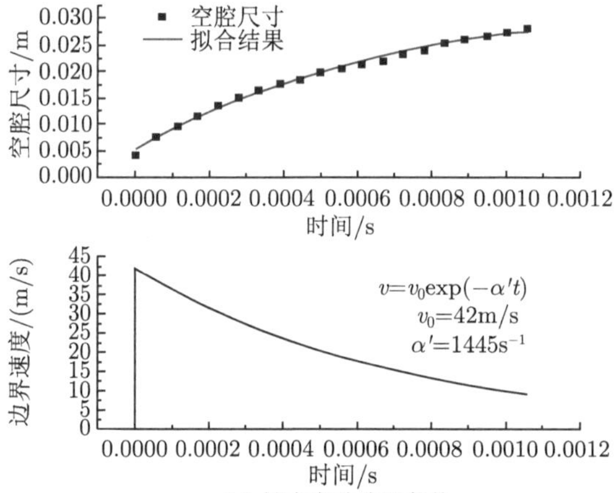

(a) 钝击实验边界条件

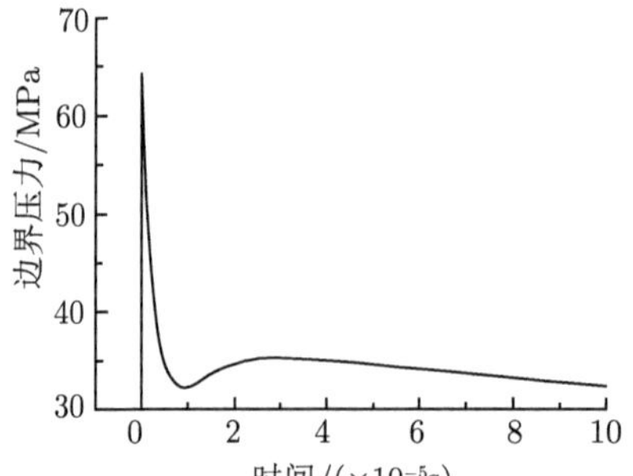

(b) 边界压力

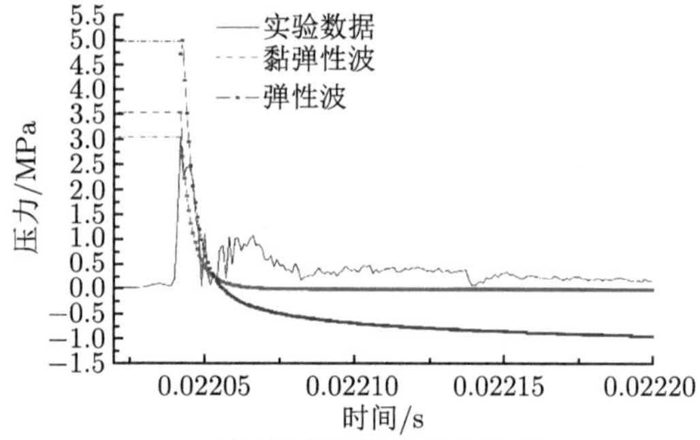

(c) 压力预测与实验结果对比

图 6.94　钝击实验结果与理论模型结果对比

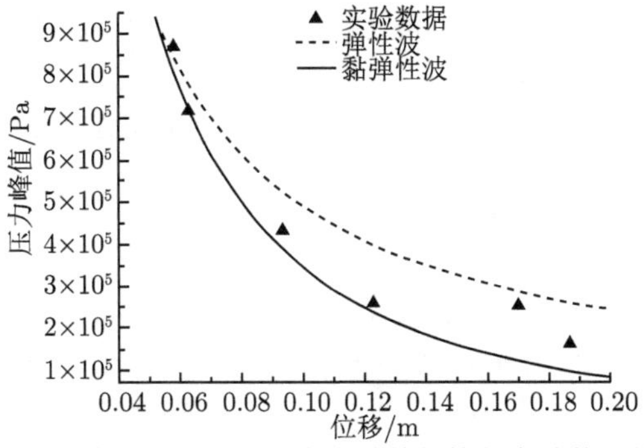

图 6.95 压力峰值随传播距离衰减的规律与实验数据的对比

图 6.94(a) 说明边界条件能够反映真实的实验边界条件，上半部分的离散点是实验测得的凹坑半径随时间的变化值，曲线为拟合结果，下半部分为计算得到的速度变化，是用于后续计算的边界条件。从图 6.94(c) 可以看出，如果不考虑黏弹性，纯弹性模型 (涉及的两个弹性参数为体积模量 K=2.07GPa，剪切模量 G=0.15GPa) 得到的压力峰值比实验测得的值要大很多，而考虑黏弹性后理论预测的结果与实验测量值比较接近。

参 考 文 献

[1] Sturdivan L M. A mathematical model of penetration of chunky projectiles in a gelatin tissue simulant. Maryland: Chemical Systems Laboratory, 1978.

[2] Nennstiel R. Once again-spheres in gelatin. The Journal of Trauma, 1990, 6(2): 119-123.

[3] Peters C E. A mathematical-physical model of wound ballistics. J Trauma, 1990, 6(2), 303-318.

[4] Stone G W. Projectile penetration into representative targets. New Mexico: Sandia National Laboratories, 1994.

[5] Janzon B. Drag and tumbling behaviour of small calibre projectiles in tissue simulant. Acta Chir Scand, 1979, 498(1): 57-70.

[6] Sellier K, Kneubuehl B. Wound Ballistics and the Scientific Background. Amsterdam: Elsevier Science, 1994.

[7] Swain M V, Kieser D C, Shah S, et al. Projectile penetration into ballistic gelatin. Journal of the Mechanical Behavior of Biomedical Materials, 2014, 29: 385-392.

[8] Flanagan M P, Zikry M A, Wall J W, et al. An experimental investigation of high velocity impact and penetration failure modes in textile composites. Journal of Composite Materials, 1999, 33(12): 1080-1103.

[9] 刘元坤. 三维正交机织复合材料弹道冲击破坏: 实验研究和有限元计算. 上海: 东华大学, 2008.

[10] 顾冰芳, 龚烈航, 徐国跃. UHMWPE 纤维复合材料防弹机理和性能. 纤维复合材料, 2006, 23(1): 20-23.

[11] 梅志远, 朱锡, 任春雨, 等. 弹道冲击下层合板破坏模式及抗弹性能实验研究. 海军工程大学学报, 2005, 17(1): 11-15.

[12] 王晓强, 朱锡, 梅志远, 等. 超高分子量聚乙烯纤维增强层合厚板抗弹性能实验研究. 爆炸与冲击, 2009, 29(1): 29-34.

[13] 梁子青, 周庆, 王韬, 等. UHMWPE 纤维/LDPE 复合材料防弹性能及机理研究. 纤维复合材料, 2002, 19(4): 6-9.

[14] Smith J C, McCrackin F L, Schiefer H F. Stress-strain relationships in yarns subjected to rapid impact loading Part V: Wave propagation in long textile yarns impacted transversely. Textile Research Journal, 1958, 28(4): 288-302.

[15] Smith J C, Blanford J H, Towne K H. Stress-strain relationships in yarns subjected to rapid impact loading Part Ⅷ: Shock waves, limiting breaking velocities, and critical velocities. Textile Research Journal, 1962, 32(1): 67-76.

[16] Vinson J R, Walker J M. Ballistic impact of thin-walled composite structures. AIAA Journal, 2015, 35(5): 875-878.

[17] Walker J D. Ballistic limits of fabrics with resin. 19st International Symposium of Ballistic, Interlaken, 2001.

[18] 顾伯洪. 织物弹道贯穿性能分析计算. 复合材料学报, 2002, 19(6): 92-96.

[19] Phoenix S L, Porwal P K. A new membrane model for the ballistic impact response and V50 performance of multi-ply fibrous systems. International Journal of Solids and Structures, 2003, 40(24): 6723-6765.

[20] Wen H M. Penetration and perforation of thick FRP laminates. Composites Science & Technology, 2001, 61(8): 1163-1172.

[21] Naik N K, Shrirao P, Reddy B C K. Ballistic impact behaviour of woven fabric composites: formulation. International Journal of Impact Engineering, 2006, 32(9): 1521-1552.

[22] 刘坤. 典型枪弹对模拟靶标侵彻作用理论模型. 南京: 南京理工大学, 2013.

[23] 刘坤, 吴志林, 徐万和, 等. 球形破片侵彻明胶修正力学模型. 南京理工大学学报 (自然科学版), 2012, 36(5): 755-761.

[24] 刘坤, 宁建国, 吴志林, 等. 球形破片侵彻明胶运动模型对比研究. 中国科学: 技术科学, 2017, 47(10): 1081-1092.

[25] Fackler M L, Bellamy R F, Malinowski J A. The wound profile: illustration of the missile-tissue interaction. Journal of Trauma, 1988, 28(5): 21-29.

[26] 梁晋文, 陈林才, 何贡. 误差理论与数据处理. 2 版. 北京: 中国计量出版社, 2001.

[27] 莫根林. 轻武器杀伤元与模拟靶标的相互作用理论研究. 南京: 南京理工大学, 2014.

[28] 莫根林, 吴志林, 冯杰. 长方体破片侵彻明胶的运动模型与实验研究. 兵工学报, 2015, 36(3): 463-468.

[29] Liu K, Ning J G, Wu Z L, et al. A comparative investigation on motion model of rifle bullet penetration into gelatin. International Journal of Impact Engineering, 2017, 103: 169-179.

[30] 刘坤, 吴志林, 徐万和, 等. 弹头侵彻明胶的运动模型. 爆炸与冲击, 2012, 32(6): 616-622.

[31] 刘坤, 吴志林, 徐万和, 等. 弹头侵彻明胶运动模型参数研究. 高压物理学报, 2013, 27(5): 677-684.

[32] 路中华, 钱立新. 尖拱类弹丸的头形系数. 弹道学报, 2002, 14(3): 75-80.

[33] 王中原, 周卫平. 外弹道设计理论与方法. 北京: 科学出版社, 2004.

[34] 浦发. 外弹道学. 北京: 国防工业出版社, 1980.

[35] 傅荣向. 影响弹丸致伤力的因素和分析研究. 轻兵器, 1993, (1): 115-124.

[36] Mo G L, Li Z X, Wu Z L. A theoretical model of non-deforming bullets penetrating ballistic gelatin. International Journal of Impact Engineering, 2018, 114: 105-110.

[37] 莫根林, 吴志林, 刘坤. 球形破片侵彻明胶的瞬时空腔模型. 兵工学报, 2013, 34(10): 1324-1328.

[38] 刘坤, 吴志林, 宁建国, 等. 手枪弹对带软防护的明胶靶标侵彻机理与实验研究. 兵工学报, 2018, 39(1): 1-17.

[39] Wambua P, Vangrimde B, Lomov S, et al. The response of natural fibre composites to ballistic impact by fragment simulating projectiles. Composite Structures, 2007, 77(2): 232-240.

[40] Lim C T, Shim V P W, Ng Y H. Finite-element modeling of the ballistic impact of fabric armor. International Journal of Impact Engineering, 2003, 28(1): 13-31.

[41] Shim V P W, Lim C T, Foo K J. Dynamic mechanical properties of fabric armour. International Journal of Impact Engineering, 2001, 25(1):1-15.

[42] Tan V B C, Ching T W. Computational simulation of fabric armour subjected to ballistic impacts. International Journal of Impact Engineering, 2006, 32(11): 1737-1751.

[43] Naik N K, Shrirao P, Reddy B C K. Ballistic impact behaviour of woven fabric composites: formulation. International Journal of Impact Engineering, 2006, 32(9): 1521-1552.

[44] 熊杰, 顾伯洪, 王善元. 防弹层压复合材料防弹效果的理论分析. 纺织学报, 2003, 24(5): 47-48.

[45] Velmurugan R, Sikarwar R S, Gupta N K. Analytical modeling for ballistic perforation of angle-ply and hybrid composite laminates//Proceedings of the IMOLAST 2010 Conference. Rhode Island, 2010, (2): 47-58.

[46] Roylance D K, Wilde A, Tocci G. Ballistic impact of textile structures. Textile Research Journal, 1973, 43(2): 34-41.

[47] Ross C A. Elastic Wave in fiber reinforced materials. Shock and Vibration Digest, 1975, (1): 96-107.

[48] 莫根林, 吴志林, 刘坤. 弹丸侵彻陶瓷-UHMWPE 复合材料靶板分析模型. 南京理工大学学报 (自然科学版), 2013, 37(5): 670-674.

[49] Alekseevskii V P. Penetration of a rod into a target at high velocity. Combustion, Explosion, and Shock Waves, 1966, 2(2): 99-105.

[50] 刘丽. 弹道明胶的冲击与侵彻动力学研究. 杭州: 浙江大学, 2014.

[51] Liu L, Fan Y R, Li W, et al. Cavity dynamics and drag force of high-speed penetration of rigid spheres into 10wt% gelatin. International Journal of Impact Engineering, 2012, 50: 68-75.

第 7 章　轻武器杀伤作用仿真方法

7.1　概　　述

计算机仿真方法可以对轻武器杀伤元侵彻靶标过程进行全物理、全过程的模拟，从而获悉完整的过程物理图像和各种瞬态数据，有助于更好地揭示终点效应过程和作用机理。同时，仿真方法可以在轻武器弹药的设计阶段就预测其终点效应和杀伤威力，指导武器设计，从而缩短产品研发周期，极大地节约研究经费。

从 20 世纪 80 年代起，随着计算机软、硬件技术的飞速发展，国内外很多学者开展了轻武器杀伤效应数值模拟问题研究。Pirlot 等 [1] 和 Nsiampa 等 [2] 较早开展了钢球和 7.62mm NATO 弹侵彻肥皂靶标过程的数值模拟，获得了侵彻过程中投射物的速度衰减和靶标内空腔效应。Cronin[3]、Koene 等 [4]、Datoc[5] 和 Minisi[6] 等在早期轻武器杀伤效应数值模拟研究方面做出了突出的贡献，开展了明胶材料参数测试、材料本构模型和仿真算法适用性等研究工作。国内在创伤弹道数值模拟方面以温垚珂等 [7~12]、刘艳 [13] 和罗少敏等 [14,15] 的工作最具代表性，其仿真预测的弹头在明胶靶标内的运动规律、明胶内瞬时空腔形态和压力波等特征量与实验结果吻合较好。在杀伤元侵彻有防护数字化人体靶标数值模拟方面，Roberts 等 [16] 基于真实人体解剖结构，分别建立了可用于手枪弹钝击效应研究的实物人体躯干模型和有限元人体躯干模型，获得了钝击过程中人体内脏的动态响应规律。紧随其后，董萍 [17] 和张启宽 [18] 也构建了具有真实人体解剖学结构的数字化人体有限元靶标，研究了手枪弹和步枪弹对穿着防弹衣人体上躯干的钝击效应，获得了不同弹着点时人体典型器官的力学响应和压力波特性。目前轻武器杀伤效应数值模拟方法被广泛研究并逐渐成熟，以非线性有限元方法和 LS-DYNA 为代表的显式非线性问题仿真软件已经可以较准确地模拟创伤弹道研究中涉及的杀伤元运动失稳、靶标瞬时空腔膨胀和压力波传播等物理现象，并可以应用于工程设计中。

本章分别以杀伤元侵彻明胶靶标、明胶骨骼复合靶标、有防护明胶靶标和有防护数字化人体靶标为例，介绍了相应数值模型构建方法，包括网格化分方法、材料本构模型等，并对数值计算结果进行了分析。本章内容是作者研究团队近年来的研究成果，为更深层次地认识和研究轻武器杀伤元侵彻靶标的作用机理、指导轻武器杀伤元设计提供了科学依据，为防弹衣、防弹头盔改进设计和钝击伤效应研究提供了重要参考。

轻武器杀伤效应数值模拟技术涉及力学、数学、医学和计算机技术等诸多学科，获得更加接近于真实杀伤效应的仿真结果是研究重点，未来还会在以下方面持续开展研究。

(1) 生物软材料在高应变率和超高应变率下的动态力学特性研究。准确的材料参数是获得正确数值结果的前提。枪弹和破片高速侵彻生物模拟靶标的过程中，与杀伤元接触区域的生物材料力学响应达到了超高应变率级别 (大于 10000/s)，瞬时空腔周围生物材料的力学响应在高应变率级别 (100~10000/s)。目前，生物软材料的动态力学特性参数还比较匮乏，极大地制约了创伤弹道仿真技术的进一步应用。

(2) 防弹复合材料多尺度数值模拟技术研究。目前关于防弹复合材料的数值模拟大多建立在宏观尺度上，将复合材料视作宏观均匀化的各向异性材料。这种等效方法可以获得较为合理的复合材料宏观力学性能，但宏观尺度上的材料破坏事实上是基于细观尺度上材料损伤及演化的。因此，采用多尺度技术来模拟枪弹对防弹复合材料的侵彻过程将是下一步的重要发展方向。

(3) 创伤弹道仿真分析专用算法和软件研究。枪弹侵彻靶标的过程涉及对几何非线性、材料非线性和接触非线性问题的求解，现有商用有限元软件在求解这一瞬态冲击问题时还略显吃力。因此还需要加强相关算法研究，尤其是针对生物材料瞬态大变形、复合材料渐进损伤和三维网格自适应划分等问题的算法。此外，还需要对相关软件进行二次开发，将仿真流程标准化，并建立常见枪弹和靶标有限元模型库，以进一步提升创伤弹道问题的仿真分析效率。

(4) 与人体解剖学结构更加相似的数字化人体靶标研究。目前，已经初步建立了与人体解剖结构较接近的数字化人体靶标，还需与医学专家进一步合作构建更加精细化的数字化人体靶标，如包含心房、心室的心脏模型，包含支气管的肺脏模型等。现有软件仅能模拟出枪弹和破片对人体造成的物理损伤，如何能模拟出遭受枪击后的生理变化，也将成为创伤弹道仿真的未来发展方向。

7.2 杀伤元侵彻明胶靶标数值模拟

7.2.1 问题描述与分析过程规划

明胶是肌肉的理想模拟物，杀伤元侵彻明胶靶标问题，涉及杀伤元侵彻切割、瞬时空腔膨胀和压力波杀伤效应，采用数值方法可以更详细地分析杀伤过程、揭示机理和定量评估杀伤结果。本节以 56 式 7.62mm 普通弹侵彻明胶问题为例，介绍数值模拟方法。具体问题为 56 式 7.62mm 普通弹侵彻边长 30cm 立方体明胶块，弹头入靶速度 625m/s，弹轴与靶面垂直，速度方向与弹轴夹角为 1°。

分析计算拟采用三维 Lagrange 方法，为节省计算时间，采用二分之一模型。

模型采用三维实体显式单元 Solid164 进行网格划分。弹头与明胶间采用面面侵蚀接触 (ERODING_SURFACE_TO_SURFACE) 算法。在模型对称面施加法向对称约束条件。弹头各个部分采用 JOHNSON_COOK 本构模型，明胶采用流体弹塑性模型 (MAT_ELASTIC_ PLASTIC_HYDRO)。由于单点积分的 Lagrange 算法在单元大变形时会产生严重的沙漏变形，因此采用基于黏性的沙漏控制算法，设置沙漏系数为 0.01。这样可以较好地抑制沙漏对数值结果可靠性的影响。采用 cm-g-μs 单位制。

7.2.2 模型网格划分

枪弹在侵彻明胶时相对于球形杀伤元所具有的动能更大，对目标更具杀伤力，同时由于枪弹自身的结构特点，在侵彻明胶的过程中会出现翻滚、变形、破碎等现象。这就对枪弹的网格划分提出了更高的要求。要保证合理、高质量的网格划分才可以正确地仿真出枪弹在明胶中的侵彻过程。弹头具有较好的对称性，可以选取 1/4 的枪弹模型对其进行网格划分，再映射为一半弹头的有限元模型。采用有限元前处理软件 HYPERMESH 对弹头进行网格划分，获得的枪弹弹头有限元模型如图 7.1 所示。

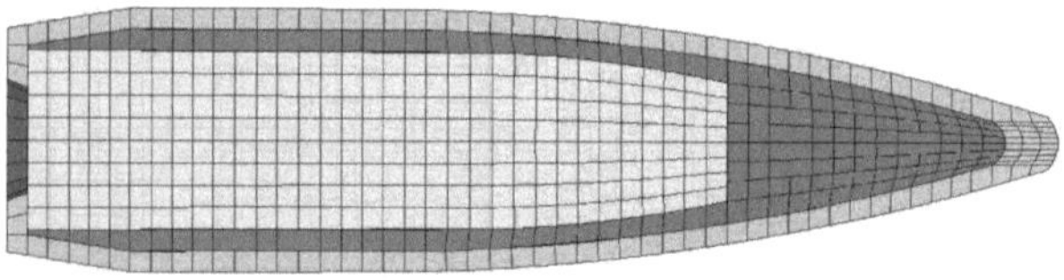

图 7.1 某弹头的有限元模型剖视图

要保证在侵彻明胶靶标的过程中，弹头始终与较密的网格接触是明胶靶标网格划分的难点。必须进行合理的网格优化，在保证精度的前提下尽量减少网格数量，在弹头的运动路径及最大空腔区域划分较密的网格，其他地方尽量用较大较少的网格，从而实现网格数量、求解时间、仿真精度相协调。取 1/4 体积的明胶靶标进行网格划分，然后对称扩展为半个明胶靶标的有限元模型。在弹道方向上采用与弹头网格大小相近的网格尺寸进行划分，远离弹头侵彻区域的地方逐渐采用较疏的网格 (图 7.2)。

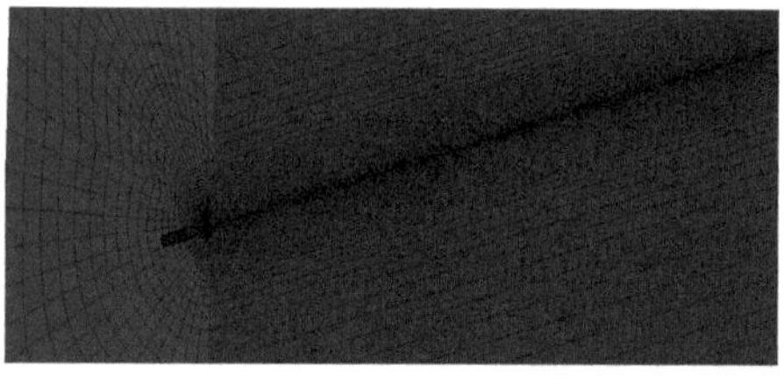

图 7.2 明胶靶标单元划分剖视图

7.2.3 材料本构模型

1. 枪弹本构模型

JOHNSON_COOK 材料模型适合描述材料在大变形、高应变率和高温条件下的本构关系，在弹道侵彻冲击、金属爆炸成型等数值计算中应用较广。因此采用该材料模型描述弹头各个部分的本构关系。其本构关系的表达式为 [19]

$$\sigma_y = (A + B\varepsilon^{\mathrm{p}n})(1 + C\ln\varepsilon^*)(1 - T^{*\mathrm{m}}) \tag{7.1}$$

其中：A, B, C, n 和 m 是需要实验测定的参数；ε^{p} 是有效塑性应变；$\dot{\varepsilon}^* = \varepsilon^{\mathrm{p}}/\dot{\varepsilon}_0$ 为无量纲塑性应变率，$\dot{\varepsilon}_0$ 为参考应变率；$T^* = (T - T_{\mathrm{room}})/(T_{\mathrm{melt}} - T_{\mathrm{room}})$ 为无量纲温度，T_{room} 为室温，T_{melt} 为熔化温度。弹头材料模型参数如表 7.1 所示。

表 7.1 弹头材料模型参数

	$\rho/(\mathrm{g/cm^3})$	G/GPa	T/K	T_{m}/K	A/MPa	B/MPa	n	C	m
被甲	7.92	77	293	1793	792	510	0.014	0.28	1.03
铅心	11.34	7	293	600	14	17.6	0.685	0.035	1.68
钢心	7.83	77	293	1793	792	510	0.014	0.28	1.03

该模型定义单元的损伤 $D = \sum \Delta\varepsilon^{\mathrm{p}}/\varepsilon^{\mathrm{f}}$，初始时 $D = 0$，当 $D = 1$ 时单元失效，$\Delta\varepsilon^{\mathrm{p}}$ 为一个时间步的塑性应变增量，ε^{f} 为当前时间步的应力状态、应变率和温度下的破坏应变。破坏应变 ε^{f} 的表达式为

$$\varepsilon^{\mathrm{f}} = [D_1 + D_2\exp(D_3\sigma^*)](1 + D_4\ln\dot{\varepsilon}^*)(1 + D_5T^*) \tag{7.2}$$

式中: $D_1 \sim D_5$ 为材料常数。

GRUNEISEN 状态方程可通过两种方法定义压力体积的关系，从而确定材料是压缩还是扩张。该状态方程定义压缩材料的压力如下:

$$p = \frac{\rho_0 c^2\mu\left[1 + \left(1 + \dfrac{\gamma_0}{2}\right)\mu - \dfrac{a}{2}\mu^2\right]}{\left[1 - (S_1 - 1)\mu - S_2\dfrac{\mu^2}{\mu + 1} - S_3\dfrac{\mu^3}{(\mu + 1)^2}\right]^2} + (\gamma_0 + a\mu)E \tag{7.3}$$

对于膨胀材料的压力

$$p = \rho_0 c^2\mu + (\gamma_0 + a\mu)E \tag{7.4}$$

式中：E 为材料的内能；c 为冲击波速度–质点速度 Hugoniot 曲线 (U_{S}-v_{p} 曲线) 的截距；$S_1S_2S_3$ 为 U_{S}-v_{p} 曲线的斜率；γ_0 是 Gruneisen 系数；a 是 γ_0 和 $\mu = \rho/\rho_0 - 1$ 的一阶体积修正量。

2. 明胶本构模型

在传统的经典力学研究中，一般把物质状态区分为流体和固体两大类，相应发展出流体力学和固体力学这两个分支。实际上固体和流体并不是彼此孤立而没有联系的。例如，在陨石溅落在岩石介质中的情况下，要产生极高的温度和压强，使周围的岩石液化以至汽化。这时岩石的剪切强度可忽略不计，因而可以把它看作流体。但是，当冲击波向外传播时，强度逐渐减弱，岩石的流体特性就越来越弱，剪切强度的影响不可忽略，呈现出固体的弹塑性特性。为了自然、连续地描述固体与流体间的过渡过程，相关学者提出了流体弹塑性模型。一般的，在中低速冲击下要考虑应变率效应；高速冲击下材料强度有关的诸效应退居次要地位，而以体积压缩变形和热的耦合为主要特征。介质变形可按照可压缩流体处理，其变形行为可用各种高压状态方程描述；冲击速度介于高、中速之间，则应按流体弹塑性体考虑，即在本构方程中综合考虑材料强度效应和可压缩效应，把变形视为形状变形和体积变形两部分之和。

20 世纪 60 年代，我国学者郑哲敏在研究地下核爆的数值计算过程中提出了流体弹塑性模型，用该模型来描述土壤在核爆力作用下的变形过程。该本构模型具有如下特点：① 采用自然应变 (真实应变)；② 将应力分成偏量和流体静压分别考虑，把变形视为形状变形和体积变形两部分之和，形状变形部分用小弹塑性本构方程描写，而体积变形部分用高压固体状态方程描写；③ 应力偏量和应变偏量直接采用微分关系，且用于变形的全过程 (包括弹性变形、塑性加载、弹性卸载等)，但在塑性加载时需要用另外的关系稍加修正。

综上所述，这样的本构关系可以写成如下形式：

$$\begin{cases}\sigma_{ij} = -p\delta_{ij} + s_{ij} \\ p = p(V, S_*) = p(V, T) = p(V, e) \\ \dot{s}_{ij} = 2G_*\dot{e}_{ij} \\ \dot{e}_{ij} = \dfrac{1}{2}\left(\dfrac{\partial v_i}{\partial x_j} + \dfrac{\partial v_j}{\partial x_i}\right) - \dfrac{1}{3}\dot{\theta}_1\delta_{ij} \\ \dot{\theta}_1 = \mathrm{div}v \\ G_* = (1 + \eta p)G\end{cases} \tag{7.5}$$

式中：σ_{ij} 为总应力张量；δ_{ij} 为单位张量；s_{ij} 为应力偏张量；V 为比容；S_* 为比熵；T 为温度；e 为比内能；$\dot{e}_{ij}$ 为自然应变偏量的变化率；η 为材料常数；G 为工程剪切模量；v 为质点的速度矢量。静水压力 p 可以采用多项式状态方程式 (7.6) 表达，且在整个变形中都使用，没有弹塑性、加载与卸载之分，在低压时它趋于 $p = -k\theta$ 的形式。

$$p = C_0 + C_1\mu + C_2\mu^2 + C_3\mu^3 \tag{7.6}$$

式中：$\mu=\rho/\rho_0-1$；ρ,ρ_0 分别为现时密度和初始密度；C_0,C_1,C_2 和 C_3 为材料常数，需要经过实验测定和一定的理论推导才能得到。

Wilbeck[21] 基于冲击波阵面上的质量、动量和能量守恒条件，推导出面后压力与密度存在如下关系：

$$p=\frac{\rho_0 c_0^2\eta}{(1-k\eta)^2} \tag{7.7}$$

式中：$\eta=1-\rho_0/\rho=\mu/(1+\mu)$；$c_0$ 为体积声速；k 为材料常数。c_0 和 k 均需要通过实验测定。

Nagayama 等 [22] 通过实验得到了 10%明胶的 Hugoniot 曲线，他们认为冲击波速 U_{S} 和质点速度 v_{p} 之间存在如下线性关系：

$$U_{\mathrm{S}}=c_0+kv_{\mathrm{p}} \tag{7.8}$$

其中：c_0=1520m/s；k =2。

式 (7.7) 可以改写为如下展开式：

$$p=C_0+C_1\mu+C_2\mu^2+C_3\mu^3+\cdots+C_n\mu^n \tag{7.9}$$

当 μ 的范围不是很大时，式 (7.9) 一般采用式 (7.6) 的近似表达形式。其中 C_0 在初始压力平衡时取零；$C_1=\rho_0c_0^2$ 为体积模量；$C_2=(2k-1)\,C_1$；$C_3=(k-1)\,(3k-1)\,C_1$。由此可以确定 10%明胶的状态方程系数 (表 7.2)。

表 7.2 10%明胶状态方程系数

C_0/GPa	C_1/GPa	C_2/GPa	C_3/GPa
0	2.38	7.14	11.9

研究表明，在中高速侵彻时，考虑可压缩效应的流体弹塑性模型比考虑应变率弹化效应的超弹性模型能更好地模拟明胶的物理响应。这主要是由于明胶的物理响应是由两个互相竞争的因素来决定的：一是由应变率增加导致的应变率强化效应，二是由高压引起的可压缩效应。当应变率增加时，可压缩效应逐渐占优；当应变率降低时，应变率强化效应占优。这表明，虽然明胶是一种应变率敏感材料，但在中高速侵彻时其物理响应可以用一定形式的动载本构 (流体弹塑性本构) 关系予以近似。

7.2.4 步枪弹侵彻明胶靶标数值结果

1. 数值结果

图 7.3 给出了数值结果与实验得到的瞬时空腔形态对比情况。从图中可以看到，200μs 时空腔的形状类似一个细长的圆锥体，由于初始攻角的存在，弹头此

时出现了微小的翻转，数值结果与实验结果的侵彻深度相对误差为 3%；400μs 时弹头翻转了约 90°，数值结果与实验结果较一致；600μs 时高速摄影中的弹头即将穿出明胶，数值方法得到的弹头位置及运动姿态与其较一致，此时两者入口部位圆柱形空腔直径相对误差为 12%；1000μs 后弹头已经完全穿出明胶，明胶内的瞬时空腔继续膨胀，在明胶前半部分的空腔类似圆管状，在弹头翻滚位置处的空腔类似椭球状。数值方法采用立体方式较精确地再现了弹头在明胶内的运动过程及明胶内瞬时空腔的膨胀情况，比实验方法更直观，提供的数据量也更大。

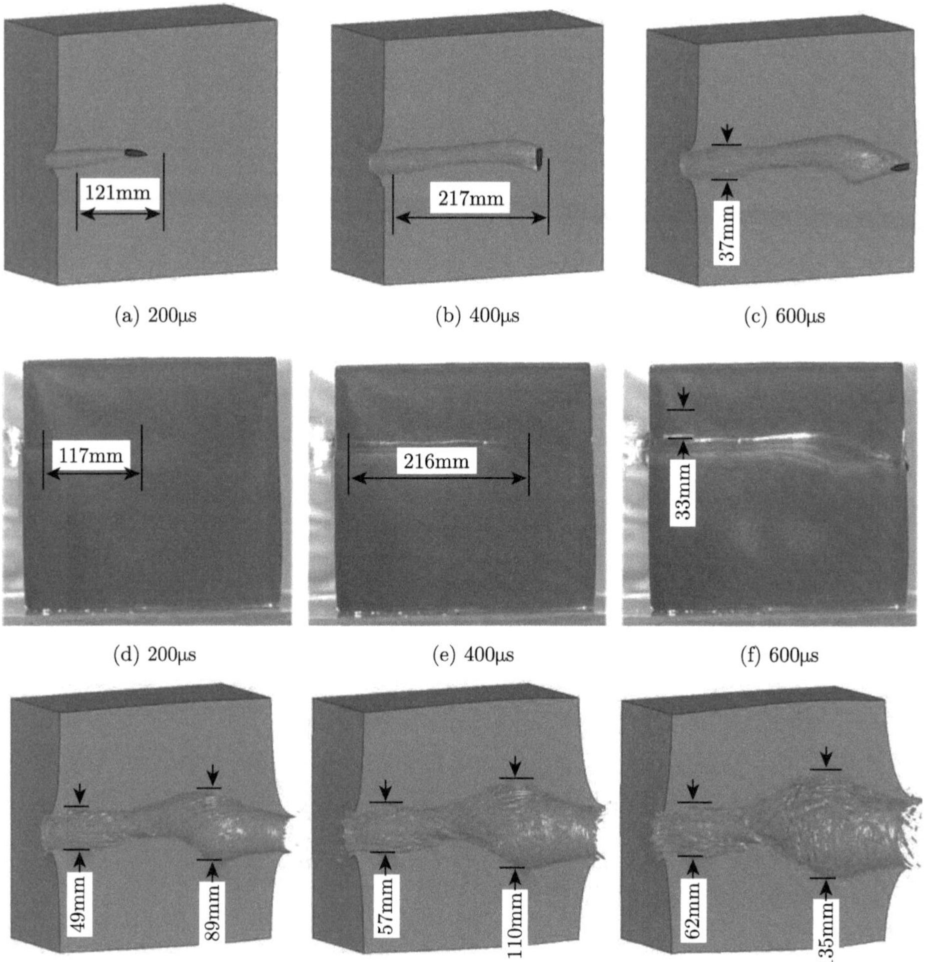

(a) 200μs　(b) 400μs　(c) 600μs

(d) 200μs　(e) 400μs　(f) 600μs

(g) 1000μs　(h) 1400μs　(i) 2000μs

(j) 1000μs (k) 1400μs (l) 2000μs

图 7.3 56 式 7.62mm 普通弹侵彻明胶靶标数值结果 (a)~(c)、(g)~(i) 与高速摄影结果 (d)~(f)、(j)~(l) 对比 (入靶速度 625m/s)

2. 明胶中压力波变化规律

步枪弹以很高的速度侵彻机体时，一部分能量以波的形式传递给周围组织。压力波对组织的破坏机理是波的传播 (超压、质点加速和位移) 和瞬时空腔脉动等综合作用的结果。压力的突然升高与降低，可使组织拉伸变位或产生压缩与膨胀速度的变化，从而导致组织损伤。高速投射物侵彻组织时，产生的压力波对组织的作用分为三个阶段：① 高速投射物撞击靶标表面瞬间，产生一个非常陡的压力脉冲，这种压力波虽然峰值较高，但持续时间极短，峰值衰减较快。目前对其致伤机理还没有统一的认识。② 高速投射物侵彻过程中，在其前方形成一个高压区，随着投射物向前推进。压力峰值在生物体内靠近投射物的前端可达数百标准大气压，因而能造成伤道以外组织器官的损伤。③ 随着瞬时空腔的膨胀与收缩，不仅在介质内有压力变化，而且在空腔内部的空间也有压力变化。这种压力变化在投射物离开组织后继续进行，随着瞬时空腔脉动的衰减而衰减。

从数值模型中提取如图 7.4 所示五个点的压力曲线，研究侵彻过程中明胶内的压力变化规律。A、B、C、D 和 E 五个点在同一水平位置，距离弹道中心 60mm，五个点沿弹道方向均匀分布，间隔 50mm。

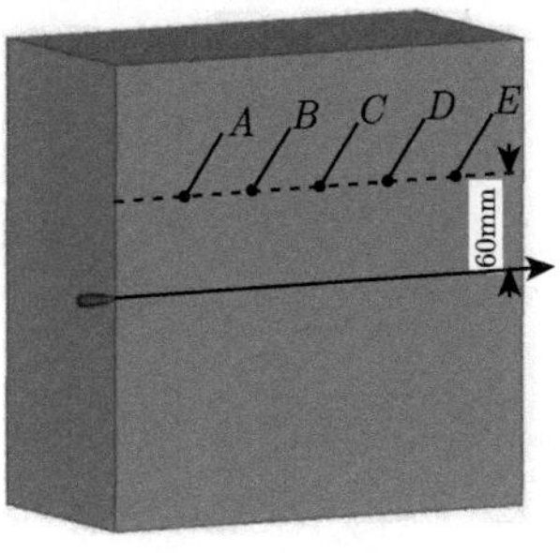

图 7.4 明胶内压力测量点位置

图 7.5 给出了五个点的压力随时间变化曲线。从图中可以看到，A、B 两点压力曲线的第一个波峰为整个时间历程上的最大值，且只有一个明显的波峰；C、D 和 E 点的压力曲线有两个明显的波峰，且第二个波峰的幅值比第一个波峰的大 3~4 倍。结合图 7.4 可知，第一个波峰为弹头撞击明胶瞬间所产生的压力波，第二个波峰为弹头翻滚到 90° 时产生的压力波。第一个压力波依次经过 5 个测量点，上升沿时间约为 20μs，5 个测量点的第一波峰逐渐从 1.17MPa 减小到 0.6MPa。A、B 点位于窄伤道段上方，因此最大压力即为第一峰值压力，弹头翻滚造成的压力对其影响较小。D 点距离弹头翻滚呈 90° 的位置最近，因此其第二峰值压力也最大 (~4MPa)。

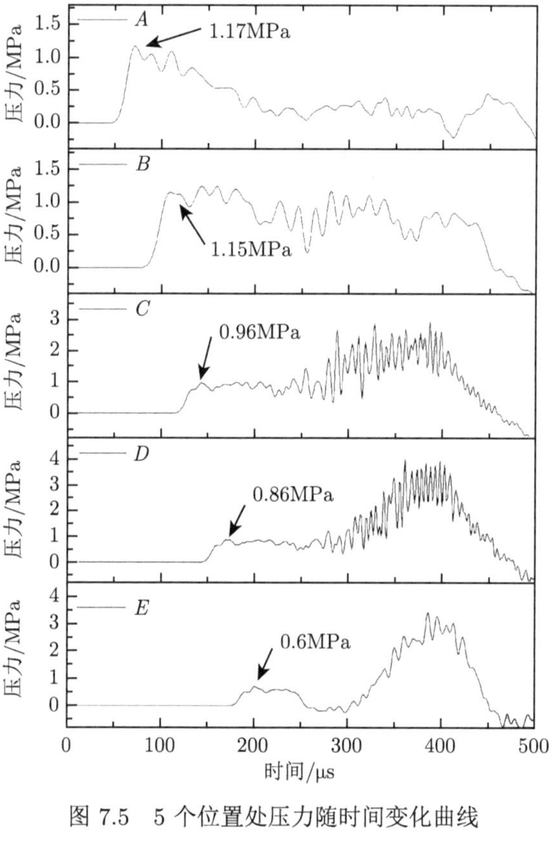

图 7.5　5 个位置处压力随时间变化曲线

3. 弹头入射攻角对杀伤效应的影响

在数值模型中设定弹头分别以相同速度、不同攻角 (1°、2°、3°) 侵入明胶，定量研究攻角变化对弹头、明胶相互作用过程的影响规律。图 7.6 表明，攻角越大，弹头翻转越早，翻转位置越靠近入口。以 2° 攻角的翻转位置作为基准，当攻角减小 1° 时，翻转位置增加了 15%，当攻角增加 1° 时，翻转位置减小了 9%; 攻角的微小变化对弹头在明胶内的翻转位置影响较大，随着攻角增大，攻角变化对弹头翻转位置的影响逐渐减小。

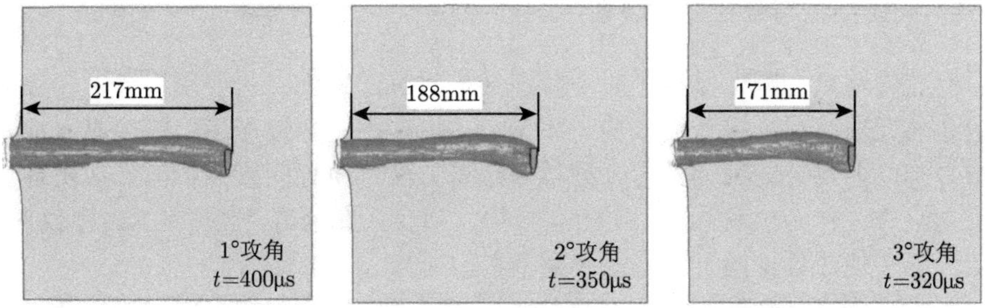

图 7.6 不同入射攻角对 56 式 7.62mm 普通弹弹头在明胶中翻转位置的影响

不同攻角下弹头在明胶中的速度衰减曲线 (图 7.7) 表明，在 0~200μs 段，弹头的速度衰减情况基本一致，此阶段弹头翻转角较小，受力面积较小，因此速度衰减较慢；随着侵彻的进行，3° 攻角的弹头先翻滚，出靶速度约为 260m/s，随后 2° 攻角的弹头速度急剧减小，出靶速度 273m/s，1° 攻角的弹头最晚翻滚，出靶速度约为 300m/s；从能量传递的角度分析，攻角大的出靶速度小，传递给明胶的能量更多，其中 3° 攻角的能量传递率为 83%，2° 攻角为 81%，1° 攻角为 77% (表 7.3)。

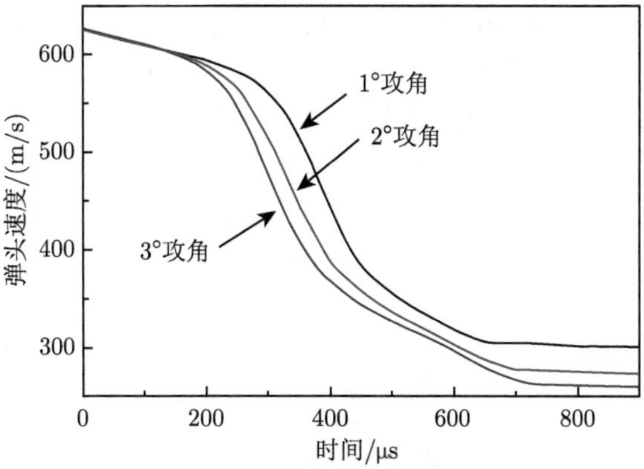

图 7.7 不同入射攻角对弹头速度衰减的影响

表 7.3 不同攻角下的出靶速度和能量传递率

攻角/(°)	出靶速度/(m/s)	能量传递率
1	30	77%
2	273	81%
3	260	83%

7.3　杀伤元侵彻明胶骨骼复合靶标数值模拟

7.3.1　问题描述与分析过程规划

明胶骨骼复合靶标模拟了肌肉骨骼结构目标的特性，主要用于分析和评估枪弹等杀伤元对骨骼间接作用效应，本节以 9mm 手枪弹侵彻用明胶包裹着的新鲜猪腿骨制成的复合靶标为例，介绍数值模拟方法，研究间接骨折的形成机理。明胶骨骼复合靶标为边长 300mm 的立方体。弹头入靶速度 340m/s，入靶攻角 1°。弹头的弹道轨迹与骨骼下边缘的垂直距离为 20mm。

由于真实猪骨的非对称性，拟采用 1:1 有限元模型。模型采用三维实体显式单元 Solid164 进行网格划分。弹头与明胶间采用面面侵蚀接触 (ERODING_SURFACE_TO_SURFACE) 算法。弹头各个部分采用 JOHNSON_COOK 本构模型，明胶采用流体弹塑性模型 (MAT_ELASTIC_PLASTIC_ HYDRO)。采用 cm-g-μs 单位制。

7.3.2　模型网格划分

骨骼的几何形状较为复杂，可通过 Mimics 和 HYPERMESH 处理后得到较为准确的骨骼几何模型和网格模型。猪腿骨为长骨，长骨截面为厚壁管形，骨腔内充满着骨髓，可以通过 Mimics 软件利用灰度区间将长骨的骨髓、密质骨和松质骨区分出来。由于密质骨和松质骨具有非均匀的特性，因此为了真实地反映其非均匀特性，通过灰度区间对密质骨和松质骨进行材料分层处理，赋予每层材料不同的材料属性。分层越多，其材料模型越能反映真实的材料，但材料模型的构建需要耗费大量精力，同时给计算机的计算增加了负担。本模型将松质骨定义为 1 种材料，密质骨定义为 5 种材料。骨骼有限元网格模型如图 7.8 所示。

图 7.8　密质骨细化后的网格模型

明胶由于尺寸较大，划分采用了网格过渡和局部细化技术，保证变形大的地方网格足够精细，变形小的地方网格较稀疏，从而确保计算结果精确的同时减少计算时间。明胶总共划分为 2716000 个实体单元，如图 7.9 所示。

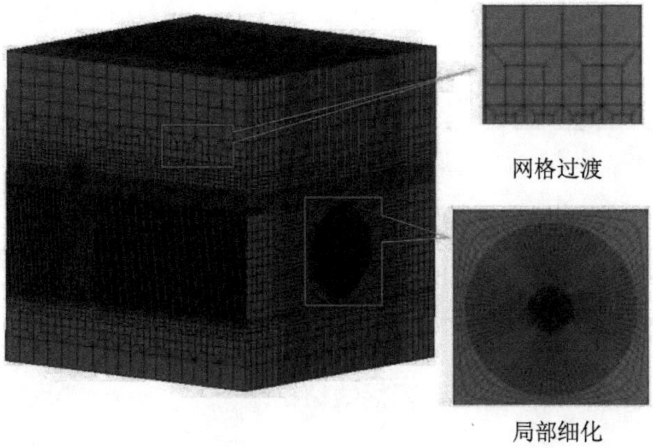

图 7.9 明胶网格模型

7.3.3 猪骨的材料参数

大量研究表明，骨是完全各向异性的弹性材料，且可以进一步简化为横观各向同性材料。选取 LS-DYNA 中 MAT_COMPOSITE_DAMAGE 作为密质骨和松质骨的本构模型。松质骨和密质骨具体的材料属性如表 7.4 所示。密质骨各个方向上的拉伸强度、压缩强度以及剪切强度如表 7.5 所示，松质骨的失效不考虑其各向异性的特点，松质骨的单向拉伸和压缩强度分别为 4.33MPa 和 13MPa。骨髓是一种海绵状的组织，本节将骨髓定义为线弹性材料，LS-DYNA 中的具体关键字为 MAT_ELASTIC，骨髓的材料属性如表 7.6 所示。

表 7.4 松质骨和密质骨的材料属性

参数	松质骨	密质骨第一层	密质骨第二层	密质骨第三层	密质骨第四层	密质骨第五层
$\rho/(\mathrm{g/cm^3})$	0.686	1.003	1.264	1.525	1.785	2.046
E_X/MPa	591.5	2323.9	3342.8	4488.5	5746.9	7120.1
E_Y/MPa	591.5	2323.9	3342.8	4488.5	5746.9	7120.1
E_Z/MPa	1026.2	2084.2	4259.1	7607.2	12373.2	18863.3
G_{XY}/MPa	187.2	735.4	1057.8	1420.4	1818.6	2253.2
G_{YZ}/MPa	3300	3300	3300	3300	3300	3300
G_{ZX}/MPa	3300	3300	3300	3300	3300	3300
μ_{XY}	0.58	0.58	0.58	0.58	0.58	0.58
μ_{XZ}	0.32	0.32	0.32	0.32	0.32	0.32
μ_{YZ}	0.32	0.32	0.32	0.32	0.32	0.32

表 7.5 密质骨各个方向上的拉伸强度、压缩强度以及剪切强度

参数	数值
Z 方向拉伸强度 Z_T/MPa	133
Z 方向压缩强度 Z_C/MPa	195
XY 方向拉伸强度 XY_T/MPa	51
XY 方向压缩强度 XY_C/MPa	133
Z 方向剪切强度 S_L/MPa	69
XY 方向剪切强度 S_T/MPa	69

表 7.6 骨髓的材料属性

密度 ρ/(g/cm^3)	弹性模量 E/MPa	泊松比μ
1.0	20	0.499

7.3.4 手枪弹侵彻明胶骨骼复合靶标数值结果

1. 数值结果

取骨骼附近明胶上的某一点，实验和数值分析得到的该点压力曲线如图 7.10 所示。实验和数值分析得到的曲线趋势类似，由于实验和数值分析误差的存在，可认为数值分析结果与实验吻合。

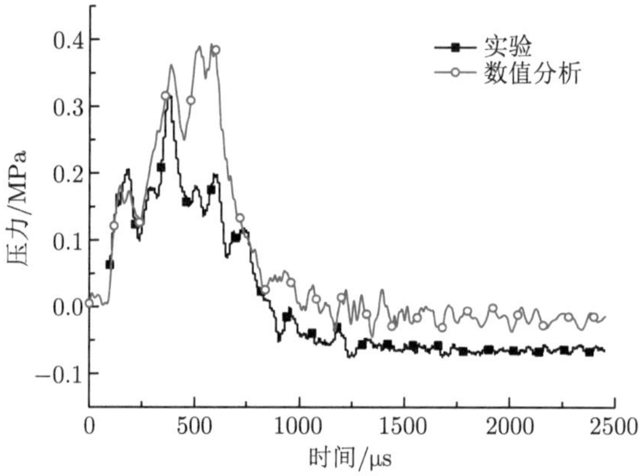

图 7.10 实验与数值分析中同一点的压力曲线对比

实验通过高速摄影可记录弹头的运动轨迹和明胶空腔膨胀情况，其与数值计算的对比吻合度高 (图 7.11)。实验测得的骨骼上的最大应变出现在靠近弹道面的点上，仿真结果与其一致。实验测得的最大应变为 0.63μm/m，仿真结果为 4.6μm/m，由于实验和仿真误差的存在，认为仿真得到的应变数据合理。

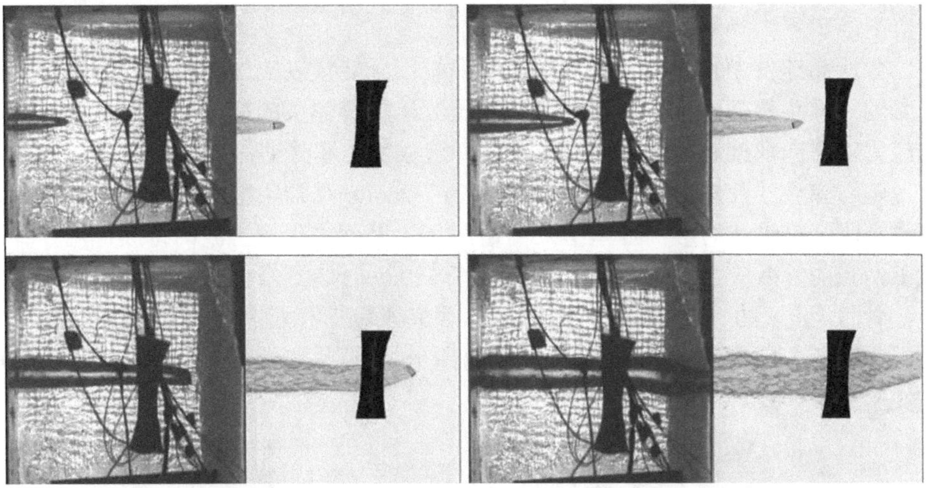

图 7.11　实验与数值分析中弹头运动轨迹对比

2. 瞬时空腔对间接骨折的影响

埋藏在明胶中的骨骼在瞬时空腔膨胀的过程中受到挤压，产生弯曲变形。从明胶与骨骼相对应的各点压力曲线 (图 7.12) 中可以看出，明胶和骨骼上对应的各点在各向均匀受力状态下压力值相差较大，如果骨骼的损伤主要来自空腔膨胀的挤压作用，则骨骼与明胶对应各点压力值应相似，但从曲线中可以看出，两者相差较大，骨骼上各点的压力值远大于对应的明胶上各点的值，因此空腔膨胀对骨骼挤压造成的损伤较轻。

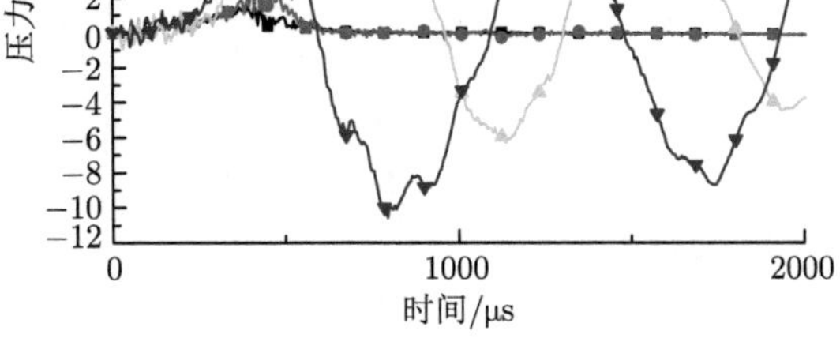

图 7.12　明胶和骨骼上对应的典型点压力曲线图

3. 应力波对间接骨折的影响

弹头高速侵彻骨骼复合靶标时，其中一部分能量以应力波的形式传递给明胶和骨骼。弹头侵彻过程中其前方形成高压区，随着弹头的前进而向前推进，产生的应力波在向前推进的同时向侧方传播，造成明胶和骨骼的损伤。

随着弹头的前进，其产生的高压区在约 260μs 时开始影响骨骼，约 555μs 之后，高压区对骨骼的影响基本结束 (图 7.13)。其间由于应力波的持续作用，骨骼上下两点的等效应力值逐渐增大，并在约 580μs 时达到峰值 (图 7.14)。

骨骼上定义的下点是距离弹头最近的，应最容易破坏，但其应力峰值约为 46MPa，小于骨骼各方向上的强度极限 (如表 7.5 所示)，因此该骨骼未造成间接骨折，这与实验结果一致。

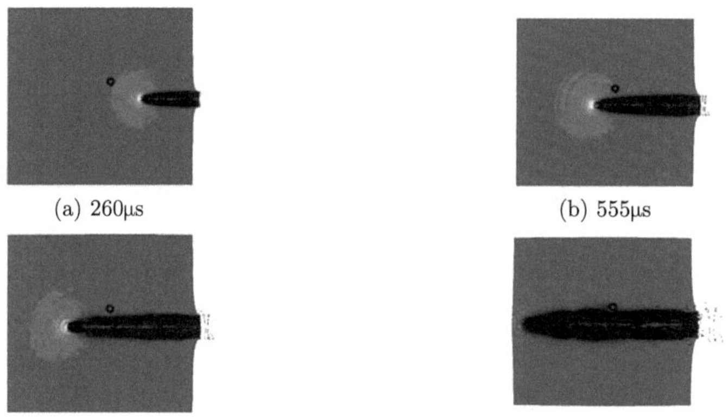

(a) 260μs　(b) 555μs

(c) 685μs　(d) 1090μs

图 7.13　各典型时刻的压力云图

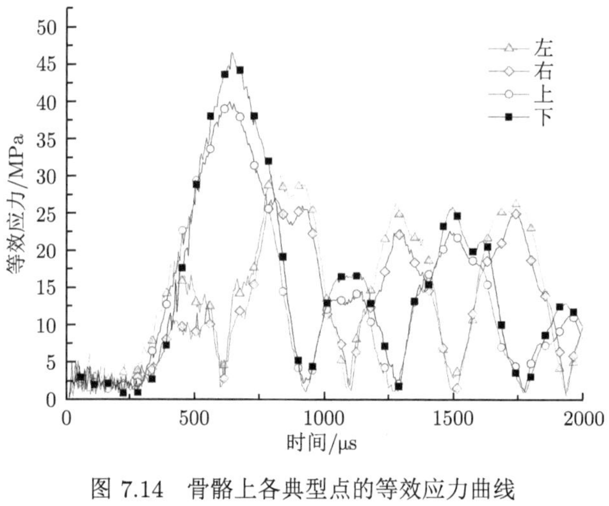

图 7.14　骨骼上各典型点的等效应力曲线

7.4 杀伤元侵彻有防护明胶靶标数值模拟

7.4.1 问题描述与分析过程规划

杀伤元侵彻有防护明胶问题是典型的轻武器对有防护目标钝击杀伤问题，涉及冲击和侵彻防护过程、压力波和凹陷演化过程等现象，本节以 56 式 7.62mm 普通弹侵彻有防护明胶靶标过程为例介绍数值模拟方法分析。明胶靶标为边长 300mm 的立方体。弹头入靶速度 750m/s。防护层由 NIJ Ⅲ 级防弹插板和 Ⅱ 级防弹衣组成。陶瓷面板由多块陶瓷片拼接而成，单片陶瓷块为尺寸 50mm×50mm 的正方形，厚度为 6mm。UHMWPE 背板厚度 12mm。Ⅱ 级防弹衣由 46 层 UHMWPE 无纬布组成，厚度 9mm。几何模型如图 7.15 所示。

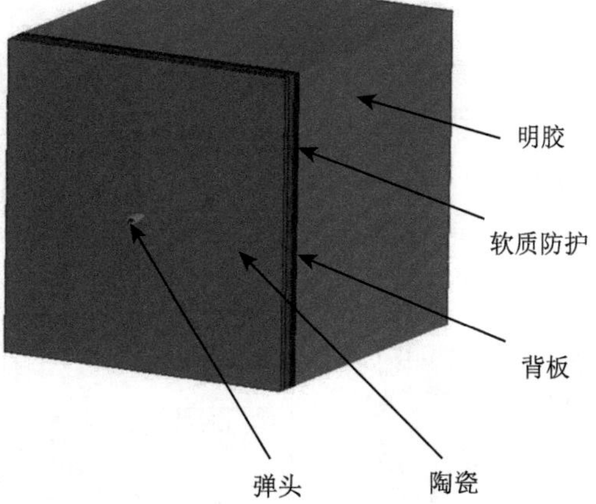

图 7.15 几何模型示意图

分析拟采用三维 Lagrange 方法，为节省机时，采用二分之一模型。采用 cm-g-μs 单位制。模型处软质防弹衣外均采用三维实体显式单元 Solid164 进行网格划分。软质防弹衣采用薄壳单元进行划分。弹头各个部分采用 JOHNSON_COOK 本构模型，明胶采用流体弹塑性模型 (MAT_ELASTIC_PLASTIC_ HYDRO)。陶瓷采用 JH-2 本构模型。UHMWPE 背板采用 LS-DYNA 材料库中 59 号材料模型 MAT_COMPOSITE_FAILURE_SOLID_MODEL。软质防弹衣采用 MAT_COMPOSITE_FAILURE_SHELL_MODEL 来模拟壳单元力学响应。

设置弹体和硬质防弹衣采用面面侵蚀接触 (CONTACT_ERODING_SURFACE_TO_SURFACE)。纤维层与层之间的接触采用自动单面接触 (CONTACT_AUTOMATIC_SINGLE_SURFACE)。采用接触方式 CONTACT_AUTOMATIC_ONE_WAY_SURFACE_TO_SURFACE_TIEBREAK 模拟各等效层间

的黏接。该接触算法可以近似模拟胶层的脱黏过程，基于应力失效准则 (式 (7.10)) 判定黏接是否完全失效，当满足失效条件后，接触类型退化为自动单面接触 (CONTACT_AUTOMATIC_ONE_WAY_SURFACE_TO_SURFACE)。

$$\left(\frac{|\sigma_{\mathrm{n}}|}{\mathrm{NFLS}}\right)^2+\left(\frac{|\sigma_{\mathrm{S}}|}{\mathrm{SFLS}}\right)^2\geqslant 1 \tag{7.10}$$

式中：σ_{n} 和 σ_{S} 分别为法向应力和切向应力；NFLS 和 SFLS 分别为法向层间拉伸强度和切向层间拉伸强度，设置 NFLS = SFLS = 50MPa。

弹头的铜壳、铅套和钢心三部分的接触选择自动面面接触 (CONTACT_AUTOMATIC_SURFACE_TO_SURFACE)，插板防护与软质防护之间也采用自动面面接触。

7.4.2　模型网格划分

复合防护由轻质高强陶瓷插板和软质防护组成。插板防护由陶瓷面板和背板组成，陶瓷面板由多块陶瓷块组成，采用多片分别划分网格。背板层采用实体建模。高速撞击过程具有瞬时性与局部性，网格的数目与质量对侵彻过程的分析影响较大，因此对侵彻过程中与弹头直接作用的防护层和作用区域进行精细划分并局部加密 (图 7.16)。

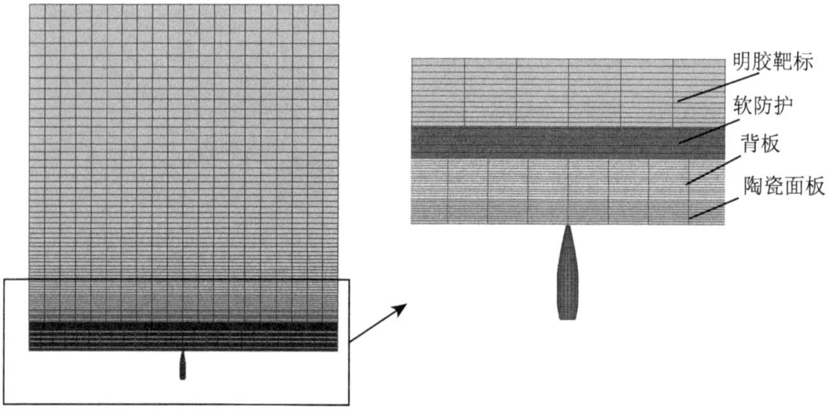

图 7.16　平板实验有限元模型

陶瓷面板中心 20mm 半径圆区域划分 20 段，沿半径方向划分 45 段，外侧划分 13 段。陶瓷面板、背板、软防护及明胶靶标划分方法以及段数一致。其中面板厚度方向划分 10 段，背板厚度方向划分 16 段，软防护共 46 层，明胶靶标沿弹道方向划分 60 段，并逐渐稀疏 (图 7.17)。

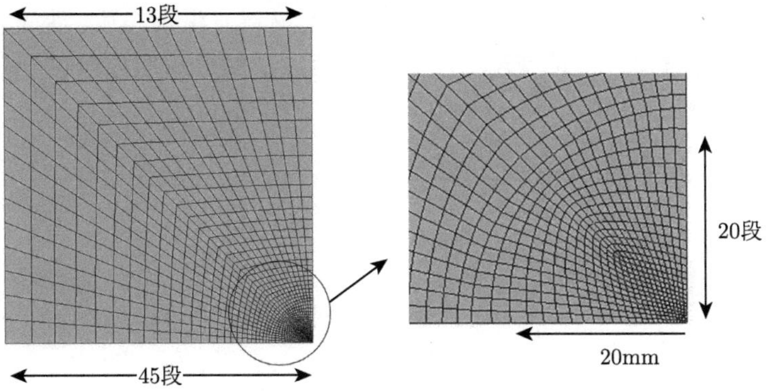

图 7.17 陶瓷面板网格

为体现软质防护的物理特性，软质防护采用壳单元建模，薄壳厚度为 0.02cm，共 46 层，每一层网格划分方式与数目相同。由于软质防护与弹头并无直接接触，同时对侵彻影响较小，因此对软防护网格采用粗略划分，四分之一网格模型中宽度方向划分 30 段，长度方向划分 30 段，如图 7.18 所示。每层共 3600 个单元，软质防护层共划分 165600 个单元。

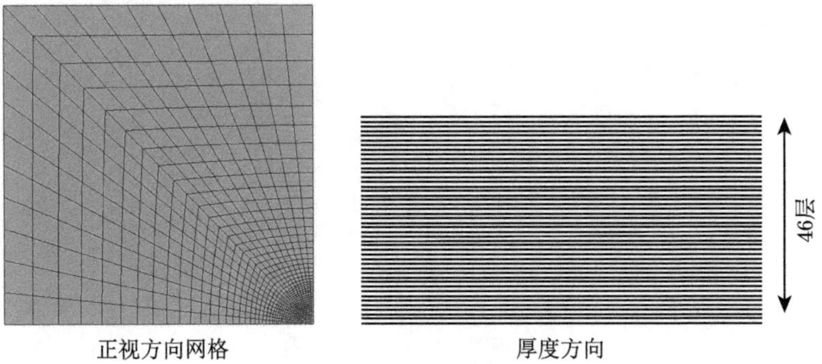

图 7.18 防护网格划分

7.4.3 材料本构模型

1. 陶瓷材料本构模型

陶瓷是典型的脆性材料, 其本构关系的关键是对材料损伤、损伤累积过程及其对强度和状态方程影响的描述。目前 JH-2 本构模型 [23,24](MAT_JOHNSON_HOLMQUIST_CERAMICS) 是应用最多的陶瓷本构模型，其优点是：通用性强，描述陶瓷材料的损伤破坏较为准确，计算效率高，且易于嵌入到大型程序代码。该模型中，假定材料强度与压力、应变率和损伤度相关；损伤定义为累积应变和断裂应变之比；压力比容关系考虑了体胀效应，即材料发生损伤后，剪应力或应力偏量减小引起的能量损失全部或部分转变为内能，从而引起压力增加 (图 7.19)[25]。

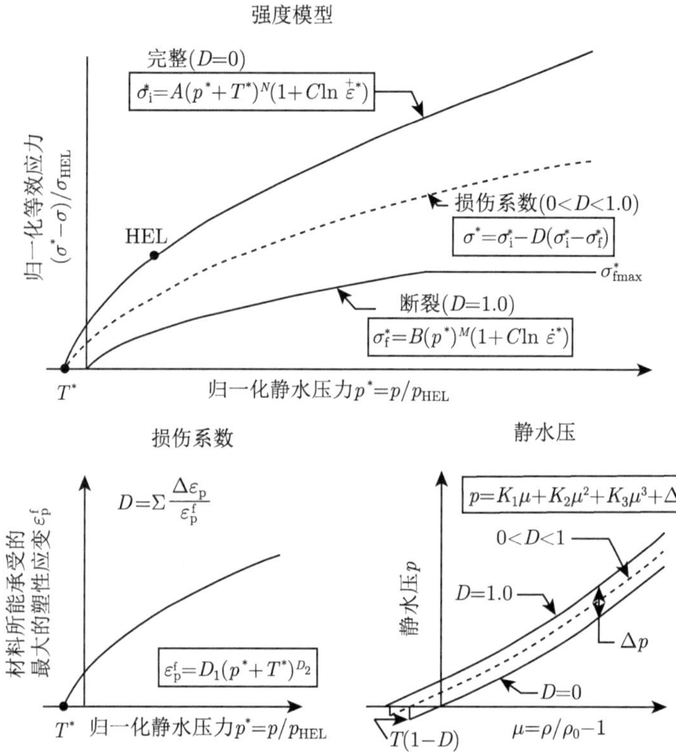

图 7.19　JH-2 本构模型

JH-2 本构模型中强度模型的归一化形式可用下式描述 [23~26]：

$$\sigma^* = \sigma_{\mathrm{i}}^* - D\left(\sigma_{\mathrm{i}}^* - \sigma_{\mathrm{f}}^*\right) \tag{7.11}$$

式中：σ_{i}^* 为未损伤陶瓷材料的归一化等效应力；σ_{f}^* 为完全损伤材料的归一化等效应力；D 为基于每个计算循环里的塑性应变增量的累积破坏断裂准则，即损伤系数，取值范围 0~1。未损伤材料的归一化等效应力为

$$\sigma_{\mathrm{i}}^* = A(p^* + T^*)^N(1 + C\ln\dot{\varepsilon}^*) \tag{7.12}$$

完全损伤材料的归一化等效应力为

$$\sigma_{\mathrm{f}}^* = B(p^*)^M(1 + C\ln\varepsilon^*) \leqslant \sigma_{\mathrm{fmax}}^* \tag{7.13}$$

式中：A, B, C, M, N 为材料常数；归一化静水压力 $p^* = p/p_{\mathrm{HEL}}$，p 为实际压力，p_{HEL} 为 Hugoniot 弹性极限 σ_{HEL} 下的压力；归一化最大静水拉伸应力 $T^* =$

T/p_{HEL}，T 为材料能承受的最大静水拉伸应力；归一化应变率 $\dot{\varepsilon}^*=\dot{\varepsilon}/\dot{\varepsilon}_0$，$\dot{\varepsilon}$ 为实际应变率，$\dot{\varepsilon}_0=1/s$ 是参考应变率；σ^*_{fmax} 为归一化最大断裂强度。

损伤演化规律与 Johnson-Cook 模型中的损伤演化类似：

$$D=\sum \Delta\varepsilon_{\text{p}}/\varepsilon_{\text{p}}^{\text{f}} \tag{7.14}$$

式中：$\Delta\varepsilon_{\text{p}}$ 是一个积分循环下的有效塑性应变；$\varepsilon_{\text{p}}^{\text{f}}=D_1(p^*+T^*)^{D_2}$ 是一定压力 p 下的断裂应变，D_1 和 D_2 为常数。

在无损伤 $(D=0)$ 情况下，压力 p 可以表示为比容的函数：

$$\begin{cases} p=K_1\mu+K_2\mu^2+K_3\mu^3\ (\text{压缩时}) \\ p=K_1\mu\ (\text{膨胀时}) \end{cases} \tag{7.15}$$

式中：K_1,K_2,K_3 为材料常数 (K_1 为体积模量)；$\mu=\rho/\rho_0-1$，ρ 为现时密度，ρ_0 为初始密度。

当损伤开始累积时，式 (7.15) 中的压缩方程需要修正为

$$p=K_1\mu+K_2\mu^2+K_3\mu^3+\Delta p \tag{7.16}$$

上式中增加的压力 Δp 从能量角度考虑得到，即由于偏应力减小导致的弹性内能的减小，通过增加的压力 Δp 转化为势能。偏应力减小的原因是随着损伤系数 D 的增加，应力 σ 就会减小。

偏应力对应的弹性内能一般表达为

$$U=\sigma_y^2/(6G) \tag{7.17}$$

式中：σ_y 为等效塑性流动应力；G 为剪切模量。内能的减少量可以表示为

$$\Delta U=U_{D(t)}-U_{D(t+\Delta t)} \tag{7.18}$$

ΔU 通过 Δp 转化为势能的近似方程为

$$\beta\Delta U=\left(\Delta p_{t+\Delta t}-\Delta p_t\right)\mu_t+\left(\Delta p_{t+\Delta t}^2-\Delta p_t^2\right)/(2K_1) \tag{7.19}$$

方程中右式第一项为对于 $\mu>0$ 的近似势能，第二项为对于 $\mu<0$ 的近似势能。$\Delta p_{t+\Delta t}$ 的表达式为

$$\Delta p_{t+\Delta t}=-K_1\mu_t+\sqrt{\left(K_1\mu_t+\Delta p_t\right)^2+2\beta K_1\Delta U} \tag{7.20}$$

当 $\beta=0$ 时，$\Delta p=0$，β 为减少的弹性势能转化为内能的系数，取值范围 0~1。氧化铝陶瓷的材料参数如表 7.7 所示。

表 7.7 氧化铝陶瓷的材料参数

$\rho/(\mathrm{g/cm^3})$	G/GPa	A/GPa	B/GPa	C	M	N	$\dot{\varepsilon}_0/\mathrm{s}^{-1}$	T/MPa
3.85	1.33	0.93	0.5	0.007	0.6	0.64	1	262
σ^*_{fmax}	σ_{HEL}/GPa	p_{HEL}	β	D_1	D_2	K_1	K_2	K_3
0.5	6.4	0.028	0.01	1.0	2.286	1.914	1.115	0.9

2. 防弹复合材料本构模型

防弹复合材料一般选取 LS-DYNA 材料库中 MAT_COMPOSITE_FAILMRE_{OPTION}_MODEL 模型。该材料模型是建立在 Cheng 和 Hallqμist 所描述的损伤模型基础上，总共包含了 8 种失效模式 [27]：

(1) 长轴方向纤维拉伸失效；

(2) 横轴拉伸失效；

(3) 厚度方向 (正交方向) 剪切失效 (由长轴方向张力连接)；

(4) 分层失效；

(5) 厚度方向 (正交方向) 剪切失效 (由横轴方向张力连接)；

(6) 长轴方向压缩失效；

(7) 横轴方向压缩失效；

(8) 厚度方向 (正交方向) 压缩失效。

其应力应变关系如下：

$$\begin{bmatrix} \dfrac{1}{E_a} & -\dfrac{\nu_{ab}}{E_b} & -\dfrac{\nu_{ac}}{E_c} & 0 & 0 & 0 \\ -\dfrac{\nu_{ba}}{E_a} & \dfrac{1}{E_b} & -\dfrac{\nu_{bc}}{E_c} & 0 & 0 & 0 \\ -\dfrac{\nu_{ca}}{E_a} & -\dfrac{\nu_{cb}}{E_b} & \dfrac{1}{E_c} & 0 & 0 & 0 \\ 0 & 0 & 0 & \dfrac{1}{G_{bc}} & 0 & 0 \\ 0 & 0 & 0 & 0 & \dfrac{1}{G_{ca}} & 0 \\ 0 & 0 & 0 & 0 & 0 & \dfrac{1}{G_{ab}} \end{bmatrix} \begin{Bmatrix} \sigma_{aa} \\ \sigma_{bb} \\ \sigma_{cc} \\ \sigma_{bc} \\ \sigma_{ca} \\ \sigma_{ab} \end{Bmatrix} = \begin{Bmatrix} \varepsilon_{aa} \\ \varepsilon_{bb} \\ \varepsilon_{cc} \\ \gamma_{bc} \\ \gamma_{ca} \\ \gamma_{ab} \end{Bmatrix} \tag{7.21}$$

对于软质防弹复合材料，当作为壳单元模拟时选择 MAT_COMPOSITE_FAILMRE_SHELL_MODEL 本构模型。材料应力应变曲线分为弹性段和塑性段，在弹性段，应力由胡克定律定义；在塑性段，材料的屈服由参数 σ_1、σ_2、σ_{12}、σ_{23}、σ_{13} 定义。在材料屈服的基础上，材料失效由界面失效准则确定。

当 SC = 1.0 时 (MAT59a)，材料失效准则使用平面失效准则。在计算材料屈服极限时不仅仅计算剪切强度，正交方向每个强度都需要计算。

$$\sigma_{1C} = -S_{lC} \tag{7.22}$$

$$\sigma_{2C} = -S_{tC} \tag{7.23}$$

$$\sigma_{1T} = \alpha S_{lT} \tag{7.24}$$

$$\sigma_{2T} = \alpha S_{tT} \tag{7.25}$$

$$\sigma_{12} = \sigma_{23} = \sigma_{13} = \pm S_S \tag{7.26}$$

当 $\alpha = 0$ 时，材料在失效后所有方向的拉伸强度值变为 0。

当 $\alpha = 1$ 时，材料是完全的弹塑性性质。

当 SC = −1 时 (MAT59b)，材料失效准则使用椭球面失效准则 (图 7.20)。该准则与 Tsai-Wu 准则非常相似，但不完全一样，适用于各个方向强度差异不大的材料。其形式如下式 [28]：

$$\frac{4\left(\sigma_1-\dfrac{S_{lT}-S_{lC}}{2}\right)^2}{\left(S_{lT}+S_{lC}\right)^2}+\frac{4\left(\sigma_2-\dfrac{S_{tT}-S_{tC}}{2}\right)^2}{\left(S_{tT}+S_{tC}\right)^2}+\frac{\sigma_{12}^2}{S_{lS}^2}+\frac{\sigma_{13}^2}{S_{tS}^2}+\frac{\sigma_{23}^2}{S_{tS}^2}-1=0 \tag{7.27}$$

式中：S 为材料的强度，下标 T、C、S 分别表示拉伸、压缩、剪切强度，下标 t 表示横向，下标 l 表示纵向。

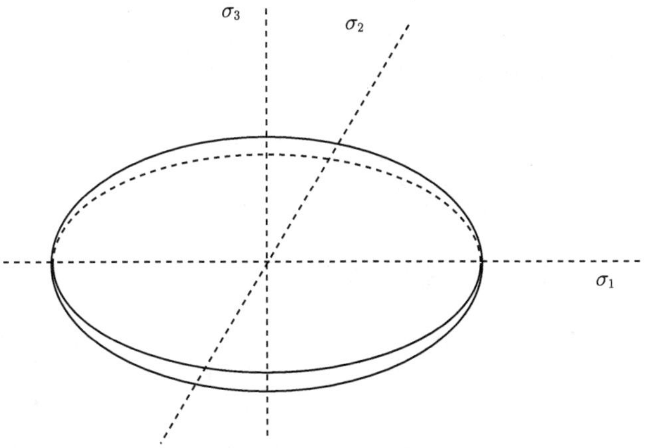

图 7.20 椭球面失效准则示意图

当防弹复合材料采用实体单元模拟时，可选择 MAT_COMPOSITE_ FAILMRE_SOLID_MODEL 本构模型。当沿某一个方向的载荷达到极限值时，相对应的刚度变为 0。59 号材料模型没有考虑应变率的影响，但是能更好地模拟材料在 3 个主方向的力学特性，这与材料在不同时刻的失效形式对应。UHMWPE 防弹复合材料的力学参数如表 7.8 所示。

表 7.8　UHMWPE 防弹复合材料的力学参数

$\rho/(\mathrm{g/cm^3})$	E_a/GPa	E_b/GPa	E_c/GPa	泊松比 ν_{ba}	泊松比 ν_{ca}	泊松比 ν_{cb}
0.97	80	30	0	0.18	0.18	0.11
剪切模量 G_{ab}/GPa	剪切模量 G_{bc}/GPa	剪切模量 G_{ca}/GPa	横向压缩强度 S_{tC}/GPa	横向拉伸强度 S_{tT}/GPa	纵向压缩强度 S_{lC}/GPa	纵向拉伸强度 S_{lT}/GPa
20	10	20	4.5	4.5	0.7	0.7

3. 应变率相关超弹性模型

由于明胶具有明显的应变率效应，因此必须选择一种考虑应变率效应的本构模型来模拟其物理响应。LS-DYNA 中的材料模型 MAT_SIMPLIFIED_RUBBER/FOAM_WITH_FAILURE 可以将材料不同应变率的实验曲线直接作为材料参数输入模型，使用简单方便，同时该材料模型还可以模拟材料的失效过程。

该模型采用 Ogden 应变能形式，即以主伸长率来表示应变能函数 [29,30]：

$$W=\sum_{i=1}^{3}\sum_{j=1}^{m}\frac{\mu_j}{\alpha_j}\left(\lambda_i^{*\alpha_j}-1\right)+K\left(J-1-\ln J\right) \tag{7.28}$$

式中：μ_j 和 α_j 为材料常数；K 为体积模量；J 为压缩体积比；$\lambda_i^*=\lambda_i J^{-1/3}$，$\lambda_i$ 为主伸长率。由此得到主真实应力的表达式：

$$\sigma_i=\frac{1}{\lambda_k\lambda_j}\frac{\partial W}{\partial\lambda_i}=\sum_{j=1}^{m}\frac{\mu_j}{J}\left[\lambda_i^{*\alpha_j}-\sum_{k=1}^{3}\frac{\lambda_k^{*\alpha_j}}{3}\right]+K\frac{J-1}{J} \tag{7.29}$$

定义函数

$$f\left(\lambda\right)=\sum_{j=1}^{m}\mu_j\lambda^{*\alpha_j} \tag{7.30}$$

则主真实应力的表达式可以写成如下形式：

$$\sigma_i=\frac{1}{J}\left[f\left(\lambda_i\right)-\frac{1}{3}\sum_{j=1}^{3}f\left(\lambda_i\right)\right]+K\frac{J-1}{J} \tag{7.31}$$

基于 Feng 和 Hallquist[31] 提出的失效准则 (式 (7.32))，该材料模型还可以模拟材料的失效过程。

$$f\left(I_1,I_2,I_3\right)=\left(I_1-3\right)+A(I_1-3)^2+B\left(I_3-3\right)=C \tag{7.32}$$

式中：I_1,I_2,I_3 为右 Cauchy-Green 变形张量的三个不变量；对于不可压缩材料，$I_3=1$，A、B、C 为由实验测得的材料常数；模型中通过损伤因子 D (式 (7.14)) 来考虑材料的应力衰减行为，当 $D=1$ 时材料完全失效。针对 10% 明胶，Cronin

等 [32] 提出可以将式 (7.32) 简化为式 (7.34) 的形式，并基于实验数据得到 $C=5.7, h=0.2$。式 (7.33) 中，h 用来判断材料何时开始失效。

$$D=\begin{cases}0, & f\leqslant(1-h)C\\ \dfrac{1}{2}\left[1+\cos\dfrac{\pi(f-C)}{hC}\right], & (1-h)C<f<C\\ 1, & f\geqslant C\end{cases}\tag{7.33}$$

其中：

$$f(I_1)=(I_1-3)\tag{7.34}$$

采用单一单元数值模拟方法 (one element test) 验证数值预测结果与实验数据吻合程度。将明胶的工程应力应变曲线数据输入该模型中，模型自动采用线性插值的方法得到相应应变率范围内任意应变率下的应力应变响应。共模拟了四种不同应变率下明胶单元的压缩响应情况，对比结果如图 7.21 所示。图中实验曲线并没有包含材料的失效过程，这是由于文献中给出的曲线并不是原始的实验数据曲线，而是为了保证数值结果的稳定性将实验曲线人为进行了外推。文献中给出

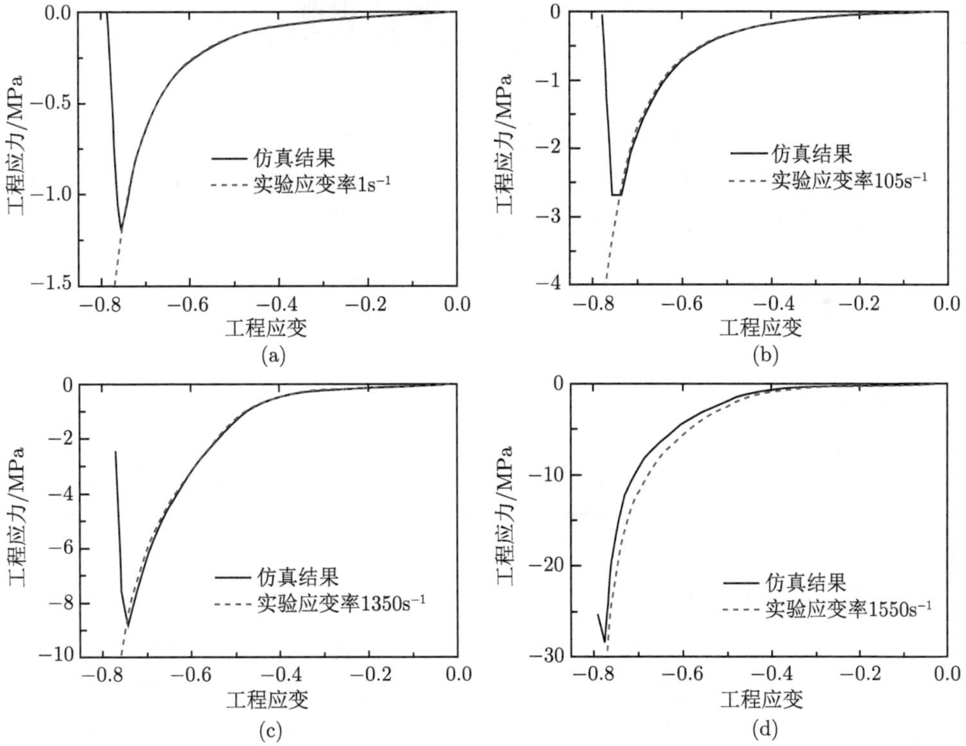

图 7.21 10%明胶不同应变率下实验曲线与超弹性模型预测结果对比

了 10%明胶在应变率 0.01~$1s^{-1}$ 范围内的压缩失效应变为 0.738~0.755，失效应变随应变率增加而缓慢增大。本节数值模拟得到的材料压缩失效应变在 0.76~0.79 之间，与文献的结果和结论吻合较好。从图 7.21 中可还可以看到，在应变率 $1s^{-1}$ 时，实验与仿真曲线近乎完全重合，随着应变率增加，两者的误差逐渐增大。

7.4.4 步枪弹侵彻有防护明胶靶标数值结果

1. 数值结果

实验与仿真结果显示步枪弹均未穿透防护。步枪弹穿过陶瓷面板，继续侵彻 UHMWPE 背板层，最终停留在插板背板层中。弹头作为投射物在撞击过程中受到防弹插板阻碍，不断破碎及变形，弹心头部墩粗，呈明显的“蘑菇”形，由图 7.22 可以看出数值仿真结果与弹道实验结果较为吻合。

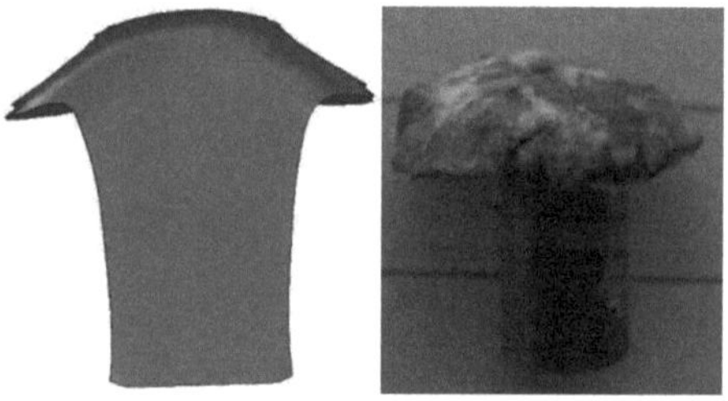

图 7.22 弹头形态对比

由于仿真过程中关心防护后靶标动态响应，采用 Lagrange 算法计算，未能如 SPH 算法一样模拟出侵彻初期陶瓷碎片的飞溅。实验后测量插板穿透深度、背凸区域直径、弹头剩余长度，与数值仿真结果对比如表 7.9 所示。

表 7.9 实验结果与仿真结果对比

特征参数	着靶速度/(m/s)	穿透深度/mm	弹头剩余长度/mm
实验结果	763	24	\
	742	\	12
	737	19	11.5
	\	21	\
	734	21	14
仿真结果	750	18.5	11.8

注：“\” 表示数据未测得。

2. 速度与加速度分析

侵彻速度是研究侵彻过程及侵彻机理的关键因素，它与毁伤效果和靶板防护效果直接相关。在高速侵彻过程中，由于受实验设备与测试技术的限制，无法有效得到整个侵彻过程中的侵彻速度变化，因此，通过数值仿真对侵彻过程中速度与加速度进行分析，对于整个侵彻过程与侵彻机理的研究尤为重要。

仿真中设定枪弹着靶速度为 750m/s，垂直撞击。由图 7.23 弹头速度变化曲线可知，弹头在撞击陶瓷面板后，受到在面板作用下与运动方向相反的阻力。在 0~20μs 内，弹头尖部刚开始接触陶瓷面板，尖部被甲和铅套发生变形，弹头速度未见明显减小。20~90μs 内，弹头钢心侵彻陶瓷面板，由于陶瓷硬度较高，弹头速度迅速衰减到零。随后弹头在陶瓷和背板反作用力下发生了反向运动。

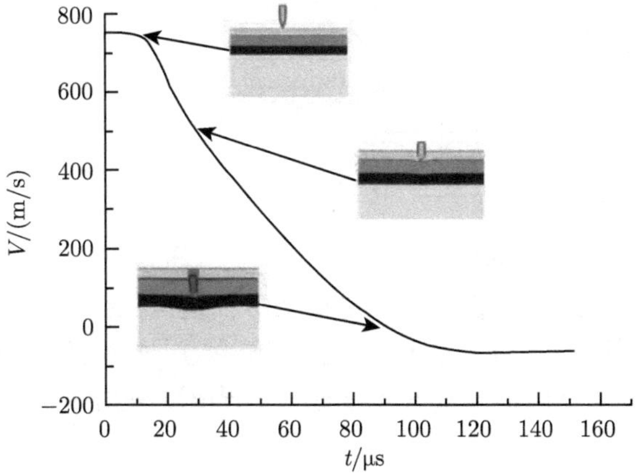

图 7.23 弹头速度变化曲线

通过将加速度变化曲线与弹头侵彻过程对比可以知道，根据图 7.24，将加速度变化分为 3 个阶段：

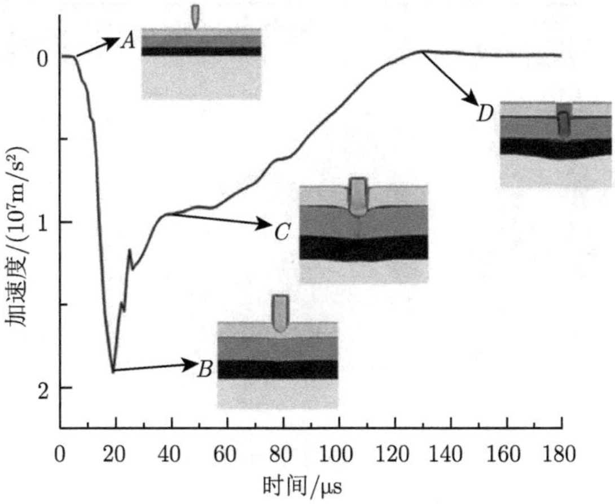

图 7.24 弹头加速度变化曲线

(1) AB 段，约为 0~20μs，弹头头部与面板初始接触，加速度急剧增大，头部外壳与铅套开始变形。陶瓷面板受到高速冲击作用，出现初始裂纹，在头部"挤进”陶瓷面板后，加速度达到最大，此阶段视为弹头侵彻过程的开坑阶段。开坑部分直径大于弹头直径。

(2) BC 段，约为 20~50μs，陶瓷面板由于短时间的强冲击而破碎，开坑阶段完成后，陶瓷对弹头的阻力减小，后期以摩擦阻力为主。在此阶段内，陶瓷锥形成，弹头与陶瓷锥一起运动，同时受到背板与面板的摩擦阻力作用，加速度减小。此阶段可视为在陶瓷面板内运动的稳定侵彻阶段。

(3) CD 段，约为 50~90μs，在 C 点，加速度曲线出现第二个拐点，弹头头部部分嵌入层合板内部，弹头主要受到背板阻力作用，加速度近似直线衰减，直至为 0。

3. 明胶内压力波

对于整个冲击过程，当弹体接触防护材料时，压缩波形成，传递至交界面，形成拉伸波。冲击波继续经由软体防护传播至明胶模拟靶标，如图 7.25 所示，在明胶靶标内典型时刻压力波传递显示球形波基本形态。软质防护凹陷不断挤压明胶，同时压力波传递会形成瞬时空腔，不断扩大，当瞬时凹陷达到最大深度后开始出现收缩。

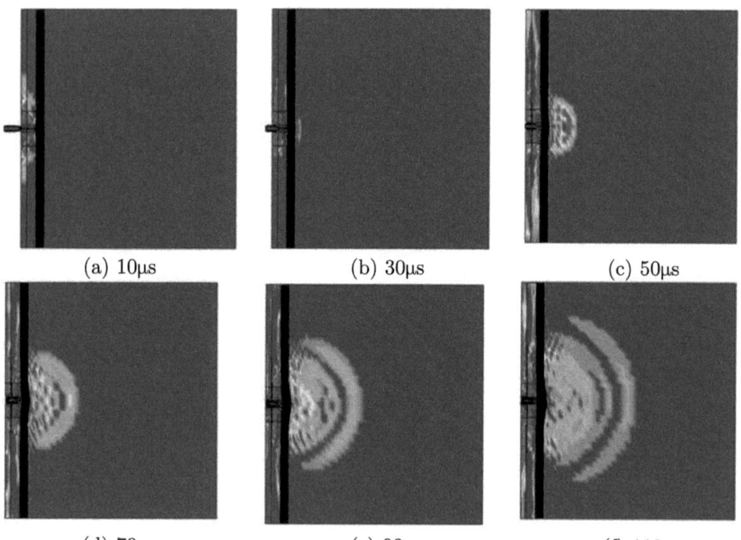

(a) 10μs　(b) 30μs　(c) 50μs

(d) 70μs　(e) 90μs　(f) 110μs

图 7.25　典型时刻压力传播云图

实验中压电传感器敏感端面距离明胶前端弧面 4cm，选取接近 4cm 处两个单元 H419609、H416009，测得其压力峰值为 10.7MPa (图 7.26)。压力波在明胶靶标内传递过程中会产生压力振动，因此在达到峰值后会出现压力振荡，直至消失。

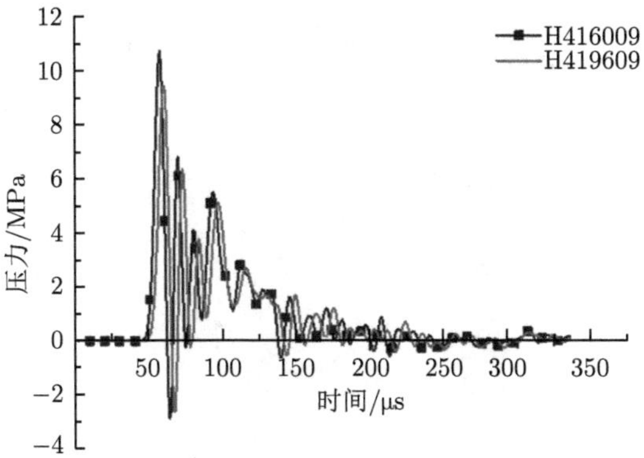

图 7.26 特定压力点 p-t 曲线图

7.5 杀伤元侵彻有防护数字化人体靶标数值模拟

7.5.1 问题描述与分析过程规划

数字化人体靶标更精确地模拟了有生目标结构和力学特性，是轻武器杀伤作用仿真的发展方向，本节以“9mm 手枪弹侵彻穿 Ⅱ 级防弹衣数字化人体躯干靶标的过程”为例，介绍数值模拟方法，研究枪弹冲击对人体造成的钝击效应。弹头入靶速度 360m/s，射击位置为胸骨下端。Ⅱ 级防弹衣由 46 层 UHMWPE 无纬布组成。

模型采用 1:1 建模，采用 cm-g-μs 单位制。防弹衣采用薄壳单元进行划分。人体躯干采用四面体网格划分。弹头各个部分采用 JOHNSON_COOK 本构模型。防弹衣采用 MAT_COMPOSITE_FAILURE_SHELL_MODEL 来模拟壳单元力学响应。人体胸部所有的骨骼均采用线弹性本构模型，内脏均采用黏弹性本构模型。

设置弹体和防弹衣采用面面侵蚀接触 CONTACT_ERODING_SURFACE_TO_SURFACE。纤维层与层之间的接触采用自动单面接触 (CONTACT_AUTOMATIC_SINGLE_SURFACE)。弹头的铜壳和铅心选择自动面面接触 (CONTACT_AUTOMATIC_SURFACE_ TO_SURFACE)。防弹衣与人体接触区域亦采用自动面面接触。

7.5.2 模型网格划分

人体上躯干几何数据来源于某志愿者的 CT 扫描影像。在 MIMICS 软件中进行三维几何重建，并导入 Hypermesh 软件中进行四面体网格划分。建立的人体躯干有限元模型如图 7.27 所示。

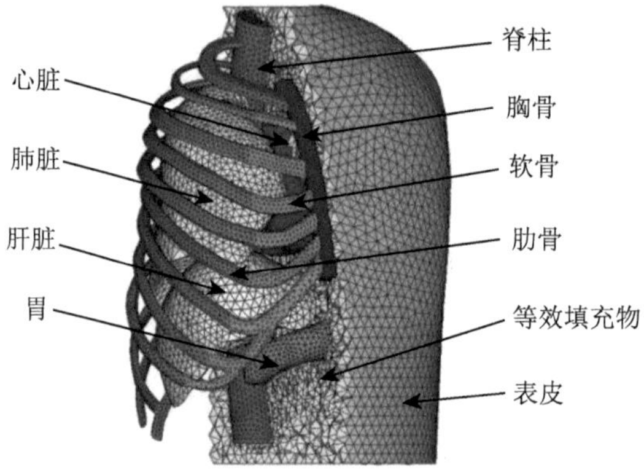

图 7.27　人体躯干有限元模型

防弹衣形状与人体胸部完全贴合，在弹着点区域划分较密的网格，远离弹着点区域网格尺寸逐渐加大。将手枪弹和防弹衣的有限元模型装配到人体躯干有限元模型上，完整的手枪弹侵彻有防护人体躯干有限元模型如图 7.28 所示。

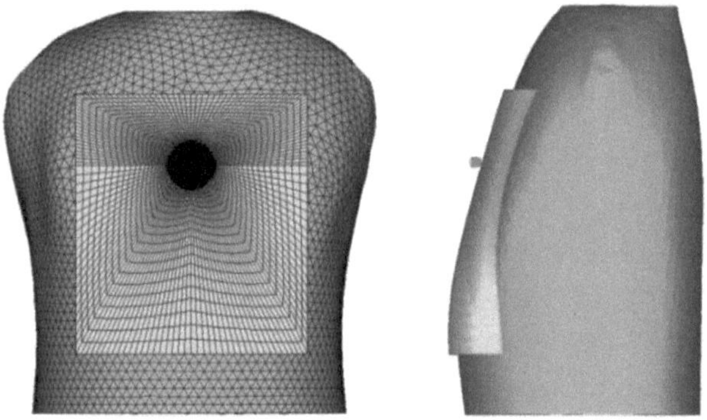

(a) 正视图　　(b) 右视图

图 7.28　手枪弹侵彻有防护人体躯干有限元模型

7.5.3　手枪弹侵彻有软防护人体靶标数值结果

1. 侵彻过程

手枪弹侵彻有软防护人体躯干靶标时手枪弹与防弹衣作用过程如图 7.29 所示，防弹衣的破坏经历了压缩、破坏、分层、鼓包和回弹五个阶段。由人体靶标支撑的防弹衣在被手枪弹侵彻过程中的最大凹陷量为 0.36cm，由于防弹衣后面有人体靶标作支撑，其阻尼刚度比较大，最大凹陷量与手枪弹侵彻单独软体防弹衣靶标的计算结果相比小 50%。

(a) (b) (c)

图 7.29 手枪弹与软防护作用过程

2. 主要器官等效应力

图 7.30 为心脏正前方胸骨位置遭受钝击时，人体内主要器官等效应力场的演化情况。仿真结果显示心脏上最先开始出现应力变化，并从心脏区域开始扩散到肺部，随后应力开始减弱。胃和肝脏处未见明显应力波。

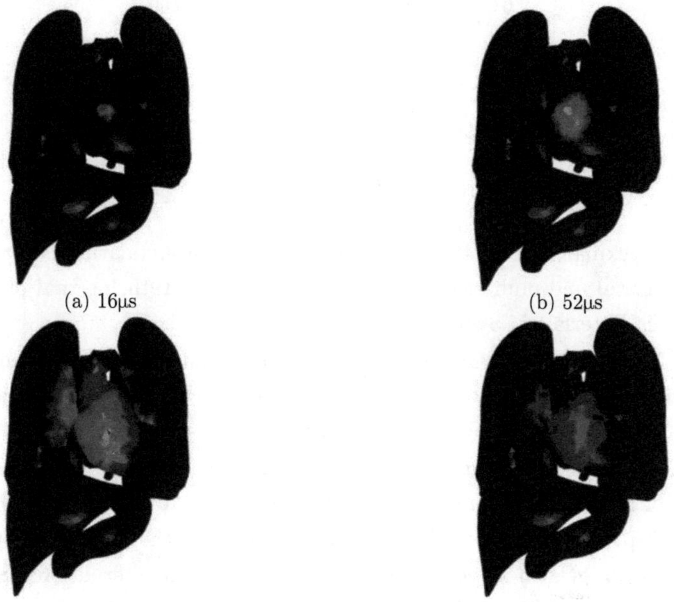

(a) 16μs (b) 52μs

(c) 132μs (d) 144μs

图 7.30 主要器官等效应力场演化情况

3. 主要器官内压力变化

选取心脏、肺脏和肝脏的中心为测量位置，获取的压力变化曲线如图 7.31 所示。在 $t = 144\mu s$，心脏压力达到最大值 2.703MPa；在 $t = 272\mu s$, 肝脏压力达到最大值 0.847MPa；在 $t = 172\mu s$，右肺压力达到最大值 0.828MPa；在 $t = 192\mu s$，左肺压力达到最大值 0.865MPa。仿真结果表明，钝击产生的压力波会通过防弹衣传递到人体，从弹着点由近及远向四周扩散，逐渐传递至心脏、肺脏、肝脏和胃，造成器官的损伤。

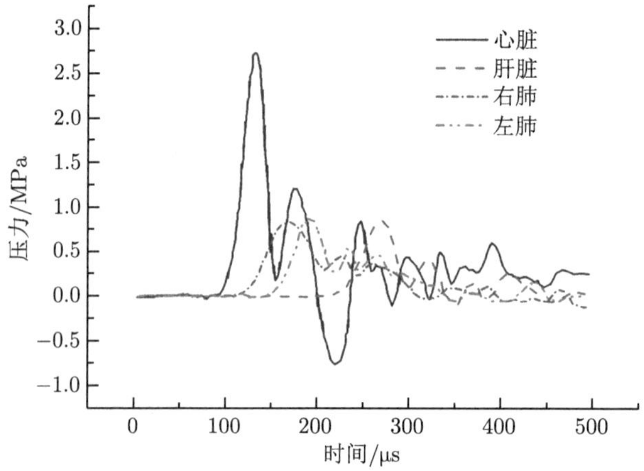

图 7.31 器官内压力随时间变化曲线

参 考 文 献

[1] Pirlot M, Dyckmans G, Bastin I. Soap and gelatine for simulating human body tissue: an experimental and numerical evaluation. Proc of the 19th International Symposium on Ballistics, Interlaken, Switzerland, 2001: 7-11.

[2] Nsiampa N, Dyckmans G, Chabotier A. Numerical simulation of the tumbling effect of small caliber projectiles into ballistic soap. Proceedings of the 8th World Congress on Computational Mechanics, Venice, Italy, 2008.

[3] Cronin D S. Ballistic gelatin characterization and constitutive modeling // Dynamic Behavior of Materials, Volume 1. New York: Springer, 2011: 51-55.

[4] Koene L, Papy A. Experimental and numerical study of the impact of shperical projectiles on ballistic gelatin at velocities up to 160m/s. 25th International Symposium on Ballistics, Beijing, 2010: 1573-1579.

[5] Datoc D. Finite element analysis and modeling of a. 38 lead round nose ballistic gelatin test. Master's Theses and Project Reports, 2010: 274.

[6] Minisi M D. Gelatin Impact Modeling. www.dtic.mil/ndia/2006smallarms/minisi.pdf. 2006.

[7] 温垚珂. 步枪弹对有/无防护明胶靶标作用效应研究. 南京：南京理工大学, 2014.

[8] 温垚珂, 徐诚, 陈爱军，等. 球形破片高速侵彻明胶靶标的数值模拟. 弹道学报, 2012, 24(3): 25-30.

[9] 温垚珂，徐诚，陈爱军，等. 步枪弹侵彻明胶靶标的数值模拟. 兵工学报, 2013, 34(1): 14-19.

[10] Wen Y K, Xu C, Wang H S, et al. Impact of steel spheres on ballistic gelatin at moderate velocities. International Journal of Impact Engineering, 2013, 62: 142-151.

[11] Wen Y K, Xu C, Jin Y X, et al. Rifle bullet penetration into ballistic gelatin. Journal of the Mechanical Behavior of Biomedical Materials, 2017, 67: 40-50.

[12] Wen Y K, Xu C, Wang S, et al. Analysis of behind the armor ballistic Trauma. Journal of the Mechanical Behavior of Biomedical Materials, 2015, 45: 11-21.

[13] 刘艳. 手枪弹对骨骼复合靶标侵彻作用的数值模拟及力学响应研究. 南京: 南京理工大学, 2013.

[14] 罗少敏. 小质量物体高速撞击陶瓷复合靶板毁伤效应研究. 南京: 南京理工大学, 2013.

[15] Luo S, Xu C, Wang S, et al. Transient pressure wave in the behind armor blunt trauma: experimental and computational investigation. Computer Methods in Biomechanics and Biomedical Engineering, 2016: 1-11.

[16] Roberts J C, Merkle A C, Biermann P J, et al. Computational and experimental models of the human torso for non-penetrating ballistic impact. Journal of Biomechanics, 2007, 40(1): 125-136.

[17] 董萍. 手枪弹对带软体防弹衣人体躯干靶标钝击作用的建模与仿真研究. 南京: 南京理工大学, 2012.

[18] 张启宽. 步枪弹对带复合防护人体靶标作用的数值模拟. 南京: 南京理工大学, 2012.

[19] Johnson G R, Cook W H. Fracture characteristics of three metals subjected to various strains, strain rates, temperatures and pressures. Engineering Fracture Mechanics，1985, 21(1): 31-48.

[20] 吕洪生，曾新吾，力学. 连续介质力学（下）：动载固体力学与应力波. 长沙: 国防科技大学出版社, 1999.

[21] Wilbeck J S. Impact behaviour of low strength projectiles. Technical ReportAFML-TR-77-134. Air Force Materials Laboratory，1978.

[22] Nagayama K, Mori Y, Motegi Y, et al. Shock Hugoniot for biological materials. Shock Waves，2006, 15(3-4): 267-275.

[23] Johnson G R, Holmquist T J. An improved computational constitutive model for brittle materials. AIP Conference Proceedings，1994: 981.

[24] Johnson G R, Holmquist T J. Response of boron carbide subjected to large strains, high strain rates, and high pressures. Journal of Applied Physics，1999, 85(12): 8060-8073.

[25] 王庭辉. 陶瓷和纤维复合材料的动态性能及防护分析. 成都: 西南交通大学, 2010.

[26] 卞梁，王肖钧，章杰. SPH/FEM 耦合算法在陶瓷复合靶抗侵彻数值模拟中的应用. 高压物理学报，2010, 24(3): 161-167.

[27] Hallquist J O. LS-DYNA Keyword User's Manual VOLUME II: Material Models. Livermore Software Technology Corporation, 2013.

[28] Schweizerhof K, Weimar K, Münz T, et al. Crashworthiness analysis with enhanced composite material models in LS-DYNA-merits and limits. LS-DYNA World Conference, Detroit, Michigan, USA，1998.

[29] Du Bois P A. A simplified approach to the simulation of rubber-like materials under dynamic loading. 4 th European LS_DYNA Users Conference, Material I, 2003: 31-46.
[30] Kolling S, Du Bois P A, Benson D J, et al. A tabulated formulation of hyperelasticity with rate effects and damage. Computational Mechanics, 2007, 40(5): 885-899.
[31] Feng W W, Hallquist J O. A failure criterion for polymers and soft biological materials. 5th European LS-DYNA Users Conference Material Technology, 2005: 25-26.
[32] Cronin D S, Falzon C. Dynamic characterization and simulation of ballistic gelatin. SEM Annual Conference Albuquerque New Mexico USA , 2009: 1-4.

第 8 章　轻武器杀伤效能评估

8.1　概　　述

轻武器杀伤效能是指轻武器有效杀伤有生目标，使之不能完成作战任务的能力。

轻武器杀伤效能是轻武器效能体系的一个基本组成部分。在原兵器工业部轻武器效能评价模型 E = A·D·M·S·WL[1] 中，包含可用度、可靠性、机动性、适应性及武器威力的函数。参照《装备费用–效能分析》(GJB 1364—92) 中对作战效能及系统效能的定义，轻武器效能体系自上而下可分为作战效能、系统效能以及基本效能 (包括杀伤效能、发射效能和观瞄效能等) 三个层面，参见图 8.1。轻武器杀伤效能是支撑轻武器效能体系的最基础的核心指标，所包含的基本内容是杀伤元、目标及其相互作用关系等。

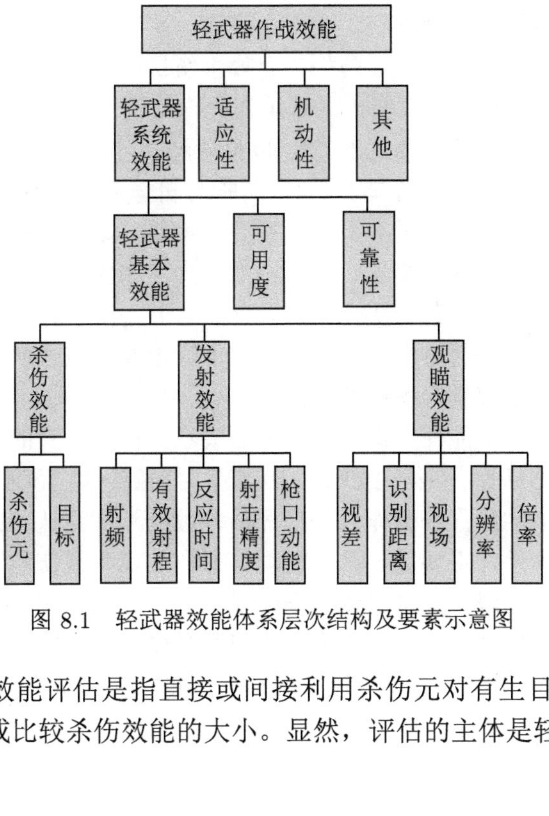

图 8.1　轻武器效能体系层次结构及要素示意图

轻武器杀伤效能评估是指直接或间接利用杀伤元对有生目标的杀伤作用结果，表征、测试或比较杀伤效能的大小。显然，评估的主体是轻武器杀伤元，客体是有生目标，而二者有机结合的作用结果是评估的关注焦点。在研究中，主要通过构建计算分析模型、实验测试方法等手段，获得定量化结果。

轻武器杀伤效能评估方法随着对轻武器杀伤效应的深入认识而逐步发展完善。19 世纪末到 20 世纪初所建立的动能判据，如至今仍在沿用的 8kg·m 以及侵彻松木板的实验方法等，是基于对杀伤作用的朴素认识，将动能和侵彻等杀伤必要性因素作为评估判据。源于对实战效能的需求，在汤普森–拉加德试验中，采用生物靶标，将机体损伤和冲击效应等作为评估判据。通过比较不同类型手枪弹头与生物损伤效应的关系，哈彻将军建立了停止作用和相对停止作用计算公式 [2,3]，将杀伤元动能、冲量及其形状等参数的综合结果作为评估判据。第二次世界大战后，随着现代创伤弹道学的发展，杀伤元在模拟靶标中的作用效应物理量逐渐成为评估判据的核心参数，并利用数学模型、数字化人体创伤模型等，与人员损伤结果、丧失战斗力概率等建立起有机联系，典型的评估方法如 ΔKE 法、EKE 法、相对失能指数法以及我国的全方位人体破片致伤模型、人体枪弹致伤模型等 [4]。

进入 21 世纪后，随着防弹衣逐步推广应用，高速弹头破片对无防护目标的杀伤作用效果主要表现为侵彻切割、空腔效应与压力波远达致伤等；作用于有防护目标时，则包括了穿透伤与非穿透的钝击伤 (BABT)：

(1) 穿透防护后的侵彻切割伤——杀伤元穿透防护，则侵彻切割、空腔效应与压力波远达致伤等效应依然存在。由于防弹衣、头盔所覆盖的区域多为重要组织器官所在部位，因此弹头若穿透防护，有效杀伤目标的概率很大。

(2) 未穿透防护的钝击致伤——若杀伤元未穿透防护材料，弹头的高速冲击造成防护背板产生快速的凹凸变形，通过对目标的钝性撞击造成目标机体的损伤。此类综合性的损伤可分为三个方面：① 防护与机体表面相对运动造成的挤压伤；② 钝击变形造成的长骨密质脆性材料大变形而断裂；③ 钝击挤压造成的局部压力升高并沿机体传播，造成易损器官、组织的应力集中而破裂，或可称之为压力波间接损伤。但总体而言，若弹头未穿透防弹衣，并不能确保无伤害，但大多数并不造成致命伤害，而是暂时性失能创伤。综上，该类型致伤研究对于提升武器杀伤力及战场战伤救治都具有积极意义。

现代轻武器杀伤效能评估研究，一方面关注杀伤元自身的杀伤能力，借助于模拟靶标如明胶靶标等，获得诸如侵彻和破碎、能量传递、瞬时空腔、压力波等杀伤作用数据，其中的能量传递作为杀伤评估参数受到广泛认同；另一方面分析研究人员目标的易损性，主要基于杀伤机理、损伤效应和战伤救治等，总结概括人员目标创伤特性，分级并定量描述创伤结果。借助于数字化人体创伤模型，获取多种情况下的易损性数据；核心内容是构建数学模型、实验方法和计算方法，将杀伤作用数据 (评估参数) 与易损性有机结合，建立轻武器杀伤效能的表征值。

8.2 人员目标易损性

人员目标易损性主要指人员目标被杀伤元击中后对其完成作战任务影响程度的描述，即人体功能区域和重要组织器官在特定条件下对其创伤敏感程度的度量。人员目标易损性的基本任务是归纳总结出创伤效应对人员功能的影响规律，并将病理、生理等损伤效应的定性化描述转化为可用于数学处理的定量化描述。人员目标易损性主要包括人员目标的创伤特性、创伤评分方法、数字化人体模型等内容，并结合计算机仿真计算，获取各种特定条件下人员易损性特征函数。

8.2.1 人员目标创伤特性

人员目标创伤特性是指人员目标遭受杀伤元作用时，相应的组织器官所产生的病理、生理功能方面的损伤效应特征、特点，以及所造成的人员功能障碍、失能状况等。针对生物效应特点，人体按功能划分为神经系统、呼吸系统、循环系统和行为系统等四大系统，每个系统的组织器官因创伤而产生的人员功能障碍相同，如表 8.1 所示。根据对人员伤情的统计分析，每个系统与人员目标创伤失能相关的影响因素归为以下几种类型特征 [5]。

(1) 神经系统创伤，包括受创后可导致肢体丧失控制能力，或不能感知和判断外界事物的组织器官创伤，如脑创伤直接导致意识丧失，脊髓创伤导致肢体瘫痪，肢体骨折等使肢体失去自主活动能力而丧失战斗力，眼、耳受爆炸冲击波作用后丧失视听能力而失去战斗力。

(2) 呼吸系统创伤，主要为受损后短时间可出现呼吸困难甚至窒息的组织器官创伤，如咽喉异物堵塞，肺、气管、支气管受损等出现呼吸困难甚至窒息而失去战斗力。

(3) 循环系统创伤，主要为受损后可能出现失血性休克的组织器官创伤，如颈动脉等大血管，肺动脉，以及肝、脾实质性器官等受损后可在极短时间内出现血压下降、意识丧失而失去战斗力。

(4) 行为系统创伤，主要为受损后局部组织缺损、坏死而无法运动的组织器官创伤，如臀部肌肉缺损、下肢骨折及膝关节韧带断裂等损伤导致无法站立、行走而失去战斗力。

此外，其他创伤因素还包括受损后可出现难以忍受的剧痛的组织器官创伤，如温压战斗部的燃烧导致皮肤灼伤，或睾丸等受创后出现剧烈疼痛而限制伤者的自主活动从而失去战斗力，但由于疼痛程度在解剖学及生理生化方面暂时无法准确地量化，生物体差异也导致疼痛效果有差异，因此疼痛暂时无法与失能挂钩。

表 8.1　人体不同部位创伤后功能丧失情况

生理系统	累及部位	人体功能丧失情况
神经系统	中枢神经系统	脑功能障碍、瘫痪、平衡失调、呼吸循环障碍
	感觉交流器官	视觉、听觉、语言功能丧失
	周围感觉神经	剧烈疼痛
呼吸系统	肺、气管、支气管、喉	呼吸功能障碍、气体交换功能障碍
	胸壁穿通导致气胸	呼吸功能障碍
	胸骨、肋骨、膈肌	呼吸功能障碍
循环系统	全身各动静脉	失血性休克、供血部位功能丧失
	心脏、心包	失血性休克、全身供血不足
	含血量丰富的实质器官	失血性休克
行为系统	肌肉、关节、骨骼	运动能力障碍

8.2.2　人员目标的创伤评分方法

1. 创伤等级划分

现有的对人员创伤的评估方法按照所采用的技术手段可分为解剖评估、生理指标评估及综合参数评估三大类，每类评分系统适应某一特定领域。其中，以解剖指标为基础的创伤评估主要根据解剖部位、特定伤情及相应的严重度进行评分，主要用于判定伤员创伤的严重程度和估计其预后；生理指标评估是以呼吸、血压、血管充盈等生理指标为基础进行评分，主要反映伤员的病情动态特征，用于院前伤员的拣送；综合参数评估是将解剖、生理等参数结合，预测生存的可能性及衡量救治水平。

在各种创伤评分中，AIS 是一致认同、全球通用的创伤严重度评分法，也是目前创伤医学评估领域应用最广的方法。AIS 评分的创伤描述以解剖学概念为基础，适用各种原因导致的创伤，不仅可以评价战场伤者因局部创伤的死亡概率，还可同时评估其他关联部位的创伤程度，特定创伤还考虑其对全身的重要性，这些特征满足失能评估中对损伤严重度的评价。但 AIS 只是侧重创伤对生命的威胁程度和创伤的救治难度，每个分值只能反映一种创伤的严重度，不管损伤后是否出现功能障碍。因此，AIS 评分与失能水平有一定关联，但不适合直接应用于失能评估，失能评估虽然也是以器官损伤严重度为基础，但更关注器官损伤后的功能丧失程度。应以 AIS 创伤严重程度评价为基础，建立创伤与失能关系的桥梁，并结合创伤所致的机体功能丧失以及伤员所承担的战斗任务加以评估。

2. 失能评估

失能是指在战场上由于身体某部位受伤，导致战斗人员暂时失去部分或全部正常功能，从而失去一定程度的战斗力。根据参战人员所执行的任务不同，可分为进攻失能或防御失能。将各个不同领域的失能状况都分为 5 个级别，按相同的量度统一描述，如表 8.2 所示。

表 8.2 参战人员失能等级划分

失能等级	失能描述	失能严重程度
无失能	无任何功能丧失，具有完全战斗力	0%～5%
轻度	对机体功能影响较轻的体表损伤，具备较完全战斗能力	5%～25%
中度	对参战人员执行战斗任务的某项功能有中度影响，失去部分战斗力	25%～50%
重度	对参战人员执行战斗任务的某项功能有重度影响，失去大部分战斗力	50%～95%
完全失能	使战斗人员执行战斗任务的某项功能完全丧失，无战斗力	95%～100%

参战人员负伤后是否丧失战斗力或丧失战斗力的程度，不仅取决于伤情严重程度，而且取决于所承担的战斗任务和规定的丧失战斗力时间。一般来说，除非命中大脑等要害部位，否则被击中后立即丧失战斗力的情况是非常少见的，大多数是经过一定时间后机体出现明显的功能障碍后才出现战斗力的丧失。目前，国内外通常采用的定义丧失战斗力的时间标准为进攻 5min，防御 30s。将战斗人员失能水平随时间的变化作出曲线，如图 8.2 所示，表征了四种不同的失能状态，A 对应的是大脑、脊柱等致命器官创伤，目标瞬间达到如瞬间死亡的 100%失能状态；B 对应的是心肺、大动脉等重要器官创伤，目标在短时间内快速达到意识丧失乃至死亡的 100%失能状态；C 对应的是身体某个器官受损后出现的视听、运动等功能逐步丧失的状态；D 则代表了诸如非致命武器作用等暂时性失能，并且在一段时间内失能状态得以缓解并逐步恢复正常的状态。

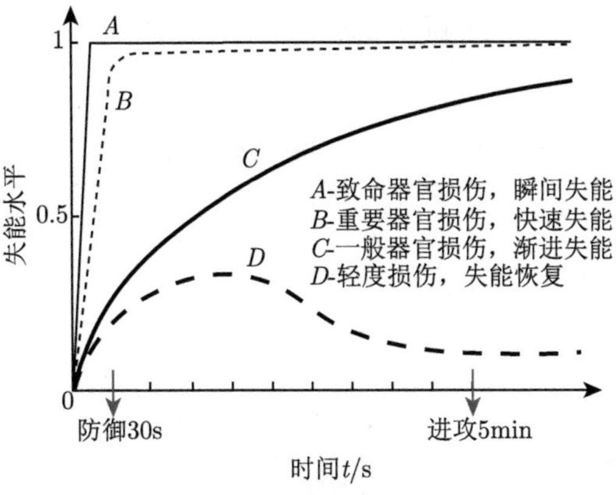

图 8.2 战斗人员创伤失能水平曲线

3. 基于创伤严重度与失能程度的组织器官权重赋值

由于人体易损性的量化赋值问题不仅牵扯到人体之间的差异性，同时受到人员所处的环境、心理素质以及思维等一系列问题的影响，是一个较为复杂、模糊的问题，很难简单地进行定量赋值。层次分析法 (analytic hierarchy process，AHP)

可以有效解决这一问题。这一方法的核心是将决策者的经验判断给予量化，从而为决策者提供定量形式的决策依据，在目标结构复杂且缺乏必要数据的情况下更为实用 [6]。其可合理地将定性与定量的决策结合起来，按照思维、心理的规律将决策过程层次化、数量化，具有将定性和定量相结合来处理各种决策因素的特点。故本节采用 AHP 对各功能区域块中不同组织的损伤权重进行赋值。应用此方法计算指标权重系数值，实际上是在建立有序递阶的指标系统的基础上，通过指标之间的两两比较对系统中各指标予以优劣评判，并利用这种评判结果来综合计算各指标的权重系数 [7]。

利用 AHP 计算组织器官权重赋值的方法和步骤如下。

(1) 针对本节人员损伤严重度及失能程度的评估，将研究的系统划分为目标层、结构层、执行层。由于轻武器杀伤效能评估的总目标是“人员执行战斗任务能力的丧失程度”，人员执行的战斗任务可分为进攻、防御等类型，本模型中将目标层确定为“人员执行进攻任务时的战斗能力丧失程度”；而将人体结构中头颈、胸、腹、肢体四个主要部分定为结构层；每一部分中，由于损伤的组织类型不同，将会造成对作战能力影响的不同，将其作为效能评估的执行层。

(2) 为了将各评估指标之间进行比较并得到量化的判断矩阵，对各部位失能程度评估中的重要性进行赋值。

根据完成进攻战斗任务需求及 AIS 创伤严重度评分标准进行功能和解剖结构划分，同时根据进攻战斗任务需求将各个部位按照失能程度评估中的重要性进行排序，并按照最低 1 分、最高 9 分进行赋值，得到各不同部位失能程度评估的赋分 (表 8.3)。

表 8.3　失能程度分区描述与分值

一级分区	二级分区	创伤效应描述	失能程度分值	对应 AIS 评分
头颈面部	小脑	小脑穿透伤，深度 >2cm	9.00	5
	脑干	裂伤	8.94	6
	颈动脉	颈总动脉重度破裂、完全横断、节段性缺损	8.73	4
	大脑	挫伤伴出血 >50mL	8.58	5
	颈椎或颈髓	颈髓挫伤、裂伤	8.32	6
	咽喉部	喉部撕脱、破裂、横断、广泛缺损	8.14	5
	颅骨	颅骨穿透伤，伤口深度 >2cm	8.14	5
	颈静脉	颈静脉重度破裂、完全横断、节段性缺损	7.81	3
	颌面骨	面部开放性粉碎性骨折	6.65	2
	眼	眼撕裂伤，剜出	6.50	2
	鼻	开放性粉碎性骨折	6.50	2
	颌面肌肉、软组织	面部穿透伤伴组织缺损 >100cm^2	5.76	2

续表

一级分区	二级分区	创伤 效应描述	失能 程度分值	对应 AIS 评分
头颈面部	内耳	内耳或中耳损伤	5.46	1
	颈部皮肤、 肌肉、软组织	伤及血管，伴出血量 >20%	4.57	3
	口腔	口腔腭部裂伤、齿龈挫裂伤、舌裂伤	2.49	1
	头皮与颅顶肌	头皮重度撕裂伤， 伤口长度 > 20cm，且深及皮下组织	1.89	2
	外耳	属于面部皮肤肌肉组织撕脱伤	1.00	1
胸部	心脏	心室破裂	9.00	6
	胸主动脉	胸主动脉重度破裂、 完全横断、节段性缺损	8.86	5
	胸段气管	撕脱、破裂、横断、广泛毁损	8.18	5
	胸椎或胸脊髓	胸脊髓挫伤、裂伤	7.67	5
	上腔静脉 (胸段)	重度破裂、完全横断、节段性毁损	7.63	4
	胸膜	气胸，肺压缩 >50%	7.32	3
	支气管	支气管复杂性撕脱、破裂、横断、分离	7.15	5
	横膈	膈肌破裂	6.98	4
	食管	撕脱、破裂、横断、广泛毁损	6.64	5
	肺脏	双侧肺裂伤	6.47	4
	肋间动脉	重度破裂、完全横断、节段性缺损	5.62	3
	纵膈	纵膈积血	5.10	4
	心包	心包裂伤、穿刺伤	4.59	2
	胸骨	胸骨骨折	4.42	2
	肋骨	1 根肋骨骨折	2.03	1
	胸部皮肤、 肌肉、软组织	胸部皮肤、肌肉、 软组织挫裂伤，长度 >20cm	1.00	2
腹与盆腔部	腹主动脉	重度破裂、完全横断、节段性毁损	9.00	5
	肝脏	肝脏撕脱伤，血管完全离断	8.87	6
	脾脏	脾门破裂，脾脏组织广泛性缺失、撕脱	8.70	5
	肾	肾门撕脱伤及其血管毁损	8.67	5
	骨盆	开放性骨折，失血量 >20%	8.67	5
	髂动脉	重度破裂、完全横断、节段性毁损	8.67	4
	肠系膜	广泛撕脱、复杂性组织缺损	8.34	4
	下腔静脉	重度破裂、完全横断、节段性毁损	7.85	4
	胰腺	广泛性撕脱、复杂性组织缺损、 胰头广泛毁损	7.85	5
	髂总静脉	重度破裂、完全横断、节段性毁损	7.39	4
	腰脊髓	腰脊髓挫裂伤	7.07	4
	胃	撕脱、复杂性损伤、破裂、组织缺损	6.41	4
	膀胱	广泛性撕脱、复杂性组织缺损	6.41	4
	尾椎	开放性骶尾骨骨折	6.05	3
	胆囊	伴胆总管或肝管裂伤	5.92	4
	脊椎	椎体损伤、骨折	5.75	3
	睾丸	撕脱、离断、复杂广泛性损伤	5.72	2
	小肠	广泛撕脱、复杂性组织缺损、横断	5.59	4
	大肠	广泛撕脱、复杂性组织缺损、横断	5.59	4

续表

一级分区	二级分区	创伤效应描述	失能程度分值	对应 AIS 评分
腹与盆腔部	马尾	马尾挫裂伤	5.07	3
	腹部皮肤、肌肉、软组织	重度裂伤，且长度 >20cm	1.00	2
四肢	下肢主干骨 (踝关节以上，髋关节以下)	开放性骨折	9.00	3
	肢体主要动脉	重度破裂、完全横断、节段性缺损	7.93	4
	下肢关节	关节损伤	6.87	2
	下肢次要骨 (踝关节以下)	开放性骨折	6.16	2
	上肢关节	关节损伤	5.98	2
	肢体主要静脉	重度破裂、完全横断、节段性缺损	5.62	3
	上肢次要骨 (腕关节以下)	开放性骨折	4.56	1
	上肢主干骨 (腕关节以上，肩关节以下)	开放性骨折	4.20	2
	肢体软组织	挫裂伤	1.00	1

(3) 针对结构层、执行层分别建立权重判断矩阵，计算权重系数，并进行一致性检验。

(a) 结构层。

依照同一因素作用于头颈、胸、腹、肢体不同部位后对人员执行任务影响程度的大小，确定结构层四个部位的权重判定系数，如表 8.4 所示。

表 8.4　结构层权重判定系数表

	头颈	胸	腹	肢体
头颈	1	1.2	1.3	1.3
胸	1/1.2	1.00	1.3/1.2	1.3/1.2
腹	1/1.3	1.2/1.3	1.00	1.00
肢体	1/1.3	1.2/1.3	1.00	1.00

形成权重判定矩阵如下：

$$A = \left\{ \begin{array}{cccc} 1 & 1.2 & 1.3 & 1.3 \\ 1/1.2 & 1 & 1.3/1.2 & 1.3/1.2 \\ 1/1.3 & 1.2/1.3 & 1 & 1 \\ 1/1.3 & 1.2/1.3 & 1 & 1 \end{array} \right\}$$

分别求矩阵 A 中每一行元素的乘积 M_i 和 M_i 的 n 次方根 $\overline{w_i}$，并对 $\overline{w_i}$ 进行归一化处理得到 w_i，w_i 即为所求各部位的权重系数值，w_i 组成所求的权重系

数向量 w_A。

$$M_i=\prod_{j=1}^{n}A_{ij},\quad \overline{w_i}=(M_i)^{\frac{1}{n}},\quad w_i=\frac{\overline{w_i}}{\sum_{i=1}^{n}\overline{w_i}},\quad i=1,2,\cdots,n(n\text{ 为矩阵阶数})$$

$$M_A=\begin{cases}2.028\\0.975\\0.712\\0.712\end{cases},\quad \overline{w_A}=\begin{cases}1.193\\0.994\\0.919\\0.919\end{cases},\quad w_A=\begin{cases}0.297\\0.247\\0.228\\0.228\end{cases}$$

根据公式 $\lambda_{\max}=\sum_{i=1}^{n}\frac{[Rw]_i}{nw_i}$ 计算判断矩阵的最大特征量，其中 $[Rw]_i$ 是向量中的第 i 个元素。

根据计算，得到不同的 λ 值为 3.6774，2.0680，0.7984，0.5020，其中 $\lambda_{\max}$ 为 3.6774。

然后计算一致性检验 CI 值，$\mathrm{CI}=\frac{\lambda_{\max}-n}{n-1}$。

当矩阵维数 $n\geqslant 3$ 时，尚需要对 CI 值进行修正。修正值 CR = CI/RI。

RI 为修正因子，针对不同维数，其取值见表 8.5。

表 8.5 不同维数的修正因子 RI

维数	1	2	3	4	5	6	7	8	9
RI	0	0	0.58	0.96	1.12	1.24	1.32	1.41	1.45

$$\mathrm{CI}=-0.1075,\ \mathrm{CR}=-0.1120$$

因为 CR = $-0.1120<0.10$，故判断矩阵满足一致性要求。

(b) 执行层。

根据不同部位损伤严重度的 AIS 评分，结合进攻失能丧失程度，给出失能程度丧失的百分数，制成权重判定系数表。

分别求矩阵每一行元素的乘积 M_i 和 M_i 的 n 次方根 $\overline{w_i}$，并对 $\overline{w_i}$ 进行归一化处理，得到 w_i。w_i 即为所求各部位的权重系数值，w_i 组成所求的权重系数向量 w。

$$M_i=\prod_{j=1}^{n}B_{ij},\quad \overline{w_i}=(M_i)^{\frac{1}{n}},\quad w_i=\frac{\overline{w_i}}{\sum_{i=1}^{n}\overline{w_i}},\quad i=1,2,\cdots,n$$

$$M_B=\left\{\begin{array}{l}3382.2040\\3017.9759\\2015.8304\\1502.6417\\887.9198\\612.5146\\612.3300\\303.4842\\19.74471\\3.40981\\3.4136\\1.7076\\0.6919\\0.0334\\0.0000\\0.0000\\0.0000\end{array}\right.,\ \overline{W_B}=\left\{\begin{array}{l}1.6129\\1.6021\\1.5645\\1.5377\\1.4908\\1.4586\\1.4586\\1.3996\\1.1918\\1.1650\\1.1650\\1.0320\\0.9786\\0.8188\\0.4457\\0.3420\\0.1792\end{array}\right.,\ W_B=\left\{\begin{array}{l}0.0830\\0.0824\\0.0805\\0.0791\\0.0767\\0.0750\\0.0750\\0.0720\\0.0613\\0.0599\\0.0599\\0.0531\\0.0503\\0.0421\\0.0229\\0.0176\\0.0092\end{array}\right.$$

$$M_C=\left\{\begin{array}{l}2622.4487\\2053.5096\\568.0746\\201.5968\\187.8052\\97.0958\\66.5877\\45.2638\\20.2750\\13.3497\\1.3832\\0.2982\\0.0549\\0.0299\\0.0000\\0.0000\end{array}\right.,\ \overline{W_C}=\left\{\begin{array}{l}1.6356\\1.6108\\1.4865\\1.3933\\1.3871\\1.3311\\1.3001\\1.2691\\1.2069\\1.1758\\1.0205\\0.9272\\0.8341\\0.8030\\0.3681\\0.1817\end{array}\right.,\ W_C=\left\{\begin{array}{l}0.0912\\0.0898\\0.0829\\0.0777\\0.0774\\0.0742\\0.0725\\0.0708\\0.0673\\0.0656\\0.0569\\0.0517\\0.0465\\0.0448\\0.0205\\0.0101\end{array}\right.$$

$$M_D = \begin{cases} 1172.003 \\ 1865.1787 \\ 583.4957 \\ 539.9360 \\ 539.9360 \\ 539.9360 \\ 239.9078 \\ 67.4485 \\ 67.4485 \\ 18.9661 \\ 7.2351 \\ 0.9496 \\ 0.9496 \\ 0.2786 \\ 0.1754 \\ 0.0991 \\ 0.0866 \\ 0.0537 \\ 0.0537 \\ 0.0067 \\ 0.0000 \end{cases}, \quad \overline{W_D} = \begin{cases} 1.4000 \\ 1.3799 \\ 1.3543 \\ 1.3493 \\ 1.3493 \\ 1.3493 \\ 1.2982 \\ 1.2221 \\ 1.2221 \\ 1.1504 \\ 1.0988 \\ 0.9975 \\ 0.9975 \\ 0.9410 \\ 0.9205 \\ 0.8958 \\ 0.8901 \\ 0.8700 \\ 0.8700 \\ 0.7880 \\ 0.1556 \end{cases}, \quad W_D = \begin{cases} 0.0622 \\ 0.0613 \\ 0.0602 \\ 0.0600 \\ 0.0600 \\ 0.0600 \\ 0.0577 \\ 0.0543 \\ 0.0543 \\ 0.0511 \\ 0.0488 \\ 0.0443 \\ 0.0443 \\ 0.0418 \\ 0.0409 \\ 0.0398 \\ 0.0396 \\ 0.0387 \\ 0.0387 \\ 0.0350 \\ 0.0069 \end{cases}$$

$$M_E = \begin{cases} 199.1228 \\ 64.7626 \\ 17.4851 \\ 6.5063 \\ 4.9568 \\ 2.9128 \\ 0.4352 \\ 0.2109 \\ 0.0000 \end{cases}, \quad \overline{W_E} = \begin{cases} 1.8008 \\ 1.5895 \\ 1.3743 \\ 1.2313 \\ 1.1947 \\ 1.1261 \\ 0.9117 \\ 0.8412 \\ 0.2001 \end{cases}, \quad W_E = \begin{cases} 0.1753 \\ 0.1548 \\ 0.1338 \\ 0.1199 \\ 0.1163 \\ 0.1097 \\ 0.0888 \\ 0.0819 \\ 0.0195 \end{cases}$$

其中：B、C、D、E 分别代表头颈面部、胸部、腹部、四肢四个部位。

根据公式 $\lambda_{\max} = \sum_{i=1}^{n} \frac{[Rw]_i}{nw_i}$ 计算判断矩阵的最大特征量，其中 Rw 是向量中的第 i 个函数。

然后计算一致性检验 CI 值，$CI = \dfrac{\lambda_{max} - n}{n - 1}$。

当矩阵维数 $n \geqslant 3$ 时，尚需要对 CI 值进行修正。修正值 CR = CI/RI。

RI 可依据式 $0.7698\ln n - 0.1971$ 获得。

不同结构部位的权重向量一致性检验值见表 8.6。

表 8.6 不同结构部位的权重向量一致性检验值

数列	B	C	D	E
CI	−0.93	−0.93	−0.97	−0.83
CR	−0.44	−0.45	−0.38	−0.57

上述 CR 值均小于 0.1，满足一致性要求。

(4) 综合计算得到主要组织、器官损伤相关权重系数。

根据上述计算结果综合计算得到的人体主要组织、器官的相关权重系数如表 8.7 所示，权重系数越高的部位，杀伤元命中后人员失能越严重。

表 8.7 主要组织、器官的相关权重系数表

一级分区	二级分区	维数	准则层指标权重	措施层指标权重	综合指标权重	不同部位维数差异校正	归一化处理后指标权重
头颈面部	小脑	17	0.297	0.08	0.02	0.42	1.00
	脑干			0.08	0.02	0.42	0.99
	颈动脉			0.08	0.02	0.41	0.97
	大脑			0.08	0.02	0.40	0.95
	颈椎或颈髓			0.08	0.02	0.39	0.92
	咽喉部			0.08	0.02	0.38	0.90
	颅骨			0.08	0.02	0.38	0.90
	颈静脉			0.07	0.02	0.36	0.87
	颌面骨			0.06	0.02	0.31	0.74
	眼			0.06	0.02	0.30	0.72
	鼻			0.06	0.02	0.30	0.72
	颌面肌肉、软组织			0.05	0.02	0.27	0.64
	内耳			0.05	0.01	0.25	0.61
	颈部皮肤、肌肉、软组织			0.04	0.01	0.21	0.51
	口腔			0.02	0.01	0.12	0.28
	头皮与颅顶肌			0.02	0.01	0.09	0.21
	外耳			0.01	0.00	0.05	0.11
胸部	心脏	16	0.247	0.09	0.02	0.36	0.86
	胸主动脉			0.09	0.02	0.35	0.85
	胸段气管			0.08	0.02	0.33	0.78
	胸椎或胸脊髓			0.08	0.02	0.31	0.73
	上腔静脉 (胸段)			0.08	0.02	0.31	0.73
	胸膜			0.07	0.02	0.29	0.70
	支气管			0.07	0.02	0.29	0.68
	横膈			0.07	0.02	0.28	0.67
	食管			0.07	0.02	0.27	0.64

续表

一级分区	二级分区	维数	准则层指标权重	措施层指标权重	综合指标权重	不同部位维数差异校正	归一化处理后指标权重
胸部	肺脏	16	0.247	0.07	0.02	0.26	0.62
	肋间动脉			0.06	0.01	0.22	0.54
	纵膈			0.05	0.01	0.20	0.49
	心包			0.05	0.01	0.18	0.44
	胸骨			0.04	0.01	0.18	0.42
	肋骨			0.02	0.01	0.08	0.19
	胸部皮肤、肌肉、软组织			0.01	0.00	0.04	0.10
腹与盆腔部	腹主动脉	21	0.228	0.06	0.01	0.30	0.71
	肝脏			0.06	0.01	0.29	0.70
	脾脏			0.06	0.01	0.29	0.69
	肾			0.06	0.01	0.29	0.69
	骨盆			0.06	0.01	0.29	0.69
	髂动脉			0.06	0.01	0.29	0.69
	肠系膜			0.06	0.01	0.28	0.66
	下腔静脉			0.05	0.01	0.26	0.62
	胰腺			0.05	0.01	0.26	0.62
	髂总静脉			0.05	0.01	0.25	0.59
	腰脊髓			0.05	0.01	0.23	0.56
	胃			0.04	0.01	0.21	0.51
	膀胱			0.04	0.01	0.21	0.51
	尾椎			0.04	0.01	0.20	0.48
	胆囊			0.04	0.01	0.20	0.47
	脊椎			0.04	0.01	0.19	0.46
	睾丸			0.04	0.01	0.19	0.45
	小肠			0.04	0.01	0.19	0.44
	大肠			0.04	0.01	0.19	0.44
	马尾			0.04	0.01	0.17	0.40
	腹部皮肤、肌肉、软组织			0.01	0.00	0.03	0.08
四肢	下肢主干骨	9	0.228	0.18	0.04	0.36	0.86
	肢体主要动脉			0.15	0.04	0.32	0.76
	下肢关节			0.13	0.03	0.27	0.66
	下肢次要骨			0.12	0.03	0.25	0.59
	上肢关节			0.12	0.03	0.24	0.57
	肢体主要静脉			0.11	0.03	0.23	0.54
	上肢次要骨			0.09	0.02	0.18	0.44
	上肢主干骨			0.08	0.02	0.17	0.40
	肢体软组织			0.02	0.00	0.04	0.10

8.2.3 基于数字化人体创伤模型的易损性特征函数

1. 数字化人体创伤模型

数字化人体创伤模型一方面参考国家标准《中国成年人人体尺寸标准数据》，同时选用了一例标本做连续切片分析，标本为男性，35 岁，身高 170cm，体重

65kg，非器质性疾病死亡，其在年龄、身材和体型上都比较适中，具有更好的代表性。该青年男性人体标本通过三维 CT 成像，形成了共计 2518 个连续断面彩色图像的人体结构数据集，建立了包含外形、重要组织及气管、神经、血管、骨骼等的实体模型，其中连续横断面的间距为头部和颈部 0.5mm，其中颅底部 0.1mm，其他部位 1.0mm，整个人体标本连续切片，无节段性数据缺损。人体上躯干部数字化模型见图 8.3，人体肋骨与内脏数字化模型见图 8.4。

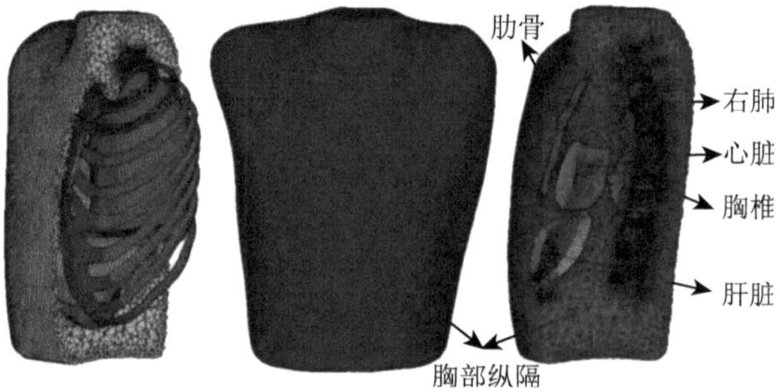

图 8.3　人体上躯干部数字化模型 (后附彩图)

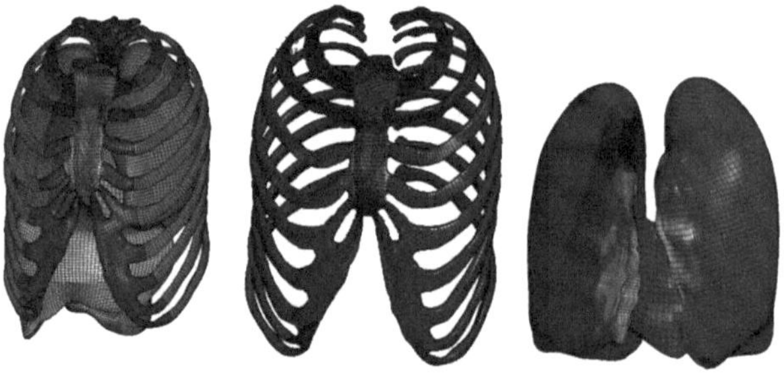

图 8.4　人体肋骨与内脏数字化模型

2. 人员目标损伤与杀伤元侵彻深度关系

杀伤元对机体的侵彻深度是造成目标失能的必要条件，即杀伤元对机体的侵彻深度触及并破坏目标重要组织器官，才能够造成目标失能，否则一般无法造成目标失能。因此，对杀伤元而言，具备足够的侵彻能力，即到达重要组织器官在机体内的深度是表征杀伤能力的一个重要参考值。

基于数字化人体创伤模型，考虑人体胸部包含最多的重要器官，选取胸部位置的截面，分析典型人员目标重要组织器官与体表的距离，建立关键部位外扩的等距离图，如图 8.5 所示，该图描述了重要器官在不同方向上与人体表面的距离。根据杀伤元在体表某处入射后对人员目标的侵彻深度，便可得出该杀伤元是否可能伤及重要器官，进而给出可触及重要器官的体表范围。

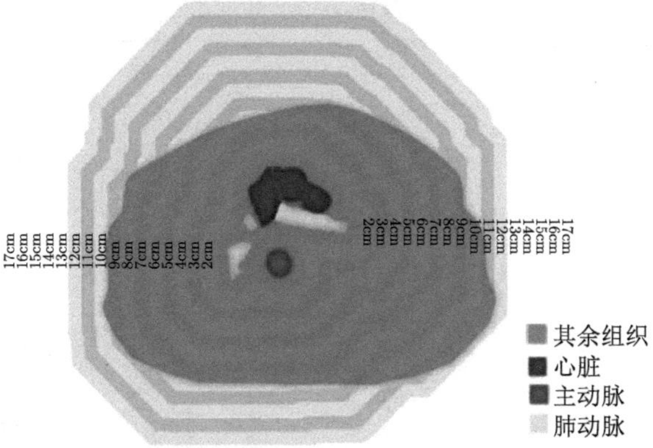

图 8.5 依据数字化人体的关键部位外扩等距离图

假设杀伤元对人员目标的侵彻方向均指向重要器官，计算该侵彻深度能够到达或侵入重要器官的体表面积 (称之为致命区域面积)，而致命区域面积与体表面积的比值，即可认为是某一侵彻深度具有致命杀伤作用的可能性大小。杀伤元侵彻深度与致命区域面积的关系如图 8.6、表 8.8 所示。在杀伤元侵彻方向指向胸部大动脉 (受创最敏感部位) 时，杀伤元侵彻深度只要达到 2cm，即可对人员目标造成致命杀伤效果。但在侵彻深度达到 2cm 时，杀伤元触及的致命区域面积与体表面积的比值很小，此侵彻深度不宜作为考查杀伤元是否具备杀伤能力的参考值。随着侵彻深度的增加，杀伤元触及人体致命区域的面积也增加，侵彻深度达到 13cm 后，致命区域面积接近于体表总面积 (约 669.9cm^2)，不会进一步增加，表明侵彻深度达到 13cm 时，已达到对人体致命区域面积的最大值，即对人体的致伤概率已经达到最大值。对比实际数字化人体创伤模型，去除胳膊遮挡的胸表面积后，在关键部位外廓等距图上测量的等距线最远为 11cm，即杀伤元侵彻深度达到 11cm 后，对人体重要部位的致伤概率不会进一步增加。

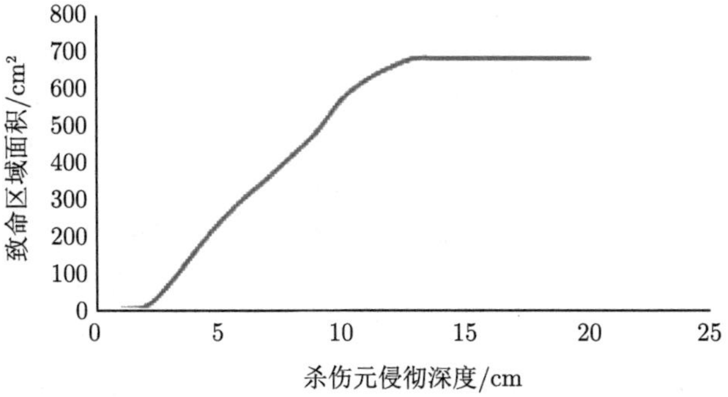

图 8.6 杀伤元侵彻深度与致命区域面积关系图

表 8.8　致命区域面积与侵彻深度关系

侵彻深度/cm	致命区域面积/cm^2	致命区域比例
1	0.00	0.00
2	6.24	0.0093
3	66.20	0.0988
4	148.46	0.2216
5	227.43	0.3395
6	292.58	0.4367
7	349.37	0.5215
8	409.74	0.6116
9	474.66	0.7085
10	559.50	0.8352
11	611.53	0.9129
12	646.01	0.9643
13	669.91	1.0000
14	669.91	1.0000

采用小破片侵彻猪胸廓深度与侵彻明胶靶标深度进行对比，如图 8.7 所示。发现同一杀伤元侵彻明胶靶标深度 10cm 时与侵彻生物体达到 11cm 时的速度基本相同，故可以将侵彻明胶靶标的 10cm 深度作为考查杀伤元杀伤能力的一个参考值。

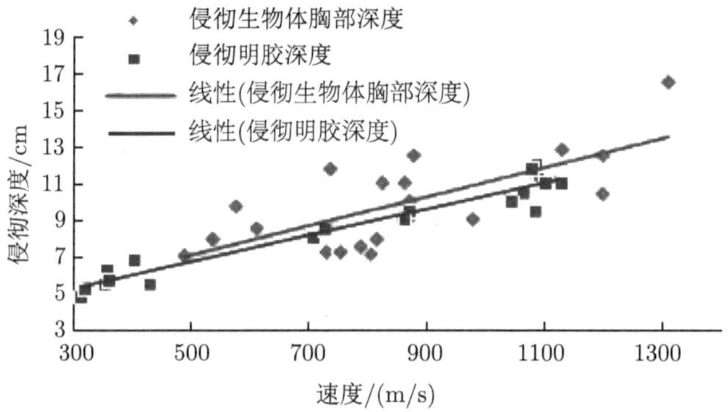

图 8.7　0.15g 菱形小破片对生物体与明胶侵彻深度对比图

3. 易损性特征曲线

易损性特征曲线是指数字人体各重要组织、器官的损伤权重值在受弹方向空间位置上的累积。其依托数字人体创伤模型建立，数据来源于数字人体在各方向上的距离和相对应的数字人体各主要组织、器官的损伤相关权重系数值 (表 8.7)。

由于杀伤元入射位置及角度的变化，可得到无数条不同的易损性特征曲线 F_{l1}、F_{l2}、F_{l3}、F_{l4}、$\cdots$、F_{ln}。考虑杀伤元入射方向变化及数字化人体的功能区域划分，分别对杀伤元从垂直 (正面或背面)、水平以及与正面相交的斜 45° 方向三种方向入射的情况进行易损性特征曲线绘制，三个入射方向如图 8.8 所示。

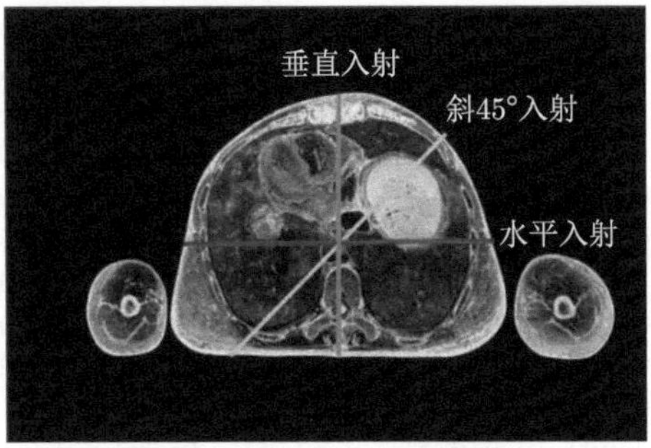

图 8.8 典型入射方向示意图

在杀伤元垂直入射时，考虑到人体各功能区域受弹面的差异性，分别选取头部、胸部、腹部、单侧肢体正中线 (H、$C1$、$A1$、$L1$ 线)，胸部、腹部左中线 ($C2$、$A2$ 线)，以及胸部、腹部右中线 ($C3$、$A3$ 线)，共 8 种典型位置作为杀伤元典型入射位置进行研究，其具体选取部位如图 8.9 所示。

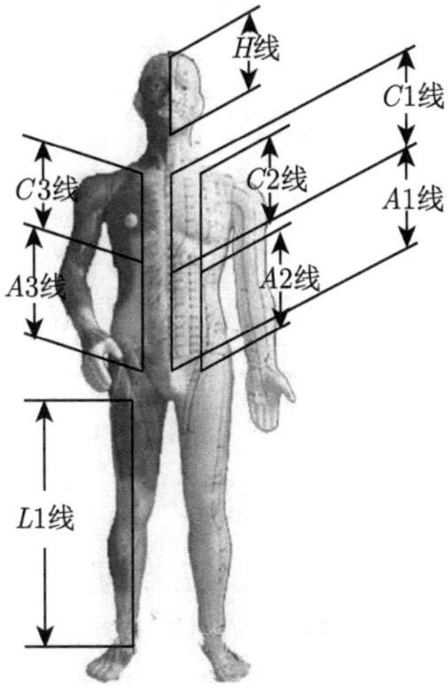

图 8.9 垂直射击时典型入射位置选取部位示意图

以 1cm 为单元，分别以到体表距离和头部正中线上位置为基准，构建损伤权重位置矩阵，将表 8.7 中的组织器官权重系数值代入对应位置矩阵，可得到正中线上的损伤权重矩阵，将到体表距离相同的正中线上不同位置的损伤权重位置平均，得到正中线上的易损性特征值。同样可得到垂直入射时其余 7 种典型位置的易损性特征值及其曲线，见表 8.9、图 8.10。

表 8.9 垂直入射时各入射位置不同距离易损性特征值

距离/cm	H	$C1$	$A1$	$C2$	$A2$	$C3$	$A3$	L
1	0.0028	0.0028	0.0028	0.0028	0.0028	0.0028	0.0028	0.0028
2	0.0331	0.0091	0.0277	0.0122	0.0277	0.0126	0.0277	0.0045
3	0.0304	0.0091	0.0104	0.0134	0.0062	0.0133	0.0062	0.0043
4	0.0396	0.0213	0.0115	0.0294	0.0095	0.0131	0.0117	0.0043
5	0.0427	0.0384	0.0113	0.0376	0.0096	0.0135	0.0131	0.0082
6	0.0457	0.0499	0.0104	0.0355	0.01	0.0142	0.0131	0.0082
7	0.0448	0.0469	0.0088	0.0336	0.0109	0.0151	0.0131	0.0051
8	0.0448	0.038	0.0084	0.027	0.0109	0.0158	0.0131	0.007
9	0.0448	0.0316	0.0099	0.0289	0.0111	0.0166	0.0139	0.0067
10	0.0448	0.0265	0.0203	0.0289	0.0109	0.0165	0.0138	0.0051
11	0.0479	0.0166	0.0237	0.027	0.0102	0.0164	0.0139	0.0043
12	0.0479	0.0102	0.0141	0.0274	0.0096	0.0161	0.0146	0.0042
13	0.0479	0.0199	0.0088	0.0246	0.0169	0.0153	0.0132	0.0036
14	0.0376	0.011	0.0088	0.0261	0.0106	0.0142	0.0119	0.0041
15	0.0237	0.0154	0.0151	0.0237	0.0098	0.0137	0.0119	0.0028
16	0.0028	0.0154	0.0264	0.0219	0.0277	0.0129	0.0277	0
17	0	0.025	0.0226	0.0191	0.0072	0.0129	0.0072	0
18	0	0.0072	0.0078	0.0107	0.0072	0.0107	0.0072	0
19	0	0.0072	0.0054	0.0091	0.0062	0.0091	0.0062	0
20	0	0.0028	0.0028	0.0028	0.0028	0.0028	0.0028	0

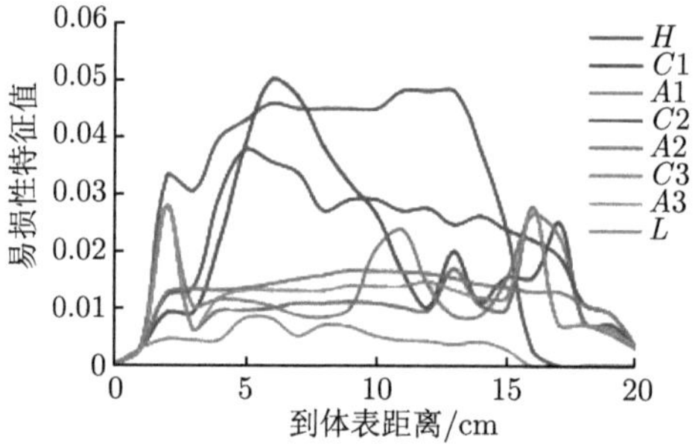

图 8.10 垂直入射时不同位置的易损性特征曲线 (后附彩图)

将 H、$C1$、$C2$、$C3$、$A1$、$A2$、$A3$、L 线易损性特征值加权平均，同时考虑正面或背面均有可能被射击，将平均后的特征值进行对称处理，得到正中线易损性特征曲线，如图 8.11 所示。

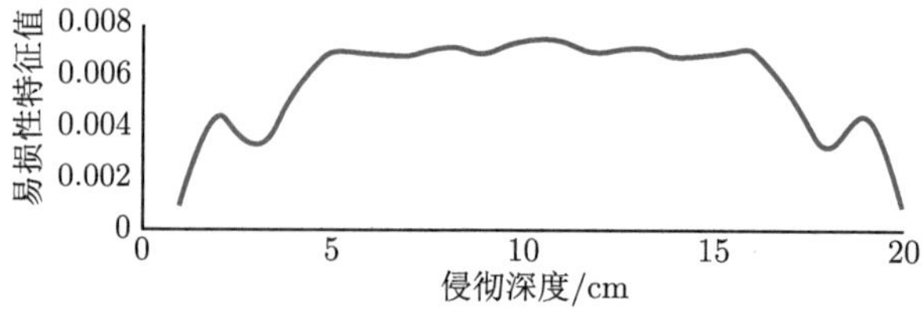

图 8.11 正中线易损性特征曲线

利用相同方法，可得到左右斜 45° 线 ($C4$、$C5$) 的易损性特征值，如表 8.10 所示。

表 8.10 斜 45° 时各入射位置不同距离易损性特征值

距离/cm	1.414	2.828	4.242	5.656	7.070	8.484	9.898	11.312	12.726	14.140	15.554
$C4$	0.0028	0.0119	0.0119	0.0105	0.0095	0.0096	0.0093	0.00948	0.0336	0.0415	0.0378
$C5$	0.0028	0.0118	0.0148	0.0171	0.0172	0.0239	0.0378	0.0391	0.0393	0.0414	0.0363
距离/cm	16.968	18.382	19.796	21.210	22.624	24.038	25.452	26.866	28.280	29.694	31.108
$C4$	0.0496	0.0433	0.0424	0.0294	0.0268	0.0155	0.0149	0.0154	0.0110	0.0091	0.0028
$C5$	0.0375	0.0293	0.0156	0.0095	0.0093	0.0103	0.0103	0.0110	0.0103	0.0092	0.0034

将 $C4$、$C5$ 线易损性特征值加权平均，再进行对称处理，斜 45° 方向上易损性特征曲线如图 8.12 所示。

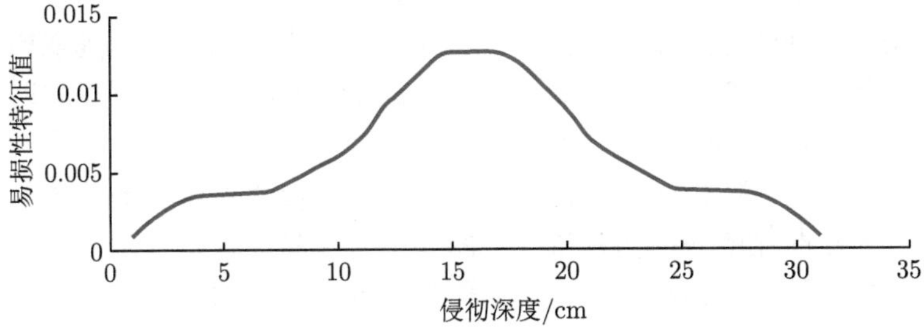

图 8.12 斜 45° 方向易损性特征曲线

同样，可得到侧中线 ($C6$) 易损性特征值及其曲线，如表 8.11、图 8.13 所示。

表 8.11 侧中线位置入射不同距离易损性特征值

距离/cm	1	2	3	4	5	6	7	8	9	10	11
$C6$	0.0028	0.0119	0.0157	0.0172	0.0183	0.0170	0.0165	0.0166	0.0161	0.0161	0.0149
距离/cm	12	13	14	15	16	17	18	19	20	21	22
$C6$	0.0167	0.0199	0.0243	0.0257	0.0292	0.0310	0.0352	0.0338	0.0289	0.0196	0.0119
距离/cm	23	24	25	26	27	28	29	30	31	32	33
$C6$	0.0101	0.0099	0.0099	0.0099	0.0106	0.0116	0.0120	0.0073	0.0107	0.0095	0.0028

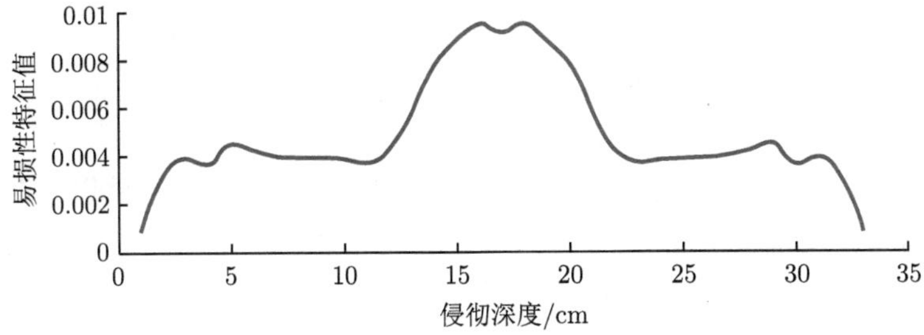

图 8.13 侧中线易损性特征曲线

8.3 杀伤元对无防护目标的杀伤效能评估

在大部分情况下，普通的四季服装基本不会影响杀伤元对人员目标的杀伤机理、杀伤效果等。因此，在评估对无防护目标的杀伤效能时，通常不考虑服装因素，而是采用杀伤元与靶标二者之间的杀伤作用结果。

8.3.1 基于杀伤元能量传递分布的杀伤效能评估模型

杀伤元传递给目标的能量越多则杀伤能力越强这一观点，已得到业界的普遍认同。在许多杀伤效能评估方法或评估模型中，采用了杀伤元对模拟靶标的能量传递量作为评估核心参数。人员目标易损性表明，杀伤元侵入人体内部的不同位置造成的损伤结果差异明显。杀伤元如果在重要的组织器官位置上传递更多的能量，则会获得更好的作用效果，否则，传递的能量再大也不易达到期望的杀伤作用效果。因此，如果杀伤元对靶标的能量传递量没有与侵彻位置建立联系，得出的杀伤效能结果则与实际存在偏差。

基于以上考虑，在构建以杀伤元能量传递量为核心评估参数的杀伤效能评估模型时，引入侵彻深度与损伤权重关系的人员目标易损性特征函数，并相应地将杀伤元能量传递量表述为能量传递量在侵彻深度上的分布函数，本章把该模型也称为能量传递分布 (energy transfer distribution) 评估模型，简称 ETD 模型，见式 (8.1)。该模型主要基于以下前提和认知。

(1) 杀伤效能是杀伤元杀伤作用能力与其杀伤作用效果相结合的综合度量结果；

(2) 杀伤元能量传递量越多，杀伤作用能力越大；

(3) 杀伤元在某一位置能量传递量越多，则该位置的机体损伤越严重；

(4) 杀伤元在某一位置能量传递量越多，并且该位置易损性特征值越大，则杀伤作用效果越显著。

综上，杀伤效能表述为杀伤元在侵彻行程上各个位置的能量传递量与该位置易损性特征值乘积的总和。

$$\mathrm{ETD}=\int_{l=0}^{l=l_{\max}} E(l)\cdot F_l \mathrm{d}l \tag{8.1}$$

式中，$E(l)$ 为杀伤元在明胶靶标中的能量传递分布函数，表示杀伤元在某一侵彻位置上的能量传递量，J/m；F_l 为人员目标易损性特征函数，表示杀伤元在某一侵彻位置上的人体组织器官创伤权重值，无量纲。

$E(l)$ 可以通过实验测试、理论模型计算和数值仿真等方法获取。F_l 采用图 8.11～ 图 8.13 的三条易损性特征曲线，将其求和后均一化处理，即各点总平均值为 1，见图 8.14 和表 8.12。如果杀伤元在靶标中均匀传递能量，即 $E(l)$ 是常数，则 ETD 值与杀伤元能量传递的总量值相等。这样，ETD 的物理意义仍为能量，也可以理解为：基于人员目标易损性特征函数修正的杀伤元在靶标中的能量传递量。

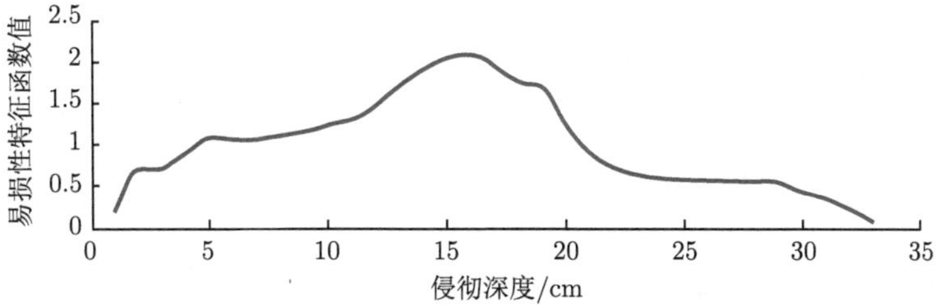

图 8.14 人员目标易损性特征函数

表 8.12 人员目标易损性特征函数值

距离/cm	0	1	2	3	4	5	6	7	8	9
F_l 均一化处理	0.0000	0.1854	0.7020	0.7247	0.8925	1.0800	1.0618	1.0519	1.1049	1.1461
距离/cm	10	11	12	13	14	15	16	17	18	19
F_l 均一化处理	1.2369	1.2951	1.4488	1.6740	1.9049	2.0314	2.0925	1.9475	1.7674	1.6973
距离/cm	20	21	22	23	24	25	26	27	28	29
F_l 均一化处理	1.2782	0.9216	0.7369	0.6395	0.5906	0.5519	0.5509	0.5485	0.5588	0.5330
距离/cm	30	31	32	33						
F_l 均一化处理	0.4151	0.3431	0.2273	0.0595						

在杀伤效能评估应用实践中，选用 30cm 长的明胶靶标即 $l_{\max}$ 取值为 30cm。针对 F_l 的特点，将 $E(l)$ 进行相应的离散化处理，取 1cm 长的单元区段，将 $E(l)$ 分为 30 个区段值，按照公式 (8.2) 计算 ETD 值。

$$\mathrm{ETD} = \sum_{i=1}^{n} \Delta E_i \cdot (F_i - F_{i-1}) \tag{8.2}$$

式中，ΔE_i 为第 i 段的杀伤元能量传递量，J；F_i 为位置 i 处的目标易损性特征函数值，无量纲。

ETD 表达式中的 F_l 来自于人员目标易损性，属于常数项。由于不同杀伤元均有着各自的能量传递规律，因此，$E(l)$ 在杀伤效能评估中具有决定作用。从轻武器装备设计研发以及综合性能评估角度，还有几个相关参量需要与 ETD 值一起统筹分析，以获得对杀伤元杀伤效能综合全面的认知。一是杀伤元着靶动能 $E_{入}$，该参量与枪弹的内外弹道设计或榴弹威力设计密切相关，也是杀伤效能的能量来源，这里称之为基础能量；二是杀伤元的能量传递量 $E_{传}$，该参量代表着杀伤元杀伤作用的基本能力，这里称之为杀伤能量；三是杀伤能量与基础能量的百分比值，如式 (8.3) 所示，$\eta_{能量}$ 代表了杀伤元的能量利用效率，这里称之为能量利用率；四是 ETD 值与杀伤能量的差值，再与杀伤能量的百分比，如式 (8.4) 所示，$\eta_{效能}$ 代表了杀伤效能相对于杀伤能力的增强效率，这里称之为效能增强率。

$$\eta_{能量} = \frac{E_{传}}{E_{入}} \times 100\% \tag{8.3}$$

$$\eta_{效能} = \frac{\mathrm{ETD} - E_{传}}{E_{传}} \times 100\% \tag{8.4}$$

8.3.2　典型杀伤元的杀伤效能

通过对比国内外典型杀伤元的杀伤效能 ETD 值以及杀伤能量值，见图 8.15，可知在 100m 射距上，典型的小口径步枪弹和中间型威力枪弹的二者量值在千焦级别，典型手枪弹的二者量值在几百焦级别，而破片大多在 100J 级别。分别针对破片、手枪弹头、步枪弹头三类杀伤元，分析其杀伤效能特点。

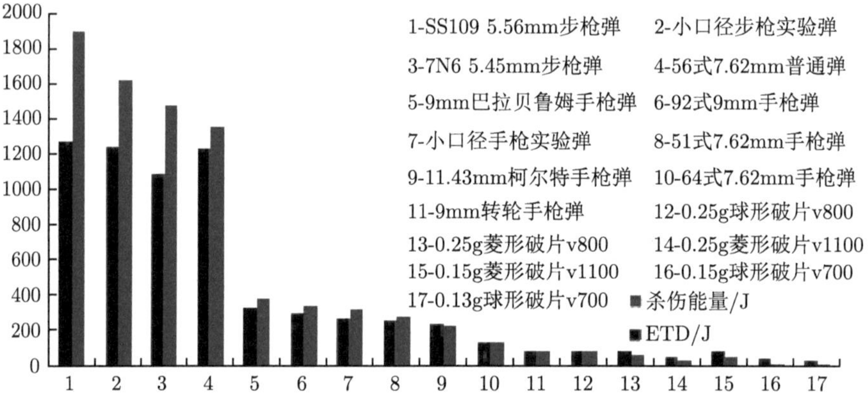

图 8.15　国内外典型杀伤元的杀伤效能 ETD 值以及杀伤能量值

v 表示速度，v 后数值为速度值。例如，v800 表示速度 800m/s，下同

1. 破片的杀伤效能

当前破片经历了小质量化和高速化发展，破片质量多在 0.2g 左右，典型的形状为菱形和球形。这里分别选择了质量 0.25g、0.15g 的菱形破片和质量 0.25g (直径 4mm)、0.13g (直径 3mm) 的球形破片，进行杀伤效能特点对比分析。能量传递分布曲线如图 8.16 所示，杀伤效能及其相关参量的计算结果如表 8.13、图 8.17 所示。

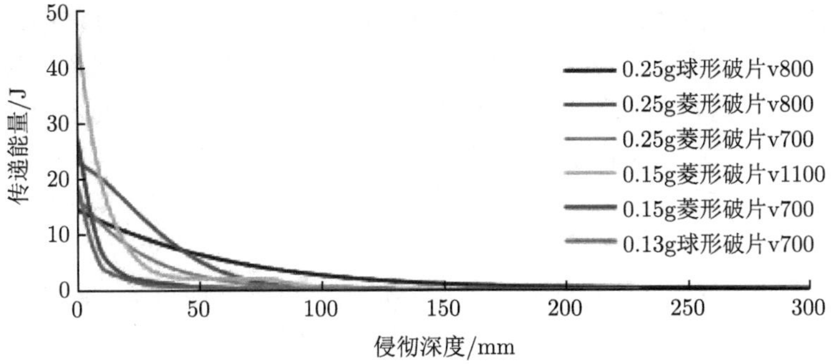

图 8.16 各种破片能量传递分布曲线 (后附彩图)

表 8.13 破片杀伤效能计算结果

破片种类	速度/(m/s)	质量 m/g	侵彻深度/mm	基础能量 $E_{入}$/J	杀伤能量 $E_{传}$/J	ETD 值/J	能量利用率 $\eta_{能量}$/%	效能增强率 $\eta_{效能}$/%
0.25g 球形破片	836	0.255g	300.0	90.86	89.57	81.09	98.58	−9.47
0.25g 菱形破片	837	0.255g	149.9	81.62	81.62	63.53	100	−22.16
0.25g 菱形破片	654	0.255g	129.4	54.46	54.46	35.12	100	−35.51
0.15g 菱形破片	1086	0.152g	112.0	89.68	89.68	52.64	100	−41.30
0.15g 菱形破片	740	0.152	83.3	41.07	41.07	10.92	100	−73.41
0.13g 球形破片	659	0.130	188.8	28.26	28.26	17.36	100	−38.57

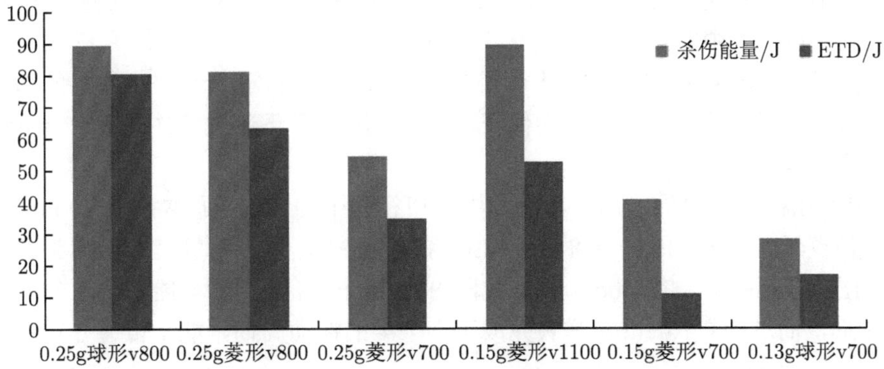

图 8.17 典型破片杀伤效能 ETD 值和杀伤能量柱形图

小质量破片的速度较高但质量小，基础能量较小。破片的能量传递分布的共同特征是在入口处最大，随着侵彻距离的增加而不断减小，破片质量越小，这种特征越显著，而且菱形破片较球形破片更加显著。球形破片侵彻能力较强，而菱形破片侵彻能力较弱。小质量破片能量利用率接近或达到 100%，而球形破片能量传递分布的范围更大。

典型破片的效能增强率均为负值，表明在转化为杀伤效能过程中，杀伤能量的实际功效有所下降。从表 8.11 中也可以看出，破片的效能增强率与最大侵彻深度呈正相关性。这种结果的主要原因是破片 (尤其是菱形破片) 的杀伤能量大部分都作用在侵彻深度 0~5cm 的范围内。这一区段的重要组织器官少，易损性特征函数值较小 (基本都小于 1)，而起到提高效能增强率作用的侵彻深度在 5~20cm 范围内。

综上可知，小质量破片的能量利用率很高，可有效地将基础能量转化为杀伤能量，但效能增强率为负数，未能充分发挥出杀伤能量的实际作用效果。因此，为了获得更高的杀伤效能，在匹配破片的质量、速度和形状时，应将其最大侵彻深度作为重要因素加以考虑。

2. 手枪弹杀伤效能

当前国际上装备最广泛的军用手枪弹是 9mm 巴拉贝鲁姆手枪弹，而美国的 11.43mm 柯尔特手枪弹、51 式 7.62mm 手枪弹也有较大的装备数量和独特的性能特点。为了能够全面认识手枪弹的杀伤效能，将 64 式 7.62mm 手枪弹、小口径手枪实验弹、9mm 警用转轮手枪弹、92 式 9mm 手枪弹四种典型手枪弹，与上述三种手枪弹一起进行分析研究。

军用手枪弹因其射程、精度和侵彻等性能要求，再加之国际公约的限制，弹头多采用全被甲结构。在侵彻杀伤无防护目标过程中，这类弹头不会破碎而且外形也几乎不发生变化，见图 8.18。七种典型手枪弹头的能量传递分布曲线见图 8.19，结合弹头在靶标中的运动状况，可以分为三种类型特征。

(1) 翻滚型弹头，小口径、大长径比和较高速度 (通常大于 450m/s) 的弹头居多。以小口径手枪实验弹弹头为代表，在进入靶标后迅速失稳并翻滚，能量传递分布曲线呈 n 形。

(2) 亚稳定型弹头，7.62~9mm 中等口径、中高速度 (通常大于 300m/s) 的弹头居多。以 9mm 巴拉贝鲁姆手枪弹弹头为代表，进入明胶靶标后弹头迅速大幅度摆动甚至翻滚，在 30cm 长的区段内完成一个摆动周期，能量传递分布曲线呈 n 形，而 51 式 7.62mm 弹头完成了一个半的摆动周期，能量传递分布曲线呈 n 形。

(3) 稳定型弹头，小长径比、较低速度 (通常小于 300m/s) 的弹头居多。以 11.43mm 柯尔特手枪弹弹头、64 式 7.62mm 手枪弹弹头为代表，进入靶标后的前半段行程呈现较稳定的姿态运动，后半程逐渐开始较大幅度摆动，能量传递分布曲线呈 u 形。而 9mm 警用转轮手枪弹弹头的速度更低，而且前部有一个较大的平台，存在着阻止弹头摆动的稳定力矩，因此在整个侵彻行程上弹头摆动幅度很小，能量传递分布曲线特征与破片近似，呈递减的半 u 形。

图 8.18 实验回收的典型手枪弹弹头

从左至右：11.43mm 柯尔特手枪弹、9mm 警用转轮手枪弹、小口径手枪实验弹、51 式 7.62mm 手枪弹、64 式 7.62mm 手枪弹

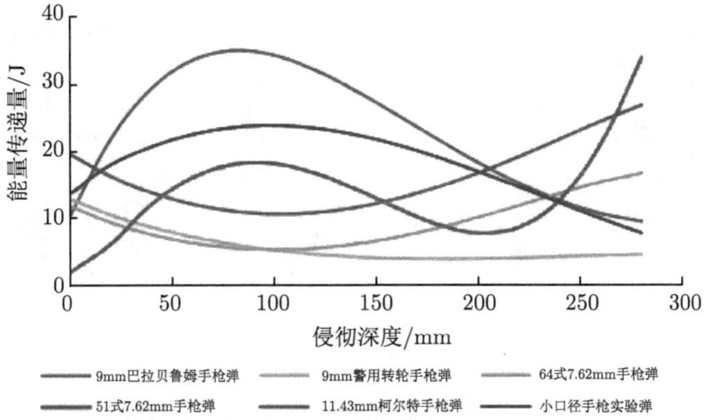

图 8.19 典型手枪弹能量传递分布曲线 (后附彩图)

从表 8.14 可以看出，翻滚型弹头的能量利用率和效能增强率最高，如小口径手枪实验弹弹头分别达到了 94.6%和 21.3%，而亚稳定型弹头的能量利用率较高，基本达到 60%以上，且效能增强率均为正值。这两种类型弹头的共同特点是进入靶标后迅速传递能量，而且传递能量较多的区段与目标易损性特征函数值较大的区段基本重合，提高了杀伤能量的实际功效，从而增强了杀伤效能。其中，51 式 7.62mm 手枪弹弹头在易损性特征函数值较大的区段内完成了一个半的摆动周期，其能量传递分布曲线存在一个凹陷区段，杀伤能量的实际功效有所降低，效能增强率也较小；稳定型弹头则形成了鲜明的对照，虽然其能量利用率相差不多，但效能增强率明显降低而且多为负值。稳定型弹头的能量传递分布曲线的凹陷区段正好与易损性特征函数值较大的区段基本重合，从而降低了杀伤能量的实际功效，对杀伤效能起到了负作用。其中，9mm 警用转轮手枪弹虽然能量利用率较高并且效能增强率也是正值，但是该弹头质量和速度低、基础能量小，杀伤能量和 ETD 值均不足 90J，见图 8.20。

表 8.14 手枪弹杀伤效能计算结果

序号	手枪弹种类	弹头质量/g	着靶速度 /(m/s)	基础能量 $E_{入}$/J	杀伤能量 $E_{传}$/J	ETD 值/J	能量利用率 $\eta_{能量}$/%	效能增强率 $\eta_{效能}$/%
1	9mm 巴拉贝鲁姆手枪弹	8.0	341.0	465.1	327.1	382.0	70.3	+16.8
2	92 式 9mm 手枪弹	8.0	344.1	473.7	298.0	330.3	62.9	+10.8
3	小口径手枪实验弹	3.0	433.1	281.4	266.1	322.9	94.6	+21.3
4	51 式 7.62mm 手枪弹	5.5	401.7	443.7	259.0	271.5	58.4	+4.8
5	11.43mm 柯尔特手枪弹	15	245.5	451.9	240.0	220.6	53.1	−8.1
6	64 式 7.62mm 手枪弹	4.8	294.7	208.4	137.7	135.9	66.1	−1.3
7	9mm 警用转轮手枪弹	4.5	210.3	99.5	83.3	89.8	83.7	+7.8

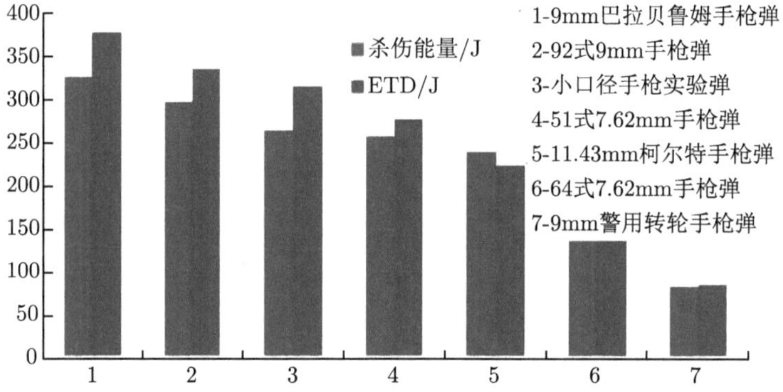

图 8.20 典型手枪弹头杀伤效能 ETD 值和杀伤能量柱状图

中大口径的军用手枪弹弹头的基础能量均在 400J 以上，其中 9mm 巴拉贝鲁姆、92 式等手枪弹弹头的综合效能突出，能量利用率和效能增强率均较高，ETD 值最高达到 300J 以上；51 式 7.62mm、11.43mm 柯尔特等手枪弹弹头的综合效能尚好，ETD 值也能够达到 200J 以上。相对而言，小口径手枪实验弹弹头的能量利用率和效能增强率表现突出，但基础能量不足 300J，ETD 值居于上述四种弹头的中间。

综上可知，针对典型手枪弹，弹头的口径 (弹头质量)、速度的匹配关系对其杀伤效能尤为重要。在口径 9mm 和速度 350m/s 的附近进行手枪弹弹头参数匹配，更易获得较优的杀伤效能。如果为了满足某些特殊需求，在 7.62mm 左右和大于 400m/s、11mm 左右和大于 200m/s、6mm 左右和大于 450m/s 等口径和速度范围内进行手枪弹弹头参数匹配，也可以获得较为理想的杀伤效能。

3. 步枪弹杀伤效能

当前，国内外已经普遍装备了小口径枪弹，并且中间型威力枪弹也仍在一定范围内大量使用。步枪弹主要型号有 SS109 5.56mm 步枪弹、7N6 5.45mm 步枪弹、95 式 5.8mm 步枪弹以及 56 式 7.62mm 普通弹等四种。在有效射程 400m

范围内，步枪弹的速度有较大变化。虽然步枪弹杀伤作用规律基本不变，但其杀伤作用量 (如能量传递量等) 会随之发生较大变化。因此，在评估步枪弹杀伤效能时，还要分析射程与杀伤效能的关系。

四种步枪弹的能量传递分布特征基本一致，与其侵彻运动状态密切相关。弹头侵入靶标后，主要分为三个区段。首先，弹头“平稳”地运动一段距离且攻角不超过 10°，这时能量传递量少，能量传递分布曲线较平且量值低；随后进入第二区段，弹头迅速失稳且攻角急剧增大，这时能量传递量也随之迅速增加，这一区段的能量传递量最多，能量传递分布曲线呈大“n”形；最后阶段，弹头翻滚 180°后继续翻滚或剧烈摆动，能量传递分布曲线呈小“n”形。其中，当射击距离较近时，SS109 5.56mm 步枪弹在第二区段发生明显破碎，传递能量更多，导致第三区段的能量传递分布曲线呈“∼”形并且量值较低。100m 射距上各步枪弹能量传递分布曲线见图 8.21。

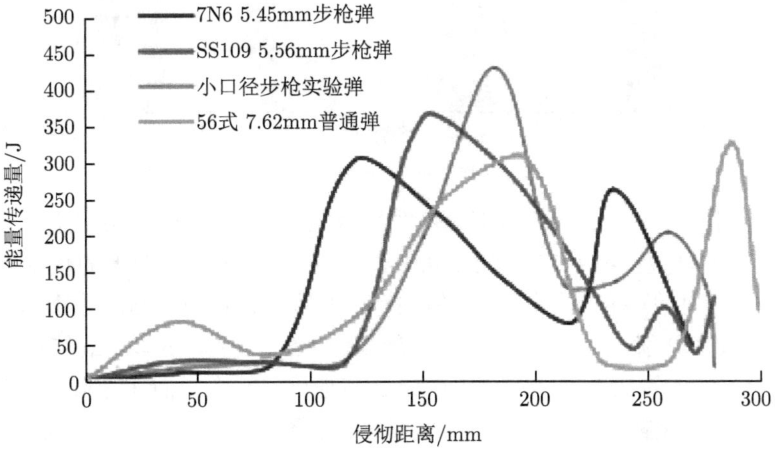

图 8.21 100m 射距上各步枪弹能量传递分布曲线 (后附彩图)

通过 100m 射距上的数据可以看出：三种小口径步枪弹的基础能量相差不多，在 1400J 左右，而 56 式 7.62mm 普通弹达到 1800J 以上。三种小口径步枪弹的能量利用率达到 80%以上，其中 SS109 5.56mm 步枪弹由于破碎的原因，更是达到 92.3%，而 56 式 7.62mm 普通弹的能量利用率则不到 70%。SS109 5.56mm 步枪弹、小口径步枪实验弹与 56 式 7.62mm 普通弹的杀伤能量均在 1200J 左右，杀伤能力基本相当。7N6 5.45mm 步枪弹与 56 式 7.62mm 普通弹的杀伤能量也仅差不到 150J。四种步枪弹能量传递量最多的第二区段与目标损伤权重值较大的区段均有较高重合度，其效能增强率均为正值但数值相差较大，SS109 5.56mm 步枪弹最高，达到 42.5%，三种小口径步枪弹的平均值达到 33%左右，而 56 式

7.62mm 普通弹最低，仅为 16.0%。由此，SS109 5.56mm 步枪弹的 ETD 值最高，达到 1814J，其次是小口径步枪实验弹，为 1556J，7N6 5.45mm 步枪弹和 56 式 7.62mm 普通弹基本相当，为 1400J 左右，详见表 8.15、图 8.22。

表 8.15　步枪弹杀伤效能计算结果　　(射击距离：100m)

序号	步枪弹种类	弹头质量 /g	着靶速度 /(m/s)	基础能量 $E_{入}$/J	杀伤能量 $E_{传}$/J	ETD 值 /J	能量利用率 $\eta_{能量}$/%	效能增强率 $\eta_{效能}$/%
1	SS109 5.56mm 步枪弹	4.0	830.5	1379.5	1273.5	1814	92.3	+42.5
2	小口径步枪实验弹	4.55	811.7	1498.8	1245.9	1556	83.1	+24.9
3	7N6 5.45mm 步枪弹	3.45	884.2	1348.6	1088.4	1446	80.7	+32.9
4	56 式 7.62mm 普通弹	7.9	677.8	1814.5	1230.7	1428	67.8	+16.0

注：表中结果均为实验测试值或由实验结果计算得到。

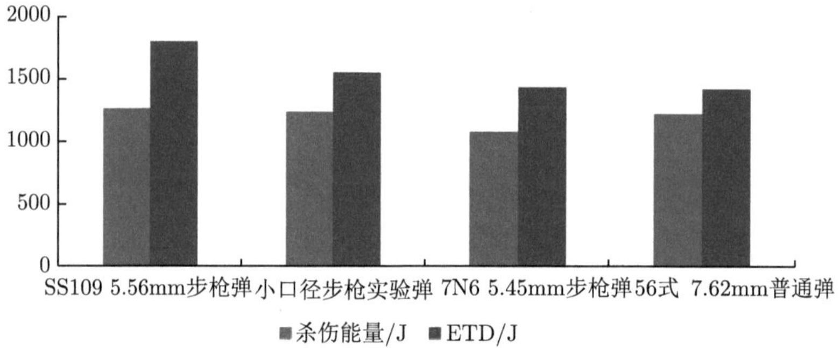

图 8.22　100m 射距上步枪弹的杀伤效能 ETD 及杀伤能量柱状图

通过四种典型步枪弹在 100m、200m、300m 及 400m 射距上的数据可以看出：随着射距的增加，四种步枪弹 ETD 值均有不同程度的降低。400m 相比于 100m 的 ETD 值剩余率分别是：SS109 5.56mm 步枪弹 34.3%、7N6 5.45mm 步枪弹 37.2%、小口径步枪实验弹 52.3%、56 式 7.62mm 普通弹 43.2%，而在 300m 射距后四种枪弹的 ETD 变化幅度趋于一致，详见表 8.16、图 8.23。除了 SS109 5.56mm 步枪弹在 100m 射距上因弹头破碎剧烈导致能量利用率稍高外，每种步枪弹在 400m 射程内的能量利用率基本稳定，总体变化幅度在 5%之内，见表 8.17、图 8.24。与 56 式 7.62mm 普通弹的 ETD 值变化情况相比较，7N6 5.45mm 步枪弹 200m 射距内的降幅明显，主要是因为随着速度的减小，弹头的翻滚增效作用也下降，效能增强率降至不足 10%；SS109 5.56mm 步枪弹在 300m 射距内的降低幅度最为显著，除了弹头的翻滚增效作用下降外，弹头的破碎增效作用也随着速度减小而逐步消退，直至其效能增强率降至不足 10%。小口径步枪实验弹在 400m 射距内的 ETD 变化幅度与 56 式 7.62mm 普通弹的变化幅度基本相同，主要是因为小口径步枪实验弹的弹头质量较大且存速能力强，因速度减小而带来的增效作用下降也较小，效能增强率也一直保持在 20%以上；56 式 7.62mm 普通弹则是随着射距的增加，效能增强率由 16%升至 34.9%。见表 8.17、图 8.25。

表 8.16 不同射距条件下各种步枪弹的效能评估数据表

步枪弹类型	100m				200m				300m				400m			
	着靶速度/(m/s)	基础能量 $E_{入}$/J	杀伤能量 $E_{传}$/J	ETD值/J	着靶速度/(m/s)	基础能量 $E_{入}$/J	杀伤能量 $E_{传}$/J	ETD值/J	着靶速度/(m/s)	基础能量 $E_{入}$/J	杀伤能量 $E_{传}$/J	ETD值/J	着靶速度/(m/s)	基础能量 $E_{入}$/J	杀伤能量 $E_{传}$/J	ETD值/J
SS109 5.56mm 步枪弹	830.5	1379.5	1273.5	1814	739.8	1094.6	962.1	1253	655.0	858.1	733.8	799	575.6	662.6	567.0	622
小口径步枪实验弹	811.6	1498.5	1245.9	1556	729.1	1209.4	1064.4	1287	651.5	965.6	850.0	1034	578.6	761.6	670.8	823
7N6 5.45mm 步枪弹	884.2	1348.6	1088.4	1446	782.1	1055.1	856.4	933	687.3	814.9	660.7	716	599.1	619.1	501.8	538
56 式 7.62mm 普通弹	680.7	1830.4	1230.7	1428	582.6	1340.7	913.8	1060	492.7	985.9	653.9	806	412.1	670.8	457.3	617

注：表中 200~400m 处的数据为 100m 处速度测试结果计算所得。

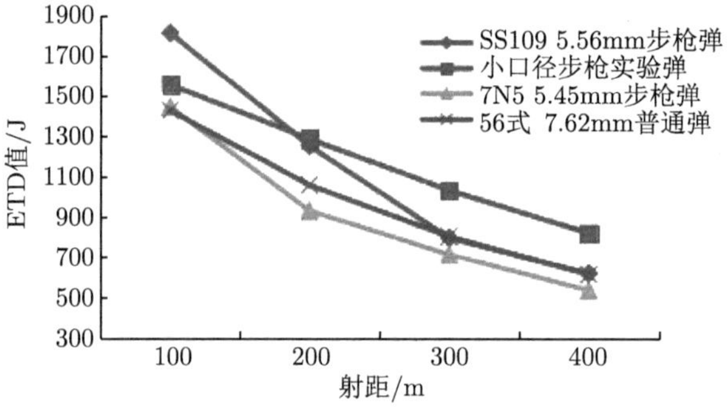

图 8.23　四种步枪弹在不同射距处 ETD 对比图

表 8.17　不同射距条件下各种步枪弹的能量利用率及效能增强率数据表

步枪弹类型	100m		200m		300m		400m	
	能量利用率 $\eta_{能量}$/%	效能增强率 $\eta_{效能}$/%	能量利用率 $\eta_{能量}$/%	效能增强率 $\eta_{效能}$/%	能量利用率 $\eta_{能量}$/%	效能增强率 $\eta_{效能}$/%	能量利用率 $\eta_{能量}$/%	效能增强率 $\eta_{效能}$/%
SS109 5.56mm 步枪弹	92.3	+42.5	87.9	+30.2	85.5	8.9	85.6	9.7
小口径步枪实验弹	83.1	+24.9	88.0	+20.9	88.0	21.6	88.1	22.7
7N6 5.45mm 步枪弹	80.7	+32.9	81.2	+8.9	81.1	8.4	81.1	7.2
56 式 7.62mm 普通弹	67.8	+16.0	68.2	+16.0	66.3	23.3	68.2	34.9

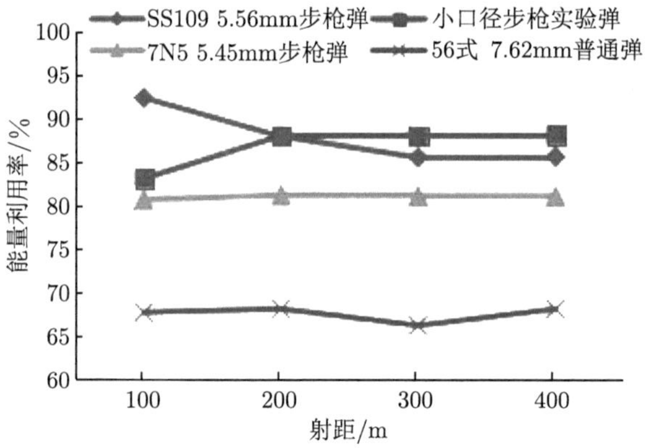

图 8.24　四种步枪弹在不同射距处能量利用率对比图

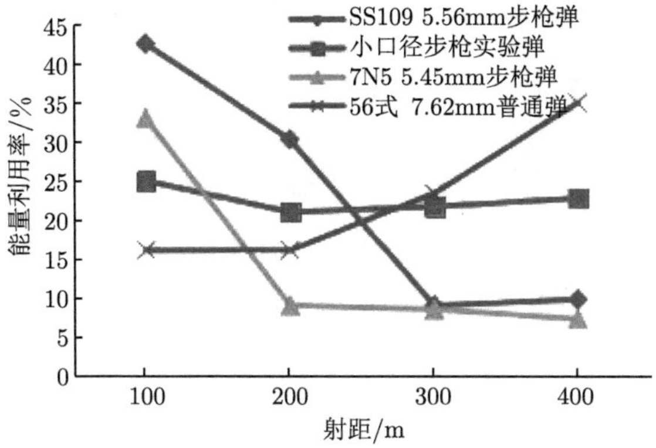

图 8.25 四种步枪弹在不同射距处效能增强率对比图

小口径步枪弹在 200m 以内的中近射距上具有相当出色的杀伤效能，主要是因为高速度所产生的翻滚增效作用甚至破碎增效作用显著，充分地挖掘出了弹头的杀伤潜能。而在 300~400m 的中远射距上，速度所带来的增效作用优势逐渐丧失，而弹头质量的增效作用优势逐渐凸显。总体而言，在 400m 有效射距范围内，小口径步枪弹展现了优良的综合杀伤效能。

综上可知，针对上述典型步枪弹，速度对步枪弹杀伤效能的影响最显著。在中近射距上，利用弹头的高速度而产生的杀伤增效作用，可获得更高的杀伤效能；在中远射距上，依托于弹头速度和质量而保有足够的基础能量，则是获得必要杀伤效能的基本保障。

8.4 杀伤元对有防护目标的杀伤效能评估

8.4.1 对有防护目标杀伤能力的典型评估方法

有防护状态下的杀伤效能评估通过一系列相关因素反映枪弹破片等杀伤元致使目标失能能力的强弱。在有防护状态下，影响杀伤效应的因素更为复杂，包括：① 杀伤元的特性；② 防护类型及状态；③ 命中人体的部位；④ 被命中人员的身体状况。由于 ③ 项属于不可控因素，④ 项具有不确定性，因此仅适用于对杀伤个例进行分析，不适用于杀伤有防护目标的效能评估。

长期以来，由于弹头破片等杀伤元是否穿透防护对所产生的杀伤效应差异影响较大，因此对于“有防护目标的杀伤效能”评估有一种简化的理解就是“穿透防护 = 杀伤”，反之则是不杀伤。近年来，随着对防弹衣的研究进一步深入，防护后钝性伤 (BABT) 效应才被更多研究人员所熟知。目前，根据枪弹/破片等杀伤元是否能穿透防护，将杀伤元对有防护目标杀伤效能评估方法分为两类。

1. “穿透能力” 评估方法 [8]

“穿透性能” 关联的评估方法通常认为，杀伤元穿透防护即具有杀伤目标的能力。穿透防护能力越强，只要杀伤元能穿透防护材料，就能对目标造成有效杀伤，反之则无效。为定性/定量分析杀伤元穿透防护的能力，一般采用三类方法，包括“穿甲深度法”、“穿甲极限/剩余速度法”、“穿甲性能分级法”。

“穿甲深度法”——侵彻力学中无量纲化的 “Tate 公式”$\left(\dfrac{P}{D}=0.222\cdot\left(\dfrac{\rho_{\mathrm{p}}v_0^2}{\sigma_{\mathrm{yt}}}\right)\dfrac{DL}{D_{\mathrm{c}}^2}\right)$、“Diense-Walsh 公式”$\dfrac{P}{D}=\alpha\cdot\left(\dfrac{\rho_{\mathrm{p}}}{\rho_{\mathrm{t}}}\right)^{\frac{1}{3}}\cdot\left(\dfrac{v_0}{c_{\mathrm{t}}}\right)^{0.585}$ 等，都可以给予已知条件来计算侵彻深度 P 与弹头直径 D 的关系。弹药毁伤领域对于侵彻混凝土、钢板等研究较多，但对于杀伤而言，目标防护已经由钢板发展至复合材料，由于复合材料性能更为复杂，目前适用于计算复合材料侵彻穿甲深度的理论模型暂未见太多报道。

“穿甲极限/剩余速度法”——包括计算某一特定厚度靶板的 v_{50} 极限弹道速度，以及基于初速和 v_{50} 极限计算剩余速度的各类方法。例如美国陆军弹道实验室的 v_{50} 弹道极限公式 $\left(v_{50}=\left[B_1\left(\dfrac{\pi D^2T\rho_{\mathrm{t}}}{4m_{\mathrm{s}}}\right)^{b1}+B_2\right]\dfrac{1}{\cos\theta_{\mathrm{c}}}\right)$、弹体剩余速度公式 $\left(v_{\mathrm{r}}=\dfrac{m_{\mathrm{s}}}{m_{\mathrm{s}}+m_{\mathrm{t}}}\sqrt{v_0^2-v_{50}^2}\right)$ 等。

2. “靶标后效” 的杀伤能力评估方法

对防弹衣后效的实验研究表明，尽管穿透防弹衣可大大提升杀伤作用效果，但未穿透防弹衣情况下，弹头的冲击动能通过防弹衣作用于人体，也可能造成人体的伤害尤其是内脏伤害。这种在防弹衣未被穿透情况下对人体造成的伤害一般称为防护后钝击伤 (BABT)。目前对 BABT 的研究也是枪弹与防护材料领域所关注的热点之一。一般认为影响 BABT 的因素包括冲击力、速度、冲击传递能量、冲击凹陷深度等，防护后所倚靠的模拟人体靶标则包括胶泥、明胶、硅胶等。通过 BABT 效应参数测试，可间接反映枪弹对特定防护目标杀伤能力，具体技术方法包括以下几类。

“瞬时空腔评估法”[9]——随着高速摄影技术的进步，研究人员可以捕捉到弹头打击有防弹衣明胶靶标的全过程，并通过分析透明的明胶靶标内产生的钝击空腔的直径、深度、体积等参数，基于钝击空腔特征参数定量评估钝击对人员造成损伤的可能，见图 8.26。

为抛开弹头与防弹衣作用的随机干扰因素，借鉴非致命动能弹终点效应的研究方法，采用了明胶作为标准靶标，在橡皮弹打击明胶靶标的过程中采用高速摄影进行观察，获取橡皮弹的能量 (假设完全传递给靶标) 与所造成的空腔的关联。

(a) 钝击空腔及尺寸 (b) 8mm橡皮球钝击空腔 (c) 32mm橡皮球钝击空腔

图 8.26 基于高速摄影捕捉钝击空腔的评估方法

通过空腔体积和弹头能量关系可以看出，钝击空腔随侵彻能量增加而增长，近似呈线性关系。将两者的数据进行线性拟合，如图 8.27 所示，拟合直线斜率为 8.48，即平均单位能量打开空腔体积为 8.48cm^3，也就是 $V = 8.398\text{cm}^3/\text{J}$，$P_S = 0.119\text{MPa}$。在实验中可通过测定空腔的体积反推作用于靶标介质的能量。

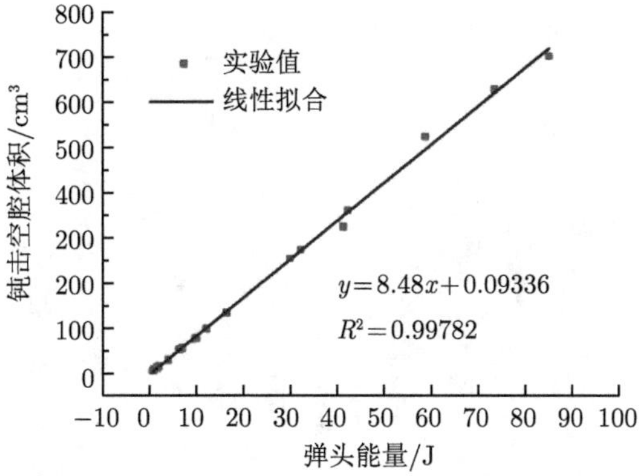

图 8.27 橡皮弹打击靶标空腔体积与弹头能量关系

该方法理论上也完全适用于防弹衣后钝击效应的评估，钝击能量 (stun energy, SE) 与钝击空腔越大，则造成目标钝击失能的可能性也越大。瞬时空腔评估法的优点是结果比较客观直接，但也有局限性，需要采用价格昂贵的高速摄影设备，并匹配亮度足够高的光源，明胶靶标需要有足够的透明度。成本和技术可实现性在一定程度上限制了瞬时空腔评估法的推广应用。

“仿人体靶标后效应参量测试评估法”[10]——利用人体组织类似的工程塑料或金属等材料，构建与人体机构相近的靶标，考虑弹头作用于靶标后材料的实际效应，通过各种传感器测试靶后的冲击力、应力波、应变、加速度等参量，并通过杀伤元作用于防护材料及靶标后的效应参数，对杀伤元致伤力进行量化评估，典型步枪弹设计复合防弹材料实验结果见表 8.18。一般认为靶后目标所受到的冲击力、加速度或冲击能量越大，则弹头杀伤力与致伤可能性就越大。Viano 及 Lau 通过研究 [11] 提出了以胸廓压缩程度 C 和冲击速度 $V_{\max}$ 的乘积来衡量对目标产生损伤的严重程度，而胸廓压缩程度 C 往往难于测得，因此也有研究将紧贴目标的防弹材料凸起高度近似等同于 C，并以 $CV_{\max}$ 参数衡量枪弹对目标致伤严重程度。同时，采用仿人体靶标及传感器测试进行定量的方法或更为精确，国外构建的一些仿人体靶标及冲击力测试系统如图 8.28 所示，但由于缺乏成熟的方法及标准，此类方法仍需进一步深入研究。

表 8.18　步枪弹射击复合防弹材料实验结果

步枪弹类型	防弹板最大变形/cm	防弹板残余最终变形/cm	最大变形时间 /ms	变形速度/(m/s)	$CV_{\max}/(\mathrm{m}^2/\mathrm{s})$
小口径步枪实验弹 SS109	2.90±0.57	1.5±0.56	1	29.3	0.858
5.56mm 步枪弹	2.73±0.20	1.56±0.40	1	27.3	0.745
56 式 7.62mm 普通弹	3.00±0.14	1.45±0.07	0.75	40	1.200

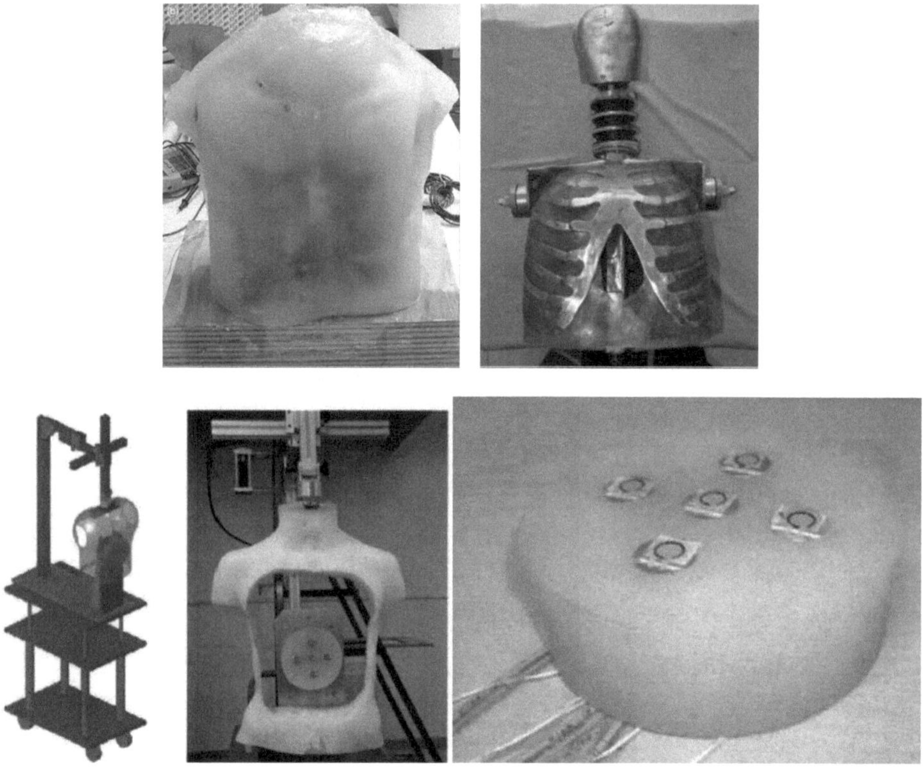

图 8.28　研究非穿透伤的仿真人体模型及靶后压力测试模型

8.4.2 钝击能量法构建思想

8.4.1 节介绍了几种弹头未穿透防护情况下对后效杀伤能力的评估方法，基于胶泥和肥皂的方法因靶标与人体相似性问题，正在逐步弃用；基于模拟靶标 + 瞬态测试技术的方法将随着测试技术的进步而逐步得到推广。本小节将基于“瞬时空腔评估法”的明胶模拟靶标和“仿人体靶标评估法”的传感器测试技术，介绍一种基于钝击冲击波能量的评估方法。

无论目标是否穿着防弹衣，杀伤过程本质上都是杀伤元向机体传递能量的过程，只是能量传递形式不同。在无防护或有防护但被穿透的情况下，杀伤元的能量直接传递给靶标，造成侵彻切割、空腔及向外的压力传递；有防护情况下，杀伤元致使防护材料快速鼓包运动，以短时间的钝击将能量传递给靶标，造成擦伤、骨折、撕裂或扩散的压力波。

因此，不管有无防护，杀伤的实质就是“能量传递”。根据杀伤元致伤的因果关系，将“能量传递致伤”理论作为评估的基础，避免了冲击力、应力波、应变、加速度等不同效应之间的重叠和干涉，从本质上解释了致伤的原因，并将其统一到了能量这个单一量纲上。

杀伤元作用于有防护目标，其传递给目标的能量包含三种分量，见式 (8.5)：

$$E_0 = E_{\mathrm{ToTal}} = E_{\mathrm{B}} + E_{\mathrm{S}} + E_{\mathrm{G}} \tag{8.5}$$

其中，E_{B} 是弹头所具有的能量。在命中靶标前，主要由弹头的动能决定，可用 $E_{\mathrm{B}} = m_{\mathrm{B}}v_0^2/2$ 计算；在命中靶标后，包括了残余动能以及弹头塑性变形所吸收的内能。E_{S} 是防护材料所吸收的能量，包括叠层材料受冲击后局部压陷、基体开裂、纤维的拔出与断裂及分层等吸收的能量。E_{G} 是以弹头冲击作用及防护材料凸起形式传递给靶标的能量，包括体积压缩内能与介质动能，即 $E_{\mathrm{G}} = E_{\mathrm{GI}} + E_{\mathrm{GK}}$。

以明胶靶标为例，传递包括了冲击过程直接传递给紧邻弹着点的动能 E_{GK}，动能部分与防护材料受弹后背板的凸起变形量相关，凸起量越大或凸起速度越快，传递的动能 E_{GK} 越大，而 E_{GI} 则是以明胶体积压缩 (体变能) 或剪切变形 (畸变能) 等形式存在的内能，在冲击作用过程中表现为明胶内的应力波，在生物机体内部，应力波传播可能造成局部微元的三向应力不均匀，产生较大的剪切应力，造成目标的失效破坏。因此，传递给靶标的压力波所包含的内能 E_{GI} 是造成目标损伤主要因素的直观体现。

SE 评估法认为，能量传递依然是造成 BABT 的根本原因，通过测量杀伤元与防护、靶标作用过程中传递给靶标的能量，可定量分析枪弹对有防护目标杀伤作用效果的强弱，SE 值越高则对目标杀伤作用效果越强，从而反映枪弹对有防护目标的杀伤效能越好。

SE 评估法的核心是获取枪弹未穿透防护时，通过防护变形传递给目标并与致伤直接关联的能量。防护材料背凸传递的能量 $E_{\mathrm{G}}=E_{\mathrm{GI}}+E_{\mathrm{GK}}$，其中 E_{GK} 是介质受冲击后以整体后座运动形式存在的动能；E_{GI} 则是以介质内部因瞬态冲击造成的局部应力波关联的应变能，可以说与损伤最直接相关。而 E_{GI} 可以通过测试靶标内应力波曲线，将超压–时间特征换算获得与 E_{GI} 值，从而**可以将评估法的核心简化为 $\mathrm{SE}=E_{\mathrm{GI}}$。**

$$\mathrm{SE}=E_{\mathrm{GI}}|_{t_n}=\int_0^{c\cdot t_n}e_v\mathrm{d}v=\int_0^{c\cdot t_n}\frac{P\left(r,t_n\right)^2}{2K}\cdot 2\pi r^2\mathrm{d}r \tag{8.6}$$

式中，t_n 是正压区持续时间；e_v 是介质在某点所具有的能量密度，包括了体变能和畸变能；$P(r,t_n)$ 是 t_n 时刻 P 随 r 的空间分布。

由于在明胶中存在三向应力近乎均等，以体变能存在的能量较畸变能大很多，因此采用体积模量和单点压力来计算某点所具有的压力波能量密度。

根据球面应力波传播的规律，$P(r,t_n-\Delta t)\cdot(t_n-\Delta t)\cdot c=P(a,t_0+\Delta t)\cdot a$，单点的测压波形与整个区域的压力分布具有一定的对应关系，根据此关系可进行积分区域变换，得到

$$\begin{aligned}\int_0^{c\cdot t_n}\frac{P\left(r,t_n\right)^2}{2K}\cdot 2\pi r^2\mathrm{d}r&=\int\frac{\pi}{K}\cdot P\left[c\cdot\left(t_n-\Delta t\right),t_n\right]^2\cdot\left[c\cdot\left(t_n-\Delta t\right)\right]^2\mathrm{d}r\\&=\int_{t_0+t_n}^{t_0}\frac{\pi}{K}\cdot P\left(a,t\right)^2\cdot a^2\cdot c\cdot\mathrm{d}\left(-t\right)\\&=\frac{c\cdot\pi\cdot a^2}{K}\int_{t_0}^{t_0+t_n}P\left(a,t\right)^2\cdot\mathrm{d}t\end{aligned} \tag{8.7}$$

在此须注意，在半径方向上从 0 积分至 $c\cdot t_n$，变换到时间域上是从 t_0+t_n 反向积分至 t_0，因此原来的积分因子 $\mathrm{d}r$ 变换为 $c\cdot\mathrm{d}\left(-t\right)$。式 (8.7) 与南京理工大学的苏华、陈网桦等在做水下冲击波研究中提出的爆源比冲击波能 E_{s} 的计算公式 $E_{\mathrm{s}}=\dfrac{4\pi r^2}{\rho_w c}\dfrac{1}{W}\displaystyle\int_0^{tn}P\left(t\right)^2\mathrm{d}t$ 具有相同的形式。

SE 评估模型的最终表达式可写为

$$\mathrm{SE}=\frac{c\cdot\pi\cdot a^2}{K+\dfrac{4}{3}G}\int_{t_0}^{t_0+t_n}P\left(a,t\right)^2\cdot\mathrm{d}t \tag{8.8}$$

其中，$\displaystyle\int_{t_0}^{t_0+t_n}P\left(a,t\right)^2\cdot\mathrm{d}t$ 部分可通过定点压力传感器测出，并将 $\dfrac{c\cdot\pi\cdot a^2}{K+\dfrac{4}{3}G}$ 定义为 SE 能量系数，即 $\lambda_{\mathrm{SE}}=\dfrac{c\cdot\pi\cdot a^2}{K+\dfrac{4}{3}G}$。

8.4.3 评估实验测试方法与典型测试结果

基于 SE 评估法设计评估实验，选取三种手枪弹 (92 式 9mm 手枪弹、64 式 7.62mm 手枪弹、11.43mm 柯尔特手枪弹) 以及两种步枪弹 (小口径步枪实验弹、56 式 7.62mm 普通弹) 做对比分析；靶标材料选择为 30cm×30cm×30cm 的明胶靶；防弹材料选择为 Ⅱ 级防弹衣及 Ⅲ 级复合防弹衣。

靶标内部设置测压传感器，以获取防护材料后靶标内某点的冲击压力曲线。传感器布置如图 8.29(a) 所示，采用 4 传感器布置在半径约 2.2cm 的圆周内，布置深度 a 由实验需求进行控制，如图 8.30 中传感器距离弹着点 4cm。采用 4 传感器布设的目的是降低弹着点偏差所导致的评估偏差，如图 8.29(b) 所示的实测曲线，当弹着点与传感器中心偏离不大时，测得的压力曲线具有很好的一致性。

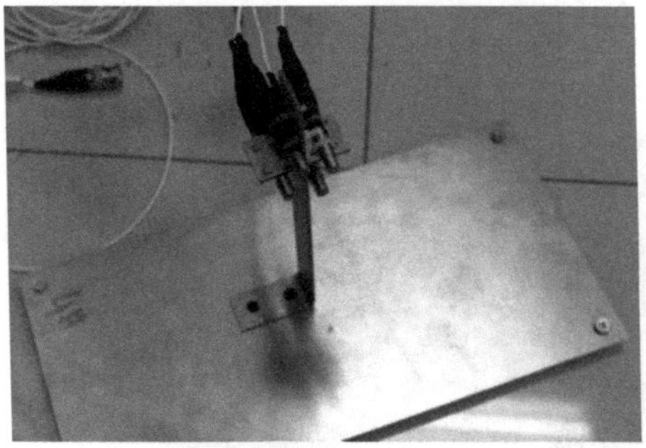

(a)

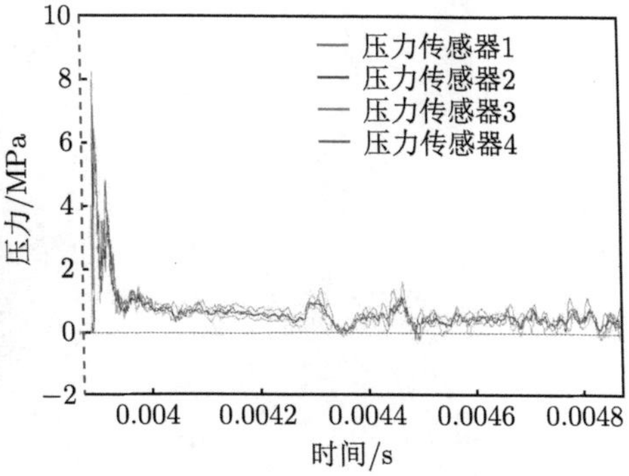

(b)

图 8.29 传感器在靶标内的测压布设方式 (a) 及曲线一致性 (b) (后附彩图)

图 8.30 研究靶后压力测试的模型

评估实验设计为手枪弹射击 Ⅱ 级防弹衣，步枪弹射击 Ⅲ 级复合防弹衣，所选枪弹无法穿透防弹衣。

模型中定义了 SE 能量系数为 $\lambda_{\mathrm{SE}}=\dfrac{c\cdot\pi\cdot a^2}{K+\dfrac{4}{3}G}$，该系数对于特定的靶标和固定的传感器埋设来说是固定的。评估实验设计中采用明胶靶标，则按照 $a=0.04\mathrm{m}$，$c=1500\mathrm{m/s}$，$K+\dfrac{4}{3}G=1\mathrm{GPa}$ 计算，$\lambda_{\mathrm{SE}}=7.540\times10^{-9}$。

图 8.31 显示可通过高速摄像对比不同弹头作用于不同防护后的靶标受冲击后鼓包作用的大小。图 8.31 中高速摄影所示钝击产生的一个“间隙”，说明此时刻明胶边沿并未与防弹材料相贴，两者不接触且无相互作用力，即防弹衣受弹后凸起撞击目标介质的过程中，防弹材料的实际变形要小于靶标边界的惯性运动；靶标介质受冲击后形成一个“钝击空腔”，此类空腔基于高性能的高速摄影设备首次观测得到，说明了“钝击能量传递–空腔”与“侵彻能量传递–空腔”的相同性质。

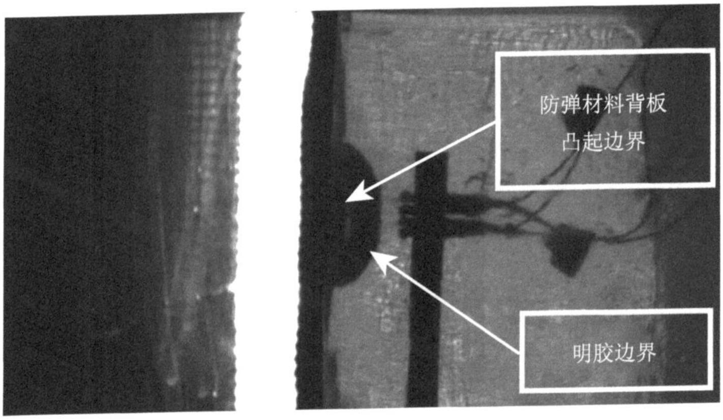

图 8.31　弹头防护作用的靶标后效示意图

典型弹头侵彻防护后对明胶靶标的钝击效应参数如表 8.19 所示，表内数据反映了典型枪弹评估结果：

(1) 最大鼓包半径与凹陷深度难以精确测量，用于评估弹头对有防护目标的杀伤力不够合理和精确。

(2) 弹头作用于明胶靶标的冲击峰值压力、钝击空腔体积及根据冲击应力曲线计算得到的 SE 能量值都能反映弹头的杀伤力；步枪弹作用于 Ⅲ 级复合防弹衣的对比中，由于弹重与弹头冲量有优势，在弹头能量相当的情况下，56 式 7.62mm 普通弹强于小口径步枪实验弹；手枪弹对比中，仿制使用面最广的 9mm 巴拉贝鲁姆手枪弹的 92A 式 9mm 手枪弹性能最优，其他几种手枪弹因速度较低，造成防护后损伤的能力相对较弱。

(3) 相比较而言，空腔体积与 SE 能量具有较好的关联性，且与生物实验的 MAIS 评分结果吻合，也验证了 SE 评估法的合理性。

表 8.19 典型弹头侵彻防护靶标的后效参数

弹头类型	最大鼓包半径/mm	最大凹陷深度/mm	钝击空腔体积/cm^3	冲击峰值压力/MPa	SE 能量值/J	等条件生物致伤实验 MAIS 评分
92A 式 9mm 手枪弹 (低速)	3.6~3.9	1.81	32.0	4.000	0.881	
92A 式 9mm 手枪弹	4.8~5.0	2.89	146.8	8.372	4.980	1.80±0.4
64 式 7.62mm 手枪弹	3.2~3.4	2.31	62.7	4.968	1.465	
11.43mm 柯尔特手枪弹	5.5~7.0	3.04	127.2	5.508	3.257	
小口径步枪实验弹	4.6~5.2	2.48	140.5	11.665	5.103	1.75±0.5
56 式 7.62mm 普通弹	5.2~6.2	3.26	247.5	14.661	10.351	3.17±0.98

SE 评估法是对传统创伤弹道学研究的延伸。SE 评估法的意义主要在于将致伤/杀伤评估的范围从只考虑“穿透侵彻伤”扩展到了“非穿透钝击伤”，其创新性体现在建立了冲击压力波与钝击传递能量之间的关系，使得模型回归到“能量传递是产生致伤的主因”这一基础上，使评估模型科学依据更充分。同时，配合 SE 评估法提出了一套明胶靶标内压力测试技术方法，使得 SE 评估法具有实际可操作性，且适用于不同种类的枪弹和防护，具有很好的通用性，既可采用同种防护材料及靶标来考量枪弹的侵彻/钝击杀伤力，也可采用同种枪弹考量不同防护条件下对目标杀伤能力的强弱。

目前，SE 评估法仍局限于仅适用于杀伤元不穿透防护的情况，从发展的角度来看，将 SE 评估法与 ETD 评估法进一步融合，建立一种包含各种方式杀伤能量传递的统一评估法，可涵盖弹头速度从低到高、从非穿透钝击效应到穿透防护情况下的复杂杀伤作用，是 SE 评估法的进一步改进方向。

参 考 文 献

[1] 甄涛, 王平均, 张新民. 地地导弹武器作战效能评估方法. 北京: 国防工业出版社, 2005: 1-20.

[2] 卞荣宣. 世界轻武器 100 年. 北京: 国防工业出版社, 2004: 261-270.

[3] Kneubuehl B P, Coupland R M, Rothschild M A, et al. Wound Ballistics Basics and Applications. Berlin: Springer, 2011: 167-168.

[4] 刘荫秋, 王正国, 马玉媛. 创伤弹道学. 北京: 人民军医出版社, 1991: 122-124.

[5] 李向东, 杜忠华. 目标易损性. 北京理工大学出版社, 2013: 38-62.

[6] 张杰, 唐宏, 苏凯, 等. 效能评估方法研究. 北京: 国防工业出版社, 2009: 23-26.

[7] 王以彭, 李结松, 刘立元. 层次分析法在确定评价指标权重系数中的应用. 第一军医大学学报, 1999, 19(4): 377-379.

[8] 张国伟, 徐立新, 张秀艳. 终点效应及靶场试验. 北京: 北京理工大学出版社, 2009.

[9] 温垚珂, 徐诚, 陈爱军, 等. 球形破片高速侵彻明胶靶标的数值模拟. 弹道学报, 2012, 24(3): 25-30.

[10] 唐刘建, 温垚珂, 薛本源, 等. 手枪弹侵彻有防护仿生人体躯干靶标试验研究. 振动与冲击, 2019, 38(4): 250-254.

[11] Viano D C, Lau I V. A viscous tolerance criterion for soft tissue injury assessment. Journal of Biomechanics, 1988, 21(5): 387-399.

第 9 章　轻武器弹药杀伤设计

9.1　概　　述

9.1.1　轻武器弹药结构设计要求

轻武器弹药主要用于有效杀伤敌方有生目标，包括无防护有生目标、单兵防护有生目标和轻型车辆防护有生目标。通常情况下，手枪弹和步枪普通弹的设计主要针对无防护有生目标和单兵防护目标，而大口径机枪弹的设计通常需要考虑有效毁伤轻型车辆，小口径榴弹主要针对无防护有生目标。

针对不同的目标，弹药的结构设计要点亦是不同的。手枪弹主要用于有效杀伤近距离有生目标，要求弹头具有较强的停止作用，手枪弹多具有口径大、钝头以及质量大的特点。手枪弹以对付无防护有生目标为主，弹头结构多采用铅心被甲结构，如使用最为广泛的 9mm 巴拉贝鲁姆手枪弹和 11.43mm 柯尔特手枪弹，如图 9.1 所示。

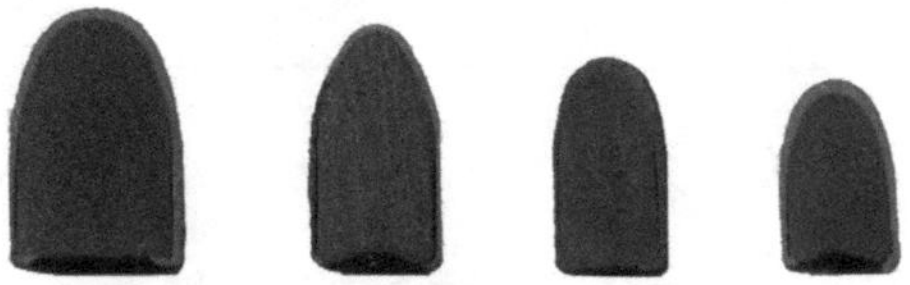

图 9.1　手枪弹

左起: 11.43mm 柯尔特手枪弹，9mm 巴拉贝鲁姆手枪弹，51 式 7.62mm 手枪弹，64 式 7.62mm 手枪弹

步枪弹中装备量最大、最为常用的是步枪普通弹，主要用于对付中远距离上 (400~600m) 的有生目标，步枪弹具有初速高、弹头锐长及质量小的特点，早期的步枪弹主要对付无防护目标，多采用铅心被甲结构，如北约 7.62mm NATO 普通弹、M193 步枪弹等，随着防护目标的大量出现，步枪弹的结构也相应发生了变化，目前主流的步枪普通弹均采用钢心铅套 (铅垫) 被甲结构，如比利时 SS109 5.56mm 步枪弹，俄罗斯 7N6 5.45mm 步枪弹等，如图 9.2 所示。

大口径机枪弹主要对付远距离 (1000~1500m) 轻型车辆目标，大口径机枪弹弹心多采用硬钢心 (淬火处理)，如 12.7mm 勃朗宁机枪弹。

轻武器弹药中的榴弹以杀伤爆炸榴弹为主，主要用于杀伤无防护有生目标。受尺寸和质量的限制，通常采用钢制预制和半预制破片，破片质量较小。国内外现装备小口径榴弹及其破片参数见表 9.1，从表中可以看出，目前装备的小口径榴弹多采用半预制破片，典型的为菱形破片，质量大部分分布在 0.1~0.2g 之间。

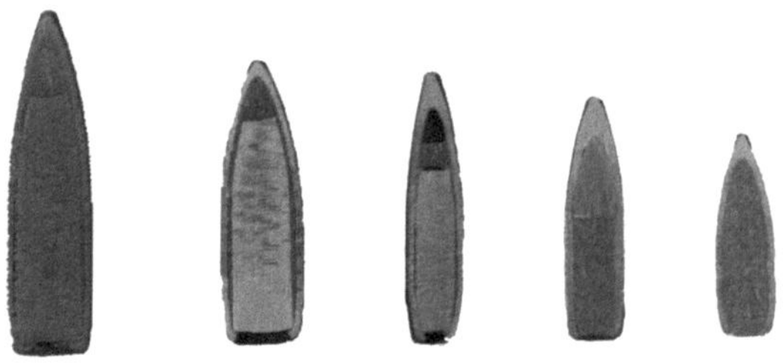

图 9.2　步枪弹

左起：53 式 7.62mm 步枪弹，56 式 7.62mm 步枪弹，7N6 5.45mm 步枪弹，SS109 5.56mm 步枪弹，M193 5.56mm 步枪弹

表 9.1　下挂及单兵用小型榴弹及其破片参数

研制国	名称	破片类型	破片质量 /g	破片数量	杀伤半径 /m
中国	DFS87 式	钢丝缠绕刻槽	0.1	300	约 11
	FM406	钢板刻槽	0.15	300	约 6
美国	M406	钢板刻槽	0.15	330	约 6
	M403	预制钨球	0.25	400	/
德国	DM11	预制钢珠钢板刻槽	/	1450	/
奥地利	92 式	预制钢珠	2～2.3	1000	/
比利时	FN40	预制钢珠	3.2	450	约 5

注：/表示未查到相关数据。

对轻武器弹药杀伤效能研究的不断深入和新的杀伤机理的出现，促进了弹头结构的不断更新换代，如为了大幅度提高手枪弹的停止作用，出现了侵入人体后易变形的低侵彻高效杀伤弹药，为了提高步枪普通弹对有防护目标的杀伤，小口径步枪普通弹口径有增大的趋势。

9.1.2　轻武器弹药设计一般流程及方法

1. 设计流程

一个常规的轻武器弹药产品设计一般分为论证阶段、方案阶段、工程研制阶段、设计定型阶段、生产定型阶段五个阶段。其中**论证阶段**主要是根据使用部门的实际作战任务提出新研产品的战术技术指标 (简称战技指标)。对于轻武器弹药来讲，最为主要的战技指标是对有效射程内的有生目标的高效杀伤。**方案阶段和工程研制阶段**通常由设计人员根据战技指标要求开展多方案设计、试制、试验验证和优化改进，通过小批量试制加工和综合性能试验验证，确定产品方案。**设计定型阶段**由试验鉴定部门依据战技指标对产品性能进行全面的考核。**生产定型阶段**由装备主管部门负责，对产品的工艺和生产条件进行考核。

方案阶段最主要的任务就是完成弹药多方案设计论证工作。弹药的设计一般分为结构设计和弹道设计。通常情况下，根据战技指标要求，确定弹药设计输入和总体方案。以枪弹设计为例，针对无防护人员目标可以采用铅心被甲结构，针对有防护人员目标采用钢心铅套被甲方案，有穿甲性能要求的则采用碳化钨弹心或钨合金弹心等。根据设计输入开展全弹道设计，以终点杀伤为目标，进行终点弹道、外弹道和内弹道设计，初步确定弹重、弹形、初速等参数，以参数为目标开展弹头、弹壳、发射药和底火的结构设计，最后进行弹道计算，选择满足技术指标的弹药方案进行加工、试验验证。图 9.3 是普通枪弹设计流程。

轻武器弹药具有结构简单、加工周期短和成本低的特点，传统的弹药设计方法以经验设计为主，确定总体方案后，经过内、外弹道初步验算后，开展大量的试验研究，发现设计的不足，进行改进设计，不断重复此过程，直至满足战技指标要求，这期间需要进行多轮次的反复，耗费大量的时间，所得到的方案是满足战技指标的方案，但未必是最优的方案。

2. 设计方法

轻武器弹药主要针对的是人员目标，如何使对手迅速丧失战斗力是武器弹药设计者的终极目标。随着杀伤效能评估方法的不断进步，弹药的设计思路也在发生变化。在武器装备能量利用率不变的情况下，弹头结构的变化与终点杀伤效能的大小是紧密联系的，理论上存在最优的情况。

杀伤设计方法是将弹头结构设计与杀伤效能联系在一起，通过结构的合理设计，达到有效杀伤的目的。轻武器杀伤元杀伤设计与杀伤机理和评估方法密切相关，并随之不断发展创新。杀伤效能设计方法的发展大致经历了三个阶段。

(1) 以落点动能为设计依据。

早期研究人员发现，弹头只要具有足够的动能就可以有效杀伤有生目标。各国相继采用动能标准作为判据 [1]，如法国对人员定为 39J，德国对人员定为 78J，沙俄则为 235J。这后来也成为很多国家的弹药设计者进行杀伤效能设计的依据。我国轻武器弹药对无防护目标的设计依据仍参考此判据，即在有效射程上弹头落点动能大于 78J (8kg·m)。由此可以看出，提高终点杀伤效能只与弹头的质量和速度有关。在实际应用中，对于手枪弹和步枪弹，在有效射程内还需综合考虑飞行时间、危险界以及散布密集度等因素，实际上的落点动能远大于 78J；对于小型杀伤榴弹，最终的杀伤威力考核是通过穿透 25mm 松木板的实验方法确定的，实际落点动能远小于 78J，如 20mm 榴弹破片侵彻 25mm 松木板的能量约 30J。

(2) 以侵彻能量为设计依据。

随着单兵防护目标的出现，设计人员发现，单纯提高弹头质量和速度并不能对有防护目标造成有效杀伤，而通过改变弹头结构和材料，可在确保同样杀伤效

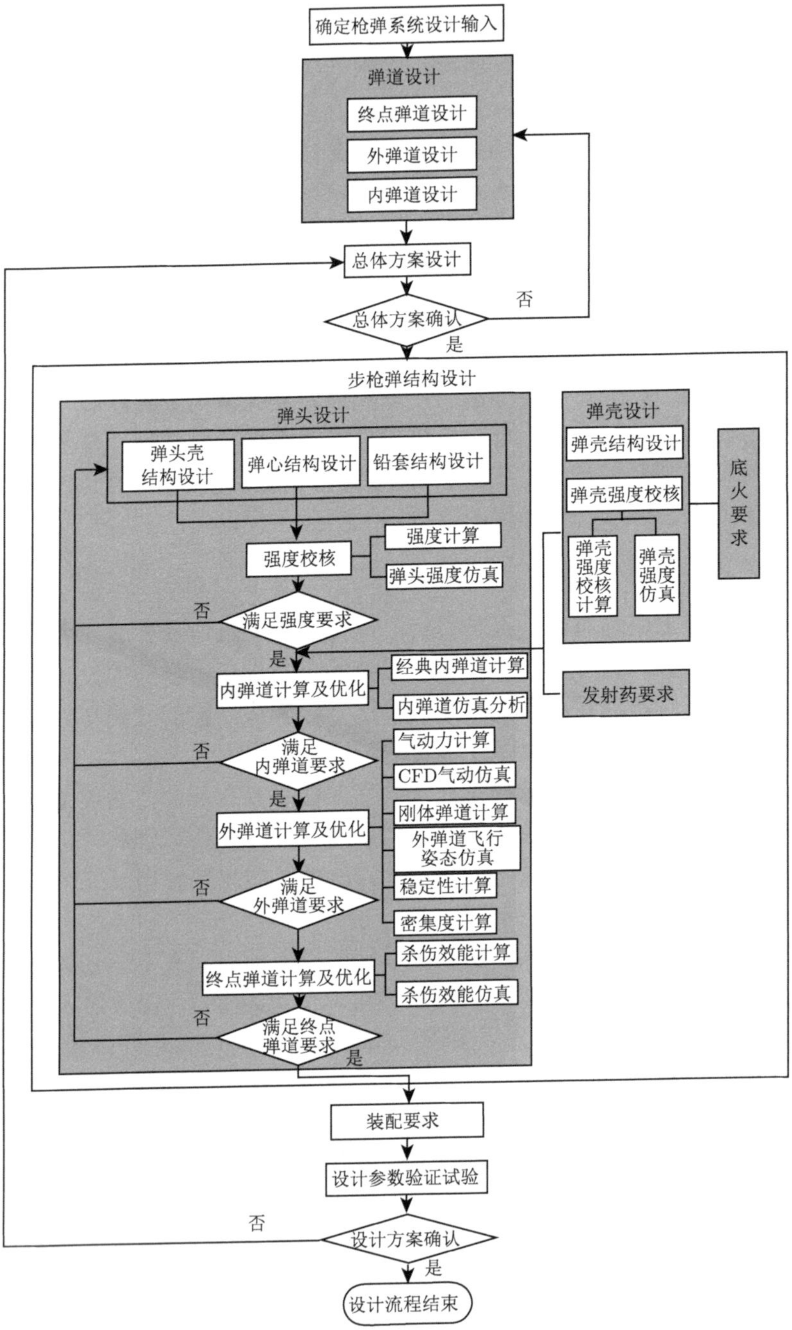

图 9.3　普通枪弹设计流程图

能的前提下，大幅度降低杀伤元的落点动能，如对于同样的佩戴钢质头盔的有生目标，弹头尖部有小钢心的弹头结构的有效杀伤能量为 18kg·m，被甲钢心铅套结构的有效杀伤能量为 25kg·m，铅心结构则需要 45kg·m[2]。

由于早期士兵防护主要是钢制头盔，所以设计人员通常会采用诸如德马尔公式计算极限穿透速度，然后在此能量基础上加 78J 作为针对有防护目标的设计目标。这时，提高杀伤效能不仅与速度和质量有关，还与弹心材料、弹心长径比有关。

(3) 以模拟靶标杀伤效能为设计依据。

随着杀伤机理研究的不断深入，设计人员逐渐认识到，动能并不是决定杀伤效能的唯一因素，杀伤效能与更多的杀伤元参数相关，如杀伤元的稳定性、阻力特性等，从而催生了小口径枪弹的大量使用。随着杀伤效能理论模型和计算方法不断地完善，通过合理设计优化杀伤元结构来控制杀伤元在靶标内的运动规律成为可能，从而提升了轻武器弹药杀伤效能。

本章以杀伤效应理论模型为基础，重点介绍了轻武器弹药的设计流程和方法，分别介绍了枪弹、破片结构参数对杀伤效应的影响规律，以及枪弹、小型杀伤榴弹的杀伤设计方法。

9.2 枪弹杀伤设计方法

9.2.1 枪弹参数对模拟靶标杀伤效能的影响

枪弹终点杀伤效能设计主要包括两个部分：一部分是枪弹在模拟靶标内的运动规律，另一部分是运动规律对杀伤效能的影响。本小节以杀伤效能理论模型为基础，结合仿真分析和实验验证，详细分析枪弹参数是如何影响弹头在明胶内运动规律的，进而分析参数对杀伤效能的影响方式。

1. 枪弹参数对弹头在明胶内运动规律的影响

常规旋转稳定的枪弹在侵彻模拟靶标 (明胶) 时是不能保持稳定状态的，从撞击明胶瞬间的稳定状态到失稳翻转状态要经历一个过程。枪弹在明胶中的运动通常被分为两个部分：窄伤道段 (翻转角 $\leqslant 10^\circ$) 和翻转段。不同的枪弹在不同运动阶段的表现是不同的，手枪弹长径比小，翻转段不明显，如图 9.4 所示；步枪弹长径比大，翻转段明显，能量损失大，如图 9.5 所示。

1) 质量的影响

根据式 (6.43) 可知，质量主要影响弹头在靶标内的速度衰减，弹头质量对速度的影响如图 9.6 所示，弹头在发生翻转时，速度的衰减会迅速加快，从图 9.6

中可以看出，速度曲线有明显的拐点，拐点位置随着质量的增加向运动方向移动，从图 9.7 和表 9.2 的仿真分析结果也可看出，弹头质量减小有利于翻转位置提前。

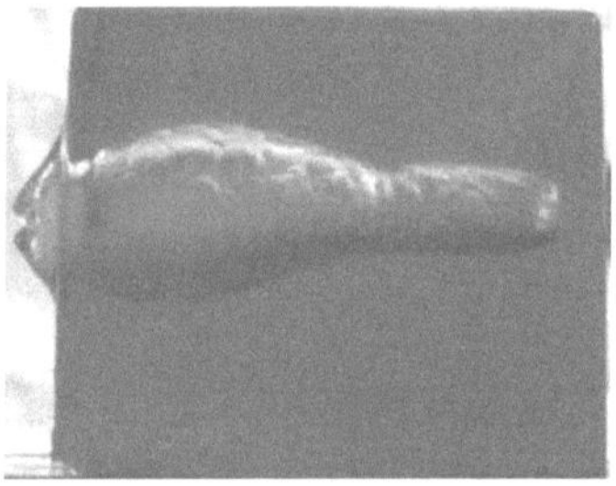

图 9.4　51 式 7.62mm 手枪弹瞬时最大空腔形状

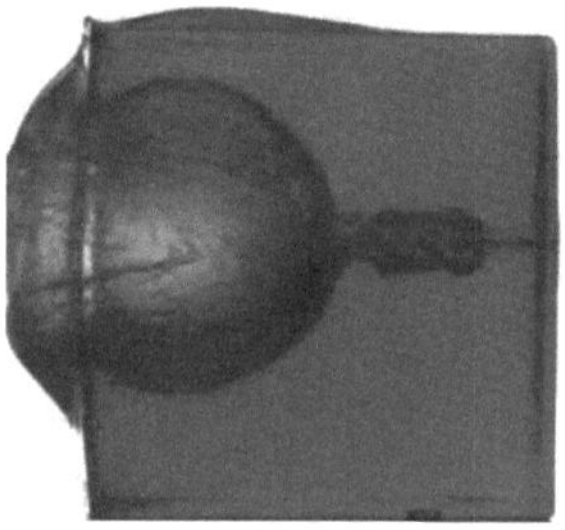

图 9.5　SS109 步枪弹瞬时最大空腔形状

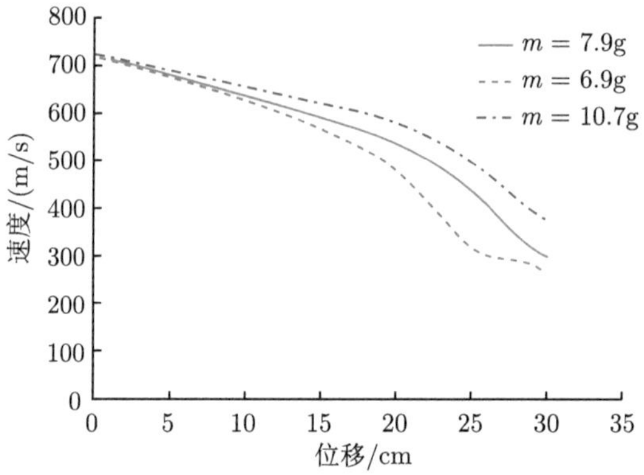

图 9.6　弹头质量对靶标内速度衰减的影响

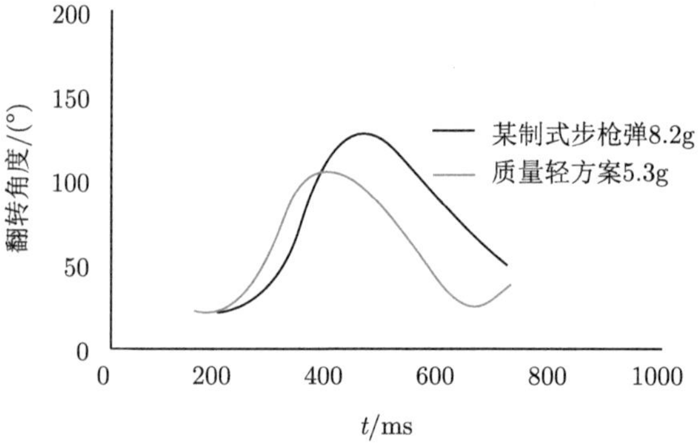

图 9.7　质量对翻转角度的影响

表 9.2 弹头质量对弹头在明胶内运动影响规律仿真分析结果

方案	质量/g	入靶速度/(m/s)	入靶能量/J	10°		90°		30cm	
				l/cm	$E_{传递}$/J	l/cm	$E_{传递}$/J	v/(m/s)	$E_{传递}$/J
全铜	8.34	725	2192	7.24	264.5	16.27	1201.9	227.60	1975.8
全钢	7.49	725	1968	6.92	256.0	15.56	1146.9	181.34	1845.3

2) 长径比的影响

从理论模型可知，阻力系数 C_{D0} 可表示为

$$C_{D0} = a_1(\lambda_s^2 + a_2)^{-a_3} \tag{9.1}$$

式中，λ_s 为弹头头部长径比；a_1、a_2、a_3 为常数。阻力系数随弹头头部长径比变化曲线如图 9.8 所示。

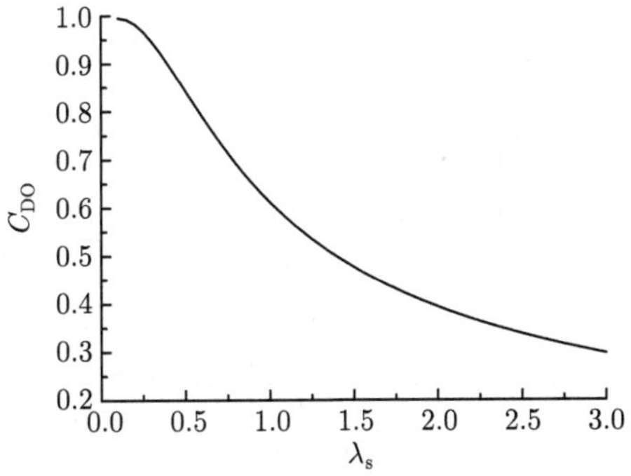

图 9.8 阻力系数随弹头头部长径比变化曲线

C_{L0} 为升力系数，表示为

$$C_{L0} = b_1 + b_2 e^{\frac{\lambda_c - b_3}{b_4}} \tag{9.2}$$

式中，λ_c 为弹头圆柱部长径比；b_1、b_2、b_3、b_4 为常数。升力系数随弹头圆柱部长径比变化曲线如图 9.9 所示。

C_{M0} 为力矩系数，表示为

$$C_{M0} = c_1 \left(\frac{ml^2}{A}\right)^{c_2} + c_3 \tag{9.3}$$

式中，m 为弹头质量，g；l 为弹头长度，mm；A 为弹头赤道转动惯量；c_1、c_2、c_3 为常数。力矩系数随 ml^2/A 变化曲线如图 9.10 所示。

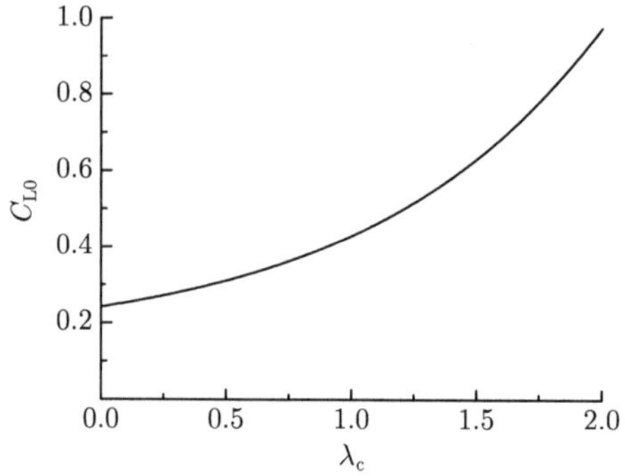

图 9.9　升力系数随弹头圆柱部长径比变化曲线

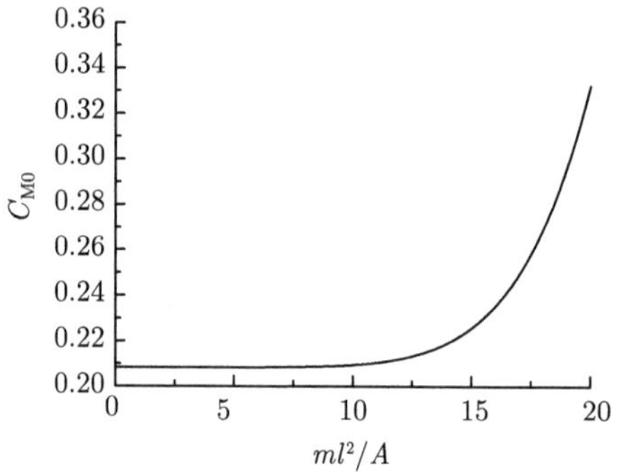

图 9.10　力矩系数随弹头圆柱部长径比变化曲线

C'_{zz} 为偏航阻尼力矩系数导数，表示为

$$C'_{zz} = n_1(S')^2 - n_2S' + n_3 \tag{9.4}$$

式中，S' 为弹头尾部收缩比；n_1、n_2、n_3 为常数。

偏航阻尼力矩系数导数随弹头尾部收缩比变化曲线如图 9.11 所示。

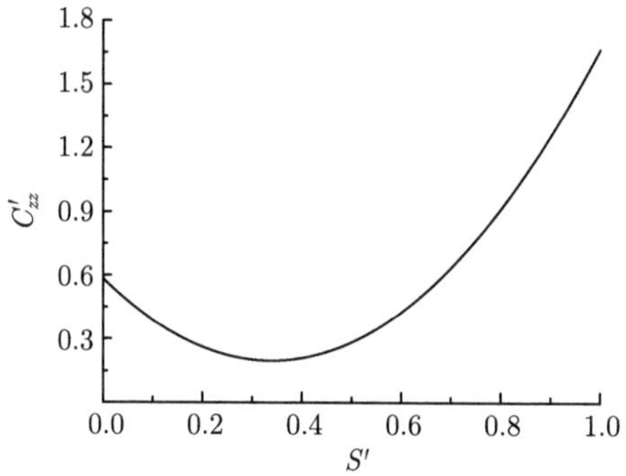

图 9.11　偏航阻尼力矩系数导数随弹头尾部收缩比变化曲线

从理论模型分析可知，影响弹头在明胶中运动的弹头结构参数为弹头头部长径比、圆柱部长径比和尾部收缩比。

3) 弹头尖部形状的影响

枪弹设计加工时，通常在弹头尖部留有圆弧或平台过渡，通过理论计算和实验验证，发现尖部形状对弹头翻转位置有一定的影响。如图 9.12、图 9.13 所示，尖头结构弧形部弧度增大，弧半径减小，翻转力矩也随之增大，翻转位置提前。

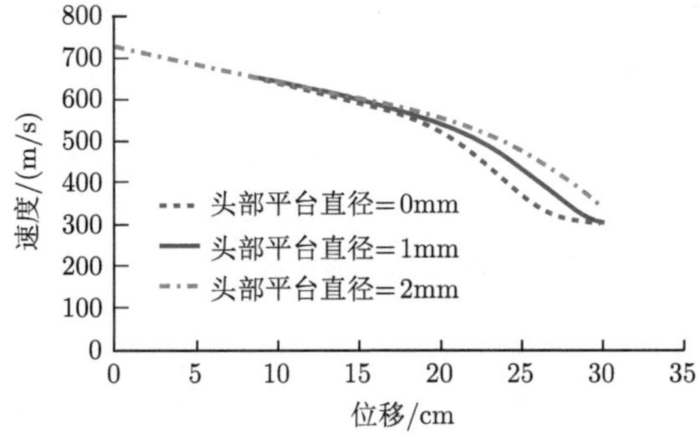

图 9.12 头部平台直径对靶标内弹头速度衰减的影响 (理论值)

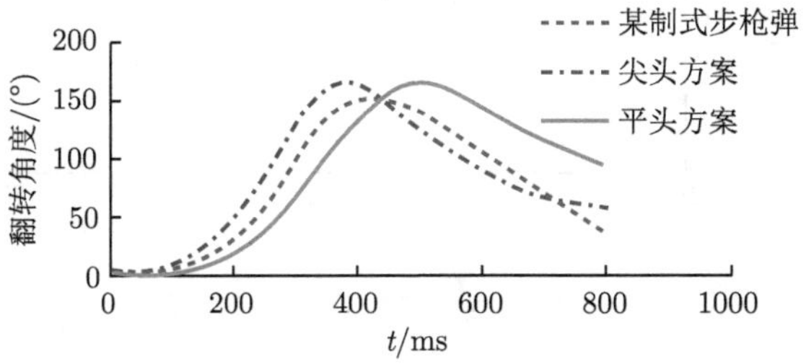

图 9.13 弧形半径对翻转角度的影响 (实验值)

4) 入靶速度的影响

入靶速度对弹头在明胶内运动规律影响如图 9.14、图 9.15 所示，随着飞行距离的增加，弹头速度会不断降低，使其在侵入明胶靶标后，窄伤道距离增加，翻转位置向运动方向移动，弹头传递给明胶的能量变小。

2. 弹头在明胶内的运动规律对杀伤效能的影响

枪弹能够致伤机体，根本原因是其本身具有动能，动能的大小表明其致伤的潜在能力，是致伤的先决条件。研究表明，伤情的严重程度不仅与撞击动能有关，更与传递给机体的能量有关。

针对无防护目标，杀伤效能表征参数为 ETD 函数，表达式为

$$\mathrm{ETD}=\int_{l=0}^{l=l_{\max}} E(l)\cdot F_l \mathrm{d}l \tag{9.5}$$

式中：l 为杀伤元侵入明胶的深度，m；$E(l)$ 为杀伤元在明胶靶标中的能量传递分布函数，J/m；F_l 为人员目标易损性特征函数，参见第 8 章。

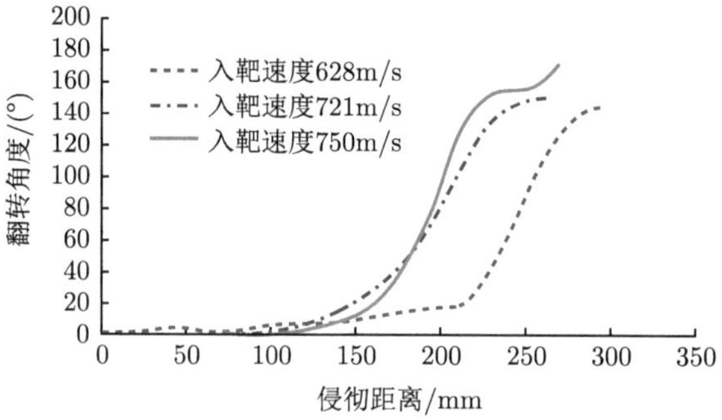

图 9.14　入靶速度与翻转距离的关系 (实验值)

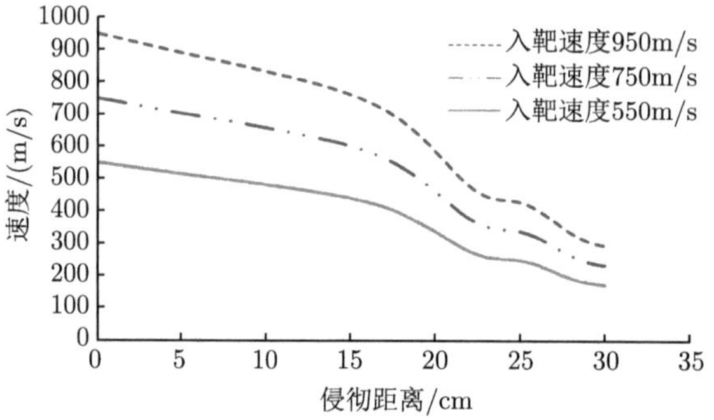

图 9.15　入靶速度与侵彻距离的关系 (理论值)

从中可以看出，杀伤效能不仅与能量传递有关，而且与能量在不同深度的传递量有关。对于枪弹来说，能量传递量越大，其 EDT 值也越大，这是毋庸置疑的。从实验数据分析可以看出，如果弹头在机体内能够完成一个完整的翻转周期，其能量传递率相差不大，翻转位置主要影响能量传递的分配。因此在能量传递量相同的情况下，由于弹头翻转位置的不同，ETD 值会相差较大。

枪弹的结构和强度特性对其致伤效果也有显著的影响，如开口露铅的半被甲弹头 (达姆弹)，在侵彻机体过程中，铅心变形甚至破碎，能量迅速传递给机体，大大地增强了其杀伤威力；全被甲的 M193 弹头强度较低，用这种弹对狗双后肢 (伤道长 130mm) 射击，约有 50%的弹头破碎，其杀伤效果类似于达姆弹。

从上面的分析可知，在侵彻机体过程中，枪弹弹头的变形、翻转或破碎使能量传递量大幅度增加，瞬时空腔作用加强，进一步加重机体的损伤程度。

由本小节的分析可以看出，影响枪弹杀伤效能的主要因素为能量传递量和弹头翻转位置，对应的参数包括质量、速度、弹头尖部形状、质心位置和长径比。

9.2.2 枪弹参数对防护目标侵彻规律的影响

针对防护目标，一般需穿透防护才能对目标起到足够的杀伤作用，因此，在设计此类枪弹时，主要考虑的是增强弹头的侵彻能力。

单兵的防护装备主要包括头盔和防弹衣。根据防弹衣材料的不同，将防弹衣分为软质防弹衣和硬质防弹衣。软质防弹衣一般由超高分子量聚乙烯或凯芙拉组成，主要针对手枪弹和破片，硬质防弹衣由陶瓷插板 + 高分子量聚乙烯组成，主要针对步枪弹。影响枪弹侵彻防护目标的最为主要的因素是弹心材料。

1. 手枪弹针对软防护目标侵彻规律分析

1) 弹心材料的影响

如图 9.16、图 9.17 所示，手枪弹能否穿透软防护，与弹头的变形量密切相关。铅心弹在侵彻防弹衣过程中变形量大、能量损失大，难以穿透防护材料，钢心弹在侵彻过程中，被甲和铅套出现不同程度的墩粗现象，但钢心未发生明显变形，可以穿透防护材料。

图 9.16 铅心弹侵彻软防护的变形情况

图 9.17 钢心弹穿透防护后的变形情况

2) 入靶能量的影响

从表 9.3 中可以看出，对于同种弹头结构，侵彻软质防弹衣的层数随入靶速度增大而增加，但对于铅心弹来说，随着入靶能量的增加，弹头变形加剧，穿透层数增加不明显。

表 9.3　手枪弹侵彻软防护目标实验情况

弹种	结构	质量/g	入靶能力/J	软防护侵彻情况
51 式 7.62mm 手枪弹	铅心被甲	5.5	549∼610	14∼22 层
51-1 式 7.62mm 手枪弹	钢心	5.3	492∼508	穿透
92 式 9mm 手枪弹	钢心铅套被甲	8.0	504∼524	30∼40 层
			⩾ 530	穿透
92A 式 9mm 手枪弹	铅心被甲	8.0	539∼556	4∼7 层
			669∼723	9∼13 层

手枪弹一般采用钝头结构，通过提高入靶能量，很难达到穿透软质防弹衣的目的，而改变弹心材料可以轻易达到穿透软质防护的目标。

2. 步枪弹针对硬防护目标侵彻规律分析

实验研究表明，步枪弹在侵彻硬质防弹衣的过程中，由于枪弹头壳及铅套材料强度较差，在侵彻陶瓷过程中首先被破坏，而钢心侵彻陶瓷过程中，由于摩擦产生大量的热将弹头融化变形，产生“蘑菇头”，如图 9.18 所示，使其在后续侵彻超高分子量聚乙烯时阻力大幅度上升，难以穿透防护材料，现装备的步枪普通弹均不能穿透 NIJ Ⅳ 级防弹衣。

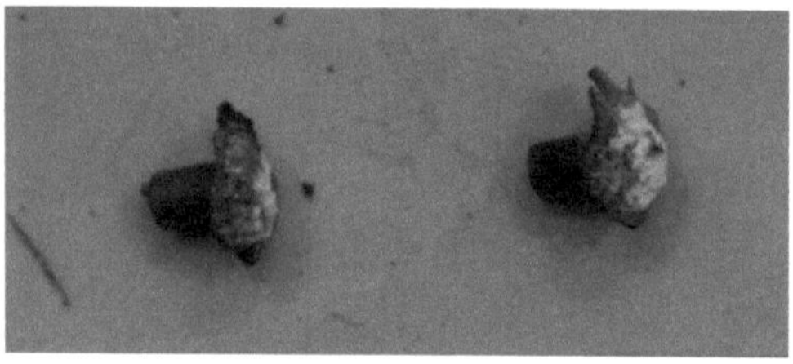

图 9.18　53 式 7.62mm 穿燃弹钢心侵彻硬防护后变形情况

1) 弹心材料的影响

根据侵彻机理分析，采用钢心结构的步枪普通弹很难穿透硬质防弹衣，将弹心材料改为高强度难熔金属 (如硬质合金) 或者具有“自锐”特性的材料 (如钨合金)，会大幅度提升穿透硬质防护靶标的概率。

2) 入靶能量的影响

从表 9.4 中可以看出，随着入靶能量的增加，硬质陶瓷破碎的直径增大。

对于小口径枪弹，由于弹头本身具有的能量较低，如果未穿透防护，其钝击能量较小，不能造成致命伤害；对于中大口径的步枪弹，弹头本身具有较高的能量，在一定距离内，即使无法穿透防护，也可能造成致命伤害。

枪弹对防护目标的杀伤效能主要取决于弹心材料、弹心长径比和入靶速度。由于枪弹在侵彻过程中存在着变形和破碎，目前还没有一个完善的理论模型可以用于枪弹结构设计。

表 9.4 步枪弹侵彻硬质防护靶标实验情况

弹种	结构	质量/g	入靶能量/J	硬防护破碎直径/mm
小口径步枪实验弹	钢心铅套被甲	4.55	1698～1778	16～27.6
56 式 7.62mm 普通弹	钢心铅套被甲	7.9	2128～2210	33～47
53 式 7.62mm 穿燃弹	钢心铅套被甲	10.5	3335～3983	穿透陶瓷 +PE 板，未穿透高分子量聚乙烯
SS109 5.56mm 步枪弹	钢心铅套被甲	4.0	1756～1797	21～26
小口径步枪穿甲弹	硬心铅套被甲	4.6	472～523	13～17
			$\geqslant$ 489	穿透

9.2.3 枪弹杀伤效能的优化设计方法

枪弹的结构设计不仅需要满足杀伤效能的需求，还需要满足内、外弹道的技术指标需求，而不同阶段的要求，对弹头结构参数的需求也是不同的，有些甚至是相互矛盾的，如落点能量大可增大杀伤效能，同时也会造成膛压的上升和枪口动能的增加。因此需要全弹道统筹考虑，进行弹头结构的优化设计，而终点杀伤效能理论模型的建立使全弹道杀伤效能优化成为可能。

1. 枪弹杀伤效能优化设计的难点

1) 结构设计变量多

轻武器弹头结构虽然简单，但涉及的结构设计参数较多，步枪弹结构参数包括外形尺寸参数、铅套尺寸以及钢心尺寸、材料参数等，尺寸之间相互关联，同一尺寸对不同的弹道性能的影响有时是相互矛盾的，如头部弧形高度 H，随着 H 的增大，弹性系数减小，进而使飞行阻力降低，有利于提高弹头外弹道存速能力，但另一方面，H 的增大使得弹头质心位置后移、质量降低，进而使得飞行稳定性下降，存速能力降低，落点动能减小 [3,4]。将所有的弹头结构参数作为设计变量进行弹头结构设计显然是不现实的，也是不必要的，需要根据不同的设计目标，确定对目标影响最大的 2~3 个敏感因素作为设计变量。

2) 缺乏明确的数学函数关系

对于优化设计问题，首先需建立数学模型，将设计变量、目标函数及约束条件联系在一起。传统的枪弹设计模型包括内弹道方程、质点外弹道方程以及穿甲计算模型，其中显性涉及的枪弹结构参数很少，更由于缺少杀伤元与目标相互作用模型以及效能评估模型，所以极少有针对杀伤效能的优化设计方法。

2. 目标函数

针对不同作战任务，将目标分为无防护目标和有防护目标。

1) 无防护目标的优化目标函数

杀伤效能的大小不仅与传递能量有关，且与枪弹在明胶中运动不同位置的传递量有关，也就是说，对于枪弹来说，在能量传递量相当的情况下，杀伤元在明胶靶标中的能量传递分布函数与人员目标易损性特征函数 F_l 曲线符合得越好，杀伤效能越大。

$$\begin{cases} \max \mathrm{ETD}(X), & X \in D \subset R^n \\ D: q_u(X) \leqslant 0, & u = 1, 2, \cdots, p \\ \quad h_v(X) = 0, & v = 1, 2, \cdots, q \end{cases} \tag{9.6}$$

式中：ETD 为能量传递分布函数；D 为由 p 个不等约束条件和 q 个等约束条件所规定的可行域。

2) 有防护目标的优化目标函数

杀伤元在未穿透防护目标时，主要致伤因素为压力波，杀伤效能表征参量为钝击能量 SE，在穿透防护目标时，主要致伤因素为杀伤元剩余能量。从杀伤机理研究可知，对于中小口径枪弹，只有穿透防护目标，才能造成严重杀伤。因此，针对有防护目标，优化的目标函数为穿透防护后剩余能量最大：

$$\begin{cases} \max E_{剩余}(X), & X \in D \subset R^n \\ D: q_u(X) \leqslant 0, & u = 1, 2, \cdots, p \\ \quad h_v(X) = 0, & v = 1, 2, \cdots, q \end{cases} \tag{9.7}$$

式中：$E_{剩余} = \dfrac{1}{2}mv_{\mathrm{cb}}^2$；$v_{\mathrm{cb}}$ 为杀伤元穿透防护后的速度，m/s。

3. 设计变量

优化设计变量一般选择与结构参数相关的相互独立的设计变量，本章通过理论分析和实验验证最终确定了以下设计参数为设计变量。

1) 无防护目标的优化设计变量

影响杀伤元杀伤效能评估的主要因素为能量传递量和弹头翻转位置，对应的参数包括质量、速度、质心位置和长径比。质量、速度以及质心位置不是独立变量，最终确定枪弹针对无防护目标的杀伤应优化设计变量为弹头长 (l)、弹头弧形部长 (ln) 以及弹头头部弧形半径 (Rn)。

2) 有防护目标的优化设计变量

针对有防护目标，主要考虑枪弹对防护目标的侵彻作用，影响枪弹侵彻作用的主要因素包括弹心材料、弹头质量和弹头速度，因质量和速度不是独立变量，确定手枪弹针对有防护目标的杀伤效能优化设计变量为弹头弧形部长度 (ln)、弹头头部弧形半径 (Rn)；步枪弹针对有防护目标的杀伤效能优化设计变量为弹心直径 (dx)。

4. 约束条件

根据枪弹设计方法与经验，确定设计方案应满足以下约束条。

1) 弹头发射强度要求

保证弹头在膛内能够可靠导转，不破裂。弹头壳的厚度不能小于弹头发射强度极限所允许的厚度，即

$$\sigma_{弹头壳} \geqslant \sigma_{极限} \tag{9.8}$$

式中：$\sigma_{弹头壳}$ 为弹头壳材料许用应力，N；$\sigma_{极限}$ 为发射时弹头壳极限应力，N。

2) 飞行稳定性的要求 [3,4]

枪弹通常只要满足陀螺稳定性的要求即可。

$$S_g > 1 \tag{9.9}$$

式中：S_g 为陀螺稳定因子，$S_g = \dfrac{P^2}{4M}$；P 为陀螺转速项，$P = \dfrac{C\dot{\gamma}}{Av}$；$\dot{\gamma}$ 为转速，rad/s；v 为杀伤元质心速度，m/s；A 为赤道转动惯量；C 为极转动惯量；M 为翻转力矩。

3) 安全性的要求

提高初速和弹头质量是提高杀伤效能的有效技术途径，但是初速和弹头质量的增加均会引起最大膛压的迅速上升，会产生膛炸等安全隐患以及增加武器系统抽壳困难等故障 [5]，一般情况下，战技指标中会对最大膛压提出要求。

最大膛压应小于战技指标最大膛压的要求，故

$$P_m \leqslant P_{m指} \tag{9.10}$$

式中：P_m 为最大膛压值，MPa；$P_{m指}$ 为战技指标要求的最大膛压值，MPa。

4) 弹头结构尺寸的要求

根据设计经验和参数化模型确定。

5) 其他要求

根据设计枪弹的不同战术任务，可能对全弹质量、全弹长度、弹道高以及飞行时间有要求，可根据具体战技指标确定约束条件。

5. 数学建模

枪弹杀伤效能全弹道优化设计模型包括弹头结构参数化、内弹道计算、外弹道计算、杀伤元与目标相互作用以及强度校核和稳定性计算等模型。弹头结构参数化模型主要用于优化过程中所需的弹头结构特征量的计算，包括质量、质心位置和转动惯量等。模型以现有三维设计软件为基础，根据设计经验预设各结构参数间的相互关系，根据设计变量的变化，弹头结构参数随之发生改变。其他弹道模型和校核模型在专业书和前面章节中有详细介绍，此处不再赘述。

枪弹的结构可分为两大类：一类为单一材质结构的弹头，如全钢弹头，代表的有俄罗斯 5.66mm 水下步枪弹；另一类为复合结构的弹头，大多数枪弹都采用复合结构。其中，复合结构又可以分为铅心被甲结构和钢心被甲结构，见图 9.19、图 9.20。铅心被甲结构在手枪弹中比较常见，如 9mm 巴拉贝鲁姆手枪弹等。钢心被甲结构是步枪弹最为常用的弹头结构，通常由弹头壳、铅套 (或铅垫) 和钢心组成。

鉴于手枪弹和步枪弹的作战任务不同，手枪弹和步枪弹在结构和外形上相差较大，为便于进行弹头结构设计，分别建立手枪弹参数化模型和步枪弹参数化模型，通过参数化模型建立结构参数与设计变量之间的约束关系。

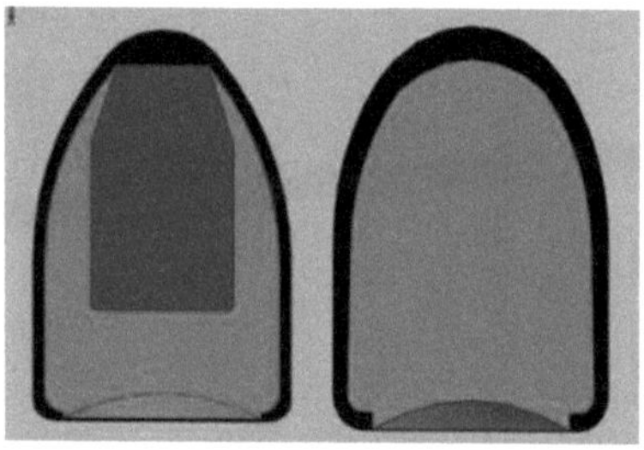

图 9.19　手枪弹结构示意图

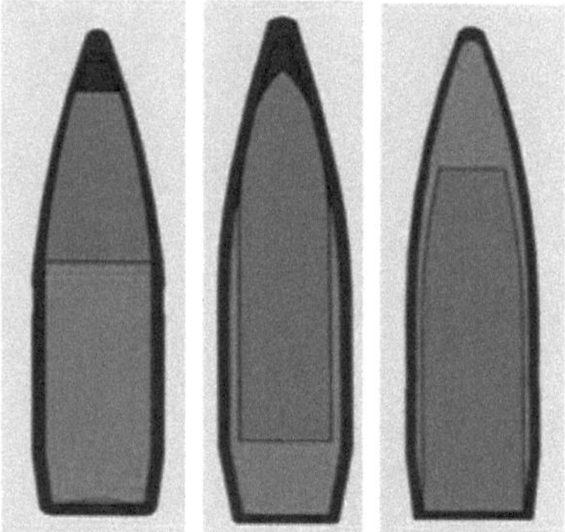

图 9.20　步枪弹结构示意图

1) 手枪弹参数化模型

手枪弹主要用于近距离作战，要求首发命中，停止作用大。通常口径较大，头部弧形半径小，多为铅心被甲结构，随着防护目标的出现，手枪弹的侵彻性能进一步提高，新研制的手枪弹多为钢心铅套被甲结构。手枪弹参数化模型如图 9.21 所示。

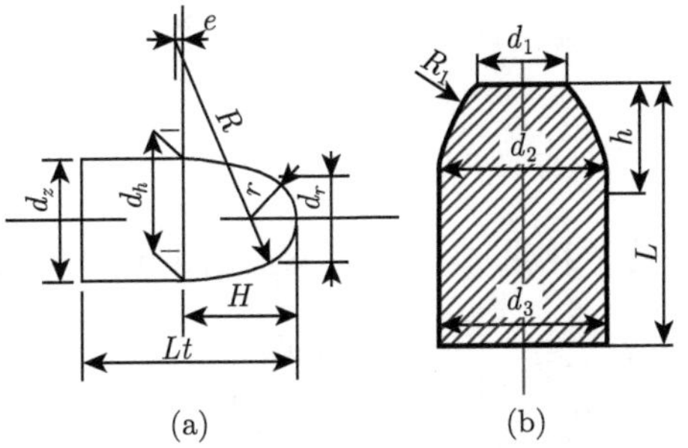

图 9.21 手枪弹外形 (a) 和钢心 (b) 参数化模型

手枪弹外形尺寸约束：

手枪弹弹头长 $Lt \leqslant 2d_z$

弧形部高度 $h \leqslant d_z$

式中：d_z 为弹头最大直径，mm。

2) 步枪弹参数化模型

随着单兵防护能力的不断增强，步枪弹已经很少使用铅心被甲结构，常见的步枪弹参数化模型如图 9.22 所示。

步枪弹弹头外形尺寸的确定[6]。

(1) 弧形部高度 h。

对初速为 600~1000m/s 的弹头，h 值可取

$$h = (1.9 \sim 3.5)d \tag{9.11}$$

式中：d 为口径，mm。

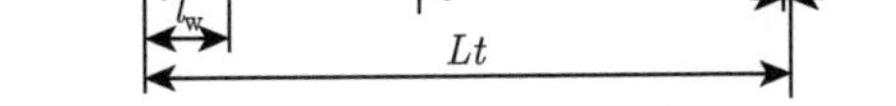

图 9.22 步枪弹参数化模型

(2) 弹头尖部形状。

$$d_r = (0.16 \sim 0.24)d \tag{9.12}$$

$$r = (0.15 \sim 0.20)d \tag{9.13}$$

式中：d_r 为圆弧回转体小端直径，mm；r 为弹头尖部弧形半径，mm。

(3) 头部弧形半径。

$$R = (5 \sim 10)d \tag{9.14}$$

(4) 弧形部圆心位置下移量 ξ 的计算公式 (图 9.25 中 e)。

$$\xi = \frac{d_h - d_r}{2}\sqrt{\frac{R^2}{h^2 + \left(\frac{d_h - d_r}{2}\right)^2} - 0.25} - \frac{h}{2} \tag{9.15}$$

式中：ξ 为弧形部圆心位置下移量，mm；d_h 为圆弧回转体大端直径，mm；d_r 为圆弧回转体小端直径，mm；

(5) 圆柱部直径。

对于矩形膛线的枪管，有

$$d_z = d_{yi} \quad 或 \quad d_z = (1.03 \sim 1.04)d \tag{9.16}$$

式中：d_{yi} 为枪管阴线直径名义尺寸，mm。

(6) 圆柱部长度。

$$l_z = (1.0 \sim 1.5)d \tag{9.17}$$

式中：l_z 为圆柱部长度，mm。

(7) 尾椎部半锥角和尾锥长度。

为了减小弹底的涡流阻力，弹头尾部通常制成截锥体，其半锥角 $\alpha_{\rm w}$ 为 $6^\circ \sim 9^\circ$。

$$l_{\rm w} = (0.5 \sim 1)d \tag{9.18}$$

式中：$l_{\rm w}$ 为尾椎长度，mm。

(8) 弹头全长。

$$Lt = (3.5 \sim 5.0)d \tag{9.19}$$

式中：Lt 为弹头全长，mm。

(9) 弹头壳厚度。

$$t_z = (0.055 \sim 0.08)d \tag{9.20}$$

钢心参数化模型如图 9.23 所示。

(10) 弹心结构参数。

$$d_1 = (0.43 \sim 0.51)d \tag{9.21}$$

$$d_2 = (0.74 \sim 0.81)\, d \tag{9.22}$$

$$d_3 = (0.76 \sim 0.82) d \tag{9.23}$$

式中：d_1、d_2、d_3 如图 9.23 所示。

$$m_x = (0.49 \sim 0.58) m \tag{9.24}$$

式中：m_x 为弹心质量，g；m 为弹头质量，g。

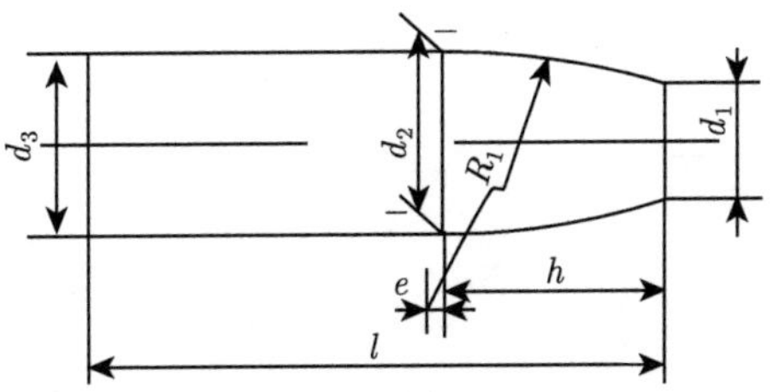

图 9.23 钢心参数化模型

6. 优化算法 [7]

在一般的数学规划或最优化设计中，通常分为线性规划、非线性规划、动态规划、多目标数学规划等。常用的优化设计方法包括坐标轮换法、模式搜索法、Powell 方法、序列二次规划法和遗传算法。对全弹道杀伤效能优化设计来说，归结为复杂的有约束非线性数学规划问题，而且优化设计变量与目标函数、约束函数之间常无显式的数学函数关系式。本章采用罚函数法将约束最优化问题转化为无约束最优化问题，然后采用坐标轮换法进行求解。

7. 优化设计流程

全弹道杀伤效能优化设计流程如图 9.24 所示。

8. 优化设计实例

在 9.2.2 节中，就一般情况下轻武器弹药杀伤效能优化设计方法进行了介绍。本小节将针对提高某 9mm 手枪弹杀伤效能，给出计算实例。

某 9mm 手枪弹弹头质量 8g，初速 360m/s，弹头长度 16.7mm，弧形部高度 9.7652mm，弧形部半径 15.85mm，枪管缠度 28.3，最大膛压 $P_{\mathrm{m}} \leqslant 260\mathrm{MPa}$。通过优化使其在 25m 处杀伤效能最大。

根据要求，目标函数如下：

$$\begin{cases} \max \mathrm{ETD}(X), \qquad X \in D \subset R^n \\ \eta \geqslant 28.3 \\ P_{\mathrm{m}} \leqslant 260 \\ 1.2d \leqslant l < 3.2d \\ d - l_{\mathrm{w}} \geqslant 0 \\ 0.6d < l_z \leqslant 2d \\ 0.8d \leqslant Rn < 6.5d \\ 0.5d \leqslant H < 2.1d \end{cases} \tag{9.25}$$

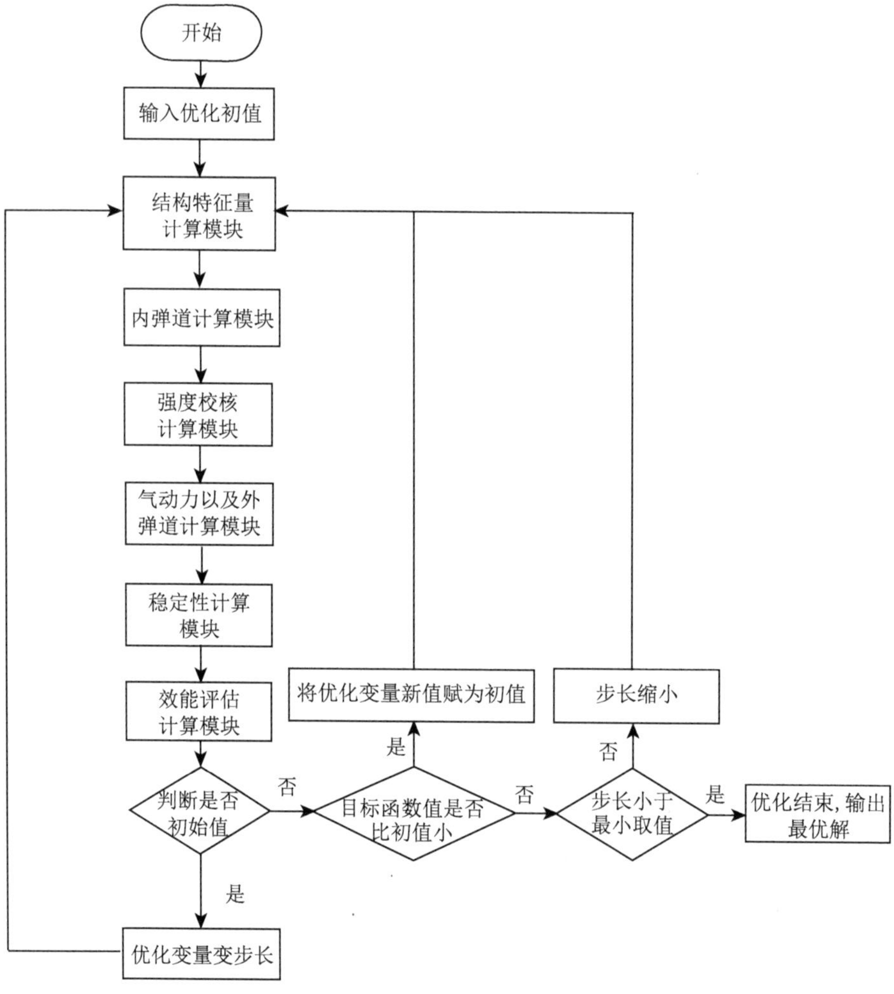

图 9.24　全弹道杀伤效能优化设计流程图

优化前后计算结果对比见表 9.5。

表 9.5 优化前后计算结果对比

某 9mm 手枪弹参数	优化前	优化后
m/g	8	10.7
l/mm	16.7	20.6
H/mm	9.7652	12.5
l_w/mm	0	0
v/(m/s)	365	351
P_m/MPa	229	256
$E_{传递}$/J	380	395
ETD/J	424	441

从优化结果可以看出，通过优化设计，ETD 提高了约 4%，效果并不明显，这是因为目前的优化模型未能考虑弹头的变形和破碎，只能通过优化翻转位置提高手枪弹的杀伤效能。实际上，近年来出现的大量高杀伤效能手枪弹均是通过采用易变形破碎的结构，如黑爪弹，使弹头在机体内快速变形破碎，几乎全部能量都传递给了机体，造成人员的迅速失能。

9.3 小口径榴弹杀伤设计方法

9.3.1 破片在靶标内运动规律分析

破片的形状、质量、速度取决于战斗部壳体 (形成杀伤元的关键部件) 的破碎形式，破片的最终形状是在爆轰产物爆炸之前就基本确定的 [9]。目前大部分的手榴弹、部分枪口榴弹、下挂榴弹和单兵用小型榴弹采用半预制或者预制破片，从得到的大部分国内外杀伤元资料来看，破片向小质量、高初速发展，其装药、壳体和可控破片进一步向模块化方向发展。

1. *破片形状对破片在明胶内运动规律影响*

1) 理论分析

由式 (6.2) 可以推出球形破片在明胶中运动速度公式为

$$v(t)=\frac{-a_2+\sqrt{-a_2^2+4a_1a_3}\tan\left[\frac{1}{2}\left(-\frac{\sqrt{-a_2^2+4a_1a_3}}{m}\right)t+\arctan\left(\frac{2a_1v_0+a_2}{\sqrt{-a_2^2+4a_1a_3}}\right)\right]}{2a_1} \tag{9.26}$$

式中：a_1、a_2、a_3 为与明胶密度、惯性阻力系数、黏性阻力系数、破片表面积、明胶剪切屈服强度有关的系数。

破片形状对破片在明胶内运动规律影响如图 9.25 所示，破片形状主要通过 a_1、a_2 和 a_3 影响破片在明胶内的运动规律，通过实验得到 a_1、a_2 和 a_3 值，见表 9.6。

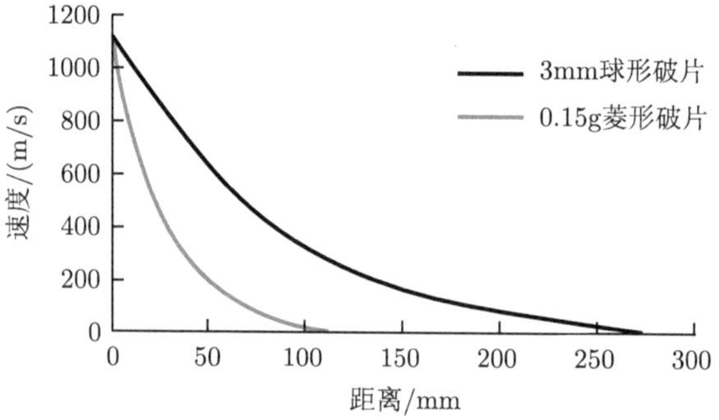

图 9.25　不同形状破片在明胶内速度–距离衰减曲线

表 9.6　两种破片的阻力系数

破片类型	a_1	a_2	a_3
菱形	2.52	167.75	2273.41
球形	2.39	187.93	3274.36

2) 实验验证

我国在 20 世纪 80 年代开展了创伤弹道学的研究工作，研究内容涉及破片和枪弹，进行了大量的生物及侵彻肥皂靶标的实验。鉴于当时的实验条件，研究工作主要集中于预制破片侵彻肥皂靶标和生物 (狗后肢) 靶标，其中不同形状破片入靶速度与侵彻深度的关系如表 9.7 所示。

表 9.7　不同形状破片入靶速度与侵彻深度的关系

破片形状	入靶速度/(m/s)	侵彻深度/mm
方形	1085	165
	1393	160
	1515	155
三角形	1066	190
	1359	165
	1440	165
	1533	160
圆柱形	1435	280
	1505	230
	1533	230

从表 9.7 中可以看出，在速度相当的情况下，方形破片阻力最大，圆柱形破片阻力最小，侵彻深度最大。

破片形状对入口面积和空腔容积有较大影响，如图 9.26、图 9.27 所示。入口面积和空腔容积的大小反映了破片阻力系数的大小，从实验中可以看出，球形破片阻力系数最小。

图 9.26　菱形破片瞬时最大空腔

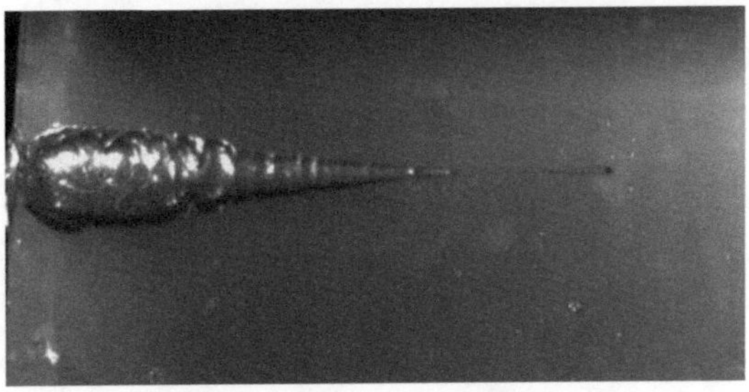

图 9.27　球形破片瞬时最大空腔

2. *破片入靶能量对破片在明胶内运动规律影响*

根据式 (9.16) 分别分析破片的速度和质量对破片在明胶内的运动规律的影响，如图 9.28、图 9.29 所示。

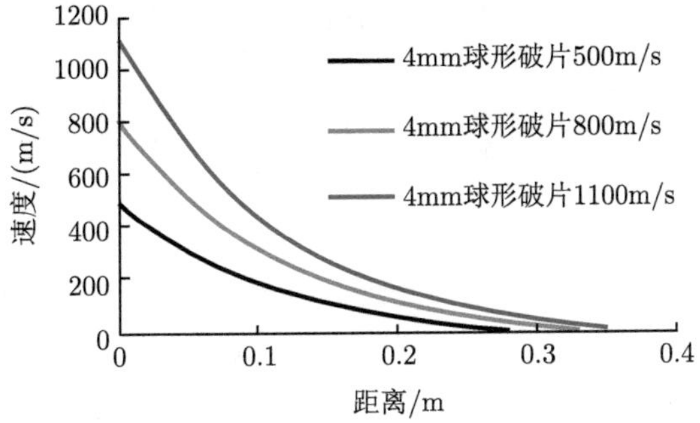

图 9.28　不同入靶速度球形破片在明胶内速度–距离曲线

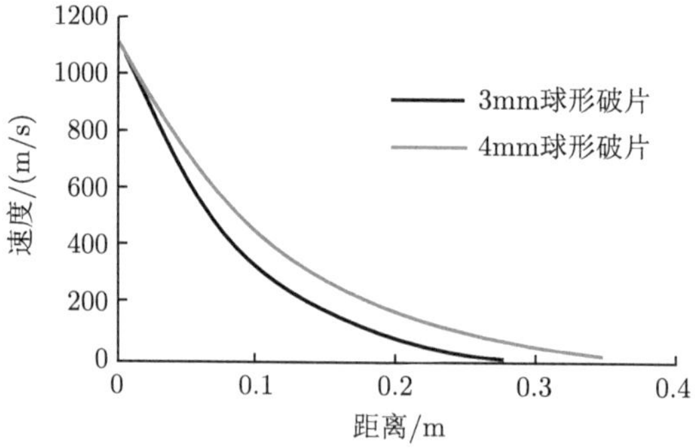

图 9.29　不同质量钢球在明胶内速度–距离曲线

随着入靶能量的增加，能量传递量均有不同程度的增加，破片质量对侵彻深度有较大影响，如图 9.30 所示。

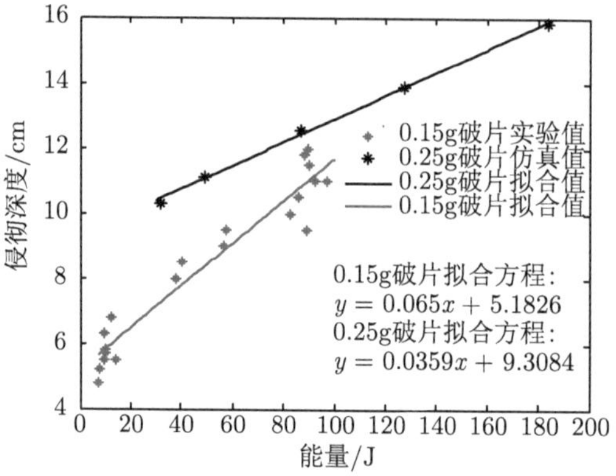

图 9.30　菱形破片侵彻明胶深度–能量关系

3. 终点杀伤效能分析

各种破片 ETD 评估结果见表 9.8。

表 9.8　不同形状破片杀伤效能、能量传递和侵彻深度的数据

破片种类	m/g	能量变化 ΔE/J	ETD/J	侵彻深度/mm
0.25g 菱形破片 600m/s	0.255	54.46	35.12	129.4
0.25g 菱形破片 800m/s	0.255	81.62	63.53	149.9
0.15g 菱形破片 1100m/s	0.152	89.68	52.64	112.0
球形破片 800m/s	0.255	89.57	81.09	300
柱形破片 1100m/s	0.87	525.96	366.25	300

对于破片来说，侵彻深度越大，ETD 值越大。而侵彻深度随破片质量、破片入靶速度增加而增加，与破片形状密切相关，同样入靶能量的破片，球形的侵彻深度最大。

9.3.2 小口径榴弹终点杀伤效能优化设计方法

1. 目标函数

小口径榴弹的优化目标是榴弹杀伤面积 [10] 最大。

$$\begin{aligned}\max S &= \int_0^{2\pi}\int_{-\infty}^{+\infty} P_k(r,\theta) r\mathrm{d}r\mathrm{d}\theta \\ &= \int_0^{2\pi}\int_{-\infty}^{+\infty} (1-\mathrm{e}^{-Sn\cdot a_\mathrm{s}})\cdot K\left\{1-\exp[-A(mv^\beta-B)^C]\right\} r\mathrm{d}r\mathrm{d}\theta\end{aligned} \tag{9.27}$$

式中：Sn 为目标面积，即人员暴露的受弹面积，mm^2；a_s 为破片球面密度；K、β、A、B、C 为根据战斗任务和丧失战斗力时间而确定的系数，$K=0.981$，$\beta=3.909983$，$A=3.684176\times10^{-5}$，$B=8.335509\times10^{-6}$，$C=0.4200091$[8]。

2. 设计变量

采用杀伤面积作为评价榴弹的杀伤效能的指标，此时单个破片杀伤效能只是其中的一个参量，另一个重要参量是破片密度，是与破片数密切相关的一个量。破片杀伤面积与弹体总质量 M、装药质量 M_ω、炸药爆速 D、破片数 N、破片飞散角 α、破片方位角 $\varPhi_0$、破片着靶速度 V_c 有关。这些参数并不完全独立，有的参数需要预先约定，否则无法进行优化。

从前面分析已知，影响单个破片杀伤效能的敏感因素为破片质量和破片速度，其中破片质量是一个独立变量；破片形状约定后，着靶速度与破片质量和破片初速有关，因此着靶速度不是一个独立变量。破片质量一定时，着靶速度只与初速有关，而初速与榴弹装药质量、炸药爆速及破片质量有关，当装药质量和装药种类确定后，初速只与单个破片质量有关。

破片密度与破片数密切相关，而当弹体外形结构尺寸确定后，炸药的装药质量增大，则破片总质量减小，而破片的形状确定后，相应的破片质量减小，破片数相应变化，故破片数不是独立变量。

综上所述，选择榴弹的优化设计变量为单个破片质量 m。

3. 约束条件

1) 发射安全性要求

$$P_\mathrm{m} \leqslant P_{\mathrm{m}指} \tag{9.28}$$

2) 杀伤效能的约束

由前面章节可知，破片只有到达一定的侵彻深度，才能对人体的重要器官造成损伤，对人体的杀伤效果才会比较明显。故增加侵彻深度的约束条件为

$$L > L_0 \tag{9.29}$$

式中：L 为破片侵彻深度，mm；L_0 为造成损伤的最小侵彻深度，mm。

3) 发射强度要求 [9]

弹体强度校核的标准有两类：一类是按照不同强度理论计算弹体上各断面的综合应力，应小于弹体材料的许用应力；另一类是用不同理论公式或经验公式计算危险断面的变形和残余变形，应小于战术技术要求的变形和残余变形。

4) 榴弹特有约束条件

$$\begin{aligned}&\text{弹体破片数：}n_{\min} \leqslant N \leqslant n_{\max}\\&\text{单个破片质量：}m_{\min} \leqslant m \leqslant m_{\max}\\&\text{破片的速度：}v_{\mathrm{c}} \leqslant v_{\max}\\&\text{炸药装药质量：}M_{\omega} \leqslant \mu M\end{aligned}$$

5) 其他要求

根据设计枪弹的不同战术任务，可能对全弹质量、全弹长度、弹道高以及飞行时间有要求，可根据具体战技指标确定约束条件。

4. 数学建模

榴弹的优化设计模型所需数学模型与枪弹基本相同，只是榴弹的参数化模型不同，本小节着重介绍榴弹的参数化模型。

榴弹的主要结构参数包括：外形尺寸、壳体结构尺寸、炸药质量及种类、质心位置和转动惯量等，参数化模型如图 9.31 所示。

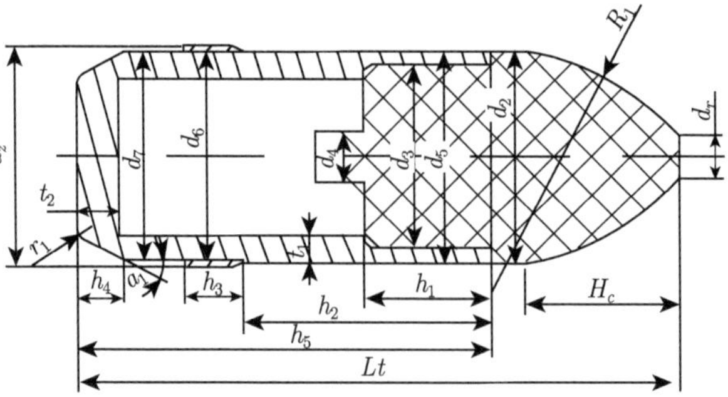

图 9.31　榴弹参数化模型

小口径榴弹破片典型形状主要有球形、菱形柱体和六方柱体。榴弹破片的主要参数为破片质量、破片速度、破片飞散角以及破片形状等。破片结构模型如图 9.32 所示。

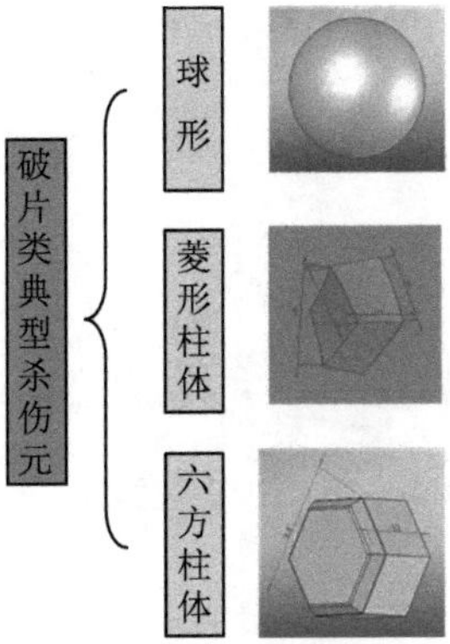

图 9.32 破片结构模型

5. 实例

某小口径榴弹弹头质量为 270g，菱形预制破片，单个破片质量为 0.168g，破片数为 310 个，炸药为 8701 炸药，优化目标为使其在 100m 处的杀伤面积最大。约束条件：为保证破片具有足够的杀伤效能，单个破片侵彻深度不小于 10cm；破片数不小于 200 个；最大膛压计算值小于 300MPa。

根据优化目标确定目标函数如下：

$$\begin{cases} \max S = \displaystyle\int_0^{2\pi}\int_{-\infty}^{+\infty} P_k(r,\theta) r\mathrm{d}r\mathrm{d}\theta \\ \quad\ \ = \displaystyle\int_0^{2\pi}\int_{-\infty}^{+\infty} (1-\mathrm{e}^{-Sn\cdot a_{\mathrm{s}}})\cdot K\left\{1-\exp[-A(mv^{\beta}-B)^{C}]\right\} r\mathrm{d}r\mathrm{d}\theta \\ P_{\mathrm{m}} \leqslant 300 \\ M \leqslant 300 \\ L > 10 \\ 200 \leqslant N \leqslant 500 \\ 0.1 \leqslant m \leqslant 1 \\ v_{\mathrm{c}} \leqslant 1800 \\ M_{\omega} \leqslant 0.45\times M \end{cases} \tag{9.30}$$

从弹头的外形结构尺寸入手，编制结构特征量计算模块、强度校核模块、内弹道模块、气动力模块、外弹道模块、稳定性模块，将各个模块纳入优化计算通用模块中，在优化设计过程中调用各计算模块，实现了榴弹全弹道优化设计，榴弹优化程序界面如图 9.33 所示。

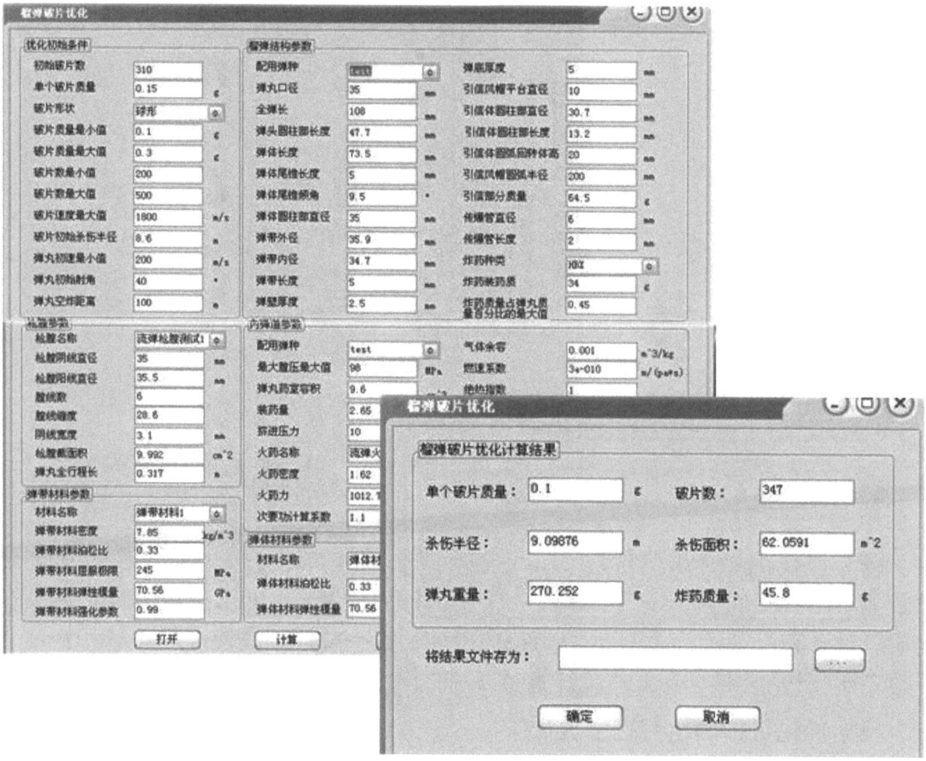

图 9.33　程序界面图

优化前后计算结果对比见表 9.9。

表 9.9　优化前后计算结果对比

某小口径榴弹参数	优化前	优化后
单个破片质量/g	0.168	0.13
破片数	310	357
弹头质量/g	270	264
炸药质量/g	34	36
杀伤半径/m	8.60	8.98
杀伤面积/m^2	47.73	52.53

优化后，破片数增加了 15%，杀伤面积提高了 10%。

参 考 文 献

[1] 刘荫秋, 王正国, 马玉媛. 创伤弹道学. 北京：人民军医出版社, 1991: 92-116.
[2] 赵智. 步机枪普通枪弹终点能量界限探讨. 中国兵工学会论文选编, 1983, 总 8 期：91-99.

[3] 徐明友. 火箭外弹道学. 哈尔滨：哈尔滨工业大学出版社, 2004.
[4] 韩子鹏. 弹箭外弹道学. 北京：北京理工大学出版社, 2008: 279-280.
[5] 金志明. 枪炮内弹道学. 北京：北京理工大学出版社, 2004: 226-227.
[6] 《步兵自动武器及弹药设计手册》编写组. 步兵自动武器及弹药设计手册 (上册). 北京: 国防工业出版社, 1977: 195-202.
[7] 王中原，周卫平. 外弹道设计理论与方法. 北京：科学出版社, 2004: 74-81.
[8] 中国人民解放军总参谋部. 小质量钢质破片对人员的杀伤判据 5.1 (GJBz 20450—97). 1998.
[9] 魏惠之, 朱鹤松, 汪东晖, 等. 弹丸设计理论. 北京：国防工业出版社, 1985: 123-149.

索　引

Y

Z

其他

彩　　图

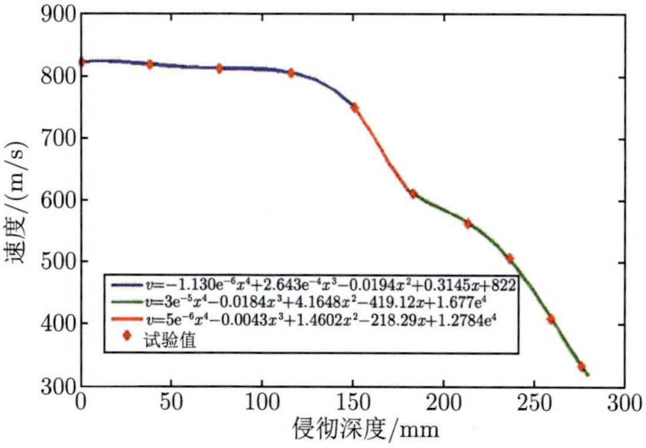

图 5.4　杀伤元靶标内速度 (分段拟合效果)

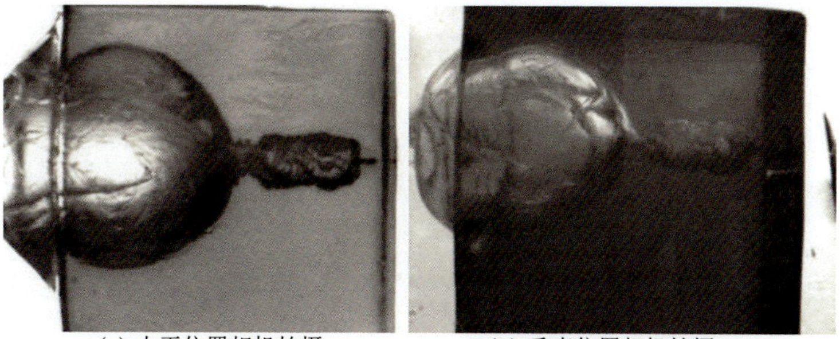

(a) 水平位置相机拍摄　　(b) 垂直位置相机拍摄

图 5.6　水平和垂直两个位置相机同步拍摄步枪弹瞬时空腔

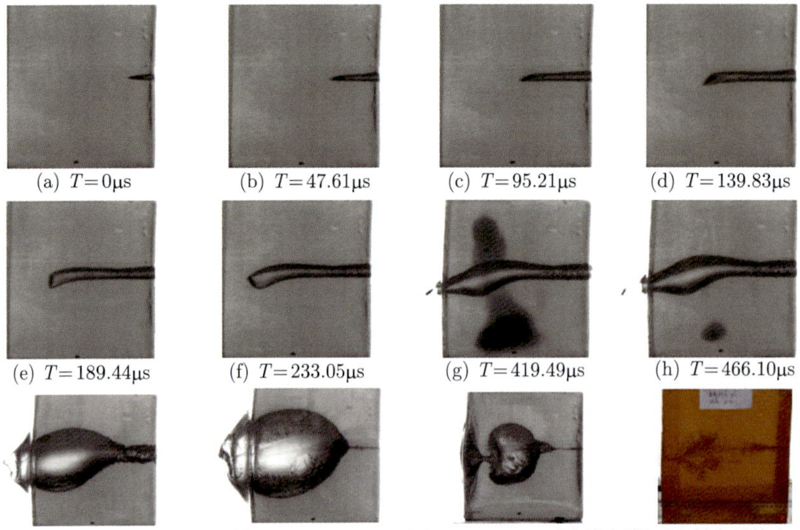

(a) T=0μs (b) T=47.61μs (c) T=95.21μs (d) T=139.83μs

(e) T=189.44μs (f) T=233.05μs (g) T=419.49μs (h) T=466.10μs

(i) T=1513.52μs (j) T=5322.32μs (k) T=9131.12μs(空腔内缩) (l) 射击后静止

图 5.12　明胶靶标中 5.8mm 全铜步枪弹弹头/瞬时空腔运动过程及最终状态

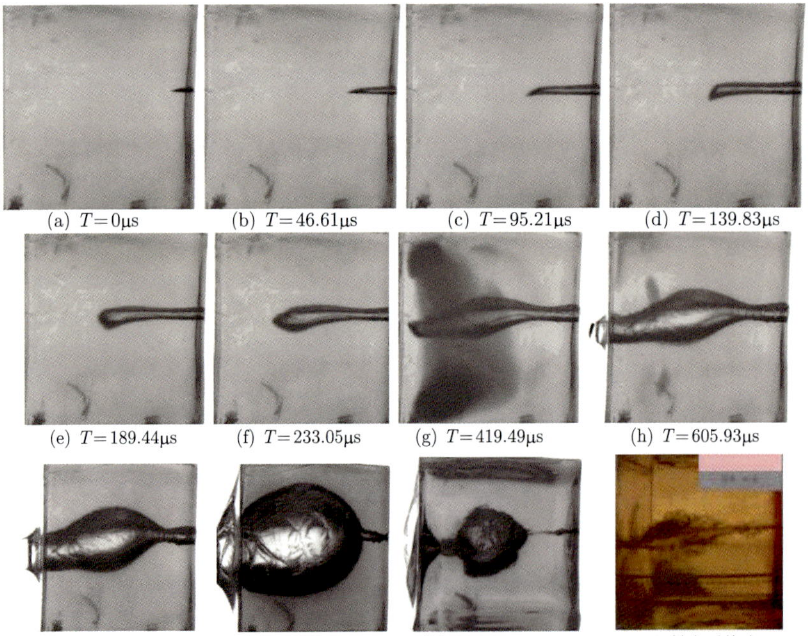

(a) T=0μs (b) T=46.61μs (c) T=95.21μs (d) T=139.83μs

(e) T=189.44μs (f) T=233.05μs (g) T=419.49μs (h) T=605.93μs

(i) T=1034.39μs (j) T=4128.86μs (k) T=10603.43μs (二次膨胀) (l) 射击后静止

图 5.14　明胶靶标中小口径步枪实验弹弹头/瞬时空腔运动过程及最终状态

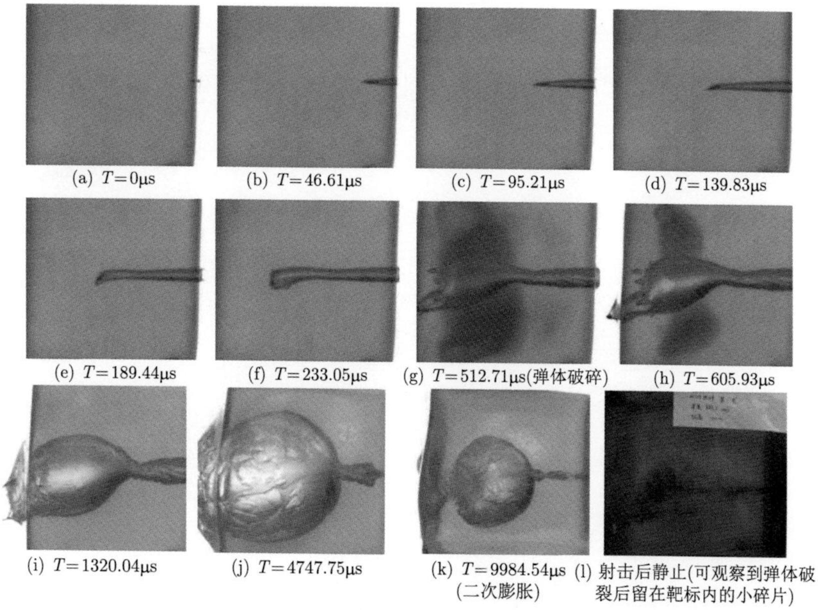

(a) $T=0\mu s$　(b) $T=46.61\mu s$　(c) $T=95.21\mu s$　(d) $T=139.83\mu s$

(e) $T=189.44\mu s$　(f) $T=233.05\mu s$　(g) $T=512.71\mu s$(弹体破碎)　(h) $T=605.93\mu s$

(i) $T=1320.04\mu s$　(j) $T=4747.75\mu s$　(k) $T=9984.54\mu s$(二次膨胀)　(l) 射击后静止(可观察到弹体破裂后留在靶标内的小碎片)

图 5.16　明胶靶标中 SS109 枪弹弹头/瞬时空腔运动过程及最终状态

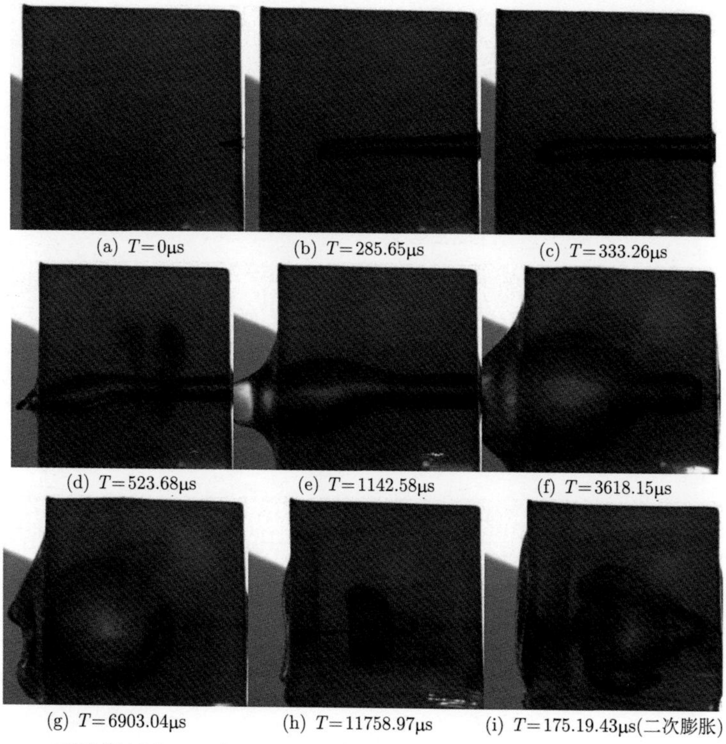

(a) $T=0\mu s$　(b) $T=285.65\mu s$　(c) $T=333.26\mu s$

(d) $T=523.68\mu s$　(e) $T=1142.58\mu s$　(f) $T=3618.15\mu s$

(g) $T=6903.04\mu s$　(h) $T=11758.97\mu s$　(i) $T=175.19.43\mu s$(二次膨胀)

图 5.18　明胶靶标中 56 式 7.62mm 步枪弹弹头/瞬时空腔运动过程及最终状态

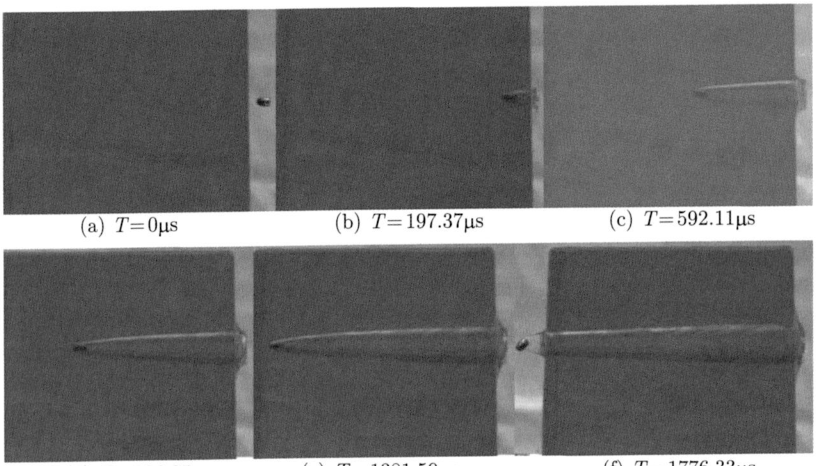

(a) T=0μs (b) T=197.37μs (c) T=592.11μs

(d) T=986.85μs (e) T=1381.59μs (f) T=1776.33μs

图 5.20 11.43mm 柯尔特手枪弹在明胶靶标内的侵彻过程

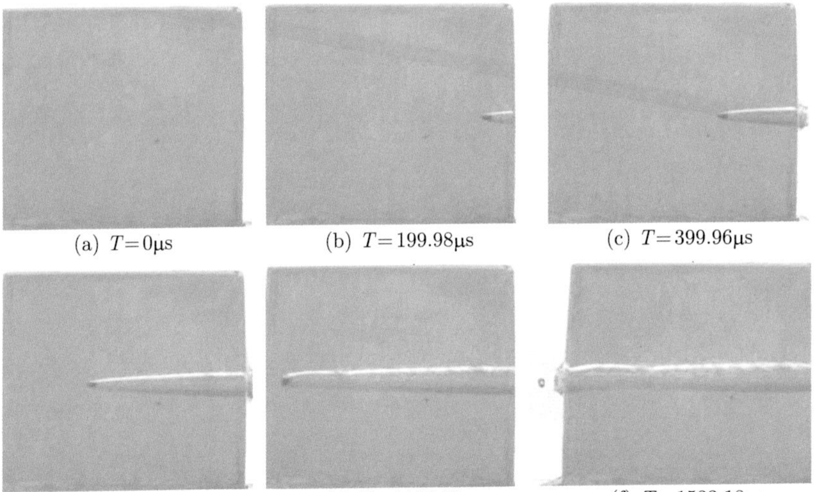

(a) T=0μs (b) T=199.98μs (c) T=399.96μs

(d) T=799.92μs (e) T=1199.88μs (f) T=1533.18μs

图 5.21 64 式 7.62mm 手枪弹在明胶靶标内的侵彻过程

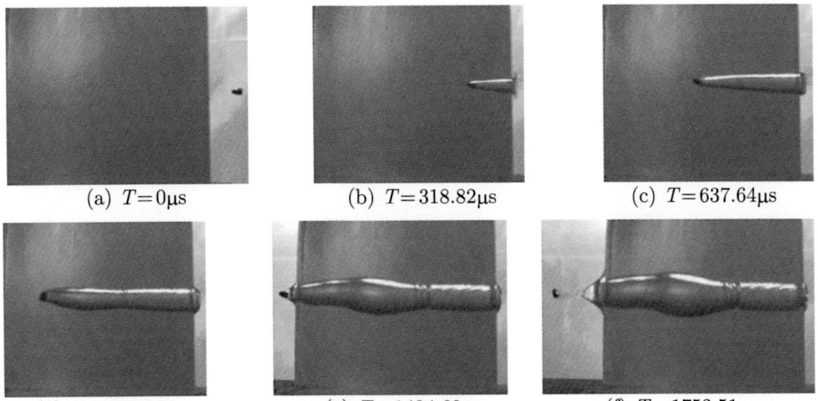

(a) $T=0\mu s$　(b) $T=318.82\mu s$　(c) $T=637.64\mu s$

(d) $T=956.46\mu s$　(e) $T=1434.69\mu s$　(f) $T=1753.51\mu s$

图 5.22　9mm 手枪弹在明胶靶标内的侵彻过程

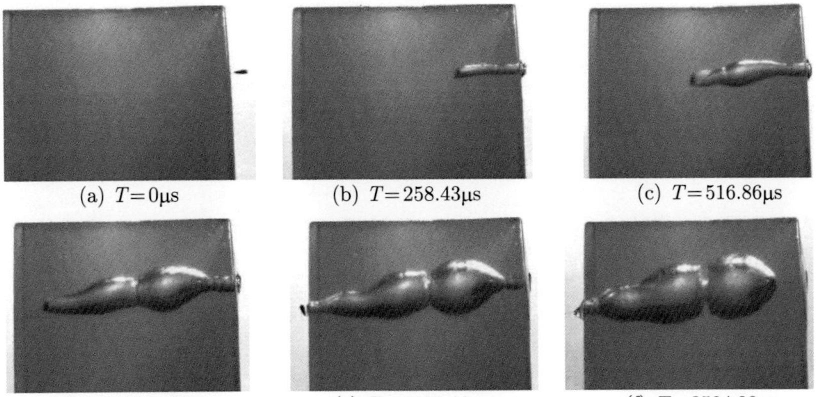

(a) $T=0\mu s$　(b) $T=258.43\mu s$　(c) $T=516.86\mu s$

(d) $T=1098.33\mu s$　(e) $T=1615.18\mu s$　(f) $T=2584.29\mu s$

图 5.23　小口径手枪实验弹在明胶靶标内的侵彻过程

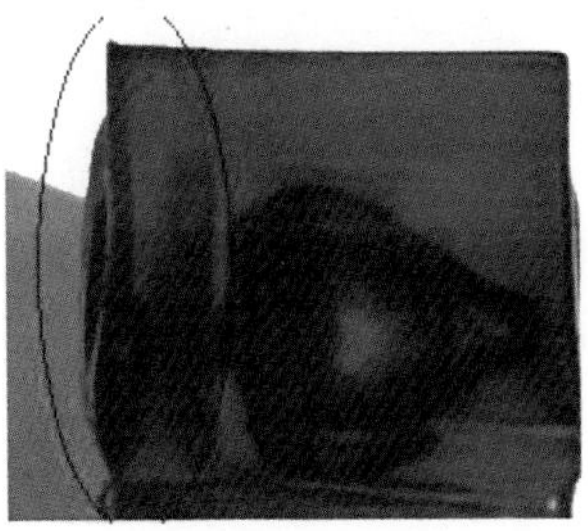

图 5.34　步枪弹瞬时空腔在出口处的回缩

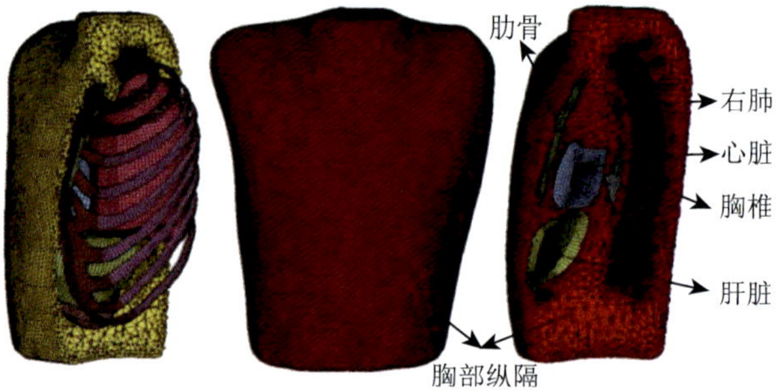

图 8.3　人体上躯干部数字化模型

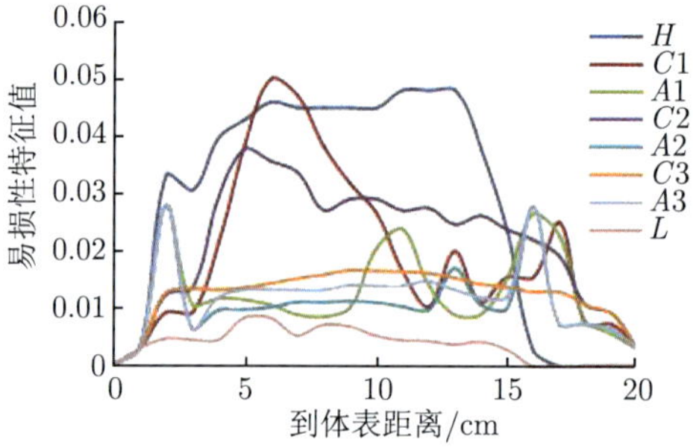

图 8.10　垂直入射时不同位置的易损性特征曲线

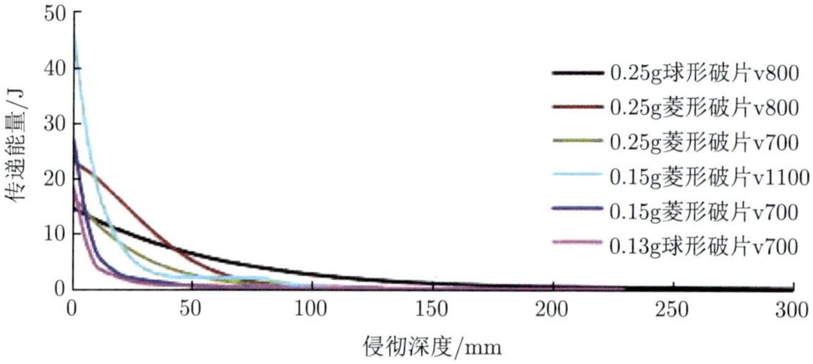

图 8.16　各种破片能量传递分布曲线

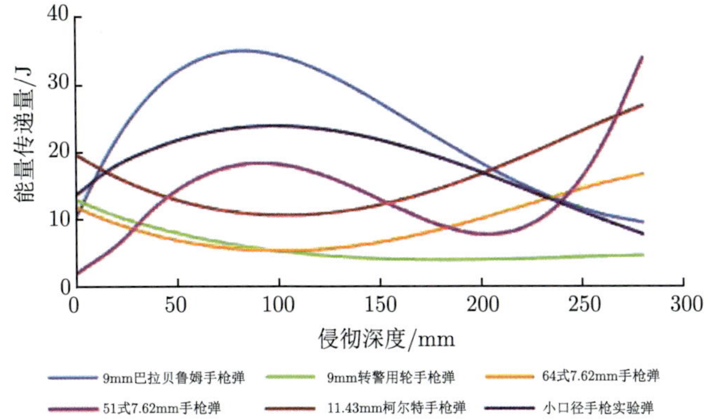

图 8.19　典型手枪弹能量传递分布曲线

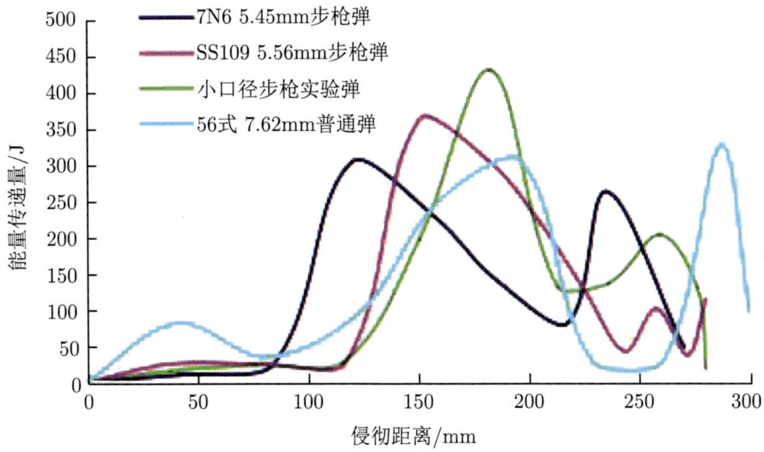

图 8.21　100m 射距上各步枪弹能量传递分布曲线

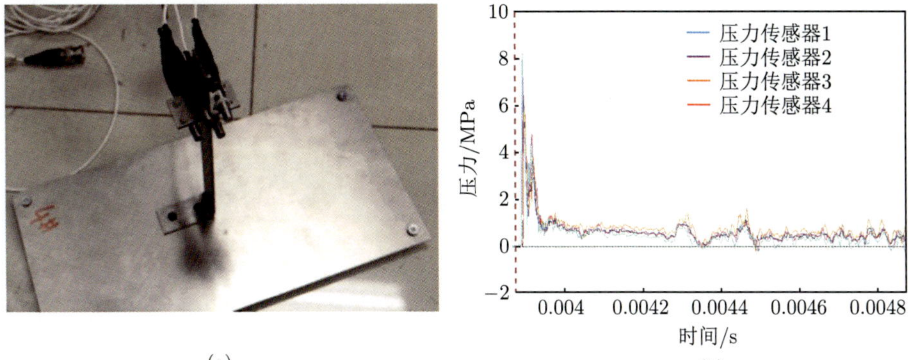

(a)　(b)

图 8.29　传感器在靶标内的测压布设方式 (a) 及曲线一致性 (b)